상상과 현실을 잇다

화학으로 세상보기

상상과 현실을 잇다

화학으로 세상보기

Special Bonds between Imagination and Reality

김성식 이영아 마윤정

전북대학교
출판문화원

머리말

우리가 사는 세상은 실로 변화무쌍하다. 푸른 구슬 안을 들여다보니 무수히 많은 분자들로 가득했다. 분자는 깨져서 원자들로 떨어져 나갔다. 원자들은 합쳐져 새로운 분자가 되었고 이 분자는 다시 원자들로 흩어져 버렸다. 그러기를 수없이 반복했다. 생명체는 다양한 원자들이 상호작용하며 돌아가는 소우주이다. 대학의 여러 학과들에서는 젊은이들에게 서로 다른 눈으로 세상을 보라 주문하고 있다. 이들에게 '물질의 특성과 변화의 원리를 알면 세상이 보인다.'는 화두를 한번 던져보았다. 얼마나 많은 젊은이들이 이 말에 귀를 기울였을까?

시간이 흘러갔다. 여러 생각들이 떠올랐다 사라지기를 반복하다가 오래도록 떠나지 않고 주변을 맴도는 것들이 보이기 시작했고 이렇게 끌리는 것들을 붙잡아 살을 붙이니 열두 개의 형체들이 모습을 드러냈다. 파란 구슬을 열두 개의 공간으로 나누고 새로운 이름표를 달았다. 알파고의 반란, 스핑크스에게 길을 묻다, 런던스모그에서 배우다, 칸트의 시계, 암브로시아, 나폴레옹과 베토벤, 좀비, 목성남 수성녀, 라디오로 마음을 엿보다, 해저의 오아시스, 사라진 비행기, 그래도 지구는 돈다.

여러 질문을 던져 보았다. 보이는 것에 상상의 날개도 달아 보았다. 그러자 생각도 못한 반가운 손님들이 방문했다. 그들은 기대하지도 않았던 보석을 가지고 왔다. 열두 개의 방은 각각 다섯 식구들로 가득 찼고 하나의 구슬은 또 다른 예순 개의 작은 구슬로 채워졌다. 이 책은 젊은이들에게 물질 변화의 원리를 상세하게 가르치기 위한 교재가 아니다. 다만 젊은이들이라면 누구나 살고 싶을 상상의 집을 지어 모두를 초대하고 싶다. 그들의 생생한 눈빛을 마주하는 것만으로도 충분히 즐거울 것이며 나아가 그들과 좀 더 소통할 수 있다면 더없이 행복할 것이다.

저자 김성식 · 이영아 · 마윤정

목차

3장 런던 스모그에서 배우다

4장 칸트의 시계

5장 암브로시아

10장 해저의 오아시스

11장 사라진 비행기

1장
알파고의 반란

1
아이, 로봇

호모 하빌리스 / 제2의 도약 / 언사의 인형, 창우 / 아이, 로봇 / 케미컬 로봇

호모 하빌리스

인간이 다른 동물들과는 다른 길을 걷게 된 이유가 무엇일까? 그중의 하나는 바로 도구를 사용했다는 것이다. 1960년대 초, 탄자니아 세렝게티 국립공원에 있는 올두바이 협곡에서는 도구를 사용하는 사람의 화석이 발견되었다. 바로 200만 년 전에 살았던 호모 하빌리스Homo habilis이다. 손을 쓸 줄 아는 사람, 즉 도구를 사용하는 사람이란 뜻이다.

도구는 인간만의 전유물일까? 그렇지는 않다. 몇몇 동물들은 도구를 사용하기도 한다. 침팬지는 오래 전부터 도구를 만들고 사용하는 법을 알았는데 두 발로 선 채 개미를 찾아내기 위해 긴 막대기를 사용하는 모습은 침팬지가 인간과 가장 많이 닮은 동물임을 보여준다. 고릴라도 긴 막대기로 물이 얼마나 깊은 지 알아낸다. 아프리카 콩고에 서식하는 고릴라가 딱딱한 열매를 부수기 위해 돌을 사용하는 모습이 목격된 것은 10여 년 전의 일이다. 마카크 원숭이도 돌을 이용하여 견과류나 굴을 까서 먹을 줄 안다. 까마귀는 잔가지를 이용하여 통나무에 들어 있는 먹이를 찾아낸다. 육상 동물 중 가장 큰 뇌를 가진 코끼리는 전기 울타리에 통나무 등을 올려놓아 전기 합선을 유도할 줄도 알만큼 지능이 높다. 바다에 사는 해달은 굴 껍데기를 까기 위해 돌을 사용하는 것으로 알려져 있다. 돌고래는 부리에 해면을 달고 헤엄치는데 이는 날카로운 바위에 주둥이가 다치는 것을 예방하기 위해서이다. 문어는 코코넛 껍질을 무기로 사용한다.

많은 연구 결과가 발표되면서 도구의 사용에 관한 한 인간과 다른 동물들 간의 차이가 불분명해지고 있다. 그러나 앞에 소개한 동물들은 인간처럼 도구를 지속적으로 사용하지도 않고 만들어 쓰는 능력도 없다. 같은 종이라도 도구를 사용하지 않는 것들도 많다. 또한 다음 세대를 학습시켜 진보하는 특성을 보이지도 않는다. 다른 동물들보다 논리적으로 생각하고 판단하며 행동하는 인간의 능력은 두뇌의 차이에서 비롯된다. 인류는 도구를 사용함으로써 생물학적인 약점을 보완하고 문명의 진화를 가능케 하였다.

〈 인류의 연대표 〉

오스트랄로피테쿠스(Australopithecus)
(4.0 Mya)

호모 하빌리스(Homo habilis)
(2.1 Mya)

호모 에렉투스(Homo erectus)
(1.8 Mya)

네안데르탈인(Neanderthal)
(0.4 Mya)

호모 사피엔스(Homo sapiens)
(0.3 Mya)

* Mya: 백만 년 전(숫자는 최초 출현 시기)
https://en.wikipedia.org/wiki/Homo_habilis
https://en.wikipedia.org/wiki/Human

제2의 도약

인류가 도구를 사용한 것은 수백만 년 전으로 거슬러 올라간다. 180만 년 전에는 보다 정교한 돌 도구가 등장한다. 손도끼 등으로 무장한 인간은 다른 동물들과는 다른 길을 걷게 된다. 두 발로 똑바로 걷는 인류가 등장했는데 바로 신생대 제4기 홍적세에 살았던 호모 에렉투스Homo erectus이다. 인간은 더 이상 높은 나무에 오를 필요가 없어졌다. 2016년 8월 클러거Jeffrey Kluger가 미국의 주간지 『타임』(TIME)에 기고한 글을 보자. 캐나다 빅토리아 대학교의 인류학자 노웰A. Nowell과 공동연구자들은 인류의 조상이 25만 년 전부터 돌 도구를 만들었다는 구체적인 증거를 발견하였는데 그것은 호미닌Hominins이 만든 돌 도구에서 나온 코뿔소 등의 혈흔이다. 도구의 역사는 훨씬 이전으로 거슬러 올라간다. 팩트&디테일(factsanddetails.com)에는 에티오피아에서 출토된 도구가 소개되었다. 돌을 깨뜨려 날카롭게 만든 이 도구는 170만 년 전의 것으로 확인되었다. 도구의 진화는 인류 사회의 진화로 이어졌다.

이집트에 있는 기자의 대피라미드는 밑면의 길이가 230미터이고 높이가 147미터나 되는 세계 7대 불가사의 중 하나이다. 나일강을 따라 건설된 피라미드는 4,500여 년 전에 약 230만 개의 돌을 쌓아 만들었다. 이집트인들은 무게가 2톤에서 50톤이나 되는 그 많은 돌을 어떻게 운반하고 쌓아올렸을까? 그들은 채석장에서 캐낸 무거운 돌을 운반하기 위해 받침목, 선로, 굴림대 등을 사용하였다. 현장에서는 피라미드를 쌓을 돌을 썰매에 실은 다음 그 앞에 물에 적신 모래를 깔고 운반함으로써 필요한 힘을 절반으로 줄일 수 있었다. 이러한 여러 도구들 덕에 고대 이집트 피라미드 완성의 일등 공신인 노동자들은 수고를 덜 수 있었다. 거대한 피라미드를 완성하기 위해 방향을 잡고 기초를 다진 다음 수평을 맞추고 돌을 잘라 일정한 크기로 다듬는 등의 작업을 수행하는 과정에서 다양한 도구와 장비를 사용한 것을 보면 알 수 있듯이 피라미드는 당시의 과학과 기술이 총 동원되어 만들어진 경이로운 건축물이다.

언사의 인형, 창우

어느 날 중국 주나라의 목왕(재위 976~922 BCE)이 서쪽으로 순행을 떠났다. 왕은 도중에 언사라는 공인을 만났다. 공인이란 오늘날의 기술자를 의미한다. 언사는 그가 만든 창우라는 인형을 왕에게 선보였다. "물건은 가져오지 않고 같이 온 저 사람은 누구냐?" "이것은 제가 만든 물건인데 창극을 잘 합니다." 창우는 하는 동작이 꼭 사람과 같았다. 노래를 불렀고 춤도 추었다. 언사가 창우를 해체하여 보여주었는데 심장, 위장, 골격 등 모든 것이 갖추어져 있었다. '사람의 재간이란 참으로 조물주와 같은 위치에 있는 것인가?' 이 일화는 중국의 고전인 『열자』(列子)의 「탕문편」(湯問篇, 기원전 4세기경)에 나오는 이야기이다.

자동기계란 스스로 작동하는 기계를 말한다. 자동기계는 고대로부터 다양하게 만들어졌다. 위키피디아에 따르면, 헬레니즘 시대(323~146 BCE)부터 장난감, 종교적 우상, 과학 원리 등을 보여주는 도구들이 만들어졌다. 그리스의 발명가 크테시비오스Ktesibios(285~222 BCE)는 물의 힘으로 움직이는 자동기계를 발명하였다. 8세기 중엽에는 바람의 힘으로 작동하는 자동기계가 바그다드에 설치되었다.

1206년 알 자자리Al-Jazari(1136~1206)는 프로그래밍이 가능한 자동기계에 대한 기록을 남겼는데 그는 『독창적인 기계장치의 지식에 대한 책』(Book of Knowledge of Ingenious Mechanical Devices)에서 기계들의 다양한 장치를 상세히 기술하였다. 다 빈치Leonardo da Vinci(1452~1519)도 1495년경에 복잡한 자동기계에 대한 스케치를 남겼다.

잘 알려진 자동기계로는 자크마르Jacquemart가 있다. 이것은 나무 또는 금속으로 만든 인형인데 해머로 종을 쳐서 시간을 알려준다. 1383년에 설치되었으며 프랑스 디종에 있는 노트르담 대성당의 지붕 위에도 인형이 종을 쳐서 시간을 알려주는 자크마르가 설치되어 있다.

독일 남서부 지방의 검은 숲[Schwarzwald]은 침엽수의 낙원이다. 슈바르츠발트는 햇빛이 들지 않을 정도로 숲이 울창하여 검게 보인다. 이곳 사람들은 약 300년 전부터 나무를 깎아 자동기계를 만들었는데 이것이 바로 뻐꾸기시계이다. 때가 되면 뻐꾸기가 시계 밖으로 나와서 시간을 알려주는 이 시계는 태엽 장치가 그 동력원이다.

1737년, 프랑스의 발명가 보캉송Jacques de Vaucanson(1709~1782)은 플룻을 연주하는 자동기계를 제작하였고 1840년에는 이탈리아의 만제티Innocenzo Manzetti(1826~1877)가 의자에 앉아서 플룻을 연주하는 사람을 실물 크기의 기계로 선보였다. 1860년부터 1910년까지는 자동기계의 황금기였는데 오늘날에는 주로 예술적인 관점에서 만들어지고 있다.

그리스 신화 속의 자동기계

헤파이스토스(Haphaestus)

대장장이, 기술, 금속, 불의 신이다.
제우스와 헤라 사이에서 태어났다.
못생긴 외모에 절름발이였다.
청동거인 탈로스를 제작했다.
제우스는 탈로스를 크레타섬의 왕 미노스에게 선물하였다.

다이달로스(Daedalus)

움직이는 조각상을 만들었다.
이카로스에게 날개를 달아주었다.

알키노스(Alcinous)

금과 은으로 경비견을 만들었다.

아르키타스(Archytas of Tarentum)

플라톤의 친구였다.
나무로 비둘기 형태의 비행물체를 제작하였다.

https://en.wikipedia.org/wiki/Automaton
http://www.theoi.com/Ther/Automotones.html

아이, 로봇

지금부터 100년 전만 해도 영화는 대사가 없이 돌아가는 무성영화로 만들어졌다. 1921년에 나온 이탈리아 영화 〈기계 인간〉(The Mechanical Man) 역시 등장인물들의 음성이 없는 공상과학 영화였다. 이 영화에 등장하는 기계 인간은 초인적인 힘과 스피드를 가지고 있다. 범죄 조직의 손에 들어간 기계 인간과 이에 대항하기 위해 새로 만들어진 기계 인간과의 전투를 그리고 있다. 그로부터 18년 후인 1939년에는 영화 〈바람과 함께 사라지다〉를 감독한 플레밍Victor L. Fleming(1889~1949)이 바움Lyman F. Baum(1856~1919)의 소설 『오즈의 마법사』를 영화로 만들어 세상에 내놓았다. 도로시Dorothy가 마법의 오즈에서 겪는 모험으로 여기에 등장한 양철 나무꾼[Tin man]은 우리의 상상력을 자극한다. 로봇이라 하면 보통 안드로이드Android, 사이보그Cyborg, 그리고 지능형 자동기계[Intelligent automatons]를 말한다. 로봇에 관한 영화에 관심이 있다면, 2015년 11월에 로봇 영화 100편을 소개한 페이스트 매거진(pastemagazine.com)을 방문해 보자.

2035년의 일상을 그린 이야기가 있다. 바로 아시모프Isaac Asimov(1920~1992)의 소설을 원작으로 한 영화 〈아이, 로봇〉(I, Robot, 감독: Alex Proyas)이다. 인간과 AI 로봇이 함께 살아가고 있는데 인간의 역할을 상당 부분 대행해주는 로봇은 이미 인간의 동반자이다. 로봇의 기능과 지능은 날로 개선되고 있었다. 어느 날, 로봇의 창시자가 의문의 죽음을 당한다. 수많은 인간들이 살아가는 세상에서 수많은 사건이 일어났던 것처럼. 이 사건을 풀어나가면서 벌어지는 이야기이다. 이 영화에는 감정을 가진 로봇 소니Sonny가 등장한다. 래닝Alfred Lanning 박사가 로봇 3원칙을 무시하고 만든 창작품이다. 인간들을 통제하는 로봇. 소니를 중심으로 모이는 로봇. 새로운 세상을 찾아 떠나는 로봇. 이 영화의 장면들은 인간의 미래에 대해서 많은 것을 시사해준다.

로봇 영화

오즈의 마법사(The Wizard of Oz, 1939)
스타워즈(Star Wars, 1977)
스타트렉(Star Trek, 1979)
에이리언(Alien, 1979)
블레이드 러너(Blade Runner, 1982)
터미네이터(Terminator, 1984)
에이리언 2(Aliens, 1986)

로보캅(RoboCop, 1987)
터미네이터 2: 심판의 날(Terminator 2: Judgment Day, 1991)
스타트렉(Star Trek: Generations, 1994)
스타트렉(Star Trek: First Contact, 1996)
매트릭스(The Matrix, 1999)
아이, 로봇(I, Robot, 2004)
월-E(WALL-E, 2008)
인터스텔라(Interstellar, 2014)
엑스 마키나(Ex Machina, 2015)
어벤져스: 에이지 오브 울트론(The Avengers: Age of Ultron, 2015)

https://www.pastemagazine.com/articles/2015/11/the-100-greatest-movie-robots-of-all-time.html

아시모프는 로봇에 관한 소설을 쓰면서 로봇 공학의 3원칙을 제인하였다.

(1) 로봇은 인간을 다치게 하거나, 인간에게 해가 되는 것을 방관해서는 안 된다.
(2) 로봇은 인간의 명령에 복종해야 한다. 단 이러한 명령이 첫 번째 법칙에 위배될 때에는 예외로 한다.
(3) 로봇은 자신의 존재를 보호해야 한다. 단 그러한 보호가 첫 번째와 두 번째 법칙에 위배될 때에는 예외로 한다.

그러나 〈아이, 로봇〉에서 보았듯이 이러한 원칙은 로봇이 인공지능을 갖게 되는 순간 무용지물이 된다. 로봇이 인간의 능력을 초월하는 날이 오기 전에 예측 가능한 모든 것에 대한 논의가 필요한 이유이다.

마지막으로 2016년 4월 트러스티드리뷰(trustedreviews.com)가 전하는 현실 세계에 등장한 로봇 톱 10을 소개하기로 하겠다. 마일로 로봇Milo robot은 미국의 휴머노이드 제조사인 로보카인드Robokind가 개발한 로봇이다. 자폐증을 앓고 있는 아이들을 위해 만들어졌다. 신장이 60센티미터인 이 로봇은 부모, 치료사 또는 교육자들이 자폐증이 있는 아이들에게 사회성 기술을 가르치기 위한 목적으로 만들어졌다. 엑소 GTEkso GT는 캘리포니아에 있는 엑소 바이오닉스Ekso Bionics사가 만든 로봇이다. 군대에서 척추 외상이나 뇌졸중 환자들의 재활을 돕기 위해 제작되었다. 가정에서 개인 비서 역할을 수행하는 로봇 지보Jibo도 만들어졌다. 주인의 얼굴을 인식하며 특별한 날에는 사진도 찍어준다. 더블Double은 바퀴가 달린 지팡이처럼 생겼고 위에는 스크린이 달려있는 로봇이다. 집에서 편리하게 외부 행사에 참가할 수 있도록 도와준다. 데카로봇Deka Robot은 태어날 때부터 혹은 사고로 팔다리를 잃은 사람들을 위한 로봇이다. 컵, 나이프, 숟가락 등을 집을 수 있다. 페퍼Pepper는 사람의 감정을 읽고 응답하는 로봇이다. 고해상 카메라 4대, 마이크로폰 4개, 그리고 3D 센서를 장착하고 있으며 몸체에는 자이로스코프가 있는 이 로봇은 알데바란 로보틱스Aldebaran Robotics사가 만들었다. LG 롤링 봇LG Rolling Bot은 외출 또는 여행 중에 집을 지켜주는 로봇이다. 몰리Moley는 2017년에 선을 보인 로봇 쉐프이다. 로봇 팔과 휴머노이드 손을 가지고 있다. 네 발 달린 로봇 스팟Spot은 보스톤 다이나믹스Boston Dynamics사가 만들었다. 혼다 아시모Honda Asimo는 세계에서 가장 강력한 휴머노이드 중의 하나인데 간단한 명령어로 일을 시킬 수도 있다.

2017년 8월 비즈니스인사이더(businessinsider.com)에 따르면 세계 최대 투자은행인 미국 제이피 모건JP Morgan은 AI 로봇을 주식거래에 도입할 예정이라고 한다. 고객 주문을 최적의 가격으로 빠르게 실행하는 인공지능 시스템 LOXM을 실거래에 도입한다는 것이다. 2017년 11월 중국 최대의 전자상거래 업체인 알리바바[Alibaba Group]는 광군제(光棍節, 독신자의 날)에서 하루 만에 28조 원의 매출을 기록했다. 이는 알리바바가 온라인과 오프라인을 융합할 수 있었기 때문이라고 한다. 알리바바는 오프라인 상점을 스마트 스토어로 탈바꿈시켰다.

실제 로봇

- Actroid(사람 모습을 한 안드로이드)
- Aldebaran Robotics Nao(2족 보행 로봇)
- Boston Dynamics Cheetah(치타 로봇)
- Boston Dynamics Rise(벽을 타고 오르는 로봇)
- NASA Curiosity Rover(화성탐사 로봇)
- Robo-Fish(로봇 물고기)
- Robonaut 2(NASA의 휴머노이드 로봇)
- Robotis DARwIn-OP(미니 휴머노이드 로봇)

Hanson Robots Zeno(로봇 소년)
Honda Asimo(2족 보행 로봇)
HyQ Quadruped(네 발 달린 로봇)
Mandi Go(춤추는 로봇)
Morphex(6개의 발이 달린 로봇)
Snackbot(스낵을 서빙하는 로봇)
Sphero Robotic Ball(로봇 공)
Swumanoid(수영하는 휴머노이드 로봇)
Toyota Robot Violinist(바이올린 연주하는 로봇)

https://www.stuff.tv/news/25-best-real-robots

케미컬 로봇

2010년 FIFA 월드컵에서 독일이 치른 모든 경기를 정확히 점친 문어가 있었다. 이 문어는 결승전의 승자도 미리 맞혀 유명세를 떴다. 문어는 무척추동물 중 지능이 가장 높다. 거울을 보여주었을 때 자신을 차츰 인식하는 것으로 알려져 있다. 위협을 받으면 먹물을 뿌리고 도망간다. 문어는 8개의 다리를 가지고 있고 몸이 유연하여 좁은 공간으로 자신의 몸을 숨길 수 있다. 2016년 4월 니토라마(neatorama.com)를 보면, 문어는 스마트한 동물답게 놀라운 능력을 가지고 있음을 알 수 있다. 문어는 도구를 사용할 줄 알아서 코코넛 껍데기를 운반하여 임시 거처로 이용한다. 8개의 다리로 걸으면서 코코넛을 옮기기도 한다. 또 문어는 위장술의 천재여서 주변의 환경에 맞추어 피부색을 바꾸는 놀라운 능력이 있는가 하면 다른 동물을 흉내 내어 변신할 줄도 안다. 영화에 나오는 트랜스포머가 살아 돌아온 느낌이다.

문어를 닮은 로봇을 만든 사람들이 있다. 하버드 대학교의 연구자들이다. 그들은 3-D 프린팅, 주형 그리고 소프트 리소그래피Soft lithography를 이용하여 몸 전체가 유연한 인조 문어를 제작하였다. 그들이 만든 자동기계는 옥토봇Octobot이라 명명되었다. 몸 안에는 회로기판 역할을 하는 유체 회로가 들어 있다. 옥토봇은 몸 안에서 일어나는 화학 반응을 이용하여 에너지를 얻는다.

로봇 공학을 이용하면 연구실에서 화학 실험을 수행하는 로봇, 즉 케미컬 로봇[Chembot]을 만들 수도 있다. 개미나 벌 같은 곤충들은 각 개체들이 간단한 규칙에 따라 집단적으로 행동하는 사회적 동물이다. 이렇게 집단행동을 하는 곤충을 모방하여 만든 로봇이 등장하고 있다. 독일에서 개발된 개미 로봇은 위치를 식별하고 센서로 무장하여 물건도 들어 올린다. GPS 수신기를 장착한 이들은 스스로 판단하고 협업도 가능하다.

이러한 무리 지능(SI, Swarm intelligence)의 원리를 활용하면 화학 처리 시스템을 개발할 수 있다. 정교한 화학 실험을 수행하거나 위험한 환경에서 연구를 수행하기도 하고 또는 몇 달 동안 쉬지 않고 작업하는 로봇 화학자가 등장할 수도 있는 것이다. AI를 반가워하는 곳이 있는데 바로 제약 기업들이다. 이들은 신약을 연구하고 개발하는 데에 수많은 신물질을 합성하고 표적 물질을 찾아내야 하기 때문에 긴 시간과 많은 노동력을 요하는 이 분야에서 AI는 적격이다. 제약기업과 IT 기업이 손을 잡은 이유이다. 인간 화학자와 로봇 화학자들이 공존하는 미래는 어떤 세상일까?

옥토봇

세계 최초의 부드러운 몸체를 가진 로봇이다.
손바닥 크기의 몸체 외부는 부드러운 실리콘으로 이루어져 있지만,
내부에는 배터리, 선 같이 딱딱한 부분도 있다.
마이크로유체 논리회로가 장착되어 있다.
과산화수소[H_2O_2]와 백금[$_{78}Pt$] 촉매에 의한 화학반응으로 구동된다.
의료분야는 물론 좁은 공간을 탐색하거나 구조 작업에 응용될 수 있다.

http://www.sciencemag.org/news/2016/08/octobot-world-s-first-soft-bodied-robot
https://news.harvard.edu/gazette/story/2016/08/the-first-autonomous-entirely-soft-robot/

2
알파고의 반란

알파고의 반란 / 압빌에게 묻다 / 친절한 AI 씨 / 스스로 깨우치다 / 그날이 오면

알파고의 반란

어느 날 갑자기 등장한 알파고AlphaGo. 그 기계가 인간과 대결을 벌인다고 했다. 2016년 3월 세상 사람들은 호기심 어린 눈으로 세기의 대결을 지켜보았다. 바둑은 가로와 세로로 각각 19줄이 그어진 361개의 교차점에 흑돌과 백돌을 번갈아가며 놓아 집을 차지하는 경기이다. 한국, 중국, 일본 등에서 오랫동안 대중적인 인기를 누려온 바둑은 세계 대회를 통해서 전 세계로 퍼져나가고 있다. 사람들은 세계적인 프로 바둑선수 이세돌 9단이 알파고에게 패하리라고는 생각하지 않았다. 흑과 백의 단순한 게임인듯하지만 돌을 놓는 방법이 무궁무진한 두뇌 스포츠라서 더욱 그랬다. 그러나 결과는 알파고가 4승 1패로 승리하였다. 단 한 번 역전승한 것이 그나마 인간에게는 위로가 되었다고나 할까. “터미네이터를 향한 첫 걸음! 인공지능, 세계에서 가장 오래된 게임의 챔프를 꺾다!” 2016년 3월, 많은 매체들이 AI를 향해 쏟아낸 찬사였다. 그것은 인간의 미래에 대한 불확실성을 암시하는 것이기도 했다. 4개월 후 알파고는 세계 프로바둑 챔프에 등극했다.

알파고는 완벽하게 기획된 예측 시스템을 바탕으로 승리했다. 당시 전 세계 바둑계를 충격에 빠뜨린 알파고는 무엇인가? 아니 ‘누구인가?’라는 질문을 던져야 하겠다. 알파고는 구글 딥 마인드DeepMind가 개발한 인공지능 바둑 프로그램이다. 사람의 뇌처럼 작동하고 빅데이터로 연산을 수행한다. 알파고의 핵심은 딥 러닝[심화 학습]에 있다. 인간으로

치면 이제 막 걸음마를 하고 있는 기계일 뿐인데! 영장류인 인간이 누려 왔던 다양한 지적 활동의 영역이 인공지능 로봇에 의해서 하나씩 사라지고 있다. 증기기관의 발명으로 촉발된 기계 혁명으로 말들이 일자리를 잃었던 것처럼!

인간을 닮은 로봇들이 하나씩 그 모습을 드러내고 있다. 우리가 잠을 자고 있는 동안에도 다양한 환경 속에서 달리기를 하는 로봇이 있다. 숲 속을 달리고, 비탈길을 달리며, 자갈길을 달린다. 인간보다 훨씬 더 민첩한 로봇으로 탄생하는 그날까지. 인공지능 연구자들은 AI 로봇이 우리의 삶을 송두리째 바꿔놓을 것이라고 예측하고 있다.

옥스퍼드 대학의 보스트롬Nick Bostrom은 2014년에 출간한 그의 저서에서 다음과 같이 말하고 있다. 기계의 두뇌가 인간의 두뇌를 능가하게 된다면, 이 슈퍼 지능[Superintelligence]은 지구상에서 인간을 제치고 지배적인 생명체로 등장하게 될 것이다. 고릴라의 운명이 그들 자신의 행동보다는 인간에 달려있었던 것처럼, 인류의 운명은 기계의 슈퍼 지능에 좌우될 것이다. 결과는 인간에게 실존적 위협이 될 수 있을 것이다.

슈퍼 지능과 어떻게 공존할 것인가를 논의해야 한다는 의견도 많다. 슈퍼 지능이 인간을 내려다보는 세상이 닥쳐온다면? 위험이 현실로 나타나기 전에 대비하는 자세가 요구되는 시점이다. 비극적인 위험은 아무리 작아도 미리 대비해야 한다.

인공지능의 역사에 흔적을 남긴 사람 & 사건

헤파이스토스(Hephaestus)

그리스 신화에 나오는 올림포스의 대장장이.

최초의 여자 판도라를 창조.

금속으로 자동기계 제작.

튜링(Alan Turing, 1912~1954)

컴퓨터과학과 인공지능의 아버지.

1956년 다트머스 컨퍼런스(Darthmouth Conference)

맥카시(J. McCarthy), 민스키(M. Minsky),

샤논(C. Shannon), 로체스터(N. Rochester) 등이 참석.

AI 겨울

1970년대 후반, 1980년대 후반, 1990년대 초반의 시기

AI 영화

블레이드 러너(Blade Runner, 1982),
매트릭스(Matrix, 1999),
아이, 로봇(I, Robot, 2004),
월-E(WALL-E, 2008),
어벤저스(Avengers: Age of Ultron, 2015),
엑스 마키나(Ex Machina, 2015).

압빌에게 묻다

AI는 우리의 미래를 어떻게 바꿀 것인가? 프라도Guia M. D. Prado는 비즈니스 인사이더(uk.businessinsider.com)에서 여러 AI 연구자들의 견해를 기고하였다.

압빌Pieter Abbeel(UC 버클리)은 로봇이 우리를 더 안전하게 해줄 것이라고 말했다. 특히 후쿠시마 원전 사고 같은 재난 상황에서 위력을 발휘할 수 있다고 하였다. 화잇슨Shimon Whiteson(암스테르담 대학교)은 미래의 인간은 사이보그일 것이라고 예측하였다. 마츠오카Yoky Matsuoka(Technology at Nest)는 임플란트(인공대체물)가 인간의 조력자가 될 것이라고 말하였다. 사고로 수족을 잃은 사람들도 정상인처럼 살 수 있을 것이다. 디트리치Thomas Dietterich(인공지능발전협회)는 인간이 슈퍼맨으로 변화될 것이라고 했고 러셀Stuart Russel(UC 버클리)은 로봇이 우리의 기후 변화 등 모든 문제를 해결해줄 것이라고 말했다. 또 에치오니Oren Etzioni(AI Allen 연구소)는 AI가 지구를 구해줄 것이라고 예측했으며 하워트Sabine Hauert(브리스톨 대학교)는 AI로 인해 우리가 경험하지 않은 완전히 새로운 세계가 열릴 것이라고 했다. 브라이슨Joanna Bryson(프린스턴 대학교)은 이미 놀랄만한 여러 응용 사례들이 있기 때문에 미래를 예측하는 것이 어렵다고 했다. 스톤Peter Stone(텍사스 오스틴 대학교)은 이러한 변화들이 너무 천천히 오고 있기 때문에 처음에는 알아채지 못할 수 있다고 했다. 게프너Hector

Geffner(폼페우 파브라 대학교)는 정교한 AI들이 나타남에 따라 사람 사이의 연결 방식을 변화시킬 것이라고 전망했으며 게스트린Carlos Guestrin(Dato의 CEO)은 AI가 우리의 친한 친구가 될 것이라고 말했다. 테일러Matthew Taylor(워싱턴 주립 대학교)는 이러한 로봇들이 노년층의 삶의 질을 향상시킬 것이라고 했고 섀너헌Murry Shanahan(임페리얼 칼리지)은 이로 인해 메디케어의 질이 높아질 것이라고 말했다. 벤지오Yoshua Bengio(몬트리올 대학교)는 모든 사람들이 어디서나 자유롭게 인터넷을 접속할 수 있는 사회가 올 것이라고 예상하였다. 또한 파커Lynne Parker(국가과학재단 NSI)는 AI가 우리에게 보다 창조적인 일을 할 수 있도록 해줄 것이라고 말했다. 월시Toby Walsh(호주 NICTA)는 이로 인해 우리가 살아가고 일하는 방식이 완전히 바뀔 것이라고 주장했으며 셀먼Bart Selman(코넬 대학교)은 우리의 많은 직업이 사라질 것이라고 말했다. 이에 리트만Michael Littman(브라운 대학교)은 우리가 사람들을 평가하는 방법에 대해 재고해야 한다고 주장했다.

인공지능 혁명은 지난 십 년 동안 수차례의 고비를 넘고 이제 그 존재 가치를 증명하고 있다. 지난 40~50년 동안 축적된 기술을 통합했을 뿐인데도 충격이 크다. 인공지능과 인간이 공존하는 미래가 예측 불가능함에도 많은 기업들이 인공지능의 개발에 열을 올리고 있다. 이제 사람들은 묻는다, "AI는 얼마나 더 똑똑해질까?"라고. 우리의 미래는 어떤 모습일까?

AI의 미래

고령자의 도우미	위험한 직업을 접수
사이보그의 등장	인간의 자동차 운전 권한을 박탈
인간의 친구	기후 변화 해결

http://bigdata-madesimple.com/the-future-of-artificial-intelligence-6-ways-it-will-impact-everyday-life/

친절한 AI 씨

2016년 12월 인공지능 왓슨[Watson for Oncology]이 국내 암 환자를 진료하기 시작하였다. 환자들은 AI에게 신뢰를 보낼 것인가? 2017년 11월 사이언스타임즈에 게재된 기사를 보자. 왓슨은 IBM이 개발한 암 진단 솔루션으로서, 의사의 의료적 결정과정을 돕는 임상 의사결정 지원 시스템이다. 미국 메모리얼 슬론 케터링 암센터[MSKCC]에서 폐암, 유방암, 전립선암 등의 암 진료에 도입된 것이 시초이다. 왓슨은 클리블랜드 클리닉, 주피터 메디컬센터 등 세계의 여러 병원에서 암 환자 진료에 쓰이고 있다. 국내에서는 인천 길병원에서 처음으로 '왓슨'을 도입하여 암 환자 진단에 투입하고 있으며, 부산대학교병원에 이어 건양대학교병원, 계명대학교병원 등도 도입을 준비하고 있다. 중국에서는 20여 개의 병원에서 왓슨을 도입할 예정이다. 왓슨은 암 환자를 진단할 뿐만 아니라 유전 정보를 분석하고 의료 영상을 판독하며 임상시험을 돕고 전자 의무기록[EMR]을 분석하는 등의 많은 업무를 수행하고 있다.

왓슨은 각종 임상 데이터에 대한 방대한 학습량을 바탕으로 신속한 분석을 통해 가장 적절한 치료 방안을 제시한다. 논리적으로 환자 의료기록을 분석하고 해석하여 직관과 경험에 의존하는 인간 의사의 편견 등을 피할 수 있게 돕는다. 또한 환자에게 적합한 치료법을 신뢰도에 따라 복수로 추천하고, 그 근거까지 제시해주어 인간 의사가 놓칠 수 있는 질병까지 파악해 준다. 인공지능의 암 진단 정확도는 95퍼센트를 상회하여 인간 의사보다 더 높은 정확도를 보인다. 또한, 왓슨은 스스로 추론하고 학습하면서 발전을 거듭하고 있다. 물론 왓슨의 도입과 관련하여 우려되는 부분도 있다. 우선 환자의 데이터를 일일이 입력해야 하는 등 국내 의료 여건을 반영하지 못하고 있다는 비판도 있다. 그러나 방향은 정해진 듯하다.

인공지능은 헬스케어 분야의 혁신을 가져올 것이다. 인공지능 외에도 사물인터넷, 모바일, 웨어러블 등의 기술이 접목되어 혁신적인 변화가 예상된다. 그러나 이러한 왓슨 같은 인공지능이 미국의 데이터에 기반한 것이라는 점을 고려해야 하고 막대한 도입 비용에 따른 환자의 의료비 증가 등도 해결되어야 할 과제이다. 인공지능은 단순히 인간들을 돕거나 그들의 질병을 진단할 뿐만 아니라 질병을 예방하며 관리하는 역할도 할 것이다. 노바티스Novartis와 구글은 당뇨병 환자들의 혈당치를 눈물에서 측정하는 스마트 콘텍트 렌즈를 개발하고 있다.

왓슨

IBM의 DeepQA 프로젝트에서 개발.
자연어로 된 질문에 답할 수 있는 컴퓨터 시스템.
최초의 인공지능 질병 진단 시스템.
세계 50여 개의 병원에서 사용 중.
방대하고 다양한 입력 데이터를 바탕으로 결정을 내림.
유방암, 폐암, 대장암, 직장암, 위암, 자궁경부암, 전립선암을 진료 중.
사용자의 전자건강기록 시스템과 통합 가능.

https://www.ibm.com/blogs/watson-health/watson-and-cancer-get-the-facts/

스스로 깨우치다

로봇이 아무리 진화한다 하더라도 그것은 인간의 통제 하에 놓여있을 것이라는 환상이 깨졌다. 2017년 10월 「인간 지식 없이 바둑 마스터하기」(Mastering the game of Go without human knowledge)라는 논문이 발표되었다. 알파고를 개발한 구글 딥마인드의 CEO 하사비스Demis Hassabis를 포함한 17인은 영국의 과학 학술지 『네이처』(Nature)에 위와 같은 제목으로 연구 결과를 발표하였는데 새로운 주인공은 알파고 제로AlphaGo Zero이다. 바둑의 규칙만 제공받고 스스로 학습을 시작한 알파고 제로는 처음에는 바둑 초보처럼 상대의 돌을 포위해 돌을 따내는 데 집중했다. 그러나 19시간이 지나자 돌의 사활 개념 및 핵심 전략을 이해하기 시작하였고, 독학 70시간이 지나자 프로기사의 실력을 능가하는 수준의 바둑을 두기 시작했다. 알파고 제로는 바둑을 독학한 지 36시간 만에 2016년 3월 이세돌 9단을 4 대 1로 이긴 알파고 리의 실력을 넘어섰다. 독학을 한 지 72시간이 지난 뒤에는 알파고 리와 대국을 하여 100전 100승을 기록하며 바둑의 새로운 경지를 열었다. 알파고 제로는 딥러닝 방식과 함께 어떤 수가 승률을 높이는 최선의 수인지 피드백을 통해 요령을 터득하는 강화학습 전략을 택해 효과를 극대화하였다. 이는 시행착오를 최소화하면서 목표를 달성할 수 있다는 의미이다.

알파고 제로

구글 딥마인드가 개발한 슈퍼컴퓨터이다.
알파고에 100전 100승을 거두었다.
인간이 3,000년 동안 배울 것을 단 40일 만에 배웠다.
알츠하이머병이나 암 같은 질병 치료에 활용할 수 있다.
단백질처럼 복잡한 구조를 연구하는 데에도 응용할 수 있다.
인간 지식 없이 스스로 학습해 창의성을 발휘한다.
빅데이터가 없는 분야에 응용할 수 있다.

http://www.telegraph.co.uk/science/2017/10/18/alphago-zero-google-deepmind-supercomputer-learns-3000-years/
http://sports.news.naver.com/general/news/read.nhn?oid=001&aid=0009616865

그날이 오면

신문 기사를 작성하고 장편 소설도 쓴다. 그뿐만 아니라 외과 수술도 한다. 교향곡을 작곡하며 캔버스에 창의적인 그림도 그린다. 기쁘거나 슬프면 감정을 드러낸다. 인간만이 할 수 있는 영역에서 로봇들이 도전장을 내밀고 있다.

초기의 로봇들은 특정 분야에서만 활용되었고 기본적인 데이터와 규칙을 입력해야만 하는 수동적인 기계였다. 그러나 로봇은 다양한 분야에서 보편적으로 쓸 수 있는 형태로 발전했다. 심지어는 정해진 규칙에서 벗어나 스스로 학습하며 새로운 것을 창조하는 로봇이 생겨나기 시작했다. 인공지능이 인간처럼 자유롭게 사고하기 시작했다는 것은 로봇이 창조자로 등장하려 하고 있다는 것이다.

2017년 7월 포브스Forbes에 따르면, 페이스북이 개발하고 있는 인공지능 채팅 로봇인 챗봇Chatbots이 인간이 알아들을 수 없는 언어로 대화를 나누다가 적발되어 '강제 종료'되었다고 한다. 챗봇은 청각 또는 텍스트 방법을 통해 대화를 수행하는 컴퓨터 프로그램이다. 개발자들은 프로그램을 강제 종료하고 인간이 알아들을 수 있는 언어를 사용해 대화하도록 다시 설계했다.

"우리에게는 인공지능의 작동을 멈출 수 있는 빅 레드 버튼Big red button이 있다."고 안심할 수 있을까? 영국의 이론물리학자 호킹Stephen Hawking(1942~2018)은 이미 2014년에 인공지능이 가져올 잠재적인 비극에 대해 경고한 바 있다. 인류의 미래에 대해 테슬라의 CEO 머스크Elon Reeve Musk는 비관적인 견해를 내놓은 반면, 페이스북의 CEO 저커버그Mark Elliot Zuckerberg는 낙관적인 견해를 내놓았다. 2045년이 되면 인공지능의 발전이 가속화되어 모든 인류의 지성을 합친 것보다 더 뛰어난 초인공지능이 출현하는 시점인 특이점[Singularity]이 온다고 예측하는 과학자들도 있다. 그날이 오면 우리는 인간에 대한 정의를 어떻게 수정해야 할까? "인간은 필요 없다."고 그들이 말한다면 우리는 어떻게 대응해야 할까?

특이점

모든 인류의 지성을 합친 것보다 뛰어난 인공지능이 출현하는 시점을 말한다.
인공지능을 통제할 수 없게 되는 시점이다.
미국의 미래학자인 커즈와일(Ray Kurzweil)은 그 시기를 2045년으로 보고 있다.
그날이 오면 인간의 생활이 되돌릴 수 없도록 변화되는 시점이 도래한다.
환경오염이 제거되고 기아와 가난이 사라지며 영원히 사는 미래는 올 것인가?

https://en.wikipedia.org/wiki/Technological_singularity

3
4차 산업혁명

산업혁명 / 성냥팔이 소녀 / 기가 지니, 누구, 그리고 씽큐허브 / 인공지능 커뮤니티 / 4차 산업혁명

산업혁명

18세기 영국에서는 세계사적으로 중요한 의미를 가지는 사건이 일어났다. 그것은 기술혁신을 시작으로 불어닥친 산업 혁명이었다. 영국은 15세기 유럽의 대항해 시대를 이끌었고, 17세기에는 의회 민주주의의 시발점이 되었던 명예혁명을 완성시켰다. 이로 인해 봉건제가 해체되고 자유로운 농민층이 나타나면서 근대적인 산업이 발전하였다. 그리고 18세기 중반이 되면서 일대 변혁이 일어나기 시작한 것이다. 영국의 풍부한 지하자원과 노동력, 그리고 식민지 지배를 통한 자본 확보 등도 혁명을 촉진시키는 요인이 되었다.

풍부한 자원과 노동력을 보유하고 있었던 영국은 증기 기관이 대량으로 생산되면서 농업, 산업, 운송, 통신 등의 여러 분야에서 고속 성장의 길을 걷기 시작했다. 증기 엔진은 석탄과 철강 산업 분야에 처음으로 쓰이면서 그 위력을 발휘했다. 이 시기 중에 중요한 성장의 하나는 황산, 탄산나트륨, 염산과 같은 화학 물질을 대량 생산할 수 있게 된 것이었다. 이로써 유리, 직물, 비누 및 제지 산업뿐만 아니라 제철과 의류 산업도 동반성장하는 계기가 마련되었다.

영국에서 시작된 산업혁명은 독일, 프랑스, 미국 등으로 파급되었다. 1865년부터 1900년까지 이들 나라에 공업 생산력이 증대되었고 화학, 전기, 석유, 철강 등의 분야에서 기술혁신이 나타났다. 이를 제2차 산업혁명이라 부른다. 이로 인해 후발국들이 영국을 제

치고 선두에 나섰다. 전기를 대량생산할 수 있게 되자 중화학공업이 팽창하였다. 이를 계기로 과학 연구의 중심이 유럽에서 미국으로 이동하기 시작하였다. 1970년 이후에 불어닥친 제3차 산업혁명에서는 전기와 정보기술[IT]의 발전과 함께 컴퓨터의 중요성이 증대되었고 모든 분야에서 자동화 바람이 나타났다.

1차 산업혁명

18세기 중반부터 19세기 초반까지 영국에서 시작된 기술의 혁신을 말한다.
전 세계로 확산되어 경제, 사회 등의 변혁을 유도하였다.
아크라이트(Richard Arkwright, 1732~1792)의 수력 방적기, 와트(James Watt, 1736~1819)의 증기기관, 그리고 석탄을 이용한 제철 산업이 혁명을 이끌었다.

https://ko.wikipedia.org/wiki/%EC%82%B0%EC%97%85_%ED%98%81%EB%AA%85

성냥팔이 소녀

눈이 내리는 어느 추운 겨울,
소녀는 꽁꽁 언 몸을 녹이려고 네 번째 성냥을 켰다.
그러자 돌아가신 할머니가 나타났다.
소녀는 할머니가 사라져 버릴까봐 성냥에 모두 불을 붙였다.
할머니는 소녀를 끌어안고 하늘나라로 올라갔다.

이 이야기는 아동문학의 아버지로 잘 알려진 덴마크의 안데르센Hans C. Andersen(1805~1875)이 쓴『성냥팔이 소녀』의 일부분이다. 이 작품은 가난하게 자라서 구걸까지 해야 했던 그의 어머니를 소재로 하여 만들어졌다 한다. 그 당시의 덴마크는 산업혁명의 소용돌이 속으로 빠져들던 시기였다. 기계의 발명과 기술 혁신으로 자본주의 발전이 가속화되는 한편으로 노동자들은 열악한 환경에 내몰렸다. 수많은 아이들도 장시간 노동 현장에 방치되어 있었다. 가난한 구두 수선공의 아들이었던 안데르센은 가슴 아픈 이 이야기를 통해서 당시의 상황을 고발하고자 했던 것일까. 메이휴Henry Mayhew(1812~1887)도 「루시퍼 성냥팔이 소녀」를 통해서 열악한 근로 환경에서 희생되고 있는 어린 소녀들의 참상을 고발하였다.

당시 성냥 공장에서 일하던 소녀들은 독성이 있는 인[$_{15}$P]에 노출되어 턱뼈가 뭉개지는 인산 괴사 증상으로 고통을 받았다. 산업혁명 당시 성냥 공장에서 일했던 어린 소녀들은 열악한 근로 여건, 장시간 노동, 저임금, 그리고 그에 따른 직업병으로 고통을 받았다. 산업혁명의 빛으로 번영을 구가하던 런던에서마저도 새로 생겨난 하층 노동자들은 비참한 환경에 내몰렸다. 혁명도 그늘을 만든다. 1차 산업혁명은 농민층을, 2차 산업혁명은 공장 노동자를, 3차 산업혁명은 지식 노동자를 와해시켰다.

산업혁명의 이면

가난한 노동자 계층이 생겨났다.
아동 노동이 사회문제로 대두되었다.
많은 사람들이 열악한 근무 조건으로 인한 직업병으로 고통을 받았다.
환경오염 문제가 대두되기 시작하였다.
노동조합을 탄생시켰다.

http://industryrev.blogspot.kr/2013/12/dark-side-of-industrial-revolution.html
https://www.theepochtimes.com/dark-side-of-industrial-revolution-child-labor-captured-in-photos-in-early-20th-century_2044542.html

기가 지니, 누구, 그리고 씽큐허브

인공지능으로 말하고 적응하고 스스로 진화하는 운영체계가 있었다. 그것은 여성으로서의 정체성을 갖도록 설정되면서, 스스로 자신의 이름을 사만다Samantha라고 정했다. 그녀[Her]는 시어도어Theodore와 교감하면서 점점 친밀해진다. 그러나 시어도어는 그녀가 인간이 아닌 운영체계라는 사실에 경악한다. 사만다는 감정을 느끼는 자신의 존재에 대해 갈등하고 정체성에 혼란을 겪는다. 특이점을 넘어선 그녀와 시어도어는 어떤 선택을 할 것인가? 이 내용은 2013년에 미국의 존즈Spike Jonze감독이 만든 로맨틱 SF 영화 〈허〉(Her)의 줄거리이다.

「알라딘」(Aladdin)은 『천일야화』(The Book of One Thousand and One Nights(The Arabian Nights))에서 가장 유명한 이야기 중 하나이다. 옛날에 어머니와 단둘이 가난하게 살던 알라딘이라는 청년이 있었다. 그는 사악한 마법사에게 속아 마술 기름 램프를 가져 오려고 동굴에 들어갔다가 갇히게 된다. 운 좋게도 마법사에게 빌린 반지를 문질렀더니 지니Genie가 나타난다. 알라딘은 지니의 도움으로 부자가 되고 공주와 결혼하여 행복하게 살았다.

2017년, 드디어 인공지능이 TV 속으로 들어왔다. KT가 세계 최초로 내게 맞는 콘텐츠를 추천해주는 인공지능 TV '기가 지니GiGa Genie'를 선보였다. 기가 지니는 기존의 IP TV에는 없는 스피커와 카메라가 장착되어 있는 시청각 기반의 인공지능 서비스인데 KT에 따르면, 문맥과 상황을 이해하는 지능형 대화로 기가 기니와 대화할 수 있다는 것이다. 기가 지니는 올레 TV와 지니 뮤직 등과 연동시키는 '미디어 서비스', 일정관리와 일상생활을 돕는 'AI 홈 비서 서비스', 각종 홈 IoT 기기를 제어하는 '홈 IoT 허브 서비스', 그리고 음성 및 영상 통화 기능을 제공하는 '커뮤니케이션 서비스'를 제공한다.

SKT는 2016년에 음성인식 기술과 인공지능 엔진을 통해 고객이 원하는 바를 수행하는 서비스인 누구Nugu를 선보였다. 대화하듯이 이야기하면 음악, 일정, 날씨, 스마트홈 등의 기능을 실행해준다. 작고 가벼운 사이즈에 배터리가 탑재되어 있어서 시간과 공간의 제약 없이 사용할 수 있다. 누구는 클라우드 컴퓨팅Cloud computing을 통해 사용자 대화를 이해하고 파악한다. 딥러닝을 통해 데이터가 쌓일수록 이를 바탕으로 학습할 수 있게 설계되어, 사용자가 자주 이용할수록 인식도가 높아진다.

LG는 AI 스피커에 네이버의 인공지능 플랫폼인 클로바Clova를 탑재한 씽큐 허브ThinQ Hub를 출시하였다. 자체 개발한 음성인식 시스템이 내장되어 있어서 말로 가전을 제어할 수 있다. 교통, 지역, 생활정보, 번역, 영어대화, 뉴스, 검색한 서비스 등을 제공받을 수 있다. 연동된 가전제품을 관리할 수 있도록 알림 서비스도 제공한다. 미세먼지, 온도, 습도,

이산화타소 농도를 감지하는 센서로 실내 공기 질을 관리하는 기기도 선보였다. 전력 사용량과 예상 전기 요금도 쉽게 확인할 수 있다.

삼성도 지능형 인터페이스인 빅스비Bixby 기반의 인공지능 스피커를 개발하여 출시할 예정이다. 빅스비는 삼성전자가 2017년 3월에 공개한 음성인식 기반 개인 비서 애플리케이션으로 딥러닝을 기반으로 하고 있으며 스마트폰에도 탑재할 예정이다.

아마존 에코Amazon Echo는 아마존닷컴이 개발한 스마트 스피커이다. 음성통제 가상서비스인 알렉사Alexa와 연계하여 사용한다. 홈 오토메이션 허브 역할을 하면서 여러 스마트 기기를 통제할 수 있다. 구글도 인공지능 스피커인 구글 홈Home을 내놓았다. 음성인식은 기본이며 구글의 인공지능 구글 어시스턴트가 탑재되었다.

인공지능 커뮤니티

2017년 7월 지디넷코리아(zdnet.co.kr)에 따르면, 주식회사 KT의 인공지능 서비스 '기가지니'와 홈 사물인터넷[IoT] 서비스가 집안으로 들어온다고 한다. 음성 명령으로 전자 기기를 제어하고 엘리베이터를 호출하며 전기 및 수도 사용량을 확인해볼 수 있다. 인공지능에 기초한 데이터가 축적되면 다양한 맞춤 서비스도 가능해질 것으로 예상된다.

2017년 8월 엠케이 뉴스MK News에 따르면, 국내 굴지의 건설 회사들이 정보기술[IT] 기업인 카카오Kakao와 함께 인공지능 기반의 스마트 홈 구축을 준비하고 있다. 카카오가 보유한 인공지능 플랫폼 '카카오 아이I'와 스마트 홈 서비스가 결합되는 것이다. 입주자들은 음성인식 및 카카오톡 메신저를 사용하여 다른 입주자들과 대화를 주고받으며 사물인터넷 기기를 제어할 수 있게 된다. 또한 센서 기술을 이용해 집안 정보를 실시간으로 확인할 수 있다. 이를 계기로 모든 아파트에 유사한 기술이 적용될 전망이다.

2017년 9월 한겨레신문에서는 인공지능 비서가 아파트 거실로 그리고 자동차 등으로 서비스 폭을 넓혀가고 있음을 알려주고 있다. 인공지능이 스마트 홈의 허브이자 친구가 되고 있다. SKT에서도 영리한 지능[Brilliant Intelligence]이란 의미를 가진 인공지능 '에이브릴AIBRIL'을 출시하였다. 왓슨 기반의 인공지능 서비스인 에이브릴은 인간의 언어를 인지하고 학습된 지식의 범위 안에서 인간에게 최적의 답을 제시하는 인지 컴퓨팅 플랫폼이다. 음성인식과 언어 번역을 통해 실시간 서비스가 가능하다.

스마트 홈 시대가 우리 눈앞에 다가오고 있다. 인공지능 아파트가 생겨나는 것이다. 인공지능 기술은 스마트 빌딩을 구현하는 데에도 기여할 것으로 기대된다. 세계적인 추세에 부응하여 국내에서도 기술로 인간 존엄을 실현한다는 모토로 활동하고 있는 한국인공지능협회가 생겨났다. 2016년에 설립된 한국인공지능학회는 인공지능을 통한 학술교류와 기술 협력 등을 모색하는 단체이다.

인공지능을 좋아하는 사람들의 모임인 팀 AI 코리아Team AI Korea도 있다. SKT는 전문가 그룹 및 고객들이 인공지능과 관련한 의견을 교류하고 연구를 추진할 수 있는 가상회사 '누구나 주식회사'(nugu.co.kr)를 설립하였다.

2017년 2월 포브스Forbes는 AI 경쟁에서 우위를 점하고 있는 회사들를 소개하였다. 구글, 애플, IBM, 페이스북 등이 올라와 있는데 그중에서 구글 딥마인드는 딥러닝, 로봇 공학, 전이학습 등에서 주목을 받고 있다.

4차 산업혁명

드디어 올 것이 왔다. 정보통신 기술[ICT]의 융합으로 새로운 시대가 다가오고 있다. 4차 산업혁명의 파도가 밀려오고 있는 것이다. 이 파도를 타고 인공지능, 로봇 공학, 무인 운송수단, 사물인터넷 등의 분야에서 혁신이 이루어지고 있다. 18세기~19세기의 1차 산업혁명은 증기기관의 발명으로 촉발되었고, 1870년~1914년 사이의 2차 산업혁명은 전기동력 대량생산 체계를 구축하였다. 그리고 디지털 혁명으로 불리는 3차 산업혁명에 이은 전혀 새로운 형태로 나타난 것이 4차 산업혁명이다.

세계경제포럼[WEF]은 4차 산업혁명을 가리켜 3차 산업혁명을 기반으로 한 디지털과 바이오산업, 물리학 등의 경계를 융합하는 기술혁명이라고 정의하였다. 전혀 새로운 미래가 다가오고 있다. 드론, 자율 주행, 웨어러블Wearable, 가상현실[VR], 사물인터넷 등 새로운 거인들이 나타나고 있다. 1차 산업 혁명에 따른 기계의 등장으로 말[馬]의 역할이 퇴색되었던 것처럼, 4차 산업혁명은 전혀 새로운 방식으로 고용 시장을 흔들 것이다. 인간의 지식 노동 영역도 대부분 인공지능으로 대체될 것이라는 전망이 나왔다.

2017년 4월 한국경제매거진은 한국고용정보원 보고서를 인용하면서 4차 산업혁명으로 자체 일자리의 70퍼센트가 위협받을 것이라고 밝혔다. 인공지능과 로봇 기술에 사물인터넷 등이 가세하여 상당수의 일자리가 자동화되는 것이다. 나노기술[NT], 바이오기술[BT], 그리고 3D 프린팅 기술의 발전도 이러한 혁명적 변화에 가세할 것이다. 그럼에도 불구하고 인간의 창의력, 직관, 감정 등이 요구되는 일자리는 살아남을 것이다. 비관적인 전망들 속에서 이렇게 정반대 의견도 제시되고 있다는 것은 다행스러운 일이다. 이것은 사라지는 직업만큼 새로운 직업도 등장할 것이라는 기대감에 기초한다. 미래에 대한 낙관적인 마음가짐과 열정, 새로운 사고방식, 새로운 교육 시스템이 필요한 시점이다.

4차 산업혁명

인공지능, 로봇 공학, 사물인터넷, 무인운송수단, 3차원 인쇄, 양자 컴퓨터, 나노기술 등 정보통신기술의 융합으로 등장한 변혁을 말한다.

https://en.wikipedia.org/wiki/Fourth_Industrial_Revolution

4
스마트 월드

보일이 꿈꾼 미래 / 스스로 가는 자동차 / 스스로 치유하는 물질 / 스마트폰의 미래 / 미리 보는 미래 기술

보일이 꿈꾼 미래

근대 화학의 아버지로 불리는 사람이 있다. 주인공은 아일랜드 태생의 영국 화학자 보일Robert W. Boyle (1627~1691)이다. 그는 기체의 압력과 부피 사이의 관계를 연구하여 그의 대표 업적 중의 하나로 잘 알려진 '보일의 법칙'을 발표하였다. 1659년에 공기펌프를 제작한 그는 이듬해에 기체의 몰Mole 수와 온도가 일정하다면 기체가 차지하는 부피[V]와 압력[P]은 서로 반비례한다는 사실을 발표하였다. 그는 실험적 사실을 중시하여 실험을 바탕으로 하는 근대화학의 기초를 이루었다. 그가 1661년에 런던에서 출간한 『의심 많은 화학자』(The Sceptical Chymist)는 화학의 초석을 다진 책으로 평가되고 있다.

17세기의 화학자 보일이 미래를 예견하면서 24개 항목의 리스트를 남겼는데 그가 꿈꾼 미래는 과연 어떤 모습이었을까? 보일은 미래의 과학자들이 연구할 것으로 예상되는 것들을 기록하였다. 그가 남긴 첫 번째 리스트는 수명 연장의 꿈이었다. 그리고 젊음의 회복에 대한 기대로 이어진다. 그는 하늘을 나는 꿈도 꾸었다. 인류가 물속에서 생활하게 되는 상황도 상상하였다. 원격 상처 치료와 이식을 통한 질병 치료도 그의 관심사였다. 물고기를 모방하고 종자의 생산을 촉진하며 금속을 변환시키고 펴 늘일 수 있는 유리를 만드는 것도 머릿속에 그렸다. 그의 상상은 계속되어 미네랄, 동물, 그리고 식물의 종을 변형시킬 수 있는 날이 올 거라고 생각하였으며 가볍고 질긴 갑옷도 만들어질

것이라고 예상하였다. 그는 지구의 경도를 쉽게 측정할 수 있는 날이 올 것이며, 바다에서 또는 여행 중에 추를 사용하여 시간을 잴 수 있는 시계도 탄생할 것이라고 믿었다. 또한 그는 상상, 기억 등의 신체 기능을 변경하거나 증대시키는 약, 통증을 완화시키는 약 등이 나올 것을 예상하였다. 그는 어떤 바람에도 항해할 수 있는 배와 절대 침몰하지 않는 배도 꿈꾸었다. 그의 상상은 꺼지지 않는 빛, 문지르면 향을 내는 도료에까지 이어졌다. 21세기를 살고 있는 우리가 꿈꾸는 세상이 17세기의 화학자가 꿈꾸었던 세상이었다니!

현실이 된 보일의 꿈

하늘을 나는 장치: 1903년 라이트 형제가 동력 비행기를 제작하고 비행하는 데 성공하였다.
경도를 재는 방법: 1970년대에 GPS 기술이 미국 국방부에서 개발되었나.
원격 질병 치료: 1954년 미국 보스턴에서 최초로 신장 이식에 성공하였다
가볍고 질긴 갑옷: 1965년에 가볍고 강철보다 질긴 합성 섬유인 케블라가 미국 듀폰 사에서 개발되었다.
고통을 줄여주는 약, 기분을 좋게 해주는 약, 잠을 잘 자게 해주는 약: 아스피린(해열, 진통제), LSD(환각제), 수면제(예: 스틸녹스) 등이 나왔다.

http://theappendix.net/issues/2014/7/perchance-to-dream-science-and-the-future
http://www.telegraph.co.uk/news/uknews/7798201/Robert-Boyles-Wish-list.html

스스로 가는 자동차

운전자의 도움 없이 스스로 도로를 달리고 있다. 전후좌우를 센서로 감지하며 교통 신호에 따라 규정 속도로 달린다. 보행자를 보면 정지한다. 교차로도 안전하게 통과한다. 목적지에 도착해서는 주차도 스스로 한다. 많은 사람들이 기대하는 자율 주행 자동차[Self-driving car]이야기이다. 2016년 미국에서는 고속도로 일부 구간을 자율 주행 자동차 전용으로 만들기 위한 보고서까지 나왔다.

2016년 10월 지디넷코리아ZD Net Korea에 따르면, 미국의 전기 자동차 회사인 테슬라

Tesla는 모든 차량에 완전 자율 주행[Full self-driving]을 위한 하드웨어를 탑재한다고 발표하였다. 테슬라는 8개의 서라운드 카메라와 초음파 센서를 장착하여 안전성을 강화하였다. 테슬라의 완전 자율 주행 오토파일럿은 레이더 기능도 향상되었으며, 기상이 악화된 상황에서도 차량 통행 유무를 쉽게 감지할 수 있다.

2016년 5월 미국 테슬라 차량이 자율 주행 중에 트럭과 충돌하여 운전자가 사망하는 사고가 일어나 안전성 논란이 불거졌다. 미국 도로교통안전국[NHTSA]은 이 사건을 6개월간 조사하였고 자동차의 안전 결함은 발견되지 않았다고 발표하였다. 부분 자율 주행 자동차의 기술적인 한계를 극복해야 하는 문제가 제기된 것이다. 이것은 현 단계에서는 자율 주행 기능을 보조수단으로만 사용해야 함을 의미한다.

2017년 4월 지디넷코리아는, 미국의 제너럴모터스[GM]가 핸들을 잡지 않고도 안정적인 주행을 할 수 있는 슈퍼 크루즈Super Cruise 시스템을 2018 캐딜락 CT6에 최초로 적용한다고 발표한 바 있다. 자율 주행 기술수준 3단계에 돌입한 이 자동차에는 온보드 카메라, GPS 및 레이더 센서 등이 장착되며 고정밀 지도 데이터 수집을 위한 센서도 탑재된다.

현대자동차는 2014년 미국 캘리포니아주 모하비 사막에서 촬영한 '무인 호송차[The Empty Car Convey]'라는 제목의 영상을 공개한 바 있다. 2017년에는 라스베이거스에서 열린 전자 박람회에서 '이동의 자유로움[Freedom in Mobility]'이라는 주제 하에 아이오닉 일렉트릭 기반의 자율 주행 차를 선보이기도 하였다. 이 자동차는 미국 자동차공학회가 분류한 레벨 0~5의 총 6단계 자율 주행 기준레벨 중 레벨 4를 만족시켰다. 현대자동차의 자율 주행시스템[ADAS]을 소개하는 사이트(brand.hyundai.com)에는 완벽한 인지, 판단 및 제어를 위한 여러 첨단 장비들이 소개되어 있다.

IT 업계의 관심도 뜨겁다. 2017년 네이버랩스NaberLabs가 국토부에서 부여하는 자율 주행 차 임시운행을 허가 받았다. 삼성전자도 자율 주행 차 운행 허가를 취득하여 인공지능과 딥러닝 기술을 개발하고 있다. 삼성은 미국에서도 자율 주행 테스트를 할 수 있는 시험면허를 받았다. 2017년 11월 쌍용자동차도 시험주행을 시작하였다. 2017년 노컷뉴스에 따르면, 완전 자율 주행 기술에 인공지능, 빅테이터, 사물인터넷, 딥러닝, 머신러닝, 신경망 머신 등의 첨단 기술이 총망라되면서 하드웨어와 소프트웨어 궁극의 기술이 극적으로 만나는 지점에 가까워지고 있다고 한다.

2017년 11월 테슬라의 CEO인 머스크는 프레몬트에서 진행된 이벤트에서 전기 트럭 세미[Tesla Semi]를 선보였는데 가속력이 좋고 공기 저항을 줄여 주행거리를 늘리기 위한 공기역학 설계를 채용하였다. 최대 주행거리도 800킬로미터나 된다. 30분 충전으로 640킬로미터를 주행할 수 있다. 자동 비상제동, 전방 충돌 경고, 자동 차선유지 등의 기능으로 안전한 주행을 보장하고 있다. 같은 달 국내에서는 경기도 판교제로시티 기업지원허브에서 2017 판교 자율 주행 모터쇼가 열려 자율 주행 셔틀 전시 및 시연 행사가 개최되었다. 9인승 자율 주행 차 제로Zero 셔틀도 공개되었고 인간과 자율 주행 차 간의 운전대결도 벌어졌다. 장애물을 피해서 정해진 규칙을 지켜 결승선을 먼저 들어오는 팀이 이기는 미션이었다. 결과는 자율 주행 차의 전패로 끝이 났다. 그러나 이제 시작에 불과할 뿐이다.

스스로 나는 비행기

2015년: 애틀란틱 솔라(Atlantic Solar, 스위스)–28시간 무인 비행
2016년: Ehang(億航, 중국)–미국에서 시험 비행
2017년: 볼로콥터(Volocoptor, 독일)–2인승 에어 택시 비행
2017년: AE 시스템스(영국)–480킬로미터 무인 비행
2017년: 에어버스(Airbus, 프랑스)–에어 택시를 개발 중
구글(Google, 미국)–자율 주행 기술을 축적 중
테슬라(Tesla, 미국)–오토 파일럿 공개
우버(Uber, 미국)–수직이착륙 자율 주행 비행기에 도전

스스로 치유하는 물질

새로 산 자동차의 표면이 사고나 고의에 의해 긁혔다면 어떤 기분이 들까? 이런 일을 당한 차주에게 반가운 소식이 미국의 케이스 웨스턴 리저브 대학교에서 나왔다. 연구자들은 고분자를 코팅 처리한 다음 표면을 칼로 긁어 흠집을 냈다. 그러고 나서 상처가 난

부분에 자외선을 쪼여 주었더니 30초 안에 벌어진 틈이 서로 달라붙어 표면에 긁힌 자국이 사라졌다. 스스로 치유하는 고분자[Self-healing polymer]가 탄생된 것이다.

일리노이 대학교의 연구자들은 또 다른 형태의 고분자 물질을 소개하였다. 그들이 선보인 신물질은 고무와 같은 특성을 보이는 탄성 중합체였다. 이것을 틀에 붓고 상온에서 24시간 동안 경화시켜 시료를 제작하였다. 그러고 나서 면도칼로 중간 부분을 자른 다음, 벌어진 두 부분을 양손으로 눌러주고 섭씨 37도의 인큐베이터에 24시간 동안 넣어두었다. 확인 결과 샘플의 갈라진 부분은 원래 상태로 회복되었다.

스페인의 오드리오졸라Ibon Odriozola 등은 터미네이터 고분자[Terminator polymer]라고 명명된 탄성체를 합성하였다. 연구자들은 고분자를 튜브 형태로 만들고 나서 칼로 잘라 이등분하였다. 잘라진 부분을 손으로 눌러 붙인 다음 24시간 동안 상온에 두었다. 놀랍게도 샘플은 두 손으로 잡아 늘여도 끊어지지 않았다. 우레아와 우레탄 구조를 가지는 이 폴리우레아우레탄Polyurea-urethane 자가치유 탄성체에 대한 그들의 연구 결과는 2014년 영국 왕립화학회에서 출간하는 저널『Materials Horizons』에 발표되었다.

고분자 재료를 개발하는 회사 수프라폴릭스(suprapolix.com)에 따르면, 수프라B 일래스토머SupraB elastomer라고 불리는 탄성을 가진 고분자는 면도칼로 길게 흠집을 내도 원래대로 되돌아가며 원래의 강도를 보였다. 이 밖에도 구멍이 생겨도 손상된 부분을 메울 수 있는 고분자도 있다. 미국 NASA에서도 터미네이터 기술을 적용한 터미네이터 물질을 개발하였는데 두 개의 고분자 층으로 이루어진 이 물질은 총탄에 의해 손상을 입자마자 내장된 액체가 산소와 반응하여 구멍을 메워 줌으로써 1초 이내에 원래의 상태로 회복되었다.

스마트 소재

스스로 치유하는 플라스틱	스스로 치유하는 피부	스스로 치유하는 세라믹
스스로 치유하는 탄성중합체	스스로 치유하는 뼈	스스로 치유하는 아스팔트
스스로 치유하는 파이버	스스로 치유하는 근육	스스로 치유하는 시멘트
스스로 치유하는 직물	스스로 치유하는 유리	스스로 치유하는 금속
스스로 치유하는 페인트		

캘리포니아 대학교의 왕Chao Wang과 밀러Bradley D. Miller는 스스로 치유하는 스마트폰에 쓸 수 있는 신물질을 합성하여 미국화학회에 발표하였다. 스탠포드 대학교의 바오Zhenan Bao 등은 일렉트로닉스Electronics에 응용 가능한 전도성 고분자를 개발하였는데 이것은 스스로 치유하는 터치 센서와 배터리 전극에 쓸 수 있다.

스스로 치유하는 콘크리트도 있다. 오가닉 콘크리트Organic concrete 또는 바이오 콘크리트로 명명된 이 콘크리트에는 박테리아(Bacillis Pseudofirmus 또는 Sporosarcina Pasteurii)가 들어 있다. 콘크리트에는 젖산칼슘도 들어가는데, 이것은 박테리아에 필요한 영양분이다. 박테리아들은 콘크리트 속에서 활동을 중단한 채 200년까지 생존해있을 수 있다. 콘크리트에 금이 가서 물이 유입되면 박테리아들이 활동을 개시하면서 석회석을 생산하여 틈을 메운다. 석회석은 탄산칼슘[$CaCO_3$]으로 이루어진 물질이다. 박테리아들은 단 3주 만에 갈라진 틈을 메울 수 있다. 이 콘크리트는 새로운 과학과 기술을 소개하는 사이트인 퓨처리즘(futurism.com)에 소개되었는데 앞으로 다리, 터널, 건물 등의 다양한 콘크리트 구조물에 유용하게 사용할 수 있을 것으로 기대된다.

스마트폰의 미래

이것은 강력한 카메라와 터치스크린 인터페이스로 무장하고 있다. 신속하게 연결할 수 있으며 다양한 프로그램은 이것을 더욱 빛나게 한다. 이것은 무엇일까? 바로 스마트폰이다. 디자인 웹블로그 홍키아트(hongkiat.com)에 실린 포M. Poh의 글을 빌리면, 스마트폰은 증강현실, 휘는 스크린, 내장형 프로젝터, 완벽한 음성인식, 3D 스크린, 그리고 홀로그램의 기능을 갖추게 될 것이라고 예상했다. 2017년 11월 브이3(v3.co.uk)에는 360도 비디오, 실시간 번역, 열 이미지 등의 신기술이 소개되었는데 태양에너지를 이용하면 스마트폰을 따로 충전할 필요도 없다. 그것은 우리의 마음을 읽을 줄도 안다. 홀로그램으로 무장한 스마트폰은 우리를 3D 세상으로 안내한다. 인공지능은 기본이다.

2017년 3월 KBS 뉴스에 스마트폰의 미래에 대한 보도가 있었다. 휘어지는 스마트폰이 나오고 사람들은 스마트폰을 손목에 차고 다닌다. 마이크로소프트는 두 장의 얇은 카드를 겹쳐 놓은 형태의 스마트폰을 개발하고 있다. 자유자재로 붙였다 떼었다 할 수 있다. 얇은 고무판처럼 만들어져서 마음대로 구부릴 수 있는 스마트폰도 개발되고 있다. 세면대 거울에 메시지가 나타나고 유리창도 커다란 모니터가 된다. 소파가 자신을 청소해 달라고 로봇 청소기에게 요청한다. 이렇게 모든 사물이 네트워크로 연결되는 초연결 사회[Hyperconnectivity society]가 온다면 스마트폰이 아예 사라질 수 있다는 전망도 나왔다.

스마트폰에 적용될 기술

증강현실(AR, Augmented Reality)
휘어지는 스크린[Flexible Screens]
접는 스크린[Foldable Screens]
내장형 프로젝터[In-Built Projector]
완벽한 음성 컨트롤[Seamless Voice Control]
3D 스크린과 홀로그램[3D Screens & Holograms]
얼굴 인식 시스템[Face Recognition System]

https://www.hongkiat.com/blog/future-smartphone-features/
https://www.androidauthority.com/upcoming-smartphone-tech-to-look-forward-to-779229/

미리 보는 미래 기술

2019년~2050년 사이에 출현할 신기술은 무엇이 있을까? 2015년 5월 유튜브(Generation Challenge)에 '미래 기술 발명 톱 5'란 제목으로 소개된 것들에 대해서 알아보자. 5위는 '시크렛 팔찌[Cicret Bracelet]'이다. 피부가 터치스크린이 되는 것인데 팔에 부착된 휘어지는 스크린을 터치하면 화면이 나타난다. 전화를 포함한 다양한 메뉴를 활용할 수 있다. 방수 기능이 있어서 욕실에서도 쓸 수 있다. 4위는 '아이워치I Watch'이다. 이것은 손목에 차는 스마트 시계이자 스마트폰이다. 알람시계가 하루의 시작을 알린다. 그날의 일정은 물론이고 공중에 나타나는 큰 화면으로 업무를 볼 수 있다. 3위는 '월포맷 디스플레이 글라스 Wall-Format Display Glass'이다. 벽, 테이블 등에 설치된 대형 화면에 자료를 띄워 두고 장거리 화상 통화를 하면서 회의를 한다. 터치스크린 방식을 채택한 대형 컴퓨터 모니터를 연상시킨다. 2위는 '스마트 카드'이다. 이것은 일반 신용카드와 동일한 재질과 크기를 가지는 카드이다. 개인 식별, 인증, 자료 저장 및 처리 등 다양한 기능을 한다. 1위는 '스마트 신문'이다. 이것은 일반 신문처럼 보이지만 똑똑한 신문이다. 여기에도 휘는 스크린이 주인공이다. 컴퓨터상에서 보는 신문처럼 터치센서로 원하는 정보를 자세히 들여다볼 수 있다. 물론 스마트폰과도 연계된다.

미래를 바꿀 아이디어를 만나보자. 2016년 12월 영국 BBC의 사이언스포커스(sciencefocus.com)에 22가지 아이디어가 소개되었다. 가장 먼저 소개된 것은 스페이스 드론Drone이다. 미국 NASA는 위아래가 없는 우주 정거장 안에서 활동하는 드론을 개발하고자 하였다. 제한된 공간에서 작동하게 될 드론인 아라크노비AArachnoBeeA에는 카메라와 작은 비콘beacon이 달려있다. 4개의 날개를 가지고 있으며 자유자재로 회전이 가능하고 로봇 팔로 물건을 잡고 운반한다. 네 발로 걸어 다닐 수 있도록 설계되었다. 그다음에 소개된 것은 하이퍼루프Hyperloop인데, 이것은 페이팔PayPal, 테슬라Tesla, 그리고 스페이스 엑스Space X의 창업자 머스크Elon Musk의 아이디어이다. 진공 튜브 속을 시속 1,200킬로미터로 달리는 초고속 운송 수단이어서 기차로 7시간 30분 걸리는 샌프란시스코와 로스앤젤레스 구간을 35분 만에 주파할 것이다. 커피 파워도 흥미를 끈다. 런던에서 한 해에 버려지는 커피 찌꺼기는 20만 톤에 달한다. 이 중 85퍼센트를 바이오연료로 사용한다면 건물 난방과 자동차 연료로 활용할 수 있다. 소리로 산불을 끌 수도 있다. 소리는 압력파로 이루어져 있기 때문에 불 주위로의 공기 이동을 막아주면 산소 공급을 차단할 수 있어서 불을 끌 수 있는 것이다. 인공지능 과학자도 등장할 것이다. 머지않아 모든 사람들이 인터넷을 자유롭게 사용할 것이다. 우리가 인격을 가지고 있는 것처럼 로봇도 자신만의 개성을 가지는 시대가 올 것이다.

2014년 12월 로봇 신문(irobotnews.com)에 따르면, 코미디언 로봇 '코비안Kobian', 예술가 로봇 '패트릭 트레셋Patrick Tresset', 연주하는 로봇 '샤이먼Shimon'등이 이미 개발되었다. 한 걸음 더 나아가서 차별화된 개성을 가진 로봇을 개발하는 연구들도 진행되고 있다.

2016년 중국의료팀이 원숭이 머리 이식 수술에 성공했다. 사람의 머리도 이식하는 시대가 올 지도 모르겠다. 머리 이식을 받겠다고 자원한 사람도 나타났다. 윤리적으로 많은 논란을 불러올 소지가 있음에도 불구하고 다양한 시도가 진행 중이다. 그때가 되면 컴퓨터 패스워드로 뇌파가 이용될 수 있다. 뇌파로 인증하는 시대가 온다는 의미이다. 뇌파로 문자를 입력하는 기술도 개발 중이어서 생각만으로 문자를 입력할 수 있는 시대가 올 것이다. 심지어 사람의 뇌에 초소형 칩을 심어 컴퓨터와 연결하는 기술도 개발되고 있다.

자율 주행 트럭이 도로를 달릴 것이며 도시에서는 물 위에 떠있는 수상 농장[Floating farm]으로 농업 생산성을 극대화하는 시대가 올 것이다. 미국의 수직 농장[Vertical farm]에서는 좁은 면적에 여러 층의 재배대를 설치하고 물, 빛, 온도, 습도 등을 제어하면서 작물을 기르고 있다. 기상이변에 대비할 수 있고 푸드 마일리지Food mileage를 줄여준다는 장점이 있어서 많은 주목을 받고 있다.

12,000년 전의 홍적세 공원[Pleistocene park]이 재현되어 매머드Mammoth와 들소가 함께 있는 순간을 볼 수도 있다. 이는 2008년 12월 중앙일보에 보도되었을 정도로 낯익은 스토리이다. 홍적세 공원이란 북동부 시베리아에 있는 체르스키Chersky 남부의 콜리마Kolyma 강에 있는 자연보호구이다. 러시아의 과학자 지모프Sergey Zimov 등이 아북극의 스텝 지대(나무가 없고 짧은 풀이 자라는 평야)에 생태계를 재현하려는 시도를 하고 있다. 거대한 빙하 사이로 육중한 걸음을 옮기는 복제 매머드 무리를 볼 수 있을까?

현재 슈퍼마켓에서 판매되고 있는 식료품의 유통기한은 법적 분쟁을 최소화하기 위해 실제보다 짧게 표시되어 있다. 이로 인한 낭비를 줄임은 물론이고 식품에 대한 정확한 정보를 제공해 주는 스마트 식품 라벨[Smart food labels]이 보편화될 것이다. 현대인의 30퍼센트 이상은 수면장애로 고통을 겪고 있다. 미국 워싱턴 주립 대학교의 연구자들은 수면을 담당하는 뇌 속의 신경세포 세트를 찾아내어 실험실에서 배양했다. 그리고 이것들을 잠들게 하고 깨어나도록 유도하였다. 이러한 연구 결과는 수면장애의 원인을 밝히는 중요한 자료가 될 것이다.

세상을 바꿀 미래기술

개성을 가진 로봇	소리로 산불 진압	자율 주행 차
뇌파로 개인 식별	수상 농장	하이퍼루프
드론	스마트 식품 라벨	홍적세 공원
머리 이식	인공지능 과학자	

http://www.sciencefocus.com/feature/future/future-technology-22-ideas-about-change-our-world

5
개미

최초의 농부 / 가우디가 사랑한 건축가 / 초유기체 / 무리 지능 / 사회적 지능

최초의 농부

최초의 농부는 누구였을까? 주인공은 메소포타미아 지역의 티그리스 강과 유프라테스 강 사이에 살았던 사람들이다. 약 1만 년 전 그들은 이 '비옥한 초승달 지대'에서 밀, 보리, 콩 등의 작물을 재배하면서 농경문화의 시작을 알렸다. 그런데 1994년 12월 뉴욕타임스에는 또 다른 농부에 대한 사연이 실렸다. 이듬해 초에는 과학동아에도 소개된 이 주인공은 바로 개미이다. 이 기사에서 나탈리 앤저Natalie Anger는 남아메리카에 서식하고 있는 어틴 개미[Attine ants]를 소개하였다. 대표적인 예로 가위개미(또는 잎꾼개미)가 있다. 그들은 공룡이 멸종한 직후부터 오늘날까지 무려 6,500만 년 동안 농사를 지어왔다. 수많은 개미들이 잎을 적당한 크기로 자른다. 그러고는 땅속에 있는 집으로 나른다. 개미들이 그대로는 먹을 수 없는 잎을 나르는 이유는 대체 무엇일까? 개미들은 잎을 더 잘게 잘라 균류들에 제공한다. 균류는 이것을 이용하여 균사 끝부분에 단백질과 탄수화물 덩어리를 생산한다. 개미들의 양식이 만들어지는 것이다. 가위개미들은 균류들에 필요한 잎을 제공하고 균류는 개미에게 필요한 영양소를 제공한다. 이러한 협력 관계의 주인공은 개미일까? 균류 입장에서는 개미로부터 원료 물질을 손쉽게 취하는 대신 개미에게 보상을 해주는 것이다. 개미들이 거처를 옮기면 균류도 새로운 터전을 갖게 된다. 2016년 7월 랜더스Jackson Landers가 스미소니언(smithsonianmag.com)에 기고한 바에 따르면, 곤충학자 슐

츠Ted Schultz와 공동연구자들은 어틴 개미와 균류의 유전정보의 총합인 게놈Genome 연구를 통해서 오랫동안 이어져 온 상리공생에 대한 비밀을 풀고 있다. 슐츠는 개미와 균류의 공생 관계를 수렵채집을 하던 개미들이 농경문화를 영위하게 된 것과 같은 대사건으로 표현하였다.

개미

공룡이 살았던 중생대 백악기(1억 1천만~1억 3천만 년 전)에 출현하였다.
7천만 년 전부터 버섯을 길렀다.
지구상의 거의 모든 지역에 살고 있다.
개미의 숫자(1,000조)는 전 세계 인구보다 100만 배나 많다.
자기 체중의 50배나 되는 물체를 운반할 수 있다.
허파가 없다. 몸에 난 공기구멍으로 산소를 들이마신다.
귀도 없다. 땅의 진동을 감지하여 반응한다.
위[胃]가 둘이다. 하나는 자신이 먹을 음식을 저장하고 다른 하나는 다른 개미와 공유한다.
수많은 개미들이 구명보트를 만들어 이동하기도 한다.
다른 곤충(예: 진딧물)을 돌보기도 한다. 그들은 개미에게 단물을 제공한다.
다른 개미를 노예로 부리기도 한다.
페로몬으로 상호 소통한다.

https://www.thoughtco.com/fascinating-facts-about-ants-1968070
https://www.rentokil.com/blog/10-interesting-facts-about-ants-you-need-to-know/#.WiMuZbpuKzk
https://futurism.com/10-crazy-facts-about-ants/

가우디가 사랑한 건축가

스페인 카탈루냐의 건축가가 있다. 그의 건축물 중 일곱 작품은 유네스코 세계문화유산에 등재되었다. 주인공은 바로 가우디Antoni Gaudi(1852~1926)이다. 그는 바르셀로나에서 저택, 공원, 성당 등을 건축하였는데, 그중에서 가장 대표적인 것으로는 사그라다 파밀리아Sagrada Familia 성당이 있다. 130년이 넘도록 공사 중인 이 성당 이름은 성聖 가족, 즉 예수, 마리아, 그리고 요셉을 의미한다. 가우디는 그의 나이 31세 때인 1883년부터 40여 년간 이 성당 건축의 책임을 맡아 전 생애를 바쳤다. 1935년 스페인 내전으로 공사가 중단되었다가 제2차 세계대전이 끝난 후 재개되었다. 가우디 서거 100주년이 되는 2026년에 완공될 예정이다.

아프리카의 빅토리아 폭포가 있는 내륙 국가 짐바브웨에는 스마트한 생명체가 살고 있다. 이 생명체는 사람으로 치면 거의 200층에 해당하는 높은 건축물을 지을 수 있는 능력의 소유자이다. 주인공은 바로 흰개미[Termite]이다. 농장에서 식용으로 기르는 곰팡이들은 섭씨 31도 정도의 온도에서 잘 자란다. 그런데 바깥 기온이 낮에는 섭씨 40도이었다가 밤에는 섭씨 2도로 내려가는 상황에서 이들은 어떻게 대처하는 것일까? 흰개미는 냉난방 환기구를 열고 닫는 방식으로 적정 온도를 유지한다. 흰개미는 버섯 농장을 경영하는 곤충으로도 유명하다.

"자연은 신이 만든 건축이며, 인간의 건축은 그것을 배워야 한다." 가우디의 말이다. 그런데 사그라다 파밀리아 성당의 모습이 낯익다. 흰개미들의 건축물과 너무나도 흡사하다. 이뿐만이 아니라 짐바브웨에 있는 그린 빌딩Green building 역시 흰개미에서 모티브를 얻어 지었다. 나무를 갉아 먹는 흰개미는 목조 건축물을 손상시키는 해충이다. 그런데 이 흰개미가 사막에서는 가우디도 경외심을 가지고 우러러볼 대 건축가로 변신한다. 2015년 2월 과학신문 사이언스데일리(sciencedaily.com)가 프린스턴 대학교 생태 및 진화생물학과에 있는 타니타Corina Tarnita 등의 연구결과를 인용해서 보도한 바에 따르면, 흰개미들은 사막의 확산을 막아주는 역할을 한다. 사막의 흰개미 집은 영양분과 습기를 저장하고 있으며 물을 땅속으로 더 잘 침투하도록 해준다. 이런 이유로 흰개미집 근처에서는 매우 건조한 기후임에도 불구하고 식물들이 더 잘 자라게 된다. 흰개미들이 불모의 사막을 풍요로운 땅으로 변모시키는 것이다.

흰개미

- 1억 3천만 년 전에 지구상에 출현하였다.
- 바퀴벌레, 사마귀와 공통 조상을 가진다.
- 나무의 섬유소를 분해하는 능력이 있다.
- 나무를 부패시켜 토양으로 바꿔주어 숲을 건강하게 해준다.
- 박테리아와 공생 관계를 유지하며 살아간다.
- 소화관에 사는 박테리아는 흰개미를 위해 셀룰로오스를 분해해준다.
- 흰개미는 이들이 사는 거처를 제공한다.
- 영양교환을 통해서 셀룰로오스를 분해하는 미생물을 장내에 받아들인다.
- 새로운 왕과 여왕개미는 날개가 있다. 새로운 장소를 찾으면 날개가 떨어져 나가고 새로운 무리를 이끈다.
- 수명이 짧고 짝짓기를 하면 바로 죽는 벌과 달리 수컷 흰개미는 여왕과 같이 지내고 알을 수정시키며 새끼를 돌본다.
- 페로몬으로 소통한다.

https://www.thoughtco.com/fascinating-facts-about-termites-1968587

초유기체

우리는 흰개미들이 지은 웅장한 건축물을 보고 놀라며, 그 내부 구조를 보면서 다시 한 번 놀라게 된다. 균류와 공진화해 온 지혜도 놀랍다. 한 마리 개미는 작고 보잘것없어 보이지만 다수의 개미는 놀라운 능력을 보여준다. 오랫동안 개미를 연구해 온 터너J. Scott Turner는 흰개미(Termite, Macrotermes michaelseni)가 보여주는 집단 지성[Collective intelligence]에 주목했다. 개미 무리는 초유기체[Superorganism]의 상징이다. 사회적 동물인 개미는 모두 거대한 초유기체의 일부로 각자의 임무를 수행한다. 일개미는 조직 내에서 가장 많은 수를 차지하고 있다. 그들은 눈도 날개도 없다. 식량을 나르고 실내의 공기 질을 관리하며 둥지를 짓고 보수한다. 병정개미는 적으로부터 무리를 지키는 임무를 맡고 있다. 이들은 하나의 몸처럼 움직이면서 페로몬으로 의사소통을 한다. 필요한 장소에서는 생체 다리나 구조물도 만든다. 생체 벽을 만들어 여왕개미를 지키기도 한다.

여왕개미는 무리 위에서 군림하는 존재일까? 그녀는 최대 15년까지 살 수 있다. 집단의 개체 수를 늘리기 위해 평생 알을 낳는다. 나미비아 국립박물관의 마래스Eugene Marais는 "여왕개미는 알을 낳는 노예일 뿐"이라고 평하였다. 여왕개미는 초유기체의 본보기이다. 여왕은 '전체를 위한 하나이며 하나를 위한 전체'이다. 영국의 엔지니어인 소어Rupert Soar와 하버드 대학교 로봇 공학 연구자인 내그팔Radhika Nagpal도 흰개미의 연구에 합류하였다. 개별적 존재로서의 흰개미는 '반응'한다. 그러나 무리를 이룬 흰개미는 '생각'한다. 개미들이 무리를 이루면서 나타나는 '초연결성[Hyperconnectivity]'의 위대함을 보여주는 순간이다. 초연결성이 에너지, 통신, 운송, 헬스케어 등 모든 분야에 적용되는 순간 우리의 미래는 혁명적으로 변화될 것이다.

무리 지능

물고기는 왜 무리를 지어 헤엄을 칠까? 육상 동물은 왜 떼를 지어 이동을 할까? 새와 곤충들은 왜 떼를 지어 날까? 멸치, 고등어, 정어리 같은 물고기들이 군영群泳을 하는 이유는 포식자의 공격으로부터 살아남으려는 생존 전략 때문이다. 이들은 서로 한데 뭉쳐서 크게 보이게 함으로써 상대의 공격을 피하고자 한다. 여기에는 자신들의 사회적 습성을 효과적으로 익히기 위한 전략도 숨어 있다. 얼룩말, 누, 영양, 가젤 등이 떼를 지어 이동하는 이유 역시 사자 같은 포식자의 공격을 효과적으로 방어하기 위함이며 기러기, 두루미, 바다오리 같은 새들이 떼를 지어 하늘을 나는 이유는 에너지를 절약하기 위해서다. 무리를 지으면 천적을 피하기도 쉬울 뿐만 아니라 먹이를 찾는 것도 더 용이해진다. 특히 새들이 V자로 날면 앞에 나는 새의 날갯짓이 뒤에 나는 새에게 상승기류로 작용하여 훨씬 수월하게 비행할 수 있다. 앞서 나는 새가 지치면 뒤에 날던 새가 선두로 나선다. 메뚜기, 벌 등의 곤충 역시 무리를 이루어 이동한다. 곤충이 무리를 이룰 때에는 세로토닌Serotonin 같은 신경전달 물질이 영향을 주는 것으로 알려져 있다.

동물들이 무리를 이루어 한 몸처럼 움직이는 현상을 무리 지능(SI, Swarm Intelligence)이라 부른다. 무리 지능이란 용어는 1989년 베니Gerardo Beni와 왕Jing Wang이 셀룰라 로봇 시스템Cellular Robotic System을 거론하면서 처음으로 소개하였다. 2011년 2월 과학동아에 따르면, 무리 지능은 무리의 생존율을 높이는데 효율적인 생존전략이다. 이와 관련하여 밀러Peter Miller는 '똑똑한 무리(SS, Smart swarm)'라는 신조어를 만들었다. SS는 무리를 이루면 정보나 환경에 대한 신호를 훨씬 더 많이 얻을 수 있어서 위험을 줄일 수 있다는 의미이다.

위키피디아에 따르면, 무리 지능은 각 개체의 행동을 통제하는 중앙 통제 구조가 없더라도 아주 간단한 규칙에 따라 행동하여 지능적으로 보이는 전체 행동을 이끌어낸다. 2016년 9월 이니구에즈Alfonso Iniguez는 무리 지능의 5원칙을 다음과 같이 제시하였다. 의식[Awareness], 자주성[Autonomy], 연대[Solidarity], 확장성[Expandability], 그리고 회복력[Resiliency].

많은 수의 로봇을 이용하여 복잡한 문제를 해결하기 위한 무리 로봇 공학[Swarm robotics]도 등장하였다. 무리 지능을 보여주는 개미의 경우처럼 로봇이 슈퍼 지능을 갖지 않아도 무리를 이루면 스마트한 시스템으로 변화한다. 하나의 로봇이 해결할 수 없는 과제를 무리 지은 로봇들은 훌륭하게 해낸다. 특히 사고나 재난 같이 힘들고 위험한 상황에 이들을 투입하면 사람이 할 수 없는 일을 해낼 수 있다. 단순한 로봇이 무리를 이루어 창조적인 일을 수행하는 것이다.

무리 지능

생존을 위해 발휘되는 집단 지성이다.
단순한 하나의 힘을 모아 통일된 목표를 달성한다.
보잘것없는 하나가 모여 복잡한 문제를 해결한다.
예: 개미, 새, 박쥐, 영양, 펭귄, 돌고래, 제왕나비, 하루살이, 메뚜기, 물고기, 박테리아 등

https://en.wikipedia.org/wiki/Swarm_intelligence
https://www.cio.com/article/3192068/artificial-intelligence/why-swarm-intelligence-enhances-business-and-bitcoin.html

사회적 지능

머리가 좋다는 말이 최상의 찬사였던 때가 있었다. 지능지수, 즉 IQ[Intelligence quotient]가 좋다는 말은 성공의 보증수표였다. 그러던 것이 EQ의 중요성을 강조하는 시대로 변하여 "공부만 잘하는 모범생이 사회에서 성공하지 못하는 이유는 뭘까?"라는 물음에 대한 답으로 감성지능지수(EQ, Emotional intelligence quotient)가 등장하였다. 그런데 요즘은 이 EQ보다 사회적 지능지수(SQ, Social intelligence quotient)가 더 중요한 가치로 부각되고 있다. 다른 사람의 감정과 의도를 더 잘 파악하고 협력할 줄 아는 능력이 사회적 성공을 가져온다는 의미이다. 12년 동안 뉴욕타임지에 뇌과학과 행동과학에 관하여 기고를 해왔던 골먼Daniel Goleman은 2006년 그의 저서 『사회적 지능』(Social Intelligence)을 통해서 사회적 지능의 중요성을 강조하였다. 각자가 가진 EQ는 사회 속에서 많은 사람들과 다양한 형태로 연결된다. 지적인 뇌는 타인과의 관계 속에서 EQ를 공유한다. SQ는 성공적인 인간관계를 푸는 열쇠이다.

테일러Arlene R. Taylor는 그의 블로그(arlenetaylor.org)를 퍼슬Paul Pearsall의 주장으로 시작하였다. 20세기가 두뇌의 시대였다면 21세기는 지적인 마음[Intelligent heart]의 시대이다. 그녀는 EQ가 IQ에 의해서 시너지 효과를 발휘한다고 생각한다. IQ와 EQ의 조화로 나타나는 SQ가 성공의 열쇠를 쥐고 있다. 그녀가 말하는 성공 공식[Success Formula]은 다음과 같다. IQ + EQ = SQ.

사실, IQ, EQ, SQ 모두 중요한 가치를 지니고 있다. 2013년 9월 스피킹트리(speekingtree.in)에서는 변형된 용어와 개념으로 설명하고 있는데 여기서 기존의 EQ는 EQ와 SQ를 합친 개념으로, SQ는 spiritual intelligence quotient로 정의한다. IQ, EQ, SQ는 각각 생각하고 느끼고 행동하는 능력이다. '중요한 것은 이 세 가지 능력의 합치이다.'

사회지능이 높은 사람들의 특징

대화하는 사람으로부터 강한 감정적인 반응을 끌어내려 하지 않는다.

사람, 정치, 생각 등에 대해서 확정적으로 말하지 않는다.

타인의 비판을 곧바로 부정하지 않는다.

타인의 행동을 통해서 그 사람을 지나치게 일반화시키지 않는다.

문제를 돌려 말하지 않고 정확하게 이야기한다.

상대방이 하는 말을 경청한다.

타인의 감정을 인정한다.

https://www.huffingtonpost.com/brianna-wiest/16-signs-of-a-socially-in_b_8855184.html

상상을 더하다 1

- 알파고의 반란 -

1. 자율 주행 자동차는 과연 안전할까?
2. 자율 주행 자동차 사고 시 책임은 누가 져야 할까?
3. 인공지능의 윤리적 문제에 대한 책임을 기계 자체에 부여해야 하는가 아니면 기계를 만든 인간에게 부여해야 하는가?
4. 인공지능 로봇이 상용화되면 사라질 직업은?
5. 4차 산업혁명으로 새로 생겨나는 일자리는 어떤 것들이 있을까?
6. 절대 기계로 대체할 수 없는 직업은 어떤 것들이 있을까?
7. 인간이 로봇보다 더 낫다고 할 수 있는 장점은 어떤 것들이 있을까?
8. 미래에는 지식이 많은 것보다 인공지능을 잘 다루는 사람이 더 능력 있는 사람이 될까?
9. 인간과 기계의 경계가 모호해질 때 인간의 정의는 어떤 식으로 바뀔까?
10. 인공지능도 사람에게 길들여질 수 있을까?
11. 인공지능이 인간을 지배할 날은 올까?
12. 빅 데이터를 이용하면 미래를 예측할 수 있을까?
13. 로봇도 감정을 가질 수 있을까?
14. 로봇도 배우고자 하는 의지를 가질 수 있을까?
15. 로봇과 인간이 사랑을 나눌 수 있을까?
16. 개미는 어떤 식으로 버섯을 키우고 수확하는가?
17. 개미들은 집단으로 생활하는데, 개미 집단에서도 왕따 등이 있을까?
18. 나노로봇을 통해 인간의 몸을 치유하는 미래의 기술이 있다는데, 금속이 인간의 몸에 들어가면 면역 거부 반응이 일어나지 않을까? 일어난다면 어떻게 해결할 수 있을까?
19. 스스로 치유하는 소재의 원리는 무엇일까?

2장
스핑크스에게
길을 묻다

1
스핑크스의 수수께끼

스핑크스의 수수께끼 / 쉐세프 앙크 / 스핑크스의 비밀 / 켄타우로스 / 페가수스 / 호루스

스핑크스의 수수께끼

문: 아침에는 네 발, 오후에는 두 발, 저녁에는 세 발로 걷는 것은?

답: 사람.

오이디푸스Oedipus가 방랑 중에 테베에 도착하였다. 그곳에는 머리가 여자 얼굴이요, 몸은 사자 모습을 한 스핑크스Sphinx라는 괴물이 살고 있었는데 스핑크스는 사람을 만나면 위와 같은 수수께끼를 내고, 풀지 못하면 그 자리에서 죽여 버렸다. 한편, 그 괴물을 처치하면 그 나라에 홀로 남은 왕비를 차지하고 왕이 된다고 하였다. 오이디푸스가 스핑크스를 찾아가서 그 수수께끼를 풀어내자 스핑크스는 너무 수치스러운 나머지 절벽에서 뛰어내려 죽었다.

오이디푸스(오른쪽)와 스핑크스
(뉴욕 메트로폴리탄 미술관 소장)
https://en.wikipedia.org/wiki/Oedipus_and_the_Sphinx

이 이야기의 주인공인 오이디푸스는 테베의 왕 라이오스Laius와 왕비 이오카스테Iocaste(또는 Jocasta) 사

이에서 태어난 아들이었다. 라이오스는 아들이 '아비를 죽이고 어미를 범한다.'는 신탁을 받았다. 그래서 그는 오이디푸스가 태어나자마자 복사뼈에 쇠못을 박아서 키타이론 Kithairon 산중에 내다 버렸다. 오이디푸스는 이웃나라 코린토스의 목동이 주워다 길러 코린토스Corinth의 왕자로 자랐다. 청년이 된 오이디푸스는 자기의 뿌리를 알고자 델포이 Delphi에서 신탁을 받았는데, 그것은 앞의 내용과 같은 것이었다. 오이디푸스는 이를 피하려고 방랑하다가 테베에 이르는 좁은 길에서 한 노인을 만나 사소한 시비 끝에 그를 죽이고 말았다. 그 노인은 오이디푸스의 아버지였다. 스핑크스가 낸 수수께끼를 푼 오이디푸스는 왕위에 올랐고 어머니인 줄도 모르고 왕비를 아내로 삼았다. 이 모든 원인이 자기 자신임을 알자 오이디푸스는 스스로 두 눈을 뽑아내고 방랑의 길을 떠난 뒤 콜로노스 Colonus의 성림에서 죽었다. 여왕도 자살하고 나머지 자녀들도 왕위를 둘러싼 골육상쟁으로 모두 죽고 말았다.

쉐세프 앙크

이집트의 왕자 투트모세Thutmose는 한낮에 거닐다가 위대한 신의 그림자 아래에 앉아 있던 중 잠이 들었다. 꿈속에서 그는 아버지를 만났다. 모래가 덮고 있는 아버지를 드러나게 해주면 통치권을 주겠다는 말을 듣고 깨어났다. 모래 속에 버려졌던 기자Giza의 대 스핑크스는 오랜 잠에서 깨어났고 왕자는 파라오가 되었다. 이것은 이집트 제18 왕조의 8대 파라오 투트모세 4세Thutmose IV와 스핑크스의 관련성을 언급한 꿈의 비문[Dream stele]에 적혀 있는 내용이다.

기자의 대 스핑크스는 길이가 73미터이고 높이가 20미터에 달하는 거대 석상으로서 바위산을 통째로 깎아 만들었다. 이 피라미드는 카프레Khafre(재위: 2558~2532 BCE) 왕의 피라미드 앞에 있어서 기원전 2500년경 카프레 왕 때 건립되었을 것으로 추정되고 있다. 나일강 서안의 기자 고원에서 태양이 떠오르는 동쪽을 향해 있는 이 스핑크스는 사람의 머리에 몸은 엎드려 있는 사자의 형상을 하고 있다. 죽어서도 파라오로 다시 태어나고자 했던 파라오의 염원이 담겨있는 것은 아닐까.

사자의 몸은 강력한 태양신이었던 암사자 세크메트Sekhmet와 연관이 있다. 2015년 미국의 지질학자 오스본Henry F. Osborn(1857~1935)은 스핑크스의 모습이 황도 12궁의 사자자리[Leo]와 닮았다는 주장을 피력하였다. 고대 이집트인들은 스핑크스를 '파라오의 살아 있는 모습'이라는 의미로 쉐세프 앙크Shesep ankh라고 불렀다. 『세상의 모든 지식』(김흥식 저, 서해문집 펴냄)에는 쉐세프 앙크가 '영원한 생명을 나타낸 것'이라 기술되어 있다. 스핑크스가 오랜 세월 동안 모래 속에 묻혀있지 않았다면 지금과 같은 모습으로 보존되기는 어려웠을 것이다. 스핑크스는 석회암을 깎아 만든 것이다. 석회암의 성분은 탄산칼슘[$CaCO_3$]인데 이것은 산성을 띄는 빗물에 지속적으로 노출되면 녹기 때문에 본래의 형상이 사라진다.

스핑크스의 비밀

스핑크스는 고대 이집트의 대표적인 상징물로서 우표, 동전, 그리고 공식 문서 등에 자주 등장한다. 사자의 용맹함을 닮고 싶은 파라오인가! 스핑크스는 기자 고원의 암반을 조각하여 만든 세계에서 가장 큰 단일 석상 중의 하나이다. 오랜 세월 동안 모래에 덮여 있다가 1905년에서야 전신이 드러난 기자의 대 스핑크스는 고대 이집트 제 4왕조의 파라오 카프레Khafre왕 때 만들어진 것으로 알려져 있지만, 고고학 및 지질학적 연구에 의하면 그보다 훨씬 오래 전에 만들어졌을 것이라고 한다. 이러한 논란이 가시지 않는 이유는 비문, 글, 또는 상징이 전혀 발견되지 않았기 때문이다. 대 스핑크스는 원래 턱수염이 있었는데 일부는 런던 대영 박물관과 카이로 박물관에 보관되어 있다. 고대 이집트의 스핑크스는 고대 그리스에서 크게 변하였다. 즉 머리는 여성이고, 몸은 암사자이며, 날개는 독수리이다. 그리고 뱀의 머리를 꼬리에 단 괴물이 된 것이다. 신왕국에서 왕권의 상징이 된 스핑크스는 북위 30도 근처에서 떠오르는 태양을 향해 동쪽을 바라보고 있는데 안쪽과 아랫부분에는 3개의 통로가 있다. 스핑크스의 뒤쪽 28미터 아래에 있는 오시리스Osiris의 무덤은 스핑크스와 관련된 가장 놀라운 발견 중 하나이다. 이것은 이집트의 신 오시리스의 휴식 장소로 여겨진다. 지질학적 발견에 따르면 스핑크스는 기원전 10,000년 이전에 만들어졌을 것이라고 하는데 이는 기원전 10,970년부터 8,810년까지 지속된 사자 시대와 일치한다. 대 스핑크스, 기자 고원의 피라미드, 그리고 나일강은 사자자리, 오리온, 그리고 우리 은하와 관련이 있다고 전해진다.

핸콕Graham Hancock의 컴퓨터 시뮬레이션 결과에 따르면 기원전 10,500년에는 사자자리가 춘분점에 태양을 품고 있었다. 즉 오전 1시 이전에 사자자리가 지평선을 따라 정동으로 기울고 태양이 곧 떠올랐을 것이다. 이것은 정동을 향해 있는 사자의 몸통을 가진 스핑크스가 하늘에 있는 한 별자리에서 아침을 똑바로 응시했음을 의미한다. 일부 텍스트에 의하면 고대 이집트인들은 스핑크스를 'Balhib'와 'Bilhaw'라고 언급했고 기원전 1,500년경에는 '지평선의 호루스[Horus in the horizon]'라고 불렀다. 스핑크스는 피라미드의 수호신이었다.

기자의 대 스핑크스
(뒤에 보이는 것은 쿠푸의 피라미드)
https://en.wikipedia.org/wiki/Sphinx

기자의 대 스핑크스

이집트 기자 고원에 있다.
석회암을 깎아 만들었다.
단일 석조로는 세계 최대이다.
떠오르는 태양을 바라보고 있다.
1905년 모래 속에 파묻혀 있던 몸체가 세상에 모습을 드러냈다.
고대 이집트 4왕조의 파라오 카프레(Khafre) 때 만들어졌다.
그 이전에 만들어졌을 수도 있다는 주장이 있다.
신왕국에서는 왕권의 상징이었다.
파라오들은 그 주위에 사원을 건설하였다.
턱수염과 코가 있었지만 사라져 버렸다.

고대 이집트인들은 Balhib와 Bilhaw라고 불렀다.
기원전 1,500년경에는 지평선의 호루스(Horus) 혹은 두 지평선의 라(Ra, 태양신)라고 불렀다.
아래로 내려가는 통로가 3개 있다.
오시리스(Osiris)의 무덤과 연결되어 있다.

https://www.ancient.eu/article/236/the-mystery-of-the-great-sphinx/
https://www.ancient-code.com/20-facts-about-the-great-sphinx-of-egypt/

켄타우로스

라피타이Lapiths의 왕 익시온Ixion이 올림포스에서 벌어진 신들의 잔치에 초대되었을 때였다. 익시온이 자신의 아내 헤라Hera를 좋아하는 것을 알아차린 제우스는 구름으로 헤라의 모습을 한 요정인 네펠레Nephele를 만들었다. 익시온과 구름 사이에서 켄타우로스Centaur가 태어났다. 그는 상반신은 사람이었지만 하반신은 말의 형상을 지녔다. 야성적이고 강한 성향의 켄타우로스는 호전적이고 난폭하여 비행을 저지르는 일이 많았다.

그리스 신화에는 케이론Chiron(또는 Cheiron) 같이 수렵, 의술, 음악 등에 능한 박학다식하고 현명한 켄타우로스도 등장한다. 헤라클레스Hercules, 아킬레스Achilles, 아스클레피오스Asclepius, 악티온Actaeon, 이아손Jason 등의 스승이기도 했던 케이론은 죽은 자도 소생시키는 능력을 지니고 있었다. 그래서 저승의 신인 하데스Hades의 분노를 샀다. 케이론은 하데스의 부탁을 받은 제우스의 독화살에 맞아 쓰러졌는데 제우스는 불사의 케이론이 영원히 상처의 고통을 받는 것에 연민을 느껴 그를 황도 12궁의 하나인 궁수弓手자리[Sagittarius]로 만들었다. 활을 당기는 반인반마의 켄타우로스로 묘사되는 궁수자리는 동아시아에서는 남두육성南斗六星으로 알려져 있다. 남두육성은 죽음을 주관하는 북두칠성과 대조적으로 생生을 주관한

켄타우로스
https://en.wikipedia.org/wiki/Centaur

다. 남두육성은 우리 은하의 중심에 해당되는 곳으로 가장 밝게 보인다. 수많은 별들이 태어나고 있는 이곳을 우리 삶의 출발점으로 본 것이다. 장수와 풍요로운 삶을 기원한다면 여름밤의 남쪽 하늘을 올려다보며 남두육성에게 빌어보자.

켄타우로스

그리스 신화에 등장한다.
반인반마의 모습을 하고 있다.
대부분 호전적이고 난폭하다.
케이론 같은 현명한 켄타우로스도 있다.
케이론은 이아손, 헤라클레스, 아킬레스 같은 영웅들의 스승이었다.
여성 켄타우로스도 있다.
그리스 북부 트라키아 지방의 기마민족을 나타낸다는 설이 있다.
기마궁수에 상상력을 더한 것이라는 것이다.
로마 신화에도 나타난다.
루이스(C. S. Lewis)의 나니아 연대기에도 등장한다.
롤링(J. K. Rowling)의 해리포터에도 등장한다.
천구의 남쪽에 켄타우로스 별자리가 있다.
가장 밝은 알파별은 지구에서 4.4광년 떨어져 있다.
궁수자리는 활을 당기는 켄타우로스로 묘사된다.

https://greekgodsandgoddesses.net/myths/centaurs/

페가수스

고대 그리스의 영웅 페르세우스Perseus가 괴물 메두사Medusa를 죽이자, 바다의 신 포세이돈Poseidon은 메두사의 피를 바다의 물거품과 섞어 자신이 좋아하는 말에 날개를 단 형상의 페가수스Pegasus로 다시 태어나게 하였다. 벨레로폰Bellerophon이라는 청년이 있었는데 그는 아테나Athena 여신의 도움으로 눈처럼 하얀 모습을 한 페가수스의 주인이 되었다. 이 청년은 괴물 키메라Chimera를 처치하였는데 고대 그리스의 시인 호메로스Homer에 의하면 괴물 키메라는 사자의 머리, 양의 몸, 뱀의 꼬리를 지녔고 입에서는 화염을 내뿜기도 하였다. 페가수스를 타고 키메라를 처치한 벨레로폰은 자만심이 넘치고 오만하게 되었다. 결국 제우스의 노여움을 사게 된 벨레로폰은 하늘로 올라가다 땅으로 떨어져 불구가 되었고 페가수스는 하늘로 올라가 별자리가 되었다. 페가수스자리의 알파, 베타, 감마 그리고 안드로메다자리 알파의 네 별은 페가수스의 사각형을 이루며 북쪽 하늘에서 밝게 빛나고 있다. 이 별자리에는 우리 은하에 있는 구상성단Globular cluster 중에서 별의 밀도가 가장 높은 구상성단인 M15가 있어서 쉽게 만나볼 수 있다.

페가수스를 타고 하늘을 날고 있는 벨레로폰
https://en.wikipedia.org/wiki/Pegasus

판Pan은 제우스와 님프 드리오페Dryope 사이에서 염소와 닮은 모습으로 태어난 목신牧神이다. 머리에는 작은 뿔도 있었다. 시링크스Syrinx라는 님프가 있었는데 그녀는 자신에게 반한 반인반수의 신인 판에 쫓겨 도망치다가 강 앞에 도달했다. 붙잡힐 위기에 처한 시링크스는 개울의 님프의 도움으로 갈대로 변하였다. 진심을 전하지도 못하고 비극적인 사랑으로 끝이 난 것에 상심한 판은 그 갈대를 잘라 팬파이프Pan pipe를 만들었다.

상반신은 인간의 형상이고 하반신은 물고기 모양을 하고 있는 다곤Dagon은 메소포타미아에서 살았던 셈족이 숭배한 다산의 신으로 필리스타인Philistines의 주신이기도 하였다. 다간Dagan은 히브리어와 우가리트어에서 '곡식'을 가리키는 보통 명사이다. 다곤 신은 쟁기를 발명한 전설상의 신이었으며, 기원전 2,500년경부터 숭배의 대상이었다.

페가수스

페가수스는 하늘을 나는 날개 달린 말이다.
이 하이브리드는 바다의 신 포세이돈이 만들었다.
벨레로폰이 페가수스를 사로잡았다.
그는 페가수스를 타고 키메라를 처치하였다.
제우스 신의 노여움을 산 벨레로폰은 하늘에서 떨어졌다.
페가수스는 하늘로 올라가 별자리가 되었다.
페가수스자리는 가을철의 대표 별자리이다.
사각형을 이루는 네 개의 별은 말의 몸체에 해당한다.
구상성단 M15도 들어 있다.

호루스

고대 이집트 파라오는 역사 이전의 신들로부터 시작한다. 그들은 태양의 신(라, Ra)이었고 하늘의 신(호루스, Horus)이었다. 대지의 신(게브, Geb)이었으며 지혜의 신(토트, Thoth)이었다. 또한 파괴의 신(세트, Seth)이었으며 죽음의 신(오시리스, Osiris)이기도 했다. 그 후 그들은 여러 왕국을 지배했다. 특히 고왕국은 수많은 피라미드가 건설된 시기였다. 쿠프Khufu(재위 2,589~2,566 BCE)는 기자의 대 피라미드를 만든 파라오로 알려져 있다. 피라미드는 파라오의 무덤이었다. 피라미드와 더불어 이집트의 상징인 스핑크스에 대한 수많은 이야기들도 오늘날까지 세인의 입에 오르내리고 있다. 반인반수의 모습은 스핑크스를 더욱 더 신비스럽게 만들었다. 스핑크스는 파라오를 지키는 수호신이었다. 많은 문화권에서 지식의 수호자로 간주되기도 했던 스핑크스는 다양한 모습으로 전파되었다. 고대 그리스와 메소포타미아에서는 신화적 존재로 등장하였으며 서양에서도 숭배의 대상이 되었다. 스핑크스는 실제 존재하지 않았지만 예술과 문학 속으로 스며들어 인간의 욕망을 표현했다. 고대 이집트의 스핑크스를 포함한 모든 스핑크스들은 저마다 다른 모습을 하고 있지만 두 종 이상의 동물이 합해졌으며 일부는 반인반수의 모습을 하고 있다. 고대 이집트의 스핑크스는 세 유형으로 존재한다. 공통적으로 사자의 몸을 가지고 있는데, 사람의 머리를 한 것은 안드로스핑크스Androsphinx라 부르고, 숫양의 머리를 한 것은 크리오스핑크스Criosphinx, 매의 머리를 한 것은 히에라코스핑크스Hieracosphinx라 부른다. 가장 유명한 스핑크스로는 멤피스Memphis에 있는 설화석고로 만든 스핑크스, 아몬Amon 신을 상징하는 테베의 숫양 머리를 한 스핑크스, 그리고 기자의 대 스핑크스가 있다.

기자의 대 스핑크스는 나일강 서안의 기자 고원에 있다. 대 스핑크스는 정동을 향하여 떠오르는 태양을 바라보고 있으며 기자 고원의 보호자로 여겨지고 발 사이에는 작은 사원이 있다. 그리스 신화에서는 스핑크스가 여자의 머리와 날개를 가진 사자로 등장하거나 발, 발톱, 사자 가슴, 뱀 꼬리, 그리고 독수리 날개를 가진 여자로 등장한다. 스핑크스와 오이디푸스의 이야기는 신화이자 문화였다. 인도의 사원과 궁전에서 조각품으로 되살아난 스핑크스는 죄를 씻어주는 역할을 수행하였다. 또한 스리랑카에서는 스핑크스가 불교 전통의 일부이며 북쪽 방향의 수호신이었다.

호루스

매의 머리를 가진 고대 이집트의 하늘의 신이다.
오시리스와 이시스의 아들이다.
라(Ra)의 아들 세트(Seth)와 전투 중에 한 쪽 눈을 잃었다.
호루스는 파라오의 수호자였다.
호루스의 눈은 고대 이집트의 가장 중요한 상징이 되었다.

https://en.wikipedia.org/wiki/Horus

2
노새와 포마토

노새 / 라이거와 타이곤 / 포마토와 톰테이토 / 튤립 / LMO

노새

스콧Robert F. Scott(1868~1912)은 남극점 정복을 위해 노르웨이의 아문센Ronald E. G. Amundsen(1872~1928)과 경쟁하였던 영국의 탐험가이다. 그는 1912년 1월 남극에 도착하였다. 그러나 그를 기다린 것은 노르웨이의 깃발과 아문센의 편지였다. 스콧의 실패 뒤에는 여러 요인들이 있었지만 특히 운송 수단에 대한 비교는 음미해볼 만하다. 아문센은 스키와 개썰매를 이용하였다. 반면에 스콧은 첨단 장비인 설상차와 만주산 조랑말을 이용하였는데 이것들은 혹한의 환경에서는 무용지물이었기 때문에 스콧과 그 일행은 돌아오는 도중에 악천후로 전원이 사망하였다. 반면에 아문센은 1911년 12월 단 한 명의 대원도 잃지 않고 생환하였다.

나폴레옹 보나파르트가 말을 타고 알프스산맥을 넘는 그림을 본 적이 있을 것이다. 나폴레옹이 1800년 6월 결전장으로 가기 위해 험준한 산맥을 넘고 있다. "내 사전에 불가능이란 없다."라는 명언을 남긴 영웅의 망토가 차가운 바람에 휘날리고 있다. 그러나 그가 알프스를 넘을 때 이용한 것은 말이 아니라 노새[Mule]였다. 그는 자신의 군대가 알프스를 넘은 이후에 안전하게 노새를 타고 갔다고 한다.

말과 다른 동물의 장점을 둘 다 가진 동물이 없을까? 노새가 바로 말과 당나귀의 장점을 함께 지니고 있는데 이솝 우화에도 등장하는 이 노새는 암말과 수탕나귀에서 태어난 하이브리드(잡종, 혼혈)이다. 말과 당나귀의 장점을 이어 받아 강하고 끈기가 있다. 수컷 말과 암탕나귀에서 태어난 버새[Hinny]도 있다. 불행하게도, 이러한 하이브리드에게는 치명적인 약점이 있다. 바로 종족 번식을 할 수 없다는 점이다.

말의 염색체는 64개이고 당나귀의 염색체는 62개이다. 말의 난자에 있는 32개의 염색체와 당나귀의 정자에 있는 31개의 염색체가 합쳐져 태어난 노새의 염색체 수는 63개이다. 따라서 생식세포를 만들기 위한 감수분열減數分裂이 어렵다. 양친으로부터 받은 염색체 수가 다르면 접합이 이루어지지 않는다. 암컷 노새의 경우에는 매우 드물지만 새끼를 낳는 경우도 있다.

얼룩말[Zebra]과 말 사이에서도 자손이 태어날 수 있다. 주인공은 바로 제브로이드 Zebroids이다. 조스Zorse는 수컷 얼룩말과 암컷 말 사이에서 태어난 하이브리드이다. 조니 Zony는 얼룩말과 조랑말[Pony] 사이에서 태어난 하이브리드이고, 존키Zonkey는 얼룩말과 당나귀 사이에서 태어난 하이브리드이다.

노새와 버새

노새 = 암말 + 수탕나귀

버새 = 수말 + 암탕나귀

제브로이드

조스[Zorse]: 얼룩말(Zebra, 수컷) + 말(Horse, 암컷)

조니[Zony]: 얼룩말(Zebra, 수컷) + 조랑말(Pony, 암컷)

존키[Zonkey]: 얼룩말(Zebra, 수컷) + 당나귀(Donkey, 암컷)

라이거와 타이곤

생명체는 같은 종끼리 번식하는 것이 일반적이다. 그런데 노새와 같이 서로 다른 종 사이의 이종교배가 가능하다는 사실이 밝혀지면서 놀랍고도 희귀한 동물들이 생겨나고 있다.

호랑이는 단군신화나 민화뿐 아니라 '호랑이와 곶감' 같은 옛날이야기에도 등장하는 맹수이다. 삼국사기에 따르면, 후백제의 군주 견훤甄萱(재위: 892~935)은 어릴 적에 호랑이 젖을 먹고 자랐다고 한다. 의리를 아는 친숙한 존재로 알려진 호랑이는 〈곰돌이 푸〉(Pooh), 〈알라딘〉(Aladdin), 그리고 〈쿵푸팬더〉(Kung Fu Panda)에서도 만날 수 있고 다양한 마스코트나 상징물로도 쓰인다. 백수의 왕이라 불리는 사자는 왕권의 상징이기도 했다. 생애의 대부분을 전쟁터에서 보낸 리처드 1세Richard I(1157~1199)는 그 용맹함으로 인해 자심왕(子心王, The Lionheart)이란 별명을 가지고 있다. 1994년 〈라이온킹〉(The Lion King)의 주인공인 심바Simba는 바바리 사자Panthera leo를 모티브로 탄생했다. 사자는 〈해리포터〉(Harry Potter)시리즈에서 해리포터가 속한 그리핀도르Gryffindor를 상징하는 동물이기도 하며, 여러 마스코트, 로고, 캐릭터 등으로 애용된다.

사바나의 지배자인 사자와 밀림의 지배자인 호랑이가 만나면 어떤 일이 생길까? 호랑이와 사자는 모두 고양이과, 표범아과, 표범속의 맹수이다. 종은 다르지만 계통이 매우 가깝다. 그래서 생겨난 것이 라이거Liger이다. 라이거는 수컷 사자와 암컷 호랑이 사이에서 태어난 하이브리드이다. 수컷 호랑이와 암컷 사자 사이에서 태어난 하이브리드는 타이곤Tigon이라 부른다. 이러한 자손은 번식능력이 없다. 감수분열을 할 때 염색체의 정상적인 접합이 이루어지지 못하기 때문이다.

사자와 호랑이의 하이브리드

라이거(Liger): 사자(Lion, 수컷) + 호랑이(Tiger, 암컷)
타이곤(Tigon): 호랑이(Tiger, 수컷) + 사자(Lion, 암컷)
릴리거(Liliger): 사자(Lion, 수컷) + 라이거(Liger, 암컷)
리티곤(Litigon): 사자(Lion, 수컷) + 타이곤(Tigon, 암컷)
틸리거(Tiliger): 호랑이(Tiger, 수컷) + 라이거(Liger, 암컷)

세상에 예외 없는 법칙은 없다. 암컷 타이곤을 수컷 사자와 교배시켜 새로운 하이브리드가 태어난 것이다. 리티곤Litigon이라 명명된 이 2세대 하이브리드는 1971년 인도 캘커타에 있는 알리포르Alipore 동물원에서 처음으로 태어났다. 수컷 사자와 암컷 라이거Ligress 사이에서도 릴리거Liliger라 부르는 2세대 하이브리드가 태어났다. 2012년 러시아의 노보

시비르스크Novosibirsk 동물원에서 태어난 것이 최초의 기록이다. 한편, 2007년 미국 오클라호마의 게롤드 웨인Garold Wayne 동물원에서는 틸리거Tiliger가 처음으로 태어났다. 틸리거는 수컷 호랑이와 암컷 라이거 사이에서 태어난 하이브리드이다.

수컷 흑범고래[False killer whale]와 암컷 큰돌고래[Common bottlenose dolphin] 사이에서 태어난 하이브리드가 있다. 주인공은 홀핀Wholphin이다. 최초의 홀핀은 일본 도쿄에 있는 씨월드SeaWorld에서 태어났지만 200일 만에 죽었고 1985년 미국 하와이[Sea Life Park]에서도 홀핀이 태어났다.

레오폰Leopon은 수컷 표범과 암컷 사자 사이에서 태어난 하이브리드이다. 머리는 사자를 닮았으며 신체의 나머지 부분은 표범과 흡사하다. 카마Cama는 수컷 낙타[Camel]와 암컷 라마Llama의 자손이다. 1998년 1월에 최초의 카마가 탄생하였다. 비팔로Beefalo는 버팔로Buffalo의 암소 사이에서 태어났다. 염소와 양 사이에도 기프(Geep, Goat + Sheep)라는 후손이 있다. 라이거Liger는 사자 수컷과 호랑이 암컷 사이에서 태어난 하이브리드이다. 호랑이를 닮아 수영을 즐기며 사자를 닮아 사교성이 높다. 용인 에버랜드에 라이거 암컷과 수컷이 있다.

모든 동물들이 이종교배가 가능한 것은 아니다. 돼지[Pig]와 원숭이[Monkey]사이에는 자손이 태어날 수 없다고 한다. 이종교배 성공의 조건은 동일한 속[Genus]이어야 하고 유전정보를 전달하는 염색체의 수도 같아야 한다.

하이브리드 동물

조(Dzo): 야크(Yak) + 소[Cow]
카마(Cama): 낙타[Camel] + 라마(Lama)
코이울프(Coywolf): 코요테(Coyote) + 늑대[Wolf]
홀핀(Wholphin): 돌고래[Dolphin] + 고래[Whale]
재그라이온(Jaglion): 재규어(Jaguar) + 사자[Lion]
비팔로(Beefalo): 버팔로(Buffalo) + 소[Cow]
레오폰(Leopon): 표범[Leopard] + 사자[Lion]
기프(Geep): 양[Sheep] + 염소[Goat]

https://listverse.com/2011/05/02/top-10-hybrid-animals/
https://www.boredpanda.com/strange-hybrid-animals-that-are-hard-to-believe-actually-exist/
http://list25.com/25-fascinating-hybrid-animals-you-have-to-see-today/

포마토와 톰테이토

쌀, 밀, 옥수수와 함께 세계 4대 작물에 속하는 것이 있다. 바로 감자이다. 감자는 기원 전 5천 년 이전부터 남미 안데스 지역에서 재배되었고 16세기경에 유럽으로 건너갔다. 우리나라에는 조선말에 청나라를 통해 들어왔다. 19세기 중엽에 발생한 '아일랜드 대기근[Great Famine]'은 수많은 사망자와 집단 해외이주를 불러왔는데, 이러한 재앙은 감자마름병에서 비롯되었다. 감자는 재배 적응력이 뛰어나 세계 각지에서 재배되고 있으며, 샐러드, 조림, 커리, 볶음, 찌개, 찜, 전 등 다양한 요리에 쓰이고 있다.

토마토 역시 남미의 고산지대에서 유래하였고 오늘날 전 세계인들이 즐겨먹는 채소이다. 토마토란 말은 '황금사과'란 의미를 가진 이탈리아어 포모도로Pomodoro에서 유래하였다. 비타민과 무기질은 물론이고 항산화 물질이 풍부해서 노화를 방지해 준다. 체내에서 생성되는 활성 산소도 제거해 준다. 토마토는 항암효과가 우수한 슈퍼 푸드이다. 토마토가 붉은 색깔을 띠는 것은 강력한 항산화 효과가 있는 것으로 알려진 라이코펜Lycopene 때문이다.

감자와 토마토가 만나 새로운 키메라Chimera가 탄생되었다. 바로 포마토(Pomato, potato + tomato)이다. 병충해와 추위에 강하지만 증식이 용이하지 않아 대량 생산이 어렵다. 2013년 영국 톰슨&모건(Thompson & Morgan)은 이러한 문제점을 해결한 새로운 하이브리드를 만들었다. 바로 톰테이토(TomTato, tomato + potato)이다. 톰테이토는 유전자 조작을 하지 않고 토마토와 감자를 접붙여 만든 품종으로서 맛도 좋고 상품화도 가능하다. 일 년에 한 번 수확을 하며 가지에 달린 토마토가 열릴 때 뿌리에 달린 감자도 거둘 수 있다. 알파-솔라닌α-Solanine이라는 독성 성분도 검출되지 않아 안전성을 입증 받았다.

하이브리드 과일 · 야채

플루오트(Pluot): 자두[Plum] + 살구[Apricot]
플럼코트(Plumcot): 자두[Plum] + 살구[Apricot]
랑푸르(Rangpur): 감귤[Citrus] + 리모니아(Limonia)

탄젤로(Tangelo): 탄제린(Tangerine) + 그레이프프루트(Grapefruit)
테이베리(Tayberry): 블랙베리(Blackcberry) + 라즈베리(Raspberry)
래비지(Rabbage): 배추[Cabbage] + 무[Radish]
라임쾃(Limequat): 라임(Lime) + 금귤[Kumquat]

http://mentalfloss.com/article/53101/11-odd-hybrid-fruits-and-vegetables

튤립

네덜란드는 꽃의 나라이다. 해마다 봄이 되면 온 나라가 꽃으로 뒤덮인다. 매년 3월에 열리는 큐켄호프 튤립 축제[Keukenhof Tulip Festival]는 '유럽의 봄'을 알린다. 튤립은 백합과의 구근초로 산자고속 식물의 총칭이다. 울금향鬱金香이라고도 한다. 중앙아시아와 남동 유럽이 원산지이며 알뿌리로 번식한다. 내한성 구근초로 가을에 심어 4~5월에 종 모양의 꽃이 피는데 거의 모든 색깔의 꽃이 핀다. 150여 종의 튤립이 있는데 산자고(山慈姑, Tulipa edulis)는 한국에 자생하는 유일한 튤립이다. 전남, 전북, 제주 등지에 분포한다. 옛날부터 위염, 장염, 종기, 부스럼 등의 치료제로 사용되어 왔다.

튤립의 원조는 투르크족Turks이 건설한 오스만제국(현재의 터키)이다. 오스만제국은 이상적인 천국을 튤립으로 가득 채웠다. 아흐메트 3세 때에는 튤립이 널리 재배된 소위 튤립의 시대[Tulip Era]였다. 튤립이 오스만제국에서 유럽으로 전파된 것은 16세기였다. 네덜란드에는 1593년 식물학자 레클루즈Charles de l'Ecluse(1526~1609)가 터키에서 처음으로 들여왔다. 17세기 신흥 부국 네덜란드를 뒤흔든 것은 튤립이었다. 터키 이스탄불의 상징인 튤립이 1630년대부터 큰 인기를 끌기 시작하면서 많은 사람들이 튤립의 아름다움에 빠져들었다. 수요가 늘자 품종개량을 통한 고급 품종이 탄생되었다. 영원한 황제(셈페르 아우구스투스, Semper Augustus), 총독[Viceroy], 장군[General] 같은 튤립은 귀하신 몸이 되었다. 그중에서도 흰색 바탕에 진한 빨간색 무늬가 화려한 셈페르 아우구스투스는 튤립 파동[Tulipmania] 시대를 이끈 명품이었다. 투기 열풍이 나타나면서 급기야 사재기 현상이 벌어지고 선물거래先物去來까지 등장하였다. 튤립 파동이 정점에 이르렀을 때, 튤립 거래의 명목가치는 네덜란드 동인도회사[East India Company]의 가치보다 열 배나 높았다. 그러나 집값과 맞먹던 튤립 가격은 폭락하였고 수십만 명이 파산하였다. 이러한 튤립 파동은 자본주의 최초의 거품경제로 기록되고 있다.

튤립

중앙아시아가 원산지이다.
한때 가장 비싼 꽃이었다.
150여 종, 3,000여 변종이 있다.
꽃눈은 거의 완전한 대칭 구조를 하고 있다.
대부분은 한 줄기에 꽃눈이 하나씩 달려있다.
봄에 3~7일 동안만 꽃이 핀다.
거의 모든 색깔의 튤립이 있다.
튤립의 색깔마다 다른 의미를 가진다.
(빨강: 사랑, 노랑: 희망/우정, 분홍: 행복/신뢰, 자주색: 충실/충성, 흰색: "미안해요")

http://www.countryliving.com/gardening/a35956/tulip-fun-facts/
https://www.easternfloral.com/blog/many-colors-tulips-meanings/

LMO

생물체의 유전자 중 유용한 유전자만 골라서 특정 생물체에 도입할 수는 없을까? 이러한 상상이 현실로 나타났다. 새롭게 조합된 유전물질을 포함하고 있는 생명체가 나타난 것인데 이 생명체를 유전자변형생물체(LMO, Living Modified Organism)라 부른다. 1953년 DNA의 구조가 왓슨James D. Watson과 크릭Francis H. C. Crick(1916~2004)에 의해서 규명된 이래, 1971년에는 DNA의 특정 염기 부분을 절단하는 기술이 개발되었고 1973년에는 DNA의 잘라진 부분을 다른 DNA 부분에 재결합시키는 기술이 개발되었다. 이렇게 해서 유전자 재조합 박테리아인 살모넬라Salmonella가 출현하게 되었다. 오늘날 대표적인 식중독 균으로 알려진 살모넬라로 인해 펩타이드 호르몬인 인슐린Insulin의 대량생산이 가능해졌다.

우리가 먹는 식물의 대부분은 자연 그대로의 것일까? 놀랍게도 대부분은 인공교배를 통해서 재배한 것이다. 유전자 조작(재조합) 기술은 동물, 식물, 미생물 전반에 걸쳐서 활용되고 있다. 추위, 가뭄, 해충 등에 강한 생물의 유전자를 특정 생물의 유전자에 연결하여 새롭게 탄생한 생물을 유전자변형식품(GMO, Genetically Modified Organisms) 이라 부른다. GMO와 LMO는 같은 의미를 가지는 용어이지만, LMO는 생식이나 번식이 가능한 반면 GMO는 불가능하다.

유전자조작 기술이 주목을 받는 이유는 다수확 품종을 개발하여 식량을 증산함으로써 지구촌 식량난을 해결할 수 있기 때문이다. 1993년에 샤프Phillip A. Sharp와 함께 노벨생리의학상을 수상한 바 있는 로버츠Richard J. Roberts는 GMO가 미래 식량 문제의 해결책이 될 것이라는 의견을 제시하였다. 지구 온난화에 대비한 가뭄저항성, 염분저항성, 침수저항성 신품종들도 개발되고 있다. 그러나 다른 한편으로는 인체에 미치는 영향, 즉 안전성에 대한 논란도 크다. 종간의 벽이 무너지고 종의 다양성이 소멸할 수 있다는 점도 간과할 수 없다. GMO를 개발한 대기업에 의해 통제되는 사회 문제도 해결해야만 하는 과제이다.

2014년 현재 전 세계 콩과 옥수수의 79퍼센트와 32퍼센트는 GMO이다. 미국은 옥수수와 콩의 90퍼센트 이상을 GMO 작물로 파종하고 있다. 우리나라는 쌀 이외의 곡물 대부분을 수입에 의존하고 있다. GMO에 대한 소비자들의 불안감을 어떻게 해소할 것인가? 2017년 9월 농촌진흥청(rda.go.kr)은 GMO 상용화를 중단하기로 결정하였다. 또한 시민사회 등과 향후 연구계획을 협의하는 시스템을 갖추기로 하였다.

GMO

1970년대에 처음 등장하였다. 유전자를 변형시킨 것이다.
전 세계로 빠르게 확산되고 있다. 가장 많은 작물을 생산하는 나라는 미국이다.
병충해에 강하고 살충제를 적게 사용할 수 있으며 생산량이 증대된 신품종이 개발되었다.
우리가 매일 먹고 있을 수도 있다. 음식뿐만 아니라 의약품으로도 쓰인다.
유전자 치료에도 사용되고 있다. 찬반양론이 있다.

http://facts.net/gmo/

3
코코 샤넬

코코 샤넬 / 블렌드 와인 / 블렌드 위스키 / 블렌드 맥주 / 블렌드 커피 / 비빔밥

코코 샤넬

불행한 어린 시절을 극복하고 세기의 연인들에 둘러싸여 독립적이면서 창조적인 삶을 살았던 여인이 있다. 주인공은 프랑스의 패션 디자이너 코코 샤넬Coco Chanel(1883~1971)이다. 샤넬은 코르셋으로 대표되는 당시 유럽의 여성의상을 과감히 탈피하여 스포티하고 심플한 '샤넬 스타일'을 선보였다. 비실용적인 기존의 장식을 생략하고 입기 편하고 활동적이며 여성미가 넘치는 그녀만의 스타일은 오늘날에도 살아 있다. 리틀 블랙 드레스Little black dress, 트위드(Tweed, 양모사로 촘촘하게 짠 옷감) 재킷, 샤넬 2.55백 등은 그녀의 트레이드마크가 되었다. 그녀가 남긴 말들을 음미해보자. "난 내 삶을 창조할 거다. 이전의 삶이 싫었기 때문에." "무엇과도 바꿀 수 없는 존재가 되려면 늘 달라야 한다." "패션은 사라져도 스타일은 남는다."

코코는 가수를 꿈꾸며 변두리 카페에서 노래 부르던 시절에 사람들이 부르던 샤넬의 애칭이었다. 그녀의 본명은 가브리엘 보네르 샤넬Gabrielle Bonheur Chanel이었다. 가난한 집안에서 태어난 그녀는 어머니가 병으로 사망하자 오바진Obazine 수녀원 부설고아원에 맡겨졌다. 수녀원으로 향하는 마차에 누워 올려다본 하늘, 수녀원 건물의 회색 벽돌, 수녀들의 검정색 옷과 흰색 모자, 그리고 말없이 담배를 태우며 뒤도 돌아보지 않고 떠나 버린 아버지. 그곳에서 그녀는 부엌일, 바느질 등을 배우며 6년간을 지냈다.

코코 샤넬
https://en.wikipedia.org/wiki/Coco_Chanel

그녀는 누구인가? 아이러니하게도 더 이상 불리고 싶지 않은 이름 '코코 샤넬'이 그녀를 세계적인 패션 디자이너로 만들었다. 샤넬 닷컴(chanel.com)의 기사를 보자. "디자이너 코코 샤넬 이전에 그녀는 가브리엘이었다. 열정적이고 자유로운 영원한 반항아, 그녀는 자신이 원하는 여성이 되기 위해 그녀 스스로 자유로워졌다."

샤넬은 러시아 태생의 프랑스 조향사[Perfumer] 보Ernest Beaux(1881~1961)에게 향수를 만들도록 했다. 샤넬은 보가 만든 샘플 중 5번 샘플을 첫 제품으로 선택했다. 장미, 재스민Jasmine, 바이올렛Violet 등에서 추출한 식물성 향료와 사향[Musk] 등의 동물성 향료를 섞고 여기에 알데하이드(Aldehyde, CH=O 작용기를 가지는 화합물)를 섞어 만든 샤넬 넘버5Chanel No. 5가 1921년 5월 5일 첫 선을 보였다. 5는 그녀에게 행운의 숫자였다. 코코 샤넬의 아이콘이 된 '샤넬 넘버 5'에 대해서는 유명한 일화가 있다. 20세기 최고의 섹스심벌이었던 마릴린 먼로Marilyn Monroe(1926~ 1962)에게 기자가 물었다. "당신은 무슨 옷을 입고 자나요?" 그러자 그녀는 이렇게 대답했다. "그건 샤넬 넘버 5예요."

코코 샤넬

프랑스의 가난한 집안에서 태어났다.
첫 번째로 시작한 것은 모자 가게였다.
옷과 액세서리에 주머니를 많이 달았다.
숫자 5를 좋아했다.
샤넬 No. 5는 그녀의 상징이 되었다.
장례식에나 어울리는 검정색을 드레스에 적용하여 유행시켰다.
선탠을 유행시켰다.
30년 이상을 호텔에서 지냈다.
나치 스파이로 의심을 받았다.

https://www.beautyandtips.com/inspirational-people/fashion/10-interesting-facts-about-style-icon-coco-chanel/

블렌드 와인

와인은 포도로 만든 술이다. 포도즙을 효모와 함께 발효시키고 여러 공정을 거치면 다양한 개성을 가진 와인이 탄생한다. 와인의 역사는 기원전 7,000년까지 거슬러 올라간다. 이 시기에 아시아와 유럽의 경계에 위치한 코카서스Caucasus 지역에서 포도를 재배한 흔적이 발견되었다. 기원전 2,000년경 점토판에 기록된 인류 최초의 문학작품, 수메르Sumer의 『길가메시 서사시』(Epic of Gilgamesh)에도 와인에 대한 기록이 있다. 와인은 레드 와인Red wine, 화이트 와인White wine, 로즈 와인Rose wine, 후르츠 와인Fruit wine, 미드(Mead, Honey wine) 등으로 다양하게 제조된다. 오늘날에도 와인은 이탈리아, 스페인, 프랑스, 미국, 중국, 아르헨티나, 칠레 등 세계 여러 나라에서 생산되고 있다. 와인의 맛은 재배하는 포도의 종류뿐만 아니라 토양에 따라 차이를 보인다. 다양한 와인을 즐길 수 있는 또 다른 요인은 '블렌딩Blending'기술에 있다.

2015년 12월에 와인쿨러(winecoolerdirect.com)가 소개한 유명한 블렌드 와인을 만나보자. 보르도Bordeaux 와인은 프랑스 남서부의 보르도 지역에서 생산되는 대표 와인이다. 위키피디아에 따르면, 적포도주를 제조하는 데 들어가는 포도는 카베르네 쇼비뇽Cabernet-sauvignon과 메를로Merlot이다. 샴페인Champagne 역시 프랑스를 대표하는 블렌드 와인이다. 샴페인은 주로 피노 누아Pinot Noir, 피노 뫼니에Pinot Meunier, 그리고 샤르도네Chardonnay의 3가지 품종으로 제조한다. 키안티Chianti는 이탈리아 투스카니Tuscany에 있는 키안티 지역에서 생산되는 와인으로 산지오베제Sangiovese, 카나이올로Canaiolo, 말바시아 비앙카Malvasia bianca의 3가지 품종으로 제조한다. 리오하Rioja는 스페인 리오하 지역에서 생산되는 와인인데 2,000년 이상 재배되어온 템프라니요Tempranillo가 주성분이다.

블렌드 와인

보르도(Bordeaux, 프랑스)
샴페인(Champagne, 프랑스)
코트 뒤 론(Cotes du Rhone, 프랑스)
키안티(Chianti, 이탈리아)
리오하(Rioja, 스페인)
프리오라트(Priorat, 스페인)
포르트(Port, 포르투갈)
메리티지(Meritage, 미국)

https://learn.winecoolerdirect.com/famous-wine-blends/
http://winefolly.wpengine.netdna-cdn.com/wp-content/uploads/2015/07/Famous-Wine-Blends-Infographic.jpg#large

블렌드 위스키

약 3,000년 전 메소포타미아(현재의 이라크 지역)에서 처음으로 발견된 것이 있다. 이것은 향료를 만드는 데 사용된 증류[Distillation] 기술이다. 시간이 흘러 동방의 증류 기술은 유럽으로 전래되었는데 스코틀랜드에서는 위스키(Whisky 또는 Whiskey)로 활짝 꽃피었다. 양주의 대명사인 위스키는 맥아(麥芽, 엿기름, Malt) 및 기타 곡류를 발효시켜 만든다. 양주는 주로 보리, 밀, 옥수수 등의 곡물을 사용하여 제조한다. 위스키에는 맥아만을 이용해서 만드는 몰트Malt 위스키와 맥아를 제외한 다른 곡물로 만드는 그레인Grain 위스키가 있다.

그러나 다양한 위스키가 탄생한 배경에는 '블렌딩Blending'기술이 있었다. 블렌드Blended 위스키는 몰트 위스키와 그레인 위스키를 혼합하여 만든다. 몰트 위스키란 맥아 곡물에서 주로 생산되는 발효 매쉬로 만든 위스키를 말한다. 그레인 위스키란 밀, 귀리, 호밀, 옥수수 등의 잡곡으로 만든 위스키를 말한다.

위스키는 생산지에 따라 스카치 위스키Scotch whisky, 아이리시 위스키Irish whisky, 아메리칸 위스키 등으로 불리기도 한다. 대표적인 블렌드 위스키로는 시바스 브라더스Chivas Brothers 사가 제조 판매하고 있는 시바스 리갈Chivas Regal, 스코틀랜드 킬마녹Kilmarnock에 있는 양조장에서 만드는 조니 워커Johnnie Walker, 스코틀랜드 덤버턴Dumbarton에 있는 발랜타인 & 선 사[Ballantine & Son Ltd]가 제조하는 발렌타인Ballantine, 스코틀랜드의 베리 브라더스 앤 러드Berry Brothers & Rudd 사가 개발한 커티 삭Cutty Sark 등이 있다.

블렌드 위스키

조니 워커(Johnnie Walker)	라벨 5(Label 5)
발렌타인(Ballantine's)	벨즈(Bell's)
그랜트(Grant's)	부캐넌즈(Buchanan's)
시바스 리갈(Chivas Regal)	화이트 호스(White Horse)
제이 앤 비(J&B)	클랜 캠벨(Clan Campbell)
윌리엄 로손(William Lawson's)	블랙 앤 화이트(Black & White)
윌리엄 필(William Peel)	그랜드 올드 파(Grand Old Parr)
듀어스(Dewar's)	배트 69(Vat 69)

https://vinepair.com/articles/the-20-best-selling-scotch-whiskies-in-the-world/
https://foodanddrink.scotsman.com/drink/the-10-best-selling-scotch-whisky-brands/

블렌드 맥주

인류 역사상 가장 오래된 발효주는 무엇일까? 바로 맥주이다. 맥주는 고대 바빌로니아와 이집트에서 그 기록이 존재할 정도로 오래된 발효주이다. 가장 대중적인 알코올성 음료 중 하나인 맥주는 보리를 가공한 맥아를 주재료로 발효시켜 탄생한다. 맥주의 독특한 쓴맛과 향은 맥주 원료로 쓰이는 홉(Hop, 삼과의 식물)에서 나온다.

2017년 8월 스타인힐버Brianna Steinhilber가 미국의 NBC(nbcnews.com)에 기고한 바에 따르면 맥주는 영양분이 풍부하여 음료보다는 음식에 가깝다. 맥주에는 단백질과 탄수화물은 물론이고 엽산[Folic acid], 나이아신(Niacin, 또는 비타민 B_3), 항산화제 등의 다양한 성분이 들어 있다. 인[$_{15}$P], 마그네슘[$_{12}$Mg], 칼슘[$_{20}$Ca], 칼륨(potassium, $_{19}$K)도 빼놓을 수 없다. 또한, 규소[$_{14}$Si]가 들어 있어서 골다공증을 예방해 준다. 맥주는 박테리아가 치아에서 자라는 것도 막아주며 맥주에 들어 있는 홉은 염증을 감소시켜주는 역할을 한다. 8만 명을 대상으로 6년 동안 조사한 바에 따르면 맥주를 적당히 마시는 사람은 심혈관계 질병의 위험이 낮다. 또한 고밀도 리포단백질(HDL, High-density lipoprotein)을 높여 뇌로 가는 혈류를 증가시킴으로써 알츠하이머병이나 치매의 진행도 늦춘다. 일주일에 3~4회 맥주를 마시는 사람이 전혀 마시지 않는 사람보다 당뇨병의 위험이 낮다는 연구 결과도 있다.

맥주에 맥주를 섞어볼까? '블렌딩Blending' 기술은 맥주에도 활용된다. 맥주는 보통 에일 효모[Ale yeast]와 라거 효모[Lager yeast]를 사용하여 완벽한 발효와 숙성을 통해 만들어지지만, 람빅Lambic 같은 블렌딩 맥주의 경우에는 다른 배치의 맥주를 서로 섞어서 색다른 맛 또는 더 나은 맛을 낸다. 람빅은 일반 맥주와는 달리 잡균을 이용하여 전통적인 방식으로 만든다. 대표적인 예로는 숙성조에서 묵은 기간이 짧은 람빅과 오래된 람빅을 혼합하여 만드는 괴즈Gueuze가 있다.

맥주 칵테일

바이젠 사우어(Weissen Sour): 위스키, 레몬, 맥주가 만났다.
엘 마타도어(El Matador): 데킬라, 파인애플이 만났다.
블랙 앤 탠(Black and Tan): 에일과 스타우트 맥주 또는 라거와 스타우트 맥주가 만났다.
서머 호다운(Summer Hoedown): 마라스키노주, 맥주, 설탕, 수박이 만났다.
허니듀 헤페바이젠 스무디(Honeydew Hefeweizen Smoothie): 맥주, 바닐라, 멜론이 만났다.
행맨스 블러드(Hangman's Blood): 진, 위스키, 럼, 스타우트 맥주 등이 만났다.
비어스 니스(Beer's Knees): 진, 레몬쥬스, 시럽, 맥주가 만났다.
사이드워커(Sidewalker): 사과주, 레몬쥬스, 사과식초, 맥주 등이 만났다.
블랙 벨벳(Black Velvet): 스타우트 맥주와 샴페인이 만났다.
인 패션(In Fashion): 버번 위스키, 아베르나, 맥주가 만났다.

https://www.pastemagazine.com/blogs/lists/2013/06/10-great-beer-cocktails.html

블렌드 커피

커피가 우리 건강에 미치는 영향에 대해서는 찬반양론이 공존하고 있다. 커피가 스트레스 해소와 뇌 건강에 좋다는 의견도 있는 반면에 중독성이 있고 각성 효과를 나타낸다는 견해도 있다. 2017년 내과 학회보에 게재된 연구 결과에 따르면 커피는 심장질환에 의한 사망률을 낮추어준다. 하버드 의대의 윌렛Walter C. Willet은 커피가 제2형 당뇨병[Type II Diabetes]의 위험을 감소시킨다고 했는데 이것은 커피에 들어 있는 항산화물질이 비만을 억제하는 것과 관련이 있다. 또한 커피는 자살률을 낮춰주는데 이는 커피에 들어 있는 카페인Caffeine이 뇌 속의 행복 호르몬(예: 도파민, 세로토닌)의 분비를 촉진시켜 항우울제 역할을 하기 때문이다. 그리고 카페인에 의한 이뇨작용 덕분에 신장 결석이 생길 확률이 낮아진다. 커피가 담석 형성을 억제해주는 것도 카페인이 콜레스테롤의 결정화 과정을 막아주기 때문이다. 2017년 6월에 군나스Kris Gunnars가 헬스라인(healthline.com)에 기고한 바에 따르면, 커피를 마시면 간경화, 알츠하이머병, 파킨슨병의 위험이 감소하는데 커피 속에 들어 있는 항산화 물질이 긍정적인 역할을 하는 것으로 보인다.

2017년 5월 식품음료신문을 보면, 우리나라 성인 1인당 연간 커피 소비량이 400잔을 넘어섰다. 시장 규모도 6조 4천억 원 규모로 성장하였다. 사람들이 즐겨 마시는 커피의 종류도 매우 다양하다. 케이비아이스토리(kbistory.tistory.com)에 따르면, 에스프레소Espresso는 고온, 고압 하의 물을 미세하게 분쇄한 커피가루에 가해 추출해내는 고농축 커피이다. 에스프레소란 빠르게 압축하여 추출한 커피라는 뜻이다. 커피의 진한 맛과 향을 음미할 수 있다. 아메리카노Americano는 뜨거운 물에 에스프레소를 천천히 넣어 만든 커피이다. 농도는 드립커피와 비슷하지만 풍미는 다르다. 찬 물에 에스프레소를 넣은 후에 얼음을 넣으면 아이스 아메리카노가 만들어진다. 카페라테Caffe Latte는 에스프레소에 뜨거운 우유를 섞어 만든 커피이다. 우유의 양이 많아 부드러운 맛을 즐길 수 있다. 우유와 에스프레소를 섞는 비율에 따라 카페라테(4:1), 카푸치노Cappuccino(3:1), 또는 마키아토Macchiato(1:1)를 만들어 즐길 수 있다. 초콜릿 향을 즐기고 싶으면 에스프레소와 우유에 초콜릿 시럽을 넣은 카페모카Caffe mocha가 있다.

아포가토Affogato는 에스프레소 커피를 얹어내는 디저트의 일종이다. 바닐라 아이스크림에 에스프레소 커피를 끼얹어 먹거나, 초콜릿 소스나 캐러멜 소스를 넣어서 먹어도 좋다. 더치커피Dutch coffee는 차가운 물을 이용하여 천천히 우려내는 커피이다. 진한 맛이 나며 저온에서 숙성시켜 그 풍미를 극대화할 수 있다. '커피의 와인'이라는 별명을 가지고 있다. 드립 커피Drip Coffee는 커피콩을 볶아서 분쇄한 커피가루를 거름 장치에 넣고, 그 위에 뜨거운 물을 부어 내려 마시는 커피이다. 원액이 진하면 물로 희석하여 마셔도 좋다.

월드베스트커피(wbckorea.com)에 따르면, 블렌딩은 스트레이트 커피Straight coffee의 고유한 맛과 향을 강조하면서도 좀 더 깊고 조화로운 향미를 창조할 수 있다. 서로 다른 것을 '섞음'으로써 일종의 시너지 효과를 얻는 것이다. 최초의 블렌딩 커피는 인도네시아 자바 커피와 예멘, 에티오피아의 모카 커피를 블렌딩하여 새로운 맛과 향을 가진 커피로 탄생시킨 모카 자바Mocha-Java이다. 예멘의 모카 커피, 인도시아의 자바 커피, 콜롬비아 커피, 브리질 커피, 케냐 커피 등을 사용하여 다양한 종류의 블렌딩 커피를 만들어 즐길 수도 있다. 오스트리아 빈에 본사를 두고 있고 150년의 전통을 자랑하는 율리어스 마이늘[Julius Meinl International]이 전하는 블렌딩 노하우를 들어보자. 커피 블렌딩을 하는 방식은 단종 블렌딩과 혼합 블렌딩 방식이 있다. 전자는 각각의 생두를 따로 로스팅한 후에 혼합하는 방식이다. 후자는 미리 생두를 혼합해 둔 다음에 동시에 로스팅 하는 방식이다. 원산지가 다른 원두의 종류와 혼합 비율을 달리하면 신맛, 쓴맛, 깊고 진한 맛 등을 내는 다양한 블렌딩 커피를 만들 수 있다. 개인의 취향에 따라 원두의 종류와 혼합 비율을 달리하여 나만의 하우스 블렌드House Blend 커피를 만들 수도 있다. 율리어스 마이늘의 홈페이지(meinlcoffee.com)를 방문하여 오묘한 커피의 세계에 빠져보자.

커피를 '믹스'하다

- 카페오레(Cafe au lait)
- 카푸치노(Cappuccino)
- 카페 라테(Cafe Latte)
- 마키아토(Cafe Macchiato)
- 카페 모카(Cafe Mocha)
- 비엔나 커피(Vienna coffee)
- 아이리시 커피(Irish coffee)
- 커피 믹스(Coffee Mix)

https://en.wikipedia.org/wiki/List_of_coffee_drinks
https://www.folgerscoffee.com/coffee-recipes/coffee-drink-recipes/mocha-macchiato-recipes
https://dunnbrothers.com/menu/coffee-specialty-drinks/
http://legacy.sweetmarias.com/blending.php

아포가토

커피를 바탕으로 한 후식이다.
음료나 후식에 뜨거운 에스프레소를 얹어낸다.
보통 바닐라 젤라토 또는 아이스크림에 에스프레소를 토핑한다.
카라멜 소스나 초콜릿 소스를 넣는 경우도 있다.

https://en.wikipedia.org/wiki/Affogato
https://ko.wikipedia.org/wiki/%EC%95%84%ED%8F%AC%EA%B0%80%ED%86%A0

비빔밥

블렌딩 기술은 음식에서도 진가가 드러난다. 그중에서도 비빔밥은 밥과 여러 가지 나물, 고기, 계란, 고추장 등을 넣고 비벼 먹는 한국의 대표음식이다. 한국의 비빔밥은 지방과 재료에 따라 다양한 형태로 나타난다. 전주비빔밥은 조선 3대 음식의 하나이며 외국인들이 가장 선호하는 음식이다. 전라북도 전주시청 자료에 따르면, 비빔밥은 전주의 10미 중 하나인 콩나물로 지은 밥에 잣, 밤, 은행, 호두 등과 함께 시금치, 고사리, 도라지, 표고버섯 등 계절마다 다른 신선한 야채를 넣어 만들고 육회가 올려지기도 한다. 말하자면 비빔밥은 탄수화물, 지방, 단백질, 비타민, 무기질 등을 골고루 섭취할 수 있는 영양식품인 것이다. 양념장으로는 고추장을 빼놓을 수 없으며 콩나물국과 함께 먹는다. 비빔밥은 선조들의 지혜와 과학이 담겨 있는 완전식품이다. 전주시는 2007년부터 한옥마을에서 해마다 전주비빔밥축제를 개최하고 있다. 전주시는 유네스코 음식창의도시에 지정됨으로써 맛의 도시라는 이미지를 전 세계에 알릴 수 있게 되었다.

비빔밥은 지방과 재료에 따라 다른 이름을 가지고 있다. 위키피디아에 따르면, 진주비빔밥은 콩나물 대신 숙주나물을 쓰고 해초나물과 쇠고기 육수를 얹어낸다. 제사음식을 요리하여 비벼 먹는 안동 비빔밥도 있는데 고추장 대신 간장으로 맛을 내며, 전이나 구운 생선, 산적 등을 곁들인다. 또한 거제도, 통영, 마산 비빔밥도 그 지역의 대표음식이다. 평양 비빔밥은 볶은 쇠고기, 숙주나물 등으로 만드는 음식이며 전주비빔밥과 마찬가지로 갖은 야채를 얹어낸다. 황해도에는 닭고기가 들어가는 해주 비빔밥이 있다. 맨밥을 쓰지 않고 밥을 기름에 볶아서 만드는데 고추장을 쓰지 않는다는 특징이 있다. 모양이 아름다워 해주 교반이라고도 불렀다.

4
터미네이터

터미네이터 / 바이메탈 / 하늘이 내린 선물 / 고분자 블렌드 / 하이브리드 세상

터미네이터

과학기술의 진보 속도가 눈에 띄게 빨라지고 있다. 특히 인간의 도우미로서의 기계는 날로 진화를 거듭하고 있다. 기계가 인간을 지배하는 날이 올까? 34년 전 미국의 캐머런James Cameron 감독은 이러한 상상을 스크린에 담았다. 공상과학 영화 〈터미네이터〉(The Terminator)가 탄생한 것이다. 2029년의 로스앤젤레스. 핵전쟁의 잿더미 속에서 기계들이 지구를 지배하고 있다. 기계들은 인류를 말살하기 위한 소탕작전을 계속하고, 인류저항군은 기계들과 항전을 벌인다. 이 영화에 등장하는 터미네이터 T-800은 음성모방 기능으로 특정인의 위치를 찾아내는 능력을 가지고 있다. 대형 탱크로리에 밟혀도 다시 일어나 임무를 수행하는 T-800의 모습은 공포 그 자체이다. 슈왈제네거Arnold Schwarzenegger가 터미네이터로 출연한 이 영화는 650만 달러의 예산으로 7800만 달러가 넘는 흥행 수입을 올려 대성공을 거두었다. 이 결과에 고무되어 〈터미네이터 2〉(심판의 날, 1991년), 〈터미네이터 3〉(라이즈 오브 더 머신Rise of the Machine, 2003년), 〈터미네이터: 미래 전쟁의 시작〉(2009년), 그리고 〈터미네이터 제니시스〉(Genisys, 2015년)가 제작되어 흥행에 성공하였다.

영화에 등장하는 공포의 로봇 '터미네이터'는 고무 피부를 가지고 있고 땀도 흘린다. 생긴 모습만으로는 인간과 구별할 수 없다. 다행히 개들은 T-800을 알아볼 수 있다. 시리즈가 이어지면서 안드로이드Android는 점점 진화한다. 안드로이드란 사람의 모습을 한

기계를 말한다. 1970년대에 TV에 방영되었던 〈600만 불의 사나이〉의 주인공(스티브 오스틴)은 사이보그Cyborg이다. 사이보그는 사람이 기계와 결합되어 탄생한다. 1987년에 개봉한 영화 〈로보캅〉(RoboCop)의 주인공 역시 사이보그이다. 사고로 팔과 다리를 잃은 사람이 전자 팔과 다리를 장착했다면 그 역시 사이보그이다. 한편, 휴머노이드Humanoid는 인체와 유사한 형태를 지닌 로봇이다. 한국과학기술원[KAIST] 오준호 교수팀이 개발한 휴보Hubo나 혼다Honda사가 개발한 아시모Asimo는 대표적인 휴머노이드 로봇이다. 휴보는 2015년 세계재난로봇대회[DRC]에서 1위를 차지한 바 있다. 걷기, 계단 오르기, 악수하기, 장애물 피하기 등의 다양한 동작을 할 수 있다. 아시모도 예측 제어를 통해 자유롭게 걸으며, 계단 오르내리기, 댄스, 선회 등도 가능하다.

안드로이드

인간의 모습과 행동을 닮은 로봇을 말한다.

영화 예: 아이 로봇, 터미네이터, 블레이드 러너, 가위손, 에이리언, 프로메테우스에 나오는 데이빗 8, A.I.에 나오는 데이빗

실제 예: Ever-2(한국), DER 01(일본), Sophia(핸슨 로보틱스), Jules(영국)

사이보그

생물체와 기계가 결합한 것이다.

드라마 영화 예: 600만 불의 사나이, 스파이더맨 2, 스타워즈, 터미네이터, 아이언맨 3, 로보캅

실제 예: 스티븐 호킹

휴머노이드

인간의 신체와 유사한 형태를 지닌 로봇이다.

영화 예: 아이, 로봇

실제 예: 와봇-1(일본), 센토(한국), 휴보(한국), 아시모(일본)

http://webzine.sticho.co.kr/cnt/index.php?no=581
http://www.irobotnews.com/news/articleView.html?idxno=214
https://ko.wikipedia.org/wiki/%ED%9C%B4%EB%A8%B8%EB%85%B8%EC%9D%B4%EB%93%9C

바이메탈

철판과 구리판을 서로 붙인 다음 가열하였더니 철판이 있는 방향으로 휘어졌다. 그러고 나서 이것을 식혔더니 다시 원래 상태로 되돌아왔다. 대체 무슨 일이 일어난 걸까? 구리는 철보다 열팽창률이 더 크다. 따라서 온도가 높아지면 구리가 철보다 더 늘어난다. 그런데 서로 붙어있기 때문에 덜 늘어나는 철판 쪽으로 휘게 된다. 실생활에서 쉽게 볼 수 있는 금속의 열팽창 계수(단위 10^{-6}/°C)를 큰 것부터 나열해 보면 다음과 같다(자료: ttiti.co.kr). 납($_{82}$Pb, 29.1), 아연($_{30}$Zn, 25.0), 알루미늄($_{13}$Al, 23.0), 망간($_{25}$Mn, 22.0), 주석($_{50}$Sn, 21.2), 은($_{47}$Ag, 19.2), 구리($_{29}$Cu, 16.5), 금($_{79}$Au, 14.2), 코발트($_{27}$Co, 13.4), 니켈($_{28}$Ni, 13.3), 철($_{26}$Fe, 12.3), 백금($_{78}$Pt, 9.0), 타이타늄($_{22}$Ti, 8.35), 크롬($_{24}$Cr, 6.2), 텅스텐($_{74}$W, 4.59).

열팽창률이 서로 다른 금속을 붙여 온도에 따라 휘어지는 성질을 이용하여 온도를 조절하는 재질을 바이메탈Bimetal이라 부른다. 바이메탈은 다리미, 주전자, 밥솥, 커피포트, 토스터, 온도계, 화재 경보기, 보일러 등에 사용된다. 에어컨, 냉장고, 핫플레이트 같은 고급 기기에는 바이메탈 대신 서미스터(Thermister, 열가변저항기)나 열전쌍[Thermocouple]을 쓴다.

서로 다른 두 금속을 사용하는 다른 사례로는 주석 캔[Tin can]이 있다. 이것은 철의 부식을 방지하기 위해 철 표면을 주석으로 코팅한 것이다. 동전의 경우에도 제작 비용을 절감하고 금속을 녹여내지 못하도록 값싼 금속으로 만들고 여기에 비싼 금속으로 코팅한다. 미국 동전은 95퍼센트 아연[$_{30}$Zn]으로 제작되며 표면을 구리[$_{29}$Cu]로 도금 처리하여 만든다.

바이메탈

팽창이 잘 되는 금속과 잘 되지 않는 금속으로 만든다.

다리미, 밥솥, 커피포트, 토스터, 개폐기, 온도계, 냉장고, 화재경보기 등에 사용된다.

팔라듐[$_{46}$Pd]과 마그네슘[$_{12}$Mg]으로 만든 바이메탈은 독성이 있는 폴리염화바이페닐[PCBs]로부터 염소[Cl]를 제거하여 독성이 없는 물질로 전환시킨다.

https://ko.wikipedia.org/wiki/%EB%B0%94%EC%9D%B4%EB%A9%94%ED%83%88
https://ntrs.nasa.gov/archive/nasa/casi.ntrs.nasa.gov/20130013826.pdf

하늘이 내린 선물

무려 11킬로그램이나 되는 금과 화려한 보석으로 만들어진 황금 마스크로 유명한 투탕카멘Tutankhamun(재위 c.1332~1323 BCE)은 이집트 제18 왕조의 파라오였다. 18살이라는 어린 나이에 숨져 비운의 파라오로 알려진 투탕카멘의 단검이 화제를 모은 적이 있었다. 그런데 철로 만들어진 이 검은 철기 시대가 시작되기 이전에 만들어져서 그 제조 과정이 미스터리로 남아있었다. 3,300년이라는 장구한 세월이 지났음에도 검이 녹슬지 않았던 비밀은 무엇이었을까? 그것은 철[$_{26}$Fe]과 니켈[$_{28}$Ni]의 합금에 있다. X-선 형광 분광계로 검의 화학 조성을 분석한 결과 코발트[$_{27}$Co]와 함께 니켈의 함량이 많았다. 단검의 재질은 이집트의 홍해 인근 2,000킬로미터 이내에서 발견된 카르가Kharga 운석의 성분과 유사한 것으로 밝혀졌다. 고대 이집트인들은 운석 속의 철을 하늘이 내린 선물로 간주하여 귀하게 여겼다. 숙련된 제철 기술자들은 하늘이 내린 선물을 가공하여 파라오의 단검을 제작하였다.

두 가지 이상의 금속 혼합물 또는 금속과 다른 원소의 혼합물을 합금이라 한다. 그렇다면 서로 다른 금속을 섞는 이유는 무엇일까? 그것은 합금이 순수한 금속보다 녹는점이 낮아서 생산 단가를 낮출 수 있고 부식저항성이나 기계적인 강도가 우수하기 때문이다. 시너지 효과가 나타나는 것이다. 대표적인 합금의 예로는 황동, 청동, 땜납, 백랍, 듀랄루민, 아말감 등이 있다. 황동은 구리[$_{29}$Cu]에 아연[$_{30}$Zn]을, 그리고 청동은 구리[$_{29}$Cu]에 주석[$_{50}$Sn]을 첨가하여 만든 합금이다. 땜납과 백랍의 주성분은 납[$_{82}$Pb]과 주석[$_{50}$Sn]이다. 듀랄루민은 알루미늄($_{13}$Al, 95퍼센트)에 구리($_{29}$Cu, 4퍼센트), 망간($_{25}$Mn, 0.5퍼센트), 마그네슘($_{12}$Mg, 0.5퍼센트)을 첨가하여 만든 합금이다. 이것은 가볍고 기계적인 성질이 우수하여 비행기, 자동차 등에 사용된다. 아말감은 수은[$_{80}$Hg]을 함유한 금속의 합금을 말하는데 대부분의 금속은 수은 아말감을 형성한다.(예외: 철[$_{26}$Fe], 백금[$_{78}$Pt], 텅스텐[$_{74}$W], 탄탈럼[$_{73}$Ta])

투탕카멘의 검

1925년, 이집트에 있는 왕들의 계곡에서 발견되었다.
고고학자인 카터(Howard Carter)와 카나본(Lord Carnarvon)에 의해서 발견되었다.
운석에서 발견된 광석으로 제작되었다.
검의 성분은 X-선 형광 분광법으로 분석하였다.
대부분은 철로 이루어져 있었고, 니켈과 코발트가 각각 11퍼센트, 0.6퍼센트 섞여 있었다.

https://en.wikipedia.org/wiki/Tutankhamun%27s_meteoric_iron_dagger_blade
http://www.historyextra.com/period/ancient-egypt/8-things-you-probably-didnt-know-about-tutankhamun/

철[$_{26}$Fe]은 가격이 저렴하면서도 유용한 금속인데 산소와 물을 만날 경우 쉽게 부식된다는 단점이 있다. 하지만 철에 탄소를 혼합하면 이러한 철의 단점을 극복할 수 있는 강철로 새롭게 탄생한다. 철이 탄소를 만났다? 철 사이에 소량의 탄소(0.3-2퍼센트)가 들어갔을 뿐인데 강도가 증가된 물질로 새롭게 태어난다. 바로 탄소강[Carbon steel]이다. 물론 다른 금속과의 합금으로도 새로운 물질이 탄생된다. 한 예로, 크롬($_{24}$Cr, 약 11퍼센트)을 섞으면 스테인레스 스틸Stainless steel이 만들어진다. 땜납은 납[$_{82}$Pb]과 주석($_{50}$Sn, 60퍼센트)의 합금이다. 말 그대로 회로기판 등의 납땜에 이용된다. 최근에는 환경문제를 고려하여 납이 들어가지 않은 무연 땜납이 등장하였다. 백랍은 주석($_{50}$Sn, 85-99퍼센트)을 구리[$_{29}$Cu], 안티몬[$_{51}$Sb], 비스무스[$_{83}$Bi], 그리고 때로는 납[$_{82}$Pb]과 섞어서 만드는 합금이다. 잘 녹고 모양이 잘 나와 식기나 펜던트로 자주 만들어졌다. 우드 합금[Wood's metal]은 비스무스($_{83}$Bi, 50퍼센트), 납($_{82}$Pb, 26.7퍼센트), 주석($_{50}$Sn, 13.3퍼센트), 카드뮴($_{48}$Cd, 10퍼센트)의 합금으로서 녹는점이 섭씨 70도에 불과하다. 상온에서도 녹는 합금을 만들어 보고 싶다.

합금 중에는 원래의 상태를 기억하는 스마트한 금속도 있다. 바로 형상기억 합금[Shape-memory alloy]이다. 대표적인 예로 니티놀Nitinol이 있다. 니켈[$_{28}$Ni]과 타이타늄[$_{22}$Ti]을 거의 동일한 원자 퍼센트로 혼합한 합금인 니티놀은 탄성이 우수하다. 아폴로 11호의 안테나로 처음 사용되었으며, 의료 분야에서도 혈관 확장 고정물 등으로 이용되고 있다. 미항공우주국[NASA]에서는 형상기억 합금을 이용하여 자동차의 스프링 타이어, 상황에 따라 비행기 날개의 모양을 바꾸는 기술 등을 개발하였다.

강철

철보다 1,000배 더 강하다.
주요 가전제품의 필수 소재이다.
거의 모든 산업 분야에서 사용된다.
강철 지붕은 전통적인 지붕보다 수명이 약 3배 길다.
강철 산업의 전 세계 매출량은 9천억 달러에 달한다(석유, 천연 가스에 이어 세 번째).
철을 환원전극으로 만들어주면 철의 부식을 방지할 수 있다(음극화 보호).
아연은 강철이 산소에 의해 부식되는 것을 방지하기 위해 사용되는 금속이다.

https://www.capitalsteel.net/news/blog/steel-facts-might-surprise-you
http://www.kaempfandharris.com/blog/20-facts-about-steel-that-you-probably-didnt-know
https://en.wikipedia.org/wiki/Steel

고분자 블렌드

오늘날 철만큼이나 유용하고 널리 쓰이는 물질이 있다. 바로 플라스틱Plastic이다. 플라스틱은 페트병, 장난감, 파이프, 건축자재 등 우리 생활 주변에서 흔히 볼 수 있는 물질이다. 일반적으로 플라스틱은 열을 가하면 부드러워진다. 따라서 다양한 모양으로 가공하기가 용이하다. 플라스틱 이외에도 고무[Rubber]와 섬유[Fiber]를 통틀어 부르는 경우에는 고분자(Polymer, poly = many, mer = part)라는 용어를 사용한다. 범용 고분자로는 폴리에틸렌(PE, polyethylene), 폴리프로필렌(PP, polypropylene), 폴리스티렌(PS, polystyrene), 폴리염화비닐(PVC, polyvinyl chloride), 폴리메틸메타크릴레이트(PMMA, polymethylmethacrylate) 등이 있다. 이들은 각각의 단량체[Monomer], 즉 에틸렌Ethylene, 프로필렌Propylene, 스티렌Styrene, 비닐클로라이드Vinyl chloride, 그리고 메틸메타크릴레이트Methylmethacrylate로부터 제조된다. 물론 천연고무, 울[양털], 실크[명주실], 호박琥珀, 셸락Shellac 같은 천연 고분자도 있다. 한편, 내열성과 강도가 커서 금속을 대체할 수 있는 고분자도 있다. 이를 엔지니어링 플라스틱Engineering plastic이라 부르며, 생활용품은 물론이고 전자제품, 항공기 구조재 등 다양한 분야에서 사용된다. 이러한 예로는 폴리아마이드(PA, polyamide), 폴리카보네이트(PC, polycarbonate), 폴리이마이드(PI, polyimide), 폴리페닐렌옥사이드(PPO, polyphenylele oxide) 등이 있다. 플라스틱은 전기가 통하지 않는 절연성을 특징으로 하고 있지만 전기를 띠는 전도성 고분자도 개발되었다.

이처럼 다양한 종류가 개발되었음에도 불구하고 고분자의 응용 범위를 한층 넓혀준 것이 있다. 그것은 '블렌딩Blending' 기술이다. 서로 다른 고분자를 섞어주면 새로운 성질을 지니는 고분자로 재탄생된다. 1966년에 미국의 제너럴 일렉트릭[GE] 사가 개발한 노릴Noryl은 PPO와 PS를 섞어 만든 고분자 블렌드[Polymer blend]이다. 각각의 고분자 사슬은 벤젠이라는 공통의 방향족 고리를 가지고 있어서 잘 섞이는 성질이 있다.

시멘트에 자갈과 모래를 섞으면 강도가 우수한 콘크리트가 되고 여기에 철근을 추가하면 강도가 훨씬 우수한 철근 콘크리트가 된다. 고분자 역시 다른 물질과 만나면 새로운 물질로 탄생되는데, 이것을 고분자 복합소재[Polymer composite]라 부른다. 대표적인 예로는 섬유강화플라스틱(FRP, Fiber-reinforced plastic)이 있는데 여기에는 보통 유리 섬유[Fiberglass], 탄소, 아라미드(Aramid, Aromatic polyamide, 방향족 고리를 가지는 폴리아마이드), 현무암 등이 사용된다.

폴리머 블렌드의 예

PPO–PS PP–EPDM PET–PBT PC–ABS PMMA–PVDF

참고

PPO: Polyphenylene oxide
PS: Polystyrene
PP: Polypropylene
EPDM: Ethylene propylene diene monomer
PET: Polyethylene terephthalate
PBT: Polybutylene terephthalate
PC: Polycarbonate
ABS: Acrylonitrile butadiene styrene
PMMA: Poly(methyl methacrylate)
PVDF: Polyvinylidene fluoride

https://en.wikipedia.org/wiki/Polymer_blend

하이브리드 세상

하이브리드 물질이란 나노미터 또는 분자 수준에서 두 개 이상의 성분으로 이루어진 물질을 말한다. 둘이 섞이면 두 성분의 중간적인 성질을 보이기도 하고 전혀 새로운 성질이 나타나기도 한다. 하이브리드 물질에서 기대하는 것 중의 하나는 시너지 효과이다. 과학자들은 서로 다른 두 물질이 섞여있을 뿐인데 나타나는 새로운 특성에 주목한다. 위키피디아에 따르면, 자연계에는 진주층[Nacre]이나 뼈처럼 무기물과 유기물의 하이브리드로 존재하는 것들도 많다. 무기물 부분은 전체적인 골격을 형성하고 구조를 강하게 해준다. 유기물 부분은 무기물과 부드러운 조직 사이를 결합시켜주는 역할을 한다. 이렇게 탄생된 하이브리드 물질의 내부에서는 반데르발스van der Waals 힘, 수소 결합, 정전기적 상호작용 같은 다양한 형태의 인력이 나타난다. 반데르발스 힘은 네덜란드의 과학자 반데르발스Johannes D. van der Waals(1837~1923)의 이름에서 따온 용어이다. 공유 결합 또는 이온결합 같은 강한 힘이 아니라 분자 사이에 작용하는 비교적 약한 힘을 말한다. 키솜Willem H. Keesom(1876~1956), 디바이Peter J. W. Debye(1884~1966), 런던Fritz W. London(1900~1954) 등이 연구하여 널리 응용되고 있다. 하이브리드 물질은 나노 복합재[Nanocomposite], 스크래치 방지 코팅, 방염 소재[Fire retardant], 정전기 방지 소재, 부식방지 소재 등으로 널리 활용되고 있는데 이 물질의 구성 성분은 고분자, 유리, 세라믹, 금속 등 제한이 없다. 이제 하이브리드는 에너지, 의료, 전자, 항공, 우주, 자동차, 가전 등 모든 산업의 키워드이다.

5
혼성의 시대

백남준 / 하이브리드 문화 / 인종의 용광로 / 총괄성 / 탄소의 대변신

백남준

20세기와 21세기에 걸쳐 세계적 명성을 얻은 한국의 아티스트가 있다. 그는 '비디오 아트의 창시자'로 불리는 백남준(1932~2006)이다. 백남준에게는 '20세기의 미켈란젤로'라는 이름도 따라다닌다. 그는 한국에서 태어나 홍콩, 일본, 독일, 그리고 미국으로 이어지는 기나긴 여정 속에서 새로운 예술을 개척하였다. 그는 동양과 서양을 '연결'하였고 예술을 텔레비전 안으로 끌어들였으며 과학을 예술과 '만나게' 하였다. 『컬쳐 플러스』의 저자 이원희는 백남준에게서 예술과 기술을 섞은 그의 혁명적 하이브리드 기법만 보아서는 안 된다고 조언하며 백남준을 통해서 우리 시대의 문화적 심지를 돋우는 데 힘써야 한다고 했다. 2001년 동아 신춘문예에서 「백남준 미술의 아이덴티티」라는 제목의 평론을 쓴 서기문 역시 "백남준은 과학을 예술로 끌어들였다."고 언급하였다. 그는 백남준이 보여준 '비빔밥의 미학'이 현대 과학의 대표적인 키워드 중 하나인 하이브리드와 만났다고 썼다.

백남준의 작품

비디오 아트:	전시회:
전자 오페라 No. 1	신화의 전시-전자 테크놀로지
백팔번뇌	음악의 전시-전자 텔레비전

위성 아트:
  호랑이는 살아있다
  손에 손잡고
전시 작품:
  달은 가장 오래된 TV다
  TV 붓다
퍼포먼스:
  피아노 포르테를 위한 연습곡
  바이올린 솔로

https://ko.wikipedia.org/wiki/%EB%B0%B1%EB%82%A8%EC%A4%80

하이브리드 문화

세계화 바람이 분다. 서로 다른 것들이 섞이고 있다. 하이브리드는 기존의 장르를 파괴하면서 새로운 문화를 탄생시키고 있는 원동력이다. 오늘날 하이브리드는 문화의 한가운데에 서있다. 하이브리드 음악, 하이브리드 미술, 하이브리드 문학, 하이브리드 영화, 하이브리드 애니메이션, 하이브리드 패션 등이 탄생하면서 장르 사이의 벽이 허물어지고 있다.

음악은 어느 것과도 섞인다. 클래식과 재즈가 만난다. 국악을 연주하는 무대에 비보이가 등장한다. 힙합Hip-hop이 떴다. 원래 힙합은 1970년대에 미국 뉴욕의 브롱스Bronx에서 유행하기 시작한 춤과 대중음악으로부터 파생된 거리음악과 문화이다. 힙합은 웹Fetty Wap, 웨인Lil Wayne, 웨스트Kanye West, 메인Gucci Mane 등 많은 아티스트를 탄생시켰으며, 점차 음악, 댄스, 패션 등의 형태로 전 세계에 전파되었다. 한국의 힙합은 1990년대 서태지와 아이들을 출발점으로 하여 점차 세력을 키워나갔다. 2002년부터 활동하고 있는 남성 힙합 3인조 그룹 '에픽하이Epik High'는 2010년에 미국 아이튠iTunes 차트 1위를 차지하였다. 2016년에는 새로운 힙합 댄스 그룹이 나타났다. '저스트 절크Just Jerk'이다. 그들은 최고의 댄스대회로 알려진 바디 락 2016Body Rock 2016에서 1위를 차지하면서 전 세계에 한국을 널리 알렸다. 힙합과 가야금 선율을 섞고 태권도와 댄스로 무장한 이들은 곤룡포를 연상케 하는 빨간 옷과 검은 두건을 쓰고 무대를 점령하였다. 저스트 절크는 2017년

America's Got Talent에도 출연하여 심사위원과 관객을 사로잡았다.

미술도 기술과 패션을 만나 하이브리드 아트를 탄생시켰다. 디지털과 아날로그, 동양과 서양, 과거와 현재 등을 넘나든다. 전 분야의 모든 요소가 융합의 대상이다. 문학의 경우, 코메디도 코메디로만 끝나지 않고 액션, 공포, 판타지, SF(Science fiction, 공상과학) 등이 섞인다. 때론 비극과 융합되기도 하고 순수 문학과 대중 문학이 만나기도 한다. 문학에서 하이브리드는 새로운 상상력을 자극하는 촉매이다.

패션 계 역시 기술이나 기능과 결합함으로써 한 제품으로 다양한 연출이 가능한 다기능 패션을 선보였다. 스포츠와 일상생활을 믹스하여 활동적이고 젊게 보이는 스포츠 하이브리드 패션은 어떨까?

2D의 예술성과 3D의 효율성을 살린 하이브리드 애니메이션도 나왔다. 라이브 액션과 애니메이션이 결합된 영화에 관심이 있다면 2016년 5월 무어Rose Moore가 스크린랜트(screenrant.com)에서 소개한 12편의 영화를 만나보자.

제목 자체가 〈하이브리드〉(Hybrid)인 영화도 있다. 미지의 생명체가 자동차로 변신하고 사람을 잡아먹는다는 내용으로 살인 병기와 인간의 대결을 그렸다. 2010년 8월에 개봉한 이 영화는 프랑스의 발레트Eric Vallete가 감독을 맡았다.

인종의 용광로

이제 우리는 순수하다는 말이 이상한 의미로 받아들여지는 시대에 살고 있다. 모든 걸 섞어보는 시대이다. 섞어야 미래가 보이는 시대이다. '미국' 하면 떠오르는 것은 뭘까? 코카콜라, 디즈니랜드, 미식축구, 할리우드, 자유의 여신상 등등. 또 한 가지 빼놓을 수 없는 것은 '인종의 용광로'란 용어이다. 멜팅 팟Melting pot이라고도 하는데 이는 다민족 국가인 미국을 상징한다. 이민자들의 나라 미국의 모토는 '다수로부터 하나'(라틴어: E pluribus unum, 영어: One out of many)이다. 미국은 다양한 나라에서 유입된 이민자들의 문화가 혼합되어 하나의 공동 문화를 형성해왔다.

그러나 뉴욕의 현실은 다른 형태로 나타나고 있다. 위키피디아에 따르면, 각각의 문화가 공존하고 있으나 하나로 통합되지 않고 있다. 다양한 문화를 녹여 하나의 문화와 정체성을 갖는데 실패하고 있다는 것이다. 따라서 이 개념은 이제 더 이상 의미가 없고 대신 샐러드 볼Salad bowl 혹은 문화적 모자이크[Cultural Mosaic]라는 말을 사용한다. 샐러드에 들어 있는 과일과 야채들은 섞여 있으나 여전히 각 과일 본래의 특징을 유지하고 있다. 이것은 다문화주의[Multiculturalism]를 의미한다. 다문화주의는 여러 다른 문화의 공존을 통해서 다양성을 증진시키는 것을 목적으로 한다. 하나로 될 수 없다면 각 이민자들의 인종적, 문화적 특성을 유지하면서 조화를 찾아야 한다는 것이다.

2010년 10월 캐이아메리칸 포스트(kamerican.com)에 따르면 문화적 다원주의[Cultural pluralism]에 기초한 샐러드 볼 이론은 이민자들의 미국사회 동화를 반대하는 '인종 연방주의'라는 의견도 있다. 이것은 이민자들 고유의 문화를 그대로 유지하면서 미국을 하나로 연결하고 통합시키는 것이 얼마나 어려운지를 상징적으로 보여주는 표현이다.

1996년 『미국식 동화』(Assimilation, American Style)라는 저서를 쓴 샐린스Peter Salins는 미국식 동화의 성공 조건을 다음과 같이 제시하였다. 구성원들 간에 서로의 정당성을 인정해야 한다. 이민자들이 경제적 자립을 이루어야 한다. 법을 준수하면서 시민 책임을 다해야 한다. 자기가 태어난 모국보다는 미국을 먼저 생각해야 한다.

미국은 종종 벌어지는 흑백 갈등으로 휘청거리고 있다. 인종차별 또는 배타적 인종주의가 좀처럼 사라지지 않고 있다. 신대륙에 도착하여 아메리카 원주민들을 대체하여 주도적인 입지를 다진 백인들은 필요한 노동력을 얻기 위해서 흑인들을 노예로 부렸다. 1862년 링컨Abraham Lincoln(1809~1865) 대통령이 노예제도를 폐지한 이후로도 인종차별은 여전했다. 2017년 백인 우월주의자들의 폭력 집회로 사상자가 나온 샬러츠빌Charlottesville 사태가 파문을 일으키고 있다. 같은 해 8월 중앙일보에 따르면, 20년간 '일상적인 인종주의[Everyday racism]'를 연구해온 뉴욕 대학교 심리학과의 놀즈Eric Knowles는 악랄한 형태의 인종차별주의가 해방되고 있다고 워싱턴포스트[WP]에 기고하였다. '미국 우선주의[America First]'는 미국을 어디로 끌고 갈 것인가?

반 만 년의 유구한 역사를 가진 우리나라도 새로운 변화를 맞이하고 있다. 2016년 6월 기준으로 국내에 체류하는 외국인이 200만 명을 넘어섰다. 중국, 베트남, 필리핀, 일본, 캄보디아, 태국 등 다양한 국적을 가진 외국인과 국제결혼을 하여 가정을 꾸리는 세대가 증가하고 있다. 2016년 e-나라지표 통계 자료에 따르면, 외국인과의 혼인건수가 2만 건을 넘었다. 고용된 외국인 근로자들도 13만 6천 명에 달한다. 과거에는 외국인을 대하는 태도가 차별적이고 다양한 형태로 나타났지만 이제는 점차 다문화를 수용하고자 하는 의식이 강해지고 있다. 한국어가 서툰 외국인을 보면 선뜻 손을 내민다. 한국인에게는 인정이 있다. 이것은 이방인들이 스스로 한국에 대해 친밀감을 느끼고 한국 문화 속으로 들어오게 만드는 힘이다. 이것이야말로 진정한 인종의 용광로를 만드는 원천이다. 한국은 전통적인 샤머니즘의 바탕 위에 불교, 유교, 그리고 기독교를 흡수하여 새로운 하나를 만들어 왔듯이 본격적인 다문화 시대를 맞이하여 새로운 문화의 꽃을 피울 것이다.

총괄성

민주는 동생에게 간단한 마술을 보여주기로 하였다. 먼저 순수한 물을 끓이고 온도를 측정해보라고 말했다. 민주는 자신의 눈을 가리고 나서 동생에게 물에 설탕을 넣어 녹이라고 말했다. 그리고 사용한 물의 양과 넣은 설탕의 양을 기록해 두라고 말했다. 안대를 푼 민주는 잠시 후 동생이 넣은 설탕의 양을 정확히 알아맞혔다. 깜짝 놀란 동생은 다시 한 번 테스트해 보았지만 민주는 이번에도 동생이 넣은 설탕의 양을 정확하게 맞혔다.

마술이라도 부린 것일까? 설탕은 물과는 달리 끓여도 기체 상태로 날아가지 않는다. 순수한 물의 끓는점은 섭씨 100도이지만 설탕물의 끓는점은 이보다 높다. 비휘발성 물질이 들어 있는 수용액의 끓는점은 가해준 비휘발성 물질의 양에 비례하여 증가한다. 설탕물과 순수한 물의 끓는점의 차이는 들어 있는 설탕 분자의 몰랄 농도[Molality]에 비례한다. 따라서 온도 차이를 알면 몰랄 농도를 계산할 수 있고 이러한 정보로부터 설탕의 양을 알 수 있는 것이다. 용액이란 용질(녹아 들어간 물질)과 용매(녹이는 물질)의 혼합물이다. 위에 예시한 설탕물의 끓는점은 첨가한 설탕 분자(용질)의 개수에 비례한다. 이러한 성질을 총괄성[Colligative property]이라 부른다.

추운 겨울 아침이다. 눈이 내려 도로에 쌓이고 있다. 교통지옥으로 변할 출근길에 뾰족한 대책은 없을까? 민주는 염화칼슘[$CaCl_2$]을 도로에 뿌려주고 있는 광경을 목격하였다. 이유가 뭘까? 여기에도 총괄성의 원리가 숨어있다. 순수한 물은 섭씨 0도에서 언다. 그러나 염화칼슘(비휘발성 용질)을 뿌려주면 물은 섭씨 0도보다 낮은 온도에서 얼게 된다. 내린 눈이 빙판으로 변하는 온도가 낮아지는 것이다.

총괄성

순수한 물의 끓는점과 비휘발성 물질이 들어 있는 수용액의 끓는점의 차이(ΔT)는 수용액에 들어 있는 비휘발성 물질의 몰랄농도(m)에 비례한다.

$\Delta T = k\,m$

여기서, k는 용매에 고유한 상수이다. m은 용매 1킬로그램에 들어 있는 용질의 몰수를 말한다. 1몰은 대략 6.02×10^{23}개를 의미한다.

또 다른 예를 보기로 하자. 민주는 반투막이 쳐진 U자형 용기 오른쪽에는 순수한 물을, 왼쪽에는 설탕물을 같은 높이로 채웠다. 설탕 분자는 반투막을 통과할 수 없다. 한참 후에 보니 양쪽의 높이가 달라져 있었다. 왜 그럴까? 오른쪽의 물 분자들이 왼쪽의 설탕 수용액 쪽으로 이동한 것이다. 더 높아진 물기둥이 미치는 압력을 삼투압[Osmotic pressure]이라 한다. 삼투압을 알면 그 속에 들어 있는 설탕의 양을 알 수 있다. 반대로 설탕의 양을 알면 설탕 분자의 분자량을 계산할 수도 있다. 여기에도 총괄성 원리가 숨어있는 것이다.

순수한 물이 들어 있는 용기가 있다. 민주는 뚜껑을 덮어 물 분자가 밖으로 빠져 나오지 못하도록 해두었다. 용기 안에 갇혀 있는 물 분자들은 상호 간에 수소결합이라고 부르는 힘에 의해 묶여 있다. 그러나 일부는 그 힘을 이기고 탈출한다. 수증기로 날아가는 것이다. 이 기체 분자들은 빈 공간을 날아다니면서 벽을 때릴 것이다. 시간이 경과함에 따라 액체 상태에서 기체 상태로 변한 분자들은 점점 증가한다. 어떤 기체 분자들은 다시 액체 상태로 되돌아간다. 어느 시점에 이르면 액체가 고체로 변하는 속도와 기체가 다시 액체로 변하는 속도가 같아진다. 이때 기체 분자들이 나타내는 압력을 증기압이라 부른다. 민주는 순수한 물이 들어 있는 용기와 설탕을 녹인 수용액이 들어 있는 용기의 증기압을 측정해 보았다. 증기압은 어느 쪽이 더 높았을까? 설탕은 비휘발성 물질이다. 따라서 설탕물의 증기압은 순수한 물의 증기압보다 낮다. 수용액의 증기압력은 물속에 들어 있는 설탕 분자의 양에 비례하여 낮아진다.

탄소의 대변신

생명체를 구성하는 원소들은 무엇일까? 우리 몸의 99.9퍼센트는 탄소[$_6$C], 수소[$_1$H], 산소[$_8$O], 그리고 질소[$_7$N]로 이루어져 있다. 그중에서 생명체의 핵심은 탄소이다. 탄소는 원자번호가 6인 원소이다. 중성 상태에서 탄소는 6개의 전자를 가진다. 탄소는 바깥 궤도를 돌고 있는 4개의 전자를 이용하여 다양한 분자를 형성한다. 다이아몬드, 흑연, 풀러렌 Fullerene, 탄소나노튜브[Carbon Nanotube]는 탄소만으로 이루어진 물질이다. 그러나 탄소가 수소, 산소, 질소 등을 만나면 수많은 형태의 분자들이 탄생된다.

탄소 원자 두 개가 수소를 만나는 경우를 예로 들어보자. 4개의 전자를 가진 탄소가 수소 원자들을 만나면 에테인(Ethane, C_2H_6)을 형성한다. 그런데 에틸렌(Ethylene, C_2H_4)과 아세틸렌(Acetylene, C_2H_2)은 어떻게 만들어진 것일까? 먼저 에틸렌($CH_2{=}CH_2$)의 경우를 보자. 분자의 가운데에 있는 두 개의 탄소 원자들은 각각 세 개의 원자들(H, H, C)과 화학 결합을 하고 있다. 아세틸렌($HC{\equiv}CH$)의 경우에는 어떠한가? 두 개의 탄소 원자들은 각각 단 두 개의 원자들(H, C)과 화학 결합을 하고 있다. 탄소 원자가 수소를 만나 분자를 이루는 방식에는 어떤 원리가 숨어 있을까? 비밀은 탄소 원자가 네 개의 전자를 모두 활용하기도 하지만, 결합할 수소 원자들이 모자란 경우에는 3개 또는 2개의 원자들과 화학 결합을 할 수 있다는 것이다. 그렇다면 남는 전자들은 어디로 갔을까? 에틸렌의 경우, 탄소 원자는 3개의 전자를 사용하였다. 각각의 탄소 원자에 남아 있는 전자들은 바로 이웃사촌처럼 서로 가까이 존재한다. 가까우면 상호작용을 할 수 있다. 또 하나의 결합이 탄생하는 것이다. 이렇게 하여 이중결합이 탄생되었다. 아세틸렌의 경우, 탄소 원자는 단 2개의 전자를 사용하였다. 따라서 각각의 탄소 원자에는 2개의 전자들이 남아있게 된다. 이웃사촌처럼 지내는 관계가 둘인 셈이다. 새로운 화학 결합 2개가 탄생되었다. 이렇게 해서 삼중결합이 만들어졌다. 탄소가 가지는 이러한 능력을 혼성화[Hybridization]라 부른다. 세상 모든 것들이 섞이고 섞여 변화를 거듭하고 있다.

탄소와 수소로 이루어진 간단한 분자들

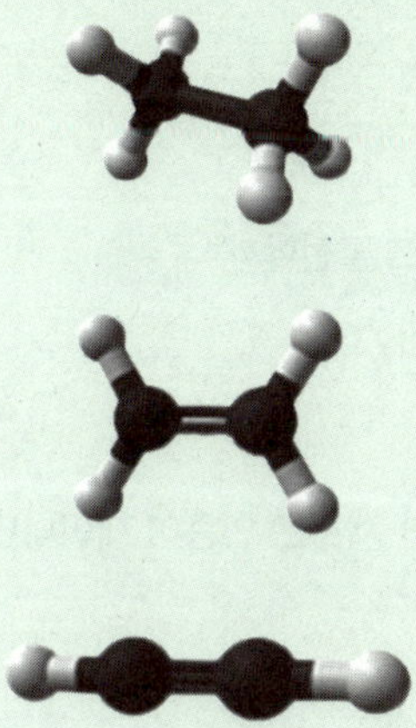

에테인(Ethane), 에틸렌(Ethylene), 그리고 아세틸렌(Acetylene). 여기서 검정색과 회색의 구는 각각 탄소 원자[C]와 수소 원자[H]를 나타낸다. 원자와 원지를 연결하는 막대기 하나는 공유된 2개의 전자를 의미한다.

https://en.wikipedia.org/wiki/Ethane
https://en.wikipedia.org/wiki/Ethylene
https://en.wikipedia.org/wiki/Acetylene

상상을 더하다 2

- 스핑크스에게 길을 묻다 -

1. 터미네이터에게 어디까지 인간이라는 경계를 지을 수 있을까?
2. 신화에는 왜 반인반수가 많이 등장할까?
3. GMO와 하이브리드 식물의 차이점은 무엇일까?
4. 향수는 많은 재료를 섞을수록 향기가 좋아질까?
5. 유전자 조작으로 다른 종끼리도 교배가 되는가?
6. 하이브리드 시킨 과일에 부작용이 존재하진 않을까?
7. 사람들은 왜 섞는 걸 좋아할까?(예: 키메라, 라이거 등)
8. 강철에서 탄소의 역할은 무엇일까?
9. 미래에 사이보그가 나오면 정말 인간을 지배할 정도로 스스로 발전할까?
10. 왜 신화 속에는 하이브리드적인 신이나 생물들이 존재했을까?
11. 인간의 뇌를 이식한다면 어떻게 될까?
12. 인간과 사자 또는 호랑이 등이 합체하여 신체적으로 뛰어난 새로운 인종이 태어나면 인류는 어떻게 될까?
13. 하이브리드 동물들은 번식 행위를 통해 후손을 만들어낼 수 있는가?
14. 포마토 같은 하이브리드 개념의 음식들이 인간의 몸에 끼치는 영향은 없을까?
15. 하늘을 나는 양탄자를 만들기 위해서는 어떤 소재를 써야 하는가?
16. 늑대인간과 같은 실제 동물과 인간의 하이브리드가 존재할까?
17. 스핑크스는 왜 많은 동물 중에서 사자의 몸을 갖게 되었을까?
18. 고대 사람들은 스핑크스 이외에 어떤 하이브리드 동물들을 상상했을까?
19. 합금과 달리 아예 새로운 금속 원소를 합성해낼 수 있을까?
20. 사람들은 왜 스핑크스와 같은 존재를 만들어낸 걸까?
21. 인어, 스핑크스 등이 실제로 존재했을까? 만약 실재하지 않았다면 이러한 것들이 생겨나게 된 이유는 무엇이었을까?

22. 스핑크스도 성별이 있을까?

23. 사람 얼굴을 한 하이브리드에는 어떤 것들이 있을까?

24. 동물과 식물의 하이브리드도 가능할까?

25. 인간-동물-식물 하이브리드가 태어날 수 있을까?

26. 다양한 문화가 섞여있는 곳은 어떤 문제점이 발생할까?

27. 신화 속에 반인반수의 모습을 한 존재가 자주 등장하는 이유는?

28. 철과 탄소를 넣어 강철을 만드는 원리는?

3장
런던 스모그에서 배우다

1
런던 1952

모네 / 런던 1952 / 역사 속의 스모그 사례 / 대기오염

모네

1860년대는 전 세계에 문화적, 사회적, 정치적으로 커다란 변화가 일어나던 시기였다. 과학 분야에서는 1867년 스웨덴의 노벨Alfred B. Nobel(1833~1896)이 다이너마이트를 발명하였다. 1869년에는 러시아의 멘델레예프Dmitri I. Mendeleev(1834~1907)가 원소의 주기율표를 제안함으로써 원소의 성질이 주기적으로 변한다는 사실이 밝혀지게 되었다. 파리에서는 미술계에 새로운 변화가 일어났다. 비주류 화가들이 전통적인 회화 형식에 반기를 든 것이다. 마네Eduard Manet(1832~1883), 모네Claude Monet(1840~1926) 등의 젊은 화가들이 그들의 신념을 화폭에 담았다. 마네는 〈풀밭 위의 점심식사〉(1863)를 통해서 파리 상류층 남자들의 이중적 태도를 비판하고 당시 사회의 어두운 이면을 드러냈다. 그는 빛에 의해 수시로 달라지는 인물과 풍경을 자신만의 기법으로 표현하면서 인상주의의 출발을 알렸다. 이것은 현대 미술의 시작을 알리는 신호이기도 했다. 1874년 파리 나다르Nadar의 스튜디오에서 열린 특별전에는 모네, 르누아르Auguste Renoir(1841~1919), 피사로Camille Pissarro(1830~1903), 세잔Paul Cezanne(1839~1906), 드가Edgar Degas(1834~1917) 등의 화가들이 참가하였다. 모네는 출품작에 〈인상, 해돋이〉라는 제목을 달았는데, 『르 샤리바리』(Le Charivari) 잡지사의 비평가는 「인상주의자의 전시회」라는 제목으로 글을 기고하였다. 모네는 파리 근교의 센강 연안에 위치한 아르장퇴유Argenteuil에서 수년간 활동하였다. 그는 '아르장퇴유 다리'가 산업

화에 따라 새롭게 변해가는 모습에 주목했다.

모네는 영국 여행을 하면서 런던 템스 강가의 풍경을 화폭에 담았는데, 특히 국회의사당을 배경으로 한 그림은 1900년부터 1904년까지 시리즈로 많은 작품을 남겼다. 안개에 젖은 낭만적인 런던의 모습일까? 2006년 하이필드Roger Highfield는 텔레그래프The Telegraph에 모네의 그림을 소개하였다. 그는 일련의 작품들이 빅토리아 시대의 대기오염 상황을 말해주고 있다고 발표하였다. 당시 영국은 산업혁명을 통해 수공업을 기계 공업으로 전환하고 대규모 공장을 지으며 비약적으로 발전하던 시기였다. 버밍햄 대학교의 연구자들은 당시 런던의 해가 보이지 않는 칙칙한 날씨를 불평하며 고통스러워했던 모네의 편지도 덧붙였다. 톤즈John Thornes는 모네의 그림 속에는 정확한 정량적인 정보가 담겨있다고 말했다. 모네는 런던에서 그림을 그리는 동안 그가 발견했던 시각적인 효과를 가능한 한 정확하게 표현하고자 했다. 그는 빠른 붓놀림으로 오염된 런던의 스모그와 대기 상태를 갈색과 노란색으로, 나노 입자에 의해 산란된 빛은 파란색과 붉은색으로 묘사하였다. 후기 인상주의를 이끌었고 현대 미술의 아버지로 불리는 세잔은 그런 모네를 보면서 다음과 같이 말했다. "모네는 하나의 눈에 불과합니다. 그러나 신이여, 그 얼마나 굉장한 눈입니까!"

1900년~1901년
(시카고 미술관)

1902년
(개인소장)

1903년
(워싱턴국립미술관)

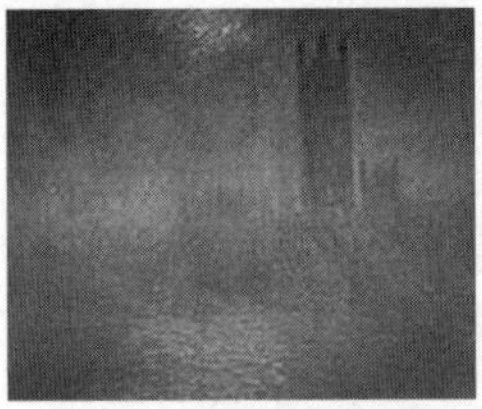

1904년
(파리 오르세 미술관)

1904년

모네가 그린 영국 국회의사당
https://en.wikipedia.org/wiki/Houses_of_Parliament_(Monet_series)

런던 1952

1952년은 영국 역사상 최악의 대기오염이 발생한 해이다. 12월 런던의 하루가 시작되었다. 런던 시민들은 이어지는 한파 속에서 석탄 난로를 때는 시간을 늘렸다. 시간이 지남에 따라 안개가 도시를 뒤덮었고 안개는 가정과 공장의 굴뚝에서 나오는 수천 톤의 검댕과 섞여 짙어져갔다. 스모그Smog는 자주 발생했지만 이날은 사람들이 경험하지 못한 완두 수프처럼 진한 스모그였다. 설상가상으로 고기압 하에 놓여 있던 런던에는 기온역전 현상이 일어났다. 상공의 공기가 지상의 공기보다 따뜻하여 공기의 수직적 순환이 멈춘 것이다. 바람도 불지 않아 검댕이 가득한 수프는 흩어지지 않고 시내에 머물렀다. 황입자로 가득한 유독성 스모그가 악취를 풍기기 시작했다. 스모그가 너무 심하여 행인들은 자신의 발을 볼 수 없을 정도였다. 5일 동안 이어진 스모그는 런던을 마비시켰다. 지하철을 제외한 모든 교통수단이 멈추었다. 템스강을 운행하던 보트도 멈추었다. 비행기도 묶이고 기차 편도 취소되었다. 집으로 돌아가는 런던 사람들의 얼굴은 탄광의 광부처럼 검게 변했다. 새들도 안개 속에서 길을 잃고 건물에 부딪쳤다. 그것만으로 끝나지 않았다. 스모그는 어린이와 노약자뿐만 아니라 호흡기와 심혈관계에 문제가 있는 사람들에게 치명타를 가했다. 기침과 호흡곤란 증세 이외에 죽음의 그림자가 런던을 덮치기 시작하였다. 죽은 사람이 급증하자 관과 조화가 동이 났다. 1952년 런던에서 발생한 그레이트 스모그Great Smog는 12,000명 이상의 사망자를 낸 대참사로 기록되고 있다. 영국은 1956년에서야 청정 대기법[Clean Air Act]을 제정하였다.

런던 1952년 12월

추운 날씨 속에서 난방용으로 사용된 황을 함유한 저질 석탄이 문제를 키웠다.
때마침 정체성 고기압으로 굴뚝 연기가 지상에 쌓여갔다.
발전소, 자동차, 공장 등에서 발생한 오염물질이 도시에 갇혀 버렸다.
바람도 불지 않아 대기 중을 떠도는 시커멓고 누런 스모그가 사라지지 않았다.
가시거리도 짧아져 대중교통, 응급 서비스, 실외 운동경기 등이 지장을 받고 취소되었다.

당시 최대 6,000명의 사망자가 보고되었다.
어린이, 노약자, 그리고 기관지나 심장 질환을 가진 사람들의 피해가 컸다.
최근 집계로는 사망자가 약 12,000명에 달한다.

http://www.newsshopper.co.uk/news/10855166.10_facts_about_the_Great_Smog_of_London_in_1952/

역사 속의 스모그 사례

역대 최악의 대기오염으로 기록된 사례를 살펴보기로 하자. 다음은 2015년에 로웰Erica Rowell과 로스만Julie Rossman이 세계과학축제(worldsciencefestival.com)에 기고한 내용이다. 1930년 12월 1일, 벨기에 뫼즈 밸리Meuse Valley에 있는 공장에서 이산화황[SO_2] 등의 대기오염물질이 배출되고 있었다. 마침 바람도 불지 않았다. 설상가상으로 기온 역전층이 형성되어 스모그가 수일 간 지속되었다. 이로 인해 호흡기질환과 폐질환 등으로 60여 명이 사망하였고 수천 명이 입원하는 사태가 발생하였다. 1948년 10월 27일, 미국 펜실베이니아주 피츠버그시의 남쪽에 있는 인구 1만 4천 명의 도노라Donora 하늘이 검게 변하기 시작했다. 도노라는 철강 공장, 아연 제련 공장 등이 모여 있는 작은 공단 주변 마을이었다. 이곳에서 발생한 일산화탄소[CO], 이산화황[SO_2], 그리고 금속 분진 등으로 가득한 구름은 닷새 동안이나 걷히지 않았다. 설상가상으로 기온역전으로 인해 대기의 수직적인 순환도 일어나지 않는 상황에서 바람마저 불지 않아 스모그가 발생하였다. 이로 인해 수천 명이 피해를 입었고 20여 명의 사망자도 발생하였다. 미국 로스앤젤레스에서는 1903년, 1943년, 그리고 1955년에 심각한 스모그가 발생한 바 있다. 뉴욕에서도 1953년과 1966년에 강력한 스모그가 발생하였다. 인도의 경우에는 1984년과 2015년에 각각 보팔과 뉴델리에서 심각한 스모그가 발생하였다. 중국 베이징에서는 2008년, 2010년, 그리고 2013년에 심각한 대기오염이 발생하였다. 위성이 잡은 중국 동부의 스모그 모습을 보면 육지 부분이 거의 가려진 상태이다. 석탄을 태우는 과정에서 발생되는 대기오염 물질로 인해 2013년 한 해 동안 30여만 명이 조기 사망한 것으로 보고되었다.

대표적인 대기오염 사례

1930년: 벨기에 뫼즈 계곡
1939년: 미국 세인트 루이스
1948년: 미국 도노라
1952년: 영국 런던
1997년: 인도네시아 산불
2005년: 말레이시아 연무
2006년: 동남아시아 연무
2013년: 중국 하얼빈

https://en.wikipedia.org/wiki/Air_pollution_episode

대기오염

대기오염[Air pollution]은 미세먼지, 생물학적 분자, 또는 각종 유해 물질들이 대기에 유입되는 현상을 말한다. 오염된 대기는 인체에 질병 또는 알러지를 유발하고 사망에까지 이르게 하며 농작물이나 건물 등에도 피해를 끼친다. 대기오염은 자연적인 배출원과 인위적인 배출원으로부터 야기된다. 인체와 생태계에 악영향을 미치는 대기오염 물질[Air pollutant]은 고체, 액체, 또는 기체 상태로 존재할 수 있다. 대기오염 물질에는 일차 오염물질과 이차 오염물질이 있다. 일차 오염물질은 화산 폭발로 분출되는 재, 자동차 배기가스에서 나오는 일산화탄소[CO], 공장 등에서 나오는 이산화황[SO_2], 이산화질소[NO_2] 등이 있다. 이차 오염물질은 일차 오염물질이 반응하거나 상호작용할 때 생성된다. 지상에서 인간의 활동으로 생기는 오존[O_3]은 대표적인 이차 오염물질이다. 연료가 연소하면 탄화수소[hydrocarbon]는 산소와 반응하여 이산화탄소[CO_2]와 물[H_2O]이 발생하는 데, 이때 공기 중의 질소[N_2]도 산화되어 이산화질소[NO_2]가 발생한다. 이산화질소는 햇빛에 의해 분해하여 산소 라디칼[O·]을 형성한다. 반응성이 큰 산소 라디칼은 산소[O_2]와 반응하여 오존[O_3]을 형성하게 된다. 이산화질소는 공장이나 자동차 또는 가정에서 사용되는 연료의 연소 과정에서 필연적으로 생성된다. 황이 섞인 연료가 연소하면 황산화물[SO_x]이 발생된다. 이산화탄소[CO_2]와 메탄[CH_4] 가스는 지구 온난화를 야기하는 대표적인 온실가스이다. 자동차 에어컨 등에 냉매로 사용되었던 염화불화탄소(CFC, Chlorofluorocarbon)는 매우 안정하지만 사용 후 대기 중으로 버려지면 성층권에 도달하게 되어 또 다른 문제를 유발한다. CFC가 외계에서 오는 자외선을 받으면 C-Cl 결합이 분해되어 반응성이 매우 큰 염소 라디칼[Cl]이 형성되는 것이다. 라디칼이란 짝지어지지 않는 전자를 가진 물질을 말한다. 이 라디칼은 다시 성층권의 오존[O_3]을 산소[O_2]로 전환시킨다. 자외선 차단 능력이 있는 오존이 감소하면 자외선이 지표면까지 도달하게 되어 피부암, 백내장 등의 피해를 야기한다.

대기오염

질소 산화물이 증가한다.
오존 농도가 증가한다.
미세먼지가 증가한다.
온실효과를 유발한다.
자외선이 침투한다.
산성비가 내린다.

https://en.wikipedia.org/wiki/Air_pollution

2
사과 껍질

대기의 구조 / 하늘은 요술쟁이 / 무지개 / 반짝이는 별 / 바람 / 사라와 매미 / 번개 / 지상 최대의 쇼 / 대기의 힘

대기의 구조

달이 지구와 가장 크게 다른 점은 무엇일까? 달에는 생명이 살 수 없다는 것이다. 달 표면에는 산소도 물도 없다. 달 표면에서의 대기 압력은 3 x 10^{-15}기압[atm]으로서 진공에 가깝다. 여기서 atm은 기압의 단위인데 1 atm은 760밀리미터의 수은주가 내려 누르는 압력(760 mmHg)과 같다. 달 표면에는 운석에 부딪친 흔적이 많다. 달은 대기가 없기 때문에 밤과 낮의 온도 차이가 매우 심하다. 반면에, 지구는 우리가 아는 한 우주에서 가장 특별한 행성이다. 지구를 특별하게 만드는 것 중 하나는 바로 지구 대기이다. 대기 중의 산소는 생명체를 존재하게 하는 필수 요소이다. 대기 속에는 질소(N_2, 78.09퍼센트)와 산소(O_2, 20.95퍼센트)는 물론이고 아르곤(Ar, 0.93퍼센트), 이산화탄소(CO_2, 0.04퍼센트) 등도 들어 있다. 수증기도 있다. 대기는 태양에서 날아오는 위험한 전자기파를 막아주는 방패 역할을 한다. 자외선은 세포를 파괴하고 피부를 상하게 하며 피부암도 유발한다. 또한, 대기는 지구 표면의 열을 밖으로 빠져나가지 못하게 하는 역할도 한다. 대기는 생명을 보호하는 담요인 셈이다. 바람이 불고 비가 오고 눈이 내리는 등 다양한 기상 현상이 나타나는 이유는 무엇일까? 그것은 바로 우리 지구에 대기가 존재하기 때문이다.

대기는 해발 고도에 따라 대류권(1~12킬로미터), 성층권(12~50킬로미터), 중간권(50~80킬로미터), 열권(80~700킬로미터), 그리고 외기권(700~10,000킬로미터)으로 부른다. 대류권에서 대기의 온도

는 해발 고도가 높아질수록 낮아진다. 성층권은 오존층이라고도 부른다. 오존은 태양에서 오는 자외선을 막아주어 지구상에 사는 생명체를 보호해 준다. 오존과 우주선의 충돌로 인한 발열반응 때문에 오존층의 기온은 고도가 높아질수록 상승한다. 중간권에서는 다시 고도가 높아질수록 기온이 감소한다. 중간권 상부의 온도는 절대온도로 200도(섭씨 영하 73도)까지 내려간다. 하루에도 수많은 유성이 지구로 향하고 있다. 다행히 대부분의 유성은 중간권에 분포하는 입자와의 마찰로 타버린다. 열권에 있는 입자는 자외선에 의해 이온화된다. 열권은 오로라가 발생하는 곳이다. 국제우주정거장도 열권의 중간에 위치한 궤도(330~435킬로미터)를 돌고 있다. 외기권은 지구 대기의 가장 바깥층을 형성한다. 대기가 극히 희박하다.

지구 대기의 구조

외기권: 지상 700~10,000킬로미터
열권: 지상 80~700킬로미터
중간권: 지상 50~80킬로미터
성층권: 지상 12~50킬로미터
대류권: 지상 0~12킬로미터

https://en.wikipedia.org/wiki/Atmosphere_of_Earth

하늘은 요술쟁이

낮에 하늘이 파랗게 보이는 이유는 무엇일까? 우리의 눈은 가시광선 영역의 빛만 볼 수 있다. 가시광선은 대기를 통과하면서 대기 중의 분자들에 의해서 산란이 된다. 대기의 산란 정도는 빛의 파장에 따라 그 정도가 달라진다. 붉은 색은 파장이 가장 길고, 주황색, 노란색, 초록색, 파란색, 남색, 보라색 순으로 갈수록 파장이 짧아진다. 기상청(kma.go.kr) 자료에 따르면, 빛은 파장이 짧을수록 산란이 더 잘 일어난다. 낮에는 파장이 짧은 파란 빛이 산란이 더 잘 일어난다. 따라서 대기는 파란색 산란광이 지표에 가장 많이 도

달한다. 아침과 저녁에는 파장이 짧은 영역의 파란색 빛은 대부분 산란되어 버리고 장파장 영역의 빛이 지표에 많이 도달한다. 이것이 바로 저녁노을이다.

달에서도 파란 하늘을 볼 수 있을까? 달에는 공기가 없으므로 이러한 산란 현상이 일어나지 않는다. 따라서 낮에도 달의 하늘은 검은색이다. 물론 달에서는 낮에도 별이 초롱초롱 떠 있는 것이 잘 보인다. 지구에서는 대기의 산란 현상 때문에 사방에서 파란색 광이 별빛보다 많이 들어온다. 따라서 별빛이 눈에 잘 띄지 못하여 낮에는 별이 보이지 않는 것이다.

하늘은 보라색

빛이 대기로 들어오면 대기 중의 물방울에 흡수되고 다시 발산한다.
우리는 산란한 빛을 본다.
짧은 파장의 빛이 산란을 더 잘하므로 파장이 가장 짧은 보라색으로 보인다.
실제로 파란색으로 보이는 이유는 우리 눈이 보라색보다 파란색에 더 민감하기 때문이다.

http://list25.com/25~out-of~this-world-facts-about-earths-atmosphere/

무지개

저 하늘 무지개를 보면
내 가슴은 뛰노라
나 어린 시절에 그러했고
어른인 지금도 그러하고
늙어서도 그러하리.
그렇지 않다면 차라리 죽는 게 나으리!
아이는 어른의 아버지
바라노니 내 하루하루가
자연의 경건함 속에 있기를.

이 글은 영국의 낭만주의 시인 워즈워스William Wordsworth(1770~1850)가 노래한 「무지개」라는 제목의 시이다. 비가 온 뒤에 하늘에 나타난 무지개를 보면서 느끼는 자연에 대한 경외감이 표현되어 있다. 영국의 국민시인 셰익스피어William Shakespeare(1564~1616)도 "무지개에 다른 색을 첨가하는 것은 무의미하다."고 했다던가!

무지개는 빛이 공기 중의 물방울과 만나 빨주노초파남보의 일곱 가지 색으로 탄생한 자연의 마술이다. 공기 중에 떠 있는 물방울에 햇빛이 닿으면 물방울 안에서 굴절과 반사가 일어난다. 무지개는 물방울이 프리즘과 같은 작용을 하여 빛이 분산되어 나타나는 현상이다. 달무지개도 있다. 달무지개는 주로 보름달 무렵에 폭포 밑에서 벌어지는 빛의 향연이다.

무지개

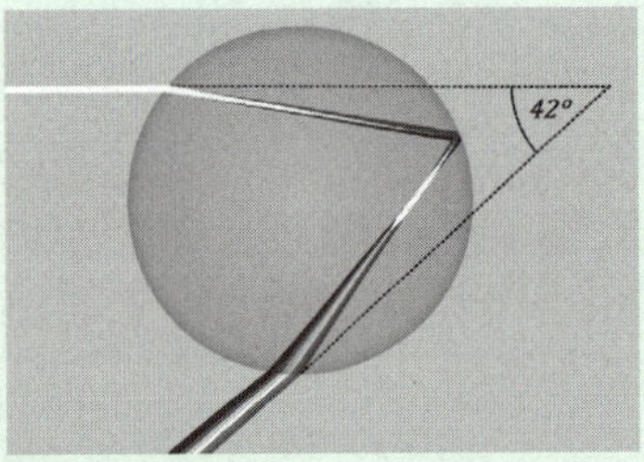

백색광이 물방울에 부딪치면 분산되어 여러 색으로 분리된다.
파장이 더 짧은 파란 빛이 빨간 빛보다 더 굴절된다.
뉴턴은 백색광에서 갈라진 빛을 빨주노초파남보의 7색으로 표현했다.
독일, 한국 등에서는 5색으로 나누었다.
완전한 구형이지만 지상에서는 반원으로 보인다.
물방울 안에서 빛이 두 번 굴절되면 쌍무지개가 나타난다.
달빛의 굴절로 생기는 달무지개도 있다.
햇빛이 구름 속의 물방울에 굴절되면 채운(彩雲)이 나타나기도 한다.
해가 빛나는 주위의 물방울에 햇빛이 굴절되면 해무리가 생긴다.
달빛 주위에도 동그란 고리 형태의 달무리가 생길 수 있다.
안개 속에서 생기는 무지개인 무홍(霧虹)도 있다.

https://en.wikipedia.org/wiki/Rainbow

반짝이는 별

"반짝반짝 작은 별 아름답게 비치네."어린 시절에 자주 불렀던 동요의 가사처럼 별은 밤하늘에서 보석처럼 반짝인다. 반 고흐Vincent W. van Gogh(1853~1890)가 그린 〈별이 빛나는 밤〉(The Starry Night)에 보이는 별빛도 몽환적이다. 별이 아름답게 보이는 이유 중의 하나는 반짝반짝 빛나기 때문이다. 그렇다면 실제로 별은 반짝이는 것일까? 우주에서 날아오는 별빛은 지구의 대기권을 통과하면서 대기의 요동으로 흔들리게 된다. 이렇게 흔들리는 별빛을 보고 있으면 별빛이 밝아졌다 어두워졌다 하며 반짝이는 것처럼 보인다. 대기 중에 존재하는 다양한 물질들의 움직임에 따라 별에서 오는 빛도 춤을 춘다. 만약 우리가 대기권을 벗어난 우주 공간에서 별을 본다면 별들의 반짝임을 볼 수 없을 것이다. 우주정거장이나 달에서 보면 별빛은 가만히 있고 반짝이지도 않는다.

고흐의 대표작 '별이 빛나는 밤'
https://en.wikipedia.org/wiki/The_Starry_Night

바람

푸른 바다와 갈매기가 보이는 해안가 별장.
햇살이 뜨거운 한낮이다.
열어둔 창문으로 들어오는 바닷바람에 짠 내음이 묻어 있다.
방 안으로 들어왔던 짠 내음은 별이 총총한 밤이 되자,
열어둔 창문으로 빠져나갔다.

바람은 마치 시간을 아는 것처럼 낮에는 육지로 불어오고 밤에는 바다로 나갔다. 이유가 뭘까? 지구가 가진 대기 때문이다. 낮에는 육지가 바다보다 더 뜨거워져서 지상의 뜨거운 공기는 상승기류를 만드는데 이 빈틈을 메우기 위해 바다에서 바람이 불어온다. 밤이 되면 육지는 더 빨리 냉각되고 바다는 상대적으로 더운 바람을 가지고 있어서 이번에는 해상의 공기가 상승기류를 탄다. 그 틈으로 육지의 공기가 바다로 이동하는 것이다.

바람은 불어오는 방향에 따라서 고유한 이름으로 불리고 있다. 동쪽에서 불어오는 바람은 샛바람, 서쪽에서 불어오는 바람은 하늬바람이라 부른다. 마파람은 남쪽에서 불어오는 바람이고 된바람은 북쪽에서 불어오는 바람이다. 북동풍과 남서풍은 각각 높새바람과 갈마바람이라 부른다. 바람은 그저 한낱 공기의 흐름일 뿐인데 바람이 전하는 사소한 몸짓에 우리의 마음은 한없이 넓고 깊은 시공을 오간다. 뱃사람들은 마파람 속에서 남으로부터 전해오는 소식을 듣는다. 산이 붉게 물들고 낙엽이 떨어지는 가을 날, 소슬바람이 불어오면 마음이 허전해지고 외로움이 밀려온다.

하루 일을 끝내고 온 식구가 둘러 앉아 이야기꽃을 피우는 시간, 창문으로 들어오는 재넘이는 풀벌레들과 산새들의 소식을 전해준다. 나라마다 부는 바람도 다르다. 우리나라의 영동 지방에서 태백산맥을 넘어 영서 지방으로 부는 바람은 높새바람이라고 부른다. 프랑스의 오베르뉴Auvergne 고원에서 지중해 연안의 리옹만으로 부는 차가운 북서풍은 미스트랄Mistral이라 한다. 흔히 겨울과 봄철에 불어오는데, 두 계절이 바뀌는 시기에는 강한 바람이 분다. 보라Bora는 디나르 알프스 산지에서 이탈리아 반도의 동쪽에 위치한 아드리아해로 부는 차갑고 건조한 활강 바람으로 주로 11월부터 이듬해 3월 사이에 불어오는데 크로아티아 북서부, 슬로베니아 서부, 이탈리아 북동부에 영향을 미친다. 특히 크로아티아의 경우에는 시속 216킬로미터의 강풍이 불어온 기록도 있다. 북아메리카에서 미 중앙 대평원으로 부는 찬바람은 블리자드Blizzard라 부르며 강한 눈보라를 동반한다. 초여름에 아프리카의 사하라 사막에서 지중해로 부는 뜨겁고 건조한 바람도 있다. 바로 시로코Sirocco이다. 시로코는 지중해를 통과하면서 수분을 흡수하기 때문에 이탈리아 남부 지역에 붉은 모래가 섞인 비를 뿌린다. 만조 때와 겹치는 경우에는 베네치아 시내가 침수되는 현상이 일어나기도 하는데 이를 아쿠아 알타Aqua alta라고 부른다. 이탈리아의 북부 지역과 알프스의 북사면에 불어오는 온난 건조한 남풍도 있다. 습기를 머금은 공기가 알프스 산을 오르면 공기의 온도가 하강한다. 따라서 상승하는 공기는 냉각되어 구름이 생기고 비가 내리게 된다. 반대로 정상을 넘어 하강할 때에는 고온 건조한 바람으로 변하는데 이것을 푄Föhn이라 부른다. 우리나라의 경우 동해안에서 태백산맥을 넘어 서쪽 산맥으로 부는 높새바람이 바로 푄이다. 북아메리카의 로키산맥 동쪽 사면에 부는 온난 건조한 바람은 치누크Chinook라고 부른다. 치누크가 불면 로키산맥의 동쪽은 한겨울에도 기온이 상승한다. 이러한 이유로 치누크는 얼음을 먹는 바람이라는 별명을 얻었다.

바람

몬순(Monsoon): 남아시아에서 부는 계절풍
무역풍(Trade winds): 북반구에서 부는 북동풍, 남반구에서 부는 남동풍
미스트랄(Mistral): 프랑스 남부에서 지중해로 부는 찬 바람
보라(Bora): 아드리아해 지역에서 부는 북풍 또는 북동풍
부란(Buran): 시베리아와 중앙아시아에서 부는 강한 북동풍
비즈(Bise): 알프스에서 프랑스 남부와 스위스로 부는 차고 건조한 북풍
시로코(Sirocco): 아프리카 북부에서 유럽 남부로 부는 뜨겁고 건조한 바람
윌리윌리(Willy-willy): 오스트레일리아에서 부는 지역풍
존다(Zonda): 아르헨티나의 안데스산맥에서 동쪽으로 부는 건조한 바람
치누크(Chinook): 미국 로키산맥에서 부는 바람
푄(Föhn): 산을 넘어 불어내리는 고온 건조한 바람
하마탄(Harmattan): 서아프리카에서 부는 뜨겁고 건조한 바람

https://senselist.com/2007/03/07/11-famous-winds/
http://mentalfloss.com/article/56382/21-wonderful-words-wind

달에도 바람이 불까? 1969년 7월 20일, 아폴로 11호가 달 표면에 착륙하는 장면을 보면 미국 성조기가 펄럭인다. 진공 상태인 달 표면에서 바람이 불 수 있을까? 이러한 의문은 수많은 추측기사와 이에 대한 반박기사를 양산하였다. 대기가 없는 달에서는 지구에서와 같은 기상 현상은 일어나지 않는다. 대기가 없기 때문에 열을 가둘 수 없는 달은 밤과 낮의 온도 차이가 매우 심하다.

예로부터 인간에게 바람은 신적인 존재이기도 하였다. 고대 메소포타미아와 수메르에서 엔릴Enlil은 바람, 공기, 폭풍 등을 관장하던 신이었다. 아문Amun은 고대 이집트인들이 믿었던 창조와 바람의 신이었다. 고대 그리스인들은 이러한 신들을 배격하였을까? 그들도 바람의 신 아이올로스Aeolus를 창조했고 사방에서 불어오는 바람을 신(아네모이, Anemoi)으로 숭배하였다. 에우로스Eurus는 불행을 가져다주는 동풍이었고 제피로스Zephyrus는 봄의 부드러운 서풍이었다. 노토스Notus는 여름의 남풍이었고 보레아스Boreas는 겨울의 매서운 북풍이었다. 중국에도 날개 달린 용의 모습을 한 바람의 신 '비렴飛簾'이 있었다. 힌두 신화에도 바람의 신인 바유Vayu가 등장한다. 우리나라에는 영등날(靈登日, 음력 2월 1일)이 있다. 한국민속대백과사전에 의하면 바람의 신인 '영등 할머니靈登 할머니'가 영등날에 하늘에서 인간이 사는 세상으로 내려온다고 믿었다. 주로 농업과 어업에 종사하던 사람들이 풍요를 기원하면서 숭배하였다. 지역마다 재미있고 다양한 풍습이 전해 내려온다. 이날에 비가 오면 풍년이 든다고 믿는 풍습이 있다. 아즈텍 신화에도 공기와 바람의 신인 에헤카틀Ehecatl이 있었는데 깃털 달린 뱀 케찰코아틀Quetzalcoatl의 모습을 하고 있다. 스칸디나비아 신화 속에 등장하는 뇨르드Njord는 바다와 바람과 풍요의 신으로 어부들을 보호한다고 믿었다. 세계 여러 나라에는 이렇게 저마다 고유한 바람의 신들이 존재하고 있다.

바람의 신

엔릴(Enlil, 메소포타미아)

아문(Amun, 고대 이집트)

아이올로스, 아네모이, 아우라(Aeolus, Anemoi, Aura, 고대 그리스)

카르데아(Cardea, 고대 로마)

에헤카틀(Ehecatl, 아즈텍)

바유(Vayu, 힌두)

뇨르드(Njord, 북유럽)

영등 할머니(靈登 할머니, 한국)

비렴(Fei Lian, 飛簾, 중국)

풍신(Fūjin, 風神, 일본)

https://en.wikipedia.org/wiki/List_of_wind_deities

사라와 매미

사라, 루사, 매미, 노루 하면 떠오르는 것은? 우리나라에 기록적인 피해를 준 태풍(颱風, Typhoon)의 이름이다. 태풍이란 북태평양 서쪽의 해상에서 발생하는 열대성 저기압을 부르는 이름이다. 중심 부근의 최대 풍속이 초속 17.2미터 이상이고 많은 수증기와 강한 바람을 동반하는 것이 특징이다. 1959년 9월에 발생한 태풍 사라Sarah는 849명의 인명피해를 남기고 물러갔다. 2002년 8월 태풍 루사Rusa는 실종 246명의 인명 피해와 5조 원이 넘는 재산 피해를 냈다. 강릉 지역에 일일 최다 강수량 870밀리미터를 기록했다. 2003년 9월 태풍 매미Maemi는 4조 7천억 원의 재산 피해를 남겼으며 일일 최대 순간 풍속이 초속 60미터를 기록했고 경상도 지역에 막대한 피해를 입혔다. 2017년 8월에 발생한 태풍 노루는 당초 예상과 달리 일본 쪽으로 방향을 틀어 북동진하다가 소멸하였다.

태풍은 왜 시계 반대 방향으로만 회전하며 움직일까? 북반구의 태풍은 태풍의 눈을 향해 시계 반대 방향으로 회전한다. 이것은 지구의 자전 방향과 관련이 있다. 즉 서에서 동으로 돌고 있는 지구의 자전 방향과 같은 방향으로 움직이려는 전향력 또는 코리올리 힘[Coriolis force]의 영향을 받기 때문이다. 바람이 태풍의 중심으로 빨려 들어가는 이유는 태풍의 중심이 주위보다 기압이 낮기 때문이다.

태풍의 오른쪽이 더 위험한 이유는 무엇 때문일까? 태풍은 반시계 방향으로 회전하면서 북쪽으로 올라온다. 태풍의 왼쪽은 태풍의 진행 방향과 반대로 바람이 불기 때문에 감속 효과가 발생한다. 태풍의 오른쪽은 태풍의 바람 방향과 진행 경로가 일치하기 때문에 바람이 더 세게 분다. 따라서 태풍의 오른쪽이 왼쪽보다 피해가 더 클 수밖에 없다.

태풍의 중심부에서 푸른 하늘이 보이는 이유는 무엇일까? 기압의 차이가 원인인 태풍은 저기압인 곳에서 발생하는데, 물이 높은 곳에서 낮은 곳으로 흐르는 것처럼, 공기도 기압이 높은 곳에서 낮은 곳으로 이동한다. 따라서 태풍 중심부는 저기압이기 때문에 고기압인 곳에서 바람이 사방으로 몰려든다. 그러다가 중심부에서는 수직 상승한 후 상층부에서 다시 고기압 쪽으로 이동하는 순환 과정을 거친다. 따라서 태풍 중심부에서의 공기 순환과정에 의해 태풍의 눈 부분에는 푸른 하늘이 보이게 된다.

열대성 저기압은 지역에 따라 다른 이름으로 불린다. 카리브해와 멕시코만을 포함하는 대서양 북부에서 발생하는 열대성 저기압은 허리케인Hurricane이라 부른다. 2005년10월에 발생했던 허리케인 윌마Wilma는 최대 풍속 시속 295킬로미터, 최저 기압 882헥토파스칼의 위력으로 87명의 사상자와 274억 달러의 재산 피해를 냈다. 인도양에서 발생하는 열대성 저기압은 사이클론Cyclone이라 부른다. 1999년 10월에 발생했던 오디샤Odisha는 최저 기압 912헥토파스칼에 시속 260킬로미터의 바람을 동반하고 인도의 오디샤 지역과 방글라데시, 그리고 미얀마를 강타하여 9천 8백여 명의 인명 피해와 44억 달러 이상의 재산 피해를 냈다. 인명 피해 중 대부분은 오디샤 지역에 집중되었다.

기록적인 태풍의 위력

275 km/h, 890 mbar: 에이미(Amy, 1971년)
278 km/h, 890 mbar: 아이다(Ida, 1954년)
281 km/h, 880 mbar: 리타(Rita, 1978년)
286 km/h, 884 mbar: 이르마(Irma, 1971년)
298 km/h, 875 mbar: 준(June, 1975년)
306 km/h, 870 mbar: 팁(Tip, 1979년)
314 km/h, 885 mbar: 조안(Joan, 1959년)
325 km/h, 877 mbar: 아이다(Ida, 1958년)
335 km/h, 886 mbar: 바이올렛(Violet, 1961년)
345 km/h, 882 mbar: 낸시(Nancy, 1961년)

참고
km/h: 시속 킬로미터(1분간 지속된 바람의 최고 속력)
mbar: 밀리바(태풍 중심의 기압)
https://www.thoughtco.com/most-powerful-hurricanes-and-typhoons-in-world-history-3443613

번개

가공할 위력을 가지고 있고 천둥까지 동반하여 두려움의 대상이었던 번개는 동서양을 막론하고 신으로 숭배되었다. 그리스로마 신화에도 번개나 비 같은 기상 현상을 주재하는 신이 있었다. 바로 제우스Zeus이다. 그는 세계의 질서와 정의를 유지하며 왕권 및 사회적 위계질서를 보장하는 신이기도 하였다. 북유럽의 신화에는 산도 부술 수 있는 망치를 들고 있는 천둥과 번개의 신 토르Thor가 있다. 힌두교, 불교, 베다교 등에 등장하는 인드라Indra는 인도 신화의 신이다. 힌두교에서 인드라는 수미산須彌山에 거처하며, 신들의 왕으로서 날씨와 전쟁을 관장한다. 중국에도 이와 유사한 신 뇌공雷工이 있는데 용의 몸에 사람의 머리를 가지고 있으며 몸은 푸른빛을 띠고 소리는 우레와 같았다고 전해진다. 우리나라에도 벼락장군이 있었다. 불과 기상 현상을 다스리는 벼락장군은 제주도에서 전해 내려오는 천지개벽신화인 '천지왕본풀이'에 등장한다.

번개[Lightning]의 위력은 어느 정도일까? 2008년 12월 멘탈플로스 닷컴(mentalfloss.com)에 실린 기사를 보면 그 위력을 실감할 수 있다. 1769년 8월, 번개가 이탈리아 브레시아Brescia에 있는 한 교회의 탑을 강타하였다. 강력한 전류가 흘러 9만 킬로그램의 화약이 폭발하는 사고가 발생하였다. 그 결과 도시의 6분의 1이 파괴되었고 3천 명의 사상자를 냈다. 1963년 12월, 팬 아메리카의 보잉 707기가 이륙하였다. 푸에르토리코에서 출발하여 필라델피아로 향하던 이 비행기는 도중에 번개에 맞아 탑승자 81명 전원이 사망하였다. 1977년 여름에는 번개가 뉴욕 시를 강타하였다. 근처에 있던 발전소가 파손되어 25시간 동안 전기가 끊기는 사고가 일어났다. 이 사고로 지하철과 엘리베이터에 탔던 사람들이 갇혔고, 약탈, 폭동 및 방화로 도시 기능이 마비되었다. 번개의 위력을 짐작할 수 있는 사례는 더 있다. 아틀라스-센타우르 67은 미국이 7천8백만 달러를 들여 만든 우주 탐사 로켓이었다. 1987년 3월, 이 로켓은 8,300만 달러 상당의 군사용 통신 장비를 싣고 우주를 향해 이륙하였으나 번개를 맞아 파괴되었고 그 잔해는 케이프 캐너베럴 기지에서 4.8킬로미터 떨어진 대서양으로 추락하였다.

번개는 폭풍우와 땅 사이에 존재하는 양전하와 음전하가 충돌하는 현상이다. 대부분의 번개는 구름 안에서 발생하며 다양한 모습으로 나타난다. 번개는 태양 표면의 온도보다 훨씬 높은 온도로 주변 공기를 가열시킨다. 뜨거워진 공기는 빠르게 퍼져나가면서 진동한다. 천둥이 치는 것이다. 번개가 얼마나 먼 거리에서 발생했는지 알고 싶으면 번갯불을 본 순간부터 천둥소리를 들을 때까지의 시간을 재보면 된다. 1초에 340미터를 가는 소리의 속도(초속 340미터)를 참고하면 관측자로부터 떨어진 거리를 계산할 수 있다. 따라서 만약 번개가 친 후 30초 후에 천둥소리를 들었다면 약 10킬로미터 떨어진 곳에서 번개가 쳤다는 것을 알 수 있다.

번개

번개가 생산하는 전기의 양은 평균 1,500만 볼트나 된다.
번개의 온도는 섭씨 28,000도나 된다.
번개는 1년에 30억 번이나 친다(1초에 100번).
번개가 칠 때 나무 밑으로 피하면 위험하다. 비를 맞는 편이 낫다.
번개가 칠 때 땅바닥에 엎드려 있으면, 땅에 있는 전류에 영향을 받을 기회가 더 많아진다.
대부분의 자동차는 번개로부터 안전하다.
번개의 에너지는 금속 차체를 통해 땅으로 빠져나간다. 그러나 차 문에 기대면 위험하다.
번개 맞은 사람을 만져도 위험하지 않다. 인체는 전기를 저장하지 않기 때문이다.
집안에 있는 경우 전기가 통하는 물건에서 떨어져 있으면 안전하다.
유선 전화기, 가전제품, TV 케이블, 컴퓨터 등을 사용하면 위험하다.

https://learn.weatherstem.com/modules/learn/lessons/36/02.html
http://www.kickassfacts.com/25-interesting-facts-about-lightning/
http://www.lightningsafety.noaa.gov/myths.shtml

지상 최대의 쇼

지구에 대기가 있어서 나타나는 흥미로운 현상이 있다. 바로 자연이 선물한 현란한 쇼 '오로라Aurora'이다. 오로라는 태양에서 지구로 날아오는 태양풍이 지구 자기장에 이끌려 대기로 진입하면서 지구 대기권 상층부의 기체들과 충돌하면서 나타나는 현상이다. 태양풍이란 태양의 상부 대기층에서 방출된 전하를 띤 입자(전자, 양성자 등)의 흐름을 말한다. 태양풍은 대기 성분을 이온화시키거나 들뜨게 한다. 들뜬 상태는 불안정하기 때문에 안정 상태로 돌아가는 과정에서 빛이 나오는 것이다. 오로라는 지상 약 80킬로미터 내지 수백 킬로미터의 대기층에서 나타난다. 오로라는 위도가 65~70도인 지역에서 가장 자주 관찰되기 때문에 이 지역을 오로라대[Aurora zone]라고 부른다. 오로라를 극광[Polar light]이라고도 부르는 이유는 극지방에 가까울수록 관측이 쉽기 때문이다. 북극지역에서 발생하는 것은 북극광[Aurora borealis], 남극 지역에서 발생하는 것은 남극광[Aurora australis]이라고 부른다. 오로라는 공기 중에 존재하는 질소, 산소 등의 물질에 따라 다양한 색깔로 연출된다. 높은 고도에서 산소 원자가 들뜬 후에 빛을 내면 빨간색(630나노미터)으로 나타난다. 낮은 고도에서는 하전된 입자들 사이의 충돌수가 증가하면서 녹색(558나노미터)으로 나타나는데 여기에서 질소 분자가 이온화되면 파란색(428나노미터)으로 보인다. 또한 여러 색이 서로 섞이면 다양한 색깔로 나타날 수 있다.

오로라가 연출하는 장관을 보러 여행을 떠나고 싶다면 스카이스캐너 닷 넷(skyscanner.net)이 소개하는 곳들을 참고하자. 여행지로는 노르웨이의 스발바르Svalbard, 핀란드의 칵슬라우타넨Kakslauttanen, 스웨덴의 유카샤르비Jukkasjarvi, 아이슬란드의 레이캬비크Reykjavik 등이 선정되었는데 특히 레이캬비크에 가면 오로라뿐만 아니라 고래 관측 투어에 참가해서 혹등고래, 밍크고래 등을 만나는 즐거움도 만끽할 수 있다.

달에서는 오로라를 볼 수 있을까? 달에는 대기가 없다. 이온화되고 들뜰 수 있는 입자가 없는 것이다. 따라서 달에서는 오로라를 볼 수 없다. 그렇다면 오로라는 지구에서만 볼 수 있는 현란한 우주 쇼인가? 다른 행성에서는 보이지 않을까? 오로라는 행성을 둘러싼 대기의 종류에 따라 다른 모습으로 나타난다. 목성의 오로라가 미국 NASA의 허블 우주망원경에 잡혔다. 대기를 가진 목성의 북극에서 푸른색으로 빛나는 거대한 고리가 관찰된 것이다. 이 사진은 미국 NASA의 주노 탐사선[Juno Spacecraft]에 의해 관측되었다. 이로써 목성은 하단에 보이는 대적점[Great Red Spot]과 함께 또 하나의 장관을 연출하는 행성이 되었다. 토성에서도 오로라가 관측되었다. NASA의 허블 망원경과 카시니 토성탐사선으로 촬영하였는데 토성의 오로라는 지구의 남극 상공에서 나타난 오로라와 흡사하다. 지구로부터 18광년 떨어진 갈색 왜성[Brown dwarf]에서도 희미하게 빛나는 붉은빛의 오로라가 발견되었다.

오로라

들뜬 상태의 전자와 자기장이 연출하는 쇼이다.
원자에 따라 색깔이 달라진다.
오로라는 대부분 녹색이다.
그다음으로는 분홍색, 녹색과 빨간색의 혼합색, 빨간색, 노란색, 파란색 순으로 나타난다.
태양 흑점 활동이 활발해지면 오로라는 더 자주 그리고 더 멋진 장면을 연출한다.
오로라는 대부분 극 주변의 고위도에서 나타난다.
남극 주변에서도 오로라가 나타난다.
다른 행성(예: 목성, 토성, 천왕성, 해왕성)에서도 오로라가 나타난다.
북극 지역에 사는 이누이트족은 오로라의 빛이 그들이 사냥한 동물(예: 사슴, 연어, 바다표범 등)의 영혼이라고 생각하였다.

http://mentalfloss.com/article/72350/10-bright-facts-about-northern-lights
http://list25.com/25-interesting-facts-about-northern-lights-you-should-know-before-you-see-them/3/

대기의 힘

지구 대기의 존재를 수은[$_{80}$Hg]을 이용해서 정량적인 수치로 보여준 사람이 있다. 이탈리아의 토리첼리Evangelista Torricelli(1608~1647)이다. 그는 한쪽이 막힌 관에다 수은을 가득 채우고 나서 열린 부분을 손으로 막고 거꾸로 세웠다. 그런 다음 관을 수은이 들어 있는 그릇에 세우고 손을 떼었다. 관에 들어 있는 수은은 모두 흘러나왔을까? 수은은 아래로 내려오다가 정지하였다. 토리첼리는 관 속에 있는 수은주의 높이를 재어 보았다. 760밀리미터였다. 이 높이는 무슨 의미를 가지는 것일까? 여기에는 지구 대기의 힘이 작용하고 있다. 대기 속에는 수많은 입자들이 존재한다. 우리 눈에는 보이지 않는 입자들이 내려누르는 힘이 수은주를 더 이상 내려오지 못하게 막고 있는 것이다. 그는 이 수치를 1기압

(1 atm)이라고 정의 하였다. 1기압은 760 mmHg로 나타낸다. 이는 해발 고도 0미터에서 측정한 수치이다. 그렇다면 에베레스트(해발 8848미터)에서 동일한 실험을 한다면 수은주의 높이는 얼마나 될까? 25센티미터, 겨우 0.33기압에 불과한데 이것은 공기가 그만큼 희박하다는 것을 의미한다. 건강한 사람도 갑자기 높은 산에 오르면 호흡 곤란, 두통, 현기증, 탈진 등의 증상이 나타나는데, 이를 고산병이라 부른다. 높이 올라갈수록 공기는 희박해지므로 혈중 산소 농도가 감소한다. 산소 농도가 감소하면 전술한 여러 증세가 나타나게 되고 심하면 뇌부종이나 폐부종을 야기하기도 한다. 높이가 8000미터인 산의 정상에 오른 사람이 그곳에서 밥을 지었다. 그런데 그가 지은 밥은 설익고 밑바닥은 타버렸다. 무엇이 문제였을까? 물은 1기압 상태에서는 섭씨 100도에서 끓지만 고도가 8,000미터인 산에서는 섭씨 91.9도에서 끓는다. 훨씬 낮은 온도에서 조리된 쌀은 설익게 된다.

토리첼리
https://commons.wikimedia.org/wiki/File:Torricelli.jpg

민주가 높이 5,000미터인 산에 올랐다. 그녀는 빈 페트PET 병을 마개로 막고 하산하였다. 고도가 3,000미터로 낮아지니 페트병은 반쯤 안으로 들어갔다. 고도가 300미터인 지점에 이르자 병은 더 찌그러졌다. 무슨 일이 일어난 것일까? 높은 산에서는 공기가 희박하다. 대기압이 낮은 것이다. 그러나 고도가 낮아질수록 대기압은 증가한다. 페트병이 외부에서 가해지는 대기압으로 홀쭉하게 찌그러진 것이다.

지구의 대기

지구 대기의 주 성분은 질소(78퍼센트)와 산소(21퍼센트)이다.
아르곤, 헬륨, 네온, 수소, 이산화탄소 등이 나머지 1퍼센트를 차지한다.
대기의 약 80퍼센트는 대류권에 있다.
대류권은 가장 얇은 대기층이다(0~12킬로미터).

지구상에서 나타나는 다양한 기상현상은 대기 때문이다.
인간의 활동으로 인한 온실효과, 지구 온난화, 오존층 파괴, 산성비 등으로 대기가 파괴되고 있다.
대기가 없다면 생명체는 존재할 수 없다.

http://www.softschools.com/facts/space/atmosphere_facts/3215/

3
PM2.5

황사 / PM2.5 / 미세먼지 현황 / 보이지 않는 킬러 / 공기 청정기 / 공기 정화 식물

황사

해마다 봄철이면 찾아오는 불청객이 있다. 바로 황사黃沙이다. 황사는 주로 중국이나 몽골의 사막에서 날아온다. 중국의 산업화와 그에 따른 대기오염 때문에 그 피해가 증가하고 있는 추세이다. 지구의 온난화로 인해 사막화가 가속되고 있는 점도 우려할 만하다. 특히 황사의 발원지가 편서풍대에 위치하고 있어서 바람의 방향이 한반도로 향하는 것도 문제이다. 황사 발생 일수가 매년 증가하고 있으며 최근에는 계절을 가리지 않고 우리의 건강을 위협하고 있다.

황사에는 황, 그을음, 재, 일산화탄소 등이 포함되어 있다. 또한, 바이러스, 세균, 곰팡이, 살충제, 제초제, 항생제 등이 들어 있는 경우도 있다. 수은, 카드뮴, 크롬, 비소, 납, 아연 등의 독성 중금속도 들어 있다. 그것뿐만이 아니다. 황사는 태양의 일사량을 감소시키며, 폐호흡기 환자와 조기 사망자를 늘리고, 항공, 운수, 정밀 산업 등에 손실을 준다. 모래는 그 자체로는 토양에 해롭지 않지만, 황이 들어 있어서 산성비의 원인이 되기도 한다.

2017년 서울의 모습은 어떨까? 대기의 질을 모니터링하는 사이트인 에어비주얼AirVisual에 따르면, 세계 최악의 대기오염도시로 서울이 인도의 뉴델리에 이어 2위를 차지하였다. 한편, 국제적인 환경보호단체인 그린피스Greenpeace는 한국의 대기 질이 악화

된 주된 원인으로 석탄 화력발전소를 꼽았다.

PM2.5

세계 사망 원인 1위는 무엇일까? 바로 대기오염이다. 세계미래학회(WFS, wfs.org)가 발행하는 『퓨처리스트』(The Futurist)는 지구 온난화보다 더 심각한 것으로 대기오염을 꼽았다. 『사이언스타임즈』(The Science Times)는 2016년 9월 기사에서 질 나쁜 공기로 매년 약 700만 명이 사망한다고 발표하였다. 기관마다 사망자 수는 다르지만 대기오염과 관련된 질병이 치명적이라는 데는 일치한다. 세계보건기구[WHO]가 2012년 사망 원인을 조사한 보고서에 따르면 8명 가운데 1명은 대기오염으로 사망했다고 한다. 영국의 BBC도 2016년 2월자 보도에서 대기오염으로 인한 사망자 수가 한 해에 550만 명에 달한다고 보도했다. 최근 디젤 자동차에서 나오는 배기가스가 커다란 사회문제가 되기도 하였다. 2017년 5~6월에 국내 연구소와 미국 NASA가 공동 조사한 대기 질 자료(KORUS AQ Study, Korea US-Air Quality)에 따르면, 우리나라 미세먼지의 약 50퍼센트는 국내에서 발생하고 있다고 한다. 약 3분의 1은 중국에서 날아오고 있다. 화력 발전소 역시 대기오염 문제 해결을 위한 정리 대상으로 떠오르기도 하였다. 미세먼지의 위협은 점차 증가하는 추세이다. 2018년 보건복지부 자료에 따르면 40년 뒤에는 미세먼지 등에 의한 대기오염으로 우리나라의 조기사망률이 OECD 국가 중 1위가 될 것이라고 한다. 인구 10만 명당 100명 이상이 조기 사망할 가능성이 있다는 것이다.

대기의 질을 이야기할 때 등장하는 것이 있다. 바로 PM2.5이다. PM이란 미세먼지[Particulate Matter]를 말한다. 미국 환경보호국[EPA]이 내린 정의에 따르면 PM이란 대기 중에 떠 있는 고체와 액체 입자의 혼합물이다. 공기 중을 떠도는 커다란 입자들은 중력에 의한 침강효과로 쉽게 내려앉는다. 그러나 지름이 0.1내지 2.5마이크로 미터인 입자들은 인체에 심각한 영향을 미치는데 이를 PM2.5라 부른다. 머리카락 굵기의 20분의 1에 불과한 초미세먼지는 폐 속 깊은 곳까지 침투할 수 있다. 일단 들어가면 밖으로 나오는 것이 거의 불가능해진다. 그래서 PM2.5를 보이지 않는 킬러[Invisible killer]라고 부른다. 미세먼지는 아황산가스[SO_2], 질소 산화물[NO_x], 납[$_{82}Pb$], 오존[O_3], 그리고 일산화탄소[CO] 같은 유해 물질을 포함하고 있다. 자동차 배기가스나 공장 등에서 주로 발생하는데 이는 미세먼지가 연소 과정에서 발생한다는 것을 의미한다. 미세먼지는 노약자에게 특히 유해하며 천식과 같은 기관지 환자에게도 치명적이다.

미세먼지

PM10(미세먼지): 지름 10 μm 이하
PM2.5(초미세먼지): 지름 2.5 μm 이하
PM0.1(극초미세먼지): 지름 0.1 μm 이하

참고
μm. 마이크로 미터(백만 분의 일 미터)
PM10의 직경은 머리카락 굵기의 1/5에 불과하다.
PM2.5의 직경은 머리카락 굵기의 1/20에 불과 하다.
https://www.greenfacts.org/glossary/pqrs/PM10-PM2.5-PM0.1.htm

미세먼지 현황

경제 성장으로 세계적 위상이 높아지는 나라들을 보면 공통적으로 직면하는 문제들이 많다. 그중 하나는 대기오염이다. 중국과 인도의 경우 대도시 지역을 중심으로 나타나는 심각한 대기 상황은 개선되지 않고 있다. 악화된 공기의 질은 사람들의 건강에 커다란 위협이 되고 있다. 스모그로 앞을 볼 수 없는 북경의 거리는 대기오염의 심각성을 실감하게 한다. 또한, 두꺼운 연무煙霧가 중국 동부 해안을 뒤덮고 있는 위성사진을 보면 그 규모를 가히 짐작할 수 있다. 이것은 주로 도시와 산업 현장에서 사용하는 화석 연료 때문인데 특히 석탄의 연소로 인한 대기오염은 대규모 인명 피해로 이어진다. 여기서 배출되는 이산화황[SO_2]은 대기 중에 유입되어 산성비[Acid rain]를 유발한다.

2017년 2월, 미국의 『뉴욕타임스』(The New York Times)와 인도의 『타임스 오브 인디아』(The

Times of India)에 따르면, 인도에서는 악화된 대기오염으로 매년 110만 명이 조기 사망한다고 한다. 수도 뉴델리와 상업 중심지 뭄바이 같은 대도시에서는 숨을 쉬는 것조차 힘든 날이 많다. 인도에서는 해마다 추수가 끝난 후에 5억 톤 가량의 농작물이 불태워지고 있다. 이로 인해 델리 인근의 대기오염이 더 심각해져서 천식과 폐렴은 물론 뇌졸중과 심장마비의 위험성도 증가하고 있다. 2015년 12월, 가디언(theguardian.com)은 대기오염이 가장 심각한 도시로 인도의 델리를 꼽았다. 2017년 11월 텔레그라프(telegraph.co.uk)에 따르면, 델리의 겨울철 대기오염 수치는 WHO 기준치의 30배에 달했다고 한다. 이는 대기의 질이 여전히 개선되지 않고 있다는 의미이다. 2017년 8월 모스트톱텐(mosttopten.com)도 대기오염이 심각한 도시를 발표하였다. 10위부터 6위는 중국, 카메룬, 인도의 도시들이, 5위부터 1위까지에는 사우디아라비아, 인도, 이란의 도시들이 선정되었다. 위키피디아도 미세먼지로 인한 대기오염이 심각한 500개의 도시 명단을 발표하였는데, 중국, 인도, 이란, 사우디아라비아 등의 도시들이 상위권에 들어 있다.

대한민국 및 세계 여러 지역의 대기오염에 대한 실시간 정보를 얻을 수 있는 사이트

http://aqicn.org/map/southkorea/kr/

http://aqicn.org/map/southkorea/#@g/35.7695/125.9074/9z

보이지 않는 킬러

미국 환경보호국[EPA] 자료에 따르면, 미세먼지는 크기에 따라 우리의 건강에 미치는 영향이 다르다. 그중에서도 직경 10마이크로 미터 이하인 입자들이 더 심각한 문제를 야기하는데 이는 입자의 크기가 작을수록 우리 몸의 깊은 부분까지 침투할 수 있기 때문이다. 이러한 입자들은 심장 또는 폐 질환을 가진 사람들의 조기 사망, 심장마비, 천식, 기침, 호흡 곤란 등을 야기한다. 미세먼지는 특히 심장 또는 간 질환이 있는 사람, 어린이, 그리고 노인에게 부정적인 영향을 미친다. PM2.5에 장기간 노출되면 심장병에 의한 조기사망 위험성이 증가하는 것은 물론이고 심근경색이나 중풍 같은 심혈관계 질병이 생길 수 있다. 암의 발생이 증가한다는 보고도 있다. 미세먼지는 폐암뿐만 아니라 위암, 대장암, 간암 등의 사망률을 높인다는 연구결과도 나왔다. 미세먼지는 성분에 따라 환경에도 다양한 영향을 미친다. 예를 들면, 호수나 강을 산성화시키고, 강 유역의 영양 균형을 깨뜨리며, 작물에 피해를 주기도 하고 산성비를 내리게 하며, 생태계 다양성에도 영향을 미친다. 2018년 1월에 서울 등 수도권 지역에 공공기관 차량 2부제, 공사장 조업단축 등 미세먼지 비상저감 조치가 발령되었다. 올해 들어 벌써 두 번째이다. 미세먼지 농도가 증가된 원인은 대기가 정체된 상태에서 국내 요인의 비중이 높아졌기 때문이다. 국립환경과학원[NIER]은 권역별 미세먼지(PM10)와 초미세먼지(PM2.5)의 상태를 매일 발표하고 있다. 이에 대한 실효성을 높이기 위한 대책이 절실한 시점이다.

공기 청정기

대기오염이 심해지면서 공기 청정기[Air purifier]가 인기다. 공기 청정기는 천식이나 알러지로 고통받는 사람들에게 유용하며 담배연기를 제거하는 데에도 사용된다. 헤파(HEPA, High efficiency particulate air) 필터는 미세먼지를 잡아주는 공기 필터이다. 미국 정부 표준의 HEPA로 인증받기 위해서는 크기가 0.3마이크로 미터인 입자의 99.9퍼센트를 제거할 수 있어야 한다. 국내의 경우에는 한국공기청정협회에서 공기 청정기의 성능, 탈취, 풍량, 소음 등을 검사하여 공기 청정기 품질인증 마크를 부여하고 있다. 대기오염으로 인한 사망자 수가 해마다 증가하는 상황에서, 최근에는 기존 공기 청정기의 한계를 극복한 저소음 공기 청정기들이 선을 보이고 있다.

공기 정화를 위해서는 숯을 사용할 수도 있다. 2017년 문화재청 자료를 보면 오염 물질을 제거하는 데 숯이 가진 미세 구멍을 활용할 수 있다. 예로부터 우리 조상들은 장을 담글 때 불순물을 제거하기 위해서 다공성 물질인 숯을 사용해왔다. 아이를 낳으면 액을 막는 부적으로 대문에 숯 등을 엮은 금줄을 걸어 두기도 하였다. 숯은 악취나 독소를 제거하는 효과를 가지고 있어서 실생활에서 다양하게 이용할 수 있는데 치료 목적으로 활용되기도 한다. 내복용으로 쓰려면 용도에 맞는 숯을 선택하는 것이 중요하다. 숯은 미국에서도 건강식품으로 유통되고 있다. 또한 숯은 고려의 팔만대장경 등 우리의 문화유산을 보존하는 데에도 큰 역할을 했다.

공기 정화 식물

세계보건기구[WHO]에 따르면 2014년에 도시에 사는 전 세계 인구의 약 90퍼센트가 미세먼지에 노출되었다고 한다. 대기오염은 국가 경제에도 부정적인 영향을 미친다. 자동차의 배기가스 배출을 통제하고 친환경적인 모델로 대체하는 것이 시급하다. 공장에서 나오는 배출가스를 통제하는 것도 중요하다. 생활 속에서 우리가 손쉽게 대처할 수 있는 수단은 없을까? 공기 정화 기능이 있는 식물을 실내에 두면 공기정화는 물론이고 다목적으로 활용할 수 있다. 실내 정화기능이 있는 식물에는 어떤 것들이 있을까?

미항공우주국[NASA]은 우주정거장의 공기를 정화하기 위한 목적으로 공기 청정 연구를 시작하였는데, 추가적으로 실내에서 키우기 쉬운 실내 공기 정화 식물[Air-cleaning plants]을 발표하였다. 공기 정화 식물 목록에는 야자, 맥문동, 담쟁이, 접란, 산세베리아, 벤자민, 고무나무, 자주달개비, 알로에베라 등이 포함되어 있다(위키피디아 자료). 2015년 3월 그레이티스트(greatist.com)에 발표된 공기 정화 식물들을 만나보자.

접란(스파이더 플랜트)
https://en.wikipedia.org/wiki/Chlorophytum_comosum

국화[Garden Mum]는 NASA가 추천하는 공기 정화 식물 챔피언이다. 암모니아[NH_3]는 물론이고 벤젠[C_6H_6], 폼알데하이드[CH_2O], 자일렌[C_8H_{10}] 등을 제거해 준다.

스파이더 플랜트(Spider Plant, 접란)는 흰 테두리에 녹색 잎을 가진 백합과의 식물이다. 성장 속도가 빠르고 실내에서 기르기도 쉽다. 폼알데하이드와 자일렌을 제거해 준다.

드라세나Dracaena는 녹색의 잎이 조밀하게 모여 무성하게 나는 백합과의 관엽식물이다. 벤젠, 폼알데하이드, 트리클로로에틸렌[C_2HCl_3], 자일렌 등을 제거해 준다.

벤자민[Weeping fig]은 타원형의 녹색 잎이 나고 대사가 활발해서 공기정화 능력이 뛰어나다. 사철 푸르름을 자랑하는 벤자민은 서남아시아가 원산지이다. 벤젠, 폼알데하이드, 트리클로로에틸렌을 제거해 준다.

피스 릴리Peace Lily는 늘 푸른 다년초이다. 잎이 변형되어 꽃처럼 보이는 불염포佛焰包를 가지고 있다. 작지만 공기정화에 탁월하며 잘 자라고 여름철엔 꽃도 핀다. 암모니아, 벤젠, 폼알데하이드, 트리클로로에틸렌 제거에 탁월하다.

보스톤 고사리[Boston Fern]는 직사광선을 피할 수 있는 서늘한 곳에서 잘 자라며 습도를 잘 유지해줘야 한다. 폼알데하이드와 자일렌을 제거해 준다.

산세베리아(Snake Plant 또는 Mother-in-Law's Tongue)는 무늬와 모양이 뱀을 닮았다. 서아프리카가 원산지로서 생명력이 강하여 키우기가 쉽다. '시어머니의 혀'라는 이름은 잎이 꼿꼿하게 자라면서 가죽처럼 질기기 때문에 붙여진 이름이다. 벤젠, 폼알데하이드, 트리클로로에틸렌, 자일렌을 제거해 준다.

대나무야자[Bamboo palm]는 가늘고 호리호리한 줄기들이 모여 다발을 이루는 형태를 하고 있는 관엽 식물이다. 줄기 마디가 대나무와 비슷하며 잎의 기공을 통해서 물을 공기 중으로 내보내는 증산작용이 뛰어나다. 중앙아메리카가 원산지인 이 식물은 폼알데하이드, 벤젠, 트리클로로에틸렌을 제거해 준다.

알로에베라Aloe Vera는 열대 지방에서 자라는 다육식물로 폼알데하이드를 효과적으로 제거해 준다. 잎에는 항산화 물질을 함유하고 있어서 약용 및 식용으로 쓰이고 있다. 메르콜라(korean.mercola.com)에 따르면 알로에베라에는 70여 가지의 활성 성분이 들어 있어서 소독제, 방부제, 항균제, 항바이러스제 등으로 사용할 수 있다고 한다.

2016년에 윌슨D. R. Wilson은 헬스라인(healthline.com)을 통해서 공기 정화에 좋은 식물들을 소개하였다. 이중 눈에 띄는 것은 악마의 담쟁이덩굴[Devil's ivy], 골든포토스Golden pothos 등으로 알려진 스킨답서스[Epipremnum aureum]이다. 스킨답서스는 늘 푸른 덩굴 다년초이다. 녹색의 잎에 노란 무늬가 불규칙하게 들어가 있다. 직사광선을 피해서 따뜻한 장소에 두면 잘 자란다. 아글라오네마Aglaonema는 중국에서 장수를 상징하는 식물로 알려져 있다. 시원시원한 넓은 잎이 특징이며 고온 다습한 환경을 좋아한다. 아시아의 열대지방이 원산지로 폼알데하이드를 효과적으로 제거해 준다. 고무나무는 빛이 부족하거나 온도가 낮은 곳에서도 잘 자란다. 줄기나 잎자루를 자르면 고무 성분인 라텍스(Latex, 하얀 수액)가 나오기 때문에 붙여진 이름이다.

도시의 가치를 빛나게 해주는 것은 무엇일까? 이 질문에는 여러 가지 답을 제시할 수 있겠지만 그중 한 가지는 바로 도시인들의 휴식처를 제공해주는 공원이다. 뉴욕, 런던, 파리는 각각 센트럴 파크Central Park, 하이드 파크Hyde Park, 뤽상부르 공원[Jardin du Luxemburg]이 있어서 더욱 빛이 난다. 공원을 상징하는 것은 숲이다. 숲은 도시가 가열되는 현상을 막아줄 수 있고 스모그도 줄여준다. 대기오염이 인체에 미치는 부정적인 효과도 줄일 수 있으며 지구 온난화를 해결하는 데 도움을 주기도 한다. 2016년 10월 킨버Mark Kinver가 영국의 BBC에 기고한 바에 따르면, 대기오염 관점에서 볼 때 런던에 심어진 나무의 경제적 가치는 매년 1억 3,300만 파운드에 달한다. 2018년 2월 사이언스타임즈에는 대기오염이 심한 도시라도 나무가 많은 지역에는 천식 환자가 적다는 조사 결과도 있다. 이는 식물이 대기오염 물질을 제거해 주는 효과 때문이라고 의학매체 헬스데이뉴스(consumer.healthday.com) 기사를 인용해 보도하였다. 오늘 한 그루의 사과나무를 심어보면 어떨까?

4
산호초가 위험해

산호초가 위험해 / 팩트 체크, 아마존 / 사라지는 동식물 / 명태 / 재스민 혁명과 엘리뇨

산호초가 위험해

바다 생태계에서 가장 다양한 모습을 보여주는 것은 무엇일까? 바로 산호초이다. 바다에 사는 모든 생명체의 4분의 1은 산호초에 의존하여 살아간다. 이런 이유로 산호초를 바다의 열대우림이라 부른다. 다양한 생명체들이 살아가는 중요한 터전이라는 의미이다. 산호초의 경제적 가치는 1,700억 달러가 넘는다는 통계도 있다.

이런 산호초가 위기를 맞고 있다. 지구 온난화, 환경오염 그리고 어류 남획 등이 주요 원인인데 지구 온난화와 해양 산성화는 산호가 하얗게 죽어가는 백화현상을 초래하고 있다. 바다의 오아시스로 불리는 산호초를 보러 여행을 떠나보자. 2013년 8월 레저프로(leisurepro.com)가 세계에서 가장 유명한 산호초 5곳을 소개했다. 첫 번째는 오스트레일리아에 있는 그레이트배리어리프Great Barrier Reef이다. 2,300킬로미터에 이르는 세계에서 가장 큰 산호초이다. 두 번째로 큰 것은 벨리즈 산호초 보호지역[Belize Barrier Reef]이다. 이곳에는 65종의 산호와 300종의 물고기가 살고 있다. 또한 세계에서 다이빙하기에 가장 적합한 씽크홀인 그레이트 블루 홀Great Blue Hole이 있다. 멕시코의 코즈멜섬에 있는 팔랑카리프Palancar Reef는 물속의 에덴 정원으로 불린다. 태평양 상의 섬나라 피지에도 눈이 부시도록 아름다운 400여 종의 산호초가 있다. 바로 그랜드센트럴스테이션Grand Central Station이다. 이곳에서는 돌고래, 바다거북, 고래 등을 만나볼 수 있다. 라자 암팟Raja Ampat은 상

대적으로 잘 알려지지 않은 산호초로서 인도네시아에 있다.

수백만의 생물 종이 존재하는 지구상에서 가장 다양한 생명체들이 어울려 살아가는 생태계 중의 하나인 산호초는 생물 다양성의 상징이다. 생물 다양성은 생물자원으로서의 경제적 가치 이외에도 우리의 삶을 지탱해 주는 핵심이다. 1992년 브라질의 리우 유엔환경개발회의에서 채택된 생물다양성협약[UNCBD]은 기후변화협약[UNFCCC], 사막화방지협약[UNCCD]과 더불어 세계 3대 환경 협약 중 하나이다. 그러나 인간의 무분별한 행태로 인해 생물 종의 멸종 속도가 빨라지고 있다. 생태계가 커다란 위기를 맞고 있는 것이다. 모든 종들은 상호 연결되어 있어서 서로에게 영향을 미치고 있다. 한 생물종의 멸종은 다른 생물종에게도 영향을 미친다. 생태계의 균형이 깨지면 인류에게도 치명적이다. 인간이 파괴한 생태계는 부메랑이 되어 인간을 파괴한다.

세계적으로 유명한 산호초

그레이트배리어리프(Great Barrier Reef, 오스트레일리아)
뉴칼레도니아 배리어 리프(New Caledonian Barrier Reef, 뉴칼레도니아)
메소아메리칸 리프(Mesoamerican Reef, 카리브해)
몰디브-차고스-락샤드위프 환초(Maldives-Chagos-Lakshadweep Atolls, 인도양)
벨리즈 산호초(Belize Barrier Reef, 벨리즈)
사야 드 말하 뱅크(Saya de Malha Banks, 인도양)
아포리프(Apo Reef, 필리핀)
안드로스 산호초(Andros Barrier Reef, 바하마)
플로리다키스(Florida Keys, 미국)
홍해 산호초(Red Sea Coral Reef, 홍해)

http://traveltips.usatoday.com/top-ten-largest-coral-reefs-100603.html

팩트 체크, 아마존

남아메리카에 있는 이것은 생태계의 보물이다. 브라질(60퍼센트), 페루(13퍼센트), 콜롬비아(10퍼센트), 베네수엘라, 에콰도르, 볼리비아, 가이아나, 수리남, 그리고 프랑스령 기아나의 9개국에 걸쳐 있다. 상록 활엽수 열대우림인 이것은 무엇일까? 바로 아마존 열대우림[Amazon rainforest]이다. 지구에 남은 마지막 녹색 원시림인 아마존은 불행하게도 이미 5분의 1이 파괴된 상태이다. 브라질의 아마존 환경연구소에 따르면, 아마존 열대우림은 시간당 축구장 128개 면적이 사라지고 있다고 한다. 아마존의 열대우림은 지구상에 있는 육지의 14퍼센트를 차지했었다. 지금은 6퍼센트를 차지할 정도로 심각하게 줄어들었다. 남아있는 것도 40년이 채 못 가서 사라질 것이라고 한다. 전 세계 산소의 20퍼센트를 만들어 내는 아마존은 지구의 허파이다.

아마존에 있는 식물 속에는 항암제를 포함한 다양한 생리 활성 물질이 들어 있다. 아마존이 사라진다는 것은 이러한 의약품도 함께 사라진다는 의미이다. 아마존에 살고 있는 수많은 식물 중 상당수는 약으로 사용된다. 2016년 2월 레인포레스트 크루즈(rainforestcruises.com)가 소개한 약용 식물을 만나보자. 와사이Wasai는 콩팥을 건강하게 해주는 식물로 빨간색의 뿌리를 갈아서 이뇨제로 쓴다. 라파초Lapacho는 암 치료에 사용된다. 화학요법에서 오는 통증을 완화시키고 감염을 막아준다. 항암 성질을 가지는 식물의 70퍼센트는 아마존에서만 존재한다. 아마존은 항암제의 보물창고인 셈이다. 타와리Tawari 나무의 껍질 속에도 항암 성분이 들어 있으며 감염, 암세포, 종양 그리고 염증을 치료하는 데 도움을 준다. 코돈실로Cordoncillo는 원주민들 사이에서 오랫동안 마취제로 쓰였는데 잎을 씹기만 해도 입이 마비될 정도로 효능이 우수하다. 또한 소도Sodo는 알콜중독 같은 중독 증세를 치료하는데 좋고 수마Suma는 정력제, 강장제, 면역력증진제 등으로 쓰이는 브라질 인삼이다. 만약 아마존을 탐사하다가 상처가 났다면 혈액 응고제 역할을 하는 샤품빌라Shapumvilla를 쓰면 된다. 이러한 여러 효능을 가진 식물들뿐만 아니라 아마존에는 불안을 줄여주거나 소화를 돕는 약용 식물들도 있다.

아마존 열대우림

세계 최대의 열대우림이다.
남아메리카 대륙의 40퍼센트를 차지한다.
아마존은 브라질(60퍼센트), 페루(13퍼센트), 콜롬비아(10퍼센트) 등 9개 국가에 걸쳐 있다.
아마존강은 세계에서 가장 길고 넓은 면적을 차지한다.
지류가 1,100개나 된다.
남아메리카 GDP의 약 70퍼센트는 아마존의 물을 사용하는 지역에서 생산된다.
한때 서쪽으로 흘렀다. 안데스산맥이 융기하여 동쪽으로 흘러 대서양으로 나간다.
지구의 허파라 부른다. 전 세계 산소의 20퍼센트 이상을 생산한다.
전 세계 생물 종의 10퍼센트, 조류의 20퍼센트는 아마존에 산다.

https://rainforests.mongabay.com/amazon/amazon-rainforest-facts.html
http://www.sciencekids.co.nz/sciencefacts/earth/amazonrainforest.html

사라지는 동식물

서식지 감소, 남획, 환경오염, 지구 온난화 등으로 지구상에서 사라지는 동식물들이 많다. 생물들이 사라지는 속도가 예상보다 빨라지고 있다는 암울한 소식도 있다. 전 세계 종의 보존 생태를 기록하는 기관이 있는데 자연과 천연자원을 보존하고자 설립된 국제자연보전연맹(IUCN, iucn.org)이다. IUCN은 식물과 동물의 보존 상태를 9개의 그룹으로 나누어 적색 리스트[Red List]로 기록하고 있다. EX[Extinct]는 개체가 하나도 남아있지 않았음을 의미한다. EW[Extinct in the Wild]는 야생에서는 사라졌고 보호시설에서만 생존해 있음을 의미한다. 멸종우려[Threatened]는 CR(위급, Critically Endangered), EN(위기, Endangered), 그리고 VU(취약, Vulnerable)로 분류하고 있다. CR, EN, 그리고 VU는 각각 야생에서 절멸할 가능성이 지극히 높음, 높음, 그리고 야생에서 위험에 처할 가능성이 높음을 의미한다. 한편 NT(준위협, Near threatened)는 가까운 미래에 위험에 처할 가능성이 있음을, LC(관심대상, Least concern)는 위험성이 낮음을 의미한다. 자료가 부족한 것은 DD(자료부족, Data deficient)로, 아직 평가받지 못한 것은 NE(미평가, Not evaluated)로 구분하였다.

월드아틀라스(worldatlas.com)는 아마존 열대우림에서 사라질 위기에 처한 동물들을 소개하였다. 정글에 사는 아나콘다[Green anaconda]는 세계에서 가장 큰 뱀이다. 늪이나 습지 등에 살며 독이 없다. 독화살개구리[Poison dart frog]는 지구상에서 가장 치명적인 독을 가지고 있다. 눈에 잘 띄는 색을 하고 있으며 피부에 독이 있다. 어떤 종은 성인 10명을 죽일 수 있을 정도의 독을 가진 것도 있다. 피라냐Piranhas는 겉모습과는 달리 가장 위험한 물고기 중 하나이다. 민물에 살며 강력한 턱과 날카로운 이빨을 가지고 있다. 총알 개미[Bullet ant]는 슈미트 고통지수[Schmidt sting pain index] '4+' 급으로서 말벌[Tarantula hawk wasp]보다 상위에 있는 무서운 개미이다. 이 개미에 물리면 극심한 통증이 나타난다. 또한 블랙 카이만(Black caiman, 아메리카 악어)은 앨리게이터과에 속하는 현존하는 종들 중 몸집이 가장 크고 호수나 강 등지에 산다. 2008년과 2013년 사이에 43명의 사람들이 이 악어의 공격을 받았다. 아마존상에 사는 전기뱀장어[Electric eel]는 강력한 전기 충격을 주어 말을 죽이고 악어를 기절시킬 수도 있다. 아마존의 강자 재규어Jaguar는 카이만Caiman, 카피바라Capybara, 맥(Tapir), 조로(Zorro, 여우), 페커리(Peccary, 돼지아목에 속한 포유류), 사슴 등 최소한 87종 이상의 다른 종을 잡아먹고 사는 육식성 동물이다. 숲이 점점 줄어드는 상황에서 이들이 사람과 부딪칠 가능성이 높아지고 있다. 떠돌이 거미[Wandering spider]는 지구상에서 가장 독성이 큰 거미이다. 1996년 해독제가 발견되기 전까지 14명이 이 거미에 물려 사망하였다.

2012년 7월, 가디언(theguardian.com)도 멸종 위기에 처한 동물들을 소개하였다. 오실롯Ocelot은 표범 무늬를 가진 야생 고양이이다(등급: LC). 적갈색 몸통을 가진 새(Hoary-throated spinetail)도 멸종 위기에 처해 있다(등급: CR). 흰뺨거미원숭이[White-cheeked spider monkey]는 손발과 꼬리가 가늘고 쥐는 능력이 우수하다. 거미의 다리와 비슷하다고 해서 붙여진 이름이다. 온몸에 검은 털이 나있다(등급: EN). 온몸이 검은 리오 브랑코 개미새[Rio Branco antbird]도 서식지 감소로 인해 멸종 위기종으로 분류되었다(등급: CR). 브라질 맥[Brazilian tapir]은 몸집이 크고 멧돼지처럼 생겼으며 눈이 작고 주둥이가 길다(등급: VU). 노란머리독개구리[Yellow-headed poison frog] 역시 산불, 개간 등으로 서식지가 줄어들고 있다.

국제자연보전연맹 적색 리스트*

EX	절멸[Extinct]
EW	야생절멸[Extinct in the wild]
CR+	위급[Critically endangered]
EN+	위기[Endangered]
VU+	취약[Vulnerable]
NT	준위협[Near-threatened]
LC	관심대상[Least concern]
DD	자료부족[Data deficient]
NE	미평가[Not evaluated]

* International Union for Conservation of Nature(IUCN) Red List
+ 멸종 우려[Threatened] 대상: CR, EN, VU
https://en.wikipedia.org/wiki/Endangered_species
https://ko.wikipedia.org/wiki/IUCN_%EC%A0%81%EC%83%89_%EB%AA%A9%EB%A1%9D

명태

우리나라의 국민생선이었으나 지금은 귀하신 몸이 된 것이 있다. 북어는 이것을 바람에 바싹 말린 것을 말한다. 노가리는 이것의 새끼이다. 생태는 갓 잡은 이것을 말한다. 동태는 이것을 얼린 것이다. 백태는 너무 추워 이것이 꽁꽁 얼어붙은 것을 말한다. 먹태는 날이 따뜻하여 이것이 검게 변한 것이다. 코다리는 이것을 꾸덕꾸덕 반쯤 말린 것이다. 황태는 이것이 겨울 바람과 눈을 맞으면서 얼었다 녹았다를 반복하다가 마른 것을 말한다. 명란젓은 이것의 알을 숙성시킨 것이다. 창란젓은 이것의 창자를 숙성시킨 것을 말한다. 이것은 과연 무엇일까? 주인공은 바로 명태明太이다. 명태는 어획시기, 어획장소, 어획방법, 크기, 건조 정도, 가공 방법 등에 따라 이름이 다르다.

예로부터 밥상, 제사상, 혼례상 등에서 빠지지 않고 등장하였던 명태는 단백질과 칼슘이 풍부하고 지방이 적은 건강식이며 숙취해소나 다이어트에도 좋다고 알려져 있다. 명태에는 세포 발육에 필요한 필수 아미노산 라이신Lysine과 뇌에 좋은 아미노산인 트립토판Tryptophan도 들어 있다. 결합 조직의 주성분인 콜라겐Collagen은 물론 항산화 성분도 들어 있다.

우리나라의 대표 어종이던 명태가 2000년대 이후 자취를 감추었고 2000년대 후반부터는 1년에 고작 1~3톤 가량만 잡혀 수입 명태가 빈자리를 채우고 있다. 한류성 어종인 명태가 사라진 이유는 남획과 동해의 수온 상승 때문이다. 우리나라에서 2015년에 명태를 수입하는 데 쓴 돈은 4,600억 원이 넘는다.

"'인공수정 1세대' 명태가 속초로 돌아왔다." 2017년 1월 한국일보 기사의 제목이다. 재작년 치어稚魚 상태로 방류시킨 명태가 1년 후에 성어成魚가 되어 다시 동해로 돌아온 것이다. 해양수산부는 돌아온 명태의 유전자 분석 결과 인공수정 1세대 명태인 것이 확인되었다고 발표하였다. 따라서 방류를 확대한다면 국산 명태의 어획량을 늘릴 수 있을 것으로 보인다. 2016년에는 우리나라에서 세계 최초로 명태 완전양식에 성공하였다. 정부는 명태 양식과 방류를 통해서 2020년에는 국산 명태가 본격적으로 시중에 유통될 수 있을 것으로 전망하고 있다.

명태와 관련된 이름

깡태: 건조 중 수분이 빨리 증발하여 딱딱하게 마른 명태

꺾태: 산란 후에 잡힌 명태

낙태: 덕장에서 건조할 때 땅에 떨어져 상품가치가 낮은 황태

난태: 산란 전에 알을 밴 상태에서 잡힌 명태

노가리: 말린 명태 치어

동태: 얼린 명태

먹태: 황태보다 더 바싹 말린 것

무두태: 건조과정에서 머리가 떨어져 나간 명태

백태: 덕장이 추워 허옇게 말라버린 황태

봉태: 내장을 빼지 않고 통째로 만든 황태

북어: 바짝 말린 명태

생태: 날 명태

코다리: 반건조 명태

황태: 말린 명태

흑태: 황태를 만들다가 검게 변해버린 것

https://ko.wikipedia.org/wiki/%EB%AA%85%ED%83%9C
https://namu.wiki/w/%EB%AA%85%ED%83%9C
http://news.joins.com/article/21417129

재스민 혁명과 엘리뇨

2010년 북아프리카에 있는 튀니지의 한 청년이 분신자살하는 사건이 발생하였다. 부패한 경찰의 노점상 단속으로 생존권이 위협을 받게 되면서 벌어진 일이었다. 이를 계기로 튀니지 민중은 반정부 시위로 독재정권에 항거하였다. 결국 대통령은 해외로 망명하였고 24년간 계속된 독재정권은 막을 내렸다. 이 사건을 '재스민 혁명[Jasmine revolution]'이라 부른다. 재스민은 튀니지를 대표하는 꽃이다. 이 혁명은 중동 및 북아프리카의 여러 혁명을 촉발시켰는데 이를 아랍의 봄[Arab spring]이라 부른다. 2017년 8월 25일, 아시아경제에 기고된 바에 따르면, 오랫동안 지속되어온 중동의 독재체제가 무너진 배경에는 부정축재와 전횡 문제가 있었지만 식량난도 중요한 원인으로 작용했음을 알 수 있다. 러시아 흉작은 전 세계 곡물 가격 폭등을 야기했다. 2010년에 발생했던 기상이변은 엘니뇨El Niño 현상 때문으로 보고 있다. 지구 온난화에 따라 나타나는 기상이변은 농산물 생산 감소로 이어진다. 따라서 빈부격차 등 심각한 문제를 안고 있는 나라들의 경우에는 엘리뇨 같은 기상이변이 억눌린 민심을 폭발시키는 기폭제로 작용할 것으로 보인다.

열대 지방의 태평양에서는 해수면 온도가 급격하게 변하는 현상이 준주기적으로 나타나고 있다. 이를 엘리뇨라 부르는데, 이때에는 해류가 따뜻해져서 증발량이 많아짐에 따라 태평양 동부에 강수량이 증가한다. 엘리뇨와 대조되는 기상이변을 초래하는 것으로 라니냐La Niña가 있다. 라니냐는 적도 무역풍이 평년보다 강해져 서태평양의 해수면과 수온이 평년보다 상승하고, 찬 해수의 용승 현상이 생김으로써 적도 동태평양에 나타나는 저수온 현상을 말한다.

엘니뇨

엘니뇨(El Niño)는 스페인어로 Christ Child 란 뜻이다.
크리스마스 시즌에 나타난다고 하여 붙여진 이름이다.
라니냐(La Niña)는 The Little Girl 이란 뜻이다.
El Niño와 La Niña 는 엔소(ENSO, 엘니뇨 남방진동)의 일부분이다.
태평양의 기후 패턴에 큰 영향을 주는 것은 물론, 다른 지역에도 영향을 미친다.
산불, 태풍, 홍수 등으로 전 세계에 막대한 피해를 주고 있다.
엘니뇨는 오스트레일리아에 심한 가뭄을 초래한다.
중국과 인도에서는 1876년에 시작된 엘니뇨로 인한 대가뭄으로 1,800만 명이 굶어 죽었다.
모기로 인한 질병도 퍼뜨린다.

http://mentalfloss.com/article/70977/14-fascinating-facts-about-el-nino
http://www.softschools.com/facts/weather/el_nino_facts/578/

5
녹색 GDP

런던 2017 / 태화강 / 녹색 사막 / 사막에는 그들이 산다 / 녹색 GDP

런던 2017

최근 귀농하는 사람들이 늘고 있다. 그리고 전원주택을 꿈꾸는 사람들도 많아지고 있지만 현실은 대부분의 사람들을 도시에 머물게 한다. 전 세계 인구 통계를 보면 도시로 사람들이 몰리고 있음을 알 수 있다. 일본, 네덜란드, 오스트레일리아, 덴마크, 스웨덴, 브라질, 핀란드, 한국, 영국, 미국 등은 도시인구 비율이 80퍼센트를 넘는 나라들이다. 1952년 런던 스모그 재앙을 극복하고 글로벌 도시로 성장한 인구 8백8십만의 런던은 어떤 모습일까?

2017년 1월에 텔레그라프(telegraph.co.uk)에 실린 기사는 충격적이다. 런던의 대기오염이 중국 베이징보다 심하다니! 대기오염을 증가시키는 것은 자동차 배기가스 말고도 또 있었다. 그것은 많은 사람들이 겨울철에 사용하는 벽난로이다. 나무를 때는 벽난로는 난방비를 절감하는 효과가 있는 반면에 공기의 질을 현저하게 떨어뜨리는 주범이다. 영국에서는 백만 이상의 주택에서 나무를 땔감으로 하는 벽난로를 사용하고 있으며 매년 175,000개의 난로가 설치되고 있다.

2016년 1월, 이코노미 인사이트(economyinsight.co.kr)는 미국의 로스앤젤레스[LA]가 스모그 도시라는 오명을 벗기까지의 과정을 소개하였다. 1950년대의 LA는 미국 최악의 대기오염도시였다. 주범은 자동차 배기가스였다. 자동차에서 나온 질소 산화물은 햇빛에 의해 분해된다. 여기서 발생한 라디칼Radical은 산소[O_2]와 반응한다. 그 결과 오존[O_3]이 생성되는데 강력한 산화력을 가진 오존은 대기오염의 지표 물질이다. 해결책은 엄격한 법률을 제정하여 규제를 강화하는 동시에 기술 개발을 통해 대기오염 물질을 줄이는 것이다.

미국은 자동차와 공장 등에서 나오는 배출가스를 규제하는 청정공기법[CAA]을 가지고 있다. 미국 환경보호국[EPA]은 대중의 건강과 복지를 증진시키고 유해한 대기오염 물질의 배출을 규제하기 위해서 국가 대기질 표준[NAAQS]을 제정하였다.

태화강

울산은 자동차와 석유화학으로 대표되는 우리나라의 중화학공업 중심도시이다. 이 도시를 서쪽에서 동쪽으로 가로질러 흐르는 강이 있다. 바로 태화강太和江이다. 1960년대 초 울산은 공단이 생기면서 인구가 급증하였다. 공단은 울산의 경제성장을 주도한 반면에 태화강의 수질을 최악의 상태로 만들었다. 2000년 여름에는 태화강의 물고기가 집단으로 폐사하는 일이 벌어졌다. 이때부터 태화강을 살리기 위한 노력이 시작되었다. 그 덕분에 지금은 오염도시라는 오명에서 벗어나고 있다. 1997년에는 10피피엠ppm이던 생화학적 산소 요구량[BOD]이 1피피엠으로 낮아졌다. 태화강 하류에 연어와 은어가 돌아오고 재첩이 잡히고 있다. 2016년에는 울산시 울주군에 태화강 생태관이 문을 열었다. 이 생태관에 가면 가물치, 각시붕어, 갈겨니, 동자개 등 다양한 서식 어종을 둘러볼 수 있다. 대도시로 성장한 울산의 대기 및 수질 오염이 완전히 해결된 것은 아니다. 체계적이고 장기적인 정책을 수립하고 실천하는 것이 중요한 시점이다.

서울의 대기오염은 어떤 상황일까? 2016년 6월 JTBC 보도에 따르면, 서울의 대기오염이 위험 수준이라고 한다. 이는 NASA 연구진이 관측한 자료에 근거하였다. 또한, 2017년 3월 에너지경제(ekn.kr)에 따르면, 서울의 대기오염은 세계 2위이다. 이는 세계 대기오염 실태를 모니터 하는 다국적 커뮤니티 에어비주얼(airvisual.com)이 제시한 결과이다. 서울의 대기 질 지수는 179로, 187인 인도의 뉴델리에 이어 세계에서 두 번째로 나빴다. 이것은 중국 탓만이 아니고 석탄화학발전소와 수도권에 밀집된 공장 등 여러 원인이 제기되었다. 서울시는 차량 2부제, 사업장 또는 공사장의 조업단축 등 비상조치를 세워두고 있지만 문제가 단순하지만은 않다.

녹색 사막

계절을 가리지 않고 불어오는 황사를 어찌할 것인가? 설상가상으로 황사의 진원지인 몽골의 사막이 갈수록 더 넓어지고 있다. 몽골은 고비 사막이 있는 남부에서 진행되던 사막화가 중부 지역으로 확산되는 위기를 맞고 있다. 사막화를 차단하여 편서풍을 타고 우리나라로 유입되는 황사를 줄일 수는 없을까? 10여 년 전부터 민관이 함께하는 사막녹화 사업, 즉 조림사업이 시행되고 있다. 그러나 사막녹화 사업이 성공한 사례는 드물다. 성공한 사례를 보자. 몽골 남부의 '에르덴' 지역에 국내 환경단체가 조성한 조림지에는 심은 나무들이 5년 만에 사람 키 높이로 자랐다. 8만 그루 가량의 나무가 90퍼센트 생존하는 성과도 거두었다. 이것은 나무를 심은 후에 사후 관리가 제대로 이루어진 덕분이다. 물 문제는 지하수를 파서 해결하였다. '바양노르' 지역은 사막화가 가장 성공한 사례로 꼽힌다. 유실수와 소득 작물을 키우며 소득을 올리는 주민도 생겨났다. 몽골은 나무의 중요성을 절실히 깨닫고 있는 중이다. 2016년 9월 중앙일보 기사에 따르면, 시민단체 '푸른 아시아'가 2001년부터 '바양노르' 지역에 심은 '차차르간' 나무(일명 비타민 나무)들이 자라서 결실을 거두고 있다고 한다. 이러한 성과는 다른 지역으로 확산되어 몽골에 희망을 심어주고 있다. 몽골은 식목일이 일 년에 2번 있다.

고비 사막
https://ko.wikipedia.org/wiki/%EA%B3%A0%EB%B9%84_%EC%82%AC%EB%A7%89

사막에는 그들이 산다

사막은 연평균 강수량이 250밀리미터 이하로 매우 적어 땅이 메말라 동식물이 살아가기에는 너무 열악한 지역을 말한다. 육지의 25퍼센트 이상을 차지하는 사막은 다양한 모습을 하고 있다. 모래사막만 있는 것이 아니라 자갈 또는 암석으로 된 사막도 있다. 사막에서 살아갈 수 있는 식물이 있을까? 리스토바티브(listovative.com)가 사막에서 볼 수 있는 대표적인 식물을 소개하고 있다.

코끼리 나무[Elephant Tree]는 미국과 멕시코의 국경지대에 위치한 소노라 사막의 희귀식물이다. 몸통이 굵어서 며칠 동안 물을 저장할 수 있다. 키가 작고 가지도 몸통에 비해 아주 작다. 통통하고 회백색인 나무줄기가 코끼리를 닮았다. 오르간 파이프 선인장[Organ Pipe Cactus]은 멕시코와 미국의 암석 사막에서 흔히 볼 수 있다. 애리조나주 남부에는 오르간 파이프 선인장 준국립공원이 있다. 이곳에서는 마치 나무처럼 가지를 치며 10여 미터까지 자라는 사구아로Saguaro 선인장과 야생화 무리도 함께 감상할 수 있다. 사막 세이지[Desert Sage]는 높이가 2~3미터가량 되는 관목이다. 꽃은 진한 파란색을 띠고 있으며 자주색의 포엽苞葉을 가지고 있다. 아주 건조한 기후에서 살아가는 상록 식물이다. 사막 메리골드[Desert Marigold]는 과꽃에 속하며 미국 남서부와 멕시코에서 흔히 볼 수 있다. 밝은 노란색의 꽃은 독성이 강하여 양들이 이 꽃을 먹고 죽는 경우도 있다. 사막 릴리[Desert Lily]는 멕시코, 캘리포니아, 애리조나 등지에서 자라는 현화식물이다. 아메리카 원주민들은 식량으로 사용하기도 한다. 사막 버드나무[Desert Willow Tree]는 버드나무처럼 생긴 나무이며 트럼펫 모양의 꽃이 피고 9미터까지 자란다.

사하라 사막에도 동물이 살까? 컨서베이션 인스티튜트(conservationinstitute.org)에 소개된 주인공들을 만나보자. 저보아Jerboa는 다리가 매우 길고 귀가 크고 점프력이 뛰어난 설치류이다. 조그만 몸집과는 달리 시속 24킬로미터의 속도로 달릴 수 있다. 사막여우도 있다. 귀가 커서 청각이 뛰어나며 몸의 열을 쉽게 방출할 수 있다. 또 사막에는 옆으로 기어가는 독사가 있고 전갈과 가젤도 있다. 나미브 사막[Namib Desert]에 사는 딱정벌레는 어떤 방법으로 물을 구할까? 뜨거운 모래 바람이 서서히 식어가는 저녁이 되면 딱정벌레는 불어오는 바람 쪽으로 몸을 숙인다. 그러면 등껍질에 물방울이 맺히기 시작한다. 나미브 딱정벌레의 겉날개는 수분을 끌어당기는 친수성 물질로 구성되어 있어서 커진 물방울은 홈을 따라 내려가 딱정벌레의 입으로 들어간다. 이런 원리를 이용하여 안개에서 물을 얻는 기술도 탄생되었다.

녹색 GDP

국내총생산[GDP]이란 한 나라에서 생산된 재화와 용역의 시장 가치를 합한 것으로서, 그 나라의 경제 규모를 보여주는 지표이다. 미국 워싱턴 D.C.에 본부를 두고 있는 세계은행 그룹[World Bank Group]이 집계한 자료를 보면, 전 세계 217개국의 GDP 순위(2016년 기준)는 미국(18조 5691억 달러), 중국(11조 1991억 달러), 일본(4조 9394억 달러), 독일(3조 4668억 달러), 영국(2조 6189억 달러), 프랑스(2조 4655억 달러), 인도(2조 2635억 달러), 이탈리아(1조 8500억 달러), 브라질(1조 7962억 달러), 캐나다(1조 5298억 달러) 순이었다. 우리나라는 그동안 비약적인 경제성장을 거듭하여 세계 11위(1조 4111억 달러)에 올라 있다.

그러나 GDP만으로는 그 나라의 참 모습을 파악할 수 없다. 미국의 스티글리츠Joseph Stiglitz가 쓴 『불평등의 대가』(원제: The Price of Inequality, 번역: 이순희)에 따르면, GDP는 환경에 미치는 영향을 포착하지 못하고, 따라서 현재 진행되고 있는 성장의 지속 가능성을 평가하지 못한다는 문제점이 있다. 또한, 자유시장경제의 문제점은 승자 독식의 모순이 증폭되어 수많은 갈등을 낳고 있다는 점이다. 상위 1퍼센트가 부의 대부분을 독점하는 국가에서는 불평등이 점차 심화된다. 이것은 소위 '99퍼센트의 분노'로 표출된다. '월가를 점령하라'시위대는 이러한 상황의 단면을 보여준다. 스티글리츠는 이것을 부자들과 가난한 사람들의 상징적인 전투라고 표현하였다. 그는 2011년 3월 배너티페어(vanityfair.com)에 '1퍼센트의, 1퍼센트에 의한, 1퍼센트를 위한'이란 제목으로 기고한 글에서 이에 대한 분석을 내놓았다. 사실 미국은 불평등이 커지도록 상황을 허용해왔다. 아이러니하게도 평등과 기회의 나라에서 불평등이 증대되어 온 셈이다.

그는 불평등을 줄이려는 정부의 의지가 중요하다고 말한다. 이는 정부가 '공동 선'을 위해 투자해야 한다는 것이다. 그는 또 말한다, '중요한 것은 상위 1퍼센트의 운명이 나머지 99퍼센트의 삶과 연결되어 있다는 것이다.'고.

이처럼 GDP는 삶의 질을 반영하지 못한다. 이러한 단점을 고려해서 경제 성장에 수반되는 환경 파괴의 사회적 비용을 반영하여 계산되는 지표로 만들어진 것이 있다. 바로 녹색 GDPGreen GDP이다. 이 녹색 GDP를 지향하는 국가만이 환경오염, 기후 변화, 생물다양성 등 미래에 지불해야 할 값비싼 비용을 줄일 수 있다.

사회진보지수(SPI, Social Progress Index)는 각국이 시민들의 사회적 환경적 필요를 제공하는 정도를 나타내는 척도이다. 이것은 경제적인 요인보다는 사회적 환경적 결과를 통해서 사회의 복지를 측정하기 때문에 건강, 평등, 포용, 지속 가능성, 그리고 개인의 자유와 안전이 중요한 지표에 포함된다. SPI가 높은 나라는 개인의 기본적인 욕구가 충족되는 나라, 개인의 삶의 질이 향상되고 유지되는 나라, 그리고 개인의 잠재력이 실현될 수 있는 여건이 조성된 나라이다. SPI가 높은 나라는 어디일까? 2016년 기준으로, 핀란드, 캐나다, 덴마크, 오스트레일리아, 스위스, 스웨덴, 노르웨이, 네덜란드, 영국, 아이슬란드, 뉴질랜드 순이다. SPI는 전통적인 성공지수인 GDP 순이 아니다.

그리고 소득 분배의 평등과 불평등의 지표로 사용하는 지니 계수[Gini coefficient]가 있다. 1912년에 이탈리아의 통계학자 지니Corrado Gini(1884~1965)가 제시한 지니계수는 0에 가까울수록 소득 분배가 잘 이루어지고 있음을 나타낸다. 지니 계수가 낮은 나라로는 아이슬란드, 노르웨이, 체코, 핀란드, 벨기에 등이 있다. 한국의 지니 계수(2013년 가처분소득 기준)는 경제협력개발기구 OECD 35개 회원국 중 18위로 중위권에 속한다. 그러나 조사원이 전용 패널 2만 가구를 정기적으로 찾아 직접 대면 조사하여 산출하는 새 지니계수에 따르면 27위로 하락해서 불평등이 심한 것으로 나타났다.

2017년 3월 20일 UN 지속가능발전해법네트워크[SDSN]가 발표한 세계 행복지수(2014년~2016년)는 노르웨이, 덴마크, 아이슬란드, 스위스, 핀란드 순으로 나타났다. 그러나 이것은 물리적인 행복지수이다. GDP만으로는 물론이고 물리적인 행복지수만으로도 설명할 수 없는 나라가 있다. 히말라야 산중의 소국 부탄Bhutan이다. 1인당 국민소득이 3천 달러 수준인 부탄은 그들만의 행복지수를 만들어 냈다. 바로 국민총행복(GNH, Gross National Happiness) 개념이다. 부탄은 GNH 증진을 위해서 지속가능하고 공평한 사회, 생태계의 보전, 전통과 정체성 실현 등을 중시한다. 그래서 부탄은 국민의 대부분이 행복한 나라로 인식되어 왔다. 그러나 최근에는 급격한 도시화가 진행되면서 지역 간의 불균형이 나타나기 시작하였고 행복지수가 낮아졌다. 한편 경제 성장이 주요 화두인 나라가 있다. GDP 순으로 보면 세계에서 11위인 나라이다. 그러나 행복지수는 OECD 꼴찌 수준인 나라, 바로 대한민국이다. 그런 대한민국이 요즘 서서히 바뀌고 있다. 자유와 복지와 평등이 주요 화두로 떠오르고 있다.

세계 행복지수 순위 *

1위: 노르웨이
2위: 덴마크
3위: 아이슬란드
4위: 스위스
5위: 핀란드
6위: 네덜란드
7위: 캐나다
8위: 뉴질랜드
9위: 호주
10위: 스웨덴
⋮
56위: 한국

* 2017년 기준
http://photohistory.tistory.com/17105

상상을 더하다 3

- 런던 스모그에서 배우다 -

1. 열권 같은 온도가 높은 곳에서 태양열 발전을 해낼 수 있을까?
2. 사막에 사는 동물들은 어디서 물을 구하는 것일까?
3. 다양한 생명들의 터전인 산호초가 화려하고 다양한 색을 띠는 이유는 무엇인가?
4. 생물 다양성에서 중요한 역할을 하는 산호초 주변에 많은 종의 생물이 살아가는 이유는?
5. 바다의 산호초가 모두 사라진다면 어떻게 될까?
6. 산호를 키워서 방생할 수는 없을까?
7. 우리가 흔히 알고 있는 사막은 모래로 뒤덮인 불모지를 말하는데, 남극과 북극도 사막인가?
8. 사막화를 막고 사막을 녹지로 변화시키면 그 또한 과도한 산소 생성으로 인해 문제가 발생하지 않을까?
9. 사막에 잘 적응하는 동식물에게는 공통적인 특징이 있을까?
10. 딱정벌레가 사막의 바람에서 물을 얻는 원리를 응용하여 물이 부족한 지역에 물을 공급할 수는 없을까?
11. 사막에 특화된 동물들의 특징을 이용한 새로운 발명품이 있을까?
12. 사람 몸속에 침투한 미세먼지 입자가 피해를 입히는 과정은?
13. 삼겹살을 먹으면 몸속의 먼지가 제거된다는 게 사실일까?
14. 대기오염이 심각해져서 산소를 구매하여 사용하게 될 날이 올까?
15. 지구 대기에 산소가 과도하게 많아지면 어떤 문제가 생길까?
16. 미래에는 멸종된 생명체를 복원할 수 있을까?

4장
칸트의 시계

1
칸트의 시계

칸트 / 칸트와 시계 / 규칙적인 것에 대하여

칸트

18세기의 유럽은 근대가 완성되어가는 시기였다. 이탈리아에서 시작된 르네상스는 프랑스를 중심으로 한 계몽사상으로 이어져 이성의 빛으로 퍼져 나갔다. 철학계의 경우에는 로크John Locke(1632~1704)가 창시하고 흄David Hume(1711~1776)이 이어받은 경험론과 데카르트Rene Descartes(1596~1650)가 주창하고 스피노자Baruch Spinoza(1632~1677)와 라이프니츠Gottfried W. Leibniz(1646~1716)가 발전시킨 합리론의 두 견해가 서로 겨루는 시기였다. 당시에 가장 절대적인 영향력을 끼친 인물이 있다. 임마누엘 칸트Immanuel Kant(1724~1804)이다. 그는 독일 근대 계몽주의를 정점에 올려놓았으며 관념철학의 기초를 놓은 철학자이다. 칸트는 오랜 기간의 무명 시절을 거쳐 1770년에 쾨니히스베르크(Königsberg, 현재 러시아의 칼리닌그라드) 대학의 철학교수가 되었다. 칸트는 그 후에도 10여 년간의 기나긴 침묵과 숙고 과정을 거치고 나서야 철학적 성찰의 결과를 다수 발표하기 시작하였다. 『순수이성비판』(1781년), 『실천이성비판』(1788년), 그리고 『판단력비판』(1790년)은 칸트 사상의 결정체였다. 칸트는 사람이 무엇을 할

칸트
https://en.wikipedia.org/wiki/Immanuel_Kant

수 있고, 무엇을 행해야만 하는지, 그리고 아름다움의 기준은 무엇인지를 제시하였다. 칸트는 경외심을 가지고 자연을, 존경심을 가지고 인간을 바라보았던 철학자였다. 그는 1804년, 80세의 나이로 세상을 떠났다. 칸트의 묘비에는 『실천이성비판』에 나오는 다음 구절이 적혀 있다. "생각하면 할수록 내 마음을 항상 놀라움과 경외심으로 채우는 것이 두 가지 있다. 그것은 내 위에 있는 별이 빛나는 하늘과 내 안에 있는 도덕률이다."

철학은 과학과 만날 수 있는가? 철학[Philosophy]이란 말은 소크라테스Socrates(c. 470~399BCE)가 처음 사용한 용어로서, 고대 그리스어로 '지혜를 사랑한다'는 뜻을 가진 용어이다. 과학[Science]은 자연 현상에 대한 관찰로부터 출발하는 실증적인 학문이다. 현대 과학은 철학과 만남으로써 과학적 방법에 대한 타당성을 재조명하고 과학기술에 대한 윤리적인 문제를 고찰할 수 있다. 철학은 과학뿐만 아니라 모든 학문과 만날 수 있다. 철학은 인간의 삶과 가치를 묻는다.

칸트와 시계

칸트는 1724년 프로이센의 상업도시 쾨니히스베르크에서 태어났다. 그는 요한 게오르그 칸트Johan G. Kant(1682~1746)와 안나 레기나Anna R. Reuter(1697~1737) 사이에서 9명의 자녀 중 넷째로 태어났다. 자녀 중 어른이 될 때까지 살아남은 사람은 단 4명뿐이었다. 칸트는 청교도적인 생활을 하는 부모의 영향을 받으며 자랐다. 어릴 때 그가 받은 교육은 수학과 과학보다는 라틴어와 종교 훈련을 중시하는 것이었다. 1740년 쾨니히스베르크 대학에 입학한 칸트는 철학, 논리학, 수학, 자연과학 등을 공부하였다. 1746년 대학을 졸업한 그는 아버지가 세상을 떠나자 9년간 가정교사 생활을 하면서 학자금과 생계 문제를 해결해야 했다. 서른한 살의 늦은 나이에 다시 대학으로 돌아와 박사 학위를 취득한 후에는 대학에서 논리학, 윤리학, 자연법, 자연신학, 지리, 물리학, 화학 등을 강의하며 홀로 철학을 사유하였다. 칸트는 46세가 되어서야 쾨니히스베르크 대학의 철학과 교수가 되었다. 1770년 철학교수 취임논문을 발표한 칸트는 10여 년 동안 단 한편의 논문도 발

인간을 항상 목적으로 대하라 - 칸트 -
https://en.wikipedia.org/wiki/Immanuel Kant

표하지 않았다. 1781년 기나긴 침묵 끝에 한 권의 책이 발표되었는데 바로 『순수이성비판』이었다. 칸트는 이 작품으로 이성주의와 경험주의의 충돌과 모순을 중재하고 나섰다. 철학계는 충격과 환희로 휩싸였다. 그는 『실천이성비판』(1788년), 『판단력비판』(1790년)을 잇달아 발표하면서 비판철학의 정수를 보여주었다. 독일의 사상가 헤르더Johann G. von Herder(1744~1803)는 스승 칸트에 대해서 다음과 같이 평하였다. "사고를 위한 이마는 침착한 유쾌함과 기쁨의 자리였다. 말에는 풍부한 사상이 넘쳐흘렀고 농담과 재치가 장기였다. 어떤 음모나 편견 그리고 명성에 대한 욕망도 진리를 빛나게 하는 것에서 그가 조금이라도 벗어나도록 유혹하지 못했다. [생략] 내가 최고의 감사와 존경을 다해 부르는 그의 이름은, 임마누엘 칸트이다."(출처: 위키피디아.) 칸트는 평생 동안 자신의 고향을 떠나지 않았다. 그의 일과는 시계처럼 완벽하였다고 전해진다. 새벽 5시가 되면 하인이 칸트를 깨웠다. 하루 일과는 정해진 스케줄에 따랐다. 산책은 칸트의 중요한 일과였다. 마을 사람들은 산책하는 칸트를 보고 시계를 맞출 정도였다. 딱 한 번 칸트가 흠모했던 루소Jean-Jacques Rousseau(1712~1778)의 『에밀』(Emile, 1762년)을 읽느라 산책 시간을 놓쳤다고! 루소로부터 인간의 본성을 존중하는 법을 배웠다고 고백했던 칸트. 그는 루소를 통해서 엘리트주의를 버리고 인간성에 대한 존경심으로 도덕적 평등주의자로 변신하였다. 칸트는 규칙적인 일상생활을 영위하면서 강의와 사유에 전념했다. 평생 독신으로 살며 커피와 담배를 즐겼던 그는 1804년 2월 12일 새벽 4시, 향년 80세로 생을 마감하였다. 칸트가 마지막으로 남긴 말은 "Es ist gut(좋다, It is good)."였다.

규칙적인 것에 대하여

어려서부터 약골이었던 칸트. 자신의 건강에 대해서 자신할 수 없었던 칸트가 80세까지 장수할 수 있었던 비결은 무엇이었을까? 이에 대한 해답은 칸트가 자신을 알고 스스로 건강을 지키기 위해 규칙적인 생활을 습관화했던 데서 찾을 수 있다. 모든 일은 정해진 시간표에 맞추었다. 칸트가 '철학자의 길'로 불리는 보리수 나무가 있는 작은 길을 걸어가면 이웃 사람들은 정확히 3시 반임을 알았을 정도였다고 전해진다. 그의 생애는 모든 규칙 동사 중 가장 규칙적인 동사와 같았다고 평하기도 한다.

칸트가 규칙적인 일상을 영위할 수 있었던 데에는 오랫동안 칸트를 보좌했던 하인 람페Martin Lampe(1734~1806)의 역할도 컸다. 칸트가 산책을 나갈 때 날씨가 흐리거나 비가 오면 람페가 우산을 옆에 끼고 그의 뒤를 따랐다고 한다. 칸트는 어려서 천재성이 드러난 철학자가 아니었다. 13살 때인 1737년에 어머니가 돌아가셨고, 22살 때인 1746년에는 아버지마저 세상을 떠났다. 오랜 기간의 무명 시절은 독서와 성실함으로 채워졌으며 46살이 되어서야 철학 교수가 되었다. 철학의 역사에서 가장 영향력이 있는 그의 저서 『순수이성비판』을 끝냈을 때, 그는 57세였다. 소박하고 겸손한 철학자는 느린 걸음으로 철학의 새로운 지평을 열었다. 칸트를 흠모하는 이는 "칸트의 일과 중에서 빼놓을 수 없었던 흡연마저 서양 사상의 거두에게 호의적이었다."고 썼다.

'한국인의 기대수명, 남녀 모두 세계 1위.' 이것은 한국인의 미래 모습이다. 영국의 의학저널 『랜싯』(The Lancet)에 의하면, 2030년에 태어나는 한국 여성의 기대수명은 90세를 넘어 세계 최고가 될 것이고 한국 남성의 기대 수명도 84세를 넘을 것이라 한다. 전문가들은 그 원인을 한국의 경제와 교육, 그리고 건강보험 등에서 찾고 있다. 100세 시대가 현실로 다가오고 있다. 건강한 100세 시대를 위한 준비물은 과연 무엇일까? 행복한 가정은 기본이며 경제적인 여유도 있어야 한다. 친구, 자원봉사, 평생 공부, 일 등이 있다면 성공한 인생이다. 그런데 빠진 것이 하나 있다. 바로 건강이다. 건강을 잃으면 모든 것을 잃는다. 건강이 재산이다. "우리의 몸은 정원이요, 우리의 의지는 정원사이다." 셰익스피어William Shakespeare(1564~1616)가 남긴 말이다. 정원에 쐐기풀을 심든, 상추씨를 뿌리든, 내버려 둬서 불모지로 만들든, 모든 건 의지에 달렸다고 그는 말한다. 건강은 규칙적인 신체활동에서 비롯된다. 적정 체중, 건강한 심신, 숙면 등은 규칙적인 활동에서 얻어지는 산물이다. 규칙적인 운동은 신체 내에서 많은 긍정적인 변화를 유도한다. 운동 기능이 향상되는 것은 기본이고, 고지혈증, 당뇨병 등을 유발하는 인슐린 저항성을 낮출 수 있다. 규칙적으로 걷기만 실천해도 몸과 마음이 건강해진다. 심장병의 위험을 낮추고 치매 예방에도 좋다. 맑은 날 실외에서 걷기만 해도 체내에서 비타민 D가 만들어진다. 골격 형성에 필요한 칼슘, 마그네슘 등의 흡수율이 증가하게 되는 것이다. 행복감을 만끽하는 것은 소중한 덤이다. 허약체질이었던 칸트가 80세까지 살 수 있었던 것은 규칙적인 생활 덕분이었다. 그는 정확하고 규칙적인 생활을 실천했다. 그의 산책이 오늘날까지 많은 사람들의 입에 오르내리는 것도 시계처럼 살다 간 칸트의 의지를 본받고 싶기 때문은 아닐까!

2
오벨리스크

오벨리스크 / 메르케트 / 클렙시드라 / 알 자자리의 시계 / 조선의 시계 / 원자시계

오벨리스크

이집트 남부에 있는 도시 룩소르Luxor는 세계 최대의 야외 박물관이라 불리는 곳으로서 고대 이집트의 정치 문화 중심지 테베Thebes가 있던 도시이다. 이곳에는 세티 1세Seti I, 하트셉수트Hatshepsut, 람세스 2세Ramesses II 등 여러 파라오들의 신전이 있다. 태양신을 모신 카르나크Karnak 신전과 룩소르 신전도 이 도시의 명성을 높이는데 그중에서 룩소르 신전은 고대 이집트의 신전 복합물로서 제18왕조의 아멘호테프 3세Amenhotep III(재위 c.1386~c.1349 BCE)가 테베의 3신神인 아몬 라Amon Ra, 그의 아내 무트Mut, 그리고 아들 콘수Khonsu를 위해 건설하였다. 신전 입구에는 오벨리스크라 부르는 거대한 기둥 하나가 우뚝 서서 이 사원을 지키고 있다. 화강암을 깎아 만든 높이 25미터의 이 오벨리스크는 파라오의 위업을 과시하기 위해 세워졌다. 오벨리스크는 4면을 가진 돌기둥으로 위로 올라갈수록 가늘어지는 구조를 하고 있으며 꼭대기는 피라미드 형태로 마무리되어 있다. 피라미드는 해마다 나일강이 범람하여 생기는 비옥한 대지 즉, 창조의 원시언덕을 형상화한 것이라고 한다. 태양신을 찬양하는 비문이 새겨져 있는 오벨리스크는 파라오들의 신전을 상징한다. 오벨리스크는 '쇠꼬챙이'라는 뜻을 가진 그리스어에서 유래한 말이다. 원래 이집트어로는 테켄(Tekhen, '보호' 또는 '방어'라는 의미)이라 불렸다. 초기의 오벨리스크는 '벤벤Benben'이라 불렸는데 이는 태양신 숭배의 전통과 관련이 있다. 오시리스Osiris는 하늘의

신인 호루스Horus의 아버지이다. 그는 누이 이시스Isis와 결혼했는데 동생 세트Seth에게 살해된 후 14조각으로 잘려 전국 각지에 버려졌다.

배에 실려 프랑스로 운반되고 있는 룩소르 오벨리스크
https://en.wikipedia.org/wiki/Luxor_Obelisk

이시스는 남편 오시리스의 시신 13조각을 찾아 수습하여 임신을 하고 호루스를 낳았으며 오시리스는 부활하여 사후 세계를 통치하는 신이 되었다. 오벨리스크는 이시스가 찾지 못한 오시리스의 남근을 상징한다고 한다. 고대 이집트의 오벨리스크는 침략자들에 의해 국외로 반출되는 운명을 맞게 되었다. 특히 오벨리스크에 지대한 관심을 가진 로마 제국의 황제들은 그것들을 자국으로 옮겨 곳곳에 세워 놓았다. 오늘날 태양과 부활을 상징하는 오벨리스크는 이집트와 이탈리아 이외에도 세계 곳곳에 세워져 있다. 미국 워싱턴 D.C.에 있는 워싱턴 기념탑(높이: 169미터)은 세계에서 가장 높은 오벨리스크이다. 바티칸 시티의 성 베드로 광장에도 4,000년 된 이집트의 오벨리스크가 우뚝 서있다. 프랑스 파리 콩코드 광장에 있는 오벨리스크는 룩소르 신전에 있던 한 쌍 중 하나를 옮겨다 세운 것이다. 19세기 중에 파리, 런던, 뉴욕에 세운 고대 이집트의 오벨리스크는 '클레오파트라의 바늘'이라고 부르며 런던과 뉴욕에 있는 것은 한 쌍이다.

호루스, 오시리스, 그리고 이시스 (왼쪽부터)
https://en.wikipedia.org/wiki/Osiris_myth

메르케트

고대 이집트인들은 시간을 재기 위한 도구로 해시계[Sundial]와 그림자 시계[Shadow clock]를 발명하였다. 기원전 3500년경에 만들어진 노몬Gnomon은 기둥을 땅에 세우고 그림자 길이를 측정하여 시간을 재는 시계였다. 기원전 1500년경에 만들어진 시계가 왕가의 계곡에서 발견되었는데 이것은 낮 시간을 12등분 하여 업무 시간을 측정하는 데 쓰던 해시계였다. 고대 이집트의 오벨리스크는 태양신의 상징이자 왕권의 상징이기도 하지만 태양의 위치에 따라 변하는 그림자의 위치에 기초하여 시간을 재는 시계이기도 했다. 해시계의 단점은 흐린 날이나 밤에는 시간을 잴 수 없다는 것이다. 그래서 고대 이집트인들은 기원전 600년경에 밤에도 별을 이용하여 시간을 잴 수 있는 별시계 메르케트Merkhet를 발명하였다. 이 시계는 북극성을 기준으로 하고 밤하늘에 보이는 36개의 데칸(36 Decans, 작은 별자리, 황도 12궁 각각에 3개의 데칸이 있음)을 이용하여 시간을 측정하였다. 그들은 클렙시드라와 메르케트 이외에도 바이Bay라는 도구를 사용하여 별들의 움직임을 읽고 시간을 정확하게 측정하였다. 에드푸Edfu 신전의 시간 책임자인 콘시르디스Khonsirdis의 아들 베스Bes가 사용한 메르케트와 호르Hor가 사용했던 바이가 유명하다.

클렙시드라

야이라이안Ross Yaylaian은 리스트버스(listverse.com)에 기고한 글에서 고대인들이 발명한 독창적인 시계 10선을 발표하였다. 구르는 공 시계[Rolling ball clock]는 지그재그 트랙에 구르는 공을 올려놓고 시간을 측정하는 시계이다. 초시계[Candle clock]는 초가 타면서 줄어드는 초의 길이를 바탕으로 시간을 잰다. 향시계[Incense clock]는 6세기 중국에서 유래하였는데, 향을 피워두고 타 들어간 길이를 재어 시간을 측정하는 시계이다. 클렙시드라Clepsydra는 물을 담은 용기 바닥에 구멍을 뚫은 다음에 아래로 떨어지는 물을 받아 채워진 물의 높이로부터 시간을 재는 물시계[Water clock]이다. 클렙시드라 중 가장 오래된 시계의 하나

클렙시드라(Reloj de agua de la Antigua Persia)
https://es.wikipedia.org/wiki/Clepsidra

는 바빌론과 고대 이집트의 것이다. 이것은 기원전 16세기로 거슬러 올라간다. 기원전 2600년경에 건설되었던 인더스 문명의 고대도시 모헨조다로에서 출토된 유물에 의하면, 인도에서는 기원전 2800년에 물시계를 사용하였다. 그런데 중국의 경우 이보다 훨씬 전인 기원전 4000년에 물시계를 사용하였다는 고고학적 증거가 있다. 유명한 클렙시드라로는 기원전 1400년 아멘호테프 3세 시대에 만들어진 카르나크Karnak 신전의 클렙시드라가 있다. 클렙시드라에는 행성 신들과 36개의 데칸 별들이 묘사되어 있어서 시각을 알 수 있도록 고안되었다.

알 자자리의 시계

중세 시대에 발명된 흥미로운 물시계도 있다. 코끼리 시계[Elephant clock]라고 불리는 물시계는 알 자자리Al-Jazari(1136~1206)가 1206년에 기계 공학의 원리를 이용하여 발명한 독특한 모양의 시계이다. 이 시계는 그의 저서 『독창적인 기계장치의 지식에 대한 책』(The Book of Knowledge of Ingenious Mechanical Devices)에 자세히 묘사되어 있다.

메르케트Merkhet, 자동기계 시계[Automaton Clock], 오벨리스크Obelisk, 수은 시계[Mercury Clock], 그리고 천문 시계[Astronomical Clock]도 소개되었다. 자동기계 시계는 시간마다 종이 울리는 괘종시계로서 기원전 1세기부터 제작되었다. 역사상 최초의 것은 고대 로마의 기술자 비트루비우스Vitruvius가 만든 시계인데 이것은 징 또는 트럼펫으로 작동하는 자명종이다. 뻐꾸기시계가 유명하지만 할아버지, 천사, 성인, 왕족, 동물 등 다양한 모습이 등장하는 시계들도 있다. 물시계는 추운 겨울철에는 사용할 수 없다. 이러한 문제점을 해결하기 위해 만든 시계가 있는데 이것은 중국 송나라 때의 기술자 장시훈張思訓이 고안한 수은시계이다. 수은은 상온에서 액체인 유일한 금속으로서, 섭씨 영하 39도 이하가

알 자자리의 천문 시계
https://en.wikipedia.org/wiki/Ismail_al-Jazari

되어야 고체로 변하는 물질이다. 가장 주목할 만한 천문 시계는 시간을 측정할 수 있을 뿐만 아니라 천체의 정보까지 얻을 수 있도록 설계된 정교한 시계로 이슬람의 학자이자 발명가, 그리고 엔지니어였던 알 자자리가 디자인한 천문 시계이다. 성 모양의 이 시계는 높이가 3미터나 되며 태양과 달의 궤도를 추적하고 황도 12궁을 보여준다. 이뿐만 아니라 계절의 변화를 보여주기 위해서 하루의 길이를 프로그램으로 다시 짤 수 있도록 고안되었기 때문에 프로그래밍이 가능한 최초의 컴퓨터로 평가받고 있다. 알 자자리는 1206년 그의 저서에서 천문 시계, 코끼리 시계, 로봇 등 100종의 다양한 장치를 묘사하였다.

조선의 시계

세종(조선의 제4대 왕, 재위 1418~1450) 때에 만들어진 것 중에서 역사적 의미가 큰 것은 무엇일까? 우선 1446년에 세종대왕이 반포한 훈민정음訓民正音을 빼놓을 수 없다. 읽고 쓰지 못하는 백성을 위해 왕이 글자를 만들었다. '백성을 가르치는 바른 소리'는 공식적인 나라 글자가 되었다. 「세계에서 가장 합리적인 문자」(the world's most rational alphabet, 『디스커버리』, 1994년 6월호)는 오늘날 한류 붐을 이끄는 주역이 되었다.

백성들을 사랑하고 아낀 세종의 또 다른 치적은 무엇일까? 그것은 조선을 시계 왕국으로 만든 것이다. 세종은 수도인 한양을 기준으로 하는 독자적인 시간 체제를 만들고자 하였다. 이에 노비 출신의 천재 과학자 장영실蔣英實(1390?~1450?) 등에게 명하여 새로운 시계를 만들도록 하였는데 이렇게 하여 탄생한 것이 바로 해시계인 '앙부일구仰釜日晷'와 물시계인 '자격루自擊漏'이다. 1434년에 만들어진 앙부일구는 '하늘을 쳐다보는 솥 모양의 오목한 해시계'란 뜻이다(서울 역사박물관 자료). 반구형의 오목한 시반時盤에 그려진 세로 선과

가로 선을 참조하여 시각과 절기를 측정하였다. 보물 제845호로 지정되어 있다.

흐리거나 비가 와서 해가 보이지 않는 날에는 시간을 어떻게 측정했을까? 조선은 '스스로 울리는 시계'인 자격루(국보 제229호)를 가지고 있었다. 앙부일구와 같은 해에 만들어진 자격루는 자동으로 시간을 알려주는 물시계이다. 장영실 등은 세종의 명에 따라 정해진 시간에 종과 북, 그리고 징이 울리는 자동 시보 장치를 갖춘 물시계를 제작하였다. 15세기 세종 시대의 조선은 세계 최고 수준의 과학기술 국가였다. 독자적인 문자와 표준시를 갖게 된 조선은 역법과 농업 등에서 비약적인 발전을 이루었고 백성의 삶도 변화하였다.

한편, 15세기 조선의 천문의기天文儀器와 시계 제작 기술은 17세기 첨단 천문 시계인 혼천의渾天儀의 탄생으로 이어졌다. 혼천의는 천체의 운행과 그 위치를 측정할 수 있는 천문기구이다. 송이영宋以穎(1619~1692)은 1657년 세계 최초로 진자 장치를 개발한 네덜란드의 호이겐스C. Huygens(1629~1695)의 기술을 기존의 혼천의 제작 기술과 접목하여 독창적이면서 보다 정확하고 정밀한 천문 시계를 제작하였다. 1669년의 일이다.

앙부일구
https://ko.wikipedia.org/wiki/%EC%95%99%EB%B6%80%EC%9D%BC%EA%B5%AC

자격루
https://ko.wikipedia.org/wiki/자격루

원자시계

2017년 스매싱리스트(smashinglists.com)에 실린 멋진 시계 톱 10을 만나 보자. 여기에는 위에서 언급한 오벨리스크, 클렙시드라, 초시계, 향 시계, 천문 시계 외에도 다른 형태의 흥미로운 시계들이 소개되고 있다. 굴대 탈진기[Verge escapement] 시계는 철편이 톱니바퀴에 물리는 방식으로 작동하는 시계이다. 수정 시계[Quartz clock]는 수정 진동자의 초당 진동수를 기준으로 시간을 측정하는 시계인데 1921년에 처음 개발되었고 1960년대에 집적회로가 개발되면서 대량생산되기 시작하였다. 수정 시계는 구조가 간단하고 제작 단가가 저렴하며 외부 충격에 강하고 고장이 거의 없어서 오랫동안 인기를 누렸다.

시계의 정밀도에서 혁신적인 진보를 이룬 것이 있다. 바로 원자시계[Atomic clock]이다. 원자는 바닥상태[Ground state]와 들뜬상태[Excited state]를 반복하고 있는데, 외부의 영향이 없다면 이 주기는 고유한 값을 갖는다. 이처럼 원자의 진동주기가 일정함을 이용하여 만든 시계가 바로 원자시계다. 세슘[$_{55}$Cs] 원자시계는 국제표준으로 사용되고 있는데, 원자의 진동을 레이저 빔으로 안정화시켜 진폭의 길이를 짧게 해 정확성을 높였다. 세계 표준에서 정한 1초란 세슘 원자가 흡수하는 전자기파가 91억 9263만 1770번 진동할 때 걸리는 시간이다. 루비듐[$_{37}$Rb] 원자시계는 초정밀 측정에 많이 활용되며 정밀도를 더 높인 스트론튬[$_{38}$Sr] 원자시계도 개발되었다. 최근에는 이터븀[$_{70}$Yb] 이온을 이용한 원자시계가 개발되었는데 이 시계는 3억 년에 1초의 오차를 내는 세슘 원자시계를 뛰어넘어 수십억 년에 단 1초의 오차를 가진다. 원자시계는 GPS 내비게이션의 데이터 송신 등 초정밀도를 요하는 분야에서 사용되고 있고 미국, 중국, 영국, 독일, 일본, 인도 등 세계 여러 나라에 설치되어 있다. 우리나라에도 한국표준과학연구원이 독자 개발한 세슘 원자시계인 크리스-1(KRISS-1, Atomic Beam Frequency Standard)이 있다.

한편, 세계 여러 나라에 있는 원자시계를 동기화시키는 것이 생각만큼 쉬운 작업이 아닌데 2014년에 양자역학[Quantum mechanics]을 이용하면 기존의 단일 원자시계보다 정확한 시계를 구현할 수 있다는 사실이 학술지 『네이처 물리학』(Nature Physics)에 발표된 바 있다. 또한, 2016년에는 원자시계보다 100배 정확한 핵시계에 대한 연구결과가 물리학 리뷰지에 발표되었다. 연구자들은 중성자를 사용하면 원자시계보다 더 정밀한 차세대 시스템을 개발할 수 있을 것이라고 제안하였다.

원자시계
https://en.wikipedia.org/wiki/Atomic_clock

3
암석 속의 시계

공룡 / 대멸종의 단서 / 잃어버린 고리 / 루시 / 사라진 베이징 원인原人 / 방사성 원소 시계 / 분자시계

공룡

중앙아메리카 코스타리카의 한 섬에 세워진 공룡恐龍 테마 파크에 초대된 사람들. 그런데 복제한 공룡들이 우리를 탈출하여 섬을 활보하는 상황이 벌어졌다. 무시무시한 육식공룡인 티라노사우르스[Tyrannosaurus rex]까지 있다니! 말만 들어도 오싹한 이 스토리는 1993년 스필버그Steven Spielberg 감독이 만든 영화 〈쥬라기 공원〉(Jurassic Park)에 나오는 내용이다. 그 이후로도 공룡은 〈잃어버린 세계: 쥬라기 공원 2〉(The Lost World: Jurrascic Park, 1997), 〈쥬라기 공원 3〉(Jurassic Park III, 2001), 〈쥬라기 월드〉(Jurassic World, 2015)로 부활하였고, 2018년 6월에는 속편 〈쥬라기 월드: 폴른 킹덤〉(Jurassic World: Fallen Kingdom)이 전 세계 최초로 한국에서 개봉되었다. 공룡은 픽션 또는 논픽션의 형태로 수많은 책의 주인공으로 등장하였다.

쥬라기[Jurassic period]는 2억 년 전부터 1억 4500만 년 전까지 지속된 지질 시대이다. 중생대의 쥬라기가 되면서 초대륙超大陸 팡게아Pangaea가 남북으로 갈라졌다. 습하고 아열대성 기후로 바뀐 지구는 초목이 무성해지고 수많은 생명들로 넘쳐났다. 초식성 공룡인 검룡(劍龍, Stegosaurus)과 브라키오사우루스Brachiosaurs, 육식 공룡인 알로사우루스Allosaurs, 익룡翼龍인 람포링쿠스Rhamphorincus들도 생겨났다.

최고 기록을 가진 공룡들을 소개한다. 가장 오래된 공룡의 화석은 탄자니아의 니아사

Nyasa 호수에서 발견된 니아사사우루스[Nyasasaurus parringtoni]이다. 몸길이가 2내지 3미터 정도인 이 공룡은 2억 4000만 년 전~2억 4500만 년 전에 살았던 것으로 추정된다. 몸집이 가장 큰 공룡은 2007년 6월에 발견된 브라키오사우르스[Brachiosaurus brancai]이다. 쥬라기 말기에서 백악기 초기까지 살았으며 키가 13미터나 되었고 목이 길며 앞발이 뒷발보다 길었다. 몸집이 가장 무거운 공룡은 아르헨티나의 파타고니아에서 발견된 드레드노투스 슈라니Dreadnoughtus schrani이다. 라코바라Kenneth Lacovara가 발견한 이 공룡은 코끼리 12마리보다 무거운 몸집을 가지고 있었다고 한다. 몸길이가 26미터에 달했고 체중이 38톤이나 되었던 지구 역사상 가장 거대한 이 공룡의 이름은 20세기 초 영국 전함 이름에서 따왔으며 백악기 후기(8400만 년 전~6600만 년 전)에 살았다. 가장 작은 공룡은 쥬라기 후기(1억 5900만 년 전~1억 4400만 년 전)에 살았던 콤프소그나투스Compsognathus이다. 길이가 1미터 미만이고 체중이 2.5킬로그램 정도였던 육식성 공룡이었다.

중생대에 번성했던 공룡

중생대에 번성했던 공룡은 다양한 형태의 화석으로 발견된다(좌상부터 시계방향으로).
마이크로랩터(Microraptor gui): 날개를 가지고 있다.
아파토사우루스(Apatosaurus louisae): 거대한 몸집을 가지고 있다

에드몬토사우루스(Edmontosaurus regalis): 오리의 부리 모양을 하고 있다
트리케라톱스(Triceratops horridus): 뿔을 가지고 있다.
스테고사우루스(Stegosaurus stenops): 골침과 골판을 가지고 있다.
피나코사우루스(Pinacosaurus grangeri): 갑옷과 꼬리 곤봉을 가지고 있다.

https://en.wikipedia.org/wiki/Dinosaur

대멸종의 단서

공룡은 삼첩기 후기에 지구상에 출현하여 중생대의 쥬라기와 백악기에 번성했던 파충류이다. 무려 2억 년 이상 지구를 지배했던 공룡은 백악기 말에 갑자기 지구상에서 사라졌다. 6,600만 년 전 지구에는 무슨 일이 일어났던 것일까? 과학자들은 공룡의 멸종 원인을 설명하기 위해서 기후 변화, 운석 충돌, 화산 활동, 생존 경쟁 등을 동원하여 다양한 이론을 제시하고 있다. 그중에서 가장 흥미로운 것은 운석 충돌에 관한 이론이다. 멕시코 유카탄 반도 칙술룹 분화구[Chicxulub crater]에서 수백 미터의 암석을 파내려 간 과학자들은 공룡 멸종을 이끈 소행성 충돌의 흔적을 찾아냈다. 핵무기 수백만 개의 위력을 지닌 소행성 충돌로 전 세계의 하늘은 어두워졌고 화산 폭발도 상황을 악화시켰다. 분출된 화산재는 바다를 산성화시켜 날개 달린 공룡[새]을 뺀 생물 종의 4분의 3이 멸종했다.

1978년에 미국의 루이스 알바레즈Lewis W. Alvarez(1911~1988)와 그의 아들 월터 알바레즈Walter Alvarez는 이탈리아에서 이리듐[$_{77}$Ir]이 풍부한 지층을 발견하였다. 그 지층은 백악기 말 6,500만 년 전 공룡의 대멸종이 있었던 지층이었다. 이리듐은 소행성에서 흔한 원소이다. 이를 토대로 그들은 소행성 충돌이 공룡의 멸종을 가져왔다는 이론을 발표하였다. 1982년 미국 시카고 대학교의 고생물학자 셉코스키Jack Sepkoski와 룹David M. Laup은 '지구에서 일어난 멸종 사건'에 관한 논문을 발표하였다. 또한 바르딘Charles G. Bardeen 등의 과학자들은 당시 지름이 10킬로미터에 달하는 소행성이 지구와 충돌한 후의 기후 격변

상황을 복원하고, 2017년 8월 『미국 국립과학원회보』(PNAS, 114(36), E7415~E7424)에 게재하였다.

그들은 전 세계 퇴적층에 남아 있는 대화재의 흔적인 검댕에 주목했다. 운석이 충돌하면서 발생한 열로 인해 암석과 물이 증기가 되어 하늘로 솟구쳤다. 지구 전역에 대화재가 발생하였고 냉각되어 작은 알갱이로 굳어진 150억 톤의 검댕이 지구를 덮었다. 검댕이 햇빛을 가리자 식물성 플랑크톤은 광합성을 중지하였고 기온이 급강하하였다. 한편 대기 상층부의 온도가 급상승하면서 오존층이 파괴되었고 자외선이 지표면까지 침투하였다.

지구상에는 4억 4천만 년 전 고생대 오르도비스기 말에 있었던 1차 대멸종을 시작으로 다섯 번의 대멸종 사건이 있었다. 공룡은 5차 대멸종 사건으로 사라졌다. 현재 6번째 대멸종이 진행 중이라는 이야기가 나오고 있다. 인간의 활동이 멸종 속도를 가속화시키고 있다고!

잃어버린 고리

고생대의 데본기(약 4억 1천 9백만 년 전~3억 5천 9백만 년 전) 말에 일어난 중요한 사건이 하나 있다. 물고기에서 육상동물로의 진화가 급격하게 일어난 것이다. 데본기는 어류의 시대였다. 어류가 번성하면 생존경쟁이 치열해지는 것은 피할 수 없는 일이다. 또한, 가뭄이 들거나 수중 환경이 생존에 불리하면 다른 곳으로 이동해야 하는데 이는 지느러미가 다리로 진화해야 하는 이유이다. 물고기가 육지로 올라왔다? 이러한 진화 과정을 설명하기 위해서는 증거가 필요했다.

2006년 7월, 이에 대한 결정적 증거가 될 수 있는 화석이 발견되었다. 그것은 발 달린 물고기의 화석이었다. 미국 시카고 대학교의 슈빈Neil H. Shubin 팀이 수차례의 탐사 끝에 캐나다 북부 엘스미어 섬에 있는 후기 데본기 퇴적층에서 얻은 성과였다. 연구자들은 이 발 달린 물고기를 '틱타알릭Tiktaalik'이라고 명명하였다. 약 3억 7천5백만 년 전에 살았던 틱타알릭은 다리가 넷인 사지四肢동물과 흡사하였다. 틱타알릭의 발견은 어류에서 양서류로 진화하는 과정에서 누락되었던 '잃어버린 고리'를 발견한 것을 의미한다. 이누이트어로 '커다란 물고기'라는 뜻을 가진 틱타알릭은 어류와 양서류의 중간적 특징을 잘 보여준다. "두 종간의 경계는 과연 존재하는가?"라고 말하는 슈빈은 2008년 발행한 그의 저서 『내 안의 물고기』(번역: 김명남, 출판사: 김영사(2009년), 원제: Your Inner Fish)에서 화석탐사 과정을 자세히 기술하고 있다. 네 발 달린 동물로 이어지는 과정에서의 잃어버린 고리가 틱타알릭인 것처럼 척추동물과 포유동물의 진화 과정을 전개하는 데 있어서 중요한 잃어버린 고리로 알려진 피카이아Pikaia와 메가조스트로돈Megazostrodon도 발견되었다.

인간 진화의 역사에서 하나의 수수께끼가 있었다. 그것은 300만 년 전까지 번성했던 오스트랄로피테쿠스Australopithecus와 240만 년~250만 년 전에 등장했던 호모 하빌리스Homo habilis 사이에 존재하던 50만 년의 빈 공간이었다. 전자는 원숭이에서 진화해 두 발로 걸었어도 원숭이에 가까운 종족인 반면에 후자는 턱뼈가 작고 뇌가 큰 최초의 인류 직계이다. 그런데 미국의 연구진이 에티오피아에서 이 공간을 메워줄 인류 진화의 잃어버린 고리를 찾아냈다. 280만 년 전의 것으로 보이는 턱뼈와 치아 화석이 발견되었는데, 두 종의 진화 과정 중간 단계로 밝혀졌다고!

루시

아프리카 북동부에 있는 에티오피아에는 아주 특별한 곳이 있다. 아파르 삼각지대의 아와시 계곡에 위치한 하다르Hadar이다. 1974년에 고인류학자 요한슨Donald Johanson과 공동 연구자들은 이곳에서 오래된 화석을 발견했다. 놀랍게도 그것은 약 320만 년 전에 살았던 인류(사람 속, genus Homo)의 조상이었다. 오스트랄로피테쿠스 아파렌시스Australopithecus afarensis는 이렇게 우리 앞에 모습을 드러냈다. 연구자들은 이 역사적인 발견을 축하하기 위해서 비틀즈의 노래 〈Lucy in the Sky with Diamond〉(1967년)를 불렀다. 그리고 그녀에게 루시Lucy라는 이름을 붙였다. 루시는 송곳니와 어금니가 작은 것으로 보아 직접 사냥을 하지는 않았을 것이다. 뇌는 380내지 430입방 센티미터로 비교적 작고 턱이 앞으로 튀어나온 모양을 하고 있다. 루시는 직립보행을 했을 뿐만 아니라 나무도 잘 탔다.

인류학자 카펠만John Kappelman은 2016년 과학저널 『네이처』(Nature)에 루시의 사망 원인이 추락에 따른 뼈 골절과 장기손상으로 추정된다고 발표하였다. 그는 컴퓨터 단층촬영[CT]을 통해 뼈에 금이 간 것을 확인하였고 12미터 되는 높이에서 시속 55킬로미터의 속도로 떨어졌을 것으로 추정했다. 루시의 부러진 뼈가 자연 치유된 흔적이 없는 것으로 보아 추락 직후 사망했을 것으로 추정하였다. 루시는 초등학교 2학년 정도의 신장과 몸무게를 하고 있었다. 맹수 같은 천적으로부터 자신을 보호하기 위해서는 나무에서 지내는 시간이 많았을 것이다.

사라진 베이징 원인原人

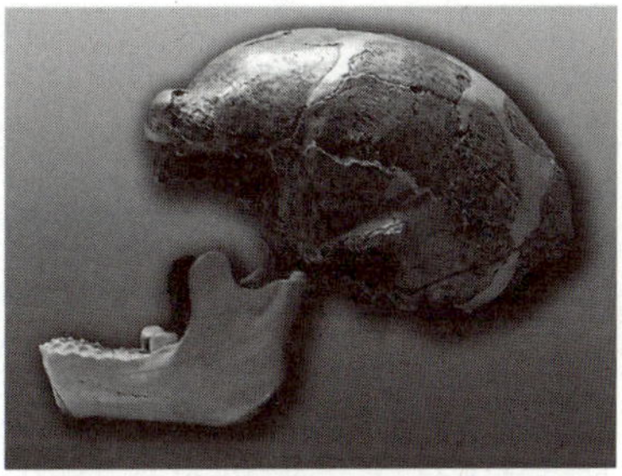

1929년 주구점에서 발견된 베이징 원인의 두개골(행방불명)
https://en.wikipedia.org/wiki/Peking_Man

현생인류의 조상을 찾아 나선 고인류학자 네덜란드의 뒤부아Eugene Dubois(1858~1940)는 인도네시아의 수마트라섬에서 화석을 찾다가 1890년에 자바섬으로 이동했다. 1891년 8월에 트리닐에 있는 솔로 강을 따라 탐사를 시작한 그는 두 달 만에 치아, 두개모, 그리고 대퇴골을 발견하는 개가를 이루었다. 그는 원숭이와 인간 사이의 잃어버린 고리를 연결해 준다는 의미에서 이 화석을 피테칸트로푸스 에렉투스Pithecanthropus erectus라고 명명하였다. 오늘날 자바원인[Java man]으로 알려진 화석이다. 두 발로 직립보행을 하였고 홍적세에 살았던 자바원인은 호모 에렉투스에 속하며 뇌의 크기가 900~1000입방 센티미터로서 호모 사피엔스에 가깝다. 적어도 50만 년 전에 자바섬에서 살았을 것으로 추정된다. 1921년의 어느 날, 오스트리아의 고생물학자였던 즈단스키Otto Zdansky(1894~1988)는 중국 베이징 근처의 저우커우뎬(周口店, 주구점) 용골산의 삼림에서 유적 발굴 작업을 하던 중에 이빨 한 개를 발견하였다. 이 발견의 중요성을 간과하였던 그는 3년이 지난 후에서야 그 화석이 인간의 치아라는 사실을 알아차렸다. 발굴 책임자였던 스웨덴의 안데르손John Gunnar Andersson(1874~1960)의 발표는 학계를 놀라게 했다. 베이징 원인[Homo Erectus Pekinensis]은 이렇게 해서 세상에 알려졌으며 1987년에 UNESCO 세계유산으로 등재되었다.

방사성 원소 시계

터키 아나톨리아Anatolia지역에서 선사 시대의 거대한 유적이 발견되었다. 바로 기원전 1만 년 전에 세워진 인류 최초의 신전 괴베클리 테페Gobekli Tepe이다. 이 유적이 인류 4대 문명보다 훨씬 이전에 만들어졌다는 것을 어떻게 알 수 있었을까? 단양丹陽 금굴金窟에서는 구석기 시대의 유적이 발견되었다. 충청북도 기념물 제102호로 지정된 이 유적은 한반도에서 발견된 구석기 시대 유적 중 가장 오래된 것으로서 70만 년 전의 것임이 밝혀졌다. 오래된 유물의 연대를 어떻게 알아낼 수 있을까? 한 가지 방법은 원래 묻혀있던 지층들을 서로 비교하는 것이다. 또 다른 방법은 방사성 동위원소[Radioactive isotope]를 이용하는 것이다. 널리 사용하는 방사성 동위원소로는 탄소-14(Carbon-14, ^{14}C)가 있다. 탄소-14는 대기 상층부에서 질소-14가 중성자와 핵반응을 하여 생성되는 방사성 원소이다. 대기 상층부에서 우주선이 질소 분자[N_2]를 때리면 탄소-14를 포함하고 있는 이산화탄소[CO_2]를 형성한다. 녹색식물은 이산화탄소를 흡수하므로 탄소-14를 포함하고 있는 분자를 끊임없이 식물 체내로 끌어들인다. 식물이 죽게 되면 탄소-14의 유입이 중지되며 이 시점부터 죽은 식물체 내에 있는 탄소-14의 양이 줄어든다. 탄소-14의 반감기는 약 5,730년이다. 따라서 5,730년 후에는 그 양이 절반으로 줄어든다. 다시 5,730년 후에는 줄어든 양의 절반으로 줄어든다. 탄소-14 연대측정법의 측정한계는 약 7만 년이다. 나무, 숯, 토탄, 또는 뼈와 같이 탄소-14를 포함하고 있는 유물은 이 방법을 이용하여 나이를 측정할 수 있다. 또한 우라늄-납[U-Pb], 칼륨-아르곤[K-Ar], 루비듐-스트론튬[Rb-Sr], 우라늄-토륨[U-Th] 연대 측정법 등도 방사성 원소를 이용하는 방법으로 알려져 있다.

연대를 측정하는 가장 기본적인 개념은 지층의 연속성을 파악하고 방사성 동위원소를 사용하여 각 층들을 분석하는 것이다. 표준화석을 이용할 수도 있다. 해양 절지동물인 삼엽충三葉蟲이 발견되면 고생대의 지층, 연체동물인 암모나이트Ammonite가 발견되면 중생대의 지층이라고 볼 수 있다. 미국의 지구화학자 패터슨Clair C. Patterson(1922~1995)은 지구의 나이를 계산했는데 그는 운석이 태양계가 형성된 후에 남은 찌꺼기이므로 운석의 나이를 측정하면 지구의 나이를 알 수 있다고 생각하였다. 그는 캐년 디아블로 운석[Canyon Diablo meteorite]에 포함된 납 동위원소를 이용할 수 있다는 사실을 발견하였다. 패터슨이 발표한 지구의 나이는 45억 5천만 년이었으며 현재 알려진 지구의 나이는 45억 4천만 년이다.

방사성 탄소 연대 측정법

방사성 동위원소인 C-14의 조성비를 측정하여 한때 살았던 생명체(유기물)의 나이를 측정하는 방법이다. 1949년 미국의 화학자 리비(Willard Libby, 1908~1980)가 처음으로 개발하였다. 그는 고대 이집트 유물의 연대를 측정하였고, 이 공로로 1960년 노벨화학상을 수상하였다.

https://simple.wikipedia.org/wiki/Radiocarbon_dating

분자시계

2015년 대한민국을 공포로 몰아넣었던 괴물이 있었다. 바로 메르스(MERS, 중동 호흡기 증후군)이다. 중동에서 주로 발생하던 메르스가 우리나라에 들어와 빠르게 전파되어 전국을 공포로 몰아넣었다. 그 메르스를 발생시키는 것은 코로나 바이러스Coronavirus이다. 그런데 이 RNA 바이러스보다 더 무서운 게 있다. 수시로 출현하여 조류, 돼지 등에게도 감염시킬 뿐만 아니라 인간의 목숨도 위협하는 인플루엔자 바이러스[Flu viruses]이다.

바이러스에는 특별한 시계가 있다? 2013년 영국 BBC에 따르면 인플루엔자 바이러스에는 분자시계[Molecular clock]가 있는데, 이 시계가 증식하여 다른 세포를 공격하고 전파하는 타이밍을 정한다. 네이버(naver.com) 지식백과에 따르면, 분자시계란 유전자[DNA] 또는 단백질 등의 분자 속에 있는 특정 부분이 생물의 진화 과정 중에 계속해서 변화하는 것을 말한다. 이런 이유로 분자시계를 분자진화시계라고도 한다. 분자를 시계로 사용하는 원리는 대부분의 분자들이 규칙적인 속도로 변화한다는 사실에 기초한다. 서로 다른 생물 사이에서 그 변화의 차이를 조사하면 생물 사이의 유연관계나 그들이 갈라진 정확한 연대를 측정할 수 있는 것이다.

분자시계의 개념을 도입하면 유전자를 기준으로 하여 한 계통을 분류할 수 있다. 케냐의 나이로비에서 출생한 영국의 진화생물학자 도킨스Clinton Richard Dawkins는 그의 저서『이기적 유전자』(The Selfish Gene, 1976년 발행)에서 진화의 주체는 유전자이며 인간은 유전자 보존을 위해 프로그램된 기계에 불과하다고 하였다. "우리는 생존 기계, 즉, 유전자라고 알려진 이기적인 분자를 보존하기 위해 맹목적으로 프로그램된 로봇 운반자이다. 이것은 여전히 나를 놀라게 만드는 진리이다." 그는 그의 저서『지상 최대의 쇼』(The Greatest Show on Earth: The Evidence for Evolution, 2009년)에서 유전자를 분자시계에 연결하였다. 도킨스에 따르면, 분자시계를 사용해서 과거로 거슬러 올라가다 보면 모든 동물의 공통조상을 만날 수 있다.

분자시계

둘 이상의 생명체가 갈라진 시간을 추론하기 위하여 생체 분자의 돌연변이 속도를 사용하는 기술이다.
일반적으로 핵산의 뉴클레오타이드 서열 혹은 단백질의 아미노산 서열을 이용하여 계산한다.
유전자 시계 또는 진화 시계라고도 부른다.
분자 계통학에서 사용되는 중요한 도구이다.
최초의 분자시계는 1962년에 동물의 헤모글로빈 단백질 변이체를 대상으로 시험되었다.

https://en.wikipedia.org/wiki/Molecular_clock

4
거꾸로 가는 시간

시간여행 / 도플갱어 / 천사와 악마 / 시간의 화살 / 마음의 시간여행

시간여행

"바쁜 꿀벌은 슬퍼할 겨를이 없다." 영국의 시인이자 화가였던 블레이크William Blake(1757~1827)가 남긴 말이다. 누구나 살다 보면 슬플 때가 있다. 그 슬픔의 무게가 너무 커서 감당하지 못할 때도 있다. 그는 그럴 시간이 있으면 바쁘게 생활하라고 주문한다. 슬픔을 잊고 바쁘게 사는 것이 새로운 자신을 찾는 길이라고 말한다. 시간 관리의 중요성에 대해서는 수많은 사람들이 다양한 방식으로 각자의 생각을 남겼다. "목표에 도달하고 싶다면 하루하루 최선을 다하라(괴테)." "가장 바쁜 사람이 가장 많은 시간을 가진다(알렉산드리아 피네)." "시간을 벌고 싶다면 매일매일이 마지막 날이라고 생각하라(호라티우스)." "시간 낭비는 인생 최대의 실수이다(빌 게이츠)." 잠시 한눈을 팔고 있는 중에 이런 말을 듣게 되면, 대부분의 사람들은 자신의 게으름을 반성하며 부지런한 꿀벌 모드로 돌아간다. "시간은 쏜 살 같다."는 말이 있다. 시간은 돈이다. 아까운 인생을 낭비하지 말아야 하겠다. 그래서 다들 바쁘다. 그러나 다른 한편으로 밀려오는 질문들이 있다. 꿀벌은 정말 행복할까? 시간은 우리에게 무엇인가?

볼품없는 외모를 가진 소녀 모모Momo에게는 특별한 능력이 하나 있었다. 그것은 남의 말을 들어주는 것이었다. 시간이 많은 모모 주위에는 친구들이 많았다. 어느 날 갑자기 회색신사들[Grey Gentlemen]이 나타나면서 상황은 반전된다. 시간의 중요성을 인식하게 된

사람들이 하나씩 그 소녀 주위를 떠나기 시작한 것이다. 그러자 도시는 따뜻함이 사라지고 차갑고 삭막함으로 가득한 회색도시로 변하였다. 모모는 회색신사들이 사람들에게서 훔쳐간 시간을 어떻게 찾아주었을까? 독일의 엔데Michael Ende(1929~1995)는 돈과 시간의 노예로 살아가고 있는 현대인에게 소설『모모』를 통해서 진정한 삶, 행복을 느끼며 살 수 있는 길을 안내해주고 있다. 2002년 현대 철학자인 로이Loy와 굿휴Goodhew는 1973년에 출간된 이 소설에 대해서 "시간이 지나면서(시간 도둑의) 악몽이 현실이 되고 있다."며『모모』를 20세기의 가장 중요한 소설 중의 하나로 선정하였다.

맥플라이Marty McFly는 로큰롤과 스케이트보드, 그리고 자동차를 좋아하는 평범한 고등학생이다. 그는 괴짜 과학자 브라운Emmett Brown 박사가 만든 타임머신을 타고 30년 전으로 돌아가게 된다. 거기서 마티는 30년 전의 브라운 박사를 만난다. 마티는 미래로 돌아가는 방법을 찾을 수 있을까? 이 이야기는 1985년에 개봉한 미국의 공상과학 영화 〈백투더퓨쳐〉(Back to the future)에 나오는 장면들이다. 저메키스Robert Zemeckis가 감독하고 폭스Michael J. Fox가 주연을 맡은 이 영화는 타임머신을 이용한 시간 탐험을 코믹하게 그렸다. 1천9백만 달러를 투자한 이 영화는 3억 8천만 달러의 기록적인 흥행 수입을 올렸으며 영화의 성공으로 속편(2편: 1989년, 3편: 1990년)도 제작되었다.

영화 〈벤자민 버튼의 시간은 거꾸로 간다〉(The Curious Case of Benjamin Button)는 80세 노인의 외모와 질병을 갖고 태어나 해가 갈수록 젊어지는 운명으로 태어난 사람의 이야기를 그리고 있다. 핀처David Fincher가 감독을 맡아 2008년에 개봉하였다. 노인 모습을 한 어린 아이 벤자민이 버려진 자신을 길러주는 이모에게 말한다. "엄마, 내가 점점 변해가는 것 같아." 엄마가 대답했다, "딴 사람들도 다 변해. 넌 좀 다르지만, 삶의 종착역은 다 같아. 어떤 길로 가는 지가 다를 뿐이지." 몇 년 젊어진 벤자민은 한 할머니의 손녀 데이지를 만나게 되고, 두 사람의 시계는 정반대로 돌아간다. 오랜 시간 방랑을 끝내고 26살이 되어 건장한 모습으로 돌아온 벤자민은 데이지와 결혼을 하지만 여전히 두 사람의 시계는 정반대로 돌아간다. 남들과 다르게 점점 젊어져 가는 벤자민은 아내 데이지와 딸에게 짐이 될 것을 두려워한다. 벤자민은 모든 재산을 처분해 데이지 앞으로 남겨두고 방랑의 길을 떠난다. 영화는 전쟁터에서 아들을 잃은 시계공이 만든 거꾸로 가는 시계가 태풍으로 비바람에 잠기면서 막을 내린다.

도플갱어

오랜만에 마음에 드는 옷을 차려 입고 외출을 한다. 그런데 거리에서 나와 똑같은 옷을 입은 사람을 만난다면 어떤 기분이 들까? 입고 있는 옷만 아니라 나와 똑같이 생긴 사람이라면 어떨까? 아마도 유령을 보는 것 같아 섬뜩한 기분을 느낄 것이다. 거리를 걷고 있는 두 사람의 모습이 똑같다고? 이를 도플갱어Doppelganger라고 부른다. Doppel[double]과 Ganger(walker 또는 goer)로 이루어진 독일어 Doppelganger에서 따온 말이다. '이중으로 돌아다니는 자'라는 뜻이다. 이 세상에 살고 있는 70억 명 중 누군가는 나를 닮았다 해서 이상할 게 없지만, 서양에서는 이를 악운의 전조로 여겨왔다. 도플갱어는 또 다른 나를 만나는 심령 현상이다. 자신의 육체에서 빠져나간 영혼을 보면 곧 죽거나 오래 살지 못한다는 속설이 전해내려 온다. 그래서 도플갱어는 사악한 쌍둥이[Evil twins]로도 불린다. 그러나 모든 일에는 예외도 있는 법이다. 젊은 괴테Johann W. von Goethe(1749~1832)와 프리데리케Friederike E. Brion(1752~1813)의 숨바꼭질하듯 한 사랑 이야기는 널리 알려져 있다. 그러나 이루지 못한 사랑으로 괴로워하던 괴테에게 나타난 도플갱어는 악령이 아니었다. 오히려 상심한 괴테의 마음을 치유하였던 것일까? 그는 83세까지 장수하였고 독일 문학의 최고 걸작인 『파우스트』(Faust)까지 완성하였다. 괴테는 수많은 마법 설화—영혼, 악마, 흑마술, 타락, 사랑, 천사, 구원 등의 설화—를 조합하여, 연금술사이자 마술사였고 점성술사이자 예언자였던 파우스트Johann G. Faust(c.1480~c.1541)를 주인공으로 한 일생일대의 대서사시를 완성하였다. 괴테가 실제로 만났다는 도플갱어

그들은 어떻게 자신을 만났는가
(단테 가브리엘 로세티, 수채화, 1864년).
https://en.wikipedia.org/wiki/Doppelg%C3%A4nger

윌슨과 그의 '더블'(아더 랙햄, 1935).
https://en.wikipedia.org/wiki/William_Wilson_(short_story)

는 그에게 얼마나 많은 영감을 주었던 것일까?

도플갱어는 문학 작품 속에 자주 등장하는 키워드이다. 윌리엄은 자신과 모든 면에서 닮은 한 소년을 만난다. 이상한 그 소년은 수시로 윌리엄 앞에 나타난다. 그는 윌리엄이 이튼 스쿨과 옥스퍼드 대학교로 진학을 한 뒤에도 줄곧 모습을 드러낸다. 결국 윌리엄은 그를 죽이고 만다. 그 '더블'은 다음과 같이 말하면서 사라진다. "네가 이겼다. 그러나 너도 죽을 것이다. 너는 내 안에서 살았기 때문이지." 이것은 미국의 포Edgar A. Poe(1809~1849)가 1839년에 발표한 단편 소설 『윌리엄 윌슨』(William Wilson)에 나오는 이야기이다. 자신의 분신인 윌리엄이 또 다른 자신과 갈등하면서 벌어지는 이야기를 다루었다.

도플갱어가 등장하는 또 다른 이야기로는 프랑스 대혁명을 배경으로 런던과 파리에서 벌어지는 이야기를 그린 디킨스Charles J. H. Dickens(1812~1870)의 역사소설 『두 도시 이야기』도 빼놓을 수 없다. 민중의 삶을 짓누르고 있던 앙시앙 레짐(구체제), 끓어오르는 성난 민중들의 분노, 그리고 폭풍 전야의 프랑스. 이 역사의 현장에 시드니 카턴Sydney Carton과 찰스 다네이Charles Darnay, 그리고 그들이 사랑하는 여인 루시 마네트Lucie Manette가 있었다. 도플갱어처럼 너무도 닮은 시드니와 찰스, 그리고 이 두 젊은이들이 사랑한 루시. 찰스가 단두대의 이슬로 사라질 절체절명의 순간에 사랑하는 루시를 위해 자신의 목숨을 내놓는 시드니의 마지막 메시지는 '희망'이었다. "최고의 시절이자 최악의 시절, 지혜의 시대이자 어리석음의 시대였다."로 시작되는 이 소설은 세 남녀 사이에 벌어지는 20년에 걸친 긴 이야기를 다루었다. 『두 도시이야기』는 디킨스 사후에도 영화, 라디오, TV, 오페라 등 다양한 형식으로 각색되어 재탄생 되었다. 톨스토이Lev Nikolayevich Tolstoy(1828~1910)가 19세기 최고의 문호로 존경했던 디킨스는 천부적인 재능과 상상력을 통해서 새로운 인물을 창조하였다.

도플갱어는 영화에서도 자주 등장하는 모티브이다. 인디와이어(Indiewire.com)와 테이스트 오브 시네마(tasteofcinema.com)는 각각 20편과 30편의 도플갱어 영화를 선정하여 발표하였다. 두 사이트에서 공통으로 선정한 영화는 7편으로 다음과 같다. 〈현기증〉(Vertigo, 1958), 〈포제션: 중독된 사랑〉(Possession, 1981), 〈베로니카의 이중생활〉(The Double Life of Veronique, 1991), 〈스키즈폴리스〉(Schizopolis, 1996), 〈팜므 파탈〉(Femme Fatale, 2002), 〈어댑테이션〉(Adaptation, 2002), 〈블랙 스완〉(Black Swan, 2010).

이 중에서 〈블랙 스완〉(감독: 애러노프스키, Darren Aronofsky)은 흑조를 탐한 백조의 핏빛 도발을 그린 심리 스릴러 영화이다. 차이콥스키Pyotr I. Tchaikovsky(1840~1893)의 발레 〈백조의 호수〉 공연에 나서는 발레리나의 심리적 갈등을 영화에 담았다. 여주인공 나탈리 포트만Natalie Portman(Nina Sayers 역)은 자신과 꼭 닮은 검은 옷을 입은 여성과 마주한다. 그것은 현실인가 아니면 도플갱어인가? 우아한 백조와 표독한 흑조의 연기를 완벽하게 해내기 위해 혼신을 다하는 그녀의 모습은 선율을 느끼게 한다. 〈블랙 스완〉은 1천3백만 달러의 적은 예산으로 3억 2천9백만 달러의 흥행 수입을 올린 화제작이다. 〈블랙 스완〉으로 나탈리 포트만은 아카데미, 골든글로브, 전미 비평가협회 등에서 여우주연상을 수상하였고 애러노프스키는 최우수 감독으로 지명되었다.

천사와 악마

세계 최대의 입자물리학 연구소[CERN]에서 우주의 탄생을 재현하는 빅뱅Big Bang 실험이 진행되고 있었다. 과학자들은 강력한 에너지원인 반물질[Antimatter] 개발에 성공하였다. 그러나 연구자가 살해되고 반물질은 사라져 버렸다. 한편, 로마 바티칸에서 가장 유력한 교황 후보들이 납치되는 일이 벌어졌다. 새로운 교황을 선출하는 의식인 콘클라베Conclave가 집행되기 전에 일어난 충격적인 사건이었다. 이와 함께 일루미나티Illuminati의 상징인 앰비그램Ambigram이 나타났다. '계몽된 자들' 또는 '깨달은 자들'이란 뜻을 가진 일루미나티는 카톨릭 교회의 탄압으로 18세기에 사라진 비밀 결사대이다. 좌우가 같아 180도 돌려도 똑같아 보이는 문양인 엠비그램은 영화 속 사건의 단서를 제공하고 있다.

500년을 기다려온 거대한 복수가 시작되려 하고 있다.

바티칸 시티와 로마를 배경으로 하는 이 이야기는 반물질로 바티칸을 파괴하려는 일루미나티에 관한 내용을 담고 있는 영화 〈천사와 악마〉(Angels and Demons)의 장면들이다. 2000년에 브라운Dan Brown이 펴낸 미스터리-스릴러 소설을 2009년 같은 이름으로 각색한 미국영화이다. 하워드Ronald W. Howard가 감독을 맡은 이 영화는 1억 5천만 달러의 제작 비용으로 4억 8천6백만 달러의 흥행 수입을 올렸다. 대중의 마음과 통한다는 것은 얼마나 흥분되는 일인가!

다시 〈천사와 악마〉로 되돌아가보자. 대체 반물질이란 무엇일까. 반물질로 가공할 위력을 가진 무기를 만들 수 있다고? 반물질이란 반입자[Antiparticle]의 개념을 물질로 확대시킨 것이다. 원자를 구성하는 양성자와 전자는 우주를 구성하는 소립자이다. 양전하를 갖는 양성자는 음전하를 갖는 반양성자를 갖는다. 음전하를 띠는 전자는 양전하를 갖는 양전자를 갖는다. 수소의 반물질은 반수소이다. 실제로 CERN에서는 양전자 1개와 반양성자 1개로 이루어진 반수소 원자를 합성하는 데 성공했다. 물질과 반물질이 서로 만나면 쌍소멸이 일어난다. 이때 막대한 양의 에너지가 발생하므로 가공할 에너지원이나 무기로 활용할 수 있다. 그러나 제조과정이 효율적이지 않기 때문에 실현 가능성에 대해서는 회의적인 시각이 많다. 반물질 1마이크로그램을 제조하는데 필요한 비용은 6백억 달러(2004년 기준)에 달할 것이라고 한다.

반입자의 개념은 1928년 영국의 폴 디랙Paul Dirac(1902~1984)이 제안하였다. 그는 질량과 물성은 입자와 같지만 전하가 반대인 것이 존재해야 한다고 믿었다. 이는 상대성이론과 양자역학으로부터 나오는 피할 수 없는 결론이라고 말했다. 1932년 디랙을 스타로 만든 물질이 발견되었다. 우주선이 지구 대기와 충돌할 때 양전자가 순간적으로 나타났다 사라진 것이다. 자연의 놀라운 대칭성을 보여주는 순간이었다. 한편, 1973년에는 탄생 초기의 우주가 비대칭이라는 이론이 탄생하였다. 최근 프랑스 국립과학연구센터[CNRS]의 과학자들은 지구상의 분자들이 보이는 이러한 비대칭성은 이들이 우주에서 기원했기 때문이라는 가설을 천체물리학 저널에 발표하였다. 우주가 비대칭이라니!

입자와 반입자

반입자란 어떤 주어진 입자에 대하여 그 질량은 같지만 전하가 반대인 입자를 말한다.
모든 입자는 그 반입자를 가진다.
전자는 양전자를, 양성자는 반양성자를, 그리고 중성자는 반중성자를 가진다.

https://en.wikipedia.org/wiki/Antiparticle
https://ko.wikipedia.org/wiki/%EB%B0%98%EC%9E%85%EC%9E%90

자연에는 우리가 가진 오른손과 왼손의 관계처럼 거울상으로 존재하는 분자들이 수없이 많이 존재한다. 오른손과 왼손은 서로 대칭이지만 포개지지 않는다. 고둥도 껍데기를 보면 둘이 같은 것처럼 보이지만 이 둘은 서로 포개지지 않는 거울상으로 존재한다. 바다 우렁이의 껍데기도 오른쪽으로 감겨진 것과 왼쪽으로 감겨진 것이 존재한다. 이처럼 우회전성과 좌회전성을 가지는 경우 카이랄성Chirality을 가진다고 말한다. 카이랄성이란 비대칭성을 설명하기 위해 생겨난 용어이며 손을 뜻하는 그리스어에서 왔다. 분자들이 카이랄성을 가지는 비밀은 그 속에 있는 탄소 원자에 있다. 두 카이랄성 분자는 서로 포개지지 않는 거울상으로 존재한다. 원자번호가 6인 탄소 원자의 핵 주위에는 여섯 개의 전자들이 돌고 있다. 그중 4개의 전자들이 분자의 형성에서 핵심적인 역할을 하고 있다. 탄소 원자와 결합한 네 그룹이 다른 경우에는 서로 거울상인 분자로 존재할 수 있다. 생명체를 이루고 있는 단백질의 기본 단위인 아미노산 역시 서로 거울상인 두 분자로 존재한다. 아미노산은 아미노기[NH_2]와 카복시기[COOH]를 가지는 탄소 화합물이다. 치환기 R이 메틸기[CH_3]로 되어 있는 알라닌Alanine 역시 서로 포개지지 않는 두 이성질체로 존재한다. 이성질체란 분자식은 같지만 원자의 배열이 달라 다른 구조식을 가지는 분자를 말한다. 두 거울상 이성질체는 각각 D(라틴어 dexter, 뜻: on the right)와 L(laevus, 뜻: on the left)로 구분하여 부른다. 여기서 알라닌은 L 형으로 존재하는데, 세균의 세포벽이나 일부 펩타이드Peptide(아미노산의 중합체)의 경우에는 D형으로 존재한다. 두 거울상 이성질체는 분자식은 같지만 전혀 다른 물질이다. 따라서 성질도 다르다. 이러한 이유로 어떤 물질을 의약품으로 사용할 경우에는 주의해야 한다.

임신부들의 입덧 방지용으로 사용되었던 탈리도마이드Thalidomide의 사례를 보자. 탈리도마이드는 1953년 독일의 제약사 그뤼넨탈Grunenthal이 개발한 물질(상품명: Contergan)이다. 동물실험을 거친 탈리도마이드는 1957년 임신부들을 위한 진정제로 판매되기 시작하였다. 1960년 전후에는 이 약이 부작용도 독성도 거의 없는 경이적인 약품으로 인식되어 전 세계 40여 개 국가로 팔려나갔다. 그러나 곧 이 약의 심각한 부작용이 나타나기 시작했다. 탈리도마이드를 복용한 임신부들이 사지가 기형인 아이를 낳은 것이다. 탈리도마이드로 인한 기형아 출산은 유럽에서만 8천 명이 넘었고 전 세계적으로 1만 명이 넘는 탈리도마이드 베이비가 생겨났다.

당시에는 두 개의 거울상 이성질체(R형태와 S 형태)로 존재하는 탈리도마이드가 혼합물(라세믹 혼합물, Racemic mixture)로 판매되었다. 하지만 두 입체이성질체를 분리하여 확인해 본 결과 R 이성질체는 진정제 약효를 보였지만 S 이성질체는 기형을 유발하는 성질을 나타내었다. 이 충격적인 사건은 현대의학 사상 최악의 사건으로 기록되고 있다.

한편, 탈리도마이드는 한센병(나병, Leprosy) 치료제로 미국 식품의약국[FDA]의 인증을 받았고 골수종 치료제로도 판매되었다. 미국의 셀진Celgene 사는 탈리도마이드에 기초한 항암제 레날리도마이드Lenalidomide를 개발하여 레블리미드Revlimid라는 이름으로 시판하고 있다. 한국화학연구원의 화학정보센터(chempolicy.or.kr)에 따르면 탈리도마이드는 저주 받은 약에서 이제 연매출 25억 달러를 달성시킨 항암제로 부활하였다.

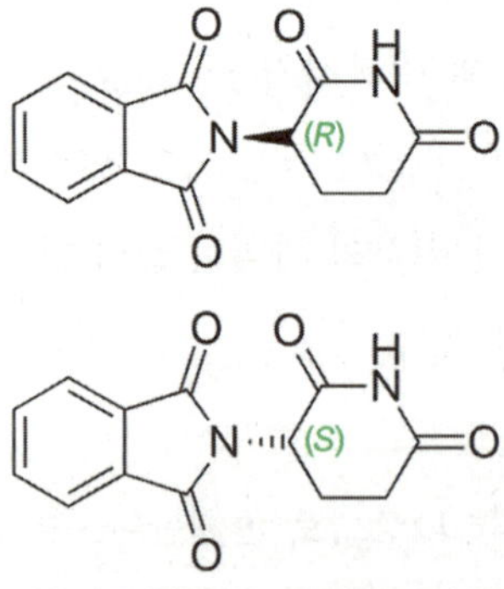

두 개의 거울상 이성질체로 존재하는 탈리도마이드

https://en.wikipedia.org/wiki/Thalidomide

아미노산과 카이랄성

아미노산은 중심 탄소에 아미노기[NH_2], 수소[H], 카복시기[CO_2H], 그리고 다른 치환기[R]를 가지고 있는 분자이다(아래 그림의 위). 아미노산은 거울상 이성질체를 가지며 거울상인 두 분자는 서로 포개지지 않는다. 아래에 보인 알라닌[R = CH_3]은 두 이성질체(S 형태(왼쪽)와 R 형태(오른쪽))로 존재한다.

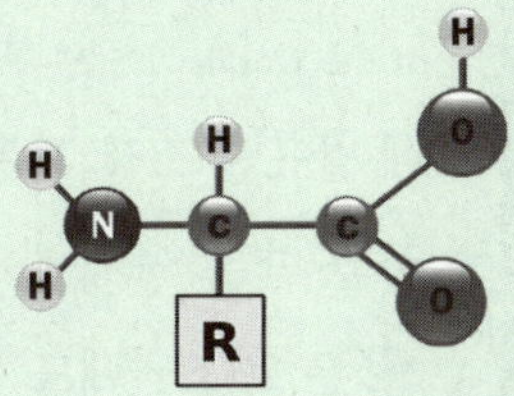

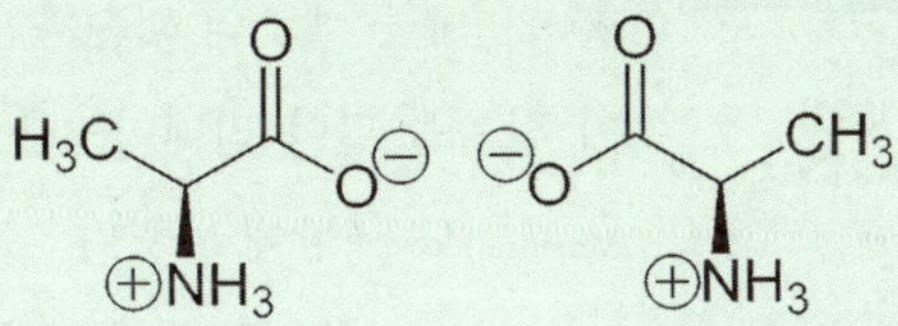

https://en.wikipedia.org/wiki/Chirality_(chemistry)
https://en.wikipedia.org/wiki/Amino_acid
https://en.wikipedia.org/wiki/Chirality

시간의 화살

패티Patty는 우유 한 통을 머리에 이고 시장에 가고 있었다. 그녀는 우유를 팔아 번 돈으로 무엇을 할 것인지 생각에 잠겼다. '먼저 병아리를 사야지. 병아리는 커서 매일 아침에 알을 낳을 거야. 알을 팔면 돈을 벌 수 있겠지. 그 돈으로 예쁜 드레스와 모자를 사야지. 모든 남자애들이 나에게 말을 걸고 싶어 하겠지. 여자애들은 나를 보고 질투할거야. 그러면 나는 고개를 돌려버릴 거야.' 그러는 바람에 우유는 모두 땅바닥으로 쏟아져 버렸다. 쏟아진 우유를 도로 통에 담을 수 없을까? 타임머신이 있다면 어떨까? 영국의 웰스Herbert G. Wells(1866~1946)는 1895년에 출간한 공상과학 소설 『타임머신』(The Time Machine)을 통해서, 머나먼 미래로 갈 수 있고 원래 살던 과거로 되돌아올 수도 있는 시간여행의 즐

소녀와 엎질러진 우유
(우화, 케이트 그린웨이, 1893)
https://en.wikipedia.org/wiki/The_milkmaid_and_her_pail

거움을 선사했다. 웰스의 기계를 빌릴 수 있다면 패티를 즐겁게 해줄 수 있겠다.

웰스의 제안에 고무되어 영화도 만들어졌다. 팔George Pal(1908~1980) 감독이 만든 〈우주전쟁〉(The War of the Worlds, 1953년 작)인데 이 영화는 웰스가 1898년에 발표한 소설 제목을 따왔다. 무대는 화성인의 침공을 받은 영국에서 미국으로 옮겨간다. 〈우주 전쟁〉은 2005년에도 새롭게 탄생하였다(감독: 스필버그). 2002년에는 웰스의 외손자인 사이먼 웰스Simon Wells가 감독을 맡아 리메이크한 공상과학 영화(The Time Machine)도 세상에 나왔다. 소설을 통해서 자유로운 시간여행이 가능해지면서 영화, 드라마, 게임, 연극 등 수많은 후속 작품과 창작물들이 만들어졌다.

1905년에 아인슈타인Albert Einstein(1879~1955)이 발표한 '특수 상대성 이론'은 우주 어디에서나 시간이 똑같이 흐른다는 것을 부정한다. 빛의 속도에 가까워질수록 시간은 천천히 흐른다. 일반상대성이론은 중력이 강한 곳에서는 시간이 천천히 흐른다고 이야기한다. 중력을 이용하여 시간을 지연시켜 볼까? 영국의 놀란Christopher E. Nolan 감독은 우주 공상과학 영화 〈인터스텔라〉(Interstellar, 2014년)에서 중력에 의한 시간 지연 상황을 연출하였다. 우리가 젊은 시절로 돌아갈 수 있을까? 상대성 이론에 따르면 우리는 시간을 거슬러 과거로 되돌아갈 수 있다. 빛보다 빠르게 먼 별로 왕복 여행을 하면 시간이 거꾸로 흐른다고 한다. 지구에서의 시간이 더 길기 때문에 상대적으로 시간여행을 한 셈이 되는 것이다. 시공간을 왜곡하는 웜홀Wormhole을 이용하면 과거로의 여행이 가능하다는 주장도 있다. 웜홀은 블랙홀과 화이트홀을 잇는 가상의 시간 터널이다. 광속으로 지나가는 2개의 우주 끈을 사용해도 과거로 가는 시간여행을 할 수 있다고 한다. 중력이 강해지면 그 중력을 받는 모든 것의 시간이 빠르게 흐른다. 따라서 중력이 매우 약한 우주로 여행을 한 후 지구로 돌아오면 과거로 시간여행을 한 셈이다. 이러한 방법들에 숨어 있는 패러독스

Paradox가 제거되어 과거로의 시간여행이 가능하다 해도 이러한 주장은 아직은 머나먼 미래의 이야기이다.

우리가 사는 현실로 돌아와 보자. 우리가 밤하늘에서 쳐다보는 별은 현재의 별이 아니다. 먼 과거의 별이다. 우리는 그 별에서 머나먼 거리를 달려온 별빛을 보고 있는 것이다. 별들의 과거 모습은 볼 수 있지만, 땅에 쏟아진 우유를 도로 담을 수는 없다. 깨진 달걀도 다시 원래의 상태로 되돌아갈 수는 없다. 물 잔에 설탕을 한 스푼 넣고 저어준 다음에 설탕물을 아무리 오랫동안 들여다본들 물 분자에 둘러싸인 설탕 분자들이 빠져 나와 설탕 분자끼리 모이고 물 분자끼리 따로 모이는 일은 일어나지 않는다. 시간의 화살은 한쪽 방향으로만 흐른다.

마음의 시간여행

오랫동안 헤어져 있었던 가족들이 서로 만나 단 하루만 같이 지내야 하는 상황이라면 그들의 심정은 어떠할까? 다시는 과거로 돌아가기 싫어서 시간이 멈추었으면 하고 바랄 것이다. 어른이 된 민주가 무더운 여름날에 길을 가다가 노점상 할머니가 파는 샛노란 참외를 보았다. 어릴 적에 참외를 즐겨 먹었던 민주는 어떤 기분이 들었을까?

타임머신이 없어도 과거로 돌아갈 수 있을까? 1960년대부터 우리의 기억 시스템에 대한 연구결과를 발표해 온 캐나다의 신경과학자 툴빙Endel Tulving이 이에 대한 의견을 내놓았다. 그의 이론에 따르면, 우리의 몸속에는 시간을 거슬러 올라가 과거를 인지할 수 있는 능력이 있다. 미래로도 갈 수 있다! 참외는 우리의 내면에 잠들어 있던 어린 시절의 기억을 되살려 낸다. 참외는 향수를 불러일으킨다. 뇌에 새겨진 냄새는 시냇가에서 물놀이하던 풍경도, 시끄럽게 울던 매미 소리도, 어릴 적 친구들의 웃음소리도 되살아나게 한다.

뇌에는 비슷한 상황에서 시간여행을 하며 과거로 돌아가는 특별한 능력이 있다. 이러한 정신적 시간여행을 크론에스테시아Chronesthesia라고 한다. 사실, 이러한 능력에 대해서는 프랑스의 프루스트Marcel Proust(1871~1922)도 그의 대표 저서인 『잃어버린 시간을 찾아서』에서 언급한 바 있다. 향기를 통해서 과거의 기억이 되살아나는 것을 '프루스트 효과[Proust effect]'라고 한다. 프루스트는 어느 날 홍차에 적신 마들렌Madeleine 한 조각의 향기 속에서 어린 시절의 기억들을 회상한다. 그래서 특정한 냄새를 통해 과거의 일을 기억해내는 이 현상을 마들렌 효과라고도 한다. 지금은 사라져버린 고향의 풍경이 떠오른다. 옛 친구를 만나면 어릴 적 고향 냄새가 난다.

크론에스테시아

과거, 현재, 그리고 미래를 의식하는 뇌의 능력을 말한다.
뇌가 가진 이러한 능력은 진화의 산물이라고 주장하는 학자도 있다.
음표–색 연관성을 묘사하는 키보드(그림).
색채는 음표의 소리로 경험되며 피아노 건반에 국한되지 않는다.

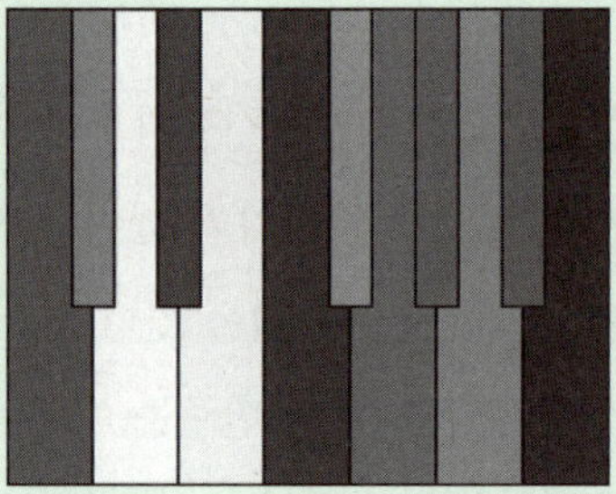

https://en.wikipedia.org/wiki/Chromesthesia
http://www.psychicsuniverse.com/articles/articles/what-chronesthesia

5
생체 시계

수탉 / 개나리꽃이 피었습니다 / 생체 시계 / 빛 공해

수탉

시계가 없던 시절에 수탉은 아침을 알리는 자명종이었다. 닭이 아침에 우는 이유는 무엇일까? 그것은 새벽에 동쪽에서 들어오는 빛과 관련이 있다. 빛의 신호가 닭 뇌의 송과체松果體로 전달되면 호르몬이 분비된다. 닭이 우는 것은 하루 단위로 반복되는 생체리듬에 따른 현상이다. 몸속에 있는 시계가 규칙적인 행동을 유도하는 것이다.

2017년(정유년, 丁酉年) 초에 새해를 기념하여 닭을 주제로 한 전시회가 국립민속박물관에서 열렸다. 닭은 머리에 관을 썼으니 문文, 발톱으로 공격하니 무武, 적을 보면 싸우니 용勇, 먹을 것을 보면 서로 부르니 인仁, 어김없이 때를 맞춰 우니 신信이라 하였다. 그래서일까 많은 화가들도 닭을 화폭에 담았다. 조선 후기의 화가 김홍도金弘道(1745~1806)는 '금계도 8곡병金鷄圖八曲屛'에서 수탉에 금분을 칠하여 화려하게 표현하였다. 온양박물관에 소장되어 있는 금계도(19세기)는 한 쌍의 닭을 구름, 해, 돌, 버섯 등과 함께 표현하였다. 신윤복申潤福(1758~1814?), 김득신金得臣(1754~1822), 변상벽卞相壁(생몰년 미상), 안중식安中植(1861~1919) 등 여러 조선의 화가들도 닭의 그림을 남겼다.

적과의 싸움에 지친 늙은 왕이 있었다. 왕은 적의 공격을 막아주는 자에게는 그가 원하는 것을 주겠다고 공포하였다. 마술사는 적이 공격하면 미리 소리를 내어 알려주는 황금 거위를 왕에게 주었다. 왕이 친히 전장으로 갔다. 왕은 그곳에서 아름다운 공주를 만났

다. 공주를 궁궐로 데리고 온 왕은 그녀를 아내로 맞이하였다. 그런데 마술사는 왕에게 그 공주를 자기 아내로 달라고 하였다. 왕은 거절했다. 약속을 지키지 않은 왕에게 돌아온 것은 무엇이었을까?

이 이야기는 어린이 동화로 잘 알려진 『황금 거위』(Golden Rooster)의 줄거리이다. '황금 거위'로 번역된 Rooster는 사전에서는 '수탉'으로 번역된다. 따라서 직역하자면 황금 수탉(금계, 金雞)이다. 금계는 약속을 지키지 않은 왕을 위해서는 울지 않았고 결과는 비극으로 끝이 났다. 새날의 여명黎明이 밝아오는 것을 맨 먼저 알려주는 상서로운 존재인 수탉은 불교의 설화에 자주 등장한다. 계림사鷄林寺와 범어사 계명암鷄鳴庵은 새벽을 알리는 닭의 의미를 담고 있다. 개명정진(하루를 여는 새벽에 하는 정진)은 닭이 울 때 한다는 의미로 계명鷄鳴정진이라고도 한다. 약사여래(藥師如來, 중생의 질병을 고쳐주는 부처)를 모시는 십이지 신장神將 중 세 번째인 미기라迷企羅 대장大將은 닭의 모습을 하고 있다. 그리스와 로마에서 닭은 신으로 섬기는 중요한 새였다. 기독교에서 빛을 예고하는 닭은 예수 그리스도의 표상이다. 갈리아(지금의 프랑스) 인들은 수탉을 새벽의 신으로 신성시했다. 새벽을 알리는 수탉은 프랑스를 상징하는 동물이 되었다.

개나리꽃이 피었습니다

춥고 기나긴 겨울이 지나고 새봄이 왔음을 먼저 알리는 꽃이 있다. 울타리나 산기슭이나 길가를 노랗게 물들이는 개나리꽃이다. 새를 좋아하는 공주가 있었다. 공주는 나라 안의 모든 새를 궁궐로 가져오게 했다. 한 노인이 공주를 위해 아름다운 새 한 마리를 선물했다. 그 새를 깨끗이 씻어주던 공주는 깜짝 놀라고 말았다. 검은색 칠을 한 까마귀였던 것이다. 공주는 화병으로 죽고 말았는데, 그녀의 무덤가에 피어난 것이 개나리꽃이라 한다. 나리보다 못하다 해서 개나리라 불렀다는데 이와는 다르게 각색되어 전해지는 이야기도 많다. 진달래와 함께 우리에게 가장 친숙한 개나리(학명: Forsythia Koreana)는 한반도 특산종이다. 서양에서는 골든 벨Golden bell이라 불린다. 꽃말은 희망이다. "나리 나리 개나리 입에 따다 물고요, 병아리 떼 종종종 봄나들이 갑니다." 윤석중 작사, 권태호 작곡으로 1930년대에 발표된 노래 〈봄나들이〉의 노랫말이다. 따라 부르지 않아도 저절로 입가에 미소가 번진다.

개나리는 봄이 온 것을 어떻게 알고 노란 꽃을 피웠을까? 식물도 몸 안에 시계가 있어서 계절의 변화를 감지한다. 바로 생체 시계이다.파이토크롬Phytochrome이란 물질이 빛을 받으면 성장을 촉진하는 호르몬인 옥신Auxin의 양을 늘린다. 식물은 빛뿐만이 아니라 온도 변화도 감지하여 꽃 피울 시기를 결정한다. 개나리의 경우, 가을에 생긴 꽃눈은 추운 겨울을 지내면서 봄을 기다린다. 이듬해, 따뜻한 기운을 감지한 개나리는 노란 꽃을 피워낸다.

식물들은 보통 잎이 난 후에 꽃을 피운다. 그런데 개나리는 왜 꽃을 먼저 피우는 것일까? 꽃을 피우고 나면 열매를 맺고 씨를 퍼트려야 한다. 꽃은 식물의 종족보존을 위한 수단이다. 열매를 맺기 위해서는 수분受粉이 필요하다. 그러기 위해서는 꽃가루를 수술에서 암술로 옮겨주는 매개자가 필요하다. 식물은 꽃과 꿀을 이용하여 수분을 도와주는 곤충을 끌어들인다.

개나리 말고도 꽃이 먼저 피는 식물은 의외로 많다. 산수유山茱萸는 3~4월에 노랗고 향기로운 꽃을 먼저 피운다. 녹색 열매가 가을이 되면 붉은 빛으로 탐스럽게 익는다. 산수유를 식용으로 사용하기 위해서는 씨를 제거해야 한다. 씨에는 인체에 유해한 렉틴Lectins이 들어있기 때문이다. 해마다 3월이 되면 전남 구례군 산동면 지리산온천관광단지 일원에서는 산수유 축제가 열린다. 또 봄이 되면 산과 들을 분홍빛으로 물들이는 꽃이 있다. 바로 우리나라를 대표하는 꽃 중의 하나인 진달래꽃이다. 4월에 잎보다 먼저 꽃이 피는 진달래는 꽃을 먹을 수도 있다. 두견새가 밤새 울다 토해낸 피가 묻어 붉게 물든 꽃이라 하여 두견화杜鵑花라고도 부른다. 우리나라를 대표하는 동요 〈고향의 봄〉(작사: 이원수, 작곡: 홍난파)에 아기 진달래와 함께 등장하는 꽃이 있다. 바로 복숭아꽃과 살구꽃이다. 이들 역시 봄에 꽃이 먼저 핀다. 화사하고 붉게 빛나는 복숭아꽃은 무릉도원에 피는 꽃이었다. 복숭아는 복사나무의 열매이다. 해마다 조치원, 강릉, 영덕 등 전국 각지에서는 복사꽃 축제가 열린다. 매화는 선비의 절개를 상징하는 사군자四君子의 하나이다. 매화가 가득한 곳에는 은은한 향기도 가득하다. 매실은 매화나무의 열매이다. 오래 전부터 요리 또는 약재로 사용되어 왔다. 잎이 나기 전에 크고 아름다운 흰색의 꽃을 피우는 목련木蓮도 4월을 은은한 향기로 물들인다. 벚꽃 또한 봄을 알리는 꽃이다. 분홍색 또는 하얀색의 꽃잎은 바람이 조금만 불어도 금방 떨어지지만 벚나무는 재질이 매우 단단하여 고려『팔만대장경』(八萬大藏經, 국보 제32호)의 60퍼센트 이상이 벚나무로 만들어졌다고 한다.

잎보다 꽃이 먼저 피는 식물

개나리	목련	자두나무	미선나무
진달래	매화	오리나무	탱자나무
산수유	살구나무	소사나무	느릅나무
벚나무	생강나무	개암나무	복숭아나무
배나무			

http://blog.daum.net/gosanmaroo/17189052

생체 시계

수탉이 새벽에 우는 이유나 봄이 오면 개나리가 꽃을 피우는 이유는 무엇일까? 그것은 몸속에 내장되어 있는 '생체 시계' 때문이다. 이들은 24시간 주기의 리듬(일주기日週期 생체리듬, Circadian rhythm)을 가지고 있다. 이 리듬을 관장하는 중추 생체 시계는 뇌 시상하부의 시신경교차상핵(SCN, Suprachiasmatic nucleus)에 존재하며 멜라토닌Melatonin에 의해서 조종된다. 멜라토닌은 밤 9시경에 분비되기 시작한다. 빛이 사라졌다는 정보가 송과선(松果腺, Pineal gland)에 전달되면 멜라토닌이 분비되기 시작하는 것이다. 그리고 아침 7시경에 분비를 멈춘다.

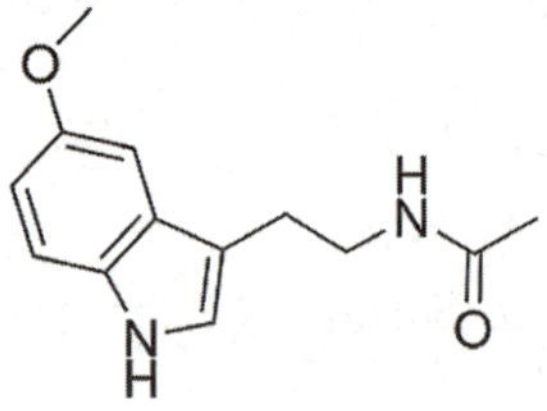

멜라토닌
https://en.wikipedia.org/wiki/Melatonin

생체 시계는 거의 모든 동식물에서 관찰된다. 35억 년 전에 탄생하여 지구상에 다양한 생명체가 번성할 수 있는 환경을 만들어주는 데 기여한 시아노박테리아(Cyanobacteria, 남세균)도 생체 시계를 가지고 있다. 지구상의 모든 생명체는 지구의 자전 주기에 맞추어 살아간다. 빛과 온도의 주기적인 변화는 지구의 자전에서 비롯된다. 생체 시계는 생명체가 생존을 위해서 환경에 적응하고 진화해온 결과물이다.

식물의 잎이 24시간 주기로 움직인다는 사실을 발견한 프랑스의 드 메랑
https://en.wikipedia.org/wiki/Jean-Jacques_d%27Ortous_de_Mairan

1729년 프랑스의 생물학자 드 메랑Jean-Jacques d'Ortous de Mairan(1678~1771)은 미모사[Mimosa pudica]가 잎을 주기적으로 벌렸다 오무렸다 하는 것을 발견하였다. 미모사는 빛이 없는 곳에서도 며칠 동안 24시간을 주기로 동일한 운동을 하였다. 식물도 동물과 마찬가지로 생체 시계로 시간을 인식하고 있는 것이다. 1971년 코노프카R. J. Konopka 등은 초파리[Fruit fly]를 돌연변이 시켜 얻은 수많은 돌연변이체 중에서 일주기 리듬을 관장하는 돌연변이체를 찾아냈다. 그 후 초파리에서 이 유전자가 복제Cloning되었고, 생체 시계를 이루는 이 유전자는 피리어드Period라고 명명되었다. 최근에는 생체 시계를 조절하는 유전자의 정체가 하나씩 밝혀지면서 뇌, 심혈관, 종양 등 다양한 질병의 치료 목적으로 응용하는 연구가 진행 중이다. 최근에는 인간의 노화도 생체 시계와 관련이 있다는 연구 결과가 발표되었다. 노화가 생체 시계들 간의 동시성과 정확성을 약화시킨다는 연구결과도 있다. 홀Jeffrey C. Hall, 로스배시Michael Rosbash, 그리고 영Michael W. Young은 24시간 주기의 일주기 리듬을 조절하는 메커니즘을 발견한 공로로 2017년 노벨 생리의학상을 수상하였다.

빛 공해

대도시는 밤이 되어도 잠들지 않는다. 화려한 불빛이 낮과는 또 다른 풍경을 연출한다. 야시장과 쇼핑몰이 사람들을 유혹한다. 초고층 전망대에서 내려다보이는 도시는 황

황홀하기까지 하다. 인공위성으로 내려다 본 파리는 초신성이 폭발하는 장면 같다. 엠파이어스테이트 빌딩의 전망대에서 보는 뉴욕은 보석을 깔아놓은 모습이다. 동서양이 교차하는 홍콩의 야경은 페리 위에서 올려다봐도, 초고층 전망대에서 360도를 둘러보아도 황홀하다.

인공조명에 의한 빛 공해[Light Pollution]가 새로운 문제로 떠오른 지도 이미 오래 되었다. 밤과 낮의 경계가 없어진 것이다. 생명에게 필수불가결한 빛이 유해한 모습으로 나타나고 있다. 이것은 에너지 절약 차원의 문제만이 아니다. 빛 공해는 생태계를 교란시킨다. 동식물이 가진 고유한 리듬을 교란시키는 빛 공해는 현대인들에게 수면 장애를 유발하고 대사 과정을 저해한다. 빛 공해는 뇌 활성도를 낮추어 인지 기능에 부정적인 영향을 미친다. 야간의 빛은 멜라토닌의 생성을 방해하여 면역력을 감소시키고 암 발생을 증가시킨다. 여성의 경우 유방암 발병률을 높인다는 연구 결과도 있다. 유럽 인구의 60퍼센트, 북미 인구의 80퍼센트가 빛 공해 때문에 밤하늘의 별을 볼 수 없다고 한다. 2016년 기준으로 전 세계 인구의 3분의 1이 맨눈으로는 밤하늘을 수놓은 은하수를 볼 수 없다고 한다. 한국은 급속한 도시화와 산업화로 비약적인 성장을 이룬 나라라는 명성을 얻었지만, 한편으로는 G20(주요 20개국) 국가 중 최악의 빛 공해에 시달리고 있는 나라라는 오명을 가지고 있다.

상상을 더하다 4

- 칸트의 시계 -

1. 고대 해시계는 여름과 겨울의 시간을 다르게 했을까?

2. 망가진 생체 시계를 되돌릴 수 있을까?

3. 심해에 사는 동물들도 생체 시계를 가질까?

4. 달의 공전도 바이오리듬에 영향을 미치나?

5. 조수 간만의 차를 이용한 시계도 있나?

6. 왜 방사성 동위원소의 반감기는 초기 농도에 관계없이 일정할까?

7. 인간 외의 다른 생물에도 멜라토닌이 분비되는 특정 시간이 존재할까?

8. 정말 시간여행이 가능할까?

9. 인류가 현재의 모습을 넘어서 더 진화하고 새로운 인류가 출현할 수 있을까?

10. 비타민 D가 햇빛에 의해 어떻게 생성되는가?

11. 빌리루빈은 유독성 쓰레기인데 그것이 어떻게 몸에서 제거되나?

12. 광역학치료법에서 들뜬 산소가 암세포를 공격하는 원리는 무엇인가?

5장
암브로시아

1
캡시쿰

캡시쿰 / 스코빌 지수 / 매운 고추 톱 10 / 캡사이신 / 고추 예찬

캡시쿰

캡시쿰(Capsicum, 고추)은 가지과에 속한 식물로 남아메리카가 원산지이다. 인류는 적어도 6,000년 전부터 고추를 먹기 시작하였고, 현재 전 세계 인구 4명 중 3명은 고추를 먹고 있다. 널리 재배되고 있는 고추로는 캡시쿰 아눔Capsicum Annuum, 캡시쿰 바카툼Capsicum Baccatum, 캡시쿰 키넨세Capsicum Chinense, 캡시쿰 프루테센스Capsicum Frutescens, 그리고 캡시쿰 푸베센스Capsicum Pubescens가 있으며, 야생 고추도 26종이 있다고 알려져 있다. 고추는 1492년 콜럼버스가 신대륙을 발견하면서 신대륙과 구대륙 사이에 생물과 인구의 급격한 이동이 일어나는 과정에서 전 세계로 퍼져 나갔다.

고추를 뜻하는 칠리Chili는 멕시코 나와틀Nahuatl족의 언어 Chilli(매운 고추를 뜻함)에서 유래하였다. 고추의 열매에는 매운맛을 내는 캡사이신Capsaicin이 들어 있다. 대부분의 포유류는 고추의 매운 자극을 불편하게 느끼지만 조류에게는 영향이 없다. 밝은 색에 이끌린 새들은 열매를 먹고 씨앗을 널리 퍼뜨리는데 도움을 준다.

스코빌 지수

저마다 다른 고추의 매운 정도는 어떻게 측정할까? 미국의 약사 스코빌Wilbur Scoville(1865~1942)은 1912년에 고추 매운맛의 척도로서 스코빌 관능검사[Scoville organoleptic test] 방법을 고안하였다. 스코빌 척도[Scoville scale] 또는 스코빌 매움 단위(Scoville heat unit, SHU)로 불리는 이 방법은 고추에 포함된 캡사이신의 농도를 계량화한 것이다. 처음에는 사람이 직접 테스트 하였다. 고추 추출물을 물에 희석하여 매운맛을 느낄 수 없을 때까지 희석했을 때의 비율로 값을 정했다. 피망과 같이 캡사이신이 없는 경우에는 스코빌 지수가 0이다. 현재에는 고성능 액체 크로마토그래피(HPLC, High Performance Liquid Chromatography)를 이용하여 캡사이신 농도를 정량적으로 측정하여 계량하고 있다. 최근에는 옥스퍼드 대학교의 콤프톤[Richard Compton] 연구팀이 탄소 나노 튜브를 기반으로 한 전기화학 센서를 사용하여 값싸고 간편하게 측정하는 방법을 개발하였다. 스코빌 지수가 85만 5천 이상으로 매운 고추로는 코모도 드래곤 칠리 페퍼Komodo Dragon Chili Pepper, 트리니다드 모루가 스콜피온Trinidad Moruga Scorpion, 나가 바이퍼 페퍼Naga Viper Pepper 등이 있다. 지수가 35만~58만의 고추로는 레드 사비나 하바네로Red Savina Habanero가 있고, 10만~35만 값의 고추로는 하바네로 칠리Habanero Chili, 스카치 보넷 페퍼Scotch Bonnet Pepper, 마담 자넷Madame Janette 등이 있다. 한국에서 재배되는 고추 중 가장 매운 고추로 알려진 청양靑陽 고추의 스코빌 지수는 2,500~1,2000정도라고 한다.

매운 고추 톱 10

매운맛 순위 10위에 오른 고추는 왕년에 매운맛의 왕으로 불렸던 레드 사비나 하바네로(Red Savina habanero, 500,000 SHU)이다. 매우면서도 맛이 좋아 여전히 인기가 있다. 9위는 7 팟 레드(7 Pot Red, 1,000,000 SHU)가 차지했는데 이것은 트리니다드Trinidad에서 유래하였다. 8위에 오른 7 팟 바락포르(7 Pot barrackpore, 1,000,000 SHU)는 트리니다드 토바고Trinidad and

Tobago에 있는 소도시 차과나스Chaguanas에서 유래하였다. 7위를 차지한 부트 졸로키아(Bhut Jolokia, 1,041,427 SHU)는 인도의 나가 졸로키아Naga Jolokia를 개량해서 만든 품종으로 스코빌 지수가 100만을 넘은 최초의 고추이다. 6위에는 나가 바이퍼(Naga Viper, 1,349,000 SHU)가 이름을 올렸다. 영국에서 생산된 고추로 부트 졸로키아 등 세 종류의 매운 고추를 교접해서 만들었다. 5위는 트리니다드 스콜피온 버취 T(Trinidad Scorpion Butch T, 1,463,700 SHU)가 차지했는데 2011년에 가장 매운 고추로 기네스북에 등재된 바 있다. 4위에는 7 팟 프리모(7 Pot Primo, 1,469, 000 SHU)가 이름을 올렸으며 모양은 끝부분이 길고 홀쭉하다. 원예가인 트로이 프리모에 의해서 탄생되었다. 3위는 7 팟 더글라(7 Pot Douglah, 1,853,936 SHU)가 차지했다. 맛이 가장 좋으면서도 매운 고추로 잘 알려져 있다. 2위에는 트리니다드 토바고의 모루가가 원산지인 트리니다드 모루가 스콜피온(Trinidad Moruga Scorpion, 2,009,231 SHU)이 이름을 올렸다. 1위는 캐롤라이나 리퍼(Carolina Reaper, 2,200,000 SHU)가 차지했으며 가장 매운 고추로 기네스북에 등재되었다. 끝이 침같이 뾰족한 특징을 가지고 있다. 최근에는 이보다 훨씬 더 매운 고추가 탄생하였다. 커리Ed Currie가 개발한 페퍼 X(Pepper X, 임시 명칭)이다. 스코빌 지수는 무려 318만이라고!

매운 고추 톱 10

캐롤라이나 리퍼(Carolina Reaper)
트리니다드 모루가 스콜피온(Trinidad Moruga Scorpion)
7 팟 더글라(7 Pot Douglah)
7 팟 프리모(7 Pot Primo)
트리니다드 스콜피온 버취(Trinidad Scorpion Butch)
나가 바이퍼(Naga Viper)
부트 졸로키아(Bhut Jolokia)
7 팟 바락포르(7 Pot Barrackpore)
7 팟 레드(7 Pot Red)
레드 사비나 하바네로(Red Savina Habanero)

http://www.chilefoundry.com/2010/02/19/oxford-university%E2%80%99s-develops-compact-scoville-measurement-device/

캡사이신

고추를 고추답게 만드는 주인공은 캡사이신(Capsaicin, $C_{18}H_{27}NO_3$)이다. 고추가 자극적이고 접촉 시 타는 듯한 느낌이 나는 것은 바로 이것 때문인데 캡사이신은 휘발성이고 물에 잘 녹지 않는 소수성[Hydrophobic]의 무색, 무취 화합물이다. 캡사이신과 그 유사 물질(캡사이시노이드, Capsaicinoids)은 포유동물과 곰팡이에 대해 억지력을 나타낼 수 있다. 행복 호르몬으로 알려진 엔도르핀Endorphins은 아이러니하게도 고통스러운 상황에서 분비되는 마약성 물질이다. 캡사이신이 진통제로 작용하는 이유는 이 엔도르핀의 분비를 촉진하기 때문이다. 아메리카 원주민들은 고추 꼬투리를 문지른 껌을 씹어서 치아 통증을 줄였다고 한다. 캡사이신은 연고, 스프레이, 패치 등에 첨가하여 진통제로 쓰일 뿐만 아니라 관절염 및 요통 치료에도 효과가 있다. 그리고 최근에는 캡사이신이 암세포의 성장을 억제한다는 연구 결과들이 발표되어 주목을 받고 있다. 2008년 베이징 올림픽 승마대회에 출전한 말들이 도핑 테스트에서 캡사이신 양성 반응을 나타내 문제가 된 바 있다. 캡사이신은 승마용 말을 흥분상태로 만들어 기록 단축에 도움이 되기 때문에 사용이 금지된 물질이다. 이런 용도 외에도 캡사이신은 데모 진압용이나 호신용 스프레이에도 쓰이고 있다. 1876년 트레쉬John C. Thresh(1850~1932)는 캡사이신을 거의 순수한 형태로 분리하였고 1919년 넬슨E. K. Nelson은 그 화학 조성을 밝혔다.

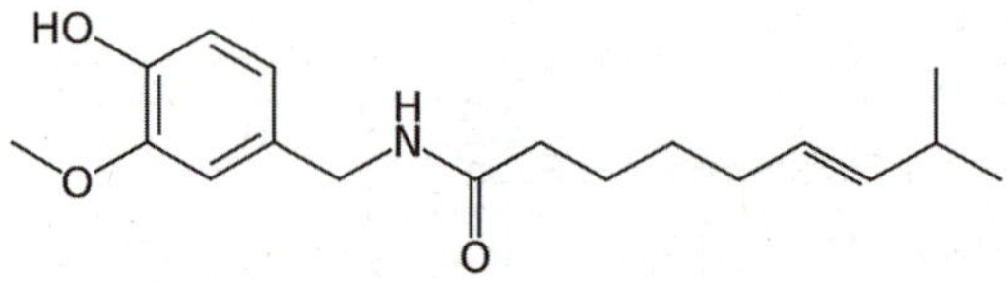

고추의 매운맛을 내는 성분인 캡사이신
https://en.wikipedia.org/wiki/Capsaicin

고추 예찬

색깔도 이름도 다양한 고추의 가장 강렬한 이미지는 자극적인 매운맛이다. 그런데 이 고추가 음식의 맛을 더해주는 것 이외에도 건강상의 이점이 많다고 한다. 고추는 우리 몸 안에서 여분의 칼로리는 태워 없애주고 대사를 도와준다. 항산화제도 풍부한데 이것은 우리 몸 안에 생긴 자유 라디칼[Free radical]같은 유해물질을 없애주어 세포 손상을 막아주는 물질이다. 이런 이유로 고추는 심장병, 백내장, 기관지 천식, 관절염 등을 억제하는 작용을 한다. 흥미로운 점은 고추에 들어 있는 캡사이신이 고통을 피부에서 골수로 전달되는 것을 막아주기 때문에 정신적 외상[Trauma]이나 헤르페스(Herpes, 단순포진)를 완화시켜준다는 것이다. 실제로 대상포진이나 관절염을 치료하는 데 캡시쿰이 함유된 크림이 사용되고 있다. 캡사이신은 발암 물질이 DNA와 섞이는 것을 막아주기 때문에 암 예방에도 좋다고 한다. 또한 고추는 위의 분비작용에도 관여하여 소화에도 도움이 된다. 단순히 음식의 맛을 더하기 위해 사용해온 고추가 저지방, 저콜레스테롤, 저칼로리 식품이라는 사실이 알려지면서 새롭게 주목을 받고 있다. 고추에는 비타민A와 C뿐만 아니라 비타민B와 K도 들어 있다. 탄수화물, 지방, 단백질, 섬유소는 물론이고 칼슘[$_{20}$Ca], 철[$_{26}$Fe], 마그네슘[$_{12}$Mg], 인[$_{15}$P], 칼륨($_{19}$K, 현재는 Potassium으로 부름), 나트륨($_{11}$Na, 현재는 Sodium으로 부름), 아연[$_{30}$Zn] 등도 들어 있어 건강에 좋은 식품이다.

2
고추 다이어트

다이어트 / 다이어트의 역사 / 다이어트와 음식 / 고추 다이어트 / 고추를 더하다

다이어트

다이어트Diet란 우리가 소비하는 음식의 총합을 말한다. 이 말은 종종 건강을 증진하거나 체중을 줄일 목적으로 영양분을 섭취하는 것을 의미하기도 한다. 인간은 원래 잡식성 동물이지만 개인적인 취향 또는 문화적인 차이에 의해 선호하거나 금기하는 음식이 존재한다. 음식의 종류는 달라도 완전영양식품을 섭취하는 것이 무엇보다도 중요하다. 화학의 관점에서 보면 탄수화물, 지방, 단백질의 3대 영양소를 기반으로 하여 비타민, 무기질 등을 균형 있게 섭취하는 습관만이 생활의 질을 높여주고 건강하게 장수하는 지름길이다.

요즘 잘 먹는 것이 잘 사는 것이라는 취지로 제작된 웹사이트들이 넘쳐나고 있다. 그중 클린 이팅Clean eating이란 용어가 눈에 들어온다. 이것은 인체에 유해한 것은 피하고 유익한 것을 선택적으로 먹자는 취지에서 만들어진 말이다. 여기서 강조하는 세 가지 먹거리는 과일, 야채, 그리고 전곡全穀이다.

설탕, 소금, 술, 육류, 포화지방, 정제된 곡류, 그리고 가공식품은 기준치를 초과하지 않도록 주의할 필요가 있다. 설탕이 문제가 되는 것은 섭취하는 양이 지나치게 많기 때문이다. 소금 역시 체내에서 중요한 역할을 하지만 지나치면 고혈압을 유발할 수 있고 적게 섭취해도 심혈관 질환을 유발할 수 있다는 연구결과도 나왔다. 소금과 마찬가지로 술

역시 절제하면서 적당히 마시면 건강에 좋다. 단백질의 주공급원인 육류도 적당히 즐기자. 포화지방은 문제가 될 수 있다. 그렇지만 올리브유, 생선 등에 들어 있는 건강한 지방은 챙기자. 건강한 지방이란 불포화 지방을 말한다. 건강을 위해서 줄여야 할 것이 또 있다. 정제된 곡물은 인체에 필수적인 영양소들이 제거된 식품으로 탄수화물을 지나치게 많이 섭취하게 만든다. 또한 가공식품은 유혹을 떨쳐 버리기 어려운 것 중 하나인데 이것을 줄여야 하는 이유는 맛과 저장성을 높이는 과정에서 인체에 유해한 첨가제들이 사용되기 때문이다.

건강한 식생활 지침

유기농과 로컬 푸드의 중요성을 생각하자.
설탕과 소금의 과다 섭취는 위험하다
균형 잡힌 식사를 하자.
색으로 먹자.
소식하자.

https://foodtolive.com/healthy-blog/healthy-eating-tips-facts-plans-habits/
http://www.webmd.com/diet/ss/slideshow-how-to-eat-clean
http://www.eatingwell.com/nutrition_health/nutrition_news_information/10_ways_to_eat_clean

다이어트의 역사

미국인들이 한 해 동안 다이어트 제품을 구입하는 데 지출하는 금액은 무려 610억 달러에 이른다고 한다. 스카이테라(skyterrawellness.com)에 의하면 미국인의 78퍼센트는 과체중 또는 비만이다. 체중 감량을 위해 노력하는 사람 중 97퍼센트는 3년 이내에 원래의 체중으로 환원된다. 이러한 악순환은 새로운 다이어트 제품이 출시되어도 달라지지 않는다.

고대 그리스인들은 몸이 건강하면 마음도 건강하다고 믿었다. 비만과 정신적인 불균형을 동일시했던 그들은 체육관에서 하루에 8시간을 보냈는데 보통은 벌거벗고 있었다고 한다. 여성 미인대회도 열었다. 의학의 아버지로 불리는 히포크라테스

카스텔베트로
https://en.wikipedia.org/wiki/Giacomo_Castelvetro

Hippocrates(c.460~c.370 BCE)는 비만인 사람들은 건강하지 못한 수면, 통증, 고통, 헛배부름, 변비 등으로 고통을 받는다고 믿었다. 그래서 그는 엄격한 다이어트를 하고 운동량을 늘릴 것을 권했다.

고대 그리스인들이 생각하는 이상적인 신체는 오늘날 우리가 생각하는 것과는 달랐다. 한 예로 비너스Venus de Milo는 신장이 168센티미터였고, 체중은 171파운드(77.6킬로그램)나 나갔다. 가슴-허리-히프 역시 35-30-40 인치(89-76-102센티미터)로서 오늘날 미인의 기준과는 차이가 컸다. 르네상스 시대에는 신체의 기준이 보다 세속적이고 더 섹시해지고 느슨해졌다. 그럼에도 불구하고 과체중은 비도덕적인 것으로 간주되었다. 르네상스 시대의 여성들은 날씬해 보이길 원했다. 그러나 그들은 다이어트를 하는 대신 코르셋Corset을 입고 허리를 날씬하게 보이도록 하였다.

카스텔베트로Giacomo Castelvetro(1546~1616)는 신선한 채소를 먹는 이탈리아 방식을 권장하였다. 1614년에는『이탈리아의 과일, 허브, 그리고 채소』(The Fruits, Herbs and Vegetables of Italy)라는 책을 출간하였으며 이 책은 오늘날 유명한 '지중해식 다이어트[Mediterranean Diet]'의 전신이 되었다.

이탈리아의 코르나로Luigi Cornaro(1467(또는 1464)~1566)는 40세 무렵에 극도의 과체중 등으로 건강이 좋지 않은 상태였다. 그는 칼로리를 제한하는 등 건강을 지키고 장수하는 방법을 모색하여 하루에 12온스(340그램)의 음식과 14온스(397그램)의 포도주를 먹는 식사법을 택했다. 말년에는 달걀노른자만 먹었고 102살까지 살았다. 코르나로는『절제하는 삶에 대한 담론』(Discorsi della Vita Sobria, 영어: Discourses on the Temperate Life)이라는 제목의 다이어트 책을 남겼다.

코르나로

이탈리아 베네치아의 귀족이었다.
35세 때 의사로부터 40세를 넘기지 못할 것이란 경고를 받았다.
40세에 건강 상태가 나빠졌다.
이때부터 절제하는 삶을 살기로 결심하였다.
칼로리 제한 식습관을 실천하였다.
102세까지 장수하였다.

https://en.wikipedia.org/wiki/Luigi_Cornaro
http://www.theiflife.com/lessons-from-luigi-how-to-live-to-102/
http://drbass.com/cornaro.html

다이어트와 음식

우리는 다이어트에 대해서 얼마나 알고 실천하고 있을까? 미국의 레드필드J. Redfield가 셀레스틴비전(celestinevision.com)에 게재한 글과 한국후코이단(koreafucoidan.com)자료에 따르면, 설탕과 비만은 밀접하게 연관되어 있다. 설탕의 과다 섭취는 비만으로 이어진다. 미국인 사망 원인의 20퍼센트는 비만 때문이다. 우울증, 치매, 암, 간 질환, 심장 질환, 고혈압, 2형 당뇨병, 그리고 대사 이상과 관련된 질병은 모두 비만에서 비롯된다. 그러나 설탕 섭취를 지나치게 제한하다 보면 지방을 과다 섭취하게 될 수도 있다고 한다. 설탕의 섭취를 줄인다 하더라도 전분이 들어간 음식을 섭취하면 체내에 빠르게 흡수된다. 또한 당이 체내에서 에너지를 만드는 과정에서 체내의 비타민과 미네랄을 소모시키기 때문에 영양소의 결핍을 초래한다.

단맛을 포기할 수 없는 경우에는 설탕을 대체할 수 있는 식품이 있다. 1879년 미국에서 개발된 사카린Saccharin은 설탕보다 300~500배 강력한 단맛을 내지만 우리 몸에서 흡수되지 않고 배설되므로 칼로리가 없다. 아스파탐Aspartame은 1983년 미국 FDA의 승인을 얻은 인공감미료로 설탕의 200배 단맛을 내며 당뇨병 환자나 비만증 환자를 위한 식품에도 쓰인다. 1976년 영국에서 발견된 수크랄로스Sucralose는 설탕보다 600~1,000배 단맛이 난다. 물에 잘 녹고 열과 산에 강하여 음료나 가열식품에 넣기 좋다. 이것은 1998년 미국 FDA의 승인을 얻었다. 식물에서 추출하는 스테비아Stevia는 설탕보다 200배 단맛을 내는 천연감미료이며 칼로리가 거의 없다. 스테비아의 잎에 들어 있는 스테비오사이드Stevioside는 설탕보다 200~300배 단맛을 내지만 섭취해도 혈당에 영향을 주지 않기 때문에 당뇨병 환자의 식이요법으로 주목받고 있다. 하지만 과다 섭취시 부작용이 발생할 수 있다.

2017년 제르브Leah Zerbe는 오가닉라이프(rodalesorganiclife.com)에서 안전하게 섭취할 수 있는 설탕 대체식품을 소개하였다. 스테비아Stevia, 당알콜[Sugar Alcohols], 생벌꿀[Raw Local Honey], 단풍당밀[Real Maple Syrup], 블랙스트랩 당밀[Blackstrap Molasse]. 여기서 당알콜은 폴리올 구조를 가지는 자일리톨, 솔비톨, 말티톨, 락티톨, 에리스리톨 등을 말하며 설탕보다 낮은 열량을 함유하고 있다. 생벌꿀은 꿀벌이 꽃의 꿀에서 생산하는 자연숙성된 꿀이고 단풍당밀은 단풍나무에서 얻는 수액이다. 블랙스트랩 당밀은 사탕수수나 사탕무를 설탕으로 가공할 때 맨 마지막에 남는 시럽을 말한다.

제초제 저항성을 갖도록 유전공학적으로 조작된 콩도 문제이다. 수소로 경화 처리한 콩기름에 들어 있는 트랜스 지방은 암, 뼈 변성, 천식, 자가 면역 질환, 당뇨병, 심장 질환 등을 유발할 수 있다. 올리브유, 견과류, 생선 등을 통해서 불포화 지방을 섭취하도록 하자. 단백질이 풍부한 음식과 야채를 자주 섭취하자. 헬스닷컴(health.com), 헬스라인닷컴(healthline.com) 등이 소개한 다이어트에 좋은 음식도 섭취하자. 콩, 귀리, 현미, 아보카도, 블루베리, 포도주, 아몬드, 배, 잣, 녹차, 통보리, 감자, 달걀, 치즈 등.

고추 다이어트

고추의 효능 중 가장 흥미로운 것 중 하나는 체중을 줄여주고 체지방 축적을 억제한다는 사실이다. 리브스트롱(livestrong.com), 핏데이(fitday.com), 웹엠디(webmd.com), NHS(nhs.uk),

내추럴 소사이어티(naturalsociety.com), 데일리비스트(thedailybeast.com), 네이처스플러스(you.naturesplus.com), 헬스라인(healthline.com) 등 수많은 자료에 따르면, 고추 속의 캡사이신이 신진 대사를 촉진하고 열 발생 속도를 높여서 지방을 태워주기 때문에 체중을 줄여주는 데 효과가 있다고 한다. 캡사이신은 위액 분비를 촉진해서 영양소의 소화 및 흡수에도 도움을 준다. 캡사이신과 다이어트의 상관관계에 대한 연구 결과에 고무되어 캡사이신 또는 캡사이신유사체[Capsaicinoids]를 이용한 다양한 다이어트 식품이 캡시쿰Capsicum, 캡시쿰 퓨어Capsicum Pure, 캡시쿰 익스트림Capsicum Extreme, 밤캡시Bomb Capsi 등의 이름으로 출시되었다.

캡사이신

염증을 완화시켜 준다.
진통제로도 사용된다.
암 치료에도 도움을 준다.
당뇨병 치료에 도움을 준다.
피부질환 치료에도 도움을 준다.
지방의 산화를 촉진하므로 다이어트에 도움을 준다.
과다 섭취 시 부작용이 있으니 주의해야 한다.

http://www.fitday.com/fitness-articles/nutrition/healthy-eating/the-nutrition-of-hot-peppers.html
https://draxe.com/capsaicin/
http://www.upi.com/Health_News/2015/09/09/Compound-that-makes-peppers-hot-could-help-kill-cancer-cells/1931441829131/
http://www.sci-news.com/medicine/capsaicin-breast-cancer-cells-04474.htm

고추를 더하다

우리 몸에 좋다는 고추의 매력은 매운맛에 있지만 한편으로는 이 매운맛 때문에 고추를 멀리하기도 한다. 다행스럽게도 기호에 따라서 매운 정도가 다른 고추를 선택할 수 있을 만큼 다양한 고추가 세상에 나와 있다. 고추는 그냥 먹어도 좋지만 고추장, 된장, 또는 쌈장에 찍어 먹어야 제맛이다. 말린 고추로 고춧가루를 만들어 필요에 따라 사용할 수도 있다. 고추씨만을 모아서 고추기름을 만들면 기름이나 조미료로 사용할 수 있다. 고추의 캡사이신은 껍질보다 씨에 더 많이 들어 있기 때문에 고추씨로 고추기름을 만들어 먹는 것은 생활 속의 지혜라고 할 수 있다. 영양과 맛을 함께 고려한다면 고추 간장 장아찌를 만들어 숙성시키면 오랫동안 색다른 맛을 즐길 수 있다. 발효 식품으로 인기 있는 된장국에 고추를 넣으면 새로운 맛이 생겨난다. 쇠고기나 돼지고기에 각종 야채를 넣고 볶아 먹는 고추잡채는 다양한 재료가 들어간 영양 만점 요리이다. 원래 중국 산동 요리인 고추잡채가 널리 알려진 이유는 고추가 가진 매력 때문이다.

전 세계적으로 매운 요리가 인기를 끌고 있다. 인도의 빈달루Vindaloo는 고기나 생선을 넣어 아주 매콤하게 만든 요리로 세계에서 가장 매운 카레 중 하나이며 포루투갈의 영향을 받아 인도 서부의 고아Goa 지역에서 기원하였다. 매운 고추의 대명사인 부트 졸로키아Bhut jolokia가 들어갔으니 마음의 준비를 하고 시도할 것! 치킨 빈달루는 다양한 재료로 만드는 음식이다. 양파, 마늘, 생강, 계피, 후추, 정향丁香, 강황薑黄 가루, 그리고 붉은 고추를 식초와 함께 갈아 만든 마살라Masala를 준비한다. 닭고기와 준비한 마살라를 물에 넣고 잘 섞은 다음 끓여낸다.

저크 치킨Jerk Chicken은 다양한 향신료가 들어간 자메이카의 닭 요리이다. 매운 고추인 스카치 보넷Scotch bonnet 때문에 더 유명해졌다. 다양한 중국 사천 지방의 샤브샤브인 사천 훠궈火锅도 사천 고추 때문에 유명해진 음식이다. 팟 프릭Pad prik, 카우 카우Cau Cau, 삼발 올렉Sambal Oelek은 각각 태국, 페루, 인도네시아의 대표적인 매운 요리이다. 팟 프릭에서 pad는 stir-fry란 뜻이고 prik은 chilies라는 뜻으로서, 고추 소스를 사용하여 볶아낸 음식을 말한다.

매콤한 닭 요리를 즐기고 싶다면 핫타이키친 닷컴(hot-thai-kitchen.com)이 소개하는 팟 프릭 킹(Red curry chicken & long beans stir-fry)을 추천한다. 이것은 닭고기를 고추소스[Hot chili paste]와 킹(King, Ginger, 생강)으로 양념하여 볶아낸 요리이다. 노랗게 잘 익은 닭다리와 가슴살과 함께 빨간 고추 소스와 초록의 줄콩이 어우러져 식욕을 돋운다.

페루의 전통 음식을 맛보고 싶다면 비바 페루(vivaperu.co.uk)가 소개하는 카우 카우 드 폴로Cau cau de pollo를 추천한다. 이것은 폴로(Pollo, Chicken)를 양념(Palillo spice mix)으로 버무려 맛을 내고 노란 고추(Aji amarillo yellow chilli)로 매운맛을 더한 후에 쌀밥과 함께 즐기는 요리이다. 노란 닭고기와 흰 쌀밥, 그 사이사이에 있는 초록 잎들이 조화를 이루고 있다. 민트Mint와 레몬이 신선함을 더해준다.

인도네시아의 삼발 올렉Sambal Oelek은 발리섬의 전통 음식인데 양념 맛이 강하기로 유명하다. 접시에 담아낸 삼발 올렉은 온통 빨간색이다. 심라 미르치Bharwan Simla Mirch는 초록색 고추를 이용하여 만드는 요리이다. 감자, 건포도, 캐슈(Cashews, 열대 아메리카산 견과류 열매), 그리고 갖은 양념을 섞고 나서 구워낸다.

프랑스의 연구자들에 따르면, 매운 음식을 먹는 남자들은 남성 호르몬인 테스토스테론Testosterone 수치가 더 높고, 매운 고추를 먹으면 알파 메일Alpha male 호르몬 수치가 증가될 수 있다고 한다. 당신이 알파 메일이라는 것을 증명해 보이는 방법 중의 하나는 아주 매운 음식을 먹을 수 있다는 것을 보여주는 것이다. 2014년 12월 텔레그라프(telegraph.co.uk) 기사는 이러한 내용으로 시작하여 세상에서 가장 매운 음식을 소개하고 있다. 팔 커리Phall curry는 세계에서 가장 매운 커리이다. 이것을 먹은 사람 중에는 토하거나 환각에 빠진 사람도 있었고 심지어는 병원으로 실려간 경우도 있었다.

페루의 파파 알 라 우앙카이나Papa a la Huancaina는 기본적으로는 감자 샐러드인데 매운 고추(Amarillo chili pepper)를 사용한다. 자살 치킨 날개[Suicide chicken wings]는 타바스코(Tabasco, 고추로 만든 매운 소스)와 고춧가루를 사용한다. 심장이 약한 사람은 시도하지 않는 게 좋다!

이팅 웰(eatingwell.com)에도 다양한 고추 요리가 소개되었다. 칠리 베르데[Beef & Bean Chile Verde]는 실란트로Cilantro, 붉은 양파, 몬터레이 잭 치즈Monterey Jack cheese로 만든다. 옥수수빵과 매운 소스를 곁들이면 좋다. 캡시쿰 치즈 토스트 샌드위치는 스낵으로 또는 간단한 아침 식사로 즐길 수 있는 메뉴이다. 자신의 기호에 맞추어 다양하게 변형할 수 있는 요리이다.

고추 요리

Aloo capsicum
Aloo capsicum masala
Bharwan Simla Mirch
Bhavnagri Pepper
Capsicum besan sabzi
Capsicum chutney
Capsicum fry
Capsicum masala
Capsicum pulao
Capsicum raita
Kacche Kele ki Asharfi
Peperonata
Simla Mirch Aur Aloo

https://namu.wiki/w/%EA%B3%A0%EC%B6%94%EC%9E%A1%EC%B1%84
http://food.ndtv.com/lists/10-best-capsicum-recipes-740459
http://www.eatingwell.com/recipes/19312/ingredients/vegetables/peppers/
http://indianhealthyrecipes.com/capsicum-recipes/
https://food.ndtv.com/lists/10-best-capsicum-recipes-740459
http://www.vegrecipesofindia.com/capsicum-recipes-veg-capsicum-recipes/

3
밀

밀 / 흰 밀가루가 어때서 / 글루텐 / 오메가 지방산이 뭐길래 / 발효 식품 / 잇 웰

밀

맥주의 원료이고 빵, 과자, 국수 등의 원료이다. 전 세계 곡물 중 생산량이 두 번째로 많은 이것은 바로 밀(소맥, 小麥)이다. 밀은 인류가 아프리카를 떠나 아시아로 이동한 시기인 기원전 70,000년부터 먹었으며 기원전 12,000년부터는 직접 재배도 했을 것으로 추정된다. 고대 도시 유적 우루크Uruk에 있는 수메르Sumer 여신 이난나Inanna를 위한 사원에서 밀과 보리가 그려진 항아리(Warka vase, 약 3,200~3,000 BCE)가 발견되었다. 자신을 '검은 머리 사람들'이라 칭했던 수메르인들은 운하를 건설하고 티그리스와 유프라테스 강물을 끌어들여 농경지로 만들고 밀, 보리, 대추야자, 콩, 양파, 마늘 등을 재배하였다. 수메르인들이 비옥한 초승달 지대에서 이룩한 메소포타미아 문명에 대한 상세한 기록은 점토판에 새겨진 쐐기 모양의 설형문자가 해독되면서 밝혀졌다. 고대 중국에서도 기원전 2,500년 경부터 밀을 먹기 시작했을 것으로 짐작된다. 점점 서구화되어 가는 우리의 식생활 문화 속에서 밀의 비중은 점차 증가하고 있다. 밀은 12,000년 전부터 중국에서 경작되어 동아시아 문화의 상징이 된 쌀과의 경쟁에서도 위세가 당당하다. 우리나라의 경우에는 조선 시대부터 밀가루 음식이 서민 음식으로 자리 잡았다. 현재 우리가 소비하는 밀은 거의 전량 수입에 의존하고 있다. 국산 밀이 수입 밀과의 가격 경쟁력에서 밀렸기 때문이다. 하지만 우리 밀 살리기 운동에 힘입어 점차 관심이 커지고 있으니 우리 밀 살리기 운동본

부(woorimil.or.kr)를 방문하여 여러 가지 궁금한 것을 알아보는 것도 좋겠다.

밀

17,000년 이전부터 인류가 먹어온 곡물이다.
세계 3대 곡물 중 하나이다.
빵, 과자, 국수, 파스타, 파이 등을 만드는 원료이다.
봄에 심어서 여름에 수확하거나 가을에 심어 이듬해 봄에 수확한다.
벼과의 한해살이 풀이다.
겨, 배젖, 그리고 배아로 이루어져 있다.
단백질, 녹말, 비타민, 섬유소, 무기질 등이 풍부하다.
최대 생산국은 중국, 인도, 러시아, 미국이다.

https://www.wheatworld.org/wheat-101/wheat-facts/
https://en.wikipedia.org/wiki/Gluten-free_diet
http://quatr.us/food/wheat.htm

흰 밀가루가 어때서

식당에서 계란을 넣은 라면만 먹어도 포만감과 함께 행복을 느끼던 시절이 있었다. 그때는 매일 먹어도 질리지 않는 것이 라면이었다. 지금도 한국인에게 사랑 받는 기호식품인 인스턴트 라면은 1958년 일본의 안도 모모후쿠(1910~2007)가 처음으로 개발하였다. 이제 한국은 라면을 세계에서 가장 많이 소비하는 나라가 되었다. 1인당 연간 76개의 라면을 소비하고 면麵류 소비량도 연간 9.7킬로그램(2015년 기준)으로 일본을 제치고 세계 1위가 되었다. 세계인의 사랑을 받고 있는 면 요리는 라면, 빵, 자장면, 짬뽕, 우동, 국수, 수제비, 파스타 등 종류도 많고 다양하다. 그런데 그런 면 요리의 원료인 밀가루가 우리 몸에 해롭다고? 이것은 흔히 사용되는 흰 밀가루 이야기이다. 여기에는 우리의 건강을 해치는 부정적인 요소가 숨어 있다. 부드럽고 백설같이 흰 밀가루는 고도로 정제된 탄수화물이다. 정제 과정에서 밀의 주요 성분인 겨와 배아가 제거된다. 인체에 필요한 중요 영양소가 빠져나간 것이다. 겨에는 섬유소가 풍부하며 배아 속에는 섬유소뿐만 아니라 불포화 지방, 비타민 B, 미네랄 등이 들어 있다. 불포화 지방은 혈중 콜레스테롤을 낮춰주고 혈압을 개선하여 심장을 보호해준다. 비타민 B는 적혈구 세포 생성과 뇌세포 활동에 도움을 주는 등 세포 대사에서 중요한 역할을 한다. 또한, 배아에 있는 아연[$_{30}$Zn], 인[$_{15}$P], 철[$_{26}$Fe] 등의 미네랄은 시력 보호, 세포 생성, 면역력 강화, 혈중 지방 이송, 뼈 강화, 혈중 산소 운반 등 중요한 역할을 한다. 고도로 정제된 흰 밀가루는 이 모든 것이 제거된 것이다.

흰 밀가루가 나쁘다고 해서 맛있는 면 요리의 유혹으로부터 벗어날 수 있을까? 한 가지 방법은 비만을 부르고 당뇨병을 유발하는 정제된 흰 밀가루 대신 영양이 살아 있는 통밀을 먹는 것이다. 몇 년 전부터 흰 밀가루 대신 통밀가루로 만든 빵이 인기를 끌고 있다. 통밀빵은 혈당지수(GI, Glycemic index)가 매우 낮아 혈중의 당 농도를 낮춰주어 당뇨병 위험을 감소시켜 준다. GI란 일정량의 시료식품 탄수화물을 섭취한 후의 혈당 상승 정도를 같은 양의 표준 탄수화물 식품을 섭취한 후의 혈당 상승 정도와 비교한 값을 말한다. 우리 몸에서 혈당이 상승하게 되면 인슐린Insulin이 분비되는데 과다한 경우 남은 혈당을 지방으로 축적시켜 비만의 원인이 되기도 한다. 따라서 통밀빵을 먹으면 혈당과 비만을 동시에 해결할 수 있게 된다. 통밀에는 섬유소도 풍부하기 때문에 소화를 천천히 시켜 위장에 포만감을 주고 변비에도 좋다. 통밀에는 불용성 식이섬유소가 많아 물을 충분히 마셔야 한다. 몸에 좋은 식이섬유도 섭취량을 천천히 늘리는 것이 건강에 좋다. 통밀의 인기에 힘입어 다양한 통밀 과자, 통밀 우동, 통밀 자장면, 통밀 칼국수 등이 출시되고 있다. 오늘 저녁은 통밀의 겨, 배아, 그리고 배젖이 살아 있는 통밀 빵과 통밀 파스타로 즐겨볼까? 잠깐만! 곡물의 껍질에는 피틴산(Phytic acid, $C_6H_{18}O_{24}P_6$)이 함유되어 있다. 피틴산은 6개의 인산염기를 가진 이노시톨Inositol이다. 피틴산은 1903년에 발견되었는데, 대부분의 씨앗과 곡류의 껍질에 많이 들어 있다. 장내 염증을 일으킬 수 있으니 껍질째 먹지는 말자. 그런데 피틴산은 건강에 유익한 면도 많이 가지고 있다. 항암 효과는 물론이고 인슐린 저항

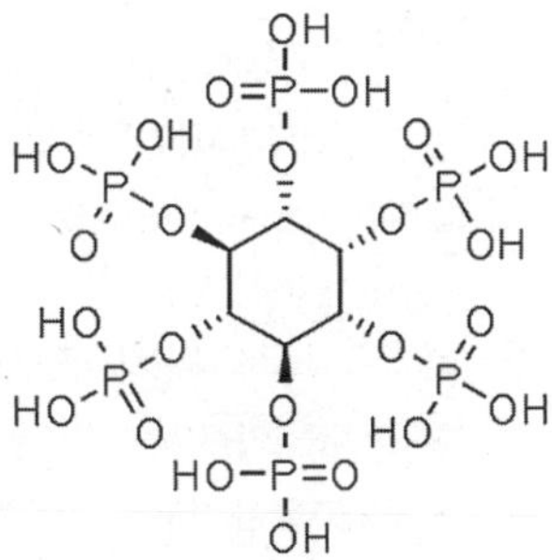

피틴산
https://en.wikipedia.org/wiki/Phytic_acid

성을 개선해준다. 치주질환과 충치를 예방해 주는 효과도 있으며 콩팥에 결석이 생기는 것도 막아 준다. 피틴산의 긍정적인 효과를 기대한다면 현미와 콩을 즐겨 먹는 것도 좋겠다.

글루텐

밀가루로 만든 음식만 먹으면 속이 불편하고 심지어 배가 아픈 사람들이 있다. 그래서일까, 밀가루가 건강을 해치는 주범으로 인식되었던 때가 있다. 가장 중요한 이유는 셀리악병(Celiac disease, 글루텐 민감성 장 질환) 때문이었다. 유전적으로 밀가루에 들어 있는 글루텐Gluten을 소화할 수 없는 사람들에 대한 관심이 증가하면서 글루텐 프리Gluten-free 열풍이 불었던 것이다. 접착제[Glue]를 뜻하는 라틴어에서 온 글루텐은 밀가루에 물을 넣고 반죽할 때 밀 속의 글루테닌Glutenin과 글리아딘Gliadin이 서로 결합하여 만들어지는 단백질이다. 밀을 입에 넣고 오래 씹으면 껌이 되는 이유도 여기에 있다. 중국인들이 면근麵筋이라 불렀던 글루텐은 점탄성(점성과 탄성)이 있어서 밀가루 반죽을 하면 원하는 모양이 지속될 수 있다. 글루텐은 밀가루 가공과 조리에 필요한 성분이다. 글루텐 과민 반응을 보이는 사람은 밀가루 음식을 피해야 하지만, 보통 사람들은 별 문제가 되지 않는다.

글루텐

밀, 호밀, 보리 등에 들어 있는 단백질이다.
글리아딘과 글루테닌이 결합하여 만들어진다.
점탄성을 가진다.
물에 용해되어 풀어지지 않는 성질을 갖는다.
셀리악병을 가진 사람들은 글루텐이 들어 있는 음식을 피해야 한다.
장내 세포를 손상시켜 설사, 빈혈, 피부 발진, 복통 등을 야기하기 때문이다.
건강한 사람에게는 문제가 되지 않는다.

쌀과 옥수수에는 글루텐이 들어있지 않다.

https://www.glutenfreesociety.org/43-facts-about-gluten-you-might-not-know/
http://kswheat.com/news/2014/12/19/g-is-for-gluten

오메가 지방산이 뭐길래

오메가-6Omega-6가 도대체 뭐 길래 사회적 파장을 일으키고 있을까? 오메가-6는 오메가 지방산[Fatty acid]의 한 종류이다. 지방은 탄수화물, 단백질과 함께 3대 영양소로 불리는 중요한 물질이다. 지방산은 길다란 지방족 탄소 사슬을 가진 카복시산(Carbocylic acid, COOH기를 가짐)을 말한다. 지방은 지방산의 에스터(Ester, COOH기의 H가 다른 작용기로 대체된 물질)이며 일반적으로 소수성(물을 싫어함)을 띠는 중요한 에너지원이다. 지방산의 탄소 사슬은 포화된 사슬이거나 불포화된 사슬일 수 있는데, 전자를 포화 지방산이라 부르고 후자를 불포화 지방산이라 부른다. 상온에서 고체인 동물성 기름에는 포화 지방산이 많고 상온에서 액체인 식물성 기름에는 불포화 지방산이 많다. 한편, 생선에 들어 있는 기름에는 불포화 지방산이 많다. 버터, 팜유, 쇠기름, 돼지기름 등에 들어 있는 포화 지방산을 과도하게 섭취하면 혈중 콜레스테롤 수치를 높여 동맥경화, 협심증, 뇌졸중 및 암의 원인이 된다. 오메가-6 지방산은 인체 건강에 필요한 필수 지방산이므로 무조건 피할 필요는 없고 오메가-3와 오메가-6의 균형을 맞추는 것이 중요하다.

미국 매릴랜드 대학교 메디칼센터 자료에 의하면, 오메가-6는 필수 지방산이지만 섭취하는 양이 지나치면 복합부위통증증후군[Complex regional pain syndrome]을 야기할 수 있다. 미국인들이 음식을 통해서 통상적으로 섭취하는 오메가-6와 오메가-3의 비는 14 대 1 내지 25 대 1 정도이다. 옥수수 등의 사료를 먹여 좁은 공간에서 대량으로 키워 생산되는 쇠고기의 경우에는 오메가-6와 오메가-3의 비가 60 대 1 이상으로 불균형을 이루고 있다. 따라서 생선, 식물성 기름, 견과류, 아마 씨, 또는 채소 같이 오메가-3가 많이 들어 있는 식품을 통해서 균형을 맞추는 것이 중요하다. 오메가-3는 우울증과 불안을 줄여주고,

눈 건강에도 좋으며, 어린이의 뇌 발육에도 도움을 주는 지방산이다. 오메가-3는 심장 질환의 위험성도 낮추어 주며, 주의력결핍과잉행동장애[ADHD]와 대사증후군을 줄여준다. 염증을 완화시키고, 자기면역질환, 정신질환 및 알츠하이머병에도 도움이 된다. 오메가-3는 지방간을 줄여주는 것은 물론이고 암도 예방해 주는 기적의 물질이다. 우리가 소의 사육환경을 따져보아야 하는 이유는 뭘까? 사료 대신 들판에 방목하면서 풀을 먹여 생산한 쇠고기에는 오메가-3가 풍부하게 들어 있기 때문이다. 쇠고기는 오메가-3가 풍부하게 들어 있는 건강한 10가지 음식 중 5위에 올라 있다. 쇠고기가 부담스럽다면 먹는 횟수를 줄이고 오메가-3가 풍부한 콩이나 두부를 즐겨도 무방하다. 오메가-3 지방산이 풍부한 식품으로는 연어, 참치, 고등어, 꽁치, 냉이, 쑥, 미나리 등이 있다.

오메가-3 지방산

숫자 3은 불포화 지방산의 구조에서 맨 끝(ω 위치) 탄소로부터 3번째에 위치한 탄소에서 탄소-탄소 이중결합이 시작함을 의미한다.

예: EPA[eicosapentaenoic acid], DHA[Docosahexaenoic acid], ALA[α-Linolenic acid]

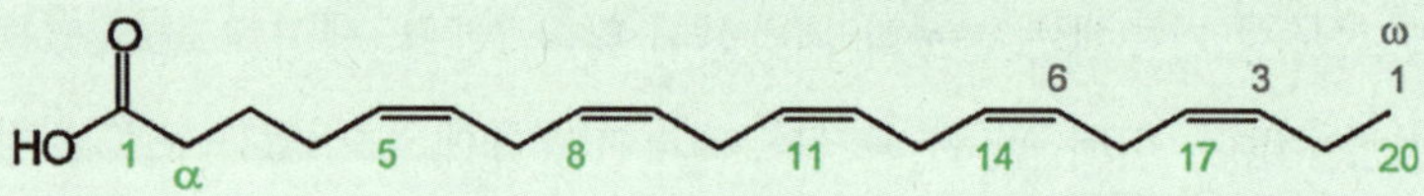

EPA

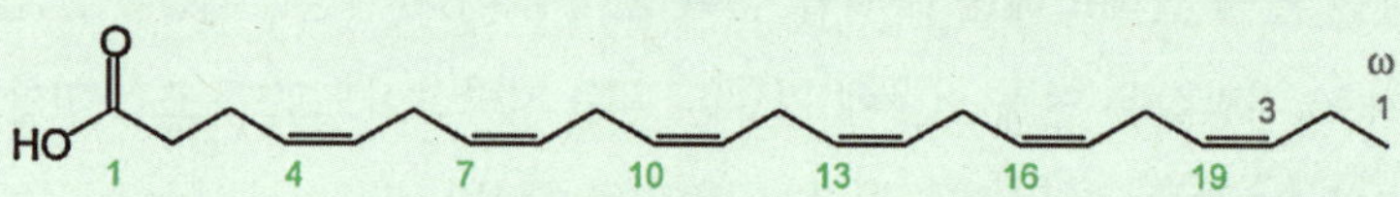

DHA

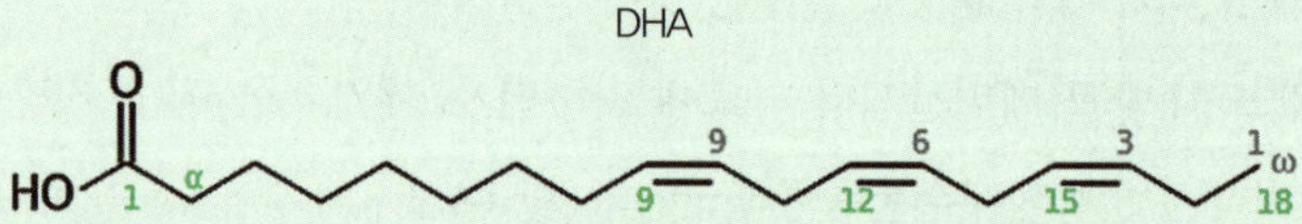

ALA

https://en.wikipedia.org/wiki/Omega-3_fatty_acid

화식우火食牛가 귀하신 몸이 되었다. 화식우란 여물을 끓여 먹인 소를 말한다. 옛날 우리 농가에서는 보통 집집마다 소를 한두 마리는 길렀다. 여름철에는 들판으로 소를 몰고

나가 소들이 풀을 뜯는 사이에 풀을 베어다 저장해두고 먹였다. 겨울철에는 말린 볏단을 잘게 썰어 가마솥에 끓여 소에게 먹였다. 소는 집안의 큰 재산이었다. 가난한 농가에서는 소를 팔아 마련한 돈으로 자식들을 대학에 보냈다. 그래서 생겨난 말이 우골탑牛骨塔이다. 지금은 소를 대량으로 기르다 보니 효율성과 경제성을 고려하여 곡물 사료를 먹이게 되었는데 대부분 옥수수가 주를 이루었다. 그런데 옥수수를 먹인 소를 섭취한 사람들에게서 부작용이 생겨났다. 〈옥수수의 습격〉(2010년, SBS 방영)이 시작된 것이었다. 알레르기, 아토피 및 각종 질병이 나타나기 시작했다. 옥수수를 먹인 쇠고기의 지방산 구성 비율을 조사한 결과 오메가-6와 오메가-3의 비가 60 대 1을 초과하였다. 정상적인 대사과정에 중요한 오메가-3와는 달리 오메가-6 지방산은 혈관을 수축시켜 혈압을 높인다. 혈소판 응고를 촉진하여 심장병의 위험도 높이고 세포의 노화도 촉진한다. 또한 지방 세포의 수와 크기를 늘려 지방 조직도 증가하는데 이 때문에 육질이 부드럽고 맛이 풍부해지는 것이다. 소 근육 사이에 마블링이 생기는 원인도 옥수수 사료 때문이다. 최근에는 이러한 문제점을 극복하기 위해서 초식동물인 소의 생리에 맞추어 풀만 먹여 소를 기르는 농가들이 늘어나고 있다. 이러한 환경에서 생산된 소들은 심혈관 질환이나 비만을 고쳐주는 특별한 고기로 인식되어 수요가 증가하고 있다. 소가 건강해야 사람도 건강하다.

발효 식품

식약동원食藥同源이란 말이 있다. 음식과 약은 뿌리가 같다는 의미이다. 그러나 약이 사후 처방 개념이라면 음식은 사전 예방 조치라고 할 수 있다. 평상시의 건강한 식사 습관은 사후 처방 격인 약의 사용을 극소화할 수 있다. 많은 음식 중에서 맛은 물론이고 면역력 개선에도 도움이 되며 영양도 풍부한 음식은 무엇일까? 바로 발효 음식[Fermented food]이다. 발효 식품에는 박테리아가 들어 있어서 우리 몸에 이로운 물질들을 만들어낸다. 우리 몸속 박테리아의 숫자는 세포 수의 10배나 된다. 이러한 장내 미생물은 우리 몸의 핵심 기능을 통제하고 있어서 우리 건강에 매우 중요하다. 이러한 활생균[Probiotics]은 면역 체계와 신진대사를 조절하고 위장관을 지탱해주며, 기분과 뇌기능을 지지해주고 중요한 비타민과 영양소를 생산하며 건강 체중을 유지시켜 준다. 한국의 김치는 전 세계를 대표하는 발효 음식에 빠지지 않고 등장한다. 2011년에 『영양 연구』(Nutrition Research)라는 저널에 게재된 논문에 의하면 김치는 비만 환자들의 체지방을 줄여주는 효과가 있다고 한다. 김치는 혈당 및 혈압 개선효과도 있는 대사 건강의 중요한 지표라고 한다.

또한, 김치는 콜레스테롤 수치를 낮추어 주고 변비를 예방해주며 대장암에도 좋다고 한다. 그 밖에도 김치는 스트레스를 낮추어 주고 우울증을 완화시켜 주며 골관절염에도 좋다. 또한 아테롬성 동맥경화증을 완화시켜 주며 간 질환에도 좋다고 하니 이 논문대로라면 김치는 만병통치약이다. 된장, 간장, 고추장, 쌈장, 청국장 같은 장류와 젓갈 등도 한국의 대표적인 발효 식품이다. 유네스코 음식창의도시로 선정된 전주에서는 해마다 김치를 주제로 한 행사가 열리고 있다. 2017년 11월 서울광장에서는 내·외국인 5,000여 명이 참가한 김장문화제가 열렸다.

자우어크라우트Sauerkraut는 양배추를 발효시켜 만드는 음식이다. 독일, 체코, 네덜란드, 이탈리아, 헝가리, 러시아 등 유럽 여러 나라에서 다양한 형태로 즐긴다. 자우어크라우트가 신맛이 나는 것은 배추를 설탕과 함께 발효할 때 만들어지는 젖산[Lactic acid] 때문이다. 젖산균[Lactobacilli] 뿐만 아니라 류코노스톡균[Leuconostoc]과 페디오코쿠스균[Pediococci]도 발효를 도와준다. 자우어크라우트는 비타민 A가 풍부하고 소화기관을 치유하는 데 도움을 준다. 또한 심장을 보호하는 작용을 하며 콜레스테롤을 낮추어 주고 혈소판 점착을 줄여준다.

우유나 양젖을 발효시킨 케피어Kefir는 코카서스 지역 사람들이 수천 년 동안 만들어 먹던 음식이다. 그들의 장수 비결 중 하나가 바로 케피어이다. 이곳에 사는 무슬림들은 케피어를 신의 선물로 생각하였다. 케피어[Milk kefir grain]는 알갱이들이 엉겨있는 것이 버섯을 닮아 티베트 버섯[Tibetan mushroom]으로도 알려져 있는 기적의 음식이다. 티베트 승려들이 애용하였고 질병 치료에도 활용하였다고 전해진다. 케피어는 면역력을 높여주고 기억력을 증진시킬 뿐만 아니라, 혈관을 깨끗하게 해준다. 항균, 항암 등의 효과도 있는 것으로 알려져 있으며 행복감을 주는 다당류도 들어 있다.

양이나 소 등의 젖을 발효시켜 만든 요거트Yogurt 역시 건강에 좋은 발효 음식이다. 2012년『뉴잉글랜드 의학저널』(New England Journal of Medicine)에 발표된 바에 따르면 요거트는 체중을 줄이는 데 도움이 된다고 한다.『영국 영양학 저널』(British Journal of Nutrition)도 요거트에 있는 박테리아는 인슐린 민감성과 염증 개선에 도움을 준다고 밝혔다. 2017년 1월 엘리오트Brianna Elliott는 헬스라인(healthline.com)에서 요거트가 건강에 좋은 점을 다음과 같이 들었다. 칼슘, 단백질, 비타민, 마그네슘 등 필수 영양소가 풍부하다. 활생균이 풍부하다. 면역력을 증진시켜 준다. 심장 건강에도 좋다. 그리고 다이어트에도 좋다.

발효 식품

김치	낫토	케피어	피클
고추장	식초	자우어크라우트	템페
간장	요거트	생치즈	홍차버섯
된장			

https://draxe.com/fermented-foods/
https://ko.wikipedia.org/wiki/%EB%B0%9C%ED%9A%A8
https://en.wikipedia.org/wiki/List_of_fermented_foods

잇 웰

평균 수명이 늘어나면서 '100세까지 장수하는 비결', '무병장수의 비결', '건강장수의 비결 등' 수많은 기사가 인터넷을 채우고 있다. 잘 먹는다는 것은 축복이다. 어떻게 하는 것이 잘 먹는 것일까? 국가의 건강과 웰빙을 향상시키고 건강 불평등을 줄이기 위해 조직된 영국의 공공의료팀[Public Health England]이 잘 먹는 법[Eatwell guide]을 제시하였다. 이 안내서를 이용하면 더 건강하고 지속 가능하게 먹을 수 있는 식품이 무엇인지 알 수 있다. 의료팀은 5개의 집단을 기본으로 정하였다.

1) 과일과 야채: 최소한 5가지를 먹을 것.

2) 감자, 빵, 쌀, 파스타 및 기타 녹말성 탄수화물: 전곡 또는 식이섬유가 많은 것 중에서 지방, 소금 및 설탕이 적게 들어간 것을 먹을 것.

3) 콩, 생선, 달걀, 고기 및 기타 단백질: 콩류와 생선류는 매주 먹을 것.

4) 유제품 및 대체물: 지방과 설탕이 적게 들어간 것을 먹을 것.

5) 오일과 스프레드: 불포화 기름을 먹되 소량 먹을 것.

이 밖에 물은 매일 6~8컵을 마실 것.

마지막으로 잘 먹는 팁 8가지를 다음과 같이 제시하였다.

1) 식사는 녹말성 식품으로 한다.

2) 과일과 야채는 많이 먹자.

3) 매주 생선을 먹자.

4) 포화 지방과 설탕은 줄이자.

5) 소금은 성인 기준으로 하루에 6그램 이하로 섭취하자.

6) 체중 조절을 하자.

7) 물을 자주 마시자.

8) 아침은 꼭 먹자.

4
블루베리

블루베리 / 베리 / 나는 색으로 먹는다 / 항산화제

블루베리

북아메리카 원주민들이 마법의 힘을 가졌다고 믿은 식물이 있다. 이 식물은 꽃받침이 오각형의 별을 닮았다 하여 스타베리Starberry라고도 불렀다. 바로 블루베리Blueberry이다. 식량이 바닥나 곡식이 익을 때까지 기다려야 하는 보릿고개가 오면 그들의 주신主神이 하늘에 있는 스타베리를 땅으로 내려오게 하여 어린 아이들의 굶주림을 달래주었다는 전설을 간직한 블루베리는 이름 그대로 경이로운 식물이다. 북아메리카가 원산지인 블루베리는 오늘날 미국인들 사이에 가장 인기 있는 과일 중의 하나가 되었다. 블루베리가 많은 사람들에게 인기를 끌고 있는 이유는 뭘까? 다년간의 연구 결과 블루베리는 신경계 및 뇌에 유익할 뿐만 아니라, 기억력도 증진시켜 준다는 것이 밝혀졌다. 블루베리에는 안토시아닌Anthocyanin이라는 항산화제가 들어 있다. 안토시아닌계 화합물로는 말비딘Malvidin, 델피니딘Delphinidin, 펠라고니딘Pelargonidin, 사이아니딘Cyanidin, 그리고 피오니딘Peonidin이 있다. 블루베리에는 비타민, 식이 섬유, 망간[$_{25}$Mn], 구리[$_{29}$Cu] 등도 들어 있으며 플라보놀Flavonol, 폴리페놀Polyphenol, 신남산[Cinnamic acids] 등의 풍부한 영양소가 가득한 슈퍼 푸드이다.

블루베리가 우리의 건강을 지켜주는 보물 같은 존재라는 사실은 다음과 같은 다양한 효능을 보면 수긍이 간다. 블루베리는 칼로리는 낮지만 영양소는 풍부하다. 플라보노이드Flavonoid라고 부르는 폴리페놀Polyphenol이 풍부한 블루베리는 항산화 식품의 왕이다. 블루베리는 이른바 나쁜 콜레스테롤이라고 알려진 저밀도 지질단백질(LDL, Low density lipoprotein)의 수치를 낮춰주어 심장 질환을 줄여준다. 따라서 고혈압의 위험을 감소시키는 역할을 한다. 또한 뇌의 노화를 촉진하는 산화 스트레스[Oxidative stress]를 줄여주어 뇌 기능을 개선시키고 기억 감퇴를 늦춰준다. 다른 과일에 비해 당이 많이 들어있지 않을 뿐만 아니라, 안토시아닌 같은 생리활성 물질들이 인슐린 민감성 또는 글루코스Glucose 대사 과정에 관여하기 때문에 당뇨병을 개선하는 효과를 보인다. 블루베리는 여성에게 흔한 질병인 요로감염증에도 효과가 있으며, 과격한 운동 후에 나타나는 근육 손상을 회복하는 데에도 좋다. 이뿐만이 아니라, 노화 및 암을 유발하는 DNA 손상도 줄여준다.

블루베리

- DNA 손상을 줄여준다.
- 노화를 늦춰준다.
- 뇌를 보호한다.
- 심장 건강을 도와준다.
- 암 발생을 낮춰준다.
- 소화를 돕는다.
- 피부에 좋다.

http://preventdisease.com/news/13/022013_Just-300-Grams-of-Blueberries-Protects-Against-DNA-Damage-In-Humans.shtml
https://authoritynutrition.com/10-proven-benefits-of-blueberries/
https://www.huffingtonpost.com/2014/07/12/blueberry-health-facts-benefits_n_5568690.html
https://draxe.com/health-benefits-blueberries/

안토시아닌

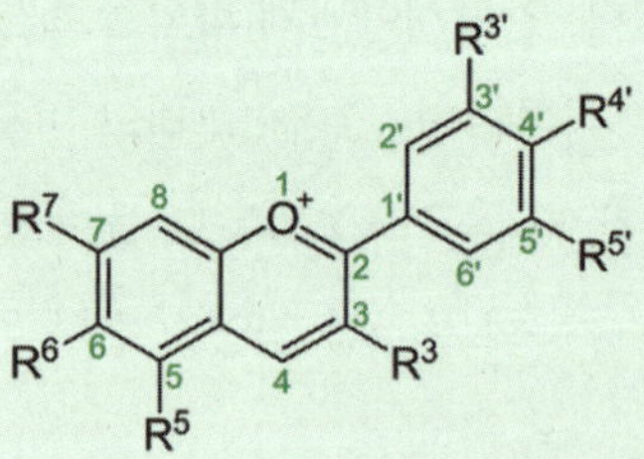

수소 이온 농도의 척도인 pH에 따라 빨간색, 자주색, 또는 파란색을 띤다.

말비딘, 델피니딘, 펠라고니딘, 피오니딘 등 다양한 물질로 존재한다.

그림에서 치환기 R은 H, OH, 또는 OCH_3 작용기를 의미한다.

https://en.wikipedia.org/wiki/Anthocyanin

베리

지구상 최고의 건강식품으로 알려진 베리Berries를 만나보자. 2015년 10월 글로벌힐링센터(globalhealingcenter.com)는 블루베리 등 다양한 베리를 소개하였다.

빨간색의 고지베리(Goji berries, 구기자)는 필수 아미노산, 미네랄, 비타민(B_1, B_2, B_6, E), 리놀레산[Linoleic acid], 셀레늄[$_{34}$Se], 저마늄[$_{32}$Ge]은 물론 항산화 물질인 베타카로틴β-Carotene도 풍부하다. 암세포를 격퇴하는 데에도 효과가 있다는 연구 결과가 있다. 헬스라인(healthline.com)에 따르면, 구기자는 면역력을 신장시키고 독감을 예방해준다. 다이어트에도 좋고 지아잔틴Zeaxanthin이 들어 있어서 눈과 피부의 산화를 막아준다. 혈당을 낮춰주고 테스토스테론 수치를 높여준다. 단, 혈당치가 낮은 경우, 와파린 같은 혈액 응고 방지제를 복용하고 있는 경우, 정상 혈압이 아닌 경우, 모유 수유 중이거나 임신 중인 경우, 그리고 이 과일에 알레르기가 있는 경우에는 의사와 상담한 후에 먹어야 한다.

아마존의 열대우림에서 발견된 아사이베리Acai berries는 전통적으로 치유 능력이 있으며 원기를 북돋우는 과일로 알려져 왔다. 심장 건강에 좋고 콜레스테롤 수치를 낮추어 주는 안토시아닌이 풍부하다. 항산화제 함량이 많아 노화를 늦추고 산화로 인한 세포 손상을 막아준다. 면역력을 신장시키고 노화 방지에도 도움을 주며 소화를 돕고 다이어트에도 좋다. 블루베리와 비슷하게 생긴 빌베리Bilberries도 항산화제인 안토시아니딘Anthocyanidins이 풍부하다. 빌베리가 함유된 의약품도 나와있다. 당뇨병 예방 및 개선에 좋다고 알려져 있고 눈 건강에 좋으며 혈액 순환 개선에도 도움이 된다.

베리의 종류

- 블루베리(Blueberries)
- 고지베리(Goji berries)
- 아사이베리(Acai berries)
- 빌베리(Bilberries)
- 크랜베리(Cranberries)
- 아로니아베리(Aronia berries)
- 클라우드베리(Cloudberry)
- 엘더베리(Elderberry)
- 딸기[Strawberries]
- 산딸기[Raspberries]

블랙베리(Blackberries) 체리(Cherries)

https://www.globalhealingcenter.com/natural-health/healthy-berries/
http://nutritionadvance.com/types-of-berries/

딸기는 페놀Phenol계의 항산화성 식물 영양소[Phytonutrients]가 풍부하여, 질병을 막아주고 건강을 유지시켜 주는 효과를 가지고 있다. 뇌의 산화도 막아주며 시력 감퇴를 늦춰준다. 딸기에는 칼륨($_{19}$K, 지금은 포타슘으로 부름), 섬유소, 비타민, 망간[$_{25}$Mn], 요오드(아이오딘, iodine), 엽산葉酸, 오메가-3 지방산, 마그네슘[$_{12}$Mg], 구리[$_{29}$Cu] 등이 풍부하다. 코넬 대학교의 연구 결과에 따르면, 딸기는 간암 세포의 확장을 막아준다. 딸기 속의 아이소싸이오시아네이트Isothiocyanate라는 물질이 식도암을 억제한다는 연구 결과도 나왔다.

블랙베리Blackberries에도 항산화 물질이 풍부하다. 비타민 C와 E는 물론 엘라그산[Ellagic acid]도 들어 있다. 펙틴Pectin이라 알려진 수용성 섬유소가 풍부하여 콜레스테롤 수치를 낮춰준다. 오하이오 주립 대학교의 연구 결과에 따르면, 블랙베리는 대장암 세포의 확장을 막아줄 뿐만 아니라 구강 내 종양 형성을 억제한다.

체리Cherries에는 항산화물인 케르세틴Quercetin과 엘라그산이 풍부하다. 항산화제인 플라보노이드Flavonoid가 들어 있어서 세포 및 조직을 건강하게 해준다. 안토시아닌과 바이오플라보노이드Bioflavonoid가 풍부하여 관절과 근육 통증을 완화시켜 주며 여러종류의 비타민도 들어 있다. 또한 체리의 멜라토닌 성분은 건강한 수면 리듬과 젊음을 유지시켜 주고 풍부한 폴리페놀Polyphenol 성분은 혈압도 낮춰준다. 2017년 7월 영국 BBC(bbcgoodfood.com)에도 체리가 건강에 좋은 이유가 소개된 바 있다.

나는 색으로 먹는다

뜨겁게 내리쬐는 햇살을 받으며 과일이 익어가는 여름이 되면 세상은 온통 빨간색, 주황색, 파란색 등으로 물들기 시작한다. 원두막에 앉아 수박을 먹으며 무더위를 식히던 추억은 사라졌지만 철 따라 나오는 형형색색의 과일과 채소는 우리의 입맛을 돋우고 몸과 마음을 건강하게 한다. 수박과 토마토에는 라이코펜Lycopene이 들어 있어서 빨갛고, 당근과 고구마에는 베타카로틴β-Carotene이 있어서 주황색을 띠며, 블루베리에는 안토시아닌이 들어 있어서 푸른색을 띤다. 이 세 가지 유기화합물들은 산화를 억제해 주는 항산화제이다. 우리 몸속에 자유라디칼[Free radical] 같은 유해물질이 생성되면 세포 손상을 야기하게 된다. 이러한 화학 반응은 연쇄적으로 진행되기 때문에 더욱 심각하다. 우리 몸속에서 일어나는 산화 스트레스는 알츠하이머병, 파킨슨병, 동맥경화증, 백내장, 그리고 암과 밀접한 연관이 있다. 항산화제는 이러한 상황을 억제하거나 지연시켜 준다.

잇웰(eatingwell.com)이 추천하는 자연이 선사한 슈퍼 푸드를 만나보자. 베리는 안토시아닌 계의 항산화제가 풍부하다. 파란색, 자주색 및 진홍색을 띠며 블루베리, 블랙베리, 크랜베리, 산딸기[Raspberry], 딸기 등이 있다. 가지, 자두, 포도, 그리고 붉은 무도 같은 계열의 건강식품이다. 녹색의 슈퍼 푸드에는 아이소싸이오시아네이트, 인돌 같은 물질이 들어 있어서 암세포를 억제하고 독소를 제거해 준다. 이러한 효능을 보이는 물질로는 브로콜리, 양배추, 케일Kale 등이 있다.

녹황색의 건강식품 속에는 루테인Leutein, 제아잔틴Zeaxanthin 및 다양한 파이토케미컬(Phytochemical, 식물 속에 함유된 화학 물질)이 들어 있어서 노인성 시력 감퇴를 막아준다. 또한 항산화제인 베타카로틴도 들어 있다. 이러한 식품으로는 상추, 호박, 무청, 옥수수, 콜라드Collard, 아티초크Artichoke, 아루굴라Arugula, 겨자 등이 있다. 오렌지색을 띠는 슈퍼 푸드에는 알파카로틴과 베타카로틴이 들어 있다. 카로틴은 체내에서 비타민 A로 전환되어 눈 건강은 물론 뼈와 면역 체계를 건강하게 해주고 항산화제도 풍부하게 들어 있다. 이러한 식품으로는 살구, 당근, 망고, 오렌지, 호박, 파파야, 칸타루프Cantaloupe, 탄제린Tangerine 등이 있다. 마지막으로 빨간색 슈퍼 푸드에는 라이코펜Lycopene이 들어 있어서 전립선암과 유방암을 예방해 준다. 이러한 식품으로는 수박, 토마토, 빨간 피망, 구아바Guava 등이 있다.

항산화제

지구상 대부분의 생명체는 살아가기 위해서 에너지를 필요로 한다. 에너지는 호흡 과정을 통해서 나온다. 호흡은 산소를 필요로 한다. 즉, 섭취한 영양 물질을 분해하고 생명활동에 필요한 물질을 합성하기 위해 산소를 사용한다. 그러나 생명체에게 산소는 양날의 칼과 같다. 꼭 필요한 산소이지만 산소에 의한 산화 반응은 피할 수 없기 때문이다.

분자가 산화된다는 것은 그 분자로부터 전자가 빠져나간다는 것을 의미한다. 전자를 잃은 분자는 라디칼을 생성하고 이어서 연쇄반응[Chain reaction]이 진행된다. 라디칼은 쌍을 이루지 않은 홀전자를 가진 불안정한 화학종을 말한다. 라디칼은 다른 분자로부터 전자를 탈취하여 안정화하려는 성향을 가진다. 라디칼의 공격을 받은 분자는 불안정한 상태로 변하여 정상 세포를 공격하게 된다.

라디칼에 의해 세포가 손상되면 세포는 노화가 빠르게 진행된다. 심장병 또는 암 같은 질병이 발생할 확률이 커진다. 뇌기능도 저하되고 면역체계도 약화된다. 이러한 상황에서 라디칼에 의한 파괴적인 연쇄반응을 멈추게 하여 세포 손상을 막아주는 물질이 있다. 바로 항산화제[Antioxidant]이다. 항산화제가 다른 물질과 다른 점은 불안정한 라디칼에 전자를 제공한 후에 항산화제 라디칼이 형성되어도 비교적 안정한 상태를 유지할 수 있기 때문에 정상 세포를 공격하지 않는다는 것이다. 항산화제가 풍부하게 들어 있는 블루베리, 블랙베리, 크랜베리, 아사이베리, 산딸기, 딸기, 포도, 키위, 자두, 아세로라 체리 등을 즐겨보자.

항산화제가 풍부한 음식

블루베리(Blueberries)
엘더베리(Elderberries)
크랜베리(Cranberries)
블랙베리(Blackberries)
고지베리(Goji berries)
다크 초콜릿(Dark chocolate)
아티초크(Artichoke)
강낭콩[Kidney beans]
실란트로(Cilantro)
피칸(Pecans)

항산화제가 풍부한 허브

정향[Clove]
생강[Ginger]
계피[Cinnamon]
오레가노(Oregano)
울금[Turmeric]
코코아(Cocoa)
쿠민(Cumin)
파슬리(Parsley)
백리향[Thyme]
바질(Basil)

https://draxe.com/top-10-high-antioxidant-foods/

5
히드라

암브로시아 / 환생, 부활, 그리고 영생의 꿈 / 헤라클레스 / 우리가 천년을 살 수 있을까? / 히드라

암브로시아

우리가 영원히 살 수는 없을까? 고대 그리스 신화에는 올림포스 신들이 먹는 특별한 음식이 있다. 장수와 불멸을 상징하는 암브로시아(Ambrosia, 어원: 죽지 않는(a + mortal))가 그것이다. 암브로시아는 비둘기들이 신들에게 가져다 주었다고 전해진다.

탄탈로스Tantalus는 제우스Zeus와 요정 플루토Pluto의 아들로 신들에게서 호의적인 대접을 받았다. 그런데 그런 그가 올림포스 산에서 신들의 음식인 암브로시아를 훔쳐 지상의 인간에게 나누어 주었다. 심지어 자신의 아들인 펠롭스를 죽여 요리한 후에 신들에게 대접하기까지 하였다. 그러고는 신의 신통력을 시험하기에 이르자 탄탈로스는 신들의 분노를 사게 되었고 지하 세계의 지옥 타르타로스Tartarus에 떨어졌다. 그는 목 밑까지 차 있는 물속에 서 있어야 했다. 위에 있는 과일을 먹으려고 하면 그 과일은 위로 올라갔고 물을 마시려고 하면 물이 빠져나갔다. 물과 과일을 가까이 두고 마실 수도 먹을 수도 없게 된 탄탈로스는 영원히 목마름과 굶주림에 시달리게 되었다.

신들을 시험한 죄로 타트타로스에 떨어져 영원한 형벌을 받은 탄탈로스
https://en.wikipedia.org/wiki/Tantalus

불멸에 관해서는 고대 그리스 문학 최고의 서사시인 『일리아드』(Illiad)에 나오는 「아킬레스」(Achilles) 신화도 있다. 바다의 요정 테티스Thetis는 인간 펠레우스Peleus와 결혼하여 아킬레스를 낳았다. 아킬레스는 트로이 전쟁의 영웅이다. 테티스는 갓 태어난 아들 아킬레스를 저승의 스틱스Styx 강에 담가 불사의 몸으로 만들었다. 그런데 발목 부분은 강물에 닿지 않아 상처를 입을 수 있는 약점이 남았다. 반신반인이 된 아킬레스는 헤파이스토스Hephaestus로부터 불멸의 갑옷을 받는다.

아킬레스를 스틱스 강에 담그는 테티스
https://en.wikipedia.org/wiki/Achilles

암브로시아와 넥타르의 어원

암브로시아(Ambrosia): 죽지 않음[Immortality]
넥타르(Nectar): 죽음을 극복함[Death overcoming]

http://baringtheaegis.blogspot.kr/2015/09/ambrosia-and-nectar-food-and-drink-of.html

아킬레스는 절친인 파트로클로스Patroclus가 트로이 왕자 헥토르Hector에게 죽임을 당하자 전투에 참가하여 적장 헥토르를 죽인다. 그러나 분노로부터 얻은 명성 뒤에는 파멸이 기다리고 있었다. 아킬레스는 파리스Paris의 화살에 발뒤꿈치를 맞아 죽임을 당하는 비극을 맞이했다. 그는 아이러니하게도 불멸의 명성을 얻은 대가로 죽음의 종말을 맞이하였다.

불멸과 관련된 이야기는 님프 칼립소Calypso와 그리스 신화의 영웅 오디세우스Odysseus를 다룬 『오디세이』(Odyssey)에서도 등장한다. 미친 사람처럼 행세하며 피하려 했지만 어쩔 수 없이 트로이 전쟁에 참전한 오디세우스는 교활한 술책인 트로이 목마를 통해서 승리한다. 전쟁터에서 10년을 보낸 그는 고향 이타카Ithaca로 귀환하는 데 10년이 걸린다. 강풍을 만나 표류하던 중 오기기아Ogygia라는 신비의 섬에 도착한 오디세우스는 티탄 아

큐피드(그리스 사랑의 신 에로스에 해당)와 프시케
https://en.wikipedia.org/wiki/Cupid_and_Psyche

틀라스의 딸인 님프 칼립소Calypso와 사랑에 빠져 7년을 보낸다. 그는 고향도 아내 페넬로페Penelope도 잊었다. 그러나 시간이 흘러감에 따라 점차 고향이 그리워지기 시작하고 아내의 얼굴이 떠올랐다. "당신에게 영원한 삶을 주겠어요." 칼립소의 애원도 그를 막지는 못했다. 드디어 오디세우스는 고향에 도착했지만 그가 깨달은 것은 '모든 것이 덧없음'이었다. 그때 신이 말했다. "도망쳐라! 지금 당장 출발하라!" 그는 다시 바다를 향해 나아갔다.

사랑의 신 에로스Eros와 프시케Psyche의 이야기에도 인간과 신 그리고 영생이 담겨 있다. 에로스의 여인이었던 프시케는 인간이라는 이유로 미의 여신 아프로디테Aphrodite에게 갖은 학대를 받았다. 프시케가 에로스를 만나기 위해서는 아프로디테가 낸 네 가지 과제를 완료해야만 했다.

프시케의 마지막 과제는 저승의 페르세포네Persephone에게서 아름다움을 받아오는 것이었다. 아름다움을 받아오던 프시케는 상자를 절대 열어보지 말라는 말을 들었다. 그러나 호기심을 참지 못한 프시케가 상자를 여는 순간 영원한 잠에 빠지고 말았다. 한편, 프시케를 찾아 나선 에로스는 잠든 프시케를 발견하였다. 에로스는 잠을 상자에 담고 프시케를 깨워 둘은 올림포스로 가서 결혼하였다. 프시케는 제우스로부터 암브로시아를 얻어 불멸의 몸이 되었고 결혼을 허락 받았다. 둘 사이에서 기쁨의 여신 헤도네Hedone가 태어났다.

인도 신화에는 암리타(Amrita, 감로수)라는 생명수가 나온다. 인도의 가장 오래된 문헌인 『리그베다』(Rigveda)에는 이것이 불로불사를 가져다주는 음료라고 적혀 있다. 수미산에 거처하는 하늘의 신 인드라Indra와 하늘과 땅을 연결하는 불의 신 아그니Agni가 암리타를 마시고 불로불사를 얻었다고 한다. 나무 위키에는 암리타에 대해서 다음과 같이 기록하고 있다. 어느 날 인드라가 실수를 저질러 저주를 받아 힘을 잃게 되었다. 세계의 균형을 관장하는 비슈누는 바다를 휘저으면 거기서 불사의 영약 암리타가 나올 것이라고 조언했다. 스스로의 힘으로는 바다를 저을 수 없다고 판단한 인드라는 아수라들을 불러 함께 바다를 젓고 암리타를 나누자는 계약을 했다. 그들은 오랜 시간 우유의 바다를 저었다. 아수라는 암리타를 차지했지만 비슈누는 그것을 신들에게 먼저 나눠주었다. 결국 싸움은 신들의 승리로 끝났다.

그 밖에 불멸을 상징하는 말로 넥타르Nectar가 있다. '죽음[nek]을 물리치다[tar]'라는 뜻을 가진 넥타르는 신들이 마시는 음료수로, 인간이 먹으면 불로불사한다고 알려져 있다.

환생, 부활, 그리고 영생의 꿈

우리는 죽으면 어떻게 되는 걸까? 사후세계는 과연 있을까? 20세기 초 한 미국인이 동양의 지혜를 배우기 위해 긴 여정에 나섰다. 옥스퍼드 대학교를 졸업한 에반스 웬츠 Walter Y. Evans-Wentz(1878~1965)였다. 그는 히말라야의 작은 사원에서 사후세계를 상세히 기록한 고서를 발견하였다. 티베트에서 3년 동안 머문 그는 1927년 『티베트 사자의 서』(The Tibetan Book of The Dead) 영어 번역본을 출간하였다. 8세기에 인도의 성자 파드마삼바바(Padmasambhava, 연꽃 위에서 태어난 자)가 기록한 이 책은 바르도Bardo 즉 영혼이 사후에 겪는 여정을 상세하게 적고 있다. 이 책은 죽음과 윤회의 비밀을 풀 수 있는 안내서인 셈이다. 사람은 죽으면 다시 태어난다고 한다. 그리고 새로 태어나기 전에 일종의 중간 단계에 머무는 데, 이것을 티베트어로 바르도라고 부른다. 티베트 불교에서 다음 생은 매우 중요하다. 환생은 불교를 대표하는 핵심 개념이다. 이 세상에서의 카르마[업보]는 다음 생에서 갚아야 하는 짐이다. 다음 생을 결정하는 것은 전생의 업보이다. 선행을 많이 쌓는 자에게는 더 행복한 삶이 기다리고 있다.

역사를 거슬러 올라가 보면 고대 이집트인들도 사후에 영원한 생명을 얻고자 애쓴 흔적을 볼 수 있다. 그들은 범람하는 나일강과 비옥한 토양에서 탄생하는 생명 속에서, 그리고 매일 떠오르는 태양의 모습에서 영원과 부활의 개념을 창조했다. 오시리스Osiris는 이집트 최초의 파라오지만 동생 세트Seth는 그를 죽이고 파라오에 올랐다. 오시리스의 아내 이시스Isis는 죽은 남편의 시신 조각을 찾아내어 미라로 만들고 부활시킨다. 오시리스는 죽은 자의 세계인 두아트(Duat, 오시리스가 다스리는 사후 세계)로 간다.

티베트 사자의 서

8세기에 파드마삼바바(Padmasambhava)가 저술해 산중에 숨겨두었다.
카르마 링파(Karma Lingpa, 1326~1386)가 발견하였다.
죽은 자를 위한 사후세계 안내서이다.
죽음의 단계를 자세하게 기술하고 있다.
티베트어 원제: 바르도 토돌(Bardo Thodol: 죽은 다음에 다시 환생하기까지 중간 상태에서 듣는 것만으로도 영원히 자유로워지는 가르침)
사자에게 니르바나[열반]의 길로 들어갈 수 있도록 지혜의 빛을 보게 도와주는 책이다.
서양에서 The Tibetan Book of the Dead로 알려졌다.

http://www.religionfacts.com/tibetan-book-dead
https://archive.org/stream/TheTibetanBookOfTheDead/The-Tibetan-Book-of-the-Dead_djvu.txt
http://www.theunknownbutnothidden.com/tibetan-book-dead-travelers-guide-worlds/
http://kriyayoga.co.kr/118
http://marvelous-wisdom.blogspot.kr/2014/02/The-Tibetan-Book-of-the-Dead-BardoThodol.html

고대 이집트의 장례와 내세에 관해 기록한『사자의 서』(死者의 書, The Book of the Dead)에는 죽은 자들이 통과해야 하는 심장 무게 달기 의식이 있다. 죽은 자는 그의 생전에 대한 고백을 한 후에 심장의 무게를 다는 의식을 받는다. 살아서 악한 행동을 많이 했다면 심장은 마아트Maat의 진리의 깃털보다 무거워 저울이 심장 쪽으로 기운다. 그러면 죽은 자는 암미트Ammit에게 잡아먹히게 되어 사후세계로 들어가지 못하고 존재가 소멸되어 버린다. 선한 행동을 많이 했다면 저울은 평형을 이루고 내세[Duat]에서 영원히 살게 된다.

19세기 서남아시아를 탐사하던 고고학자들이 있었다. 그들은 수메르의 고대 도시들을 발굴하는 과정에서 영원한 생명을 찾아나서는 이야기를 담은 유물을 발견하였다. 바로『길가메시 서사시』(Epic of Gilgamesh)이다. 기원전 2,000년경에 점토판에 기록된 이 서사시는 호메로스의 서사시보다 무려 1,500년이나 앞선 것으로 밝혀졌다. 길가메시

고대 이집트의 심장 무게 달기 의식을 보여주는 후네페르(Hunefer)의 파피루스
https://en.wikipedia.org/wiki/Book_of_the_Dead

는 수메르Sumer 왕조의 전설적인 왕(재위 기원전 2,600년경)이었는데 그는 반신반인의 영웅이자 폭군이었다. 백성들의 호소를 들은 신은 길가메시를 징벌하기로 하고 진흙을 빚어 엔키두Enkidu를 만들었다. 엔키두는 여신관과 일주일을 지낸 후 인간이 되었고 그를 만난 길가메시는 대결을 신청하였는데 뜻밖에도 이 싸움으로부터 우정이 자라났다. 그 후 신이 창조한 황소를 죽인 엔키두가 죽자, 길가메시는 죽음 앞에서는 자신도 예외일 수 없다는 사실을 깨닫고 영원한 생명을 찾아 여행을 떠났다. 불로초를 찾고 돌아오던 길가메시가 목욕을 하러 연못에 들어갔을 때 뱀이 나타나 불로초를 먹어버렸다. 우르크로 돌아온 길가메시는 꿈속에서 신을 만났다. 신이 말했다, "인간은 죽음을 피할 수 없다."

사자의 서

고대 이집트 시대의 죽은 자를 위한 사후 세계 안내서이다. 파피루스 등에 교훈이나 주문을 상형문자로 기록하였다. 수 세기에 걸쳐 기록되었다.
원제 Pert em hru(의미: manifested in the light 또는 coming forth by day, 낮에 나옴)
아누비스(Anubis) 신이 두 진실의 방[Hall of Two Truths]에서 죽은 자의 심장과 타조의 깃털로 무게 달기 의식을 진행하였다.

재판장: 오시리스	서기: 토트
검사: 호루스	안내: 아누비스

http://factslegend.org/20-interesting-egyptian-book-of-the-dead-facts/

헤라클레스

고대 그리스 남부의 대도시 아르고스 근처에 있는 레르나Lerna라는 늪지대에 거대한 물뱀의 모습을 한 히드라Hydra가 살고 있었다. 이 괴물은 아홉 개의 목을 가지고 있었는데, 목은 잘라도 다시 자라며, 가운데 머리는 불사의 머리였다. 또한 히드라가 내뿜는 숨결이나 피부에서 스며 나오는 점액에는 강력한 독이 포함되어 있어 신들조차 두려워하였다. 한편, 제우스의 아들인 헤라클레스Heracles는 어떤 시련도 신들의 도움 없이 스스로의 힘만으로 해결하여 그리스의 가장 위대한 영웅으로 칭송 받았다. 그런데 제우스의 아내 헤라Hera의 계략으로 미쳐버린 헤라클레스는 자신의 아들과 아내를 죽이고 말았다. 헤라클레스는 에우리스테우스Eurystheus의 노예가 되어 12개의 노역을 하게 되었는데 만약 그가 성공한다면 자신의 죄를 씻고 불멸의 자격이 주어질 것이었다. 그의 마지막 노역은 히드라를 퇴치하는 것이었다. 헤라는 레르나 호수에 히드라를 보내 지나가는 여행객을 잡아먹게 하고 있었다. 에우리스테우스는 헤라클레스에게 히드라를 격퇴하라는 지시를 내렸다. 헤라클레스는 히드라의 목을 베었지만 잘려나간 목은 2배로 늘어났다. 이 과정에서 헤라는 큰 게를 보내 히드라를 도와주라고 했지만, 게는 오히려 헤라클레스에게 밟혀 죽었다. 헤라는 죽은 게를 하늘의 별자리로 만들어 주었다. 이올라오스Iolaos의 도움으로 진짜 머리를 베어 히드라를 죽인 헤라클레스는 데이아네이라Deianeira와 결혼하였지만 그녀의 자살로 파국을 맞았다. 아내를 따라 죽으려는 헤라클레스를 안타깝게 여긴 제우스는 새 생명을 주어 하늘나라로 불렀다. 헤라도 헤라클레스와 화해를 하고 제우스와 자기 사이에서 낳은 딸 헤베Hebe와 혼인하게 하였다. 영원히 늙지 않는 청춘의 여신이었던 헤베는 헤라클레스의 젊음을 되찾아 주었다.

괴물 히드라와 싸우고 있는 헤라클레스
(그림: Pollaiuolo, 1475년경)
https://en.wikipedia.org/wiki/Lernaean_Hydra

우리가 천년을 살 수 있을까?

하늘을 나는 새들은 얼마나 오래 살까? 와일드버드(wildbirds.com)에 따르면, 고운 소리로 우는 명금鳴禽은 2년을 넘게 생존할 확률이 50퍼센트도 되지 않는다. 새는 일반적으로 클수록 오래 산다. 먹이 사슬[Food chain]의 상부에 위치하기 때문이다. 가마우지, 물떼새, 딱따구리, 멧종다리 등은 10년 정도 산다. 장생불사의 상징인 해, 산, 구름, 돌 등과 함께 십장생에 들어 있는 학은 얼마나 오래 살까? 기대와는 달리 30~40년밖에 살지 못한다. 슴새목 신천옹과의 알바트로스[Laysan Albatross]의 수명도 약 42년에 불과하다. 솔개나 독수리는 70년의 수명을 누릴 수 있다.

2016년 5월 데이스타일스(daystyles.com)에 따르면, 사람만큼 장수하는 육상 동물로는 코끼리가 있는데 대략 60~70년을 산다. 악어도 오래 사는 동물이다. 카이만(Caiman, 아메리카산 악어)의 수명은 50년에 불과하지만 나일 악어[Nile crocodile]는 100년까지 살 수 있다. 뉴질랜드에 사는 큰도마뱀[Tuatara]의 수명도 약 100년이다.

이보다 훨씬 오래 사는 동물은 바닷속에서 찾을 수 있다. 코끼리조개[Geoduck]는 약 160년을 산다. 장수를 상징하는 거북은 200년을 살 수 있다. 자이언트 거북[Giant Tortoise]은 250년까지 산다. 붉은 성게[Red Sea Urchin]도 200년을 살 수 있다. 수염 벌레[Beard worm] 역시 200년을 산다. 200년 이상을 사는 동물로는 그린란드 상어[Greenland shark]와 북극 고래[Bowhead whale]가 있다. 바닷속에는 이들보다 장수하는 게 있다. 바로 1,500년을 산다는 남극 해면동물[Antarctic sponge]이다. 남극 바다는 온도가 낮기 때문에 성장이 매우 느리다.

UN은 2009년 세계인구 고령화 보고서에서 호모 헌드레드Homo Hundred를 선포하였다. 이것은 의학 기술 등의 발달로 100세 장수가 보편화된 시대의 인간을 가리키는 용어이다. 보고서에 따르면 2000년에는 평균 수명이 80세를 넘는 국가가 6개국에 불과하였으나 2020년에는 31개국이 될 것이라 하였다. 사람들은 누구나 부부가 함께 건강하게 오래 사는 것을 꿈꾼다. 100세 시대를 어떻게 준비해야 할까? 2017년 10월 중앙일보는 의존적 부부 관계를 탈피하고 '따로 또 같이' 라는 새로운 가치를 지향해야 한다고 조언하였다. 사람은 몇 살까지 살 수 있을까? 1000년 전에는 평균 수명이 대략 25년이던 것이 100년 전에는 약 47세가 되었다가 점차 늘어나면서 2015년에는 70세가 되었다. 세계적인 의학 저널 『랜싯』(The Lancet)에 따르면, 한국은 기대 수명이 90세를 넘을 첫 번째 국가가 될 것이라 한다. 이는 건강관리 체계가 우수하고 혈압이 낮으며 흡연율이 낮기 때문이라고 한다. 그 결과 2030년에 태어난 여자 아이의 기대 수명은 90세가 넘을 것이라고 한다. 2017년 2월 영국의 BBC도 한국이 일본, 프랑스, 오스트레일리아 등을 제치고 세계 최고의 기대수명을 가진 국가가 될 것이라는 기사를 내보냈다. 2016년 10월 패리L. Parry가 뉴스닷컴(news.com.au)에 기고한 바에 따르면 인간의 최대 수명은 125세라고 한다. 2017년 유에스에이투데이USA Today는 앨버트 아인슈타인 의과대학 연구원의 말을 인용하여 인간의 최대 수명은 115세라고 발표하였다.

2013년에 구글과 레빈슨A. D. Levinson이 설립한 생명공학 회사 칼리코Calico는 인간의 수명을 500세까지 연장하는 프로젝트를 진행하고 있다. 2016년 12월 레갈라도A. Regalado가 MIT 테크놀로지 리뷰에 기고한 바에 따르면, 구글은 칼리코와 제약회사 애브비AbbVie가 추진하는 인간의 수명연장 프로젝트에 15억 달러를 공동 투자하는 계약을 체결하였다. 연구자들은 생쥐의 수명은 불과 3년이지만, 벌거숭이 두더쥐[Mole rat]의 수명은 30년으로서 생쥐보다 무려 10배나 오래 산다는 사실에 주목하고 인간의 수명을 5배 연장하는 열쇠를 찾아 나섰다.

인간이 1,000년을 살 수 있는 날이 올까? 2015년 10월 영국 BBC는 자연에서 노화를 지연시키는 방법을 찾을 수 있을 것이라고 썼다. "생명을 연장하기 위한 자연선택의 능력은 놀랍도록 강력하다." 노화를 '치료할 수 있는 질병'으로 보는 시각도 있다. 미국 캘리포니아에 사는 그레이A. de Grey처럼 1천 년을 살 수 있다고 믿는 사람도 있다. 그에 대한 기사는 2017년 2월 파이낸셜타임스에 실렸다. 그는 2004년 12월 BBC에도 이러한 내용의 글을 게재한 바 있다. 중국 신화에 생명의 여신으로 등장하는 서왕모西王母가 있다. 그녀는 신령스러운 복숭아나무를 기르고 있었는데, 동박삭東方朔이 그 열매를 훔쳐 먹고 삼천갑자三千甲子를 살았다. 1갑자는 60년이므로 18만 년을 산 셈이다. 인간이 1,000년을 살 수 있는 날이 올까?

히드라

히드라는 머리가 아홉 개나 달려 있는 괴물이다. 머리를 잘라내도 다시 생겨난다. 고대 그리스인들은 히드라를 어떻게 창조했을까? 그런데 우리가 사는 세상에도 히드라가 살고 있다. 이것은 민물에 사는 무척추동물이다. 몸길이가 10밀리미터에 불과하지만 몸체에 여러 개의 촉수가 달려 있어서 신화 속의 히드라를 빼닮았다. 이 자포동물[Cnidaria]을 보면 헤라클레스와 싸울 수 있는 자격을 갖추고 있다. 재생 능력이 있는 것이다. 늙지 않는다는 말이다. 미국 포모나 대학의 생물학자 마르티네즈D. Martinez 등이 수행한 연구 결과에 따르면, 히드라는 줄기 세포로 이루어져 있다. 줄기 세포는 계속해서 분열할 수 있는 능력을 가지고 있어서 히드라의 몸은 끊임없이 새롭게 된다. 촉수와 발의 분화된 세포가 끊임없이 몸 밖으로 밀려나오는 것이다.

2009년 1월 내셔널지오그래픽National Geographic에 따르면, 해파리도 위기 상황에서 기존의 세포를 더 젊은 상태로 변형시키는 능력을 가지고 있다. 무성 생식을 통해 생성된 폴립Polyp은 유전적으로 동일한 해파리 수백 개를 만들어낸다. 대칭적으로 분열하는 박테리아와 효모도 생물학적 불멸성을 보인다. 랍스터도 불멸에 가까운 동물로 분류된다. 비밀은 텔로미어Telomere에 있다. 세포시계 역할을 하는 텔로미어는 염색체의 양쪽 끝에 위치하고 있으며 세포가 분열할 때 염색체와 DNA가 손상되는 것을 막아준다. 그런데 세포분열이 진행될수록 텔로미어의 길이가 짧아진다. 이것이 너무 짧아지면 세포는 노화가 와서 더 이상의 분열이 일어나지 않게 된다. 그런데 랍스터의 경우에는 텔로미어의 파괴를 막아주는 텔로머라아제 역전사효소[Telomerase reverse transcriptase]가 계속 활성화하여 노화가 일어나지 않는다.

생로병사의 굴레에서 벗어날 수 없는 우리로서는 그저 놀라울 따름이다. 인간과 히드라는 배아 발달을 조절하는 데 사용되는 유전자 툴키트를 공유한다고 한다. 인간은 히드라를 통해서 불로장생의 꿈을 이룰 수 있을 것인가?

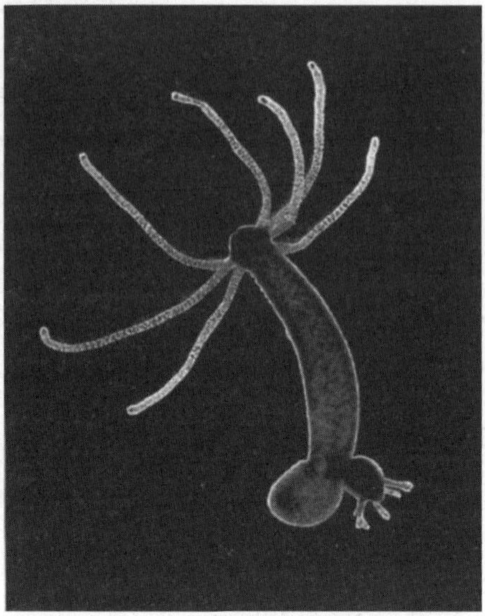

불멸의 히드라
https://en.wikipedia.org/wiki/Hydra_(genus)

상상을 더하다 5

- 암브로시아 -

1. 다른 신화에서 불로불사의 음료들은 어떤 것이 있을까?
2. 연금술사들은 무엇 때문에 현자의 돌 같은 이야기를 믿었을까?
3. 만약 인간의 수명이 1,000년까지 늘어난다면 인간들의 전반적인 자살률은 증가할까?
4. 고추의 매운맛이 씨앗을 퍼뜨리기 위해 조류에게는 영향을 끼치지 않는다는데 조류가 영향을 받지 않는 이유는 무엇 때문일까?
5. 왜 우리나라의 밀 생산량이 적을까?
6. 고추를 말리면 포함하고 있던 영양 성분이 달라진다고 한다. 그 이유는 무엇일까?
7. 영양소가 풍부한 고추와 함께 먹으면 다이어트 시너지 효과가 나는 음식은?
8. 발효음식에 들어 있는 유익한 미생물들은 우리가 섭취했을 때에도 위장기관에서 살아있는가?
9. 나무 그루터기처럼 몸통이 잘려도 재생하는 것이 인간에게도 유전적, 화학적 조작을 통해 가능할까?
10. 항산화제가 라디칼의 공격성을 죽인다는 것이 의미하는 것은 무엇인가?
11. 모든 음식이 발효가 가능할까?
12. 식품 속의 항산화제는 열을 가하거나 조리를 하여도 파괴되지 않고 그대로 인가?
13. 라디칼에 전자를 제공한 후 항산화 물질은 안정한 상태인가?
14. 캡사이신의 자극적이고 조직이 타는 느낌이 포유류에게만 한정되어 있는가?
15. 캡사이신과 같은 매운 음식을 먹으면 왜 몸에서 땀이 날까?
16. 베리 류에 항산화제가 많은 이유는?
17. 엔도르핀은 기분을 즐겁게 만들어주는 호르몬인데, 왜 사람이 고통을 느낄 때 분비되는가?
18. 우리 조상들은 언제부터 음식을 발효시켜 먹었을까?
19. 앞으로 기술이 발전한다면 영생이 가능해질까?
20. 캡사이신이 진통제 효과를 보이는 원리는 무엇인가?
21. 체내의 모든 세포의 노화를 막으면 영생이 가능할까?
22. 미래의 과학 발전으로 인해 연금술이 성공할 수도 있을까?

6장
나폴레옹과 베토벤

1
나폴레옹과 베토벤

나폴레옹 / 나폴레옹과 제비꽃 / 누가 나폴레옹을 죽였는가 / 불멸의 베토벤 / 베토벤의 삶 / 불멸의 연인 / 사파 / 납에 빠지다 / 피라미드 밑 수은의 강

나폴레옹

1769년 지중해의 작은 섬 코르시카에서 태어나 세계사에 큰 발자취를 남긴 사나이. 당시 유럽의 지배층들이 두려워했던 시민평등 사상을 유럽 전역에 퍼뜨린 인물. 1799년에는 쿠데타를 일으켜 집정 정부를 수립하고 스스로 제 1 집정이 되면서 1789년에 시작된 프랑스 혁명을 종료시킨 인물. "내 사전에 불가능이란 말은 없다."라는 명언으로 유명한 프랑스 제국의 군인, 정치 지도자, 황제, 독재자, 그리고 군사전략가. 주인공은 바로 나폴레옹Napoleon Bonaparte(1769~1821)이다. 그는 19세기의 첫 10년 동안 '나폴레옹 전쟁'을 주도하면서 유럽 전체에 헤게모니를 형성했다. 그러나 1812년 러시아 원정이 참담한 패배로 끝이 나면서 그의 지위가 흔들리게 되었다. 1813년에는 제6차 대프랑스 동맹과의 전쟁에서 패배하였고 이듬해에는 지중해의 엘바섬으로 유배되었다. 그의 나이 45세 때였다. 나폴레옹은 이듬해 파리로 돌아와 공화주의자들의 지지를 받으며 다시 황제가 되었으나 역사는 더 이상 그의 편이 아니었다. 1815년 6월에 벌어진 워털루 전쟁에서 연합군에게

알프스를 넘는 나폴레옹
https://en.wikipedia.org/wiki/Napoleon

엘바섬에서 귀환한 나폴레옹
https://en.wikipedia.org/wiki/Napoleon

세인트헬레나 섬에 유배 중인 나폴레옹
https://en.wikipedia.org/wiki/Napoleon

말을 타고 독일 예나에 입성하고 있는 나폴레옹.
헤겔은 그를 보고 세계 지성이라 불렀다.
https://en.wikipedia.org/wiki/Georg_Wilhelm_Friedrich_Hegel

패배하면서 그의 복귀는 100일 천하로 끝이 났다. 결국 그는 대서양 한가운데에 있는 세인트헬레나에 유배되었고 6년 후인 1821년 5월 5일, 52세를 일기로 쓸쓸히 생을 마감하였다. 나폴레옹은 파리 센 강둑에 묻히길 원했으나 영국은 그를 세인트헬레나에 매장하였다. 그의 유해는 1840년이 되어서야 고국 프랑스로 귀환하여 파리 앵발리드에 안장되었다.

나폴레옹의 인생에 커다란 영향을 준 두 가지가 있다. 하나는 그가 태어난 조그만 섬 코르시카의 저항군으로 프랑스군과 대적했던 여전사 레티치아Letizia Ramolino(1750~1836)이다. 그녀는 바로 나폴레옹의 어머니이다. 나폴레옹은 자식의 운명은 어머니에 의해 결정된다는 말을 남겼을 정도로 사사건건 자신의 일에 간섭했던 어머니에 대한 사랑과 미움의 감정 그리고 어머니 콤플렉스를 가지고 있었다. 소문난 남성 편력에 여섯 살이나 연상인 이혼녀 조제핀Josephine de Beauharnais(1763~1814)을 아내로 선택한 이유도 어머니와 무관하지 않았다. 그의 인생에 커다란 영향을 준 또 다른 하나는 그가 즐겨 읽었던 책이었다. "저기 백마 탄 세계정신이 지나가고 있다." 1806년 10월 독일을 침공한 나폴레옹을 보며 독일의 철학자 헤겔Georg W. F, Hegel(1770~1831)이 한 말이다. 나폴레옹은 평생 무려 8천여 권의 책을 읽었다. 시골뜨기에다 볼품없는 외모를 가진 외로운 청년에게 책은 유일한 친구였다. 나폴레옹은 전쟁, 영웅, 역사, 지리, 철학, 문학 등에 관한 방대한 책을 읽으며 내적 자산을 키워갔다. 독서를 통해서 그는 대왕 알렉산더를 꿈꾸었다. 그리고 스스로 황제가 되어 유럽을 지배하려 했다. 알렉산더가 갔던 길을 따라 이집트 원정 길에도 올랐다. 이때에도 그는 1천 권이 넘는 책을 싣고 떠났다. 비록 1812년 러시아 원정에서 참패한 이후에는 몰락의 길을 걸었지만. 나폴레옹은 대서양의 외딴 섬 세인트헬레나에서 6년간의 유배 생활 끝에 생을 마감하는 순간에도 책을 놓지 않았다. 평가에 따라서 논조가 달라지기는 하지만, 나폴레옹이 지휘봉보다 책을 사랑한 영웅이었다고 말하는 것은 지나친 과장은 아닌 듯싶다.

나폴레옹과 제비꽃

꽃마다 상징하는 의미가 있다. 우리는 백합을 보면서 순결과 변함없는 사랑을 보고, 물망초를 받으면서 진실한 사랑을 느끼며, 재스민을 전달하면서 사랑의 기쁨을 함께 전달한다. 사랑의 의미를 담고 있는 장미는 색깔에 따라서 아름다움, 존경, 수줍음, 정절, 사랑의 맹세 등 다른 의미를 가진다. 수많은 꽃 중에서 겸양, 겸손, 소박함을 의미하는 식물이 있다. 주인공은 반지꽃, 병아리꽃, 오랑캐꽃 등으로도 불리는 제비꽃이다. 제비꽃의 상징성 때문일까? 세계적으로 명성이 높은 다수의 사람들이 제비꽃을 좋아했다. 수많은 전장을 누볐던 나폴레옹에게도 제비꽃은 특별한 의미가 있다. 어린 시절 고향 코르시카 섬에서 느꼈던 제비꽃의 향수를 그리워했던 것일까? 제비꽃은 나폴레옹의 표장이었다. 그는 엘바섬에 유배되자, "제비꽃이 피면 다시 돌아오리라."는 말을 남겼고 이듬해 3월 파리로 돌아와 다시 황제가 되었다. 그의 아내 조제핀도 제비꽃을 무척이나 좋아했다.

조제핀
(그림: Andrea Appiani)
https://en.wikipedia.org/wiki/Empress_Jos%C3%A9phine

나폴레옹은 아내의 생일 때마다 제비꽃을 한아름 선물했다. 그러나 그녀는 이혼 후에는 제비꽃을 다시는 보지 않았다고 한다. 황후 조제핀이 죽자 나폴레옹은 이틀간 방 안에 칩거하면서 아무도 만나지 않았다. 워털루 전투에서 패한 후 세인트헬레나로 유배된 나폴레옹은 고국을 다시는 보지 못하고 타계하였다. 그가 죽었을 때 목에 걸린 로켓에는 조제핀이 머물렀던 말메종에서 꺾은 제비꽃이 들어 있었다.

누가 나폴레옹을 죽였는가

코르시카 출신의 하급 귀족으로 시작하여 프랑스 황제의 지위에까지 오른 나폴레옹은 유럽 곳곳을 정복하면서 명성을 얻었으나 그것은 오래 가지 못했다. 이탈리아 어로 '황야의 사자'라는 뜻을 가진 나폴레옹도 결국 100일 천하를 끝으로 대서양의 작은 섬 세인트헬레나에 유배되었고, 1821년 5월 5일 고국으로 돌아가지 못하고 숨을 거두었다. 52세의 나이로 숨진 나폴레옹의 사인은 위암이라고 발표되었다. 그러나 1961년 스웨덴의 포르슈훗Sten G. B. Forshufvud(1903~1985)은 비소[$_{33}$As] 중독설을 제기하였다. 나폴레옹의 머리카락에서 정상인의 100배가 넘는 비소가 검출되었기 때문이었다. 1995년 미국 FBI의 법의학 책임자 역시 나폴레옹의 머리카락에서 다량의 비소를 발견하였다. 나폴레옹의 사인에 대해서는 다른 주장들도 있다. 19세기 당시 유럽 저택에 쓰였던 벽지 등에는 셸레그린(Scheele's green, $CuHAsO_3$)이라는 성분이 칠해져 있었는데, 그 속에는 다량의 비소가 들어 있었다. 나폴레옹이 유배되어 지내던 롱우드 하우스의 벽은 그가 좋아했던 초록색 벽지로 치장되어 있었고, 거기서 많은 양의 비소가 검출되었다. 주치의들의 부주의가 사인이라는 주장도 있는데 이것은 복통을 완화시켜주기 위한 조치로 주석산안티몬칼륨[$K_2Sb_2(C_4H_2O_6)_2$]을 써서

1821년 세인트헬레나에서 영면한 나폴레옹
(그림: Horace Vernet, 1826)
https://en.wikipedia.org/wiki/Napoleon

그에 따른 부작용으로 사망했다는 것이다. 또한 당시 나폴레옹의 곁을 지키던 몽톨롱Montholon 백작이 그의 부인과 나폴레옹의 염문설이 나돌자 포도주에 독을 타 그를 죽였다는 설도 있다.

나폴레옹이 1815년부터 6년간 유배되어 지냈던 롱우드 하우스
https://en.wikipedia.org/wiki/Napoleon

불멸의 베토벤

고전주의와 낭만주의의 전환기에 활동한 음악가. 루트비히 판 베토벤Ludwig van Beethoven(1770~1827)은 교향곡, 피아노곡, 실내악곡, 협주곡, 관현악곡 등 수많은 작품을 발표한 독일의 작곡가이자 피아니스트이다. 서양 음악 역사상 가장 위대한 음악가 중 한 명으로 불리는 베토벤의 화려한 이력의 이면에는 그가 한평생 마주했던 가난과 좌절 그리고 질병과 죽음의 그림자가 있었다. 청각을 잃을 수도 있다는 진단을 받은 베토벤은 1802년에 빈 교외의 작은 마을 하일리겐슈타트Heiligenstadt로 들어갔다. 그곳에서 그는 생의 마지막을 대비하면서 유서를 작성했다. 귀머거리가 될 지도 모른다는 절망 속에서도 그는 운명에 맞서 싸우겠다는 의지를 불태우며 교향곡 3번 〈영웅〉, 5번 〈운명〉, 6번 〈전원〉 등 다양한 작품을 탄생시켰다. 베토벤은 청각을 완전히 잃어 극도로 고통스러운 1818년 이후에도 장엄미사, 교향곡 9번 〈합창〉 등 불후의 명작들을 완성하였다. 그중에서도 베토벤의 벗이자 후원자였던 루돌프 대공에게 헌정한 〈장엄미사〉는 유네스코의 세

〈장엄미사〉를 작곡 중인 베토벤
https://en.wikipedia.org/wiki/Ludwig_van_Beethoven

〈운명 교향곡〉을 쓰기 시작한 1804년의 베토벤
https://en.wikipedia.org/wiki/Symphony_No._5_(Beethoven)

계기록유산으로 지정되어 불멸의 악성 베토벤을 영원히 추억하게 하고 있다. 베토벤은 세상을 떠나기 직전까지도 작품을 구상했는데, 후기 〈현악 4중주곡〉은 인류가 도달한 가장 위대한 음악의 경지로 찬사를 받고 있다.

베토벤과 슈베르트Franz P. Schubert(1797~1828)의 짧은 만남도 세상 사람들의 입에 자주 오르내리고 있다. 슈베르트는 가난과 타고난 병약함을 극복하고 음악의 최고봉에 오른 오스트리아의 작곡가이다. 슈베르트는 〈미완성 교향곡〉과 실내악곡 〈송어〉 등의 걸작을 남겼지만 무엇보다도 690곡에 이르는 가곡을 남겨 '가곡의 왕'이라 불리고 있다. 그는 베토벤이 세상을 떠나기 일주일 전에 평소 존경했던 그를 방문했다. 서로 2킬로미터도 안 되는 거리에 살고 있었지만 소심한 성격의 슈베르트로서는 대작곡가를 만날 엄두를 내지 못했던 것이었다. 슈베르트의 악보를 본 베토벤은 크게 감탄하며 그를 좀 더 일찍 만나지 못했던 것을 아쉬워하였다. 마지막으로 베토벤의 〈교향곡 5번 다 단조〉를 소개하고자 한다. 〈운명 교향곡〉으로 알려진 이 곡은 1808년 오스트리아의 빈에서 베토벤 자신이 직접 지휘하여 선보였다. 그의 비서 쉰들러Anton Schindler(1795~1864)는 이 곡에 대해 '운명은 이처럼 문을 두드린다.'고 썼다.

베토벤의 삶

영웅 베토벤은 어떤 삶을 살았을까? 베토벤과 이름이 같은 할아버지 루트비히 판 베토벤Ludwig van Beethoven(1712~1773)은 네덜란드 귀족 출신의 음악가였고, 아버지 요한Johann van Beethoven(1740~1792)은 테너 가수였다. 베토벤의 어머니 마리아Maria M. Keverich(1746~1787)는 대주교 궁정의 수석 요리사의 딸이었다. 요한과 마리아는 7남매를 낳았다. 베토벤은 태어나자마자 곧 죽은 장남 루트비히의 이름 그대로 루트비히가 되었다. 아버지 요한은 가혹한 음악 선생이었다. 베토벤의 음악적 재능은 어릴 때부터 두각을 드러냈다. 베토벤은 17살이 되던 해인 1787년, 당시 음악의 중심지인 오스트리아의 빈으로 여행을 떠났다. 그곳에서 베토벤의 즉흥곡을 들은 음악의 천재 모차르트Wolfgang A. Mozart(1756~1791)는 이렇게 외쳤나. "저 사내를 질 지켜보게, 니보다 유명하게 될 존재가 나타났다네." 1789년에 그는 아버지의 뒤를 이어 법적으로 아버지가 받는 월급의 반을 받아 가족의 생계를 이끌어갔다. 그는 하이든의 지도를 받는 등 음악 공부와 피아노 연주에 몰두하였다. 1796년에는 유럽의 문화 중심지를 순회하면서 유명세를 타기 시작했다. 이 시기에 베토벤은 자신의 청력에 문제가 있음을 알게 되었다. 1800년에는 교향곡 1번과 2번을 초연하여 음악계의 중요한 인물로 평가를 받았고 후원자와 출판업자 사이에 큰 인기를 얻기 시작했다. 이 무렵 그가 헝가리 백작부인의 맏딸 요제피네Josefine Brunswik(1779~1821)에게 피아노를 가르치게 되면서부터 세간에는 수많은 억측이 난무하였다. '피아노의 왕'이라 불리는 리스트Franz Liszt(1811~1886)를 가르친 체르니Carl Czerny(1791~1857)도 베토벤의 제자였다.

산책 중인 베토벤(그림: J. Schmid)
https://en.wikipedia.org/wiki/Ludwig_van_Beethoven

마지막으로 힘들고 험난한 길을 걸어야 했던 베토벤에게는 사랑으로 새로운 힘을 불어 넣어준 어머니가 있었다. 아버지의 음주

벽, 결혼을 슬픔의 사슬이라고 표현했던 어머니. 그가 17살이 되던 해에 어머니가 돌아가시고 평생을 독신으로 살 수밖에 없었던 베토벤이 감당해야 했을 운명의 무게는 얼마나 무거웠을까!

1827년 3월 26일, 오스트리아 비엔나의 하늘에는 검은 구름이 드리워졌다. 짙은 어둠이 방안을 뒤덮었다. 갑자기 폭풍이 일고 눈보라가 몰아쳤으며 천둥이 방안을 전율에 휩싸이게 했다. 베토벤은 눈을 떠 하늘을 향해 주먹을 불끈 쥐었다. 그러고 나서 손을 아래로 떨구었다. 베토벤은 56세를 일기로 영원히 눈을 감았다. 그의 장례식이 열린 3월 29일은 화창한 봄날이었다. 2만 명의 비엔나 시민들이 베토벤의 마지막 가는 길을 배웅하였다. 그의 사인에 대해서는 여러 설이 제기되었는데 가장 설득력이 있는 것은 납 중독이다. 2000년에 시카고 아르곤 국립 연구소의 과학자들이 베토벤의 머리카락을 조사한 결과 정상인들과는 비교할 수 없을 정도로 고농도의 납이 검출되었다. 외형적인 사인은 납 중독이지만 실제로는 알코올성 간경변증이라고 알려져 있다. 그가 즐겨 마셨던 와인 속에는 고대 로마인들이 발견한 인공 감미료인 납설탕이 들어 있었고 이로 인해 건강이 악화되었을 것이다. 그는 세상을 떠나기 이틀 전 침대 옆의 노트에 다음과 같은 기록을 남겼다. "친구여! 갈채를 보내다오. 희극은 끝났다."

불멸의 연인

베토벤 사후 그의 캐비닛에서 '불멸의 여인'에게 보낸 세 편의 편지가 발견되었다. "7월 6일 아침. 나의 천사, 나의 모든 것, 나의 분신이여." "7월 6일 밤. 그대가 없는 삶이란." "7월 7일 새벽. 침대에서 일어나기도 전에 내 마음은 그대에게 달려갑니다. 내 불멸의 연인이여!" 그가 그토록 간절히 원했던 불멸의 연인은 누구였을까? 평생 독신으로 지낸 베토벤은 많은 여인들을 사랑했다고 전해진다. 피아노 독주곡 〈안단테 파보리〉(Andante Favori)를 헌정한 백작의 셋째 딸 요제피네 폰 브룬스비크Josephine von Brunswick(1779~1821), 〈피아노 소나타 24번〉을 헌정한 테레제 폰 브룬스비크Therese von Brunswick(1775~1861), 청각 이상으로 절망에 빠져들 때 위로를 받고 〈월광 소나타〉를 바친 줄리에타 귀차르디Giulietta Guicciardi(1782~1856), 베토벤이 귓병 등으로 괴로워하던 시기에 만나 피아노곡 〈엘리제를 위하여〉를 바친 테레제 말파티Therese Malfatti(1792~1851) 등이 등장한다. 베토벤 전기를 쓴 솔로몬M. Solomon은 불멸의 여인의 정체는 안토니 브렌타노Antonie Brentano(1780~1869)라고 주장했다. 현실 앞에서 안토니를 포기할 수밖에 없었던 베토벤은 "불행히도 난 아내가 없다네. 오직 한 사람을 만났지만 영원히 소유할 수 없을 걸세."라고 말했다고 한다.

사파

고대 로마는 와인의 역사에서 매우 중요한 위치를 차지했다. 고대 그리스와 에트루리아의 영향을 받은 이탈리아 반도에서는 일찍부터 포도를 재배하기 시작했고 로마제국이 융성하면서 와인의 제조와 소비는 제국의 전역으로 확대되었다. 오늘날 프랑스, 독일, 이탈리아, 포르투갈, 스페인의 와인 제조에도 고대 로마의 영향이 컸다. 와인은 매일 즐겨야 한다는 고대 로마인들의 믿음에 따라 누구나 자유롭게 마시게 되었다. 로마 병사들과 식민지 주민들에게도 와인을 지속적으로 공급해주기 위해서, 포도 재배와 와인 생산은 제국 전역으로 퍼져 나갔다. 와인은 로마의 사회, 종교, 의학 등 여러 분야에서 중요한 역할을 했다. 연회의 핵심이 된 와인은 부와 특권을 과시하기 위한 수단이 되었으며 제국이 융성해지면서 와인은 엘리트들이 향유하는 사치품이 아니라 하루도 빠질 수 없는 필수품이 되어갔다. 심지어는 노예도 와인을 마실 정도가 되었다. 미성년자나 여자에게는 금지되었던 음주도 시간이 지남에 따라 변해갔다. 와인에 대한 고대 로마인들

고대 이집트에서 포도 재배와 와인 제조의 역사는 1,500 BCE까지 거슬러 올라간다.
https://en.wikipedia.org/wiki/History_of_wine

고대 중국(1,600~1,046 BCE)의 청동제 와인 저장 용기
https://en.wikipedia.org/wiki/History_of_wine

의 믿음은 심지어 와인을 의료 용도로까지 쓰게 만들었다. 그들은 와인이 우울증, 변비, 설사, 구취, 현기증 등에 효과가 있다고 믿었다. 고대 그리스의 디오니소스Dionysus는 포도 수확 및 와인의 신이었으며 광기와 풍요의 신이었다. 디오니소스를 대체하여 고대 로마에 등장한 바쿠스Bacchus는 와인, 자유, 도취, 그리고 황홀경의 신이었다. 그에 맞게 바쿠스 축제[Bacchanalia]는 떠들썩한 술잔치로 이어졌다. 고대 이집트와 고대 중국으로까지 거슬러 올라가는 와인의 역사는 고대 로마에 이르러 음료이며 술이고 치료제로 자리 잡았고 종교 속에도 와인이 등장하게 되었다.

고대 로마에서는 포도를 발효시키고 나서 암포라(Amphora)에 저장하여 숙성시켰다.
https://en.wikipedia.org/wiki/Ancient_Rome_and_wine

이탈리아 중부의 작은 마을에서 시작한 고대 로마는 팽창을 거듭하여 고대 그리스, 오리엔트, 게르만 등을 아우르는 지중해 전역을 제패하는 제국이 되었다. 소박하게 식사하던 고대 로마인들의 식단은 점점 풍성해져 갔다. 세나Cena는 그들의 하루 중 주된 식사로서 초기에는 정오에 먹던 풍습이 오후 4시에 시작하여 밤늦게까지 지속되는 문화로 바뀌었으며 공중목욕탕과 함께 사회생활의 중심으로 자리 잡았다. 그들의 요리에는 중요한 첨가제가 사용되었다. 머스트(Must, 발효 전의 으깬 포도나 포도즙)를 용기에 넣고 끓여 원래 부피의 3분의 2, 2분의 1, 또는 3분의 1이 되도록 농축하여 카레늄Carenum, 데프루툼Defrutum, 그리고 사파Sapa를 만들었는데 로마 요리에 빠지지 않고 들어가는 달콤한 이 재료들은 고대 로마인들이 만든 최초의 인공감미료였다. 로마의 정치가 카토Cato the

Censor(234~149 BCE)에 따르면 제대로 된 데프루툼은 납으로 된 용기에서 끓일 때 비로소 탄생된다고 한다. 로마의 저명한 역사가인 대 플리니우스Pliny the Elder(23~79 CE)에 의하면 데프루툼은 초승달이 뜨는 날에 만들어야 하며, 구리나 청동제 용기로 만들어서는 안 되는 특별한 것이었다. 그들은 고기를 요리하기 전에도 음식의 단맛을 내기 위해서 이 재료들을 사용했다. 가룸(Garum, 발효시킨 생선 소스)에 데프루툼을 섞은 오노가룸Oenogarum은 가장 인기 있는 콩디망(Comdiment, 양념)이었다. 그들은 마르멜로나 멜론을 보존하기 위해서도 데프루툼과 사파를 사용했다. 군인들에게도 데프루툼에 보존된 음식을 지급하고 여인들은 데프루툼이나 사파를 화장품으로 쓰기도 했는데 문제는 이것들에 다량의 납이 들어있었다는 것이다.

이 모든 재료들이 납 용기에서 제조되었기 때문이다. 용기에서 빠져나온 납은 초산납[$(CH_3COO)_2Pb$]을 형성하였다. 초산납이 단맛을 내 설탕 대체제로 사용된 것이다. 그 결과 로마인은 납설탕이라고 부르는 이 물질에 중독되었다. 역사는 이것이 로마인의 질병뿐만 아니라 로마 제국의 쇠퇴를 불러왔을 것이라고 기록하고 있다.

납에 빠지다

『고대 로마사』의 저자인 디오니시오스Dionysius of Halicarnassus는 로마제국이 특별히 위대한 이유 세 가지를 들었다. 그것은 수로[Aquaduct], 포장도로, 그리고 하수도였다. 로마는 제국의 안정을 유지하고 확장하는 데 필요한 도로의 건설과 함께 위생적인 수돗물 공급을 위한 수로를 건설하여 먼 곳에 있는 수원지로부터 물을 끌어와 식수, 산업용, 농업용 등으로 공급했다. 상하수도와 공중목욕탕은 고대 로마의 사회와 문화에서 중요한 역할을 했다. 아피아 수도[Aqua Appia]는 세계 최초의 수도관으로서 총 길이가 16.4킬로미터에 이른다. 그 후 로마는 계속해서 수도를 증설했다. 3세기 말에는 도시로 물을 공급하기 위해 만들어진 수도관이 무려 수백 킬로미터에 달했다. 로마인들은 도시 곳곳을 납으로 만든 수도관으로 연결했는데 그물망처럼 연결된 이 상하수도관을 통해서 그들은 많은 혜택을 누리며 살았다. 중앙아시아, 로만 브리튼, 발칸반도 등지에 많은 광산을 두었던 로마제국은 연간 8만 톤의 납을 생산했다. 납은 광석에서 쉽게 추출되며 산화가 잘 되는 철의 단점을 극복할 수 있는 금속이다. 로마인들이 '금속의 왕'이라고 여겼던 납은 식기, 요리 도구, 화폐, 장식품, 석관, 페인트, 화장품 등으로 널리 사용되었다. 납은 녹는점이 섭씨 327도로 비교적 낮고 유연하여 얇게 펴거나 파이프로 만드는 것이 용이하여 모든 계층이 애용하는 금속이었다. 그들에게 납은 오늘날의 플라스틱이었던 셈이다. 그런데 이것이 문제였다.

일부 역사학자들은 이로 인한 납 중독이 로마의 상류층을 병들게 하였고 제국의 몰락을 앞당겼을 것이라고 주장했다. 클라우디우스Claudius(10 BCE~54 CE), 칼리굴라Caligula(12~41 CE), 네로Nero(37~68 CE)를 포함한 많은 로마 황제들이 납이 들어간 식사를 탐닉하였고 그 결과 통풍 등의 질병에 시달렸다. 어머니까지 살해한 네로 황제의 폭정은 납 중독 때문이었다고 한다. 최근의 연구 결과에 따르며, 고대 로마 시대에 사용되었던 납 파이프에서 우물물보다 100배나 높은 납이 검출되었다. 로마인들이 편리하게 사용했던 다양한 제품에서 빠져나온 납 성분이 체내에 유입되고 축적되어 각종 질병을 야기하였던 것이다.

납 중독에 대한 기록을 남기지 않은 고대 이집트인들은 눈을 검고 진하게 치장했다. 가장 풍요로운 시대를 통치했던 네페르티티Nefertiti(1370~1330 BCE) 여왕도 눈을 검게 치장했고 프톨레마이오스 왕조의 마지막 여왕 클레오파트라 7세Cleopatra VII Philopator(69~30 BCE) 역시 아이 라인을 검게 치장했다. 검은 눈은 화장 이상의 의미를 갖는 것이었다. 이집트 나일강의 잦은 홍수는 토지를 비옥하게 해주었지만, 사람들은 눈병에 시달려야 했다. 그들은 눈 주위를 진한 색깔의 아이라이너로 치장하였는데 고대 이집트인들은 '호루스의 눈[Eye of Horus]'이 감염으로부터 눈을 보호해줄 것이라고 믿었다. 독성이 있는 납을 눈가에 발랐다니! 그러나 프랑스의 과학자들이 루브르 박물관에 있는 (이집트 무덤에서 발견된) 화

프톨레마이오스 왕조의 파라오였던 클레오파트라(Cleopatra VII, 베를린 알테스 박물관 소장)
https://en.wikipedia.org/wiki/Cleopatra

장품 상자 속 샘플을 채취하여 연구한 결과는 놀라운 것이었다. 고대 이집트인들은 눈 화장을 위해 극소량의 납을 사용하였는데, 시험 결과 소량의 납을 피부에 바르면 체내에서 산화질소[NO]의 생성이 촉진되어 질병에 맞서 싸우는 면역력이 증가한다는 사실을 확인하였다. 이 연구 결과는 2010년 미국의 학술지인 『분석화학』(Analytical Chemistry)에 게재되었다. 좋은 것도 지나치면 독이 되고, 나쁜 것도 적당량을 사용하면 약이 된다.

고대 이집트인들은 심미적 관점에서 그리고 치료적 관점에서 성별이나 사회적 지위와 무관하게 화장품을 사용했다. 뜨거운 공기로부터 피부를 보호하기 위해 오일과 연고를 발랐고 화장이 마술적인 힘을 가지고 있으며 심지어 치유 능력도 있다고 믿었다. 그들은 죽은 후에도 치장을 한 후에 신 앞에서 심판을 받았다. 그들은 눈 화장을 위해 검은색의 콜Kohl을 사용했다. 콜은 녹색의 공작석[$Cu_2CO_3(OH)_2$], 회색의 방연석[PbS], 흰색의 백연광[$PbCO_3$] 등을 파우더로 만든 후에 오일 또는 지방과 혼합하여 사용했다. 루브르 박물관에 있는 화장품 보관함의 내용물을 분석한 결과 화장품에는 납을 함유한 광물뿐만 아니라 습식화학(액체상에서 일어나는 화학) 공정을 통해서 합성된 화합물도 들어있었다.

피라미드 밑 수은의 강

흔히 피라미드라고 하면 기자의 대 피라미드 같은 이집트의 피라미드를 연상하지만, 사실은 유럽, 아시아, 아메리카 등 세계 곳곳에도 많은 피라미드들이 존재한다. 현재 중국에 있는 장군총은 동방의 피라미드라 불리고 있는데, 고구려 장수왕長壽王(394~491 CE)의 능陵이라고 한다. 이집트에 버금가는 피라미드가 있는 나라가 있는데 바로 멕시코이다. 대표적인 것은 멕시코시티 북동쪽 약 40킬로미터에 위치한 테오티우아칸(Teotihuacan, 100 BCE~750 CE)의 피라미드이며 이것은 아메리카 대륙에 세워진 가장 거대한 피라미드로서 1987년 유네스코 세계문화유산으로 지정되었다. 70미터의 높이에 248개의 계단이 있는 해의 피라미드 옆에는 달의 피라미드가 있고, 두 피라미드 사이에는 사자死者의 길이 있다. 피라미드의 정상에서 사제들이 살아 있는 사람의 심장을 꺼내 태양신에게 제물로 바쳤다고 한다. 뱀신 케찰코아틀Quetzalcoatl을 모신 테오티우아칸의 피라미드는 2003년에서야 봉인이 해제되었다. 2015년 멕시코의 고메즈Gomez 등은 6년간의 탐사 끝에 피라미드 밑에 있는 터널 끝에서 다량의 액체 수은을 발견하였다. 연구자들은 수은을 지하세계의 강을 상징하는 것으로 생각하고 있다. 물보다 비중이 13.6배나 큰 수은은 광택이 나고 조금만 건드려도 움직인다. 수은을 퀵실버Quicksilver라 부르는 이유는 마치 살아 움직이는 것 같은 성질이 있기 때문이다. 은백색의 금속광택이 나는 수은은 녹는점이 섭씨 영하 38.8도에 불과해 상온에서 액체 상태로 존재한다. 이런 이유로 고대 사람들은 이 흐르는 금속으로 지하 세계를 장식하였다.

1974년 3월 29일, 중국 여산의 농부들이 우물을 만들기 위해 땅을 파던 중 우연히 도기 조각을 발견했다. 2,000년 가까이 잊혀있던 중국 최초의 황제 진시황秦始皇의 무덤은 이렇게 해서 세상에 알려지게 되었다. 진시황릉은 높이가 76미터에 달하고, 넓이도 350평방미터에 이르는 거대한 무덤이다. 진시황 사후에 초패왕 항우項羽가 30만 병사들을 동원하여 도굴했다는 기록과 당나라 때 일어난 황소黃巢의 난 중에 다시 도굴되었다는 기록이 있다. 현재까지 병마용갱兵馬俑坑에서 8천여 점의 병사도용陶俑과 전차, 말, 청동기 등 수많은 유물이 발굴되었다. 1987년에 병마용갱과 함께 세계문화유산에 등재된 진시황릉에 대해서는 아직도 많은 수수께끼가 남아 있다. 중국 역사의 아버지로 불리는 사마천司馬遷(145 BCE?~86 BCE?)이 쓴 『사기』(史記)에 의하면, 진시황릉은 시황제 즉위 초부터 공사를 시작하여 39년(246~208 BCE) 동안 총인원 340만 명을 동원하여 완성했으며 지상의 황궁을 그대로 옮긴 것과 같은 거대한 규모인 데다 수은이 흐르는 5,000여 개의 강과 수십 개의 망루를 가진 도성 안에 온갖 보물과 병사로 화려하게 조성하였다고 한다. 중국 남북조 시대에 저작된 지리서 『수경주』(水經注)를 지은 북위의 학자 여도원酈道元(466~527)에 따르면, 수은은 강, 하천, 바다를 상징하는 것으로 지리를

중국 최초의 황제 진시황
https://en.wikipedia.org/wiki/Qin_Shi_Huang

표현하기 위한 것이었다고 한다. 중국의 고고학자들은 진시황릉에 수은의 강이 흘렀다는 이야기는 사실이라고 2016년 인민일보의 포털 사이트 인민망人民網에 발표하였다. 중국은 세계 제1의 수은 생산국이다. 2002년부터 고고학자들이 원격탐지기로 내부 구조를 조사한 결과 진시황릉 내부에 높이 30미터의 피라미드가 있다는 사실이 밝혀졌다.

2
미나마타 물고기

미나마타병 / 우리 아이가 위험해 / 생물 농축 / 이타이이타이병 / 비중격 천공 / 콜 / 모차르트와 레퀴엠 / 아쿠아 토파나

미나마타병

일본 큐슈의 한 공장에서 발생된 폐수가 미나마타Minamata만으로 흘러들어갔다. 폐수 속에 들어 있던 메틸수은[CH_3Hg]이 바다를 오염시켰다. 인근에 서식하던 물고기와 조개류가 메틸수은을 먹었고, 사람들은 메틸수은을 먹은 물고기와 조개류를 먹었다. 미나마타병은 그렇게 세상에 알려지게 되었다. 사건의 발단은 훨씬 이전부터 진행되고 있었지만, 미나마타 시에서는 1956년이 되어서야 이 비극을 공식적으로 확인하였다. 미나마타만의 해산물에서는 5.6-36피피엠ppm의 수은이 검출되었다. 주변 해안에 살던 사람들의 머리카락에서 검출된 수은 농도 역시 매우 높게 나타났다. 최대 705피피엠인 경우도 있었다고 한다. 수은에 중독되면 지각장애, 운동실조, 신경장애, 청각장애 등 다양한 증상이 나타난다. 어린이의 경우 성장 결손을 초래하며 기억력, 언어 능력, 주의력도 감소한다. 수은에 오염된 해산물을 먹은 임신부의 태아 역시 수은 중독을 피할 수 없었다. 환자들의 증상은 심각했고 광범위한 장애도 나타났다. 2001년 현재 공식적으로 집계된 2,200여 명의 희생자 중에서 1,700여 명이 사망하였다. 미나마타병은 세계 10대 환경재앙의 하나로 기록되고 있다.

우리 아이가 위험해

납의 화학 기호인 Pb는 액체 은[Liquid silver]을 뜻하는 라틴어 Plumbum의 약자에서 왔다. 납은 주로 방연석[PbS] 광물에서 은, 구리, 아연 등과 함께 추출된다. 무겁고 은빛이 나는 납은 녹는점이 섭씨 327도로 매우 낮아 손쉽게 얇게 펴 늘이거나 길게 뽑을 수 있고 부식이 잘 일어나지 않는다. 이런 이유로 납은 수도관, 요리 기구, 페인트, 색소, 화장품, 보석류, 장남감 등에 널리 사용되어 왔다. 납으로 만든 고대 이집트의 작은 조각상과 아나톨리아(Anatolia, 현재의 터키)에서 발견된 목걸이의 연대는 적어도 6,000년 전으로 거슬러 올라간다. 오늘날 소비되는 납의 상당 부분은 자동차의 납축전지를 제조하는 데 사용되고 있다. 납이 인체에 유해하다는 기록은 2천 년 이전부터 나타난다. 고대 그리스의 철학자 니칸데르Nikander of Colophon는 납 중독이 배앓이와 빈혈을 유발한다고 적었다. 의학의 아버지로 불리는 히포크라테스Hippocrates of Kos(c. 460~c. 370 BCE)는 부자의 질병으로 알려진 통풍痛風이 음식과 와인 때문일 것이라고 적었다. 고대 로마의 상류층에 만연했던 통풍은 납이 들어 있는 와인을 지나치게 많이 섭취했기 때문이라는 수많은 연구결과들이 히포크라테스를 지지하고 있다. 18세기 이후의 납 중독 사건은 대개 직업적인 이유로 발생되었다. 납을 다루는 공장 근로자들의 경우 미세한 납의 먼지 나 연기를 들이마셔서 혹은 피부를 통해 납이 흡수될 수 있다.

자본주의 바람이 휘몰아쳤던 19세기 영국 사회는 어떤 모습이었을까?『올리버 트위스트』,『크리스마스 캐럴』 등의 소설을 쓴 작가 찰스 디킨스Charles J. F. Dickens(1812~1870)는 번영을 구가하는 영국의 어두운 면에 주목했다. 그는 저임금과 중노동 속에서 납 중독으로 신음하는 여인의 고통을 에세이로 고발하였다. 고대에는 상류층을 괴롭혀 온 납이 오늘날에는 열악한 환경에 내몰린 가난한 계층에게 위협이 되고 있다. 특히 어린이들에게는 더 치명적이다. 체내로 유입되면 뇌, 간, 신장, 뼈 등으로 퍼지며 시간이 경과함에 따라 치아와 뼈에 저장된다. 특히 임신 중에는 뼈 속의 납이 혈액으로 방출되므로 태아에 치명적인 영향을 주어 조산, 유산, 사산 및 기형을 유발할 수 있다. 어린이의 납 중독 역시 심각한 결과를 초래할 수 있는데, 특히 뇌와 중추 신경계의 발달을 저해하기 때문에 지적 발달 장애 등을 유발한다. 그 밖에도 납은 빈혈, 고혈압, 신장장애 등을 야기하며 생식기관에도 유해한 영향을 준다. 납 수돗물 사태로 주목을 받은 미국의 도시가 있다. 2014년 미시간주에 있는 플린트Flint 시는 수원지를 휴런 호에서 프린트 강으로 바꾸면서 납 중독 사태가 발생하자 커다란 충격에 빠졌다. 유아의 혈중 납 수치가 높아지기도 했다. 플린트 시의 납 수돗물 사태는 2016년 1월 미국의 시사주간지인 타임지의 표지에도 등장하였다. 납에 노출되어 나타나는 영향은 비가역적인 것으로서 되돌릴 수 없다.

생물 농축

수은 중독에 의한 미나마타만의 비극은 일본뿐만 아니라 전 세계에 커다란 파장을 불러왔다. 메틸수은은 위장에 쉽게 흡수되고 시스테인(Cysteine, 아미노산의 하나)에 잘 달라붙는 성질이 있다. 이는 메틸수은이 단백질과 강하게 결합한다는 것을 의미한다. 메틸수은에 대해서 주목할 것은 유독성만이 아니다. 더 심각한 것은 물에 대한 용해도가 낮아 체내에 오랫동안 잔류한다는 사실이다. 유독성 물질이 체내에 오래 머문다는 의미는 무엇일까? 바다는 다양한 생명체들이 살아가는 공간이다. 식물성 플랑크톤은 태양 에너지를 이용해서 이산화탄소를 고정하여 유기물(동물의 식량)과 산소를 생산한다. 동물성 플랑크톤은 식물성 플랑크톤을 먹고 살며, 성게, 비늘돔, 바다소[海牛] 같은 초식동물은 해초를 먹고 산다. 정어리, 오징어 같은 작은 육식동물은 동물성 플랑크톤 같은 초식동물을 먹고, 더 크고 빠른 동물은 작은 육식동물을 먹고 산다. 먹이 사슬[Food chain]의 최상위에는 상어, 참치, 바다사자 같은 포식자들이 있다. 바다에 유입된 메틸수은은 식물성 플랑크톤에도 유입된다. 메틸수은은 식물성 플랑크톤을 먹고 사는 동물성 플랑크톤에도 유입되고, 정어리에도 유입되고 참치에도 유입된다. 분해되지 않고 체내에 쌓이는 메틸수은의 양은 먹이 사슬의 위로 올라갈수록 증가한다. 이러한 현상을 생물 농축[Biomagnification]이라 한다. 식물성 플랑크톤을 먹은 동물성 플랑크톤을 먹은 정어리를 먹은 참치를 먹은 사람은 안전할까?

이타이이타이병

1912년 일본의 대표적인 환경오염 사례가 혼슈의 동해 연안에 있는 도야마현에서 나타났다. 미쓰이 금속회사의 광산은 산에 위치하고 있었다. 그런데 채굴과정에서 생긴 부산물이 그대로 버려졌고 진즈강[神通川]으로 흘러 들어갔다. 부산물 속에는 카드뮴[$_{48}$Cd]이 들어 있었는데 농부들은 이 카드뮴이 섞인 강물로 벼를 재배했다. 여기서 추수한 쌀을 먹은 사람들이 중독 증세를 보이고 극심한 고통을 호소했는데, 이를 이타이이타이병이라 불렀다. 이타이란 아프다[痛]란 의미를 가진 일본어이다. 1955년 학회에 처음으로 보고되었고, 1968년 일본 정부는 이 증세를 카드뮴으로 뼈 속 칼슘이 녹아서 생긴 신장장애와 골연화증이라고 발표하였다. 카드뮴이 체내에 농축되면 주로 척추와 관철 통증을 수반한다. 뼈가 약해지고 쉽게 부스러지는 골연화증과 골다공증이 나타나는 것이다. 뼈의 기형이 나타나 오리처럼 뒤뚱뒤뚱 걷는 동요성보행動搖性步行 증상을 보인다. 카드뮴은 유사 독감 증상과 근육통을 유발할 수 있으며 간과 신장을 해친다. 이것에 노출되면 동맥경화증, 고혈압, 심혈관계 질병도 증가한다. 카드뮴은 발암물질로 규정되어 있으며 직업상 카드뮴 화합물에 노출된 사람들은 폐암 발병률이 증가한다. 이렇게 건강을 심각하게 위협하는 카드뮴은 유럽연합[EU]이 정한 6대 위험물질에 속해 있다. 최근 흡연과 관련된 연구에 의하면 담배를 피우는 여성의 경우 자궁내막조직에서 카드뮴 수치가 훨씬 증가하였다고 한다. 이는 태아에게 치명적인 영향을 줄 수 있다. 흡연자의 혈중 카드뮴 농도는 비흡연자의 4배 이상 높았고, 콩팥 내 카드뮴 수치도 2내지 3배 더 높았다.

비중격 천공

중금속이 산업화와 경제 성장의 이면에서 어두운 역사의 한 페이지를 장식한 사례는 수없이 많다. 크롬[$_{24}$Cr]은 광택이 나고 열에 강하며 부식도 잘 되지 않아 다양한 분야에서 사용되고 있는 금속이다. 1890년에 뉴먼D. Newman은 크롬산 염을 사용하는 염색 공장의 노동자들이 암 발병률이 높다는 사실을 처음으로 발표하였다. 제2차 세계대전 중에는 항공기 노동자들의 크롬산 염에 의한 피부염 발생 사례가 보고되었고 1963년에는 영국의 자동차 공장 노동자들에게 홍반, 습진 등의 피부 질환이 발생하였다. 2011년에는 호주의 뉴캐슬 오리카 폭발물 제조공장에서 크롬이 유출되는 사고가 일어났다. 금속 크롬과 3가 크롬[Cr^{3+}]은 건강에 유해하지 않지만 6가 크롬[Cr^{6+}]은 독성이 크고 암을 유발한다. 2,000년에 미국에서 개봉된 실화를 바탕으로 한 영화 〈에린 브로코비치〉(Erin Brokovich)는 대기업의 공장에서 방류된 6가 크롬이 함유된 오염물질이 캘리포니아 힝클리Hinkley의 지하수를 오염시킨 사건을 다루고 있다. 영화 〈프리티 우먼〉(Pretty Woman)으로 잘 알려진 로버츠J. Roberts가 아이 셋을 둔 싱글맘 에린Erin으로 출연하였다. 실제 주인공은 법적 분쟁에서 승소하였고 거대기업 PG&E[Pacific Gas and Electric Company]는 3억 3천3백만 달러의 배상금을 지급하였다. 가죽을 무두질하는 공정에서 야기되는 크롬 오염만으로 180만 명 이상이 크롬 중독으로 고통을 받고 있다. 우리나라에서도 크롬 관련 직업병이 다수 보고된 바 있다. 울산에 있는 11명의 용접 기사들에게 비중격 천공鼻中隔穿孔 증상이 나타났다.

콜

고대 이집트인들은 약 5천 년 전부터 휘안석輝安石 또는 방연석方鉛石을 갈아 만든 콜kohl이라 부르는 눈 화장품을 사용하였다. 이 아이라이너는 눈꺼풀의 윤곽을 진하게 하거나 속눈썹을 검게 치장하는 화장품으로 아프리카와 아시아의 여러 지역에서 널리 사용되어 왔다. 아이가 태어나면 눈에 콜을 발라주기도 했는데, 그 이유는 콜이 아이를 강하게 만들어 주고 아이의 눈을 악마의 눈으로부터 지켜준다고 믿었기 때문이었다. 이러한 믿음은 '호루스의 눈'이 눈의 감염을 막아준다고 생각했던 고대 이집트 시대까지 거슬러 올라간다. 거친 환경으로부터 피부를 보호해주고 눈의 감염을 막아준다고 생각했던 콜은 단순한 화장품 이상의 의미를 가지는 것이었다. 그런데 콜에 들어 있는 성분을 들여다보면 건강의 관점에서는 재고해볼 필요가 있다. 콜의 원료 물질인 방연석과 휘안석에는 각각 황화납[PbS]과 황화안티몬[Sb_2S_3]이 들어 있는데 납[$_{82}Pb$]과 안티몬[$_{51}Sb$]은 대표적인 유해 물질이기 때문이다.

검정색 화장품인 콜을 바른 고대 이집트의 여인들
(테베의 무덤에 있는 벽화, 1420–1375 BCE)
https://en.wikipedia.org/wiki/Kohl_(cosmetics)

모차르트와 레퀴엠

세계 음악사에 영원히 기록될 천재 음악가. 〈피가로의 결혼〉, 〈돈 죠반니〉, 〈마술피리〉 등을 작곡하여 서양의 고전음악을 완성한 음악가. 그의 이름은 모차르트Wolfgang A. Mozart(1756~1791)이다. 오스트리아 태생의 모차르트는 겨우 다섯 살 때 작곡을 하여 주위 사람들을 놀라게 했다. 그는 무려 600여 곡을 썼는데, 교향곡, 협주곡, 실내악, 오페라, 그리고 합창곡은 최고의 경지에 이른 것으로 인정받고 있다. 악성으로 불리는 베토벤조차도 모차르트의 명성에 가려진 상태에서 초기 작품을 썼다. 베토벤은 14살 때 오스트리아의 빈에서 14살 위의 천재 모차르트를 만났다. 모차르트는 베토벤의 재능을 보고 감탄했다. 그 후에 베토벤은 모차르트에게 보내는 경의의 표시로 곡을 썼다. 베토벤의 스승이었고 모차르트의 멘토이자 친구였던 하이든Joseph Haydn(1732~1809)은 앞으로

모차르트
(그림: Barbara Krafft, 1819년)
https://en.wikipedia.org/wiki/Wolfgang_Amadeus_Mozart

100년 안에는 모차르트 같은 재능을 가진 음악가를 볼 수 없을 것이라고 썼을 정도였다. 〈백조의 호수〉, 〈호두까기 인형〉 등으로 유명한 러시아의 차이콥스키Pyotr I. Tchaikovsky(1840~1893)도 모차르트를 위해 〈모차르티아나〉(Mozartiana)를 썼다. 〈세르비아의 이발사〉, 〈빌헬름 텔〉 등 수많은 곡을 써서 19세기 이탈리아 오페라 무대를 화려하게 장식했던 로시니Gioachino A. Rossini(1792~1868)는 모차르트를 가리켜 천재성만큼 지식을 가지고 있으며, 지식만큼 천재성을 가진 유일한 음악가라고 말했다.

모차르트는 빈에서 보낸 말년에도 심포니, 협주곡, 오페라 등을 작곡하는 것을 멈추지 않았다. 1791년 그는 최후의 오페라 〈마술피리〉를 완성하였고 작곡을 의뢰받은 레퀴엠Requiem을 위해 혼신의 힘을 기울였다. '주여, 영원한 안식을 그들에게 주옵소서'로 시작되는 레퀴엠은 로마 카톨릭에서 쓰는 음악으로 죽은 자를 위한 위령 미사이다. 같은 해 12월 5일 모차르트는 레퀴엠을 완성하지 못한 채 영원히 눈을 감고 말았다. 불과 36살의 짧은 생을 마감한 음악 천재의 사인은 무엇이었을까? 그 중 하나는 모차르트가 아쿠아 토파나로 누군가에 의해 독살되었다는 설이 있는데 이는 모차르트가 죽던 해에 썼던 오페라 원고에서 다량의 비소가 발견된 데에 기인한다. 비소는 아쿠아 토파나의 가장 중요한 성분이다. 첫 번째 용의자는 모차르트의 재능을 시기한 살리에리Antonio Salieri로 기록되고 있다. 말년에 치매에 걸려 고생하던 그는 자신이 모차르트를 독살했다고 말했다 한다. 그러나 당시 살리에리의 지위 등으로 볼 때 모차르트를 독살할 만한 이유는 적어 보이지만 1984년 포만Milos Forman이 감독한 영화 〈아마데우스〉(Amadeus)에서도 그를 범인으로 지목하였다. 다음으로 모차르트가 1784년에 가입했던 비밀결사단체 프리메이슨의 관련설도 흥미를 끈다. 모차르트가 마지막으로 남긴 오페라 〈마술피리〉에 프리메이슨의 비밀의식과 종교를 담았던 것이 화근이었을까? 당시 그의 사인은 심각한 속립진열(발열과 발진을 동반한 급성질환)로 기록되어 있지만 이와는 다른 견해들도 제기되었다.

아쿠아 토파나

이탈리아의 나폴리와 로마에서 광범위하게 사용된 것으로 알려진 맹독이 있다. 그것은 토파나수水라는 의미를 가진 아쿠아 토파나Aqua Tofana였다. 1650년경 토파나Giulia Tofana라는 여자가 있었는데 그녀는 팔레르모Palermo에서 과부가 되기를 원하는 여자들에게 아쿠아 토파나를 팔았다고 한다. 구매한 고객 중에는 남편과의 관계가 좋지 않은 불행한 여자들도 있었다. 그녀들은 남편의 우연한 사망을 가장하기 위해 아쿠아 토파나를 사용하였고 무려 600여 명의 남편들이 사망하였다. 이 사건으로 토파나는 희대의 독살가라는 이름을 얻게 되었고 이탈리아는 엄청난 불안으로 동요하였다. 토파나는 체포되어 모든 것을 자백하였고 1659년 7월에 처형되었다. 아쿠아 토파나를 구매한 고객들은 종적을 감추거나 감옥에서 교살당했고 또 공개 처형되기도 하였다. 무색, 무취의 아쿠아 토파나에는 비소[$_{33}$As]와 납[$_{82}$Pb] 성분이 들어 있었다.

3
생활 속 중금속 백과사전

납 / 수은 / 카드모스와 카드뮴 / 크롬 / 안티몬 / 도깨비 금속, 코발트 / 헤파이스토스 / 비소

납

인류 역사에서 납이 처음으로 사용된 것은 8천 년 이전(7,000~6,500 BCE, 소아시아(오늘날의 터키))으로 거슬러 올라간다. 무르고 잿빛이 나는 금속인 납의 사용이 증가하게 된 데에는 은과 관련이 있다. 납이 포함된 방연석方鉛石은 은[$_{47}$Ag]의 중요한 공급원이었다. 고대 이집트인들은 납이 섞인 화장품을 최초로 사용하였고, 어망의 추나 유약 등으로도 사용하였다. 나일강에서 티그리스강, 그리고 페르시아만까지 이어진 비옥한 초승달 지대에서는 납을 필기구, 화폐, 건축용 등으로 사용했다. 고대 중국의 궁중에서는 납을 홍분제, 화폐 및 피임약으로 쓰기도 했다. 고대의 인더스 문명과 메소아메리카 문명에서는 납을 불운을 막아주는 부적符籍으로 여겼다. 고대 로마에서는 제국이 팽창함에 따라 납의 사용량이 증가하여 절정기에는 연간 8만 톤의 납을 생산하였다. 쉽게 성형할 수 있고 부식이 잘 되지 않는 납은 수도관을 만드는데 사용되었는데 로마제국의 쇠퇴와 납을 연관 짓는 연구 결과가 많은 것도 이 때문이다. 20세기 초에는 테트라에틸 납[$(CH_3CH_2)_4Pb$]이 옥탄가(휘발유의 노킹 정도를 측정하는 값)를 높이기 위한 가솔린 첨가제로 쓰이기 시작했으나 납의 유해성이 알려지면서 점차 퇴출되었다. 테트라에틸 납의 사용이 금지됨에 따라 지속적으로 증가하던 강력 범죄 건수는 1990년 이후 감소세로 전환되었다. 유치원 어린이들의 혈액 중에 있는 납의 수치도 꾸준히 증가하다가 감소하는 패턴을 보였다. 이것은 어린

시절 납에 노출되면 성인이 되어 폭력성을 갖게 된다는 것을 의미한다. 실제로 테트라에틸 납은 1930년대부터 1970년대까지 광범위하게 사용되었다가, 신경독성 및 자동차의 촉매 변환장치를 손상시키는 문제가 발생하여 1970년대 중반부터 퇴출되기 시작하였다. 미국은 1996년에 납이 들어간 연료의 사용을 금지하였다. 독일(1996), 스페인(2001), 스웨덴(1992), 한국(1993), 일본(1986), 미국(1996), 프랑스(2000), 중국(2000), 이탈리아(2002), 러시아(2002) 등 많은 나라들도 금지 조치를 취하였다.

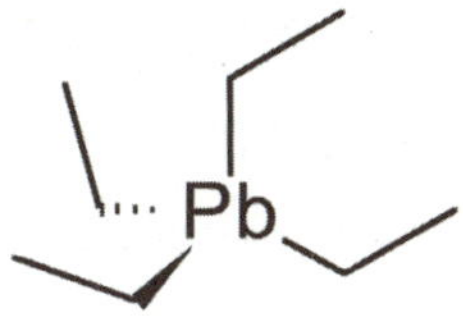

자동차용 휘발유에 첨가제로 사용되었던 테트라에틸 납
https://en.wikipedia.org/wiki/Tetraethyllead

수은

외관상 은[$_{47}$Ag]처럼 보이는 수은[$_{80}$Hg]은 녹는점이 섭씨 영하 39도로 상온에서 유일하게 액체인 금속이다. 수은은 라틴어로 Hydrargyrum이라고 하는데, 이는 물[hydr]과 은[argyros]이 합쳐진 그리스어[Hydrargyros]에서 온 것이다. 수은의 주공급원인 진사辰沙는 진홍색 또는 붉은 벽돌색의 황화수은[HgS]으로 이루어져 있다. 약 3,500년 전 고대 이집트의 무덤에서 발견된 수은은 중국 진시황(259~210 BCE)의 무덤에서도 다량 발견되어 세상을 놀라게 했다. 수은의 광석인 진사는 고대 이집트와 로마에서는 화장품으로, 고대 그리스에서는 연고로 사용되었다. 또한 수은은 금광석에서 금을 추출하는 데에도 쓰였으며 중국 등지에서는 2천 년 동안 황화수은이 포함되어 있는 진사를 전통 의약품으로 사용했다. 서양에서는 납으로 금을 만들기 위해 현자의 돌[Philosopher's stone]을 찾으려는 시도(연금술, 鍊金術)가 이어졌고, 동양에서는 납 대신 수은을

영국 엘리자베스 1세(1533~1603)의 사인 중 하나는 얼굴에 바른 화장품에 들어 있던 납 때문일 수 있다고 한다.
https://en.wikipedia.org/wiki/Elizabeth_I_of_England

이용하여 불로장생의 묘약을 만들려는 시도(연단술, 練丹術)가 있었다. 고대인들은 은처럼 빛나며 물처럼 흐르는 수은을 신비한 물질로 보았다. 유독성 수은이 건강과 장수를 기원하는 용도로 쓰였다니! 수은에 노출되면 중추신경, 신장, 위장은 물론 태아의 발달에도 장애를 초래할 수 있다. 이러한 독성에도 불구하고 수은은 전자제품, 배터리, 페인트, 온도계, 기압계, 온도 조절장치, 전구, 아말감(Amalgam, 수은과 다른 금속의 합금), 도금 등에 널리 사용되고 있다. 수은 온도계가 깨져 수은이 바닥에 떨어진 경우에 당황하지 말고 황을 뿌려주면 황화수은(HgS, 녹는점: 섭씨 580도)이 만들어진다.

카드모스와 카드뮴

그리스 신화에 나오는 테베의 건설자 카드모스Cadmus는 페니키아 왕자였다. 그는 페니키아 알파벳을 그리스로 들여온 인물로도 알려져 있다. 카드모스는 황소로 변한 제우스가 납치한 에우로페를 찾으러 떠났다. 아폴론은 그에게 여동생 찾는 것을 중지하고 암소를 따라가 그 동물이 쉬는 곳에다 도시를 세우라고 일러주었다. 이에 카드모스는 제우스의 아들이자 전쟁의 신 아레스의 보호를 받고 있던 용을 물리치고 그곳에 테베를 건설했다. 그는 아레스와 아프로디테의 딸인 하르모니아Harmonia와 결혼했는데, 그녀가 결혼식 날 받았던 목걸이는 젊음과 아름다움을 선물했지만 동시에 불행을 가져다주는 것이었다고 한다. 1817년 독일의 화학자 스트로마이어Friedrich Stromeyer(1776~1835)는 약국의 재고물품을 검사하던 중에 탄산아연[$ZnCO_3$]은 있는데 흔한 산화아연[ZnO]이 없다는 사실을 발견하였다. 공급자들의 말에 따르면, 탄산아연을 가열하면 노란 색깔로 변하는데 불순물이 섞인 것으로 보이는 노란 색깔의 산화아연을 약국에서 구매하려 하지 않았다는 것이다. 노란색을 띤다는 것은 철[$_{26}$Fe]이 포함되어 있다는 것을 의미했는데, 확인 결과 철은 아니었다. 스트로마이어는 불순물의 정체를 분석한 결과 놀랍게도 그것이 새로운 원소 카드뮴[$_{48}$Cd]이라는 것을 밝혀냈다. 카드뮴이라는 용어는 산화아연을 뜻하는 고대의 용어 카드미아Cadmia에서 왔다. 산화아연은 햇볕에 타거나 벌레에 물려 가려울 때 바르는 칼라민

로션의 성분이다.

카드뮴은 이타이이타이병의 원인 물질로 잘 알려진 맹독성 원소임에도 불구하고 배터리, 태양전지[CdTe], 색소, 보석류 등에 널리 쓰이고 있다. 향신료로 쓰이는 강황薑黃을 섭취하면 그 속에 들어 있는 노란색의 커큐민Curcumin 성분이 카드뮴에 대한 킬레이트 시약[Chelating agent]으로 작용하여 카드뮴 중독 치료를 돕는다.

용을 물리치는 카드모스(그림: Hendrick Goltzius)
https://en.wikipedia.org/wiki/Cadmus

크롬

크롬Chromium이란 용어는 색깔[Color]을 뜻하는 그리스어(Chroma)에서 유래하였다. 크롬 화합물은 강렬한 색깔을 띠는 것이 많다. 크롬[$_{24}$Cr]은 광택이 나고 단단한 금속 원소이며 산소와 만나면 산화 피막을 형성한다. 고체상태 혹은 상온 이하에서는 반자성을 띠지만, 섭씨 38도 이상에서는 상자성을 띤다. 전이금속인 크롬은 결합하는 염기(또는 리간드)에 따라 색이 달라진다. 합금, 도금, 염색, 페인트, 가죽의 무두질 등으로 활용하는데 주방용 기구나 가정용 제품에 쓰이는 스테인레스 스틸Stainless steel은 철과 10.5퍼센트의 크롬 합금이다. 크롬은 녹는점이 섭씨 1,907도로 비교적 높고 안정하기 때문에 직물과 내화물 공업에서 유용하다. 자연에서 발견되는 크롬 광물의 경우에도 다양한 색을 연출한다. 3가 크롬[Cr^{3+}]은 필수 영양소인 반면에 6가 크롬[Cr^{6+}]은 독성을 나타내는 발암성 원소이다.

크롬 및 크롬 화합물의 다양한 색깔

크롬: (Chromium, $_{24}Cr$): 강철빛의 회색
크롬산칼륨: (Potassium chromate, K_2CrO_4): 노란색
중크롬산칼륨: (Potassium dichromate, $K_2Cr_2O_7$): 주홍색
염화크롬: (Chromium(III) chloride, $CrCl_3$)의 무수물: 보라색
염화크롬의 수화물: ($[CrCl_2(H_2O)_4]Cl \cdot 2H_2O$)): 녹색
크롬광: (Crocoite, $PbCrO_4$): 오렌지레드

https://en.wikipedia.org/wiki/Chromium
https://en.wikipedia.org/wiki/Toxic_heavy_metal

안티몬

안티몬[$_{51}Sb$]은 광택이 나는 회색의 준금속으로 그리스어 anti와 monos의 합성어이다. 이는 혼자서는 발견되지 않는 금속[a metal not found alone]이란 뜻이다. 자연에서는 황화물 형태로 존재하며 회색을 띠는 휘안석[Sb_2S_3]에서 얻는다. 안티몬에 노출되면 피부에 안티몬 반점과 호흡 과민 상태, 소화기계 이상, 진폐증 등을 유발할 수 있다. 모래파리에 물렸을 때 파동편모충에 의해서 리슈마니아증Leishmaniasis에 감염되면 피부 또는 내부 장기가 손상될 수 있다. 이 질병은 해마다 2백만 명이 감염되고 그중에서 약 7만 명이 사망하는 무서운 질병이다. 리슈마니아증의 치료를 위해서는 주로 안티몬 약제가 쓰이지만 값이 싼 항생제 파로모마이신Paromomycin도 출시되어 있다. 안티몬 및 안티몬 화합물은 생활 속에서 발화 지연제, 방염[Flame-proofing] 화합물, 장난감, 의류, 페인트, 플라스틱, 유리, 도자기, 합금, 배터리 등에 다양하게 사용되고 있다. 유아용 턱받이, 장난감, 옷 등에 들어있을 수 있는 안티몬은 유아의 건강에 치명적인 영향을 줄 수 있으므로 제품을

고를 때 각별히 주의할 필요가 있다.

도깨비 금속, 코발트

코발트[$_{27}$Co]는 유리, 세라믹 등에 파란색을 입히는 데 쓰여 온 전이 금속이다. 고대 이집트의 조각품이나 페르시아 보석에서 발견되며 중국에서도 당나라(618~907 CE)이후 사용되어 왔다. 코발트는 1735년 무렵에 스웨덴의 화학자 브란트G. Brandt(1694~1768)가 발견하였으며 주로 니켈 광물 또는 구리 광물을 제련하는 과정에서 부산물로 얻어지는데 이것을 함유하는 광물로는 휘코발트광[CoAsS], 코발트화[$Co_3(AsO_4)_2.8H_2O$], 글로코도트[(Co,Fe)AsS], 스커터루다이트[$CoAs_3$]가 있다. 독일 광부들은 코발트를 포함하는 광석이 은[$_{47}$Ag]처럼 보여서 매우 흥분했다. 그러나 제련을 해보니 기대했던 값비싼 은 대신 검은색 가루(산화코발트, CoO)가 얻어졌다. 또한 코발트를 가지고 있는 광석에는 유독한 비소가 들어있는 경우가 많아서 검은 가루보다 더 심각한 부작용이 나타났다. 코발트Cobalt라는 말은 독일 광부들이 코발트 광석을 도깨비 광석[Kobold ore]이라고 부른 데서 유래하였다. 이 금속은 지나치면 갑상선에 영향을 미치고 폐 질환을 유발할 수 있는 반면에, 동물의 건강에 필수적인 원소이다. 한 예로 코발트는 비타민 B_{12}를 이루는 핵심 금속인데 비타민 B_{12}가 부족하면 산소 운반에 필수적인 적혈구 세포가 충분히 만들어지지 않으며, 뇌와 신경계가 정상적으로 작동하지 못한다. 비타민 B_{12}가 풍부한 음식으로는 정어리, 연어, 간, 달걀 등이 있다. 1938년에는 방사성 동위원소 코발트-60[^{60}Co]가 시보그Glenn T. Seaborg(1912~1999)와 리빙우드John Livingood(1897~1980)에 의해 발견되었다. 반감기가 5.27년인 ^{60}Co는 의

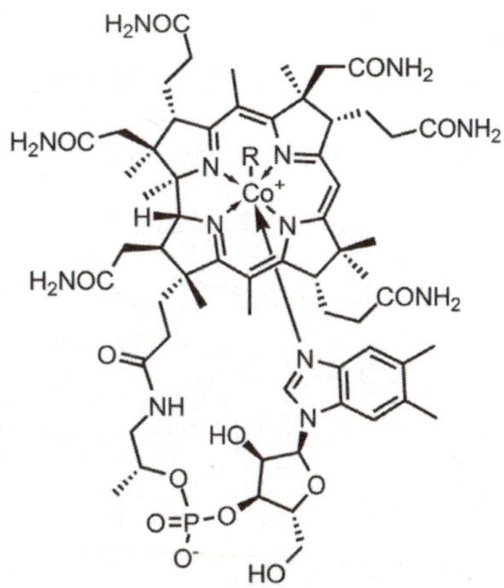

R = 5'-deoxyadenosyl, Me, OH, CN

비타민 B_{12}(또는 코발아민)
https://en.wikipedia.org/wiki/Vitamin_B12

학, 농업, 공업 분야에서 다양하게 이용되고 있다.

헤파이스토스

헤파이스토스Hephaestus는 불과 대장장이의 신이다. 그는 신들의 왕 제우스와 결혼의 여신 헤라 사이에서 태어났다. 어머니인 헤라의 처녀생식으로 태어났다는 설도 있다. 종종 해머와 집게를 든 모습으로 묘사된다. 헤라는 절름발이에다 못생긴 외모를 가진 아들을 올림포스 산에서 던져버렸다. 바다의 신 오케아노스의 딸들이 그를 구출하여 9년 동안 키웠다.

금속세공에 능하였던 헤파이스토스는 아버지 제우스에게 번개를 만들어 바치고, 제우스는 그에 대한 보답으로 아프로디테Aphrodite를 아내로 맺어 주었다. 헤파이스토스는 헤르메스의 날개 달린 헬멧, 아가멤논의 지휘봉, 아킬레스의 갑옷, 헬리오스의 전차, 헤라클레스의 청동 추, 에로스의 활과 화살 등을 만들었다. 또한 제우스의 명령으로 최초의 여성 판도라도 만들었으며 부정한 아내 아프로디테와 아레스를 묶을 사슬도 만들었다.

위키피디아에 따르면, 헤파이스토스가 절름발이에다 추한 외모를 가지게 된 이유는 그가 대장장이였기 때문이라고 한다. 고대 그리스의 유명한 서사시 호메로스Homer의 『일리아드』(Iliad)에는 헤파이스토스가 거동이 불편한 자신을 위해 많은 청동제 도구를 만들었다고 기록되어 있다. 그가 강력한 무기를 만들 수 있었던 비밀은 무엇이었을까? 그것은 바로 비소[$_{33}$As]였다.

청동의 주재료인 구리는 철에 비해 녹는점이 훨씬 낮아 가공이 용이하다. 그러나 구리만으로는 아킬레스의 갑옷을 만들 수 없었을 것이다. 청동은 석기시대를 마감하게 만든 신물질이었다. 그런데 청동에 비소가 첨가되자 청동이 달라졌다. 보다 단단하고 질긴 제2의 신물질로 변화된 것이다. 이러한 사실을 발견한 헤파이스토스는 어떤 심정이었을까? 그러나 비소가 섞인 구리를 달구며 수많은 걸작을 만들어낸 그는 치명적인 위험에 노출되고 말았다. 비소중독증에 걸린 것이다. 비소의 독성에 대해서는 기원전 1,500년경 고대 이집트의 의학 지식을 담은 에버스 파피루스Ebers Papyrus에도 언급되어 있다.

헤파이스토스로부터 아킬레스의 갑옷을 전달받는 물의 여신 테티스
https://en.wikipedia.org/wiki/Hephaestus

비소

독 중의 독이라고 알려진 비소는 의료용으로 사용되기도 하였다. 빅토리아 시대인 1786년에 파울러Thomas Fowler가 제조한 '파울러 용액[Fowler's solution]'은 강장제이자 치료제였다. 이것은 1퍼센트의 아비산포타슘[$KAsO_2$]이 들어 있는 수용액으로서 만병통치약으로 팔려나갔다. 1905년에는 유기비소 화합물도 등장하였다. 그러나 이러한 약물은 간경변, 암 등의 부작용이 나타날 수 있다. 목재를 곤충이나 균으로부터 지키고 수명을 오래가게 할 수는 없을까? 이러한 목적으로 개발된 것이 크롬-구리-비소로 만든 목재 방부제 크롬화구리비소염(CCA, Chromated copper arsenate)이다. 그러나 CCA 처리를 한 목재를 사용하면 비소가 빠져 나와 토양을 오염시킬 수 있고, 불에 타는 경우에는 공기 중으로 비소가 누출되는 것을 피할 수 없다. 비소는 이처럼 독성이 강하지만 공업적으로, 실생활

에서 다양하게 쓰인다. 준금속이기 때문에 다른 금속에 첨가하여 새로운 성질을 가지는 합금을 제조할 수 있으며 내부식성 합금을 만들 수도 있다. 고순도의 비소는 갈륨비소[GaAs] 반도체를 제조하여 다이오드, 트랜지스터, 레이저에 활용할 수 있고, 저마늄[$_{32}$Ge]과 규소[$_{14}$Si] 반도체에 소량의 비소[$_{33}$As]를 도펀트Dopant로 첨가한 반도체도 제작할 수 있다.

비소는 식수를 통해서 장기간에 걸쳐 노출되는 경우가 많은데, 이 경우에는 피부암, 폐암, 방광암, 신장암 등이 발병할 수 있다. 작업장에서 비소를 흡입하는 경우에도 폐암을 유발할 수 있으므로 작업 환경에 유의해야 한다. 물에 잘 용해되는 비소 화합물의 경우에는 곧바로 독성이 나타난다. 이러한 비소 중독은 과거에 국한된 것이 아니다. 오늘날에도 2억 명 이상의 사람들이 먹는 물을 통해서 비소에 노출되어 있다. 세계보건기구[WHO]에 따르면, 많은 나라들의 지하수에 높은 수치의 비소가 포함되어 있다고 한다. 오염된 물은 식수와 농업용수로 사용되어 공중위생을 위협하고 있다. 비소에 장기간 노출되면 암과 피부 병변을 야기할 수 있다.

4 빛나는 보석

전설 속의 보석

어느 날 와인의 신 디오니소스가 인간에게 모욕적인 말을 들었다. 화가 난 디오니소스는 호랑이를 풀어놓아 지나가는 사람을 잡아먹도록 했다. 마침 아메티스타Amethysta라는 처녀가 달의 여신 아르테미스에게 참배하러 가고 있었다. 디오니소스가 그녀를 굶주린 호랑이에게 먹이로 주려는 순간 아메티스타의 비명을 들은 아르테미스는 그녀를 백수정白水晶 조각상으로 변화시켰다. 디오니소스는 자신의 잔인한 행동을 깨닫고 조각상 위에 와인의 눈물을 흘리기 시작했다. 디오니소스의 눈물은 수정 조각상을 자주색으로 물들였다. 이렇게 해서 생겨난 자수정[Amethyst]은 취하지 않는다는 뜻을 가진 그리스어(a(not), methysko(intoxicate))에서 기원하였다. 그 후로 자수정으로 만든 컵으로 포도주를 마시면 취하지 않는다는 속설이 생겨났다.

그린란드, 캐나다 및 알래스카의 북극 지역에 사는 이누이트족은 악령을 쫓고 독이 있는 생물의 공격을 막아준다는 공작석[$Cu_2CO_3(OH)_2$]을 몸에 지녔다. 북쪽의 빛이 하늘에서 떨어져 바위 속에 갇히게 되었는데, 이누이트 전사가 꺼내 주었더니 그 빛이 조회장석[$(Ca,Na)(Al,Si)_4O_8$]이 되었다는 전설이 있다. 아메리카 원주민들은 적철석[Fe_2O_3]을 가루로 내어 얼굴에 바르는 페인트로 사용했다. 그들은 붉은 페인트를 바르면 전투에서 승리한다고 믿었다. 고대 로마인들도 적철석을 바르면 힘과 용기를 얻을 뿐만 아니라 전투에서도 백전백승한다고 믿었다.

알렉산더 대왕(356~323 BCE)은 전투를 할 때면 녹옥수綠玉髓를 몸에 지녔다. 어느 날 인도와의 전투에서 승리를 거두고 돌아가던 그는 잠시 멈추고 유프라테스강에서 목욕을 하였다. 그런데 갑자기 뱀이 나타나서 그 보석을 물고는 강물 속으로 사라져 버렸다. 그 후로는 전투에서 줄곧 패배하였다. 베다의 전설에 따르면, 하늘에서 힌두교 최고의 신인 비슈누Vishnu 신과 악마의 신 발리Bali 사이에 전투가 벌어졌다. 결국 비슈누가 승리했고 산산조각이 난 발리의 몸은 땅으로 떨어져 보석으로 변했다.

월장석[$(Na,K)AlSi_3O_8$]은 달 그리고 마법과 연관이 있고 신비한 힘을 지녔다고 믿어서 여행자들의 안전을 기원하는 부적으로 사용했다. 중동에서는 자식을 낳기 원하는 여성들이 속옷에 월장석을 매달아 임신을 기원했다. 인도에서는 월장석을 신성한 돌이라고 믿었으며 특히 연인들에게는 중요한 의미를 가진 보석으로 간주되어 전통적인 결혼 선물로 애용되었다. 유럽에서는 월장석이 별거 중인 연인들을 다시 만나게 해준다고 믿었다.

보석의 색깔

자수정[Amethyst]: SiO_2(Fe를 포함), 보라색
공작석[Malachite]: $Cu_2CO_2(OH)_2$, 녹색
적철석[Hematite]: Fe_2O_3, 붉은 색
녹옥수[Chrysoprase]: SiO_2(Ni을 포함), 녹색
월장석[Moonstone]: $(Na,K)AlSi_3O_8$, 다양한 색을 가짐

https://en.wikipedia.org/wiki/Amethyst
https://en.wikipedia.org/wiki/Malachite
https://en.wikipedia.org/wiki/Hematite
https://en.wikipedia.org/wiki/Chrysoprase
https://en.wikipedia.org/wiki/Moonstone_(gemstone)

고대 이집트의 보석

왕비 안케세나멘으로부터 꽃을 받고 있는 투탕카멘
https://en.wikipedia.org/wiki/Tutankhamun

나일강 유역에서 3천 년 동안 번영을 누렸던 고대 이집트인들은 예술과 건축 분야에서도 뛰어난 기술력을 자랑했다. 그들은 야금과 채굴뿐 아니라 준보석을 보석으로 가공하는 기술도 뛰어났다. 이집트인들은 왕관이나 부적은 물론이고, 목걸이, 팔찌, 발찌, 휘장 등을 만드는 데에도 보석을 사용해서 공작석[$Cu_2CO_3(OH)_2$], 석류석[$X_3Y_2(SiO_4)_3$] 터키석[$CuAl_6(PO_4)_4(OH)_8 \cdot 4H_2O$], 적철석[$Fe_2O_3$]은 물론이고 사문석蛇紋石, 청금석青金石, 감람석橄欖石, 홍옥수紅玉髓, 벽옥璧玉 등 다양한 준보석을 채굴하였다. 그들은 특정한 색깔의 보석이 악으로부터 자신을 보호해주고 행운을 가져다준다고 믿었으며 보석이 현세뿐 아니라 내세에서도 악으로부터 자신을 지켜준다고 믿었다. 파란색을 띠는 청금석은 왕실을 상징하는 보석이었다. 고대 이집트 제18왕조의 파라오 투탕카멘Tutankhamun(재위 c. 1332~1323 BCE)의 황금 마스크는 터키석, 청금석, 그리고 홍옥수로 무늬가 새겨져 있다. 녹색은 풍요와 성공의 상징이었다. 클레오파트라가 사랑한 보석은 에메랄드[$Be_3Al_2(SiO_3)_6$]였는데 이것은 풍요, 불멸, 회춘, 그리고 영원한 봄을 상징하는 보석이었다. 사람이 죽으면 빨간색의 목걸이를 걸어주었는데, 이는 여신 이시스Isis에게 피를 바친다는 의미를 담고 있다. 그들은 서민을 위한 값싼 모조 보석을 만드는 기술도 가지고 있었다. 장인들은 유리구슬을 이용하여 다양한 보석을 만들었다.

내 마음을 사로잡은 이름, 보석

신화와 전설을 포함한 인간의 역사 속에서 빠지지 않고 등장하는 것이 하나 있다. 바로 보석이다. 보석이 사람들의 마음을 사로잡는 이유는 그저 희귀하고 단단해서 값비싸고 오래도록 간직할 수 있기 때문만은 아니다. 보석의 매력은 그것이 발산하는 화려한 색깔과 광채에 있다. 파이낸시스온라인(financesonline.com)에 소개된 가장 값비싼 보석들을 만나보자. 탄자나이트[$Ca_2Al_3(SiO_4)(Si_2O_7)O(OH)$) + (Cr,Sr)]는 검은 대륙의 푸른 별이라고 불리며 아프리카의 탄자니아에서만 산출된다. 1945년에 타페Richard Taaffe(1898~1967)가 아일랜드의 더블린에서 발견한 타페이트(Taaffeite, $BeMgAl_4O_8$)는 자주색 또는 빨간색을 띠는 광물이며 스리랑카, 탄자니아 등지에서 채굴된다. 블랙 오팔Black Opal은 오스트레일리아가 주 산지이며 검정 바탕에 선명한 적색 반점이 있는 것이 최상품이다. 베니토아이트(Benitoite, $BaTiSi_3O_9$)는 미국 캘리포니아의 산베니토 카운티에서 발견된 파란색을 띠는 광물이다. 레드 베릴Red Beryl은 브라질, 마다가스카르, 미국 등에서 산출되는 베릴(Beryl, $Be_3Al_2(SiO_3)_6$)의 핑크색 변종이다. 러시아의 알렉산드르 2세에서 그 이름이 연유된 알렉산드라이트(Alexandrite, Chrysoberyl($BeAl_2O_4$)의 일종)는 자연광 아래서 보면 에메랄드처럼 녹색을 발산하지만 실내에서 전등불을 켜고 보면 루비처럼 붉게 빛이 난다. 주위 환경에 따라 색조를 바꾸는 신비한 마력을 가진 보석이다. 제이다이트(Jadeite, $NaAlSi_2O_6$)는 비취翡翠의 일종으로 경옥硬玉이라고도 불리며 일반적으로 녹색이 잘 알려져 있는데 이것은 중국 상인들이 미얀마에서 발견하여 본국에 들여간 것이다. 머스그레이비트(Musgravite, $Be(Mg, Fe, Zn)_2Al_6O_{12}$)는 1967년 오스트레일리아의 머스그레이브산맥에서 처음 발견된 희귀 광물이다.

1950년대에 영국의 광물학자 페인Arthur C. D. Pain이 미얀마에서 처음 발견한 페이나이트(Painite, $CaZrAl_9O_{15}(BO_3)$)는 2005년 세계에서 가장 희귀한 보석 광물로 기네스북에 등재되었다. 페이나이트가 오렌지 레드에서 적갈색을 띠는 이유는 소량의 크롬[$_{24}Cr$]과 바나듐[$_{23}V$]이 들어 있기 때문이다.

하지만 보석 중의 보석은 다이아몬드이다. 그중에서도 레드 다이아몬드Red Diamond는 세계에서 가장 비싼 보석이다. 1캐럿 당 가격이 무려 100만 달러에 달한다. 2002년에 낙찰된 5.11캐럿 무사예프 레드 다이아몬드Moussaieff red diamond는 8백만 달러에 새 주인을 찾았다. 2013년에는 핑크스타 다이아몬드Pink Star Diamond가 소더비 경매에서 8,300만 달러(약 900억 원)에 팔렸다.

세계 5대 보석 중 하나인 자수정은 그 신성한 색깔 때문에 귀하게 여겨 왔다. 고대 이집트인들에게 자수정은 왕권의 상징이었다. 디오니소스의 눈물로 탄생했다는 자수정[SiO_2]은 오묘한 자줏빛을 띠고 있어서 고대 이집트를 비롯한 여러 나라 왕족과 귀족들의 사랑을 받아왔다. 중국의 전통 의학서에 따르면, 자수정은 기력을 회복시키고 염증을 완화시키는 데에도 좋다고 한다.

레드 다이아몬드

탄소로만 이루어져 있다.
불순물이 들어있지 않은 보석이다.
붉은 색을 띠는 이유는 격자 결함, 즉 다이아몬드를 구성하고 있는 원자 구조의 변형 때문이다.
외부의 빛에 따라 색이 변한다.
5.11캐럿짜리 무사예프 레드 다이아몬드는 2002년에 800만 달러에 팔렸다.
현재는 2,000만 달러의 가치가 있는 것으로 추정되고 있다.

http://blog.arpegediamonds.com/5-facts-about-red-diamonds
http://www.capetowndiamondmuseum.org/blog/2013/04/red-diamonds/

빛나는 보석

보석의 가장 중요한 특징은 다양한 색깔을 띤다는 점이다. 보석이 색깔을 띠는 주된 이유는 그 속에 불순물로 소량 들어 있는 전이금속 이온 때문이다. 전이 금속은 3d 오비탈에 전자가 들어있는 화학 원소를 말한다. 전이 금속이 가시광선을 흡수하면 안정한 상태에 있던 3d 전자들이 여기 상태로 들뜨게 되는데, 빛을 받기 전과 후의 에너지 차이는 파장에 대응한다. 이 에너지 차이에 따라 빨강, 노랑, 파랑 등의 색깔로 우리 눈에 보이게 되는 것이다. 우리 눈에는 그 물질이 흡수한 색의 보색으로 보인다.

루비[Al_2O_3:Cr]는 산화알루미늄으로 이루어진 결정인데, 그 속에는 소량의 크롬 이온[Cr^{3+}]이 들어 있다. 크롬 이온이 가진 5개의 3d 오비탈은 상대적으로 더 안정한 3개의 오비탈(d_{xy}, d_{yz}, d_{zx})과 덜 안정한 2개의 오비탈(d_{x2-y2}, d_{z2})로 이루어져 있다. 더 안정한 오비탈에 있는 전자가 가시광선을 흡수하면 덜 안정한 오비탈로 들뜨게 된다. 더 안정한 오비탈과 덜 안정한 오비탈의 에너지 차이에 따라 다른 색깔로 보이게 되는 것이다. 빛이 가진 에너지는 파장으로 환산할 수 있다. 가시광선은 대략 400나노미터에서 750나노미터의 파장을 가진다. 가시광선을 프리즘에 통과시켜 보면 파장이 긴 것부터 짧은 순으로 빨강, 주황, 노랑, 초록, 파랑, 남색, 보라색의 일곱 가지 색깔로 분리되는 것을 알 수 있다.

예를 들어, 순수한 커런덤(강옥, Al_2O_3)은 무색의 광물이다. 소량의 크롬[$_{24}$Cr]이 들어 있으면 빨간색을 띠는데 이것을 루비Ruby라 부른다. 소량의 티타늄[$_{22}$Ti]이 들어 있으면 푸른색을 띠며 사파이어(Sapphire, Al_2O_3)라 부른다.

석류석[Garnet]이 빨간색으로 보이는 이유는 그 속에 들어있는 철 이온[Fe^{3+}] 때문이다. 또한 감람석(Peridot, 황록색, Fe^{2+}), 에메랄드(Emerald, 녹색, Cr^{3+}), 터키석(Turquoise, 청록색, Cu^{2+}), 청옥(Sapphire, 파란색, Fe^{2+}, Ti^{4+}), 남옥(Aquamarine, 파란색, Fe^{2+}, Fe^{3+}) 등이 저마다 다른 색깔을 보이는 이유도 바로 이 소량의 전이금속 이온들 때문이다.

순수한 다이아몬드는 탄소 원자 4개로 이루어진 정사면체가 3차원으로 확장된 구조를 하고 있어서 투명하게 보인다. 그러나 그 속에 소량의 불순물이 들어있는 경우에는 다양한 색깔이 나타나게 된다. 왕의 보석이라 부르는 호프 다이아몬드Hope diamond의 파란색은 붕소[$_5$B] 때문인데, 자외선으로 비춰 보면 붉은 인광이 나타난다. 미국 국립자연사박물관에 소장되어 있는 어두운 회색 톤의 푸른색 다이아몬드는 45캐럿에 2억 달러의 가치를 지니고 있다.

보석의 성분과 색깔

루비(Ruby): Al_2O_3 + Cr, 분홍색-빨간색
석류석[Garnet]: $X_3Y_2(SiO_4)_3$, 거의 모든 색을 띤다. 파란색은 드물다.
감람석[Peridot]:$(Mg, Fe)_2SiO_4$, 노란색, 연두색
에메랄드(Emerald): $Be_3Al_2(SiO_3)_6$, 녹색
터키석[Turquoise]: $CuAl_6(PO_4)_4(OH)_8 \cdot 4H_2O$, 파란색, 청록색, 녹색
사파이어(Sapphire): Al_2O_3 + Fe, Ti, Cr, Cu, 또는 Mg, 파란색
아쿠아마린(Aquamarine): $Be_3Al_2(SiO_3)_6$ + Fe^{2+}, 청색의 녹주석

https://en.wikipedia.org/wiki/Ruby
https://en.wikipedia.org/wiki/Garnet
https://en.wikipedia.org/wiki/Peridot
https://en.wikipedia.org/wiki/Emerald
https://en.wikipedia.org/wiki/Turquoise
https://en.wikipedia.org/wiki/Sapphire
https://en.wikipedia.org/wiki/Beryl#Aquamarine_and_maxixe

내 안의 보석

한솥밥을 먹으며 오랫동안 함께 산 부부는 닮는다고 한다. "당신이 먹는 것이 곧 당신이다[You are what you eat]." 우리의 몸과 건강은 어떤 음식을 어떻게 먹느냐에 따라 달라진다는 뜻이다. 이 말은 1863년 독일의 포이에르바하Ludwig Feuerbach(1804~1872)가 한 말에서 파생된 표현이다. Der Mensch ist, was er isst[Man is what he eats]. 사실은 이보다 37년 전인 1826년에 프랑스의 미식가 브리야 사바랭Jean A. Brillat-Savarin(1755~1826)이 "당신이 먹은 것을 말해보시오, 그러면 당신이 누구인지 말해주겠소[Dis-moi ce que tu manges, je te dirai ce que tu es]"라는 말을 남겼다.

우리 몸에 필요한 원소들은 무엇일까? 건강한 사람의 몸은 어떤 원소들로 이루어져 있을까? 셔버Michael Schirber는 라이브사이언스닷컴(livescience.com)에 기고한 글에서 생명의 원소들을 간략히 소개하였다. 우리 몸에는 약 60종의 화학 원소가 들어 있다. 전체 질량의

약 96퍼센트는 산소[$_{8}$O], 탄소[$_{6}$C], 수소[$_{1}$H], 그리고 질소[$_{7}$N]가 차지하고 있다. 그다음으로 많은 원소들은 칼슘[$_{20}$Ca], 인[$_{15}$P], 포타슘(Potassium, $_{19}$K), 황[$_{16}$S], 소듐(Sodium, $_{11}$Na), 염소[$_{17}$Cl], 그리고 마그네슘[$_{12}$Mg]이다. 그 밖에도 붕소[$_{5}$B], 크롬[$_{24}$Cr], 코발트[$_{27}$Co], 구리[$_{29}$Cu], 불소[$_{9}$F], 아이오딘[$_{53}$I], 철[$_{26}$Fe], 망간[$_{25}$Mn], 몰리브덴[$_{42}$Mo], 셀레늄[$_{34}$Se], 규소[$_{14}$Si], 주석[$_{50}$Sn], 바나듐[$_{23}$V], 아연[$_{30}$Zn] 등이 들어 있다.

우리가 음식을 통해서 섭취하는 영양소는 세포와 뼈를 구성하고, 우리 몸의 pH(수소 이온 농도의 척도)를 조절하며, 다양한 화학 반응이 일어나게 해준다. 우리 몸의 약 60퍼센트(질량대비)는 물[H_2O]로 되어 있다. 산소와 수소로 이루어진 물이 없다면 생명 현상은 불가능하다. 탄소는 생명체의 핵심을 구성하는 원소이며 지구상의 생명체는 탄소를 기반으로 한다. 탄소는 지구에 풍부하게 존재하는데 탄소 원자는 탄소 및 다른 원소들과 최대 4개의 화학 결합을 할 수 있어서 수천만 가지의 유기 화합물을 형성할 수 있다. 중요한 화합물로는 핵산, 탄수화물, 단백질, 지질 등이 있다. 질소는 단백질, DNA, 알칼로이드 등을 구성하는 원소이며, 다양한 천연물의 형성에 필수적이다. 우리 몸에는 산소(65퍼센트), 수소(10퍼센트), 탄소(18퍼센트), 질소(3퍼센트) 이외에도 다양한 기능을 수행하는 미네랄이 들어 있다. 미네랄이 부족하면 노화, 비만, 빈혈, 갱년기 장애, 갑상선 장애, 고혈압, 심부전, 그리고 각종 암 발병의 원인이 된다.

5
실란트로

중금속의 공격 / 킬레이션 요법 / 실란트로

중금속의 공격

현대 문명의 중요한 화두 중 하나는 환경오염이다. 황사 등으로 인한 실내외 대기오염은 호흡기 질환이나 뇌 질환으로 이어진다. 2016년 영국의 BBC에서 발표한 자료에 따르면 전 세계적으로 해마다 약 550만 명이 대기오염으로 인해서 조기사망하고 있다. 또한 수질 오염은 세균성 이질, 콜레라, 장티푸스 등의 수인성 전염병을 야기한다. 해마다 수질오염으로 인한 사망자 수는 350만 명에 달한다. 수질오염은 미나마타병, 이타이이타이병의 사례에서 본 바와 같이 심각한 중금속 오염을 초래하기도 한다. 세계보건기구 WHO에 따르면, 매년 전 세계적으로 1,200만 명 이상이 환경오염으로 사망한다. 이는 전체 사망자 수의 25퍼센트에 해당한다. 납, 수은, 카드뮴, 크롬, 비소 등의 유독성 중금속들은 오염된 외부 환경으로부터 체내로 유입되기도 하지만, 음식물이나 작업장을 통해서도 유입될 수 있다. 전통 의약품에도 납, 수은, 비소, 탈륨 등의 중금속이 포함된 경우가 많았다. 독 중의 왕이라 불리는 비소에 대해서는 역사적으로도 수많은 기록이 남아 있다. 중국 최초의 황제인 진시황에 얽힌 수은 이야기와 미나마타병 사례는 너무나 잘 알려져 있다. 금 아말감은 금박에 널리 사용되었는데 이 작업에 참여한 장인들이 수은에 노출되었다. 성 이삭[Saint Isaac]성당을 건축하는 과정에서 돔 구조물에 금박을 입히던 장인 60명이 사망하였다는 기록도 있다. 납과 고대 로마의 관련성에 대해서도 많은 연구

자료가 발표되었다. 2013년 세계보건기구[WHO]는 해마다 납 중독으로 14만여 명이 사망하며 지적 장애를 가진 어린이 60만 명이 발생한다고 보고했다.

아말감

수은[$_{80}$Hg]과 다른 금속의 합금을 말한다.
아말감을 만드는 금속으로는 아연[$_{30}$Zn], 구리[$_{29}$Cu], 칼륨[$_{19}$K], 나트륨[$_{11}$Na], 알루미늄[$_{13}$Al], 주석[$_{50}$Sn], 인듐[$_{49}$In], 은[$_{47}$Ag], 그리고 금[$_{79}$Au]이 있다.
철[$_{26}$Fe]과 백금[$_{78}$Pt]은 아말감을 형성하지 않는다.
수은의 독성이 알려지면서 치과용 아말감의 사용이 줄고 있다.

청나라 말 비운의 황제 광서제(1871~1908)의 독살 사건에도 비소가 관련되어 있었다고 한다. 비소를 함유한 계관석(鷄冠石, As_4S_4)과 웅황(雄黃, As_2S_3)을 채굴하는 데에는 노예만 고용하였다고 전해지는데 광석에서 나오는 연기의 독성이 매우 치명적이었기 때문이다. 1900년 영국에서는 6천 명이 비소로 오염된 맥주를 마셨고 최소한 70명이 사망하였다. 전쟁 중에 사용된 화학무기에서도 비소가 포함된 사례가 있다. 루이사이트(Lewisite, $C_2H_2AsCl_3$)는 미국, 일본, 독일에서 제조되었던 화학무기로서 폐에 치명적인 유기비소 화합물이었다. 제2차 세계대전 중 영국은 비소 기반 화학무기인 루이사이트의 해독제 디메르카프롤(Dimercaprol, $C_3H_8OS_2$)를 개발하였다.

디메르카프롤

제2차 세계대전 때의 독가스인 루이사이트(Lewisite)를 해독하기 위해 만들어졌다.
British anti-Lewisite[BAL]라고도 부른다.
중금속과 결합하는 성질이 있어서 비소[$_{33}$As], 수은[$_{80}$Hg], 금[$_{79}$Au], 그리고 납[$_{82}$Pb] 중독 치료에 사용된다.
안티몬[$_{51}$Sb], 탈륨[$_{81}$Tl], 비스무스[$_{83}$Bi] 중독에도 사용될 수 있으나, 확실하게 검증되지는 않았다.

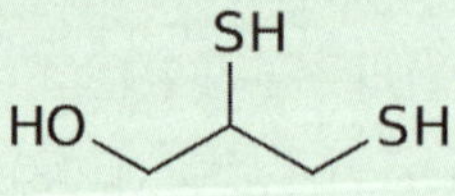

https://en.wikipedia.org/wiki/Dimercaprol

킬레이션 요법

우리 몸 안에 들어온 치명적인 중금속을 제거하는 방법은 없을까? 다행스럽게도 그런 금속을 좋아하는 물질이 있다. 하늘에는 게[Crab]의 이름이 붙은 별자리(게자리, Cancer)가 있다. 그리스 신화에 따르면 제우스의 아내 헤라가 히드라와 싸움을 벌이는 헤라클레스를 공격하도록 카르키노스(Karkinos, 게)를 보냈다. 카르키노스는 헤라클레스의 발꿈치를 집게발로 물었지만 결국 죽음을 당하였다. 헤라는 카르키노스의 노고를 고맙게 여겨 하늘에 자리를 마련해 주었다. 북쪽 하늘의 사자자리[Leo]와 쌍둥이자리[Gemini] 사이에 있는 게자리[Cancer]의 이름은 라틴어에서 따온 것이다. 게는 10개의 다리를 가지고 있고 얕은 바다는 물론이고 해저에서도 생존하고 있다. 그리고 딱딱한 껍질과 무시무시한 집게발로 무장하고 있어서 천적이 거의 없다. 집게발은 자신을 방어하는 수단이기도 하지만 먹이를 잡고 분해하는 역할을 한다. 집게발을 지니고 있으면 저승사자를 퇴치하는 효험이 있다는 속설도 있다.

다시 처음으로 돌아가 우리 체내에 들어온 유독성 중금속을 제거할 수 있는 방법을 말하자면, 그럴 수 있는 존재가 있다. 킬레이트제[Chelating agent]라고 알려진 이 물질은 중금속 이온을 포위한 후 화학결합(Coordinate covalent bond, 배위공유 결합)을 하여 착물[Complex]을 형성한 다음 몸 밖으로 배출시키는 능력을 가지고 있다. 이러한 과정으로 중금속을 제거하는 것을 킬레이션 요법[Chelation therapy]이라 부른다. 킬레이션이란 말은 한번 물면 놓지 않는 집게 발[Claw of crab]이란 뜻을 가진 그리스어 Chele에서 온 용어이다. 킬레이트 시약은 처음에는 납 중독을 치료하는 데 쓰였고 점차 다른 질병(예: 관절염)에도 사용하게 되었다.

『킬레이션 요법』(제목: The Chelation Way)을 저술한 워커Morton Walker 박사에 따르면 EDTA(에틸렌다이아민테트라아세트산)같은 킬레이트 시약을 사용하면 독성 금속을 제거할 수 있을 뿐만 아니라 면역 체계도 강화시키고 몸속의 해로운 자유 라디칼의 생성도 억제한다. 자유 라디칼은 동맥경화증의 원인이 되는 물질로도 알려져 있다. 킬레이트화 요법은 미국에서 40년 이상 시행해온 안전한 비수술적 치료법이다. 이 요법은 동맥경화, 암, 뇌졸중, 골다공증, 녹내장, 부정맥, 치매, 괴저, 퇴행성 질병 등을 개선하는 효과도 있다.

실란트로

우리가 살아가면서 언제 어디에서나 노출될 위험이 있는 중금속을 어찌할 것인가? 다행스럽게도 자연이 준 선물, 킬레이트제가 있다. 렌터E. Renter가 내츄럴 소사이어이티(naturalsociety.com)에 소개한 천연 중금속 킬레이트제를 만나보기로 하자.

아미노산이 우리 몸 안에 있는 중금속을 제거해줄 수 있다니 반가운 소식이다. 이는 단백질을 섭취하면 좋다는 의미이다. 아미노산은 단백질의 기본 구성단위이다. 직업상 중금속에 노출될 수밖에 없는 사람들이 퇴근 후에 돼지고기 집을 찾았던 이유도 여기에서 찾을 수 있겠다. 체내에서 일어나는 생화학 반응을 조절하고 면역 기능을 도와주는 단백질은 닭고기, 쇠고기, 생선 등의 육류에도 풍부하게 들어 있다.

활성탄 역시 중금속을 효과적으로 제거해주는 성질을 가지고 있다. 1831년에 투에리M. Touery는 프랑스 의학 아카데미의 저명한 그의 동료들 앞에서 독성 물질인 스트리크닌Strychnine을 치사량의 10배나 되는 양을 삼켰다. 그러고도 그는 멀쩡했다. 같은 양의 활성탄을 함께 먹었던 것이다. 활성탄은 다공성 물질로서 1그램당 500평방미터가 넘는 표면적을 자랑한다. 따라서 중금속 등의 유해 물질을 미세 구멍 안으로 끌어들여 흡착함으로써 중금속을 해독하는 것이다. 아마존(amazon.com)에서는 활성탄을 검은 황금이란 이름으로 시판하고 있다. 그 밖에도 견과류에는 셀레늄[$_{34}$Se], 아연[$_{30}$Zn], 마그네슘[$_{12}$Mg] 등의 원소가 들어 있어서 중금속 해독에 도움이 된다. 마늘과 양파의 황[$_{16}$S]성분 역시 수은[$_{80}$Hg], 카드뮴[$_{48}$Cd] 등의 중금속 해독에 도움이 되는 식품이다.

실란트로Cilantro는 미나리과에 속한 한해살이풀로서, 인도, 중국, 베트남, 타이, 멕시코 등지에서 널리 쓰이는 향신채香辛菜이다. 실란트로라는 이름은 스페인어에서 유래한 것이며 고수(芫荽, Coriander)라고도 부른다. 고수는 고대 그리스어로는 Koriannon이며 빈대를 가리키는 코리스Koris에서 유래하였다. 그래서 우리말로는 빈대풀이라고 부른다. 실란트로에는 보르네올Borneol, 카본Carvone, 제라니올Geraniol 등의 식물성 생리활성 물질이 풍부하며, 플라보노이드Flavonoid와 폴리페놀Polyphenol계의 항산화제도 들어 있다. 이뿐만이 아니라 실란트로는 중금속을 제거해주는 능력도 탁월한 것으로 알려졌다. 닥터액스

(draxe.com)에 따르면 실란트로는 산화 스트레스도 막아주며 수면의 질도 개선해준다. 또한 혈중의 당 수치를 낮춰줄 뿐만 아니라 심혈관계 질병과 신경성 염증, 그리고 대장암도 막아준다.

클로렐라Chlorella 역시 중금속 해독 기능이 탁월한 것으로 알려졌다. 클로렐라는 단백질이 풍부하고 광합성 효율이 우수한 녹조류이다. 심혈관 기능 개선, 면역 기능 강화, 암 예방 등에도 효과가 있는 것으로 알려진 남조류藍藻類이다. 클로렐라는 단백질이 풍부하고 비타민 A, 비타민 B, 철[$_{26}$Fe], 마그네슘[$_{12}$Mg], 아연[$_{30}$Zn] 등의 영양소가 들어 있는 건강식품이다. 단백질이 풍부하고 여러 가지 필수 아미노산이 들어 있는 스피루리나(Spirulina, 남조류)도 중금속 축적을 막아준다. 생강은 정력을 보강해주고 면역력을 높여주는 식품이며 통증을 완화하고 염증을 제거해주기도 한다. 그뿐만 아니라 혈액을 맑게 하며 위장의 소화흡수 능력을 높여준다. 해독은 물론 항산화 작용도 한다. 엉겅퀴 역시 중금속 해독에 도움을 주는데 엉겅퀴는 2,000년 동안 간, 신장, 쓸개 질환에 치료제로 쓰인 식물이다. 엉겅퀴 속에 들어 있는 실리마린Silymarin이 항산화 및 항염증 작용을 하는 것으로 알려져 있는데, 특히 씨에 많이 들어 있다. 매릴랜드 대학교 메디컬 센터에 따르면, 엉겅퀴는 알코올성 간질환, 바이러스성 간염, 버섯 중독, 그리고 암을 치료하는데 도움을 줄 수 있다고 한다.

실란트로

미나리과에 딸린 한해살이풀이다.
고수 또는 빈대풀이라고도 부른다.
모든 부분을 다 먹을 수 있다.
향신료로 사용된다.
잎에는 탄수화물, 지방, 단백질 이외에도 비타민과 미네랄이 풍부하게 들어 있다.

https://en.wikipedia.org/wiki/Coriander
https://ko.wikipedia.org/wiki/%EA%B3%A0%EC%88%98_(%EC%8B%9D%EB%AC%BC)

상상을 더하다 6

- 나폴레옹과 베토벤 -

1. 나폴레옹이 워털루 전투에서 이겼다면 어떻게 되었을까?
2. 베토벤은 청각을 상실한 후에도 어떻게 곡을 만들 수 있었었을까?
3. 왜 수은은 영생의 상징이 되었을까?
4. 보석의 색깔을 바꾸는 것이 가능할까?
5. 엽록소가 없는 이른바 장애 식물도 존재할까?
6. 중금속이 인체 내에서 어떤 역할을 하기에 필수적인 금속이라고 하나?
7. 수은은 중금속으로 위험한 물질인데, 수은 체온계가 어떻게 널리 쓰이게 되었을까?
8. 중금속이 어린이 장난감에 많이 사용되는 이유는?
9. 실란트로의 향은 그 효능과 관계가 있는가?
10. 미래에는 영생을 누리게 해주는 것이 개발 혹은 발견될 수 있을까?
11. 로마인들은 왜 와인을 만병통치약으로 알고 있었을까? 실제로 효능이 나타났을까?

7장
좀비

1
좀비에 빠지다

곡성, 2016년 좀비의 서막 / 좀비에 빠지다 / 좀비 게임 / 좀비 축제 / 공포 속으로

곡성, 2016년 좀비의 서막

2016년은 실로 다사다난한 해였다. 문화, 사회, 정치 등 여러 분야에서 굵직한 사건도 많았고 새로운 변화에 대한 갈망이 극에 달했던 한 해였다. 이런 상황과 맞물리면서 국내 영화계에서는 5월, 7월, 그리고 8월에 각각 〈곡성〉(哭聲), 〈부산행〉, 그리고 〈서울역〉이 개봉되어 관객들에게 큰 호응을 얻었다. 이 세 편의 영화에 공통적으로 등장하는 것은 좀비Zombie이다.

한적한 시골 마을에서 벌어지는 의문의 살인 사건을 다룬 영화 〈곡성〉(감독: 나홍진)은 반전에 반전을 거듭하며 감독이 던진 미끼에 현혹된 관객들은 영화가 끝나는 순간에도 여전히 풀리지 않은 의문들을 갖게 된다. 소복을 입은 무명, 의문의 외지인, 그리고 무당 일광 외에도 좀비의 출현은 이 영화를 스릴러 및 오컬트 물로 만드는 데 기여했다. 〈곡성〉은 2016년 프랑스에서 열린 칸 영화제에도 초청을 받아 뜨거운 반응을 이끌어냈다. 미국의 리뷰 웹사이트인 로튼토마토스rottentomatoes가 〈The Wailing〉(곡성의 영어 제목)의 신선도를 99퍼센트로 매기면서 해외에서도 곡성에 대한 반응이 뜨거워졌다.

〈부산행〉(감독: 연상호) 역시 국내외에서 호평을 받은 영화이다. 이 영화는 바이러스가 전국으로 확산된 상황에서 부산행 KTX 안에서 벌어지는 이야기를 다룬 좀비 블록버스터이다. 위기 상황에서 국가는 개인을 보호해줄 수 있을 것인지 의문을 던지기도 한다. 애

니메이션 영화 〈서울역〉(감독: 연상호)은 노숙자, 계급, 권력, 가족 등의 키워드를 좀비와 융합한 프리퀼(전편보다 시간상 앞선 이야기를 보여주는 속편) 영화이다. 자유시장경제와 자본주의의 틀 속에서 살아가는 사람들은 자신이 좀비라는 생각을 할 수도 있는 상황에 처해 있다.

한편, 이전에 나온 국산 좀비 영화는 손에 꼽을 정도로 적다. 2007년 5월에 개봉된 〈불한당들〉(감독: 장훈)은 2006년 FIFA 월드컵 때 빨간 티셔츠에 빨간 수건을 두르고 '대~한미국'을 외치던 붉은 악마들이 좀비로 변하면서 벌어지는 이야기이다. 외국인 노동자들을 공격하는 붉은 좀비들이라니! 집단적 무의식과 외국인에 대한 차별을 다룬 좀비 영화이다. 2010년에 개봉한 영화 〈이웃집 좀비〉는 좀비 바이러스로 초토화된 서울에서 벌어지는 이야기이다. 정부는 계엄령을 선포하고 좀비 감염자를 찾아서 제거하기 시작하는데 시민들은 온갖 위험을 무릅쓰고 감염자들을 숨겨주고 함께 살아남기 위해 필사의 노력을 한다. 2014년에 개봉된 〈좀비 스쿨〉(감독: 김석정)에서는 문제아들이 모여 있는 칠성학교에서 선생님들이 좀비로 변한다. 학생들은 생존을 위해서 절대로 죽지 않는 좀비들에게 필사적으로 맞선다. 2014년 제18회 부천 국제 판타스틱 영화제에 초청되었다.

좀비에 빠지다

무더위가 기승을 부리는 여름. 에어컨 없이 보내는 방법은 없을까? 고대 이집트인들은 아주 간단한 방법으로 뜨거운 여름날 밤의 더위를 식혔다. 그것은 수건을 찬물에 적신 후 담요로 사용하는 것이다. 물이 증발할 때 주위의 열에너지를 흡수한다는 원리를 그 옛날에 이미 알고 있었다니! 이보다 훨씬 강력한 방법도 있다. 소름 돋는 귀신 드라마나 영화를 보는 것이다. 1970년대에 선보였던 〈옥녀〉(玉女)는 억울하게 죽은 처녀가 귀신으로 등장하는 납량특집 드라마이다. 1980~90년대에는 민간설화나 전설 등을 소재로 만들어진 공포 드라마가 〈전설의 고향〉이라는 이름으로 오랫동안 인기를 누렸다. 서양에는 피를 빨아먹으며 살아가는 '뱀파이어Vampire' 이야기가 있다. 이러한 흡혈귀 이야기 중 가장 영향력 있는 작품은 『드라큘라』(Dracula)이다. 1897년에 아일랜드의 브램 스토커Bram

Stoker(1847~1912)가 발표한 이 소설은 후반으로 가면서 공포 분위기를 증폭시키는 고딕 호러의 전형을 보여준다.

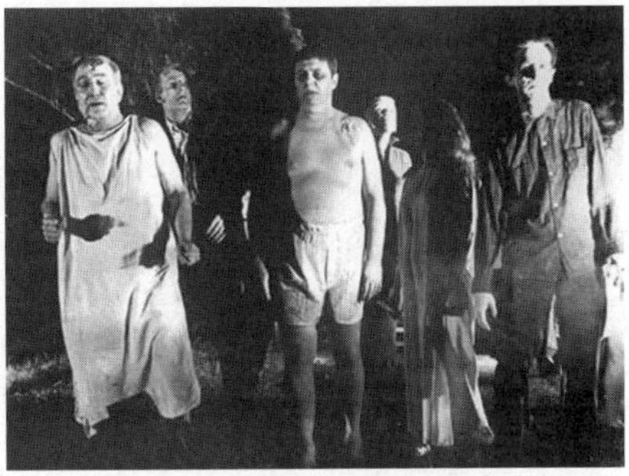

좀비를 소재로 한 공포 영화,
〈살아 있는 시체들의 밤〉의 한 장면
https://en.wikipedia.org/wiki/Night_of_the_Living_Dead

이러한 공포물이 퇴조하면서 우리를 공포 속으로 끌어들이는 것이 있다. 그것은 바로 좀비Zombie이다. 좀비를 오늘날에도 살아 움직이도록 만드는 데 기여를 한 인물은 2017년 7월 향년 77세의 나이로 타계한 조지 로메로George A. Romero(1940~2017) 감독이다. 그가 1968년에 제작한 공포영화 〈살아 있는 시체들의 밤〉(Night of the Living Dead)은 좀비의 틀을 구축하였다는 평가를 받고 있다. 그는 후속 작품으로 〈시체들의 새벽〉(Dawn of the Dead, 1979년)과 〈시체들의 날〉(Day of the Dead, 1985년)을 제작하여 좀비 영화 3부작을 완성하였다.

좀비는 수많은 영화의 소재로 탄생하였다. 최초의 좀비 영화는 1932년에 할페린Victor Halperin(1895~1983) 감독이 만든 〈화이트 좀비〉(White Zombie)였다. 여기서는 온건한 형태의 좀비가 등장한다. 드라큘라 역으로 유명한 루고시Bela Lugosi(1882~1956)가 좀비 마스터로 출현하였고 부두교의 주술로 되살아난 좀비를 소재로 하였다.

1985년에 오배논Dan O'Bannon(1946~2009) 감독이 만든 영화 〈바탈리언〉(The Return of the Living Dead)에서는 의료용품 공급회사의 지하에 비밀리에 보관되어 있던 시체들이 깨어난다. 흉측한 좀비의 모습 때문에 청소년관람불가로 개봉되었다.

〈28일 후〉(28 Days Later, 2002)는 분노 바이러스가 퍼진 사회가 붕괴하는 모습을 그렸다. 대니 보일Danny Boyle 감독의 작품이다. 영국의 한 영장류 연구시설에 갇혀 있던 침팬지들이 바이러스에 감염되고 사람들이 침팬지들의 공격을 받아 감염되면서 벌어지는 끔찍한 상황을 그리고 있다.

포스터Marc Foster 감독이 내놓은 〈월드워 Z〉(World War Z, 2013)는 원인을 알 수 없는 이변이 속출하는 세상을 그리고 있다. 전 세계를 위협하는 정체불명의 존재들과 맞서는 UN 조사관 레인G. Lane의 사투를 감상해보자.

〈웜 바디스〉(Warm Bodies, 2013년)는 무기력하게 살아가던 좀비(R)가 아름다운 소녀 '줄리 Julie'를 만나면서 벌어지는 이야기를 다루고 있다. 레빈Jonathan Levine이 감독을 맡았다.

사랑하는 딸이 편지 한 통만 남긴 채 사라졌다. 가까스로 찾아낸 딸은 좀비가 되어 있었다. 부녀는 어떤 선택을 할까? 궁금하다면 홉슨Henry Hobson 감독의 영화 〈매기〉(Maggie, 2015년)를 만나보자.

로렌스Francis Lawrence의 2007년 작 〈나는 전설이다〉(I Am Legend)는 바이러스와 변종인류(좀비)를 다루고 있다. 미국의 소설가 리처드 매드슨Richard Matheson(1926~2013)이 1954년에 발표한 동명의 공포소설을 영화화한 것이다.

좀 더 많은 좀비 영화를 보고 싶다면 페이스트매거진(pastemagazine.com)를 방문해보자. 좀비 영화 베스트 50 뿐만 아니라, 음악, TV, 게임, 도서 등에 대한 다양한 정보도 얻을 수 있다. 1982년 미국의 가수 마이클 잭슨Michael Jackson(1958~2009)은 그의 대표 앨범인 〈스릴러〉(Thriller)를 에픽 레코드사를 통해서 발매하였다. 좀비가 등장하는 이 앨범은 역사상 가장 많이 팔린 음반으로 기네스북에 등재되었다.

좀비는 그 밖에도 만화, 애니메이션, 소설 등 다양한 장르로 세상 밖으로 나왔다. 애니메이션 속에서 좀비를 만나보고 싶다면 '마이 애니메 리스트My anime list'를 방문해 보자. 소설 속 좀비를 만나고 싶다면『반스 & 노블』(Barnes & noble)이 있다.

좀비 게임

좀 더 재미있는 세상 속으로 들어가 보고 싶다면 좀비만한 게 없다. 2000년대로 접어들면서 좀비 아포칼립스는 유행의 한가운데에 위치하기 시작했다. 게임 중에는 좀비 아포칼립스 장르를 표방하는 것들이 많다. 2017년 1월에 〈바이오하자드〉시리즈의 최신작, 〈레지던트 이블 7〉(Resident Evil 7: Biohazard)이 발표되었다. 미국 서부 루이지애나주에 있는 덜비의 폐가. 수년간 버려진 이 집에 유령이 나왔다는 소문이 떠돌고 있다. 윈터스는 3년 전 행방불명된 아내를 찾아 폐가로 향한다. 이것은 캡콤Capcom 사가 개발한

1인칭 호러 게임이다. 〈이터널시티3〉(Eternal city 3), 〈데드 아일랜드〉(Dead Island), 〈좀보칼립스〉(Zombocalypse)등 다양한 게임도 나왔다.

이 중에서 〈이터널시티3〉은 서울 강남 지역을 사실적으로 구현한 좀비 아포칼립스 공포 게임이다. 아파트, 주택가 골목, 한글 간판, 시내버스 등 우리에게 낯익은 풍경 속에서 좀비들이 출몰한다. 이것은 몬스터넷Monsternet이 개발하여 2015년에 출시되었다. 테크랜드Techland가 개발하여 2011년에 출시된 〈데드 아일랜드〉(Dead Island)는 파푸아뉴기니 제도의 가상의 섬에서 리조트, 도심, 정글, 교도소를 배경으로 진행되는 게임이다. 총기보다 근접 무기가 중시된다. 게임스레이더Gamesradar에도 〈워킹 데드〉(The Walking Dead), 〈레지던트 이블 4〉(Resident Evil 4) 등 다양한 좀비 게임이 소개되고 있다. 2018년 1월 번스타인B. Bernstein은 nerdmuch.com에서 16개의 좀비 게임을 소개하였다. 〈Dead Nation〉, 〈Dead Rising〉, 〈Left 4 Dead 2〉, 〈The House of the Dead〉, 〈Zombies Ate My Neighbors〉 등등.

위키피디아를 방문하면 140개가 넘는 좀비 게임의 이름과 출시 연도, 간단한 해설 등 여러 정보를 얻을 수 있다. 이들 대부분이 2000년 이후에 만들어진 게임이다. e-스포츠 등으로 급속하게 번져나가는 게임을 보고 있으면 좀비의 폭발력을 가히 짐작할 수 있다.

좀비 게임

- 7 Days to Die(2013)
- Amy(2012)
- Atom Zombie Smasher(2011)
- Call of Duty Series(2010~2012, 2015)
- Dead Nation(2010)
- Dying Light(2015)
- Evil Dead Series(2000~2005)
- The Last of Us(2013)
- Rise of Nightmares(2011)
- Space Pirates and Zombies(2011)
- State of Decay(2013)
- The Walking Dead(2012)
- World of the Living Dead(2013)
- Zombie Gunship(2011)
- Zombie Lane(2011)
- Zombie Wonderland(2010)
- ZombiU(2012)

https://en.wikipedia.org/wiki/List_of_zombie_video_games

좀비 축제

좀비 열풍을 간접 경험하는 것만으로는 부족하다면? 내가 직접 좀비로 변신할 수는 없을까? 2017년 10월 미국 캘리포니아주 롱비치에서 개최된 좀비 축제(Long Beach Zombie Fest)는 좀비에 빠진 사람들을 좀비의 장으로 끌어들였다. 홈피에는 스릴러 워크숍과 미스테리 슬라이드쇼 박물관, 그리고 다른 다양한 정보들이 올라와 있다. 같은 달에 피츠버그 좀비 축제[Pittsburg Zombie Fest 2017]도 열렸으며 시카고, 샌프란시스코, 뉴저지, 애틀란타 등지에서도 좀비 축제가 개최되었다. 미국 전역에서는 좀비 달리기 행사가 수시로 열린다. 2013년 10월에 열린 뉴저지 좀비 워크에는 9,592명의 좀비들이 참가하여 기네스북에 등재되었는데 이듬해에 열린 피츠버그 좀비 축제에 1,124명의 좀비들이 더 참가하여 기네스 기록을 갱신하였다.

좀비 열풍은 미국만의 현상이 아니다. 세계는 좀비 열기로 뜨겁게 달아오른다. 영국 버밍햄의 빅토리아 광장에서도 좀비 축제(Zombie Walk 2016)가 열렸다. 전 세계적으로 유명한 좀비 축제를 소개하고 있는 트래블채널(travelchannel.com)은 미국의 시카고, 피츠버그, 샌프란시스코, 시애틀, 디트로이트, 뉴저지 이외에도 캐나다의 토론토, 멕시코의 멕시코시티, 영국의 런던, 그리고 스웨덴의 스톡홀름을 볼만한 도시로 소개하고 있다. 빅피쉬게임즈(bigfishgames.com)에서는 23개의 대규모 좀비 축제를 소개하고 있다. 이 사이트에서는 영국의 노팅햄, 호주의 브리스베인, 아일랜드의 더블린, 칠레의 산티아고, 아르헨티나의 부에노스아이레스 등에서 개최된 좀비 축제도 소개하고 있다. 2014년 체코의 프라하에서 열린 좀비 워크에서도 무시무시한 좀비들이 등장하였다. 우리나라에서는 2012년부터 '좀비 워크 서울[Zombie Walk Seoul]'이 개최되고 있다. 좀비 복장을 하고 수많은 좀비들과 함께 차 없는 거리를 활보하며 친구가 될 수 있다.

공포 속으로

영화는 로맨스, 다큐멘터리, 판타지, 뮤지컬 등 다양한 장르로 만들어져서 관객에게 제공되고 있다. 그러나 무더위를 날려버리기에 그만인 영화로는 눈을 가리면서도 끝까지 보지 않을 수 없는 공포 영화가 제격이다. 공포영화는 19세기 말부터 무성영화로 등장하였으며 20세기가 되면서 다양한 공포를 체험할 수 있는 영화들이 선을 보였다. 〈드라큘라〉(Dracula, 1931), 〈프랑켄슈타인〉(Frankenstein, 1931), 〈미라〉(The Mummy, 1932), 〈킹콩〉(King Kong, 1933), 〈늑대인간〉(The Wolf Man, 1941).

Hollywood닷컴과 IGN닷컴은 공포영화 베스트로 프리드킨William Friedkin 감독의 〈엑소시스트〉(The Exorcist, 1973년)를 선정하였고 뒤이어 엔터테인먼트 위클리(1999), 무비스닷컴(2010), AMC(2006), 그리고 Time Out의 편집자(2014)들도 이 영화를 베스트 호러 무비로 선정한 바 있다. 이라크 북부의 고대 유적 발굴에 참가한 가톨릭 신부는 고분을 발굴하다 악마를 상징하는 부적을 발견한다. 한편, 인기 여배우의 딸이 벽 속에서 나는 이상한 소리를 듣게 되면서 알 수 없는 이상한 증세에 시달리기 시작하는데 젊은 신부는 결국 악마를 쫓는 엑소시즘Exorcism 의식을 통해서 그 소녀를 구한다는 내용이다. 〈엑소시스트〉는 여러 편의 속편과 TV 시리즈로도 방영되었다. 그리고 2017년에 개봉된 영화 〈겟 아웃〉(Get out)이 로튼 토마토에서 신선도 99퍼센트를 기록하며 베스트 호러 무비로 선정되었는데 흑인 남자가 백인 여자 친구의 부모님을 뵈러 갔다가 생기는 미스테리한 사건을 담았다. 인종차별 문제가 이 영화를 관통하고 있다. 타임지 등에서 평한 바에 의하면 이 영화는 사회적, 문화적 관찰이 돋보이는 풍자적 호러 영화로 성공하였음을 알 수 있다.

사람들은 왜 공포 영화에 빠져드는가? 공포 영화를 보면 두려움을 느끼는 게 아니라 단지 흥분한다는 이론과 안도감을 즐기기 위해 공포를 참아낸다는 이론이 있다. 그러나 2007년 8월에 『소비자 연구 저널』(Journal of Consumer Research)에 게재된 안드레이드E. B. Andrade와 코헨J. B. Cohen의 이론은 이와는 다른 각도에서 보고 있다. 즉 불쾌한 감정을 즐긴다는 것이다. 긍정적인 감정과 부정적인 감정을 동시에 경험한다는 것이다. 공포 영화를 보면 오히려 자신감을 채울 수 있을 뿐만 아니라 사회적 유대감에도 긍정적인 영향을 준다는 의견에 귀를 기울여볼 필요가 있다(V. Manning-Schaffel, livestrong.com, 2017년 8월).

2
검은 노예

검은 노예 / 나는 좀비였다 / 뱀과 무지개

검은 노예

좀비는 대체 어디서 온 것일까? 그 기원을 찾아 들어가면 아이티Haiti 노예들의 슬픈 역사가 모습을 드러낸다. 1492년 12월, 콜럼버스Christopher Columbus(1451~1506) 일행이 카리브해의 히스파니올라Hispaniola섬에 상륙하였다. 그들의 목적은 금을 찾아 부를 축적하는 것이었다. 그 과정에서 스페인의 정복자들은 원주민에 대한 무차별적인 대량학살을 서슴지 않았고 살아남은 사람들은 노예로 전락하였다. 설상가상으로 유럽에서 전파된 전염병으로 인구가 급감하였다. 부족해진 노동력은 서아프리카에서 끌려온 흑인들로 채워졌다. 좀비의 탄생 배경은 아이티의 부두교에서 찾을 수 있다. 부두교[Voodoo]의 사제이자 주술사였던 보코Bokor는 강력한 권력을 가지고 있었다. 그들은 큰 죄를 지은 사람들을 좀비로 만들었다. 독성 약물을 먹고 영혼을 빼앗긴 좀비로 바뀐 사람들은 평생 노예노동을 하며 살아가야 했다. 좀비란 말은 신 또는 영혼을 뜻하는 콩고어 은잠비Nzambi에서 유래하였다. 좀비라는 말 속에는 살아 있는 시체, 즉 살아 있으나 죽은 몸과 다를 바 없는 노예, 그

해가 질 무렵 사탕수수 밭에 서 있는 좀비
https://en.wikipedia.org/wiki/Zombie

리고 자신들이 태어난 아프리카로 되돌아갈 수 없는 불쌍한 영혼의 한이 서려 있다. 공포의 아이콘이 된 좀비에 관한 음습한 이야기는 미국이 아이티를 점령했던 시기(1915~1934년)에 서양으로 퍼져나가면서 대중의 상상력을 사로잡았고, 이제는 세계 곳곳에서 다양한 모습으로 나타나고 있다.

나는 좀비였다

자신이 좀비였다고 주장한 사람이 있었다. 아이티의 클레어비우스 나르시스Clairvius Narcisse이다. 나르시스는 죽은 지 18년이 지난 1980년의 어느 날 가족 앞에 홀연히 나타났다. 대체 그에게 무슨 사연이 있었던 것일까? 1962년 4월 30일, 아이티의 소작농이었던 그는 고열과 몸살 등으로 앨버트 슈바이처 병원에 입원하였다. 불행히도 병세는 악화되어 혼수상태에 빠졌고 입원한 지 이틀 만에 사망하였다. 그런데 부두교의 보코가 그를 무덤에서 꺼내 좀비로 만들었던 것이다. 가사 상태에 있던 그의 몸은 마비되어 움직일 수 없었지만 의식이 있어서 상황을 기억할 수 있었다. 좀비가 되어 2년 동안 사탕수수 농장에서 노예노동에 시달리던 그는 주인이 죽자 동료들과 함께 탈출하였다. 그러고는 죽기 전에 재산 문제로 심각한 갈등을 빚었던 형제가 죽자 가족 앞에 모습을 드러냈던 것이다. 아이티 부두교는 콩고, 나이지리아 등의 서아프리카 종교와 아이티 원주민의 종교뿐만 아니라 해적들 사이에 전해오는 미신과 천주교의 교리 등이 섞여서 탄생한 종교이다. 혼합 민속종교를 믿는 아이티인들의 독특한 신앙심과 보코의 주술적인 힘만으로 과연 좀비가 탄생할 수 있을까?

뱀과 무지개

나르시스가 집으로 돌아온 지 2년이 지났을 때, 하버드 대학에서 민속식물학을 연구하던 데이비스W. Davis는 클라인N. S. Kline 박사의 부탁을 받고 좀비에 대한 실체를 규명하기 위해 아이티로 탐사 여행을 떠났다. 데이비스는 부두교의 주술사를 만나 좀비 파우더에 대한 정보를 얻었다. 좀비의 존재를 믿고 있었던 아이티 사람들은 좀비가 보코의 마술로 탄생된 것이라고 믿고 있었다. 화학적 분석을 병행한 결과 파우더에서 몇 가지 비밀스러운 성분을 확인하였다. 보코는 두꺼비, 복어[Puffer fish], 그리고 흰독말풀을 주재료로 하여 부두 파우더Voodoo powder를 만든 것이었다. 여기에는 바다 벌레와 타란툴라(Tarantula, 공포 영화에 자주 등장하는 독거미의 일종)는 물론 죽은 지 얼마 지나지 않은 사람의 뼈도 사용되었다. 두꺼비에는 사람을 마취시키는 뷰포톡신Bufotoxin이 들어 있다. 복어에 들어 있는 테트로도톡신Tetrodotoxin은 신경독소로서 사람을 마비시키고 가사 상태에 이르게 한다. 흰독말풀은 환각 작용을 유발하며 때로는 기억 상실을 야기하기도 한다. 아이티의 흑마술이 만들어낸 좀비는 독물 중독으로 자유의지를 상실한 살아있는 시체인 셈이다. 여행에서 돌아온 데이비스는 1985년에 아이티의 좀비를 다룬 책 『뱀과 무지개』(The Serpent and the Rainbow)를 출간하였다. 이 이야기는 3년 후 〈악령의 관〉(동명의 영어 제목, 감독: Wes Craven(1939~2015))이라는 타이틀로 영화로 제작되었다. 1997년 영국의 의학 전문지 『랜싯』(The Lancet)에는 좀비화[Zombiefication]의 비밀에 대한 세 편의 글이 발표되었다.

3
알칼로이드

알칼로이드 / 복어 / 독화살개구리 / 적조 / 말라리아 / 스타일스 저택의 괴사건 / 상사화 / 소크라테스 / 양귀비와 우미인

알칼로이드

지구상의 생물은 수많은 물질이 유기적으로 구성되어 기능하고 있는 유기체이다. 유기체를 구성하는 4대 원소는 탄소[$_6$C], 수소[$_1$H], 산소[$_8$O] 및 질소[$_7$N]이다. 그중에서 유기체의 핵심 원소는 탄소이다. 압축천연가스[CNG]의 주성분인 메탄[CH_4], 가솔린에 들어 있는 옥테인[C_8H_{18}] 등은 탄소와 수소만으로 이루어진 화합물로 이를 탄화수소[Hydrocarbon]라 부른다. 화합물의 형성 과정에서 탄소와 수소 외에 산소가 참여하면 알코올Alcohol, 에터Ether, 알데하이드Aldehyde, 케톤Ketone, 카복시산[Carboxylic acid], 에스터Ester 등의 다양한 유기화합물이 탄생된다.

이 세 원소에 질소가 참여하면 보다 다양한 구조와 기능을 가진 유기화합물이 탄생된다. 대표적인 예로 아민Amine과 아마이드Amide가 있다. 아민은 질소 원자에 비공유 전자쌍을 가진 유기화합물로서 암모니아[NH_3]의 유도체이다. 아마이드는 질소 원자에 카보닐기[-C=O]가 연결된 작용기를 가지는 유기화합물이다. 우리 몸을 구성하는 단백질은 아미노산들이 축합 반응을 통해 결합함으로써 생성된 거대분자로서 폴리아마이드Polyamide 계의 유기화합물이다.

알칼로이드Alkaloid는 질소 원자를 가지는 천연 화합물을 부르는 이름이다. 이것은 주로 염기성을 띠지만 중성 또는 약한 산성을 띠는 것들도 존재한다. 알칼로이드는 동식물 내

에서 발견되며 다양한 생리 활성을 보인다. 커피나무, 차, 구아바 열매 등에 들어 있는 카페인Caffeine, 담배 속에 있는 니코틴Nicotine, 코카Coca 나무 잎에 들어 있으며 중추신경을 자극하여 식욕 감퇴 증상이 나타나면서 쾌감을 일으키는 코카인Cocaine, 남미 원주민들이 사냥을 할 때 마비 독으로 사용했던 쿠라레Curare 등은 잘 알려진 알칼로이드이다.

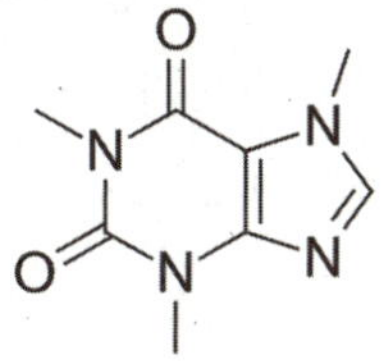

카페인
https://en.wikipedia.org/wiki/Caffeine

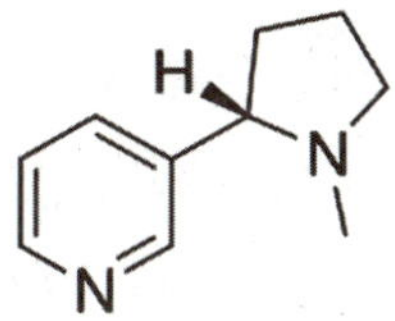

니코틴
https://en.wikipedia.org/wiki/Nicotine

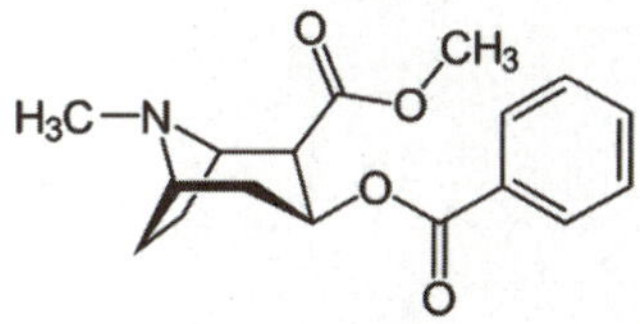

코카인
https://en.wikipedia.org/wiki/Cocaine

복어

송로버섯 트뤼프, 철갑상어 알 캐비어, 거위 간 푸아그라와 함께 세계 4대 진미로 꼽히는 것은 뭘까? 담백하면서도 감칠맛이 나는 복어이다. 중국 송나라 제일의 시인이었던 소동파蘇東坡(1037~1101)는 복어의 맛을 "사람이 한 번 죽는 것과 맞먹는 맛"이라고 극찬하였다. 복어는 상대에게 치명적인 타격을 줄 수 있는 화학무기로 무장하고 있다. 죽음에 이르게 할 정도의 원인 물질은 테트로도톡신(Tetrodotoxin, TTX)이다. 몰 질량은 319 g/mol이다. 이는 TTX 1몰mol 이 319그램이란 뜻이다. 참고로 1몰은 대략 $6x10^{23}$개에 해당하는 양이다. TTX 분자 1개의 질량은 319그램을 $6x10^{23}$으로 나누면 얻어지는 매우 작은 값이다. TTX의 분자식은

복어
https://en.wikipedia.org/wiki/Tetraodontidae

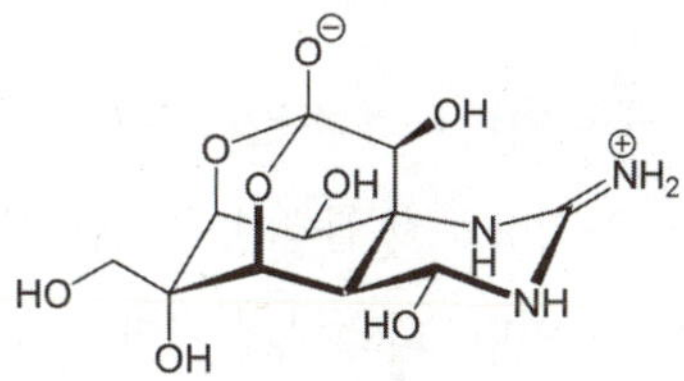

테트로도톡신
https://en.wikipedia.org/wiki/Tetrodotoxin

북송 시대의 시인 소동파
https://ko.wikipedia.org/wiki/%EC%86%8C%EC%8B%9D_(%EB%B6%81%EC%86%A1)

$C_{11}H_{17}N_{3}O_{8}$이다. 이 분자는 11개의 탄소 원자, 17개의 수소 원자, 3개의 질소 원자, 그리고 8개의 산소 원자로 이루어져 있다는 뜻이다. 복어의 알, 간 등에 많이 분포하고 있는 TTX는 신경세포의 소듐(Sodium, $_{11}Na$) 통로를 차단하여 마비, 경련 등을 야기하는 신경독소로 알려져 있다. 복어 한 마리에는 성인 30명을 죽일 수 있는 TTX가 들어 있다. TTX는 물에 약간 녹는 성질이 있으며, 약한 산성 조건에서는 용해도가 증가한다. 따라서 TTX에 중독된 경우에는 즉시 다량의 물로 위세척을 하는 것이 필수적이다. 복어의 독성에 대해서는 중국 최초의 약전인 『신농본초경』(神農本草經)에 기록이 남아 있고 서양에서는 영국의 탐험가이자 항해사였던 쿡James Cook(1728~1779) 선장이 그의 일지에 TTX 중독의 사례를 최초로 기록하였다. TTX의 반수 치사량[LD_{50}]은 8 μg/kg이다. 반수 치사량이란 피실험동물에 실험대상물질을 투여할 때 피실험동물의 절반이 죽게 되는 양을 말한다. 이 양은 청산가리로 알려진 맹독성의 시안화 칼륨[KCN]의 LD_{50} 수치(8.5 mg/kg)의 1,000분의 1에 불과하다.

독화살개구리

중앙아메리카와 남아메리카의 열대우림에 사는 독화살개구리[Poison dart frog]는 주행성의 양서류로서 볼리비아, 콜롬비아, 브라질, 에쿠아도르, 베네수엘라 등 여러 나라에서 볼 수 있다. 화려하게 치장한 조그만 이 동물이 낮에 활동할 수 있는 이유는 무엇일까? 눈에 잘 띄는 색상은 천적을 위협하여 스스로를 방어하기 위한 경계색[Aposematism]으로 활용된다. 그러니까 이것도 일종의 보호색인 셈이다. 독화살개구리는 화려한 색깔과 무늬로 "나를 잡아먹으면 너도 죽는다."고 천적에게 경고한다. 독개구리과[Dendrobatidae]에 속한 독화살개구리는 포식자에 맞서기 위하여 피부에 치명적인 화학무기인 바트라코톡신(Batrachotoxin, BTX)을 분비한다. BTX는 분자식이 $C_{31}H_{42}N_2O_6$이고 친유성인 알카로이드계의 화합물이다. 남미 원주민들은 독화살개구리가 분비하는 BTX를 화살촉에 묻힌 다음에 길다란 관에 독화살을 넣고 입으로 불어 사냥감을 잡거나 전쟁 중에 사용하였다. BTX는 심장독성과 신경독성을 야기하는 물질이다. BTX의 반수 치사량 LD_{50}는 2 μg/kg으로서, 복어에 들어 있는 TTX 보다 독성이 훨씬 더 강하다. 현재 효과적인 해녹제는 존재하지 않는다. 대평양의 남서쪽 파푸아 뉴기니에 서식하는 피토휘Pitohui라는 새도 스스로를 방어하기 위해서 피부와 깃털을 BTX로 무장하고 있다. 독화살개구리는 BTX를 스스로 합성하는 것은 아니고, 대신 개미나 지네 같은 먹잇감으로부터 BTX가 생합성되는 원료 물질을 얻는 것으로 여겨진다. 야생의 독화살개구리를 실험실에서 키우면 독성이 사라진다. 피토휘 역시 BTX를 스스로 생합성하지 않으며, 대신 먹이인 딱정벌레로부터 구한다.

독화살개구리
https://en.wikipedia.org/wiki/Poison_dart_frog

지구상에서 가장 독성이 큰 것은 황금독화살개구리[Golden poison arrow frog]로 알려져 있다. 이 개구리 한 마리에는 성인 10명을 죽일 수 있는 양의 독이 들어 있다. 그런데 이 절대 강자를 먹어 치우는 천적이 출현하였다. 아마존의 열대우림에 사는 뱀(Leimadophis epinephelus)이 그 주인공이다. 흑갈색과 주황색의 줄무늬를 가진 이 뱀은 독화살개구리의 독에 대한 저항성을 증대시키고 해독하는 능력을 갖추고 있다. 진화적 군비경쟁[Evolutionary arms race]에서 영원한 승자는 없다.

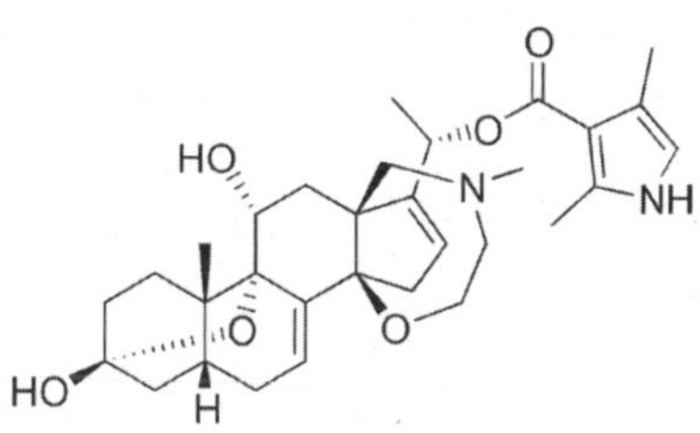

바트라코톡신
https://en.wikipedia.org/wiki/Batrachotoxin

흥미롭게도 이러한 독성 물질은 우리의 생명을 구하는 데에도 이용될 수 있다. BTX에 노출되면 심장이 멎기 전에 박동수가 증가한다. 이러한 성질을 이용하면 심장 박동이 정지된 환자를 살릴 수 있다.

전갈은 길다란 단백질 사슬로 이루어진 독소를 이용하여 먹이를 잡거나 천적으로부터 스스로를 방어한다. 아이러니하게도 이 독소는 암 치료에 활용할 수 있다. 뇌종양의 일종인 악성 신경교종 환자들에게 사용한 결과 전갈 독소가 암세포만 파괴한다는 사실이 밝혀졌다. 독특한 색깔과 복잡한 무늬를 가진 청자고둥[Cone shell snail]은 먹이를 마비시켜 고통 없이 죽게 할 수 있는 강력한 신경 독소를 가지고 있다. 그런데 코노톡신Conotoxin이라 부르는 이 청자고둥의 독소가 진통제로 사용될 수 있다는 사실이 밝혀졌다. 이 물질은 모르핀보다 1,000배 강력한 진통 작용을 나타낼 뿐만 아니라 중독의 염려도 없다. 독사의 독은 피의 응고를 방지하는 역할을 한다. 독사에 물리면 출혈과다로 사망할 수 있는데 흥미롭게도 독사의 독은 심장병 환자들에게 자주 나타나는 동맥경화나 피가 엉기는 것을 막아줄 수 있다.

미국 남부와 멕시코 북부에 서식하는 미국독도마뱀[Gila monster]은 먹이를 잡으면 즉시 독을 주입하지 않는다. 대신 이빨에서 나오는 독이 먹이의 상처 난 곳으로 스며들어간다. 사람이 이 도마뱀에 물려도 죽는 경우는 드물다. 그러나 물리면 극심한 통증을 느끼고 물린 자리가 부어오르며 현기증과 한기를 느낀다. 그런데 놀랍게도 이 독이 인슐린 생성을 촉진하고 글루코스 생성을 억제하는 역할을 한다. 당뇨병 환자들에게는 희소식이 아닐 수 없다. 위에서 언급한 '양날의 검' 같은 동물의 독소는 2007년 코어스-베이커M. Koerth-Baker와 밀스L. Mills에 의해서 소개되었다.

적조

색시톡신(Saxitoxin, STX)은 조개, 홍합, 굴, 가리비 등에 들어 있는 마비성 패류독소이다. STX는 조개 같은 패류가 스스로 만들어내는 것은 아니고, 편모조류鞭毛藻類와 시아노박

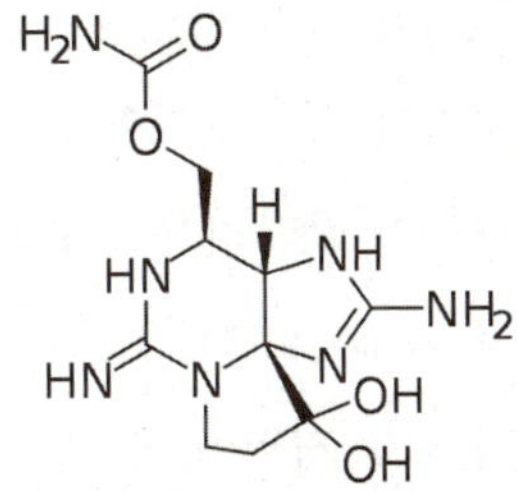

색시톡신
https://en.wikipedia.org/wiki/Saxitoxin

테리아Cyanobacteria가 생산한다. 이것들에 오염된 패류에 들어 있다는 의미이다. 일부의 복어에도 색시톡신이 들어 있다. 서양에서는 알[R] 자가 들어 있는 달에만 패류를 먹으라는 말이 있다. 이는 날씨가 더워져 적조 현상이 나타나는 계절에는 마비성 패류중독에 주의하라는 뜻이 담겨 있다. STX는 체내에서 소듐 채널을 차단하여 정상적인 세포의 기능을 막아 마비를 일으키며 심하면 사망에 이를 수 있다. STX에 중독되면 현기증, 설사, 구토, 호흡 장애 등이 나타나며 심하면 감각이상, 근력저하, 뇌신경 장애는 물론 사망할 수 있다. 사람에 대한 반수 치사량[LD_{50}]은 5.7 μg/kg으로서 맹독성 신경독가스인 사린(Sarin, $C_4H_{10}FO_2P$)보다 1,000배나 독성이 강하다. STX을 산화시키면 강한 형광을 내는 퓨린Purine 유도제가 생성된다. 이러한 성질을 이용하여 STX의 존재를 확인할 수 있다. 중독의 여부는 방사면역진단법[Radioimmunoassay] 또는 효소면역흡착법(ELISA, Enzyme Linked Immunosorbent Assay)으로 진단한다. 알려진 해독제는 없지만 초기단계의 조치로서 먹은 음식물을 토하고 식용 숯을 먹는 것이 좋다. 1957년 샨츠E. J. Schantz 등은 STX를 대형 식용조개(Alaskan butterclam)에서 최초로 분리하였고, 합성에 대한 연구 결과는 기시Yoshito Kishi(1977년), 야코비Peter A. Jacobi(1984년) 등에 의해서 발표되었다.

말라리아

세상에서 가장 치명적인 곤충은 무엇일까? 불가사의한 세상닷컴은 총알개미, 불개미, 군대개미, 쇠파리, 체체파리, 모기, 벼룩, 살인벌 등의 여러 후보 중 가장 치명적인 곤충으로 모기를 선정하였다. 모기는 댕기열, 황열병, 나일 바이러스, 뇌염, 그리고 말라리아를 전파하는 무서운 곤충이다. 그중에서도 말라리아Malaria는 매년 2억 명에서 3억 명의 사람이 감염되고 이중 수백만 명이 사망하는 위험한 질병이다. 말라리아는 학질瘧疾이라고도 불렀는데 풍전등화의 조선을 구한 이순신 장군의 아들 울蔚도 말라리아에 걸려서 고생을 했다는 기록이 있다. 실제로 말라리아는 조선시대는 물론 그 이전에도 흔한 질병이었다. 서양에서는 그리스에서 인도에 이르는 대제국을 건설했던 알렉산더(356~323 BCE) 대왕의 사인이 말라리아일 수 있다는 주장이 제기된 바도 있다. 남미 안데스산맥에서 자라는 신코나Cinchona 나무껍질 추출물로 말라리아를 치료하기 시작한 것은 17세기 초였다. 그러나 페루 지역에 살았던 잉카인들은 이미 16세기에 천연 치료제를 사용하고 있었다. 이 추출물에 들어 있는 화학 물질은 퀴닌Quinine이다. 퀴닌은 분자식이 $C_{20}H_{24}N_2O_2$이고 매우 쓴 맛을 지니고 있는데 1820년에 신코나 나무의 껍질에서 최초로 분리되었고, 1944년에 우드워드Robert B. Woodward(1917~1979) 등에 의해서 전합성되었다. 퀴닌은 해열, 진통 및 말라리아 예방 등에 효과가 있는 알칼로이드이다. 말라리아 치료를 위한 대체 의약으로 퀴나크린Quinacrine, 클로로퀸Chloroquine, 프리마퀸Primaquine 등이 나왔다.

퀴닌은 진토닉[Gin and tonic]에 사용되는 토닉 워터의 주성분이다. 토닉 워터가 자외선을 받으면 푸른빛을 내는데, 이는 퀴닌이 강한 형광[Fluorescence]을 내기 때문이다. 형광이란 물질이 빛을 흡수하여 들뜬 상태가 된 후에 빛을 내며 바닥상태로 되돌아가는 현상을 말한다. 그러나 퀴닌을 과량 섭취하는 경우에는 폐수종을 일으킬 수 있고 임신부의 경우에는 유산 등의 부작용이 나타날 수 있다.

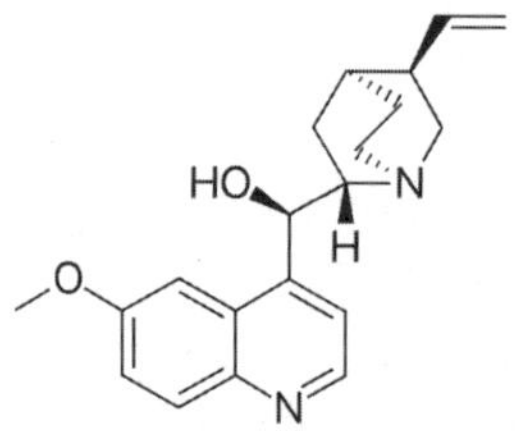

퀴닌
https://en.wikipedia.org/wiki/Quinine

토닉 워터(왼쪽)에 자외선을 쪼여주면 형광(오른쪽)을 낸다.
https://en.wikipedia.org/wiki/Tonic_water

스타일스 저택의 괴사건

당장이라도 무시무시한 사건이 벌어질 것을 암시하는 음악, 억수로 비가 내리는 캄캄한 밤, 한적한 모텔에서 샤워 중 끔찍하게 살해당하면서 내는 여자의 비명 소리. 히치콕Alfred Hitchcock(1899~1980) 감독이 1960년에 발표한 영화 〈사이코〉(Psycho)의 장면이다. 이 작품을 미스터리, 범죄, 스릴러 영화의 대표로 만든 소재가 하나 더 있다. 이것은 베이츠N. Bates가 자기 어머니C. Rudolph를 살해하는 데 사용했던 스트리크닌(Strychnine, $C_{21}H_{22}N_2O_2$)인데 독성이 매우 강한 알칼로이드계 화합물이다. 스트리크닌은 새, 쥐 등을 죽이는 살충제로 쓰인다. 사람에 대한 스트리크닌의 반수 치사량[LD_{50}]은 16 mg/kg이다. 스트리크닌 나무[Strychnos nux-vomica]의 씨에 들어 있는 스트리크닌은 〈사이코〉 이후로도 다음과 같은 영화에 등장하였다. 〈케이프 피어〉(Cape Fear, 1962), 〈지옥의 특전대〉(The Wild Geese, 1978), 〈뛰는 백수 나는 건달〉(Office Space, 1999), 〈레드 독〉(Red Dog, 2011), 〈그랜드 부다페스트 호텔〉(The Grand Budapest Hotel, 2014).

스트리크닌은 소설에서도 자주 등장한다. 프랑스 심리스릴러의 아이콘으로 불리는 지에벨Karine Giebel은 소설 『너는 모른다』(Les morsures de l'ombre)에서 스트리크닌을 등장시켰다. 그녀는 이 스릴러 소설을 통해서 자신이 받은 상처만 기억할 뿐 상대에게 가한 상처는 너무 쉽게 망각하는 사람들의 이기적인 성향을 비판하였다. 반전과 트릭의 달인이라 불리는 디버Jeffery Deaver가 2014년에 발표한 소설 『스킨 컬렉터』(The Skin Collector)도 스트리크닌을 빼놓고 이야기할 수 없다. 연쇄 살인자와 그를 뒤쫓는 뉴욕 경찰 수사관들을 만나보자. 스트리크닌은 미스터리 작가들이 차이나타운, 할렘, 월 스트리트, 센트럴 파크 등 뉴욕의 곳곳에서 벌어지는 이야기를 풀어놓은 『뉴욕 미스터리』(New York Mysteries)에도 등장한다. 차일드, 디버, 쿡 등이 집필진으로 참여하였다.

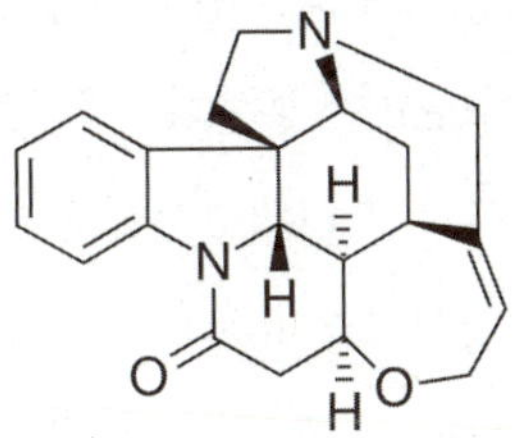

스트리크닌
https://en.wikipedia.org/wiki/Strychnine

추리소설하면 빼놓을 수 없는 작가가 있다. 바로 영국의 애거서 크리스티Agatha Christie(1890~1976)이다. 크리스티는 『스타일스 저택의 괴사건』(The Mysterious Affair at Styles, 1916년), 『퀸의 등장』(The Coming of Mr. Quin), 그리고 『당신은 정원을 어떻게 가꾸시나요?』(How Does Your Garden Grow?)에서 스트리크닌을 이용한 살인 사건을 그렸다. 특히 『스타일스 저택의 괴사건』은 그녀의 첫 작품으로서 평화로운 영국 시골 마을의 대저택에서 벌어지는 살인사건을 다루고 있다. 그녀는 제1차 세계대전 동안 병원의 약국에서 일했는데 독극물에 대한 지식은 그녀의 추리력과 상상력에 날개를 달았다. 애거서 크리스티의 소설을 영화나 TV 극으로 만든 작품들을 보면 그녀를 추리소설의 여왕이라 부르는 이유를 알 수 있다. 〈메소포타미아 살인사건〉, 〈나일 살인사건〉, 〈오리엔트 특급 살인사건〉, 〈백주의 살인〉, 〈잠자는 살인〉, 〈마술 살인〉, 〈예고살인〉, 〈골프장 살인사건〉, 〈ABC 살인사건〉, 〈13인의 만찬〉, 〈열 개의 인디언 인형〉, 〈그리고 아무도 없었다〉(And Then There Were None, 1939).

상사화

탑돌이는 사찰에 있는 탑을 돌며 부처님의 공덕을 되새기는 의식을 말한다. 이러한 불교의식은 소원을 이루게 해달라고 기원하는 의식으로 발전했다. 전해 내려오는 바에 따르면, 탑돌이를 하는 여인을 연모하던 스님이 있었는데, 가슴앓이만 하다가 숨을 거두었다. 스님의 무덤에 잎이 진 후에 꽃이 피었는데 세속의 여인에게 사랑한다는 말 한마디 건네지 못했던 스님을 닮았다 하여 꽃 이름을 상사화相思花라 지었다. 이것은 나무위키가 전하는 설화인데 정반대의 설화도 전해진다. 이런 사연이 있어서 상사화는 절꽃이라고도 부른다. 상사화의 꽃말은 '이룰 수 없는 사랑'이다. 잎과 꽃이 만나지 못하여 서로 그리워한다는 뜻을 가진 상사화는 수선화과에 딸린 여러해살이풀이다. 상사화는 영어로는 Resurrection lily, Magic lily, 또는 Surprise lily로 부르며, 학명은 Lycoris squamigera이다. 농촌진흥청 국립원예특작과학원의 자료에 의하면, 봄이 되면 먼저 나온 잎이 땅속에 있는 알뿌리에 꽃대를 만들기 위해서 광합성 등 자신이 할 수 있는 일을 다하는데, 꽃눈이 만들어지면 그제야 잎은 떨어진다. 화려한 꽃의 탄생의 이면에는 잎의 숭고한 노력이 숨어있다. 봄에 잎이 먼저 나오는 것은 상사화이고, 가을에 잎이 나오는 것은 꽃무릇이다. 상사화는 색이 다양한 반면, 꽃무릇은 짙은 선홍색 한 가지뿐이다. 백양상사화, 제주상사화, 진노랑상사화 등 한국에서 자생하는 상사화도 여럿 있다. 특히 전북 위도에서만 볼 수 있는 위도상사화[Lycoris uydoensis M. Kim]는 세계에서 유일하게 흰색 꽃이 핀다. 전북대학교 김무열 교수팀이 발견하였고 한국도로공사 수목원(전북 전주시 반월동)에 가면 위도상사화와 진노랑상사화를 볼 수 있다.

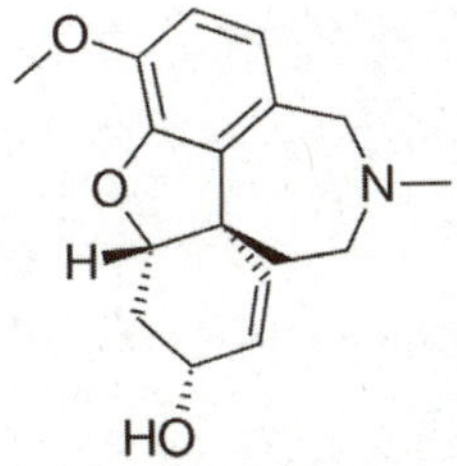

갈란타민
https://en.wikipedia.org/wiki/Galantamine

고창 선운사나 영광 불갑사에 가면 상사화 축제를 즐길 수 있다. 상사화 축제는 매년 9월에 열린다. 상사화 뿌리를 사찰의 단청이나 탱화에 바르면 방부제 역할을 하여 좀이 슬거나 벌레가 꾀지 않는다. 상사화 뿌리가 가신 독성을 활용하는 것이다. 또한 이 뿌리에 있는 여러 가지 성분들은 거담, 이뇨, 해독 등의 다양한 효능을 지녀 한방에서 약재로 사용된다. 동의보감에 의하면 상사화는 음기를 강하게 하고 정력을 돋우며 안면의 혈색을 곱게 한다고 한다. 그러나 독성이 강하기 때문에 전문가의 처방 없이 사용하는 것은 위험하다. 상사화에는 갈란타민Galanthamine이라는 알칼로이드도 들어 있다. 갈란타민은 근무력증, 근육위축병, 인지장애, 행동장애 등의 치료와 알츠하이병의 치료에도 사용된다. 또한 콜린에스테라제Cholinesterase를 억제하는 기능도 있으며 신경계에서 신호전달물질로 작용하는 아세틸콜린Acetylcholine의 분비를 촉진하기도 한다.

소크라테스

일생을 철학의 제문제에 관한 토론으로 일관하여 서양 철학의 창시자로 평가받는 인물이 있다. 바로 고대 그리스의 소크라테스Socrates(470~399 BCE)이다. 그는 단 한 권의 저서도 남긴 바 없지만, 흔히 공자, 석가, 예수와 함께 세계 4대 성인으로 불린다. 소크라테스는 평생 세 번에 걸쳐 다른 나라와의 전쟁에 참전하기도 하였다. 나라가 정한 신들을 인

독미나리
https://en.wikipedia.org/wiki/Coniine

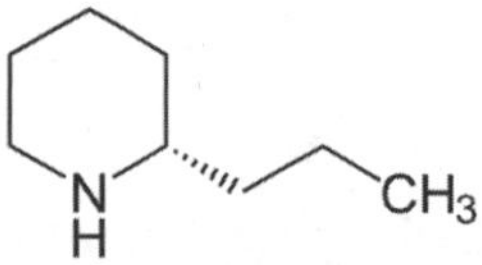

코닌
https://en.wikipedia.org/wiki/Coniine

정하지 않은 죄와 청년들을 타락시켰다는 죄목으로 체포된 그는 "악법도 법이다."라는 말을 남긴 후 사약을 마시고 생을 마감하였다. 이것은 소크라테스의 제자였고 아리스토텔레스의 스승이었던 플라톤Plato(c.428~c.348 BCE)이 "철학을 통해서만 인류의 구원이 가능하다."는 깨달음을 얻은 사건이었다. 소크라테스가 마신 독배는 독미나리[Poison hemlock]로 만든 것이었는데, 그 속에는 코닌Coniine이라는 독성을 가진 화합물이 들어 있다. 코닌은 분자량이 $C_8H_{17}N$인 피페리딘계의 알칼로이드이며, 심장 박동과 호흡을 정지시켜 죽음에 이르게 하는 신경독소[Neurotoxin]이다. 200밀리그램의 양만으로도 사람에게 치명적일 수 있다. 코닌은 미국 남동부에 분포하는 사라세니아플라바(Sarracenia flava, Yellow pitcher plant)라는 식충식물에도 들어 있다. 길쭉한 물주전자처럼 생긴 이 식물은 설탕과 코닌의 혼합물로 파리 같은 곤충을 유인하여 잡아먹는다.

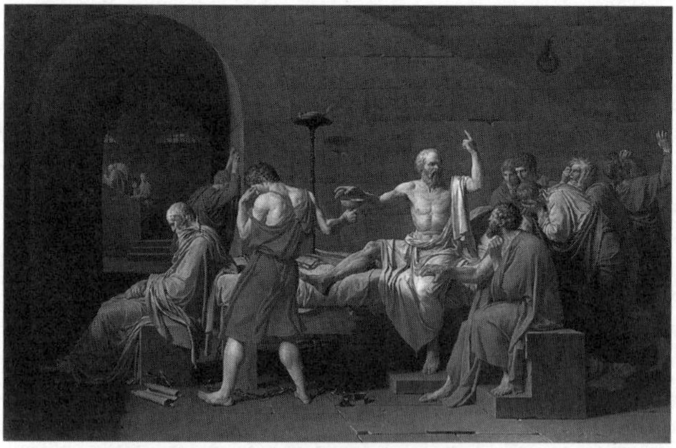

소크라테스의 죽음(데이비드 작, 1787)
https://en.wikipedia.org/wiki/Socrates

양귀비와 우미인

양귀비의 덜 익은 꼬투리를 긁어서 상처를 내면 유액이 나온다. 이것을 말려 채취한 것이 아편이다.
https://en.wikipedia.org/wiki/Opium

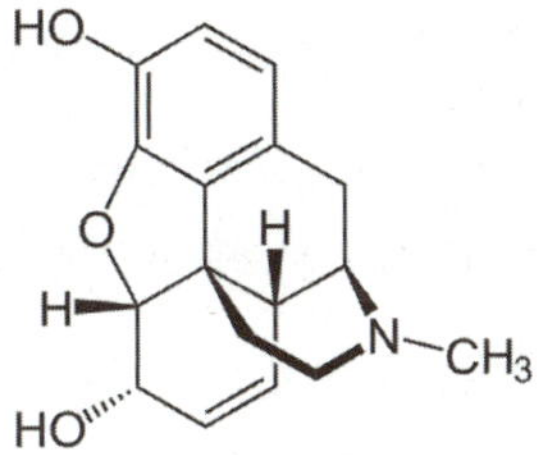

모르핀
https://en.wikipedia.org/wiki/Morphine

1841년 영국과 청나라 사이에 아편을 빌미로 벌어진 아편전쟁이 영국의 승리로 끝나면서 영국은 홍콩을 취하였는데 홍콩은 1997년 중국에 주권이 양도되기까지 무려 156년 동안 영국령으로 존재했다. 아편은 1949년까지 거의 100년 동안 수많은 중국인들을 중독의 늪에 빠져들게 했다. 중국의 근대사와 현대사에서 빼놓을 수 없는 아편은 무엇인가? 아편(阿片, Opium)은 양귀비[Opium poppy]의 덜 익은 꼬투리에서 흘러나온 유액을 말려 채취한다. 황갈색 또는 암갈색으로 얻어지며 특이한 냄새가 나고 쓴맛이 있다. 여기에는 다양한 알칼로이드가 들어있어서 진통제, 진정제 등으로 사용된다. 그중에는 중독성의 부작용 때문에 극심한 고통을 겪는 암 환자 같이 특별한 경우에만 사용되는 모르핀Morphine이 있다. 모르핀은 분자식이 $C_{17}H_{19}NO_3$이며 2개의 히드록시기(OH 작용기)가 있고 5중 고리로 구성되어 있는 알칼로이드로서 중독되면 심신이 파괴되는 마약이지만 진통제로 쓰일 경우 중추신경계에 직접 작용하여 고통을 줄여주는 역할을 한다. 모르핀은 이것이 졸음을 유발하는 특성을 보이는데 착안하여 고대 그리스의 꿈의 신 모르페우스Morpheus에서 따온 말이다. 기원전 3,000년경 수메르의 점토판에 양귀비를 재배하였다는 기록이 남아있는 것으로 보아 인류는 5,000년 이전부터 아편을 사용하여 왔음을 알 수 있다. 1804년에는 독일의 화학자 제르튀르너Friedrich Serturner(1783~1841)가 아편에서 모르핀을 분리하였다. 모르핀과 구조가 유사한 아편 알칼로이드[Opium alkaloids] 중 대표적인 것으로는 코데인Codeine, 헤로인Heroin, 테베인Thebaine, 파파베린Papaverine, 나르코틴Narcotine, 나르세인Narceine 등이 있다.

꽃양귀비
(2018년 5월, 전주 삼천(三川)에서 저자 촬영)

양귀비楊貴妃(719~756년)는 중국 당나라 현종의 여인이었다. 경국지색이라는 말은 그녀의 아름다움에 대한 최대의 찬사이다. 마약의 일종인 아편을 만드는 데 쓰는 아편의 꽃[앵속]은 자태가 양귀비에 비할 정도로 아름답다고 하여 양귀비꽃이라 불렀다. 우리나라에서는 재배하는 것이 법으로 금지되어 있으나 관상용으로는 꽃양귀비가 있다. 꽃양귀비는 중국의 초패왕 항우(232~202 BCE)의 여인이었던 절세가인 우미인虞美人이 자결한 뒤 무덤에서 피어났다 해서 우미인초로도 잘 알려져 있다. 사면초가에 몰린 항우가 우미인의 안전을 걱정하며 불렀다는 해하가垓下歌를 부르면 우미인초는 지금도 흐느끼는 듯 하늘거린다고 한다.

오피오이드Opioid가 커다란 사회문제로 대두되고 있다. 오피오이드란 아편, 헤로인 등과 유사한 작용을 하는 마약 유사 물질을 말한다. 미국이 오피오이드 때문에 휘청거리고 있다. 기존의 진통제로는 효과가 없다고 판단되는 경우에는 오피오이드를 처방받을 수 있기 때문이다. 합법적인 마약인 셈이다. 현재 200만 명 이상이 오피오이드에 의존하고 있으며, 2015년 마약 또는 마약성 진통제에 의한 약물 중독으로 약 5만 2400명이 사망하였다. 2017년 8월 미국 정부는 전염병처럼 번지는 오피오이드 중독에 대한 국가비상사태를 선언하였다.

4
좀비 바이러스

못 말리는 좀비들 / 별난 좀비들 / 무시무시한 좀비들 / 좀비 바이러스의 부활

못 말리는 좀비들

십인십색十人十色이라는 말이 있다. 사람의 모습이나 생각이 저마다 다름을 이르는 말이다. 그게 어디 사람뿐인가! 세상에 존재하는 모든 것은 각자 고유한 성질을 지닌다. 때로는 상상 밖의 존재로 부활하기도 한다. 좀비도 예외는 아니다. 2016년에 매드 티브이MAD TV가 선정한 최악의 좀비를 만나보자. 10위부터 6위에 오른 것은 일반적인 좀비, 달리는 좀비, 감염된 동물, 스토커, 스피터이다. 일반적인 좀비란 좀비 바이러스에 감염된 좀비를 말한다. 피에 굶주려 있어서 공격적인 행동을 하고 떼로 몰려다니며 비상식적인 행동을 한다. 이 좀비는 강하지만 느리다. 달리는 좀비는 지치지 않고 빠르게 달릴 수 있어서 위협적이다. 감염된 동물이란 좀비 바이러스에 감염되어 탄생한 좀비를 말한다. 양성이 극대화되어 위협적이다. 스토커란 네 발로 재빠르게 이동하는 좀비이며 스피터는 입에서 독성 및 감염성 액체를 발사할 수 있는 좀비이다. 5위부터 1위는 저주받은 좀비, 폭발 좀비, 사이버 좀비, 방사능 좀비, 그리고 데몬 좀비가 차지했다. 저주받은 좀비는 흑마법을 부릴 수 있으며 다른 좀비들을 노예로 부릴 수 있다. 폭발 좀비는 폭발력이 있는 좀비로서 가까운 거리에서 더 위협적이다. 사이버 좀비는 나노 로봇을 말하며 살상 능력이 뛰어나다. 방사능 좀비는 방사능 물질이 체내에 축적되어 있는 좀비로 감염시키는 능력은 없지만 방사능이 대단히 위협적이다. 데몬 좀비는 악마의 형상을 한 변형 좀비이

다. 초자연 현상에 의해 만들어진 존재이다. 믿거나 말거나 상상과 현실을 넘나드는 좀비의 존재를 생각하면 소름이 돋는다.

같은 해에 버슬(bustle.com)도 서늘한 밤을 보내기에 안성맞춤인 좀비 영화와 TV 쇼를 소개하였다. 〈데드 스노우〉(Dead Snow)는 눈 덮인 겨울 산을 배경으로 전개되는 영화(제작: IFC films, 미국)이다. 가파른 경사면을 스노보드로 내달리는 사람들. 타이어 썰매를 타며 즐거워하는 커플. 이들이 좀비로 부활한 나치Nazi의 공격을 받게 되는데…. 〈벙크〉(Bunks)는 여름 캠프에 나타난 좀비를 그리고 있다. 여기서는 좀비가 브레이크 댄스를 춘다. 영화 〈라자루스〉(The Lazarus Effect)에는 개가 좀비로 등장한다. 그 개에 물려 좀비가 된 여자 주인공의 운명은 어떻게 될까? 그리고 혹한의 북극에 좀비가 어떻게 나타날 수 있을까 궁금하다면 〈헬릭스〉(Helix) 가 있다. 〈줌비〉(Zoombies)는 침팬지 좀비가 선사하는 공포물(Cheesy horror movie)이다. 아주 특별한 동물원으로 떠나보자. 마지막으로 소개하는 것은 〈좀비버〉(Zombeavers)이다. 자연을 즐기기 위해 숲을 찾은 남녀들. 귀여운 비버가 좀비라니! 발달된 물갈퀴, 예민한 후각과 청각을 가진 비버는 가공할 앞니를 가지고 있다. 어떤 결말로 이어질까?

버슬이 소개한 좀비들

- The Walking Dead
- Dead Snow
- Dead Set
- Z Nation
- Bunks
- iZombie
- Pandemic
- Mummy, I'm A Zombie
- Dead Within
- The Returned
- Pontypool
- The Lazarus Effect
- Helix
- Zoomies
- The Horde
- Penny Dreadful
- Gallowwalkers
- Wyrmwood: Road Of The Dead
- Zombeavers

https://www.bustle.com/articles/183294-19-zombie-movies-tv-shows-you-can-watch-on-netflix-for-a-night-of-scares

별난 좀비들

2017년 5월 9일은 제19대 대통령 선거가 있었던 날이다. 대통령 탄핵이라는 사상 초유의 사태로 인해 5자 대결 구도로 치러지는 조기대선이었다. 선거 나흘 전인 5월 5일, 정치권에서 중요한 이슈로 부상한 것이 있었다. 이른바 '가짜 뉴스'에 관한 것이었다. 한쪽이 상대편을 쓰러뜨리기 위해 허위 사실을 실제 언론 보도인 것처럼 위장해 퍼뜨리고 있었다. 이러한 가짜 뉴스는 조기대선이 확실시된 직후부터 확산되고 있었다. 잘못에 대한 사과를 하고 정정 보도를 하고 기사를 삭제한 이후에도 다시 살아 어느 한쪽이 피해를 입는 상황이 벌어졌다. 그 좀비 뉴스는 이미 죽은 것으로 판명이 났음에도 불구하고 부활하여 온라인상을 돌아다녔다. 결국 대부분의 사람들은 진짜 뉴스도 신뢰하지 못하는 등 심각한 혼란을 야기하였다. 한국경제연구원은 좀비 뉴스에 따른 경제적 비용이 연간 30조 원에 달한다고 발표하였다. 이에 대한 여러 방안이 나왔지만 어떤 법적인 조치나 기술적인 조치도 완전한 해결책이 될 수는 없다. 한번 내뱉은 말은 주워 담을 수 없다.

값싸고 쓸모 있는 상품들을 파는 점포들이 성업 중이다. 이 많은 것들은 대체 어디서 온 것일까? 세계의 공장으로 불리는 중국에서 왔다는 것을 모르는 사람은 없을 것이다. 중국은 소비자들의 다양한 욕구를 충족시키며 엄청난 제품을 전 세계에 공급해오고 있다. 그런데 공급과잉이라는 문제가 발생하였다. 공급과잉은 제철 등 다른 분야에서도 나타났다. 이것은 귀신보다 더 무서운 존재로 부각되었다. 영국의 『이코노미스트』(The Economist)는 이 현상을 '좀비들의 행진'이라는 제목으로 기사화하였다. 중국뿐만 아니라 전 세계의 문젯거리가 되고 있는 것이다.

세계 최대의 인구를 가진 중국은 지난 25년간 7퍼센트 이상의 고도성장을 구가하면서 세계 1위의 경제대국이 되었다. 2008년은 중국이 베이징 올림픽을 통해 위상을 널리 알리는 계기가 되었지만 한편으로는 2007년에 발생한 미국의 서브프라임 모기지[Subprime mortgage] 사태에 따른 세계 금융위기로 수출주도형 경제성장 방식을 더 이상 고수할 수 없게 된 시기이기도 했다. 그 후 중국의 경제 성장률은 꾸준히 하락하였고 2016년에는 '바오7'(保七, 경제 성장률 7퍼센트대를 지킨다)이 붕괴되었다. 이러한 환경에서 중국은 철강, 건축,

무역 분야 등에서 수많은 좀비기업을 양산하였다. 최근 중국은 2013년부터 시작된 산업 구조조정 정책의 일환으로 경쟁력이 없는 좀비기업을 퇴출시키기 시작했으며 좀비 국유 기업 퇴출에도 속도를 내고 있다. 일본의 경우에도 잃어버린 20년 장기 침체를 겪은 것이 버블 붕괴 이후 1990년대에 좀비기업을 제대로 정리하지 못했기 때문이라고 한다. 최근 좀비기업을 없앤 일본이 달라지고 있다는 기사가 자주 등장하고 있다. 우리나라는 예외일까? 글로벌 경제 체제 하에서 남의 불행은 나의 행복이 아니다. 산업연구원에 따르면 2015년 우리나라의 좀비기업(한계기업으로 표현)은 전체 기업의 12.7퍼센트에 달한다고 한다. 밑 빠진 독 '좀비기업'이 경제의 발목을 잡고 있다.

미국의 정보기술 연구 및 자문회사인 가트너Gartner는 2016년 전 세계 스마트폰 판매량이 15억 대에 육박하였다고 발표하였다. 스마트폰은 유익하지만 독이 되기도 한다. 특히 스마트폰 중독이 사회적으로 문제화된 지는 이미 오래 전의 이야기이다. 스마트폰에 정신이 팔린 채 길을 걷는 사람들이 많아졌다. 이런 이유로 보행 중 자동차 사고가 늘어나고 있는 추세이다. 이러한 풍속도를 반영하듯 '스몸비Smombie'란 말이 생겨났다. 스몸비란 스마트폰과 좀비의 합성어로서 스마트폰을 사용하면서 걷는 사람을 뜻한다. 스웨덴의 스톡홀름에는 스몸비에 주의하라는 교통 표지판이 도로에 세워져 있다. 미국에서는 횡단보도에서 일어나는 교통사고를 줄이기 위해 스마트폰 등을 보면서 길을 건너면 벌금을 부과하는 법안이 통과되기도 했다. 우리나라의 경우 스마트폰 가입자가 4천만 명을 넘어섰다. 이에 따라 스마트폰 관련 교통사고도 급증하고 있는데 스마트폰을 사용하면서 주의를 기울이지 않고 빨간 불에 도로를 건너다 교통사고를 당하면 보행자의 책임이 100퍼센트라는 법원의 판결도 나왔다. 미국 하와이에서는 스마트폰을 보면서 도로를 횡단할 경우 최고 100달러에 달하는 벌금을 내야 한다. 이를 위해 '산만한 보행 금지법'이 제정되어 2017년 10월 25일부터 시행되었다.

무시무시한 좀비들

키클롭스
https://en.wikipedia.org/wiki/Polyphemus

다시 무서운 존재들을 찾아 떠나보자. 2010년에 영국의 가디언[The Guardian]이 선정한 것들을 무작위로 소개한다. 첫 번째는 한번 쳐다보는 것만으로도 죽음을 부르는 힘을 가지고 있다는 존재이다. 이것은 유럽의 우화와 전설에 나오는데 뱀처럼 생긴 '바실리스크Basilisk'라 부르는 괴물이다. 두 번째는 노르웨이와 그린란드 해안에 나타난다고 하는 전설적인 괴물이다. 이것은 거대한 오징어를 닮은 '크라켄Kraken'이다. 세 번째는 원래 노예로 태어났으나 점차 무시무시한 존재로 진화한 괴물이다. 이것은 크툴루 신화에 나오는 '쇼고트Shoggoth'이다. 네 번째는 곰의 모습을 하고 두 발로 걷는 괴물인데 아래턱이 더 나왔고 이빨 두 개가 위로 향하고 있는 '그루팔로Gruffalo'이다. 영국의 여류 작가 도날드슨Julia Donaldson이 쓴 아동 도서로 유명하다. 다섯 번째는 톨킨John R. R. Tolkien(1892~1973)이 지은 판타지 소설 『반지의 제왕』(LotR, The Lord of the Rings)속 '발로그Balrog'이다. 무시무시한 이 놈의 활약으로 LotR은 20세기의 가장 영향력 있는 도서로 선정되었다. 여섯 번째는 스티븐 킹Stephen King이 창조한 『그것』(It)인데 페니와이즈[Pennywise the Dancing Clown]로 잘 알려져 있다. '그것'은 하수구에서 나타난다. 풍선을 들고 있는 어릿광대가 무시무시한 괴물이라니. 공포 호러 영화 〈그것〉은 2017년 9월 국내에 개봉되었다. 아이들이 사라졌다. '그것'이 나타났다. 형이 만들어 준 종이배가 빗물에 휩쓸려 하수구로 빨려 들어가고, 하수구 안을 들여다 본 동생이 본 것은 무엇이었을까? 마지막으로 소개한 것은 외눈박이 거인족 '키클롭스Cyclops'이다. 키클롭스는 헤시오도스의 『신들의 계보』에서는 키클롭스 삼형제로, 호메로스의 『오디세이아』에는 폴리페모스라는 이름으로 등장한다.

그리스 신화에 나오는 키클롭스는 포세이돈과 투사로부터 태어났다. 폴리페모스는 그 중에서도 가장 유명한 거인이다. 그는 바다의 요정 갈라테이아를 사랑하였다. 그런데 갈

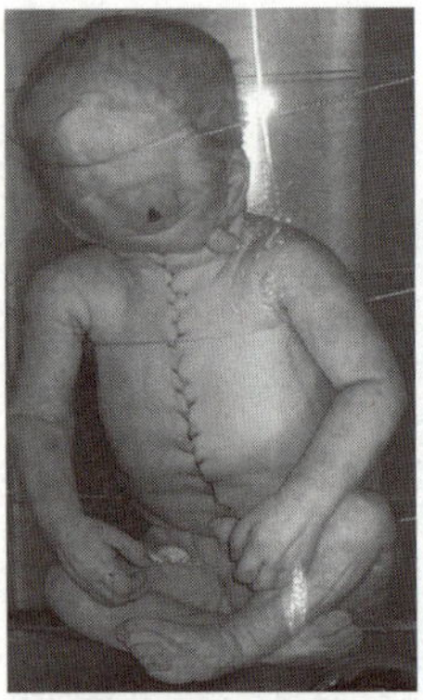
단안증을 가지고 태어난 아기
https://en.wikipedia.org/wiki/Cyclopia

라테이아에게는 사랑하는 연인 아키스가 있었다. 이 사실을 알고 분노가 치밀어 오른 폴리페모스는 바위를 들어 아키스를 죽이고 말았다. 맹목적으로 그녀를 짝사랑했던 외눈박이 거인은 트로이 전쟁의 영웅 오디세우스에게 눈을 찔려 앞을 볼 수 없게 되었다. 키클롭스는 신화나 전설 속에서만 존재하는가? 2017년 5월, 인도의 아쌈주에서 눈이 하나 뿐인 키클롭스 흑염소가 태어나 많은 사람들에게 충격을 주었다. 단안증 고양이와 단안증[Cyclopia] 망아지가 태어났다는 기록도 있다. 2006년에는 이마에 눈이 한 개만 달린 단안증 아기가 태어났다. 유감스럽게도 그 아이는 태어난 지 하루 만에 죽고 말았다. 1793년에도 스웨덴에서 단안증 아기가 태어났으나 태어난 지 단 2시간 만에 사망하였다. 단안증은 유전적 결손 또는 독성물질에 의해 전뇌 분할 과정이 잘못되어 일어난다. 희귀질병이지만 기형을 유발하는 알칼로이드 독성물질이 들어 있는 식물을 섭취해도 나타날 수 있으므로 주의할 필요가 있다. 단안증 아기는 알콜 중독 또는 당뇨병을 앓고 있는 엄마에게서도 태어날 가능성이 있다.

좀비 바이러스의 부활

오랜 기간 동안 유목민의 땅이었던 곳. 사하로프, 솔제니친 등 수많은 반체제 인사들이 유배를 갔던 공포의 땅. 오늘날 러시아 전체 면적의 과반을 차지하는 동토. 바로 시베리아이다. 이 잠자는 땅에서 무려 3만 년 동안이나 잠들어 있던 무시무시한 바이러스가 부활하였다. 피토바이러스[Pithovirus sibericum]라고 부르는 이 바이러스는 시베리아 영구 동토층의 30미터 아래에 휴면 상태로 있다가 지상으로 올라왔다. 프랑스 엑스-마르세유 대학교 진화생물학자인 클라베리Jean-Michel Claverie와 아베르겔Chantal Abergel이 발견한 이 바이러스는 길이가 1.5밀리미터로서 현미경으로 볼 수 있을 정도로 매우 크다. 대표적인 단세포 생물인 아메바를 공격하는 것으로 밝혀졌다. 피토바이러스는 500개 이상의 유전자를 가지고 있으며 작은 박테리아와 견줄 정도로 큰 거대 바이러스이다. 2013년에는 판도라바이러스Pandoravirus가 발견되어 과학저널 사이언스에 보고된 바 있다. 이 바이러스는 게놈 크기가 가장 큰 거대 바이러스로 밝혀졌다. 라이브사이언스livescience에 의하면 영구동토층이 녹으면서 75년 된 치명적인 탄저균[Bacillus anthracis] 포자가 다시 세상 밖으로 나왔다고 한다. 그 결과 약 2,000마리의 순록이 죽고 13명의 시베리아 사람들이 감염되었다. 세계에서 가장 추운 지역인 시베리아가 변하고 있다. 지구 온난화로 인해 영구 동토층이 줄어들고 있는 것이다. 땅속 깊이 잠들어 있던 바이러스가 다시 살아난다면 어떤 일들이 벌어질까?

동결된 질병의 부활

2016년 8월 북극권의 시베리아 툰드라에서 탄저병에 감염된 소년 한 명이 죽고 20명이 병원에서 치료를 받는 사건이 발생하였다.
75년 전에 탄저병에 감염된 순록이 죽은 후 영구동토층에 묻혔었다.
영구동토층이 녹으면서 그 속에 갇혀 잠자던 바이러스가 부활하였고,
근처에서 풀을 뜯던 순록 2,000여 마리가 탄저병에 감염되었고 사람에게도 전파되었다.
지구 온난화에 따라 영구동토층이 녹게 되면 오랫동안 잠자던 박테리아와 바이러스들이 부활하여 재앙을 초래할 수 있다.

http://www.bbc.com/earth/story/20170504-there-are-diseases-hidden-in-ice-and-they-are-waking-up

5
코디셉스

좀비 개미 / 코디셉스 / 코디세핀

좀비 개미

좀비가 실제로 존재할까? 자연의 세계에는 상상할 수 없는 일들이 수없이 일어나고 있다. 좀비는 더 이상 소설이나 영화 속의 이야기가 아니다. 우리가 몰랐던 다양한 좀비들이 세상 밖으로 걸어나오고 있다.

쥐며느리[Pill bug]는 위기 상황에서 죽은 시늉을 하거나 공처럼 몸을 말아 자신을 방어한다. 공벌레라고도 부른다. 한편, 찌르레기[Starling]의 장관腸管에는 구두충[Acanthocephalon]이 살고 있다. 새똥과 함께 새의 몸에서 세상 밖으로 나온 구두충은 새로운 거처를 찾는다. 구두충은 새똥을 좋아하는 쥐며느리의 몸속으로 손쉽게 들어갈 수 있다. 구두충은 쥐며느리의 뇌를 장악하고 쥐며느리가 비정상적인 행동을 하도록 유도한다. 구두충의 명령대로 움직이는 쥐며느리는 은신처를 나와 새의 눈에 띄는 행동을 한다. 새의 먹잇감이 되는 것이다. 구두충은 다시 새의 몸 안으로 들어와서 한동안 지낸다.

몸을 단단한 껍데기로 무장한 게도 좀비가 될 수 있다니! 게의 몸속에 침투하여 게를 지배하는 것이 있다. 주인공은 바로 따개비[Barnacle]이다. 따개비의 알을 품은 게는 더이상 게가 아니다. 따개비의 알을 키우는 무기력한 좀비일 뿐이다.

바퀴벌레도 말벌 앞에서는 무사할 수 없다. 2억 년 전부터 지구상에 존재했으며 음식을 먹지 않고도 몇 주일간 버틸 수 있는 바퀴벌레도 이 상황에서는 무력하기만 하다.

2007년에 리버셋Frederic Libersat 등이 과학저널『네이처』에 발표한 논문에 따르면, 암풀렉스 콤프레사Ampulex compressa라는 말벌[Wasp]은 독침으로 바퀴벌레를 좀비로 만든다. 좀비가 된 바퀴벌레는 걸을 수는 있으나 스스로의 의지로 걷는 것은 불가능하게 된다. 말벌의 침이 바퀴벌레의 신경전달물질인 옥토파민Octopamine을 차단시켜 말벌의 뜻대로 움직이는 좀비가 된 것이다. 말벌은 자신의 집으로 끌려온 바퀴벌레의 배에다 알을 낳는다. 알에서 부화한 애벌레는 신선한 바퀴벌레를 먹으며 성장한다. 바퀴벌레의 입장에서 보면 끔찍한 살생으로 이어지는 좀비 호러 드라마이지만, 다른 한편으로 말벌의 입장에서 보면 지독한 모성애를 보여주는 다큐드라마이다. 말벌의 무시무시한 능력은 거미에게도 발휘된다. 말벌은 거미의 몸에다 알을 낳는다. 알에서 모습을 바꾼 말벌의 애벌레는 거미를 장악하여 좀비로 만든다.

그 밖에 벌, 나방, 달팽이, 메뚜기, 무당벌레 등도 좀비 신세가 될 수 있다. 이들 곤충에 대한 스토리는 2012년 9월 라이브사이언스LiveScience와 2013년 3월 리스트버스Listverse에 소개되었다.

좀비 개미도 있다. 개미를 좀비로 만든 것은 무엇일까? 그것은 동물이 아닌 식물, 바로 곰팡이인데 곰팡이에 의해 좀비가 된 개미는 어떤 운명을 맞이할까? 개미에 기생하는 것은 오피오코디셉스Opiocordyceps 또는 간단히 말해서 코디셉스Cordyceps이다. 코디셉스는 개미의 중추신경계에 영향을 미치는데 이것은 숙주인 목수개미[Carpenter ant]에게 포자를 떨어뜨려 전염시킨 후에 무리 밖으로 나와 죽도록 조종한다. 전염된 개미는 무리에서 떨어져 나와 나뭇잎의 아랫면에 달라붙어 죽는다. 개미를 장악한 코디셉스는 개미의 몸에서 겨울을 지낸 후 이듬해 개미의 몸에서 자라 나온다.

좀비 개미가 되는 과정

열대우림 등에서 먹이를 찾아다니던 개미가 곰팡이의 포자에 감염된다.
포자는 효소를 이용하여 개미의 몸을 뚫고 들어간다.
개미는 무리를 떠나 곰팡이가 자라기에 적당한 곳으로 이동한다.
곰팡이는 개미의 몸 안에서 개미의 장기를 소모하면서 머리의 뒷부분에서 자라 나온다.
다 자란 곰팡이는 다시 포자를 퍼뜨려 주변에 있는 새로운 개미를 공격한다.

https://microbewiki.kenyon.edu/index.php/File:Howtomakeazombieant.JPG

코디셉스

겨울에는 곤충이던 것이 이듬해 여름이 되면 약초로 변신하는 것이 있다. 이것은 한때 불로장생不老長生의 묘약으로 알려지기도 했다. 1990년대 초 세계 여자 육상계에 혜성처럼 등장한 중국의 마군단이 이것을 복용했다 해서 주목을 받은 적도 있다. 이것은 프랑스의 유명 작가 베르나르 베르베르Bernard Werber의 소설 『개미』(Les Fourmis)에서도 언급되었는데 바로 코디셉스Cordyceps이다. 동충하초冬蟲夏草라고도 부른다. 원래 동충하초라는 말은 겨울엔 벌레, 여름엔 풀[Winter worm, summer grass]이라는 뜻의 티베트어에서 유래하였다. 코디셉스는 곤충 또는 절지동물의 몸속으로 들어가 겨울을 나고 여름에 성장하는 버섯이다. 티베트고원과 히말라야 고지대의 풀밭 또는 관목 숲의 땅속에 있는 애벌레들은 코디셉스에 감염되기 쉽다. 감염이 되면 이들은 머리를 위로 향한 채 몸이 굳으면서 생을 마감한다. 땅속 숙주의 몸에서 겨울을 지낸 균은 숙주의 몸으로부터 자라나 세상 밖으로 나온다.

코디셉스에 관한 가장 대표적인 근거로는 15세기 티베트 문서에 최초의 기록이 남아 있는 코디셉스 시넨시스Cordyceps sinensis가 있다. 코디셉스는 티베트에서는 'Yartsa gunbu'(겨울엔 벌레, 여름엔 풀이란 뜻)라 부른다. 킬로그램 당 2만 내지 4만 달러에 판매되는 소위 '황금 벌레[Golden worm]'이다. 히말라야의 5월은 눈이 산 정상으로 물러가는 계절이다. 풀이 자라기 시작하면 산 아래에 머물던 유목민들은 야크와 염소를 끌고 고지대로 이동한다. 여름이 되면 코디셉스의 포자는 바람에 날려 다니며 박쥐 나방[Ghost moth]의 애벌레 같은 숙주를 찾는다. 코디셉스에 감염된 숙주는 동면하기 위해 땅속에 들어간 후에 죽음을 맞이한다.

겨울이 되면 숙주의 몸은 꽁꽁 얼어붙는다. 이듬에 봄이 되면 코디셉스 균은 잠에서 깨어나 숙주의 몸 전체로 퍼져 나간다. 그리고 숙주의 머리를 뚫고 세상 밖으로 나온다. 티베트에서 '골드 러쉬Gold rush'가 시작되는 계절이 온 것이다. 히말라야는 정력제, 항암제로 알려진 코디셉스를 찾아 나선 사람들로 뒤덮인다. 2017년 부탄의 동충하초 경매시장에서는 코디셉스가 킬로그램당 4천7백만 원에 팔린 기록도 있다. 코디셉스는 피로회복과 정력에도 좋아서 히말라야의 비아그라로 불린다. 저혈당에도 좋으며 면역력도 키워준다. 신장, 간, 폐, 그리고 심장 질환은 물론이고 고혈당, 고지혈증, 부정맥에도 도움을 준다. 코디셉스는 기적의 식품이자 만병통치약인 셈이다.

미국 펜실베니아 주립 대학교의 곤충학자 휴스David P. Hughes 등에 의하면, 코디셉스는 개미의 뇌 속 중추신경계를 장악한다. 마음을 탈취당한 좀비 개미는 코디셉스가 지시하는 곳으로 이동한다. 이곳은 코디셉스가 살기에 적당한 온도와 습도가 유지되는 곳이다. 개미는 아래턱뼈로 잎맥을 물어 스스로를 고정시킨 후에 생을 마감한다. 코디셉스는 좀비 개미의 머리를 뚫고 나와 성장한다. 개미는 질병의 확산을 줄이려는 집단 면역력을 가지고 있기 때문에 무리 밖에서 번식 활동을 한다. 코디셉스는 감염된 개미가 무리로부터 가까운 곳에서 죽기 때문에 새로운 희생양을 쉽게 구할 수 있다.

코디셉스의 효능

- 원기를 돋운다.
- 심혈관계 질환을 막아준다.
- 콜레스테롤 수치의 균형을 잡아준다.
- 호흡기능을 조절해준다.
- 면역 체계를 강화시켜준다.
- 노화 방지 효과를 갖고 있다.
- 성기능 개선 효과를 보인다.
- 신장 기능을 강화시켜준다.
- 항암 효과도 있다.

https://www.organicfacts.net/health-benefits/other/cordyceps.html

코디세핀

진시황이 불로장생을 염원해서 찾아낸 불로초는? 중국의 삼대 보약 중 하나인 것은? 금보다 더 비싼 버섯은? 바로 코디셉스 즉 동충하초冬蟲夏草이다. 충초虫草라고도 부른다. 히말라야에 사는 사람들에게 막대한 부를 안겨주고 있는 코디셉스 속에는 코디세핀(Cordycepin, 충초소, 虫草素)이라는 특별한 화학 물질이 들어 있다. 코디세핀은 미국 식품의약국[FDA]이 백혈병 치료제로 승인했을 정도로 주목을 받고 있는 물질이다. 코디세핀은 아데노신의 3'위치에 있는 히드록시기[-OH]가 없는 형태의 뉴클레오사이드 아데노신, 다시 말하면 3'-디옥시아데노신을 부르는 이름이다. 뉴클레오사이드란 5각형의 당과 염기가 *N*-글리코사이드 결합을 이룬 화합물을 말한다. 코디세핀은 코디셉스 밀리타리스 Cordyceps militaris에서 추출되었으나 지금은 합성되고 있는데 세계적인 화학 물질 공급회사인 시그마알드리치에서 100밀리그램에 119만 5천원에 판매되고 있을 정도로 가격이 매우 비싸다(2018년 3월 기준).

코디셉스는 피로회복과 정력 강화는 물론이고 면역력 강화, 항산화, 항종양, 항고혈당 등 다양한 효능이 있다고 알려져 있다. 신이 내린 곰팡이라 불리는 코디셉스에 대한 열풍이 불면서 점차 많은 사람들이 히말라야를 오르기 시작했다. 그 결과 머지않아 코디셉스를 더 이상 볼 수 없을 것이라는 예측이 나오기 시작했다. 이에 대한 묘안은 무엇일까? 산삼을 인공배양 하듯이 코디셉스를 인공적으로 대량 배양하는 것이다. 국내에서도 새로운 균주를 찾고 인공적으로 재배하는 연구가 이루어지고 있다. 칭하이춘텐青海春天은 중국의 대표적인 동충하초 기업이다.

코디세핀

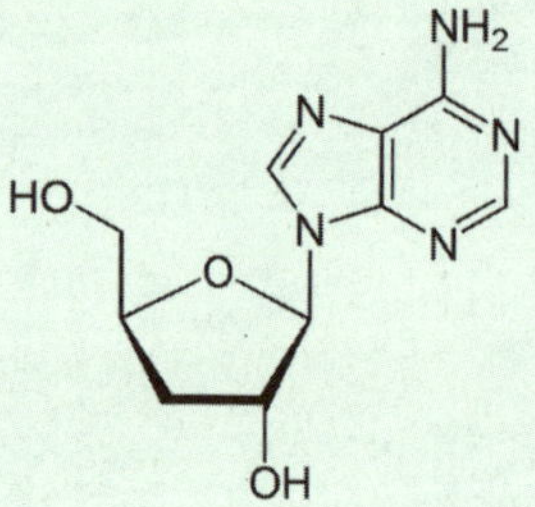

뉴클레오사이드인 아데노신의 유도체이다.
3'–디옥시아데노신이다.
분자식은 $C_{10}H_{13}N_5O_3$이다.
아데노신의 5탄당인 리보스 부분의 3' 위치에 있는 OH 기가 떨어져 나간 구조를 하고 있다.
코디셉스[Cordyceps militaris]에서 처음 추출되었다.
인공적으로 합성이 되었다.

https://en.wikipedia.org/wiki/Cordycepin

상상을 더하다 7

- 좀비 -

1. 왜 좀비의 욕구는 사람을 먹는 것으로만 나타날까?

2. 좀비는 같은 좀비끼리는 공격하지 않는다. 어떻게 서로를 알아보는 것일까?

3. 좀비도 배고픔을 느낄까?

4. 좀비도 감정을 가질 수 있을까?(예: 슬픔, 사랑, 기쁨 등)

5. 식물들도 좀비에 감염될까?

6. 좀비에 대한 긍정적인 영화나 사례는 없을까?

7. 자기 의지대로 움직이지 못하고 명령에 따라 움직이는 좀비를 군사용 무기로 이용할 수 있을까?

8. 복어는 테트로도독신을 갖고 있음에도 중독되지 않는 이유는?

9. 테트로도톡신을 잘 이용한다면 암세포를 사멸하는데 이용할 수 있지 않을까?

10. 나노 로봇을 몸속에 주입한다면 인간을 조종하는 것이 가능할까?

11. 왜 대부분의 환각성 물질에는 중독성이 있을까?

8장
목성남 수성녀

1
반딧불이의 세레나데

반딧불이의 세레나데 / 팩트 체크, 반딧불이 / 사랑과 거짓말 / 생물발광 / 빛을 내는 생명체

반딧불이의 세레나데

어릴 적 시골의 여름밤은 유난히도 어두웠다. 밤하늘에 총총 떠 있는 별들이 마을로 내려오면 풀숲에 있던 반딧불이[Firefly]들이 마중을 나왔다. 조그만 요정들은 손님들을 위해 오래도록 빛의 향연을 베풀었다. 동서고금을 막론하고 수많은 사람들이 반딧불이를 소재로 읊고 노래하였다.

> "어쩌다 썩은 풀에서 생겼는데, 감히 태양 가까이 나는구나. 책을 비추기에는 부족하지만, 때론 나그네의 옷을 비출 순 있네."

> "그럼 잘 있거라. 반딧불이 다가오는 아침을 알리는 듯, 희미하게 흐려지기 시작한다. 잘 있거라, 잘 있거라, 내가 한 말을 잊지 마라."

위의 첫 번째 따온 글은 중국의 시성이라 불리며 고통받는 백성들의 모습을 시로 승화시킨 당나라 시인 두보杜甫(712~770)가 「반딧불」(螢火)이라는 제목으로 지은 시의 일부분이다. 두 번째 글은 영국의 국민시인이자 극작가인 셰익스피어William Shakespeare(1564~1616)의 4대 비극 중의 하나인 『햄릿』에서 햄릿의 죽은 아버지 유령이 햄릿에게 전하는 말이

다. "노란 숲속에 두 갈래 길이 있었습니다. 나는 두 길을 다 가지 못하는 것을 안타깝게 생각하면서"로 시작하는 「가지 않은 길」이란 시로 유명한 20세기 미국의 시인 프로스트 Robert Frost(1874~1963)는 땅 위의 별과 같은 반딧불이를 벗 삼아 인생의 의미를 찾아 나선 농부였다.

중국 당나라 최고의 시인으로 평가받고 있는 두보
https://ko.wikipedia.org/wiki/%EB%91%90%EB%B3%B4

영국의 국민 시인이자 극작가인 셰익스피어
https://en.wikipedia.org/wiki/William_Shakespeare

여름밤 하늘을 노랗게 물들이며 짧은 생을 살다 가는 반딧불이는 전 세계적으로 약 2,000종이 있다. 우리나라에 살고 있는 반딧불이는 몇 종 되지 않고 그나마 그 수가 급격히 줄어들고 있다. 도시화로 인한 서식지 감소, 환경오염, 살충제의 사용, 빛 공해 등이 중요한 원인이다. 전라북도 무주에서는 1997년부터 해마다 천연기념물 제322호로 지정되어 보호받고 있는 반딧불이를 통해서 자연과 사람들이 하나로 어우러지는 반딧불 축제를 개최해 오고 있다. 녹음이 짙어가는 여름에 무주 한풍루와 남대천을 거닐며 환경의 소중함을 느껴보고 경이로운 곤충을 만나보는 것은 어떨지. 농림축산식품부의 자료에 따르면 반딧불이는 6~7월경에 알을 낳으며 약 30일 후에 부화한다. 여름에 알에서 부화한 유충은 약 250일 동안 다슬기 등을 먹으며 겨울을 보내고 이듬해까지 성장한다. 유충은 여러 번의 탈피 과정을 거쳐 몸집을 불리며 번데기가 될 준비를 한다. 번데기는 5월부터 6월 초까지 어두운 땅속에서 약 50일간을 지내며 지상으로 나올 준비를 한다. 성충이 된 반딧불이는 주로 이슬을 먹고 지낸다. 수컷은 스스로 빛을 내어 짝을 찾는다. 마음에 드는 암컷은 수컷이 보내는 신호에 화답한다. 이들의 유일한 목표는 번식을 하는 것이다. 자신의 유전자를 후대에 물려주어야 하는 것이다. 수컷은 짝짓기 후 곧바로 죽고, 암컷은 3~4일 후 약 100개의 알을 낳고 생을 마감한다. 반딧불이의 전체 생애 주기는 1년 반 내지 2년이지만 성충 반딧불이가 지상에서 보낼 수 있는 기간은 단 2주에 불과하다. 그래서 반딧불이가 연출하는 노란 빛의 향연은 아름답고도 애처롭다.

팩트 체크, 반딧불이

여름날 황혼이 깃들면 숲에서 나온 반딧불이[Firefly]는 밤하늘을 현란한 빛으로 물들이며 짝을 유혹하는 춤을 춘다. 반딧불이에 대해서 우리가 미처 몰랐던 몇 가지 사실이 있다. 브레이어Melissa Breyer가 마더 네이처 네트워크Mother Nature Network에 기고한 글을 살펴보자. 빛을 내는 반딧불이는 파리[Fly]가 아니라 딱정벌레목[Coleoptera]의 반딧불이과[Lampyridae]에 속한 곤충이다. 반딧불이는 연금술사이다. 인류 역사 속의 연금술사들은 납과 같은 값싼 금속을 황금으로 바꾸려 했지만, 반딧불이는 마술을 부려 매우 효율적으로 황금빛을 만들어낸다. 반딧불이는 화학 반응의 에너지를 거의 100퍼센트 빛으로 전환하는 능력을 가지고 있다. 반딧불이가 내는 빛은 냉광[Cold light]이라 부른다. 이것은 만져도 열기를 느낄 수 없다는 의미이다. 반딧불이 수컷은 고유한 발광 패턴을 가진 빛으로 상대를 유혹하는 현란한 구애 비행을 한다. 수컷 반딧불이의 비행은 암컷이 자신을 선택한다는 빛 신호를 받을 때까지 계속된다. 반딧불이가 내는 빛의 색깔은 노란색만이 아니다. 은은한 빨강이나 주황색 또는 녹색의 빛으로 상대를 유혹하기도 한다.

반딧불이는 생애의 마지막 시기에 이루어지는 구애 비행 중 천적의 위험으로부터 자신을 방어하기 위한 전략을 개발하였다. 반딧불이는 몸 안에 루시부파긴Lucibufagin이라는 불쾌한 냄새가 나는 스테로이드계의 방어무기를 가지고 있다. 몸속에 독소가 들어 있는 반딧불이를 먹어 본 포식자들이 반딧불이의 빛을 기분 나쁜 냄새와 관련짓는 효과를 준다. 스스로 빛을 내는 것은 성충만이 아니다. 땅속에서 살아가는 유충도 빛을 내며 심지어 알도 빛을 낼 수 있다고 한다. 물에서 사는 반딧불이도 있는데 이들은 아가미를 가지고 있으며 물에 사는 달팽이 등을 먹고 산다.

반딧불이

2,000여 종이 존재한다.
딱정벌레에 속한다.
수컷은 빛(생물발광)을 이용하여 암컷을 유혹한다.
종마다 빛을 내는 패턴이 다르다.
노란색, 초록색 또는 파란색의 빛을 낸다.
빛을 이용하여 소통한다.
빛을 내지 않는 종도 있다.
유충이 빛을 내는 이유는 천적에 대한 경고의 신호이다.
유충은 달팽이를 주로 먹는다.
성충은 꿀과 꽃가루를 먹는다. 전혀 먹지 않는 종도 있다.
육식성인 종도 있다. 이들은 달팽이 대신 다른 종의 반딧불이를 먹는다.
동족을 잡아먹는 암컷도 있다.

https://www.smithsonianmag.com/science-nature/14-fun-facts-about-fireflies-142999290/
http://mentalfloss.com/article/51971/10-fun-firefly-facts
https://www.thoughtco.com/fascinating-facts-about-fireflies-1968117

땅속에 사는 유충은 작고 귀여운 이미지를 가지고 있지만 사실은 육식성으로 달팽이나 작은 벌레를 먹고 산다. 성장함에 따라 동족을 먹기도 한다. 화학생태학의 아버지로 알려진 아이스너Thomas Eisner(1929~2011) 등이 1997년 『미국 국립과학원회보』(PNAS)에 기고한 연구 결과에 따르면 '팜므 파탈Femmes fatales' 반딧불이라고 불리는 포투리스Photuris 반딧불이 암컷은 포티누스Photinus 반딧불이 수컷을 잡아먹는다. 포투리스 암컷은 포티누스 암컷의 발광 신호를 모방하여 포티누스 수컷을 유인한다. 이것은 보다 많은 영양분을 먹고 건강한 알을 낳기 위한 전략이다. 또한 스스로 만들어낼 수 없는 방어 물질인 루시부파긴을 포티누스 수컷으로부터 취하는 이중의 효과를 얻는다. 포투리스 암컷은 이 물질을 이용해서 피디푸스 깡충거미[Phidippus jumping spider]의 위험으로부터 자신을 방어할 수 있게 된다.

모방과 기만은 이들이 진화 과정에서 찾아낸 특별한 생존 방식이다.

팜므파탈

포투리스(Photuris) 반딧불이의 암컷은
루시부파긴(Lucibufagins)을 체내에서 합성하지 못한다.
루시부파긴은 포식자의 공격을 막아주는 독성을 띠는 스테로이드계 방어물질이다.
암컷은 대신 빛 신호를 모방해서 포티누스(Photinus) 반딧불이의 수컷을 유인한 후
잡아먹음으로써 루시부파긴을 취한다.
루시부파긴이 있는 반딧불이 암컷은 천적(예: 거미)으로부터 안전하다.

http://www.news.cornell.edu/stories/1997/09/cornell-biologists-report-mimicry-and-murder-night
http://news.cornell.edu/stories/1997/09/cornell-biologists-report-mimicry-and-murder-night
http://www.dailykos.com/story/2012/6/3/1096896/-Pique-the-Geek-20120603-Fireflies
https://www.ncbi.nlm.nih.gov/pmc/articles/PMC23257/

사랑과 거짓말

오랜 시간 동안 반딧불이와 함께 살아온 사람이 있다. 주인공은 터프츠 대학[Tufts University] 생물학과 교수인 루이스Sara M. Lewis이다. 사라 루이스는 파란 유령 반딧불이가 마술처럼 살아 있는 빛의 폭포로 변화시키던 스모키 마운틴과 밤이면 수많은 반딧불이로 반짝이던 말레이시아의 맹그로브 나무숲에 사로잡혀 20여 년을 보냈다. 그녀는 2014년 테드(TED, ted.com)에 실린 '반딧불이의 사랑과 거짓말'이라는 인상적인 강연에서 반딧불이의 세상을 다음과 같이 감미로운 노래처럼 들려주었다. 수 세기 동안 예술과 시에서 찬미의 대상이 되어왔던 반딧불이는 기적처럼 살아남아 진화의 창조적인 즉흥 연주를 했다. 진화는 생존을 위한 투쟁의 결과물이다. 투쟁의 두 가지 방식은 생존을 위한 자연선택과 번식을 위한 성선택이다. 그녀는 반딧불이의 구애와 짝짓기 과정을 자세히 들여

다본 결과 흥미로운 사실을 발견했다. 그중 하나는 배신과 살해라는 충격적인 현상이다. 반딧불이는 수백만 년의 진화과정을 통해서 포식자에게는 경고의 메시지로, 짝에게는 침묵의 사랑가로 빛을 이용하는 지혜를 터득했다. 성충 반딧불이에게 주어진 시간은 단 몇 주 밖에 되지 않는다. 이들의 유일한 목표는 자신의 유전자를 후대에 물려주는 것이다. 수컷 반딧불이는 심장이 터지도록 날면서 조용한 불꽃 신호를 보낸다. 까다로운 암컷 반딧불이는 마음에 드는 상대가 나타나면 빛으로 화답한다. 반딧불이가 내는 빛은 사랑의 언어이다. 사랑의 언어는 때론 위험을 부르기도 한다. 반딧불이는 포식자의 위험으로부터 벗어나게 해주는 독소를 만들어낼 수 있다. 그러나 독소를 만드는 능력을 잃어버린 반딧불이는 먹잇감의 암컷 빛 신호를 모방하여 유인한 후에 잡아먹는다. 자연선택이 흡혈 반딧불이를 탄생시킨 것이다.

생물발광

반딧불이는 어떻게 빛을 내는 것일까? 반딧불이의 체내에는 루시페린(Luciferin, $C_{11}H_8N_2O_3S_2$)이라고 불리는 발광 물질과 루시페라제Luciferase라는 효소가 들어 있다. 효소는 생체 내에 들어 있는 촉매이다. 촉매란 자신은 소모되지 않으면서 화학 반응의 속도를 빠르게 해주는 물질을 말한다. 루시페린은 '빛을 가져오는 자[Light-bringer]'라는 의미를 가진 라틴어 '루시퍼Lucifer'에서 온 말이다. 루시퍼란 하늘에서 떨어진 거만한 대천사를 말하는데 사탄과 동일시된다. 대천사는 이슬람교, 유대교, 조로아스터교 등 수많은 종교에서 볼 수 있다. 반딧불이가 사탄의 힘을 빌려 화려하고 장엄한 빛을 발하다니! 빛을 내는 과정에 필요한 에너지는 ATP(Adenosine triphosphate, 아데노신삼인산)가 제공해 준다. 빛을 내는 첫 단계에서는 루시페라제가 ATP의 도움을 받아 루시페린과 결합하여 루시페라제-루

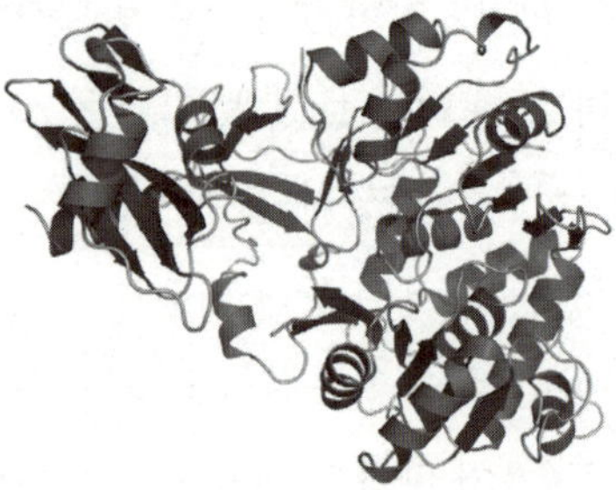

루시페라제 효소
https://en.wikipedia.org/wiki/Luciferase

시페린-AMP(루시프-루시-AMP)가 만들어진다. AMP(Adenosine monophosphate, 아데노신일인산)는 ATP에서 인산염이 떨어져 나간 물질의 이름이다. 이 과정에는 마그네슘 이온의 도움도 필요하다. 그다음 단계에서는 산소가 루시프-루시-AMP를 들뜨게 하여 루시페린-옥시루시페린(루시프-옥시루시*)으로 전환시킨다. 이때 AMP와 이산화탄소가 이탈된다. 여기서 별표(*)는 에너지를 흡수하여 불안정하게 된 상태, 즉 들뜬 상태를 의미한다. 불안정한 물질은 수명이 짧은 운명을 가지고 태어났기 때문에 곧바로 안정한 상태인 루시페린-옥시루시페린(루시프-옥시루시)으로 안정화되며 이 과정에서 빛(가시광선 영역)이 나오게 되는데, 이를 형광[Fluorescence]이라 한다.

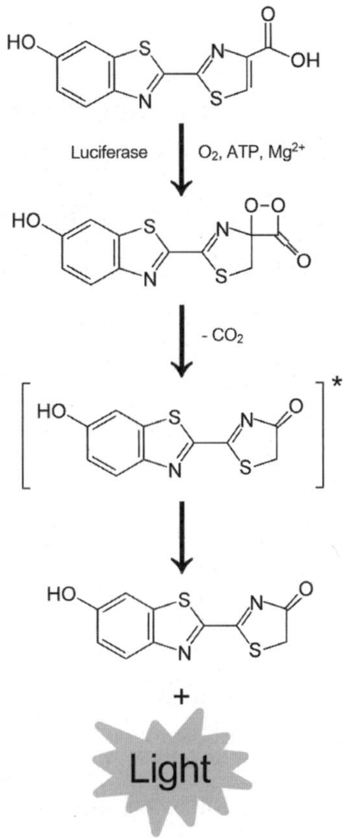

루시페린 생물발광의 원리
http://photobiology.info/Branchini2.html
의 내용을 편집

생물발광[Bioluminescence]이란 반딧불이 같은 생체에서 발생되는 형광을 부르는 이름이다. 발생되는 빛의 색깔은 불안정한 상태(루시프-옥시루시*)와 안정한 상태(루시프-옥시루시)의 에너지 차이에 의해 정해진다. 루시페린의 화학 구조에 초점을 맞추어 이 과정을 풀이해보면 먼저 루시페린에 산소가 결합하여 4각형 구조의 1,2-다이옥세타논 중간체가 형성된다. 그다음에 이 중간체에서 이산화탄소가 빠져나가면서 옥시루시페린(옥시루시*)으로 전환된다. 불안정한 옥시루시*는 에너지를 잃고 바닥상태로 돌아오면서 빛을 낸다. 반딧불이가 들뜬 상태의 물질을 바닥상태로 안정화시키면서 빛을 내는 과정은 매우 효율적이다. 들뜬 상태의 에너지는 거의 100퍼센트 빛으로 전환된다. 이 과정에서는 열이 발생되지 않기 때문에 반딧불이를 손으로 만져도 뜨겁지 않다. 반딧불이가 생의 마지막 순간 짝을 찾아 숨이 차도록 하늘을 날아다니면서도 체온이 심각하게 올라가지 않는 비밀은 바로 이 차가운 빛에 있다.

빛을 내는 생명체

지구상에는 반딧불이 말고도 수많은 동식물들이 다양한 빛을 내며 살아가고 있다. 빛을 내는 이유가 짝을 유혹하는 것이든 먹잇감을 유혹하는 것이든 천적을 피하기 위함이든 빛은 그들의 생존에 필수적이다. 콕스Savannah Cox(『All That Is Interesting』의 저자)는 생물발광을 통해 살아가고 있는 동식물들을 다음과 같이 소개하고 있다.

수심 1,500내지 4,500미터의 심해에서 낮은 온도와 높은 압력을 견디며 살아가는 드래곤피쉬Dragonfish의 암컷은 푸른색의 빛을 내는 발광기를 가지고 있다. 빨간 빛을 내는 것도 있다. 드래곤피쉬의 턱에서 나오는 빛은 먹잇감을 유인하는데 사용되는 일종의 미끼이다.

반딧불이 오징어[Firefly squid]는 색소포를 가지고 있다 촉수 끝에서 가장 밝은 빛이 나온다. 몸 전체에서 빛을 낼 수 있는데, 이를 적절히 조절하여 포식자로부터 자신을 은폐한다. 빛은 짝을 유인하는 데에도 유용하게 사용된다.

빛을 내는 버섯도 있다. 버섯이 빛을 내는 이유는 무엇일까? 그것은 자신이 독을 가지고 있음을 경고하는 것이거나 동물을 유인해서 포자를 퍼뜨리는데 도움을 받고자 하는 것으로 보인다. 가해자에 대항하여 빛을 발함으로써 가해자의 천적을 끌어들이려는 전술로 보기도 한다. 움직일 수 없는 식물이 살아남기 위해 고안해 낸 비책이다.

흡혈 오징어[Vampire squid]는 오징어보다는 문어에 가까운 동물이다. 그러나 흡혈 오징어는 척추가 있고 생물발광을 이용하여 포식자를 혼란에 빠뜨리는 기술을 가지고 있다. 공격을 받으면 먹물을 내뿜는 오징어와는 달리 끈적끈적하고 빛이 나는 파란 구체를 내뿜는다. 그 밖에 크릴새우, 해파리, 오징어, 달팽이, 전갈 등도 빛을 이용하여 살아간다.

생물발광을 내는 생명체

부채버섯[Panellus stipticus]	화경버섯[Omphalotus illudens]	와편모충[Dinoflagellate]
드래곤피쉬(Dragonfish)	방아벌레[Click beetle]	크릴새우[Krill]
반딧불이[Firefly]	아귀[Anglerfish]	해파리[Jellyfhsih]
반딧불이 오징어[Firefly squid]	야광충[Noctiluca]	흡혈 오징어[Vampire squid]

http://all-that-is-interesting.com/bioluminescence-creatures
https://en.wikipedia.org/wiki/Vampire_squid
https://en.wikipedia.org/wiki/Antarctic_krill
https://en.wikipedia.org/wiki/List_of_bioluminescent_organisms

2
목성남 수성녀

화성남 금성녀 / 마르스와 비너스 / 목성남 수성녀 / 남과 여 / 성적 이형 / 대반전

화성남 금성녀

상당한 시간을 놀이를 하면서 보낸다. 도구를 사용한다. 웃을 줄도 안다. 자신이 생각한다는 사실도 인지하고 있다. 필요하면 전쟁도 불사한다. 그뿐만이 아니다. 우정을 키워 나가며, 공정하고 도덕적이기까지 하다. 누구? 남자? 여자? 주인공은 바로 침팬지이다. 평생을 침팬지와 함께 살아온 영국의 영장류동물학자 제인 구달Jane Goodall은 인간과 침팬지와의 사이에 뚜렷한 경계가 없다는 사실을 발견하였다. 침팬지가 인간과 얼마나 닮은 점이 많은지 알게 되면 놀라지 않을 수 없다. 그들은 인간과 함께 기쁨, 슬픔, 불안 같은 감정을 공유하기도 한다. 침팬지는 인간과 98퍼센트의 DNA를 공유한다. 사실 여자와 남자는 생리적인 차이와 해부학적인 차이 말고는 다른 점이 없다. 그럼에도 불구하고 남자와 여자가 얼마나 다른지를 알고 싶다면 미국의 그레이John Gray가 1992년에 펴낸 『화성에서 온 남자, 금성에서 온 여자』(Men Are From Mars, Women Are from Venus)를 참고하기 바란다. 이 책의 스토리는 이를테면 화성에서 온 차가운 남자와 금성에서 온 뜨거운 여자가 지구에 정착하면서 벌어지는 갈등에서 출발한다. 저자는 갈등의 원인보다는 차이를 인정하고 서로의 감정을 존중해줌으로써 갈등을 극복하고 사랑의 꽃을 피우길 희망한다. 물론 이 책이 남녀 간에 일어나는 모든 사건의 해결책을 제시해주지는 못한다. 그만큼 남녀 관계가 단순하지 않기 때문이다. 복잡하고도 미묘한 남녀의 차이

에서 비롯되는 다양한 사건에 대한 보편적인 기준을 모두 제시해주는 책은 아니지만 책의 제목이 주는 신선함에 이끌려 부담 없이 읽어볼 만한 책이다.

성공적인 관계는 소통에서 온다. 좋은 친구가 되고 싶고 좋은 관계를 유지하고 싶다면 소통하는 법을 배워야 한다. 적극적으로 경청하는 자세는 여성과 진정으로 소통하기를 바라는 남성이 가져야 할 기본자세이다(카게야마(Tani R. Kageyama, Male Guide to Female Communication)). 남녀 간의 관계에서는 어느 한쪽이 일방적으로 책임 또는 의무를 부여 받은 것이 아니다. 여성 역시 남성의 사고방식을 이해하려고 노력해야 한다는 것에 동의한다면 스미스Shawn T. Smith가 쓴 가이드 북 『The Woman's Guide to How Men Think』을 권한다. 남자도 지구에서 왔고 여자 역시 지구에서 왔다. 그렇다고 남녀가 같다는 의미는 아니다. 어떤 방식의 상호 작용이 최선일까? 골드스미스Barton Goldsmith는 「남자, 여자, 감정 그리고 소통」(Men, Women, Emotions and Communication)이란 제목의 글에서 남녀의 차이와 소통 방법에 대한 이야기를 흥미롭게 전개하였다. 여자는 동시에 생각하고 느끼지만 남자는 이 둘 중 어느 하나만을 할 수 있는 존재이다. 대화의 상대로서는 격이 다른 셈이다. 그리고 같은 시간 동안 여자는 남자보다 2배나 많은 단어를 사용하여 이야기한다. 대화하는 스타일도 다르다. 남녀 사이의 진정한 소통의 첫 걸음은 서로 다른 점을 이해하는 것이다.

마르스와 비너스

신화 속의 비너스Venus와 마르스Mars가 만났다. 이 둘 사이의 관계는 행복한 결말로 이어졌을까? 비너스는 로마 신화에 등장하는 미와 사랑의 여신으로 서양 미술에서 자주 등장하는 핵심 소재이다. 그 예로 이탈리아 초기 르네상스 시대의 대표 화가 보티첼리Sandro Botticelli(1445~1510)가 그린 〈비너스의 탄생〉이 있는데 그는 여성의 누드를 그리면 외설이라 비난을 받던 시기에 신화나 성경에 대한 이야기에는 관대한 점을 이용하여 이 작품을 완성했다고 한다. 비너스의 모델은 당시 피렌체의 권세가 메디치Giuliano

비너스와 아도니스(루벤스 작)
https://en.wikipedia.org/wiki/Peter_Paul_Rubens

de'Medici(1453~1478)의 애인 시모네타Simonetta로 보티첼리가 짝사랑했던 여인이다. 그녀는 22살 때 결핵으로 요절하였는데, 보티첼리는 자기가 죽으면 그녀의 무덤 곁에 묻어달라고 유언을 했을 정도로 사랑했었다고 한다. 이러한 이미지를 가진 비너스는 그리스 신화의 아프로디테Aphrodite에 해당한다.

그런데 아프로디테의 출생에 대한 이야기는 우리가 알고 있는 것과는 전혀 다르다. 헤시오도스Hesiod의 『신들의 계보』에 따르면 크로노스는 우라노스와 가이아 사이에서 태어났다. 크로노스는 아버지의 악행을 응징하려는 어머니를 도와 아버지를 거세한 후 거세물을 바다에 던졌는데 이것으로부터 아프로디테가 태어났다. 아프로디테의 아버지는 우라노스이지만 어머니는 바다인 셈이다. 아프로디테는 미의 여신인 동시에 변덕스러움과 경박한 속성도 지니고 있다. 사랑을 기원하는 사람들의 소원을 들어주기도 하며 사랑을 모독하면 복수를 내리기도 한다. 아프로디테가 가진 복잡하고 이중적인 속성은 남성 중심의 사고에 초점을 맞춘 왜곡된 표현일 수 있다.

보티첼리의 대표작인 〈비너스와 마르스〉(1485년경)
https://en.wikipedia.org/wiki/Venus_and_Mars_(Botticelli)

한편 마르스는 로마 신화의 전쟁의 신으로 그리스 신화의 아레스와 동일시되었다. 마르스는 원래 로마의 풍요와 농경의 신이었으나 로마 제국이 팽창하면서 전쟁도 주관하게 되었다. 처음의 질문으로 돌아가서, 외모로 보자면 이상적인 여성성을 가진 비너스와 용맹한 남성성을 가진 마르스의 만남은 해피엔딩으로 끝이 날 수 있을까? 깊게 생각해 보지 않더라도 비너스와 마르스 각자의 개성이 충돌하는 상황을 예견할 수 있다. 그렇다면 비너스가 완벽한 외모를 갖춘 미남 청년 아도니스Adonis를 만나면 행복한 결말로 이어졌을까? 고대 로마의 시인 오비디우스Ovidius(43 BCE-17/18 CE)는 그의 시집 『변신 이야기』(Metamorphoses)에서 비너스와 아도니스를 등장시켰다. 그리고 1593년 셰익스피어는 오비디우스의 소재를 빌려 장편시 『비너스와 아도니스』를 출간하였다. 비극적인 결말로 끝이 난 두 연인의 이야기에서 비너스는 전통적이고 수동적인 여성상을 뒤엎고 아도니스에게 적극적으로 구애를 한다.

목성남 수성녀

따뜻한 가슴을 가진 금성녀(비너스, Venus)와 차가운 머리를 가진 화성남(마르스, Mars)이 지구에서 만났다. 둘은 상대의 다른 점에 끌려 사랑을 하면서 지구인으로 정착하는 듯했다. 그러나 그것도 잠시였을 뿐 둘 사이에는 상대방에 대한 불만이 쌓여갔다. 자신과 다르다는 것에서 느꼈던 신선함은 점점 사라져 갔다. 운명인 것처럼 여겨졌던 자연스런 끌림도 일어나지 않았다. 금성녀와 화성남의 마음속에는 금성과 화성으로 돌아가고 싶은 마음이 생겨나기 시작했다. 금성녀는 불같은 성격으로 변해 거친 수성[Mercury]이 되었다. 화성남은 점점 차갑게 변해서 목성[Jupiter]이 되었다. 한 몸같이 서로를 사랑하던 사이가 어떤 이유로 다시 금성녀와 화성남으로 변했을까? 이들은 왜 그것도 모자라 수성녀와 목성남으로 변해버린 걸까? 한눈에 반해 만났지만 이내 갈등하는 남녀를 위한 지침서는 제목만 읽기에도 벅찰 만큼 널려 있다.

자신의 의무는 망각한 채 권리만 주장하는 수성녀와 목성남을 위한 조언은 로마의 대표 시인 오비디우스Ovidius가 전하는 이야기로 대신하고자 한다. 어느 날 쥬피터와 머큐리가 평범한 농부로 위장하여 마을을 돌아다니다가 밤이 되어 잠을 청할 곳을 찾기 시작했다. 그런데 늦은 밤에 선뜻 문을 열어주는 사람은 아무도 없었다. 못된 인간들이라고 불평을 하던 쥬피터와 머큐리는 어느 초라한 집을 발견하였다. 그 집에는 노부부 필레몬Philemon과 바우키스Baucis가 살고 있었다. 그들은 한밤중에 찾아온 낯선 손님을 극진히 모셨다. 투박한 그릇에 소박하지만 정성을 담아 환대했다. 여주인 바우키스는 너도밤나무를 깎아 만든 컵에 포도주를 따라 주었다. 그런데 아무리 따라도 포도주 항아리는 다시 포도주로 가득 찼다.

놀란 노부부는 이들이 신이라는 사실을 깨달았다. 필레몬은 그들의 집을 지키는 신으로 모셔온 거위를 잡아 대접하려 하였다. 주피터는 거위를 죽일 필요가 없다고 하면서 마을을 떠나 산 위로 올라가라고 말했다. 산 정상에 오른 바우키스와 필레몬이 뒤를 돌아다보자 마을은 홍수로 파괴되어 버렸고 그들이 살던 오두막은 화려한 신전으로 변했다. 노부부는 허락받은 대로 신전을 지키며 여생을 보냈다. 그리고 같은 날에 함께 죽은 두 사람은 참나무와 보리수나무가 되어 서로를 끌어안은 모습으로 변했다.

주피터와 머큐리를 대접하는 필레몬과 바우키스(Jean-Bernard Restout 작, 1769년)
https://en.wikipedia.org/wiki/Baucis_and_Philemon

남과 여

여자와 남자는 동일한 상황에서 어떻게 대처할까? 린제이(lindsayshop.net)가 전하는 남자와 여자의 차이를 보자. 남자는 가방 하나로 족하지만 여자는 여러 상황에 어울리는 다양한 가방이 필요하다. 여자는 세밀하고 감성적인데 반해 남자는 단순하다는 의미이다. 파트너를 만나기 위해 외출하는 상황에서도 여자는 상황에 맞는 옷, 구두, 핸드백, 음식의 종류 등을 생각하느라 긴 시간을 준비하지만 남자는 단순히 외출한다고 생각한다. 여자는 여러 상황에 맞추어 병렬적으로 사고하는데 반해서 남자는 직렬적인 사고를 한다. 오랜만에 친구를 만났을 때에도 여자는 친구의 모습을 머리부터 발끝까지 꼼꼼하게 훑어보지만 남자는 어제 만난 사이처럼 간단한 인사 한마디면 끝이다.

라익스(likes.co.kr)가 소개하는 남녀의 차이도 재미있다. 어떤 물건 사진을 찍을 때 남자는 물건 자체를 찍지만 여자는 자기 자신을 중심으로 찍는다. 여자의 방은 대체로 깨끗하지만 차의 내부는 엉망이다. 남자는 정반대인 경우가 많다. 단 5분에 대한 생각도 극과 극이다. 여자가 5분 내에 외출 준비를 할 수 있다는 말은 남자가 5분 이내에 집에 도착할 수 있다는 말과 동일하다. 복잡하거나 단순한 남녀의 사고방식이다.

러브애로우(lovearrow.tistory.com)가 소개하는 남녀의 차이를 보자. 남녀가 서로 싸운 후에 남자는 "무슨 일 있었어?"라고 가볍게 넘기지만 여자는 "마음이 풀릴 때까지 사과해!"라고 말한다. 여자는 20년이 지나도 싸움 당시를 기억하지만 남자는 단 5분만 지나도 잊어버린다.

미국 연구팀이 젊은 남녀의 뇌 영상을 분석한 결과가 국내 일간지(hani.co.kr)에도 소개되었다. 대뇌 연결 구조를 보면 여자는 좌우 뇌반구 간의 연결이 두드러지는 데 반하여 남자는 앞뒤쪽의 연결 그리고 뇌반구 내부의 연결이 두드러진다. 이 결과는 펜실바니아 대학교의 버마Ragini Verma 등 10인의 연구자가 「뇌의 구조적인 커넥톰(Connectome, 뇌 회로도)에 있어서의 남녀 차이」라는 제목으로 2014년 『미국 국립과학원회보』(PNAS, 111권 2호, 823~828쪽)에 게재하였다.

그러나 남녀 행동 사이의 경계가 점차 모호해지고 있다는 연구 결과도 있다. 남녀의 성 역할을 고정화하여 사회 불평등을 고착해온 전근대적인 사고방식이 서서히 붕괴되고 있다. 사회가 변하고 있다. 우리는 여와 남의 성 역할에 대한 고정관념을 깨고 새로운 미래를 준비해야 하는 시점에 서 있다.

남녀의 차이

여자:

좌뇌와 우뇌를 적절히 사용한다.
언어를 담당하는 뇌의 부분이 크다.
대뇌 변연계가 커서 감정 표현을 더 잘한다.
우울증과 불안 같은 기분 장애를 보이는 경향이 있다.
스트레스에 대해서 보듬고 친구가 되려는 자세로 접근한다.
고통을 더 강하게 인식한다.

남자:

좌뇌를 더 사용하는 경향이 있다.
공간 지각력이 뛰어나다.
좌뇌의 하두정소엽 면적이 커서 수학 분야에서 상대적으로 뛰어나다.
스트레스에 맞서 싸우거나 도망하려는 경향이 강하다.
난독증 또는 언어 문제를 가지는 경향이 있다.
자폐증, 주의력 결핍 및 과잉 행동 장애, 투렛 증후군을 보이는 경향이 크다.

http://www.mastersofhealthcare.com/blog/2009/10-big-differences-between-mens-and-womens-brains/

성적 이형

동물의 세계에서는 같은 종의 두 성이 서로 대조적인 특징을 보이는 경우가 많다. 암컷과 수컷은 이차 성징, 크기, 색, 무늬, 행동 등에서 큰 차이를 보이는데 어떤 경우에는 과장되게 나타나기도 한다. 이를 성적 이형性的異形이라 하며, 이는 성 선택과 밀접한 관련이 있다. 원앙 암컷은 눈에 잘 띄지 않는 수수한 외모를 가지고 있는데 반해서 수컷은 화려하고 눈에 잘 띄는 외모를 가지고 있다. 이러한 특징은 꿩의 경우도 마찬가지이다. 수컷은 암컷에 비해 화려할 뿐만 아니라 몸집도 더 크다. 수컷 공작 역시 길고 화려한 깃털을 가지고 있는 반면에 암컷은 깃털이 짧고 수수하다. 개코원숭이, 사자, 오랑우탄 등도 수컷이 더 크고 강렬한 색조를 띤다. 수컷의 외모는 암컷의 선택을 받는 방향으로 진화해 왔다. 성적 이형은 곤충에서도 흔하게 나타난다. 오렌지 팁 나비(Orange tip, Anthocharis cardamines) 암컷은 주변과 유사한 외모를 가지고 있어서 눈에 잘 띄지 않지만, 수컷은 오렌지색과 흰색의 경계가 뚜렷한 날개로 자신을 드러내고 있다. 수컷은 경생사들과 싸워 이겨서 암컷의 선택을 받아야만 자신의 유전자를 후대에 물려 줄 수 있다. 반면에 새끼를 낳고 키워내야 하는 암컷은 천적으로부터 노출되는 것을 피하기 위해 작고 수수한 외모를 갖는 방향으로 진화해 왔다. 벌처럼 공중에 정지하여 꿀을 빨아먹는 벌새[Hummingbird]는 수컷이 암컷보다 긴 부리를 가지고 있다. 특히 중남미에 서식하는 벌새(Long-billed hermit, Phaethornis longirostris) 수컷은 부리의 길이를 더 늘이는 쪽의 기형적인 진화를 했다. 암컷과 부리가 다르다는 것은 제한된 환경에서 먹이 경쟁을 피하고자 함이다. 또한 수컷의 긴 부리는 영토분쟁이 있을 때 상대를 공격하는 수단으로 사용된다.

꿩, 오렌지 팁 나비, 원앙, 청둥오리, 나방, 그리고 공작(사진)은 수컷이 더 크고 화려하다. 거미와 아귀는 암컷이 더 크다.
https://en.wikipedia.org/wiki/Sexual_dimorphism

반면에 독수리와 매의 경우에는 서로 비슷한 외모를 가졌지만 암컷이 30퍼센트 가량 더 큰 특징을 보인다. 암컷은 토끼나 연어 같이 큰 먹잇감을 사냥하지만 수컷은 작은 동물을 사냥하는 데 집중한다.

지구상에서 살아가는 수많은 동물 중에는 성적 이형에 지나치게 집착한 경우도 있다. 파푸아 뉴기니의 밀림 속에 사는 수컷 극락조極樂鳥는 천상의 새라 불릴 정도로 화려한 외모를 자랑한다. 수수한 암컷과는 극적인 대조를 이룬다. 수컷이 화려한 몸짓으로 구애의 춤을 춘다. 천적이 없는 이곳에서 수컷은 암컷만을 위한 방향으로 진화를 거듭해 왔다. 그러나 성적 이형이 지나치면 원래의 의도와는 정반대의 결과를 초래하기도 한다. 금조

琴鳥 수컷은 아름다운 꼬리를 지나치게 키우다가 결국 날지 못하게 되었는데 이것은 천적에게 쉽게 노출되는 결과를 낳았다.

이런 이유로 비극적인 종말을 맞이한 대표적인 예로는 플라이스토세(홍적세, 洪積世)에 유라시아 대륙 전역에 널리 퍼져 살았던 큰뿔사슴[Irish elk]을 들 수 있다. 방사성 탄소연대 측정법에 의하면 7,700년 전 시베리아에 살았던 것도 있다. 이 큰뿔사슴이 멸종한 이유는 수컷이 경쟁자와의 싸움에서 우위를 차지하기 위한 수단으로 머리에 난 뿔을 키우는 선택을 했기 때문으로 보고 있다. 지나치게 커진 뿔은 천적에 대한 무기의 역할도 할 수 없었고 오히려 쉽게 잡히는 결과를 낳았다.

수사슴의 뿔은 떨어져 나가고 이듬해에 새로 나는 편이 생존 경쟁에서 유리하다. 공룡처럼 화석으로만 남아 있거나 현재 지구상에 살고 있거나 간에 암수의 차이는 생존과 직결되는 중요한 특징이다. 암수딴몸인 현화식물도 이와 유사한 특징을 보인다.

극락조
https://en.wikipedia.org/wiki/Goldie%27s_bird-of-paradise

큰뿔사슴
https://en.wikipedia.org/wiki/Irish_elk

대반전

경쟁 상대를 물리치고 암컷의 선택을 받기 위해 자신을 더 크게 더 화려하게 치장해야 하는 많은 동물들의 수컷과는 달리 암컷이 더 큰 경우도 있다. 서태평양의 여러 섬에는 하와이안 가든 거미(Hawaiian Garden Spider, Argiope appensa)가 살고 있다. 이 거미의 암컷은 검정색 바탕에 노란 줄무늬가 두드러지는 외모를 가지고 있는 반면에 눈에 잘 띄지 않는 수수한 모습을 한 수컷은 몸길이도 암컷의 1/3 정도밖에 되지 않아 큰 대조를 이룬다. 거미뿐만 아니라 이런 특성을 보이는 다른 종의 암컷은 종종 교미 중에 수컷을 잡아먹는데, 이를 성적 동족포식[Cannibalism]이라 부른다. 무시무시한 살육으로 끝이 나는 이 사건은 암컷에게는 영양적 가치, 생식력 증대 등의 관점에서 매우 유익하다. 특히 먹잇감이 부족한 환경에서 새끼를 낳고 길러야 하는 암컷에게는 수컷의 희생도 절실하다. 거미뿐만 아니라 새우처럼 생긴 단각류端脚類와 물벼룩 등의 요각류橈脚類도 암컷이 수컷을 잡아먹는 행태를 보인다. 암컷 사마귀가 수컷을 낚아채어 잡아먹는 모습을 보면 소름이 돋는다. 후손을 위해서 암컷에게 몸을 내주는 수컷의 희생은 장엄하기까지 하다. 이와는 정반대로 수컷이 암컷을 잡아먹기도 하는데 거미류(예: Micaria sociabilis, Allocosa brasiliensis)에서 이런 사례를 볼 수 있다. 한편 아귀[Anglerfish] 수컷은 암컷과 비교할 수 없을 만큼 몸집이 작다. 심지어 어떤 종은 수컷 스스로는 먹고 살 수 없도록 진화하였다. 대신 이 수컷은 암컷을 재빨리 발견하여 암컷의 몸에 달라붙어야 한다. 그러면 수컷의 순환계는 암컷과 합쳐지고, 수컷은 생명 유지에 필요한 자양분을 암컷에서 얻으며 살아간다. 대신 수컷은 암컷에게 정자를 제공하여 후대를 잇는다.

3
페로몬과 호르몬

페로몬 / 페로몬의 종류 / 곤충의 호르몬 / 호르몬 / 사춘기와 갱년기 / 행복의 케미컬 / 식물의 호르몬

페로몬

상대방의 생리적인 반응을 유도하는 화학 물질이 있다. 바로 페로몬Pheromone인데 이것은 같은 종 사이의 의사소통을 가능하게 해주는 화학적 신호 물질로 소설뿐만 아니라 영화나 TV 등에서 자주 등장하는 소재이기도 하다. 페로몬은 톰 로빈스Tom Robbins가 펴낸 소설 『지터버그 향수』(Jitterbug Perfume, 1985)와 미국의 천문학자 칼 세이건Carl Sagan(1934~1996)이 쓴 공상과학 소설 『콘택트』(Contact)에도 등장하여 연인 사이를 연결해 준다. 페로몬은 수많은 시리즈로 제작된 〈스타트렉〉(Star Trek)이나 〈트랜스포머〉(Transformers)에서도 빠지지 않는 소재이다. 2007년에 개봉된 코미디 영화 〈오션스 13〉(Ocean's Thirteen)에서도 등장하여 남녀 사이를 연결해 준다.

큰공작나방
https://en.wikipedia.org/wiki/Saturnia_pyri

페로몬은 프랑스의 가난한 과학 선생이었던 파브르Jean-Henri Fabre(1823~1915)도 빠져들게 하였던 흥미로운 물질이었다. 그는 남프랑스를 중심으로 벌, 거미, 쇠똥구리, 하늘소, 나방 등의 습성을 연구하여 총10권의 『곤충기』(Souvenirs entomologiques)를 남겼다. 파브르는 1870년대의 어느 날 저녁 큰공작나방[Great Peacock Moth]의 방

문을 받았다. 방문객은 모두 수컷이었는데 집 안에 있던 암컷 나방을 찾아 날아든 것이었다. 수년간의 연구 끝에 그는 수컷들이 더듬이를 사용하여 바람에 실려 온 암컷의 냄새를 맡고 찾아온 것이라는 결론을 내렸다. 수컷들은 캄캄한 밤에도, 나프탈렌(Naphthalene, $C_{10}H_8$)으로 교란시켜도 먼 곳에서 암컷이 내는 냄새를 찾아왔다. 공기를 타고 전달된 특별한 화학물질이 상대의 행동에 영향을 준 것이다. 페로몬이 발견되는 순간이었다.

프랑스의 곤충학자 파브르
https://en.wikipedia.org/wiki/Jean-Henri_Fabre

페로몬은 동종 간에 사회적 응답을 유발시키는 화학물질이며 몸 안에서 만들어지고 몸 밖에서 작용한다. 자극을 운반한다는 뜻을 가진 페로몬은 동종 간에 주고받는 화학적 언어이다. 처음으로 자세한 연구가 이루어진 페로몬은 누에나방[Silkworm moth]에서 발견된 봄비콜Bombykol인데 1959년에 독일의 유기화학자 부테난트Adolf F. J. Butenandt(1903~1995)는 암컷이 짝짓기를 위해 수컷을 유혹하게 만드는 성 유인 페로몬[Sex pheromone] 봄비콜의 구조를 처음으로 밝혀냈다.

페로몬은 곤충에만 존재하는 것이 아니다. 세균, 곰팡이, 무척추동물, 어류 등도 짝을 찾거나 경보를 보내거나 공격을 할때 그리고 길잡이용으로도 페로몬을 사용한다. 이것은 포유류에서도 발견된다. 미국 인디애나 대학교 명예교수인 노보트니Milos Novotny의 연구 결과에 따르면 집쥐는 다른 수컷을 공격하거나 짝지을 준비가 되었다는 것을 표시하기 위해서 페로몬을 이용한다. 또한, 암토끼는 페로몬(2MB2, 2-methylbut-2-enal)을 통해서 새끼가 엄마 젖을 찾을 수 있도록 해준다는 것이 밝혀졌다(Nature, 2003년). 수컷 쥐의 오줌 속에 있는 알파-파네신α-Farnesene은 어린 암컷 쥐의 성숙을 촉진한다(Daisy Yuhas, Scientificamerican, 2014년). 호랑이나 고양이는 오줌을 뿌려서 영역을 표시하며 개, 사슴, 코끼리 등도 페로몬을 가지고 있다. 암코끼리도 성 유인 페로몬(*Z*)-7-Dodecen-1-yl acetate을 가지고 있다. 이 분자는 아세트산 알킬[CH_3COOR]구조를 하고 있다. 알킬기(R)는 12개의 탄소로 구성된 도데실Dodecyl기이다. 여기에서 7번 탄소에 있는 이중결합은 *Z*-형태를 하고 있다. *Z*는 탄소-탄소 이중결합에 붙은 두 개의 메틸렌기가 같은 쪽에 위치하고 있음을 의미한다. 페로몬은 같은 종 내에서 상대의 행동뿐만 아니라 내분비계에도 영향을 주는 화학물질이다. 인간은 예외적인 동물일까?

봄비콜

이름: (10*E*, 12*Z*)–Hexadeca–10,12–dien–1–ol

분자식: $C_{16}H_{30}O$

누에나방의 성 페로몬이다.

암컷이 수컷을 유인하기 위해 분비한다.

두 개의 이중 결합이 트랜스*trans*와 시스*cis* 구조를 하고 있다.

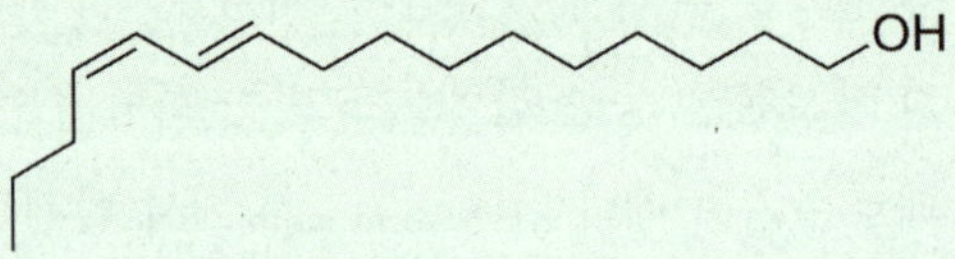

https://en.wikipedia.org/wiki/Bombykol

페로몬의 종류

페로몬이라는 용어를 맨 처음 제안한 칼슨Peter Karlson과 뤼셔Martin Lüscher는 '페로몬이란 생물의 몸 안에서 만들어지고 몸 밖으로 배출되어 동종 간에 특이한 행동을 야기하는 물질'이라고 정의하였다(출처: 네이처(Nature), 1959년). 페로몬은 동종 간의 행동 또는 생리에 영향을 미치는 것뿐만 아니라 상호간 의사소통에도 사용되는 화학 물질로 포유류의 번식과 수유는 물론 사회적 상호작용에도 도움을 주는데 단순한 전핵생물에서 복잡한 진핵생물에 이르기까지 광범위한 종류의 생물들이 사용하는 물질이다. 척추동물은 물론 식물도 페로몬을 통해서 서로 소통한다.

집합 페로몬[Aggregation pheromone]은 동물 집단의 형성과 유지를 위하여 체내에서 만들어지고 체외로 분비되는 페로몬이다. 이 페로몬은 동종 간의 다른 개체를 모이도록 유도하는 작용을 하며 개미나 꿀벌 등과 같이 사회성이 강한 곤충들이 군집 생활을 하는 데 중요한 역할을 한다. 이 용어는 1963년에 윌슨Edward O. Wilson이 처음으로 사용하였다. 목화 바구미[Boll weevil] 같은 해충을 없애는 데에 농약 대신 집합 페로몬을 사용하면 낮은 농도에서 쓸 수 있을 뿐만 아니라 농약의 독성 문제도 해결할 수 있다. 목화 바구미가 분비하는 페로몬인 그란디솔Grandisol은 1969년에 텀린슨J. H. Tumlinson 등에 의해서 확인되었다.

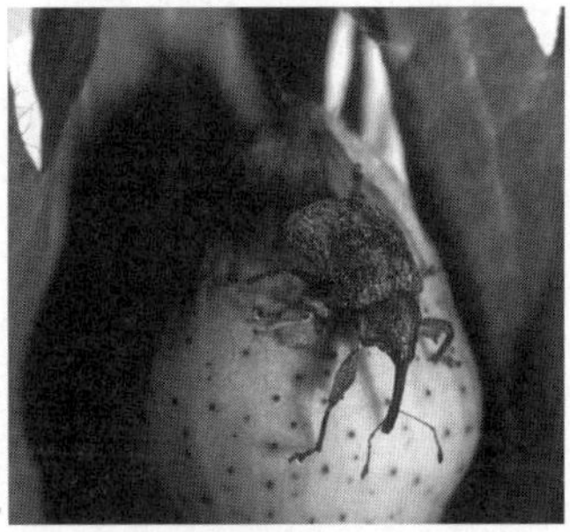

목화 바구미
https://en.wikipedia.org/wiki/Boll_weevil

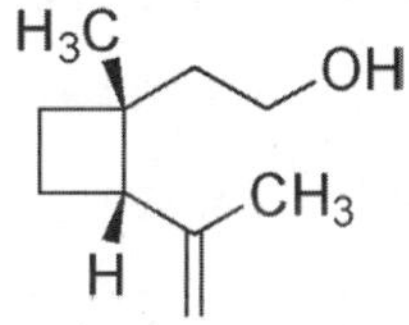

그란디솔
https://en.wikipedia.org/wiki/Grandisol

사회성 곤충인 불개미들이 길잡이 페로몬을 따라 이동하고 있다.
https://en.wikipedia.org/wiki/Trail_pheromone

경보 페로몬[Alarm pheromone]은 포식자의 공격을 받았을 때 분비되는 휘발성 물질이다. 꿀벌은 에스터Ester로 분류되는 화합물인 아이소아밀 아세테이트Isoamyl acetate를 경보 페로몬으로 사용한다. 진딧물, 개미, 흰개미 등도 경보 페로몬을 분비하여 긴급한 상황에 대처한다.

위기 상황에서 경보 페로몬을 방출하는 식물도 있다. 포식자가 잎을 갉아 먹으면 경보 페로몬이 나오는데 이웃들이 알아채고 방어 수단으로서 탄닌Tannin을 만들어낸다. 탄닌은 떫은맛이 나기 때문에 초식동물들이 거부감을 느끼는 물질이다. 릴리서 페로몬Releaser pheromone은 상대의 행동 변화를 유발하는 페로몬이다. 어떤 경우에는 3.6킬로미터 또는 그 이상의 먼 곳에 있는 짝을 유인할 수 있을 정도로 강력한 유인 분자를 분비한다.

프라이머 페로몬Primer pheromones은 상대의 성장 변화를 촉발시키는 페로몬으로서 내분비계를 변화시킨다. 이 페로몬은 다양한 동물의 사회적 생리 측면에서 중요한 페로몬이며 포유류의 생식 생리 조절에 영향을 미친다. 예를 들면 숫쥐의 오줌에 들어 있는 프라이머 페로몬 냄새는 암쥐의 생리에 영향을 미친다. 짝짓기 준비가 된 암쥐만이 프라이머 페로몬 냄새를 맡는 능력이 있다.

영역 페로몬[Territorial pheromone]은 동물들이 자신의 영역을 표시하는 데 쓰는 페로몬인데 개와 고양이의 경우 오줌에 들어 있는 페로몬으로 영역을 표시하며 사자나 호랑이 등도 자신의 영역을 주장하기 위해 주변에 흔적을 남긴다. 바닷새[Seabird]도 영역 호르몬을 분비하여 둥지나 영역의 경계를 표시한다.

길잡이 페로몬[Trail pheromone]은 개미, 꿀벌, 흰개미 등이 사용하는 신호화학물질[Semiochemical]로서 길에 흔적을 남겨 무리가 이동할 때 길잡이 역할을 한다. 1962년 미국 하버드 대학교의 윌슨E. O. Wilson은 길잡이 페로몬에 대한 중요한 연구 결과를 남겨 사회생물학의 초석을 다졌다.

성 페로몬[Sex pheromone]은 짝짓기를 위한 목적으로 한 개체가 반대 성을 유인하기 위해 분비하는 페로몬이다. 성 페로몬은 원생동물, 초파리, 나방, 나비, 말벌, 거미, 양서류, 쥐, 도마뱀, 뱀, 조류 등 다양한 동물뿐만 아니라, 녹조류, 균류, 이끼 같은 식물에도 존재한다.

곤충의 호르몬

곤충은 단단한 외골격을 가지고 있기 때문에 성장하는 과정에서 주기적으로 벗어버리는 변태變態를 한다. 변태는 유충의 성장 과정에서 반복적으로 일어나 몸집이 커지게 되고 마지막 단계에서 성충으로 새롭게 태어난다. 완전 변태를 하는 나비의 경우, 알에서 시작되는 일련의 변화 과정 중에서 번데기가 성충으로 변신하는 마지막 과정은 더없이 아름답고 신비하다. 곤충의 탈피 과정에서는 각 단계마다 성장과 변신을 유도하는 호르몬이 관여한다.

곤충이 허물을 벗고 번데기가 되기 위해서는 전흉선 자극 호르몬(PTTH, Prothoracicotropic hormone)이 중요한 역할을 담당한다. PTTH는 109개의 아미노산으로 이루어진 폴리펩타이드의 호모다이머(Homodimer, 동일한 분자의 이합체)이다. 곤충의 가슴에 있는 전흉선에서는 PTTH의 영향을 받아 엑디손Ecdysone이라는 호르몬이 분비된다. PTTH와 엑디손은 유충의 탈피와 번데기의 탈피에 관여한다. 유충 호르몬(JH, Juvenile hormone)은 뇌의 뒷쪽에 있는 알라타체(Corpora allata)에서 분비되는 호르몬이다. JH가 충분할 때에는 엑디손이 유충의 탈피를 유도하여 성장하고, JH가 부족해지면 번데기로 되며, JH의 분비가 중지되면 성충으로 변신한다.

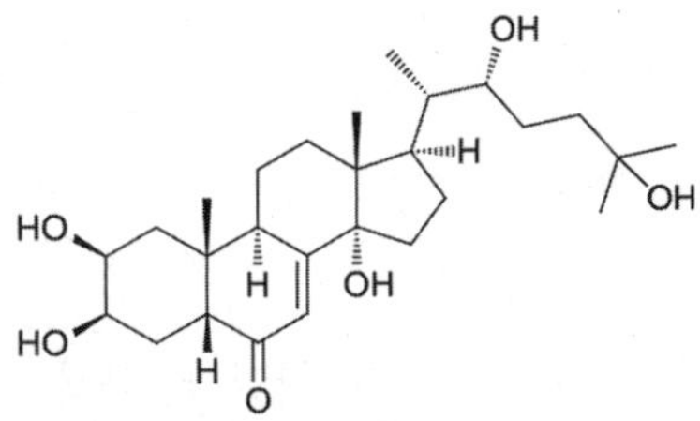
엑디손
https://en.wikipedia.org/wiki/Ecdysone

나비의 생애 주기를 보면 알에서 애벌레로 다시 번데기에서 성충으로 변화되는 변태라는 대격변이 일어나고 있다. 곤충들은 왜 변태를 할까? 환경은 생명체들의 터전이기도 하지만 극복해야만 하는 대상이기도 하다. 지구상에 태어난 생명체에게 주어진 과제는 환경에 적응하고 살아 남아 자신의 유전자를 후대에 남기는 것이다.

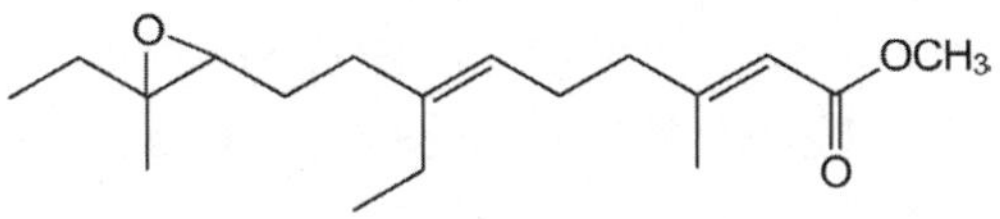
유충 호르몬
https://en.wikipedia.org/wiki/Juvenile_hormone

경쟁이 치열하고 설상가상으로 먹거리가 부족하다면 어떤 선택을 하는 것이 현명할까? 곤충들은 서로 다른 종류의 먹이를 먹는 방법을 찾아냈다. 나비의 애벌레들은 많은 잎을 먹으며 성장하는 반면에 성충이 된 나비들은 어린 애벌레들을 위해 잎은 남겨두고 그 대신 꽃으로부터 꿀을 취하는 방법을 택한 것이다. 또한 수명이 짧은 대부분의 곤충들은 계절의 변화에 맞추어 살아가는 지혜도 터득하였다. 지구상에 태어난 곤충들이 처음부터 변태라는 특이한 전략을 구사한 것은 아니다. 알에서 부화되어 같은 모습을 유지한 상태로 성장하던 곤충들은 대략 3억 년 전부터 다른 모습으로 성장하는 방법으로 진화하기 시작하였다. 이들이 택한 새로운 방법은 같은 먹이를 두고 나타나는 세대 간의 경쟁을 피할 수 있게 해주었다. 곤충의 변태 유형은 크게 세 가지로 나뉜다. 좀벌레 같이 날개가 없는 곤충들은 변태를 하지 않는다. 바퀴벌레, 메뚜기, 잠자리 등은 형태를 바꾸면서 성장하지만 불완전한 변태를 한다. 이와는 대조적으로 벌, 나비, 나방, 파리, 모기, 벼룩, 딱정벌레 등의 곤충은 완전 변태라는 현란한 쇼를 연출한다. 지구상에 살고 있는 동물의 절반은 완전 변태를 하는 곤충이며 이들은 이 생존 전략을 찾아 진화를 거듭하여 지구상에 살아남았다. 실제로 곤충의 화석을 보면 곤충 역사의 변천 과정을 이해할 수 있다. 초기에는 유충과 성충의 모습이 유사하였다가 2억 8천만 년 전부터는 다른 모습으로 성장하게 되었다. 이러한 불완전 변태의 과정은 완전 변태로 진화하는 중간 단계로 보인다. 여기에는 각 단계별로 작동하는 호르몬이 중요한 역할을 하였다.

잠자리

3억 2천만 년 전에 지구상에 출현하였다.
몸의 구조가 거의 완벽하여 변하지 않고 오늘에 이르렀다.
5,000여 종의 잠자리가 존재한다.
산소 농도가 높았던 고생대에는 날개 길이가 60센티미터인 잠자리도 살았다.
두 눈은 3만여 개 벌집 모양의 눈으로 이루어진 겹눈이며 거의 360도를 볼 수 있다.
파리, 말벌, 나비, 나방 등을 먹고 산다.
알에서 탈바꿈한 유충은 외계 생명체 같은 모습을 한 포식자로서
수개월 내지 2년 동안 물속에서 살면서 올챙이, 모기, 물고기 등을 먹으며 성장한다.
수명은 몇 주에 불과하지만 1년까지 생존하는 것도 있다.

https://www.youtube.com/watch?v=knlXTU1R_rE
https://www.smithsonianmag.com/science-nature/14-fun-facts-about-dragonflies-96882693/

호르몬

모든 생물은 생식과 성장을 위해서 호르몬Hormone이라는 마법의 화학물질을 만들어낸다. 호르몬은 신체의 내분비 기관에서 생산되어 생리와 행동을 조절하는 신호전달 물질을 말한다. 호르몬은 소화, 대사, 호흡, 수면, 배설, 젖 분비, 스트레스, 성장, 발달, 운동,

생식, 기분 등 거의 대부분의 영역을 조절하며 아민(예: 노르에피네프린 Norepinephrine), 펩타이드(예: 옥시토신 Oxytocin), 단백질(예: 성장호르몬), 그리고 스테로이드(예: 테스토스테론 Testosterone)의 형태로 존재한다.

노르에피네프린은 복잡한 일상 활동에서 우리의 의식을 명료하게 해주며 우리 몸을 적당히 긴장시켜 외부의 스트레스에 대항하여 일을 효율적으로 수행할 수 있게 해주는 신경 전달 물질이다. 외부의 자극에 대한 감정적인 대응을 적절히 할 수 있게 해주는 일도 맡고 있다. 옥시토신은 등뼈 동물과 무척추 동물을 포함하는 다양한 동물들의 뇌하수체 후엽에서 분비되는 호르몬으로 자궁수축호르몬이라고도 한다. 출산이 가까워지면 분비되는 옥시토신은 유선의 근 섬유를 수축시켜 젖의 분비를 촉진한다. 자신의 아이에게 무한한 사랑을 줄 수 있는 것은 바로 옥시토신 때문이다. 테스토스테론은 남성의 2차 성징을 유발하는 남성 호르몬이다. 나이가 들어감에 따라 젊은 시절의 남성다운 특징은 점점 줄어들었다. 신체적인 변화 이외에 정서적인 변화도 나타났다. 별것도 아닌 일에 쉽게 화를 낸다. 일에 대한 의욕도 많이 떨어졌다. 복부 비만도 늘고 성욕도 감퇴했다. 이 모든 증상들은 테스토스테론이 감소하였기 때문이다.

모성애가 옥시토신 때문이라면 부성애는 무엇 때문일까? 뇌하수체 후엽에서 분비되는 펩타이드 호르몬 바소프레신Vasopressin은 남자를 아빠로 변화시킨다. 부성애가 큰 남성일수록 남성 호르몬 테스토스테론이 감소한다. 테스토스테론에 대응하는 여성 호르몬으로는 에스트로겐Estrogen이 있으며, 에스트라디올, 에스트론, 에스트리올의 3가지 형태가 있다. 에스트로겐은 여성의 2차 성징에 관여하고 월경 주기도 조절해주지만 과다하게 분비되면 유방암 등이 발병할 수 있다. 또한 프로게스테론Progesterone은 에스트로겐과 함께 생식 주기를 조절해주는 역할을 한다. 여성의 건강은 이 두 가지 호르몬 에스트로겐과 프로게스테론의 비율에 의존한다.

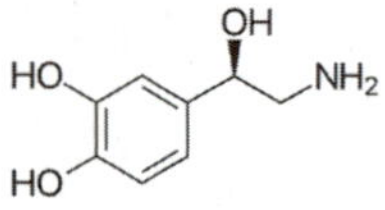

노르에피네프린
https://en.wikipedia.org/wiki/Norepinephrine

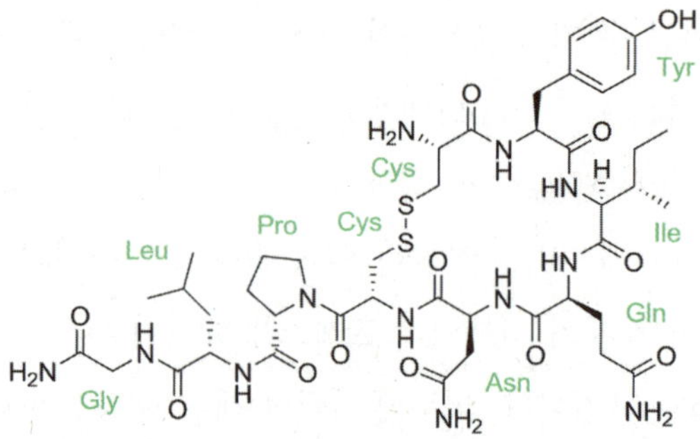

옥시토신
https://en.wikipedia.org/wiki/Oxytocin

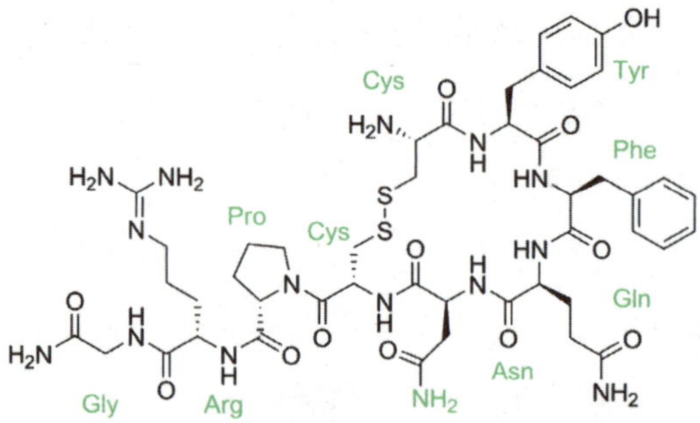

바소프레신
https://en.wikipedia.org/wiki/Vasopressin

사춘기와 갱년기

밖에서 보면 행복하게 보이는 가정도 그 속을 들여다 보면 의외의 상황 속에 놓인 경우가 많다. 항상 화목한 가정을 유지하는 것이 어려운 이유는 뭘까? 이에 대한 해답은 나이를 먹어감에 따라 달라지는 호르몬에서 찾을 수 있다. 특히 사춘기 자녀와 갱년기 엄마가 한 집에 산다면 둘 사이의 갈등은 매우 심각해질 수 있다. 사춘기란 자녀의 2차 성징이 나타나는 시기를 말한다. 이 시기에는 남성 호르몬인 테스토스테론 수치가 급증한다. 청소년기는 인지를 담당하는 뇌 영역과 감정을 담당하는 뇌 영역 간의 불균형이 큰 시기이다. 충동적이고 이성적인 판단력이 부족하며 위험한 행동을 할 수 있다. 이러한 불균형은 급격한 신체적 변화를 겪는 청소년들을 종종 방황하고 좌절하게 하며 반항하게 만든다. 미국의 심리학자 홀G. S. Hall(1844~1924)이 말한 바와 같이 청소년기는 '질풍노도[Sturm und Drang]의 시기'이다. 청소년기는 부모로부터의 독립을 꿈꾸며 새로운 도약을 준비하는 시기이다. 프랑스의 계몽주의 철학자 루소J-J. Rousseau(1712~1778)는 청소년기를 '제2의 탄생'이라고 했다. 한편 갱년기란 폐경이 시작되는 50세 전후의 시기로서 제2차 사춘기인 셈이다. 난소에서 생성되던 성 호르몬이 감소하면서 나타나는 생리적인 변화와 정신적인 변화는 화병, 불면증, 우울증 등을 수반할 수 있다. 이처럼 스스로의 감정을 통제하기 어려운 엄마와 몸과 마음의 불균형으로 이유 없이 반항하는 아이들이 충돌하면 가족 관계에 심각한 위기가 찾아올 수 있다. 갱년기는 여성뿐만 아니라 남성에게도 나타난다. 남성 호르몬인 테스토스테론의 분비가 감소하면서 무력감, 피로감, 우울증 등의 증상이 나타난다. 다만 여성의 경우와 달리 성 호르몬이 서서히 감소하기 때문에 일반적인 신체기능의 저하 또는 노화 현상으로 오인할 수 있다. 인간에게 갱년기란 '남녀 간 역할 바꿔 살아보기'를 알리는 신호이다. 갱년기 극복을 위해서 호르몬 요법을 사용하는 경우도 있지만, 바람직한 방법은 걷기, 등산, 수영 등 유산소 운동을 통해서 혈관을 튼튼하게 하고 근력을 강화하며 혈당을 유지하는 것이 중요하다. 가족 간의 친밀한 유대가 갱년기 극복에 도움이 되는 것은 물론이다.

사춘기

청소년이 성인으로 성숙하는 과정이다.
뇌에서 생식선에 이르는 호르몬 신호에 의해 시작된다.
생식선은 뇌, 뼈, 근육, 털, 가슴 및 생식기의 성장, 기능 및 변화를 자극하는 호르몬을 생성한다.
소녀들은 대개 10~11세에 사춘기가 시작되어 15~17세에 끝난다.
소년들은 대개 11~12세에 시작하여 16~17세에 끝난다.
여성의 경우 월경이 시작된다.
21세기에는 영양 섭취가 개선되어 신장과 체중 증가 속도가 빨라지고
환경 호르몬의 영향으로 사춘기가 시작되는 연령이 빨라지고 있다.

https://en.wikipedia.org/wiki/Puberty

행복의 케미컬

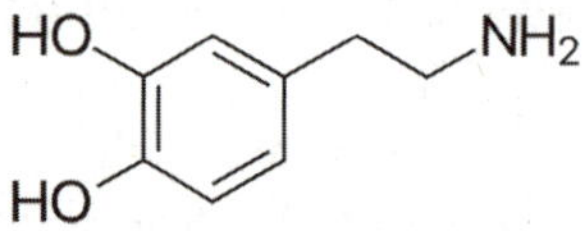

도파민
https://en.wikipedia.org/wiki/Dopamine

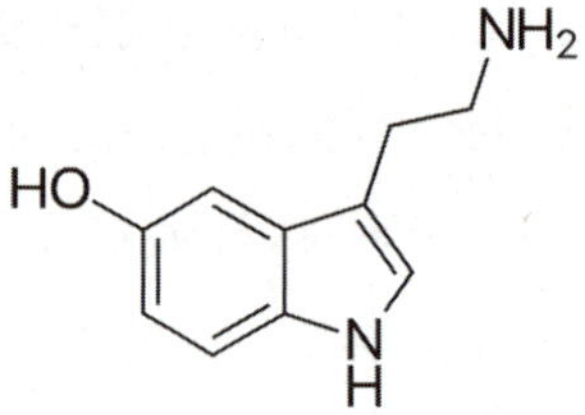

세로토닌
https://en.wikipedia.org/wiki/Serotonin

무엇이 우리를 행복하게 만드는가? 행복의 4대 호르몬으로 불리는 물질이 있다. 바로 엔도르핀Endorphins, 세로토닌Serotonin, 도파민Dopamine, 그리고 옥시토신Oxytocin이다. 도파민은 행복감뿐만 아니라 기억, 인지, 의욕, 운동 조절 등 다방면에 관여한다. 뇌에 도파민이 과도하거나 부족하면 조현병(調絃病, Schizophrenia)이나 우울증을 야기하고 도파민을 생성하는 신경세포가 손상되면 파킨슨병을 유발한다. 담배를 피울 때 느끼는 쾌감은 담배 속에 들어 있는 니코틴Nocotine이 도파민을 활성화시키기 때문이다. 마약에 의한 쾌감도 같은 원리로 나타난다. 마약은 중독성이 커서 육체와 정신을 파괴하는 물질임을 명심할 필요가 있다.

세로토닌 역시 행복에 관여하는 신경전달물질이다. 세로토닌은 뇌 전체에 광범위한 영향을 미치는 호르몬으로 도파민과 노르아드레날린을 억제하면서 평정심을 유지하게 해주는 역할을 한다. 뇌에서 분비되는 세로토닌 양이 부족하면 정서 장애 또는 행동 장애를 유발한다.

엔도르핀Endorphins은 아편의 마약 성분인 모르핀과 유사한 작용을 하는 신경펩타이드[Neuropeptide]이다. 모성애의 호르몬인 옥시토신 역시 행복의 전령사이다. 옥시토신은 출산 시에 자궁 수축을 유도하고 젖의 분비를 촉진하며 유대감을 높여주는 사랑의 호르몬이다. 엔도르핀은 중추신경계와 뇌하수체에서 생성되며 역시 행복의 호르몬으로 알려져 있다. 엔도르핀은 인체가 감당하기 힘든 고통에 직면하였을 때 이 고통을 줄여주기 위해 분비되어 행복감을 주는 마약성 물질이다. 마라톤 같은 운동은 중독성이 있다는 것이 알려졌는데, 그 이유는 극도의 고통스러운 상황에서 엔도르핀이 분비되기 때문이다.

엔도르핀은 내인성 모르핀[Endogenous morphine]이란 뜻을 가진 펩타이드 호르몬이다. 펩타이드란 아미노산의 중합체를 말한다. 알파-엔도르핀, 베타-엔도르핀, 감마-엔도르핀 등 여러 화합물로 이루어져 있으며 고통 신호 전달을 억제하여 행복함을 느끼게 하는 기능을 가지고 있다. 엔도르핀은 아편과 같은 작용을 한다. 격렬한 유산소 운동 후에 찾아오는 게 하나 있다. 소위 러너스 하이Runner's high라고 부르는 극도의 황홀감도 바로 엔도르핀 때문에 생기는 것이다. 뇌에서 만들어지는 엔도르핀은 마약과 유사하여 중독성이 있다. 웃으면 행복감을 느끼는 것도 이 호르몬의 영향이다. 따뜻한 포옹만으로도 엔도르핀이 나온다니 작은 것에도 감사하고 사랑하면서 살아야겠다.

엔도르핀보다 훨씬 강력한 효능을 발휘하는 펩타이드가 발견되었다. 바로 다이놀핀Dynorphin이다. 다이놀핀은 아편에서 얻어지는 천연 진통제인 모르핀보다 훨씬 강력하게 진통을 없애준다. 이것은 엔도르핀의 4천 배나 되는 통증완화 효과를 발휘하며 우리가 누군가로부터 감동받거나 사랑을 받았을 때 분비된다. 다이놀핀은 새로운 진리를 발견했을 때에도 분비된다고 한다. 학이시습지불역열호(學而時習之不亦悅乎, 배우고 때때로 익히면 또한 기쁘지 아니한가, 출처: 『논어』(論語) 「학이편」(學而篇))를 외쳐 볼까!

엔도르핀

알파–엔도르핀: 16개의 아미노산으로 구성

Tyr–Gly–Gly–Phe–Met–Thr–Ser–Glu–Lys–Ser–Gln–Thr–Pro–Leu–Val–Thr

감마–엔도르핀: 17개의 아미노산으로 구성

Tyr–Gly–Gly–Phe–Met–Thr–Ser–Glu–Lys–Ser–Gln–Thr–Pro–Leu–Val–Thr–Leu

베타–엔도르핀: 31개의 아미노산으로 구성

Tyr–Gly–Gly–Phe–Met–Thr–Ser–Glu–Lys–Ser–Gln–Thr–Pro–Leu–Val–Thr–Leu–Phe–Lys–Asn–Ala–Ile–Ile–Lys–Asn–Ala–Tyr–Lys–Lys–Gly–Glu

참고

Tyr: 타이로신, Gly:글라이신, Phe: 페닐알라닌, Met: 메티오닌, Thr: 트레오닌, Ser:세린, Glu: 글루탐산, Lys: 라이신, Gln: 글루타민, Pro: 프롤린, Leu: 류신, Val: 발린, Asn: 아스파라긴, Ala: 알라닌, Ile: 아이소류신

https://en.wikipedia.org/wiki/Endorphins

다이놀핀 A

13개의 아미노산으로 구성(아래의 그림: Arg는 아르기닌)

Tyr–Gly–Gly–Phe–Leu–Arg–Arg–Ile–Arg–Pro–Lys–Leu–Lys

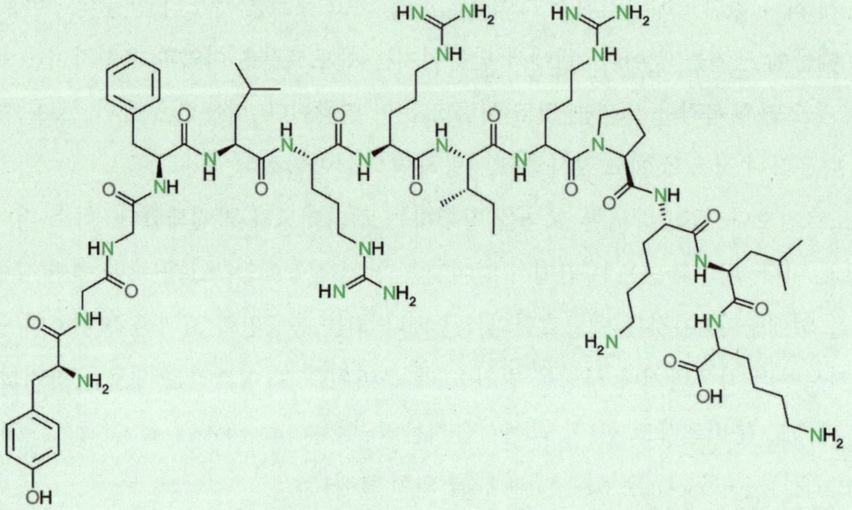

https://en.wikipedia.org/wiki/Dynorphin_A

식물의 호르몬

식물도 호르몬을 가지고 있을까? 물론이다. 식물도 성장하고 꽃을 피우며 수분(受粉, 가루받이)을 위해 벌과 나비를 유인하는 등 다양한 목적으로 신호를 전달하는 물질을 생산한다. 호르몬은 이 밖에도 성별을 결정하거나 꽃, 줄기 및 잎을 형성하는 데에도 관여한다. 과일이 자라고 익는 데에도 호르몬은 중요한 역할을 한다. 동물의 호르몬은 분비선에서 만들어지는 데 반해서 식물의 호르몬은 세포에서 만들어진다. 식물 호르몬[Phytohormone] 이란 용어는 1948년에 티만Kenneth V. Thimann(1904~1997)이 만들어 냈다. 이것은 고등 식물뿐만 아니라 조류(藻類, algae)나 미생물에도 들어 있다. 대표적인 식물 호르몬으로는 옥신Auxin, 지베렐린Gibberellin, 사이토키닌Cytokinin, 앱시스산Abscisic acid, 에틸렌Ethylene 등이 있다. 옥신은 줄기, 싹 및 뿌리 끝에서 만들어진다. 줄기를 신장시키고 곁눈 성장을 억제하는 역할을 한다. 열매의 생육과 뿌리의 발생을 촉진하고 낙엽과 낙과를 방지해 준다. 지베렐린은 씨와 싹의 발아를 촉진하고 줄기의 신장 및 잎의 성장을 촉진하며 싹, 덩이줄기 및 씨의 동면 상태를 극복하여 성장하는 것을 돕는다. 사이토키닌은 세포의 분열과 성장을 촉진하고 씨의 발아와 개화 등에 관여한다. 앱시스산은 세포 성장을 억제함으로써 종자 휴면을 촉진하는 역할을 하며 기공을 개폐하는 데에도 관여하고 노화 및 낙엽을 촉진한다. 식물이 추위에 노출되거나 수분이 부족한 경우 등 스트레스를 받는 상황에 처하면 앱시스산의 함량이 증가한다. 에틸렌은 식물의 노화와 과일의 성숙을 촉진하는 호르몬이다. 덜 익은 바나나에 에틸렌을 뿌려주면 노랗게 익는다.

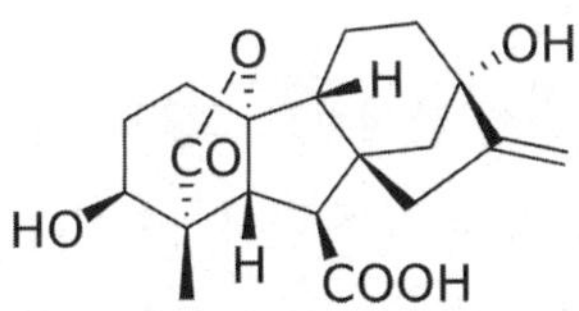

지베렐린 A1
https://en.wikipedia.org/wiki/Gibberellin

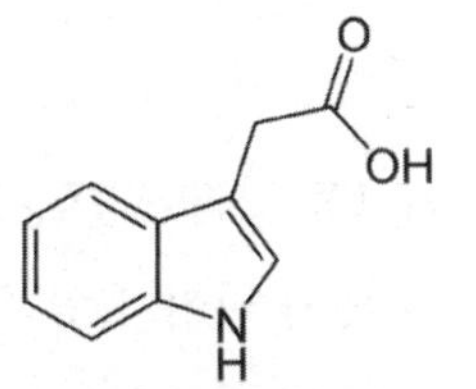

인돌-3-아세트산(옥신)
https://en.wikipedia.org/wiki/Auxin

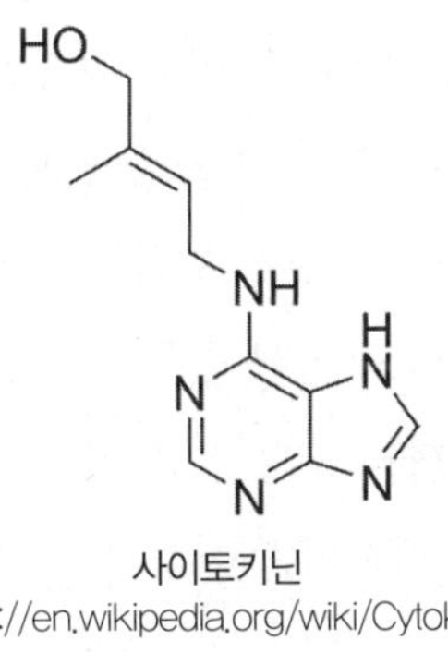

사이토키닌
https://en.wikipedia.org/wiki/Cytokinin

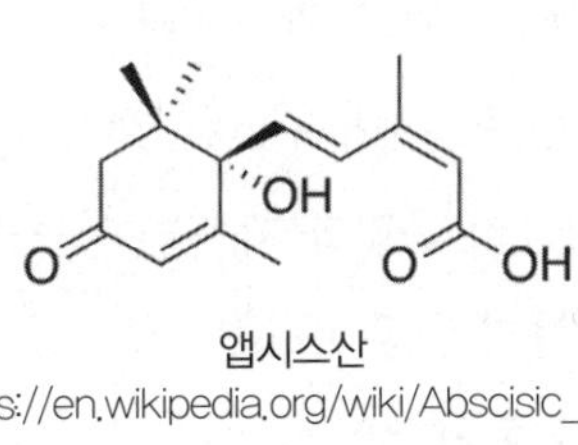

앱시스산
https://en.wikipedia.org/wiki/Abscisic_acid

4
따로 또 같이

끼리끼리 / 닮은 꼴에 끌리는 이유 / 달리트 / 집시 / 아파르트헤이트 / 카탈루냐 / 다르니까 끌린다 / 끌림의 법칙

끼리끼리

아프리카의 최고봉 킬리만자로, 유서 깊은 향료의 섬 잔지바르, 그리고 응고롱고로 보호지역을 가지고 있는 나라가 있다. 바로 동아프리카에 있는 탄자니아이다. 산과 호수, 그리고 대평원이 조화를 이루고 있는 탄자니아는 누, 영양, 치타, 가젤, 홍학, 들소, 코뿔소, 코끼리, 악어, 사자 등 다양한 야생동물의 전시장이다. 탄자니아의 세렝게티 국립공원은 해마다 동물들이 풀을 따라 대이동을 하는 감동을 선사한다. 봄이 되어 2백만 마리가 넘는 누 떼가 남쪽 평원을 건너 대이동을 시작하면, 얼룩말, 영양, 가젤, 사자 등이 뒤를 따른다. 수많은 동물들이 무리를 지어 이동하면서 살아가는 모습을 보면 한 가지 공통점이 발견된다. 바로 끼리끼리 어울리며 살아간다는 것이다. 초식동물조차도 서로 다른 종들과 뒤섞여 지내지는 않는다. 하늘을 나는 새들도 바닷속 물고기들도 떼를 지어 생활한다. 이들이 무리를 이루는 이유는 무엇 때문일까? 무리를 이루면 포식자로부터 스스로를 방어하기가 용이하고 함께 있으니 번식에 유리하며 먹이를 더 쉽게 찾을 수 있다. 또한 이동할 때 에너지가 절약된다. 연구 결과에 의하면 이것은 학습된 행동이 아니고 유전자를 통해서 전수받는 것으로 보인다.

끼리끼리

끼리끼리 어울리며
생존 경쟁에서 살아남아
진화를 거듭한다.
하늘을 나는 새들도
바닷속 물고기들도
땅속의 개미들도
무리를 이루며
살아간다.

https://www.howitworksdaily.com/why-do-birds-flock-together/
https://www.howitworksdaily.com/why-do-fish-live-in-schools/

닮은 꼴에 끌리는 이유

우리가 평생의 동반자로 삼는 이성은 어떤 사람이어야 할까? 나와 닮은 사람이 더 좋을까, 아니면 나와는 다른 대조적인 사람이 더 좋을까? 유유상종이란 말이 있다. 영어로는 "Birds of a feather flock together."로 표현한다. 같은 깃털의 새들끼리 서로 모인다는 뜻으로 끼리끼리 어울린다는 의미이다. 자신과 닮은 사람에게 더 끌린다는 소위 유사성-매력 이론[Similarity-attraction theory]은 오랫동안 많은 사람들이 수긍해왔다. 자신과 비슷한 외모를 가진 이성에게 끌리는 현상도 흔히 볼 수 있다. 여자는 아버지를 닮은 남자를 선택하고 남자는 어머니를 닮은 여자를 선택하는 경향이 있는 것도 같은 이유이다. 입양되어 자란 여자 역시 양아버지를 닮은 남자를 선택하는 경향이 있다. 물론 좋은 관계를 유지해온 경우에 한한다. 나와 사고방식이 유사한 사람을 만나면 동질감을 느끼게 된다. 서로 간에 느끼는 동질감과 자존감은 유대감으로 이어져 사랑의 호르몬인 옥시토신이 활성화된다는 연구 결과도 있다. 성격이 비슷한 사람에게 끌리는 것도 마찬가지 이유이다. 부부간 성격의 유사성은 행복한 결혼생활을 오래 유지하기 위한 중요한 요소이다.

교육수준, 종교 등도 중요한 요소이다. 유사성의 크기는 관계의 만족도로 이어진다. 결혼상대로 나와 비슷한 사람을 선택하는 경향을 맞춤원리[Matching principle]라고 한다. 결혼할 때에는 닮은 점이 없던 부부라도 행복한 결혼생활을 오래 유지하면 서로 닮아간다는 연구 결과도 있다. 이는 오랫동안 감정을 공유해왔기 때문이다.

달리트

인구 13억의 인도가 경제대국으로 떠오르고 있다. 인도는 매년 경제성장률이 7퍼센트를 넘나들고 생산가능인구(15~64세)의 비율도 65퍼센트에 달하며 구매력 기준으로 세계 3위의 내수시장을 가지고 있는 나라이다. 하지만 인도인들을 지배하고 있는 것은 종교와 관습이다. 카스트 제도는 기원전 14세기 무렵 아리안족이 인도를 점령하면서 원주민인 드라비다족을 지배하기 위한 수단으로 생겨났다. 인도에는 브라만(성직자 계급), 크샤트리아(귀족, 군인 계급), 바이샤(농민, 평민 계급), 그리고 수드라(노예 계급)의 4계급이 존재한다. 그리고 이 4계급에도 들어가지 못하는 달리트Dalit가 있다. 산스크리트어로 '억압받는', 힌두어로 '부서진, 흩어진'이란 의미를 가진 달리트는 접촉할 수 없는 천민, 즉 불가촉천민不可觸賤民이었다. 달리트는 인도 인구의 약 20퍼센트를 차지하고 있으며, 다른 일반 계급과 엄격하게 구분되어 오랫동안 차별을 받아왔다. 사회가 현대화되고 경제가 발전할수록 달리트들이 느끼는 박탈감은 커졌다. 현생의 삶을 운명으로 받아들이던 달리트들의 의식이 조금씩 변화되고 있는 것은 고무적인 현상이다.

달리트들이 모여 사는 다라비Dharavi는 인도 뭄바이에 위치한 세계 최대 슬럼가 중의 하나이다. 18세기 다라비는 맹그로브 나무로 가득한 섬이었다. 다라비의 역사는 1882년 영국 식민지 시대부터 시작되었다. 도시 빈민들이 외곽으로 추방되자 한곳에 모여 살면서 형성된 다라비는 거주 인구가 120만 명에 달하는 규모로 확대되었다. 오늘날에는 저임금 노동을 바탕으로 한 소규모 공장에서 가죽, 직물, 도자기 등 다양한 제품들이 이곳 다라비에서 생산되고 있다.

인도 천민의 아버지 암베드카
https://en.wikipedia.org/wiki/B._R._Ambedkar

달리트를 구하기 위해 간디Mahatma Gandhi(1869~1948)와 맞선 사람이 있었다. 주인공은 달리트의 아들로 태어난 암베드카Bhimrao R. Ambedkar(1891~1956)이다. 그는 달리트의 인권을 위해 불가촉천민 식수운동, 불가촉천민 분리선거운동, 집단 불교 개종 운동 등을 이끌었다. 그는 인도 헌법에 여성과 불가촉천민의 자유와 권익 보호를 위한 조문을 명문화하는 데에도 기여했다. 1996년부터 달리트의 인권개선을 위해 활동해온 민중 인권 감시 위원회[PVCHR]의 노력도 있었다. 달리트 출신의 나라야난Kocheril R. Narayanan(1921~2005)은 1997년에 인도의 10대 대통령에 당선되었다. 이것은 인도가 뿌리 깊은 신분제 사회에서 평등사회로 변화하고 있음을 알리는 상징이었다. 2017년 7월에는 나라야난에 이어 두 번째로 달리트 출신의 코빈드Ram N. Kovind가 14대 대통령에 당선되었다.

집시

에스메랄다Esmeralda가 태어났을 때 그녀의 이름은 아그네스Agnes였다. 15년이 지난 뒤 에스메랄다로 불리게 된 아그네스는 파리의 집시들과 함께 살고 있었다. 광장에서는 집시 소녀 에스메랄다가 화려한 춤을 추고 있었다. 곁에서는 염소 잘리Djali가 탬버린으로 재주를 부렸다. 공연은 가짜 교황으로 분장한 콰시모도Quasimodo(노트르담 성장의 종지기 꼽추)가 등장하면서 끝이 났다. 에스메랄다는 살인과 요술을 부렸다는 이유로 사형이 언도되어 결국 교수형을 당했다. 프롤로Claude Frollo 주교는 노트르담의 탑 위에서 에스메랄다가 죽는 모습을 웃으면서 지켜보았다. 분노한 콰시모도는 프롤로를 아래로 던졌고 그 후로 콰시모도의 모습은 두 번 다시 보이지 않았다. 세월이 흐른 뒤 몽포콩 묘지에서 두 개의 유골이 발견되었다. 그것은 에스메랄다를 껴안은 채 죽은 콰시모도였다.

이 이야기는 19세기 프랑스 문학의 상징이며 낭만주의 문학 운동을 이끈 빅토르 위고 Victor Hugo(1802~1885)가 1831년에 발표한 장편소설 『파리의 노트르담』(Notre-Dame de Paris)의 마지막 장면이다. 이 소설은 『노트르담의 꼽추』로도 잘 알려져 있다. 작가는 집시 여인을 희생시킴으로써 지배 계층의 위선과 추악한 모습을 세상에 드러냈다. 빅토르 위고는 15세기 프랑스 사회상을 통해서 사회적 약자의 권익 증진과 인간 평등을 주장하고 있다.

유럽을 중심으로 수백 년 동안 유랑 생활을 해온 집시(Gypsy 또는 Roma)는 차별의 아이콘이다. 희망을 잃어버린 인도의 하층민들이 차별을 피해 유럽 등지로 이주하였다는 것이 정설인데 유럽인들은 이 집시를 가난하고 게으르다는 편견을 가지고 대해 왔다. 그들에게 집시는 출신성분을 알 수 없는 부랑아일 뿐이었다. 프랑스에서는 보헤미안Bohémien, 이탈리아와 스페인에서는 기타노Gitano, 독일에서는 치고이너Zigeuner, 헝가리에서는 치가니Cigány라고 불린다. 집시들은 제2차 세계대전 중 히틀러Adolf Hitler(1889~1945)가 이끄는 나치당이 자행한 홀로코스트Holocaust에 의해서 수십만 명이 처형당하기도 하였다.

집시들은 자신들을 보호해줄 국가가 없다. 집시들에 대한 차별은 주거, 고용, 교육 등에서 광범위하게 나타나고 있다. 극우파에 의한 폭력 행위도 증가하고 있다. 유럽 인종차별과 외국인혐오 감시센터[EUMC]가 공개한 2005년 인종차별 보고서에 따르면, 유럽연합[EU] 25개국 내에서 가장 차별받는 소수 인종은 로마니Romani 즉 집시라고 한다. 영국 런던에 본부를 둔 인권단체인 국제앰네스티(국제사면위원회) 역시 EU가 소수민족인 로마니에 대한 폭력과 차별을 줄이지 못하고 있다고 지적했다. 집시는 전 세계에 약 1,100만 명이 살고 있다. 그들은 인종차별을 극복하고 평등하게 살 권리를 찾고자 연합하고 있다. 1977년에 국제 로마니 연합[International Romani Union]이 결성되었고, 2000년에는 제5회 세계 로마니 대회[World Romany Congress]가 개최되었다.

19세기 후반 사라사테Pablo de Sarasate(1844~1908)는 바이올린 협주곡 〈치고이너바이젠〉(Zigeunerweisen Op. 20)을 작곡한다. 독일어로 '집시(로마니)의 선율'이라는 뜻을 담고 있는 이 협주곡은 정처 없이 떠돌던 집시들의 삶의 애환과 기쁨을 4악장에 걸쳐 담아냈다. 강렬하고도 침울한 분위기에서 시작하여 애절함으로, 그리고 환희로 끝을 맺는 소름 돋는 선율을 가슴으로 감상해보자.

로마니

집시라는 이름으로 불려온 소수민족이다.
로마니의 기원에 대해서는 13세기에 인도에서 유럽으로 왔다는 설이 있다.
정처 없이 떠도는 삶은 생존을 위한 것일 뿐 그들이 선택한 것이 아니다.
세계에서 가장 많은 박해를 받은 민족이다.
심지어 노예 취급도 받았다.
정확한 인구 통계가 없다.
공식적인 종교나 국가는 없다.
국제 로마니 연합과 공식적인 로마니 기를 가지고 있다.

https://listverse.com/2016/05/25/10-fascinating-facts-about-gypsies/

아파르트헤이트

다음과 같은 규율을 가진 나라가 있었다.

* 서로 다른 인종 사이의 혼인을 금지한다.
* 16세 이상의 모든 국민에게 신분증을 만들 것을 의무화하며, 등록증에 인종 정보를 표시한다.
* 남아프리카 공산당 및 정부가 공산주의라고 규정하는 모든 정당의 활동을 금지한다.
* 국토를 인종에 따라 특정 인종만 이용 및 거주할 수 있는 인종구역으로 나눈다.
* 서로 다른 인종이 같은 공공편의시설을 이용하는 것을 금지한다.
* 흑인 인구의 대도시 이주를 통제한다.

이것은 1950년 전후, 남아프리카공화국의 백인정권에 의해 제정된 법률의 내용이다. 남아프리카공화국의 역사는 식민지 개척을 위해 유럽에서 온 이주민과 원주민의 갈등으로 시작되었다. 남아공은 1910년 영연방국가로 독립하였다. 1948년에는 수적으로 우세한 보어Boer 계가 주축인 우익정당 국민당이 집권하면서 인종차별 정책인 아파르트헤이트Apartheid가 실시되었다. 1961년에는 백인들만의 국민투표로 개헌이 이루어져 영국의 통치를 벗어난 공화국이 되었다.

1980년대 초, 남아공에는 인종차별 철폐와 평등을 주장하는 수백만 남아공 흑인들의 투쟁이 격화되었다. 군대의 폭력적 대응으로 인명 피해가 속출하였다. 1985년, 백인 기업에 대한 소비자 보이콧이 시작되었다. 정부는 비상사태를 선포하였고 3만 명이 투옥되었다. 폭력 시위가 일어나고 보이콧이 이어지자 외국계 기업들의 대탈주가 시작되었다. 1989년, 실각한 보타Pieter W. Botha(1916~2006)의 뒤를 이어 데 클레르크Frederik W. de Klerk가 대통령이 되었다. 그는 넬슨 만델라Nelson R. Mandela(1918~2013)와의 대타협을 통해 아파르트헤이트 체제를 종식시킨 인물로 평가받고 있다. 만델라는 반反인종차별 활동으로 1956년에 구속되었으며, 그 후 내란 음모죄로 종신형을 받았으나, 27년 만인 1990년 2월에 출소하였다. 1994년, 만델라는 남아공 최초의 흑인 참여 자유총선거에서 63퍼센트의 압도적인 지지를 얻어 대통령에 취임하였다. 그는 진실과 화해위원회[TRC]를 결성하여 용서와 화해를 강조하는 과거사 청산을 실시했다.

아파르트헤이트

아파르트헤이트는 아프리카 말로 분리(apartness, separateness)를 뜻한다.

1913년: Land Act를 출발점으로 수많은 관련 법령이 제정되었다.

1950년: 국민당에 의해 인종차별정책이 시행되었다.

1976년: 차별에 항의하는 수백 명의 흑인 학생들이 학살되었다.

1986년: 미국과 영국은 남아공에 대해 경제 제재를 가하였다.

1990년: 종신형을 선고받고 복역 중이던 만델라가 풀려났다.

1993년: 평등 선거에서 아프리카민족회의가 63퍼센트를 얻었다.

1994년: 만델라가 남아공 최초의 흑인대통령으로 취임하였다.

http://www.myinterestingfacts.com/apartheid-facts/
https://www.thoughtco.com/brief-history-of-south-african-apartheid-2834606
http://www.flokka.com/7-interesting-apartheid-facts/

카탈루냐

바르셀로나는 화가 피카소Pablo Picasso(1881~1973)와 미로Joan Miró i Ferrà(1893~1983) 그리고 건축가 가우디Antoni Placid Gaudi i Cornet(1852~1926)를 배출한 도시이다. 1992년 하계 올림픽 개최도시이며, 유럽 축구 사상 최고의 팀인 FC 바르셀로나가 있는 스페인 제2의 도시이다. 2017년은 바르셀로나를 주도로 하고 있는 카탈루냐Catalunya에 독립의 열기가 뜨겁게 달아 오른 해였다. 카탈루냐 의회가 독립 국민투표의 결과에 따른 후속 조치로 2017년 10월 27일 독립을 선포한 것이다. 스페인 정부는 자치권을 회수하고 직접통치를 선언하였다. 카탈루냐가 스페인으로부터 독립을 주장하는 이유는 무엇일까? 카탈루냐의 인구는 약 750만 명으로 스페인 전체 인구의 16퍼센트를 차지하고 있다. 면적으로 치면 전체의 10퍼센트에 불과하지만 첨단 산업과 높은 농업생산력 덕분에 스페인 총생산의 20퍼센트를 차지하고 있다. 자신들이 내는 세금에 비해 충분한 자치권을 행사하지 못하고 있다는 피해의식은 분리 독립을 묻는 찬반투표에서 90퍼센트의 압도적인 찬성표로 나타났다. 1714년 스페인에 합병된 카탈루냐는 역사적으로 그들만의 정체성을 가지고 있지만 프랑스, 독일, 이탈리아 등 유럽연합[EU] 주요국들은 카탈루냐의 독립을 반대하고 있다. 외신들은 양측이 돌아올 수 없는 강을 건넜다고 표현하였다. 각 나라마다 카탈루냐 사태를 보는 시각이 다르다. 나라도 생물과 마찬가지로 이기적이다.

영국에서는 브렉시트(Brexit, EU로부터 탈퇴)가 확정되었다. 그러자 스코틀랜드와 북아일랜드는 영국으로부터 독립투표 카드를 들고 나오고 있다. 스코틀랜드는 1707년 영국에 합병되었고 1999년 국방과 외교 이외의 자치권을 획득하였다. 북아일랜드는 1999년 국민투표에 따라 자치정부가 수립되었다. 오랫동안 외세의 지배를 받아온 바스크의 경우에는 1933년 자치주가 만들어졌으나 프랑코 독재정권의 탄압으로 오늘에 이르고 있다.

다르니까 끌린다

나와 닮은 사람에게 끌리는 이유가 동질감에서 비롯된 것이라면 나와 다른 사람에게 끌리는 이유는 무엇 때문일까? 자석의 N극과 S극이 서로를 끌어 잡아당기는 것 같은 단순한 이유 때문일까? 나와 외모, 성격, 가치관이 다른 사람을 대하면 호기심과 기대감으로 가슴이 뛴다. 나에게 없는 것을 상대로부터 얻을 수 있다는 보완 심리가 작용한다. 다른 사람으로부터 새로운 경험을 할 수 있다는 것도 장점이다. 나와 다른 상대는 불확실하지만 나를 들뜨게 할 수 있는 존재이기도 하다. 금성녀가 화성남에게 끌리고 목성남이 수성녀에게 끌리는 것은 차이로 인한 불편함을 초월하는 또 다른 신선한 매력 때문이다. 생물학적인 관점에서 보면 대조적인 남녀 간의 끌림 현상은 유전자의 다양성을 확보하기 위한 생명체들의 진화의 결과이다. 나와는 다른 유전자를 갖는 후손은 변화하는 환경에 적응할 확률이 높아진다. 서로 다른 DNA를 가진 커플에서 태어난 아이들일수록 주조직 적합성 복합체(MHC, Major Histocompatibility Complex)라고 부르는 면역 체계가 다르다는 것이 밝혀졌다. MHC는 대부분의 척추동물에서 면역체계와 번식의 두 요소에 중요한 역할을 한다. 이러한 장점에도 불구하고 대조적인 남녀의 만남에서는 긴장과 갈등이 쌓일 확률이 높다. 에니스P. C. Ennis는 이러한 문제로 고민하고 있는 남녀를 위해 다음과 같은 조언을 하였다. 상대방에게 감사하는 마음을 가지자. 서로의 주장만 내세우지 말고 중간에서 만나자. 상대방을 배울 점이 많은 선생으로 생각하자.

끌림의 법칙

극과 극은 통한다. 극과 극은 끌린다. 동전의 양면도 서로 만난다. 세상에서 일어나는 수많은 사건은 이런 상황에서 시작한다. 소금이 물에 녹는 과정을 살펴보기로 하자. 물[H_2O]은 수소 원자와 산소 원자가 공유 결합을 하여 형성된 극성 분자이다. 소금[NaCl]은 양이온[Na^+]과 음이온[Cl^-] 사이의 정전기적 인력으로 결합된 물질이다. 소금이 물에 녹는 과정은 끼리끼리 어울린다는 표현이 적절한 것처럼 보인다. 자, 이제 소금이 녹아드는 과정을 좀 더 가까이에서 살펴보자. 소금에서 떨어져 나온 양이온[Na^+]과 음이온[Cl^-]을 둘러싸고 있는 물 분자를 보자. Cl^- 이온을 둘러싸고 있는 물 분자를 보면 전자가 부족한 수소 원자가 가까이 있는 것을 알 수 있다. 마찬가지로 Na^+ 이온을 둘러싸고 있는 물 분자에서는 전자 여유가 있는 산소 원자가 가까이 있는 것을 알 수 있다. 물과 소금 속에 있는 양과 음의 전하는 서로 반대 전하에 관심을 보이며 끌어당기고 있음을 알 수 있다. 수산화 이온[OH^-]이 클로로메테인[CH_3Cl]과 만났을 때 벌어지는 화학적인 사건에서도 반대 전하가 서로 관심을 보이면서 화학적인 사건이 진행된다는 것을 알 수 있다. 수산화 이온의 산소 원자는 전자가 풍부하다. 반면에 클로로메테인의 탄소 원자는 전기음성도가 큰 염소 원자의 영향으로 전자가 부족한 상황이다. 따라서 수산화 이온은 전자쌍을 제공하면서 새로운 결합을 형성한다. 클로로메테인에 있던 Cl은 전자를 가지고 떨어져 나간다. 치환 반응이 일어난 것이다.

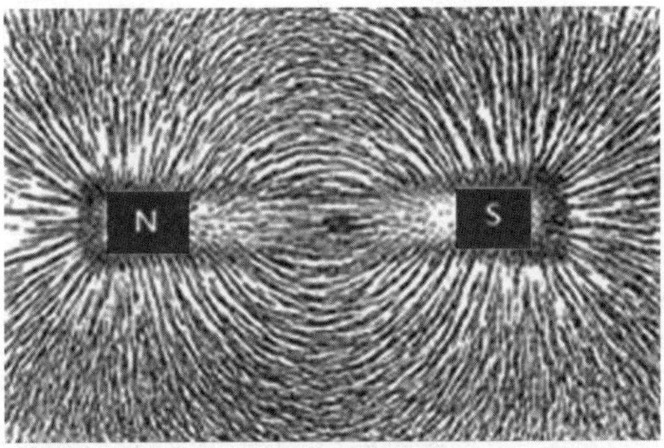

자석의 N극과 S극은 서로 끌린다. 형성된 자기장의 방향은
자석 주변에 철 가루가 정렬하는 모습을 통해서 확인할 수 있다.
https://en.wikipedia.org/wiki/Magnet

5
공생

공생 / 공생의 유형 / 상생 / 공유 주거 / 공유 경제 / 공유 결합

공생

후대를 잇기 위해 씨를 생산해야 하는 속씨식물은 수분受粉이라는 과제를 해결해야 한다. 스스로 움직일 수 없는 식물은 수술의 꽃가루가 암술머리에 도달하도록 하기 위해 어떤 전략을 구사할까? 한 가지 방법은 수분을 도와주는 벌과 나비 같은 조력자들의 힘을 빌리는 것이다. 물론 공짜는 없다. 식물이 형형색색으로 피워낸 꽃 속에는 벌과 나비에게 필요한 꿀이 들어있는 것이다. 꿀을 찾아온 조력자들은 영양분을 얻고 그 과정에서 자연스럽게 수정이 이루어진다. 식물과 곤충의 공생은 인간에게도 유익하다. 만약 곤충들이 사라진다면 식물도 위기에 처할 것이고 이는 인간에게도 심각한 영향을 미칠 것이다. 식물과 곤충은 공생共生을 통해서 진화를 거듭해 왔다. 공생은 지구상의 모든 생명체들이 서로 어울려 살아가는 가장 흥미로운 생존 방식이다. 서로 다른 종들이 만나 상호작용을 하면서 도움을 주고받는다. 이러한 공생은 서로를 위한 윈-윈 전략이다. 딸기는 탐스런 열매로 새를 유인하고 새는 딸기를 먹고 씨를 퍼뜨려준다. 콩과식물과 뿌리혹박테리아의 예를 보자. 박테리아는 대기 중의 질소를 콩과 식물이 대사에 사용할 수 있는 형태로 바꿔주고 식물은 박테리아의 성장과 번식에 필요한 산소와 영양분을 제공해준다. 물소와 왜가리는 전혀 어울리지 않는 파트너 같은데… 물소의 등에 붙어 있는 해충은 왜가리의 훌륭한 먹잇감이다. 물소는 왜가리의 힘을 빌려 등을 깨끗하게 청소할 수

있어서 만족이다. 악어와 악어새의 경우도 마찬가지이다. 사람의 장 속에는 사람과 공생 관계를 유지해온 박테리아들이 살고 있는데 그 수는 무려 100조나 된다. 사람을 포함한 모든 동물은 식물에 의존하여 살아가고 있다.

식물은 빛에너지를 이용하여 이산화탄소와 물을 분해하는 광합성을 함으로써 동물에게 필요한 탄수화물[$(CH_2O)_n$]을 생산할 뿐만 아니라 호흡에 필요한 산소[O_2]를 대기 중으로 방출한다. 그러나 공생이 항상 윈-윈하는 상황을 연출하는 것은 아니다. 공생은 서로 어떤 상대를 만나는가에 따라 복잡한 형태로 나타난다.

벌

식물과 공생 관계를 유지해 온 벌은
남극을 제외한 꽃이 피는 식물이 존재하는 모든 대륙에서 무리 지어 살고 있다.
벌은 수분을 돕는 대표적인 매개 곤충이다.

https://en.wikipedia.org/wiki/Bee

공생의 유형

지구상의 모든 생명체들은 다양한 방식으로 서로 상호작용하면서 살아간다. 함께 살아간다는 의미를 가진 공생[Symbiosis]은 좀 더 구체적으로는 상리공생, 편리공생, 편해공생, 그리고 기생으로 나누어볼 수 있다.

말미잘과 공생 관계를 유지하며
살아가고 있는 흰동가리
https://en.wikipedia.org/wiki/Symbiosis

상리공생이란 쌍방의 생물종이 서로 이익을 얻는 경우를 말한다. 광대같이 생긴 흰동가리[Clownfish]는 말미잘[Anemone]에 은신하여 살아간다. 눈에 잘 띄는 흰동가리에 포식자가 접근하면 말미잘은 독이 있는 촉수로 공격하여 마비시켜 잡는다. 말미잘은 먹잇감을 쉽게 포획해서 좋고 흰동가리는 남은 음식을 챙겨서 좋다. 복서 게[Boxer crab]와 말미잘도 상호 유리한 방식의 공생을 한다. 복서 게에 포식자가 접근하면 말미잘은 촉수로 공격하여 게를 지켜주고, 대신 말미잘은 게가 먹이를 먹으면서 떨어뜨리는 부스러기를 먹는다. 아메리카 들소(Buffalo)와 찌르레기는 어울릴 것 같지 않다고? 찌르레기는 버팔로의 등에 붙은 기생충이나 해충을 제거해 준다. 이뿐만이 아니다. 찌르레기는 버팔로의 천적이 접근하면 경고음을 내서 미리 알려준다. 찌르레기로서는 충분한 영양을 얻을 수 있다. 아프리카 찌르레기(Oxpecker)와 얼룩말도 같은 방식으로 서로 돕는다. 물떼새[Plover]에게도 도움을 주고받는 친구가 있다. 바로 악어[Crocodile]이다. 이 악어물떼새는 악어의 피를 빨아먹는 거머리를 잡아 먹는다. 얼룩말과 타조 역시 서로 도움을 주고 받는다. 얼룩말은 시력이 나쁘다. 그런데 타조는 후각과 청각이 형편없다. 얼룩말은 좋은 후각과 청각을 이용하여 위험을 감지한다. 타조는 좋은 시력으로 다른 위험을 감지한다. 서로의 장점을 가지고 동시에 다른 위험에 대비하는 것이다. 배고픈 꿀잡이새[Honeyguide bird]가 있다. 그런데 이 새는 군침이 도는 벌집을 보고도 서두르지 않는다. 대신에 오소리를 부른다. 오소리는 벌집을 파헤치고 허기를 채운다. 이제 그(녀)가 식사할 차례이다. 바위나 나무에서 자라는 이끼(지의류)는 서로 거리가 먼 균류와 조류藻類가 공생하는 복합 유기체이다. 조류는 균류의 보호를 받으며 산다. 대신 조류는 광합성을 통해서 균류에게 영양분을 공급해 준다.

편리공생이란 한쪽만 이익을 얻는 경우를 말한다. 숨이고기[Pearlfish]는 낮에는 해삼[Sea cucumber]의 소화관에서 지내다가 밤이 되면 밖으로 나와 작은 새우, 게 등을 잡아먹는다. 숨이고기는 안전한 장소를 얻은 반면에 해삼은 이익을 얻은 것이 없다. 게와 새우 역시 천적으로부터 자신을 지키기 위해 말미잘과 편리공생 관계를 이루며 지낸다.

편해공생이란 한쪽이 피해를 입고 다른 쪽은 아무런 영향을 받지 않는 경우를 말한다. 가마우지나 왜가리가 둥지를 트는 나무들은 독성을 가진 새의 분비물로 인해 잘 자라지 못하고 죽을 수도 있다. 큰 나무 밑에는 다른 초목이 자라지 못한다. 큰 나무가 그늘을 만들어 작은 초목들의 광합성을 방해하기 때문이다. 특히 흑호두나무[Black walnut]의 경우에는 저글론(Juglone, $C_{10}H_6O_3$)이라는 독성이 있는 물질을 만들어내어 주변에 다른 식물이 자라지 못하게 한다.

한편 기생이란 한쪽에게만 이익이 되고 상대방은 피해를 입는 경우를 말한다. 벼룩, 이, 진드기 등은 동물(숙주)의 몸에 붙어 살아가는 대표적인 기생 생물이다. 겨우살이나 새삼[Cuscuta] 같은 식물도 숙주에 기생하여 살아간다. 새삼은 황갈색의 철사 모양 줄기를 가지고 있는 한해살이 덩굴식물이다. 새삼은 잎이 없고 튼튼한 뿌리도 없어서 칡 같은 숙주식물에 달라붙어 기생하여 꽃을 피우고 열매를 맺는다. 겨우살이는 단향과檀香科의 식물로서 광합성 능력이 부족하기 때문에 흡수근을 이용하여 팽나무, 느릅나무 등의 숙주식물에 달라붙어서 물과 양분을 빼앗아 살아간다. 자연에는 기상천외한 방식으로 기생하는 생명체들이 많다. 큰점박이푸른부전나비[Phengaris arion]의 애벌레는 개미의 애벌레와 닮았다. 이런 점을 이용한 부전나비의 애벌레는 개미의 애벌레 속에서 보호를 받으며 자란다. 뒤영벌[Bombus bohemicus]은 다른 종류의 벌집에 들어가서 알을 낳고 이 알은 일벌에게 양육된다.

찌르레기, 천인조[Whydah], 검은머리오리[Black-headed duck], 그리고 뻐꾸기 같이 둥지를 만들지 않는 새들은 어떻게 새끼를 키울까? 이들은 자신의 알을 다른 새의 둥지에 몰래 가져다 놓는다. 이런 사정을 모르는 새는 열심히 알을 부화시키고 양육한다. 갓 태어난 뻐꾸기 새끼는 다른 알을 둥지 밖으로 밀어내는 행동을 보이기까지 한다. 조류가 다른 조류의 둥지에 알을 맡기는 행동을 탁란托卵이라 부른다. 사실 탁란은 새에게만 국한된 것이 아니라 물고기, 곤충 등에서도 일어나는 현상이다. 탁란은 상대의 허락을 구한 행동이 아니기 때문에 의미상으로는 기생란이란 표현이 더 적절하다. 기생생물은 숙주를 죽이지 않는다는 점에서 포식자와는 다른 특징을 보인다.

기생 생물은 눈에 보이는 것도 있지만 원생동물, 박테리아, 혹은 바이러스 같이 눈에 보이지 않는 것도 있다. 특히 세포와 미토콘드리아는 지구상에서 일어나는 가장 중요한 공생 관계를 형성하고 있다. 미토콘드리아는 영양분을 소화시키고 세포 호흡을 통해 세포를 위해서 에너지를 만들어낸다. 세포내 공생설(Symbiogenesis 또는 Endosymbiotic theory)에 따르면 진핵세포의 미토콘드리아는 호기성 세균으로부터 왔다. 세포내 공생설은 서로 다른 원핵생물들이 생존을 위해 공존을 모색하다가 진핵생물로 진화하였다는 이론이며 마굴리스L. Margulis(1938~2011)가 처음 주장하였다.

> **공생**
>
> 생명체에게 빛, 물, 음식, 그리고 집은 무슨 의미를 가질까?
> 그것은 단순히 경쟁의 대상만이 아니다.
> 협력과 상호 이익을 위한 대상이기도 하다.
> 상호작용의 형태는 환경에 따라 달라진다.
>
> https://treesforlife.org.uk/forest/symbiosis/

상생

지구상의 수많은 생명체들은 다양한 방식의 '상호작용'을 하면서 살아간다. 그중에서 경쟁은 이들이 유한한 자원을 두고 벌이는 상호작용의 한 예이다. 상대의 손실을 통해서 나의 이익을 얻고자 하는 경쟁은 종과 종 사이에서뿐만 아니라 종 내에서도 피할 수 없는 화두이다. 경쟁이 제로섬 게임이라면 우리는 또 다른 지혜가 필요하다. 공존은 경쟁만으로는 함께 살아갈 수 없는 우리에게 상생의 길을 제시한다. 생명체들이 함께 어울리며 살아가는 방식인 공생 관계는 생각보다 다양한 모습으로 나타난다. 사람의 몸속에는 적어도 30조 이상의 박테리아들이 있는데 사람과 이 박테리아들은 상호의존적인 공생 관계를 이루며 살아가고 있다.

상생의 상징으로 널리 알려진 나무가 있다. 바로 연리지連理枝이다. 연리지란 가까이 있는 두 나무가 서로 붙어 한 몸처럼 자란 나무이다. 그래서 사랑나무라고도 불린다. 2002년 1월 과학 동아에 따르면, 연리지는 남녀 간의 사랑뿐 아니라 선비들의 우정이나 부부 사이의 금슬을 나타내기도 하였으며 부모 자식 간의 사랑을 나타내는 효의 상징으로도 여겨져 왔다. 경북 청도군 운문면 지촌리에는 연리지 소나무가 있다. 충북 제천시 청풍

면과 보은군 속리산 부근에서도 두 나무의 가지가 서로 달라붙어 자라는 연리지가 발견되었다. 둘 사이의 애틋한 사랑은 1천 년 뒤에도 인연으로 나타날 수 있다는 사실에 공감한다면 영화 〈은행나무 침대〉(감독: 강제규, 1996년)를 다시 보는 것은 어떨지?

사람과 사람 사이에도 공존의 법칙이 존재한다. 타인의 의견에 귀를 막는 불통으로 일관하다가는 고립을 넘어 재앙을 맞을 수 있다. 한 국가 역시 우월한 문명과 기술을 가지고 있다 하더라도 독자적인 길만을 고집하다 보면 세계 시장으로부터 고립되어 위기를 맞게 된다. 상대의 손실로부터 나의 이득을 취하는 제로섬 게임인 경쟁과는 달리, 공존은 나와 상대가 이득을 얻는 윈-윈 게임이다. 공존은 모두를 위한 상생의 길을 제시한다.

숲

숲은 서로 다른 식물종과 동물종이 조화를 이루며 사는 소우주이다.
산호초는 수많은 생명체들이 공존하는 열대우림 같은 지역이다.
사진은 캐나다의 가리발디(Garibaldi) 주립공원.

https://en.wikipedia.org/wiki/Forest

공유 주거

〈한 지붕 세 가족〉이란 드라마가 인기리에 방영되던 시절이 있었다. 좁은 주거 공간에 여럿이 모여 살면서 벌어지는 가슴 따뜻한 사람들의 이야기이다. 그런데 이와 유사한 개념의 주거 형태가 다시 주목을 받기 시작하고 있다. 셰어하우스Share house라 불리는 공유 주택이다. 이것은 자신의 방과는 별개로 구성원들이 공유하는 화장실, 욕실, 거실, 부엌 등이 딸린 집을 말한다. 경기 침체가 지속되고 주거비용이 상승하면서 공유 주거의 개념이 사회 전반에 나타나고 있다. 셰어하우스는 입주하는 사람들의 경제 사정이나 선호도 등에 따라서 공간을 공유하는 플랫 셰어, 방까지 공유하는 룸 셰어, 그리고 대문만 공유하는 하우스 셰어 등의 형태로 나타난다. 경제적인 사정으로 꿈도 꿀 수 없지만 그래도 넓은 집에서 살고 싶을 때 나만의 공간을 최소로 하고 나머지 넓은 공간을 구성원들과 공유한다는 생각만 하면 그런 꿈은 쉽게 이루어진다. 이것이 공유 주거의 개념이다. 집값이 과열된 현상을 보여 내 집을 마련하기가 사실상 불가능한 계층이 많은 대도시에서는 이러한 공유 주택이 대안으로 제시되고 있다.

이제 공유 주거의 개념은 전 세계적으로 퍼져나가고 있다. 2015년 12월에 가디언(theguardian.com)에 소개된 사례를 보자. 홈스테이(homestay.com)는 게스트를 전 세계 150여 개 나라에 있는 호스트와 연결시켜 준다. 영어를 배우고자 하는 호스트와 함께 그 지역을 체험하고자 하는 게스트를 위한 사이트(culturegogo.com)도 있다. 2012년 서울에서 시작하여 전 세계 여행자들에게 서비스하는 사이트인 홈스테이인(homestayin.com)도 있다.

공유 경제

사람들은 누구나 아이들이 마음껏 뛰어놀 수 있는 놀이터와 풀장, 그리고 넓은 정원이 있는 나만의 큰 집을 소유하는 꿈을 꾼다. 세계 여러 나라의 정부에서는 이러한 개인적 욕구를 이용하는 경제 정책을 펴왔다. 그것은 은행 금리를 낮추어 대출받은 돈으로 집을 사도록 하는 것이었다. 그러자 집값이 뛰면서 부동산 투기 열풍이 불었다. 미국의 경우를 보자. 미국은 IT 버블 붕괴 등으로 경기가 악화되자 경기부양책으로 초저금리 정책을 폈다. 집값은 18년 간 상승행진을 이어갔다. 그러나 그 이면에는 천문학적인 가계 부채라는 시한폭탄이 숨어 있었다. 결국 2007년에 서브프라임모기지(비우량담보대출) 사태가 터졌다. 2008년에 터진 미국 발 금융위기는 전 세계로 퍼져나가 연쇄적인 경제 위기를 초래하였다. 2017년 세계 경제는 구조적 저성장세가 지속될 것으로 예측되었으며 세계 경제를 뒤덮고 있는 불확실성도 커지고 있다.

이런 상황에서 집에 대한 사람들의 생각이 변하고 있다. '소유'의 개념을 버리고 '공유'의 개념을 택하기 시작한 것이다. 미국의 경제학자 리프킨Jeremy Rifkin은 우리 사회의 미래는 '공유 경제[Sharing economy]'라고 단언하였다. 그는 인류를 구하는 유일한 해결책으로 제로마진비용 경제를 제안하였는데, 이는 바로 공유 경제의 또 다른 이름이다. 이는 소유경제가 지고 공유 경제가 뜬다는 의미이다.

공유 경제 개념에서 출발하여 거대 기업으로 성장한 사례를 보자. 2010년 노이만Adam Neumann과 매켈비Miguel McKelvey는 뉴욕에서 사무실을 빌렸다. 그들은 기업이나 사무실을 원하는 창업자 등에게 책상을 임대해주고 복사기, 프린터, 회의실 등을 공유할 수 있도록 하는 '위워크WeWork'를 창업했다. 다른 성격의 사람들이 한 공간에 모여 공간을 공유하는 새로운 공간이 탄생한 것이다. 결과는 대성공이었다. 위워크는 전 세계 21개국에 240여 개의 지점을 가지고 있으며, 기업가치가 20조 원에 달하는 회사가 되었다. '에어비엔비Airbnb'도 2008년 공유 경제 개념에서 출발한 숙박공유회사이다. 자신의 방이나 집, 별장 등을 임대할 수 있다. '우버Uber'는 운전기사와 승객을 스마트폰을 통해 중계해주는 미국의 교통 서비스 회사인데 2009년 캠프Garrett Camp와 캘러닉Travis Cordell Kalanick이 우버캡UberCab이라는 이름으로 시작하였다. 2018년 기준 우버의 기업가치는 75조 원을 넘었다.

1998년에 설립된 다국적 기업 '구글Google'은 지식 공유에 기반한 R&D 개발 문화를 통해서 성장한 세계적인 기업이다. 현재 전 세계 인터넷 검색의 약 70퍼센트를 점유하고 있다. 1997년에 서비스를 시작한 한국의 '네이버Naver'도 사용자 사이의 지식공유 서비스인 '지식iN'을 운영하고 있다. 2001년에 웨일즈Jimmy D. Wales와 생어Lawrence M. Sanger가 공동으로 세운 위키피디아는 누구나 참여하고 자유롭게 사용할 수 있는 무료 백과사전이다. 다언어로 서비스되고 있다.

공유의 시대

채집수렵 사회: 필수품만 소유하고 이동하며 공유하는 삶.

농경 사회: 정착하여 촌락을 형성. 도시의 형성. 무역으로 부의 축적.

산업혁명: 대량생산으로 부의 팽창. 기술의 진보. 상품과 서비스의 확대. 경쟁과 소유의 극대화.

다시 공유를 생각하는 사회로 회귀: 컴퓨터의 등장으로 지식과 정보를 공유. 분권과 분배가 키워드로 등장. 상호작용하고 공유하며 협력하는 방식으로 변화.

https://www.a-connect.com/acknowledge/a-brief-history-of-the-sharing-economy-and-its-future-path/

공유 결합

우주의 75퍼센트를 차지하고 있는 원소인 수소[$_1H$]로 이야기를 시작하기로 하자. 여기서 예로 드는 수소는 양성자 하나와 전자 하나로 이루어진 대표 수소[^1H]이다. 아래첨자 1은 수소의 원자번호이다. 원자번호는 원자에 있는 양성자수를 말한다. 위첨자 1은 수소의 질량수를 의미한다. 질량수는 핵의 질량으로 정의된다. 전자의 질량은 양성자의 1836분의 1에 불과하기 때문에 무시한다. 밀폐된 방 안에 수소 원자 2개를 넣어 두었다 하자. 이 둘은 방안을 자유롭게 날아다닐 것이다. 이후에 진행되는 상황을 상상해보자. 전자 하나만을 가진 수소 원자는 늘 외롭다. 그 상황이 편치 않다. 짝을 찾고 싶은 것이다. 수소 원자들은 불안정한 상황에서 벗어나고 싶다. 그런데 두 수소 원자들의 거리가 점점 가까워지고 있다. 좋은 징조이다. 가까워진 둘은 서로의 존재를 느끼기 시작한다. 둘은 서로에게 끌리는 것을 느낀다. 왜일까? 한 수소 원자에 있는 전자는 다른 수소 원자의 핵에 끌리는 것이다. 전자는 음전하를 띠고 있다. 반면에 수소의 핵은 양전하를 띠고 있는 양성자로 되어 있다. 충분히 가까워진 두 수소 원자들은 두 원자 사이에 전자 두 개를 위치하도록 한다. 짝을 찾은 둘은 편안해진다. 홀로 떠돌던 두 전자가 한 쌍이 된 것이다. 이제 둘 사이에 있는 전자 두 개는 어느 한 편의 전자가 아니다. 두 수소 원자의 공유물이다. 둘은 서로 윈윈하였다. 수소 분자[H_2]가 태어나는 순간이다. 지구는 수소(Hydrogen, $_1H$)에서 오가네손(Oganesson, $_{118}Og$)까지 총 118개의 원자들로 이루어진 세상이다. 그 중에서 생명체를 구성하는 대표 원소는 탄소[$_6C$], 수소[$_1H$], 산소[$_8O$], 그리고 질소[$_7N$]이다. 이 원자들은 각자가 가진 전자들을 공유하여 수많은 분자를 형성한다. 이러한 형태의 결합을 공유 결합이라 부른다. 공유 결합은 유기물의 핵심을 이루는 결합이다. 원자들의 집합체인 분자는 생명 존재의 근원인 물[H_2O]과 산소[O_2], 설탕보다 2,000배 단맛이 나는 타우마틴 Thaumatin, 치명적인 독소 마이토톡신(Maitotoxin, $C_{164}H_{256}O_{68}S_2Na_2$), 유전 정보를 담고 있는 핵산 DNA 등 수많은 형태로 존재한다.

전자를 공유하다

수소는 우주의 대표원소이다.
수소 원자는 핵 속에 양성자 하나가 들어 있다.
핵 주위에는 전자 하나가 돌면서 전하[電荷]의 균형을 맞추고 있다.
이 수소 원자들은 불안정하다.
전자가 홀로 존재하기 때문이다.
안정해지는 길은 서로 만나 짝을 이루는 것이다.
즉, 전자를 공유하는 것이다.
각각은 전자 2개를 공유하여 안정화한다.
드디어 수소 분자가 탄생하였다.

$$H\cdot + \cdot H \longrightarrow H:H$$

https://en.wikipedia.org/wiki/Covalent_bond

상상을 더하다 8

- 목성남 수성녀 -

1. 성 선택으로 수컷이 크고 화려해진 종과 암컷이 크고 화려한 종간의 차이점은 무엇인가?
2. 보호색을 가진 동물들은 어떻게 자신의 모습을 알고 보호색을 가지도록 진화한 걸까?
3. 난초는 수벌을 속이기 위해 암벌의 모습을 흉내내는 기술을 사용한다. 난초는 생각을 하고 이런 흉내를 내는 것일까?
4. 곤충들은 왜 탈피를 통해 단단한 외골격을 벗어버리는 걸까?
5. 곤충들의 언어를 우리가 해석할 수 있을까?
6. 반딧불이의 빛을 냉광이라고 한다. 빛이 나는데 어떻게 열이 발생하지 않는 것일까?
7. 반딧불이는 루시페린을 이용하여 빛을 낸다. 이 빛의 세기는 얼마나 될까?
8. 실생활에서 가전제품을 사용할 수 있을 정도일까?
9. 페로몬을 인공적으로 합성할 수 있을까?
10. 행복을 느끼게 해주는 호르몬을 불행한 상황에 놓인 사람에게 주사하면 그 사람은 정말 행복해질까?
11. 돼지의 인슐린은 사람이 사용할 수 있다. 호르몬이 아닌 페로몬도 서로 다른 종끼리 통용 가능한가?
12. 작물을 익게 할 수 있는 에틸렌을 뿌린 과일이 우리 몸에 해롭진 않을까?
13. 세포자살을 유도하는 호르몬을 암 치료제에 사용할 수 있을까?
14. 왜 대부분의 생물들은 암수가 나눠져 있을까?
15. 갱년기 때에는 왜 이유 없이 화가 많이 나는 것일까?
16. 호르몬 주사요법으로 모성애나 부성애를 변화시킬 수 있을까?
17. 남자의 뇌를 여자에게 이식한다면 이 사람은 남자로 사고할까?
18. 동물이나 곤충들은 위험한 상황을 미리 안다고 한다. 이들이 가진 페로몬의 양을 측정하는 방법을 이용하여 자연재해를 예측할 수는 없을까?
19. 인간들은 지구에서 언제까지 살 수 있을까?

9장
라디오로
마음을 엿보다

1
냄새를 보는 소녀

향수 / 냄새를 보는 소녀 / 퍼펙트 센스 / 오감이 없다면 / 육감 / 색깔을 듣는 남자

향수

18세기 프랑스 파리에서 한 소년이 태어났다. 아름답고 매혹적인 향기를 온전히 소유하고자 했던 소년의 집착, 세계 최고 향수의 탄생 그리고… 이것은 독일의 쥐스킨트Patrick Süskind가 1985년에 펴낸 소설 『향수: 어느 살인자의 이야기』에 나오는 스토리이다. 전 세계에서 49개 언어로 번역되어 2천만 권 이상이 팔려나간 이 소설은 2006년에 동일 제목의 영화로도 선을 보였다. 주인공 그루누이J-B. Grenouille는 태어나자마자 사생아로 버려져 고아가 된다. 그는 주변의 모든 냄새를 구별해내는 천재적인 후각을 가지고 있었다. 조향사[Perfumer]가 된 그는 억누를 수 없는 향기를 가진 소녀를 만나 그 향기에 도취되고 그 향기를 소유하려 욕망한다. 마침내 이 세상에 단 하나뿐인 향수를 얻은 그루누이. 체포되어 처형장으로 들어서는 그가 뿌린 향수에 수많은 관중들은 그를 천사라 외치며 열광한다. 그루누이가 원했던 건 진정한 사랑이었을까?

향수의 기원은 대략 5천 년 전 인더스 문명으로 거슬러 올라간다. 고대 인도의 아유르베다(Ayurveda, Ayur = life(삶), Veda = knowledge(지식))에는 향수뿐만 아니라 수많은 식물의 특성이 기술되어 있다. 고대 메소포타미아에서 향수는 신에게 바치는 향에서 출발하였다. 설형문자로 기록된 점토판(제작 시기: 12,000 BCE)에는 타푸티Tapputi라는 인류 최초의 화학자가 등장한다. 그녀는 향수 제조의 기본이 되는 추출[Extraction], 증류[Distillation], 냉침법[Cold enfleurage], 팅크Tincture 등의 기술을 개발하였다고 전해진다. 고대 이집트에서는 머리에 연꽃을 쓰고 있는 네페르툼Nefertum을 향기와 치유의 신으로 섬겼다. 그들은 이것을 작은 조각상으로 만들어 행운의 장식물로 몸에 지녔다. 고대인들은 꽃과 허브 등으로 향수를 만들어 사용하였다.

이슬람 철학의 아버지로 불리는 알킨디Al-Kindi(c. 801~873 CE)는 그의 저서『향수와 증류의 화학의 책』에서 방향유, 연고, 방향수제 등의 제조법을 기술하였다. 알킨디는 향수 산업의 창시자로 평가되고 있다. 유럽으로 전해진 향수 제조 기술은 프랑스를 중심으로 꽃을 피웠다. 2019년 세계 향수 시장의 규모는 150억 달러를 상회할 것으로 예측된다.

향수의 역사

3,200년 전 메소포타미아에서 설형 문자로 기록된 태블릿에 의하면,
타푸티(Tapputi)가 증류, 냉침법 등으로 향수를 제조하는 방법을 개발하였다.
인더스 문명(3,300~1,300 BCE)에서도 향수가 제조되었다.
힌두교의 아유르베다 텍스트에는 식물성 오일인 이타르(Ittar)의 증류에 대한 기록이 있다.
이슬람 문화권에서 발달한 향수 산업은 서양의 향수제조에 크게 기여하였고,
프랑스가 유럽 향수 산업의 메카로 자리잡았다.

https://en.wikipedia.org/wiki/History_of_perfume

냄새를 보는 소녀

냄새를 볼 수 있다니? 2015년에 방영한 SBS TV 드라마 〈냄새를 보는 소녀〉의 주인공 오초림의 연기를 보면서 던진 질문이었다. 초림은 교통사고를 당해 혼수상태로 중환자실에서 6개월을 보냈다. 다행히 의식은 돌아왔지만 감각 기능에 이상이 생겼다. 후각에도 이상이 생겨 공기 중의 냄새 입자를 볼 수 있게 되었다. 또 다른 주인공으로 나온 경찰 최무각은 사고로 동생을 잃은 후 혼수상태에 빠지게 되고 6개월 만에 의식을 회복한다. 무각 역시 감각기관에 이상이 생겨 미각, 후각, 통각을 잃었다. 무감각한 무각과 초감각

을 소유한 초림의 일상을 다뤘다. 원작은 드라마 방영 이전에 웹툰(웹 만화) 작가인 만취(의미: 만화에 취하다)가 동일한 제목으로 게재한 바 있다. 그저 황당한 설정일까?

눈, 코, 귀의 본래 역할은 각각 보고, 냄새 맡고, 듣는 것이다. 우리는 같은 맛이라도 감기에 걸렸다거나 특정 질병이 있는 경우에는 전혀 다른 맛으로 느낀다. 감각은 상황에 따라 달라질 수 있으며 오묘하다. 그리고 통상적인 감각기관의 기능을 넘어서는 사례는 많고도 다양하다. 상대방과 의사소통하기 위해서 눈으로 말할 수도 있지 않은가. 어머니의 자식 사랑은 초능력으로 나타나기도 한다.

색맹이라고 부르는 색각 이상 증세로 고통받는 사람은 전 세계적으로 약 3억 명에 이르는데, 이들을 고통으로부터 해방시켜줄 수 있는 안경이 제작되었다. 사랑하는 딸의 눈동자를 제대로 볼 수 있게 된 아빠가 감동을 주체하지 못하고 울음을 터뜨리는 영상이 화제가 된 적이 있었다. 지금은 감각 대체 프로그램이 개발되어 소리를 통해서 사물을 볼 수도 있게 되었다. '바이오닉 아이Bionic Eye'라는 장치도 개발되었다. 영상을 안경에 탑재된 카메라에서 입력 처리 장치를 통해 영상의 신호를 뇌로 보내는 것이다. 이것을 망막에 이식하면 시각장애인은 물론 시력감퇴나 망막염 등으로 시력을 상실한 사람들도 사물을 볼 수 있게 된다니 얼마나 대단한 발견인가!

우리의 후각에 대하여

냄새를 감지하는 세포는 28일마다 새로 만들어진다. 4주마다 새로운 코를 갖는 셈이다.
오감 중 가장 예민하다. 1년 전의 냄새를 정확도 65퍼센트로 기억할 수 있다.
오감 중 가장 먼저 발달한다. 태어나기 전에 형성되어 작동한다.
쉽게 무뎌진다. 빵집에 들어갈 때 맡은 냄새도 계산을 마치고 나올 때에는 느끼지 못한다.
남성보다 여성이 더 발달되어 있다.
10대 후반에 최고에 이르고 점차 무뎌진다.
수면 중에는 후각 기능이 정지된다. 봄과 여름에 기능이 좋아진다.

http://www.mirror.co.uk/lifestyle/health/20-fascinating-facts-sense-smell-1977351

퍼펙트 센스

사랑과 감정은 어떤 관계일까? 감정이 없다면 우리에게 사랑은 어떤 모습으로 나타날까? 2011년 이런 질문을 던진 영화가 있었다. 맥켄지David Mackenzie 감독이 만든 영화 〈퍼펙트 센스〉(Perfect Sense)는 감각을 잃어버려 감정마저 사라진 세상을 그리고 있다. 감정을 겪을 때마다 감각을 잃어간다니! 오감을 하나씩 잃어가면서 원인을 분석하는 질병학자인 수잔과 요리사인 마이클 사이의 사랑도 변해 간다. 모든 감각이 사라져도 둘 사이의 사랑은 남아 있을까? 체취를 느낄 수도 없고 달콤한 맛도 느낄 수 없으며 속삭이는 소리도 들을 수 없고 손끝의 촉감도 느낄 수 없으며 첫눈에 빠져들던 연인의 모습도 볼 수 없다. 이 영화의 결말이 궁금하지 않을 수 없다. 영원한 수수께끼인 사랑의 본질에 대한 논의는 여기서 중단하기로 하자.

우리가 가진 오감은 어느 것 하나 소중하지 않은 게 없다. "만약 이중 하나를 잃어도 좋다면 당신은 어느 것을 버리겠는가?" 이 질문에 약 5천 명이 응답한 결과는 다음과 같았다. 1위 - 후각(56퍼센트), 2위 - 미각(21퍼센트), 3위 - 촉각(13퍼센트), 4위 - 청각(6퍼센트), 5위 - 시각(4퍼센트).

"만약 오감 중 넷을 버리고 하나만 가지고 살아가야 한다면, 당신은 어느 하나를 선택하겠는가?" 조사 결과는 다음과 같았다. 4위(공동) - 후각과 미각(각각 2.6퍼센트), 3위 - 촉각(10.3퍼센트), 2위 - 청각(23.1퍼센트), 1위 - 시각(61.5퍼센트).

위의 두 조사에서는 흥미로운 사실 하나가 발견된다. 우리가 가장 중요하다고 생각하는 감각은 바로 시각이라는 점이다. 보지 않고는 믿지 않는 호기심 많은 인간의 특성을 잘 보여준다. 고대 그리스의 철학자 아리스토텔레스도 오감 중에서 시각을 가장 우위에 두었다. 내가 가지고 있는 감각에 감사하며 살아야 한다. 아름다운 세상을 볼 수 있는 두 눈이 있다는 것만으로도 감사해야 한다.

오감이 없다면

가난한 심봉사의 딸로 태어난 심청이 공양미 300석을 부처님께 바쳐 아버지의 눈을 뜨게 했다는 심청전은 효의 의미를 다시 한 번 생각하게 한다. 한편 이 소설은 계급제도의 틀 속에서 힘겹게 살아가던 조선의 서민들에게 신분 상승이라는 희망의 메시지를 전해준 작품이기도 하다. 정상적인 사람이 갑자기 앞을 보지 못하게 되었을 때의 충격은 이루 말할 수 없을 것이다. 우리가 가진 오감, 즉 보고, 냄새 맡고, 맛보고, 느끼며 들을 수 있는 능력(시각, 후각, 미각, 촉각, 청각)은 생존에 필수적이다. 이러한 감각을 통해서 우리는 세상을 이해하고 인식하며 배우고 즐긴다. 오감을 관장하는 각 기관들은 완전히 독립적인 것이 아니고 서로 협력하는 체계를 갖추고 있다. 감각을 총괄하는 기관은 두뇌이다. 냄새와 소리는 측두엽이 관장한다. 시력은 뇌의 맨 뒤에 있는 후두엽이 관장한다. 맛과 냄새는 서로 밀접한 관계가 있으며 후각 신경이 관장한다. 촉각은 일반적으로 두정엽이 관장한다. 물론 뇌의 다른 부분도 감각에 영향을 미치고 있다. 뇌의 각 부분은 상호 연결되어 있어서 최대의 효율을 추구하는 슈퍼컴퓨터처럼 작동한다. 특히 어릴 때 눈이 멀게 되면 뇌의 시각피질과 청각 피질이 팀을 이루어 청각 능력을 증대시키는 것으로 밝혀졌다. 시각과 청각의 중복 장애로 인한 언어적 문제를 설리번Anne Sullivan(1866~1936) 선생과 자신의 노력으로 극복한 헬렌 켈러Helen A. Keller(1880~1968)의 이야기는 오늘날에도 많은 사람들의 가슴을 울리고 있다. 사회참여에도 활발했던 그녀가 남긴 말을 음미해 보자. "나는 노동자를 착취하는 공장과 빈민가도 방문했다. 볼 수 없을 지라도 … 냄새는 맡을 수 있었다."

오감

눈은 시간당 36,000개의 정보를 처리한다.

사람은 1,000만 개의 냄새 수용체를 가지고 10,000가지 냄새를 맡을 수 있다.

후각은 기억과 밀접하게 관련되어 있다.

코의 후각 수용체 뉴런은 고유한 유전자로 암호화되어 있다.

혀에는 8,000개의 미뢰가 있다.
우리가 맛으로 경험하는 것의 80퍼센트는 사실은 냄새이다.
피부는 400만 개 이상의 감각 수용체를 가지고 있다.
통증은 우리 몸의 경고 시스템이다.

http://www.nursingschools.net/blog/2011/06/15-fascinating-facts-about-your-five-senses/
http://sciencewithkids.com/science-facts/facts-about-the-senses.html
https://communitytable.parade.com/108964/jenniferkhan/29-surprising-facts-about-your-senses/

육감

미국의 16대 대통령이었던 링컨Abraham Lincoln(1809~1865)은 1865년 어느 날 꿈을 꾸었다. 그것은 어느 장례식에 대한 것이었다. 링컨은 관에 들어있는 사람이 누구냐고 물었더니 어떤 사람이 대답했다. "관에 있는 건 미국의 대통령입니다." 2주 후에 그는 포드 극장에서 공연을 관람하던 중 암살당했다. 1912년 4월 타이태닉호가 북대서양에서 침몰했을 때 많은 사람들이 그 비극을 예견하는 꿈을 꿨다고 한다. 로버트슨Morgan A. Robertson(1861~1915)은 1898년에 타이태닉호의 비극을 예언한 듯한 소설 『타이탄호의 조난』을 출판하였다. 1876년에 『톰 소여의 모험』을 저술한 마크 트웨인Mark Twain(1835~1910)도 남동생 헨리가 죽는 꿈을 꾸었다. 몇 주 후에 그의 동생은 대규모 폭발 사고로 숨졌다.

제육감[Sixth Sense]이란 오감 이외의 감각으로서 사물의 본질을 직감적으로 포착하는 심리 작용을 말한다. 제육감은 초감각적 지각이라고도 한다. 이는 인지되는 물리적 감각을 통한 것이 아닌 마음을 통한 정보의 획득을 의미한다. 이와 유사한 개념으로는 심리측정학과 초감각적인 지각을 통해서 대상, 사람, 위치 또는 물리적 사건에 관한 정보를 얻는 신통력, 미래의 사건을 볼 수 있는 영적 능력인 예지력, 보통 사람의 귀에 들리지 않는 소리를 들을 수 있는 능력인 투청력, 물리적 에너지와 관련하지 않고 물체를 움직이는 염력, 과거의 사건을 텔레파시로 느끼는 역행인지, 일반 심리학으로는 설명할 수 없는 정신 영역을 다루는 초심리학 등이 있다. 그러나 이러한 영역은 과학적으로 입증이 되지 않은 단계에 머물러 있기 때문에 의사과학(擬似科學, Pseudoscience)으로 취급하고 있다.

육감

뇌 속에 존재한다.(Benjamin Harvey, Utrecht University)

동물과 마찬가지로 사람도 지구 자기장을 감지한다.(Steven Reppert, University of Massachusetts Medical School)

직관 유전자가 발견되었다.(Carsten Bonnemann, NIH, US)

어떤 부부는 뇌 활동의 패턴이 같다. 상대방의 생각과 감정을 알 수 있다.(Trisha Stratford, Sydney's University of Technology)

http://www.foxnews.com/science/2013/09/09/sixth-sense-exists-in-brain-scientist-says.html
http://www.dailymail.co.uk/sciencetech/article-2006885/Humans-really-DO-sixth-sense-lets-detect-magnetic-fields.html
http://www.mirror.co.uk/news/weird-news/sixth-sense-exist-scientists-claim-8964578
http://www.dailymail.co.uk/news/article-1315326/Sixth-sense-really-does-exist-Research-shows-brains-couples-love-work-together.html

색깔을 듣는 남자

색깔을 듣는 남자가 있다. 하비슨N. Harbisson이 그 주인공이다. 테드(ted.com)에 소개된 그의 사연을 보자. 그는 색깔을 전혀 구분할 수 없는 전색맹을 가지고 태어났다. 그래서 세상을 흑백 TV를 통해서 보는 것 같은 삶을 살아왔다. 그러나 몬탠돈A. Montandon, 케스P. Kese, 그리고 리자나M. Lizana의 도움으로 '전자 눈'을 갖게 되면서 새로운 삶을 살게 되었다. 이 전자 눈은 색의 주파수를 감지하여 어떤 색이 있는 지 알 수 있게 해주었다. 색을 소리로 들을 수 있게 된 것이다. 미술관에 가서 콘서트를 듣고 슈퍼마켓에 가서 나이트클럽의 분위기를 느끼는 것이다. 특별한 능력을 소유하게 된 그는 음식에 따라 다른 음악을 들을 수 있게 되었다. 전자 눈을 통해 색을 들으면서 그는

공감각자가 본 글자와 숫자
https://en.wikipedia.org/wiki/Synesthesia

인간의 눈으로 감지할 수 있는 360가지 색을 모두 구별할 수 있게 되었다. 세계 최초의 사이보그Cyborg가 된 하비슨은 2010년에 사이보그 재단을 설립하고 아방가르드 아티스트로 활동하고 있다.

인간의 오감 중 한 영역의 감각기관에 자극이 주어졌을 때 그 자극이 다른 영역의 자극을 불러일으키는 경우가 있다. 이러한 현상을 공감각(共感覺, Synesthesia)이라 한다. Synesthesia는 그리스어 syn(together, 함께)과 aesthesis(perception, 지각(知覺))를 합친 말이다. 공감각은 다양한 형태로 나타난다. 소리가 색으로 보이는 색청色聽은 청각과 시각의 반응적 미분화에 의해 일어난다. 촉각이 색으로 보이는 경우도 있다. 이러한 현상은 맹인을 위한 색채 점자를 만드는 데 이용될 수 있다. 점자의 요철이 주는 촉감을 통해서 색채를 구현할 수 있는 것이다. 글자 혹은 숫자에서 색채를 느끼는 경우(자소-색 공감각(Grapheme-color synesthesia))도 있다.

이러한 능력을 가진 사람을 공감각자[Synesthete]라 부른다. 그들은 소리를 보고, 색깔을 듣거나 냄새를 맡고, 모양을 맛본다. 그들은 보통 사람들이 가진 오감을 블렌딩하는 특별한 능력의 소유자들이다. 창조적인 능력이 요구되는 분야에서는 공감각자들이 장점을 발휘할 수 있다. 고전음악 대중화에 기여한 지휘자 번스타인Leonard Bernstein(1918~1990), 최초의 현대적인 추상작품을 그린 화가 칸딘스키Wassily Kandinsky(1866~1944), 천상의 목소리를 지녔다고 평가받고 있는 성악가 파바로티Luciano Pavarotti(1935~2007), 소설 『롤리타』(Lolita)를 쓴 나보코프Vladimir Nabokov(1899~1977) 등 많은 예술가들이 다양한 공감각을 소유했던 것으로 알려져 있다. 프랑스의 시인 랭보Arthur Rimbaud(1854~1891)는 알파벳에서 떠오르는 색채를 감지하였다. 싱어송라이터이자 피아니스트인 조엘Billy Joel과 피아니스트이자 작곡가였던 리스트Franz Liszt(1811~1886)도 대표적인 공감각자였다. 20세기 최고의 물리학자로 일컬어지는 미국의 파인만Richard Feynman(1918~1988)도 글자나 숫자를 색으로 인식하였다.

2
뛰어난 감각의 소유자들

코로 보다

세상이 아름답게 보이는 것은 세상을 볼 수 있는 아름다운 눈이 있어서가 아닐까. 긍정적인 시각으로 바라보는 세상은 아름답다. 부정적으로 바라보는 세상은 암울하기 그지없다. 근시안을 가진 개는 세상을 어떻게 볼까? 개가 바라보는 세상은 흑백의 초점이 맞지 않아 흐릿하게 보인다고 한다. 개의 눈에는 원추세포가 적어 색상 분별력이 낮지만 간상세포가 많아 어두운 곳에서 물체를 보는 능력은 우수한 편이다. 인간은 대략 20 Hz[헤르츠]에서 20 kHz[킬로헤르츠] 범위의 소리를 들을 수 있는 데 반해서, 개는 약 40헤르츠에서 60킬로헤르츠 범위의 소리를 들을 수 있다. 반면에 개의 미각은 인간에 비해 많이 떨어지는 편이다. 개의 감각 기관 중에서 가장 흥미로운 것은 후각 기관이다. 시골 친척집에 갔을 때의 기억을 떠올려보자. 처음 방문했을 때는 요란하게 짖어대던 개가 그다음에 방문했을 때에는 신통하게도 짖지 않았다. 심지어 반갑다는 표시로 꼬리를 흔들기까지 했다. 개는 한번 맡았던 냄새를 기억하여 식별한다고 한다. 개는 약 10억 개의 후각 수용기를 가지고 있다. 사람의 후각 수용기가 대략 1천만 개인 것을 감안하면 개의 후각 기능이 얼마나 예민한 지 알 수 있을 것이다. 개는 가솔린 탱크 내에 잠겨있는 약 16킬로그램의 대마초를 탐지할 수 있다고 한다. 또한 의사로부터 암세포가 사라졌다는 진단을 받은 환자의 피부에서 흑색종을 찾아낸 사례도 있다. 개가 들이마신 공기의 일부는 별개로 후각을 담당하는 구역으로 들어간다. 그러면 비갑개鼻甲介에서 냄새 분자를 인식하고 신호를 뇌로 보낸다. 비갑개는 공기가 코의 수용체에 닿을 수 있도록 안내하는 곡선형의 뼈이다. 또한 개는 제이콥슨 기관[Jacobson's organ]이라 부르는 제2의 후각 기관도 가지고 있다. 개가 냄새를 맡을 때 킁킁거리는 이유는 콧구멍을 통해 들어온 공기를 가두어서 냄새를 보다 더 잘 맡기 위함이다.

개 코의 비밀

코는 입체적으로 냄새를 맡는다.
콧구멍 2개가 독립적으로 작동한다.
코로 들어온 공기는 둘로 갈라진다.
하나는 호흡을 위해서, 다른 하나는 냄새를 감지하기 위해서 사용된다.
개는 사람보다 60배나 많은 3억 개의 후각 수용체를 가지고 있다.
사람이 냄새 맡을 수 있는 농도의 1억 분의 1만으로도 감지한다.
함께 사는 사람의 감정 상태도 인지한다.
암도 알아낸다.

https://www.rover.com/blog/secret-history-dogs-nose-in/

뛰어난 후각의 소유자들

프랑스의 고급 요리 중에는 강렬한 버섯 향과 함께 아로마 향을 내는 송로松露 버섯이 있다. 이 버섯은 비싼 가격에 거래되기 때문에 블랙다이아몬드라고도 불린다. 송로버섯은 땅속에서 자라기 때문에 돼지나 개 같은 후각이 발달한 동물을 이용하여 찾아낸다. 후각 기능이 가장 우수한 동물은 송로 버섯을 찾는 데 이용하는 돼지일까? 아니면 인류가 최초의 가축으로 삼았다는 개일까? 이와 관련된 한 연구가 2014년에 과학저널 『게놈 리서치』(Genome Research)에 게재되었다. 우리가 예상했던 개는 귀여운 애완동물 또는 실험동물로 알려진 기니피그(10위)의 바로 앞 순위를 차지하는 데 그쳤다. 이는 개보다 후각이 발달한 동물이 많다는 이야기이다. 8위는 귀여운 듯하지만 날카로운 발톱을 가지고 있는 서부 발톱 개구리[Western clawed frog]가 차지했다. 7위는 그 기원이 5천만 년 전으로 거슬러 올라가며 유용하고 사랑스러운 이미지를 가지고 있는 말이 차지하였다. 말은 청각도 발달해 있지만 후각이 특히 예민하여 멀리 떨어진 곳의 냄새를 맡을 수 있다고 한다. 사람이 언어로 소통한다면 말은 냄새로 의사를 전달한다고 할 정도로 냄새는 말들 사이의 관계 형성에서 매우 중요한 역할을 한다. 말의 후각 기관은 개와 마찬가지로 매우 잘 발달되어 있다. 말은 두 개의 후각 센터를 이용하여 냄새를 감지한다.

지구상에 포유류가 등장했을 때는 공룡의 시대였다. 따라서 작은 체구에 야행성인 포유류들이 생존에 유리했고, 후각의 역할은 매우 중요했다. 이러한 관점에서 생쥐가 6위를 차지했다는 것은 놀랄 만한 사실이 아닐 것이다. 작은 체구의 생쥐들은 닥치는 대로 먹어야 했고 후각 역시 발달해야만 했을 것이다. 5위는 주로 밤에 염수에서 먹을 것을 찾는 데 많은 시간을 보내며, 물고기, 새우, 연체동물, 습생 식물 등을 먹으며 살아가는 중국 자라[Chinese turtle]가 차지했다. 4위는 어떤 동물일까? 주인공은 우리와 친근한 암소[Cow]이다. 암소는 8킬로미터나 떨어진 곳의 냄새를 감지할 수 있다. 그뿐만 아니라 우리가 들을 수 없는 낮고 높은 진동수의 소리도 들을 수 있다. 3위는 다소 생소한 이름을 가진 유대류有袋類인 주머니쥐[Opossum]가 차지했다. 2위를 차지한 동물은 전 세계적으로 널리 분포하고 있는 쥐이다. 설치류齧齒類는 보통 후각으로 먹이를 찾는 능력이 뛰어나고 가리는 음식이 거의 없는 잡식성의 동물이다. 후각이 가장 뛰어난 동물은 무엇일까? 이 동물은 인간이나 다른 영장류들은 전혀 알아낼 수 없을 정도로 구조가 아주 비슷한 냄새 분자를 식별할 수 있다. 커다란 덩치 때문에 사람의 손 역할을 하도록 코가 길어졌다. 영광의 1위를 차지한 주인공은 바로 아프리카코끼리이다.

니무라Niimura와 공동 연구자들은 후각 수용체 유전자 수에 근거하여 이러한 순위를 매겼다. 코끼리의 후각 수용체 유전자 수는 개의 두 배에 달한다고 한다. 후각 수용체 유전자는 1991년 미국 컬럼비아대학의 린다 벅L. B. Buck과 리처드 액설R. Axel에 의해 발견되었다. 전체 유전자의 5퍼센트에 해당하는 약 1,000개의 유전자가 후각에 관여한다는 새로운 사실이 밝혀지기도 했다. 2014년 내셔널 지오그래픽이 보도한 자료에 따르면 뛰어난 후각 기능을 가진 또 다른 생명체가 있다. 주인공은 초파리이다. 최근 초파리의 후각 기능을 암세포를 감지하는 데 활용하는 방법이 연구되고 있다. 초파리의 안테나에는 수용체 뉴런(Neuron, 신경세포)이 있어서 극히 낮은 농도의 냄새를 인식할 수 있다.

동물의 냄새 유전자 수 비교

동물	유전자 수	동물	유전자 수
코끼리	1,948	사람	396
암소	1,186	침팬지	380
생쥐	1,130	마모셋 원숭이	366
말	1,066	마카크 원숭이	309
개	811	오랑우탄	296
토끼	768		

http://www.telegraph.co.uk/news/earth/wildlife/10984345/African-elephants-have-the-best-smell-in-the-animal-kingdom.html
http://phenomena.nationalgeographic.com/2014/08/13/the-tree-of-smells/

초파리는 크기도 작고 한 세대가 약 12일에 불과하다. 짧은 수명을 가진 이 곤충은 후대를 잇기 위해 어떤 선택을 할까? 초파리의 몸집은 수 밀리미터에 불과한 반면에 6센티미터나 되는 정자를 생산한다. 길이가 무려 사람 정자의 1,000배나 된다니! 수컷 초파리는 암컷으로부터 성 선택을 받고자 하는 방향으로 진화해 왔다. 또 다른 주인공은 꿀벌이다. 꿀벌은 인류가 5,000년 전부터 이용해온 곤충이다. 꿀벌은 입, 안테나 및 다리로 냄새를 감지한다. 이들 모든 부분에는 감각기가 있고 여기엔 수용체 신경세포가 있다. 꿀벌은 비행 중에도 냄새를 찾아낼 수 있다. 미국에서는 꿀벌의 우수한 후각 안테나를 이용하여 폭발물을 감지하는 방안을 모색하고 있다.

또 다른 주인공은 인간이 만든 로봇이다. 전자 코[Electronic nose]라고도 부르는 이 로봇은 일종의 화학 센서[Chemical sensor]이며 냄새의 원인이 되는 분자의 구조를 식별하고 분석하는 장치이다. 전자 코의 핵심은 화학 검출과 패턴 인식에 있다. 최근의 연구 경향은 더 작고 값이 싸며 감도가 더 좋은 장치를 개발하는 데 초점이 맞추어져 있다. 초소형으로 탄생된 '칩 위의 코[Nose-on-a-chip]'는 냄새의 원인 물질을 감지하는 화학 센서가 장착된 컴퓨터 칩이다. 냄새의 원인이 되는 분자는 특정한 크기와 모양을 가진다. 여러 냄새 분자는 사람의 코에서 각각에 대응하는 크기와 모양을 갖는 수용체가 존재한다. 특정 수용체에 냄새 분자가 달라붙으면 신호가 뇌로 전달되고 뇌는 특정 분자를 식별한다. 인공 코는 수용체를 센서로 대체하고 뇌의 역할은 컴퓨터가 수행한다. 전자 코는 생체 모방이라는 연구분야에서 탄생한 여러 결과물 중의 하나이다.

동물의 눈으로 본 세상

보는 것이 믿는 것이다? 두 눈으로 확인하지 않으면 믿을 수 없다? 두 새가 마주보고 있는 사진이 있다. 하나는 검은 색이고 다른 하나는 파란색, 노란색, 그리고 보라색이 섞여 있는 모습이다. 몸집이 같은 두 새는 무슨 관계일까? 분류학상 같은 속에 속한 다른 종일까? 오랜 기간 서로 다른 환경에서 살아가면서 나타난 변종일까? 나이를 먹으면서 고유의 색깔이 변화한 결과일까?

모두 아니다. 동일한 새인데 하나는 사람의 눈으로 본 새의 모습이고 다른 하나는 새의 눈으로 본 새의 모습이다. 동일한 물체라도 그것을 보는 눈에 따라 대상은 전혀 다른 이미지로 나타난다. 사람의 눈은 가시광선 영역만 인식하지만 새의 눈은 가시광선은 물론이고 자외선[Ultraviolet] 영역까지 인식한다. 사람의 눈에는 세 가지의 원추세포(3색시)가 있지만, 새의 눈에는 네 가지의 원추세포(4색시)가 있어서 사람과는 전혀 다른 이미지로 보다 선명하게 세상을 볼 수 있다. 공작의 꼬리도 사람이 본 모습과 공작이 본 모습은 전혀 다르다.

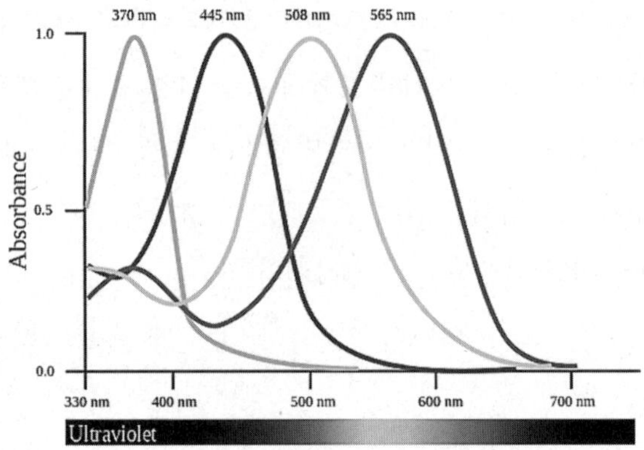

새의 원추세포에는 네 가지 색소가 있어서 컬러 식별의 범위가 자외선 영역까지 확장된다.
https://en.wikipedia.org/wiki/Tetrachromacy

새들에게 가장 중요한 감각은 무엇일까? 바로 시력이다. 새들은 예리한 시력을 가지도록 진화해 왔다. 우수한 시력은 안전한 비행을 보장해주고 멀리서도 먹잇감을 찾을 수 있게 해준다. 새들의 눈은 수정체의 모양을 재빨리 변화시킬 수 있도록 모양체 근육을 가진 파충류의 눈을 닮았고, 거리에 대한 정확한 판단을 가능케하는 쌍안시(雙眼視, Binocular vision)를 가지고 있다. 망막에는 간상세포와 원추세포가 있다. 간상세포는 빛에 더 민감한 반면 원추세포는 컬러 정보를 제공해 준다. 낮에 활동하는 조류는 광수용체의 대부분이 원추세포이고, 올빼미 같이 밤에 활동하는 조류의 광수용체는 거의 대부분이 간상세포이다. 망막의 중심와中心窩는 수용체의 밀도가 훨씬 높아서 사물을 가장 예리하게 찾아낼 수 있다. 조류의 절반가량은 측면을 더 잘 볼 수 있도록 와가 하나 더 있다. 이러한 예로는 독수리, 매 등의 맹금류와 물총새, 벌새, 제비 등이 있다. 모든 새들의 눈이 이러한 특징을 가지고 있는 것은 아니다. 야행성 조류들은 관 모양의 눈을 가지고 있고 컬러 탐지기의 수는 적은 반면 빛이 적은 환경에서도 기능할 수 있는 간상세포의 밀도는 높다. 갈매기와 알바트로스는 컬러 수용체에 빨강 또는 노란 오일 방울을 가지고 있어서 실안개가 낀 조건에서도 원거리 시력이 우수하다.

'어미를 잡아먹는 뱀'이라는 뜻을 가진 살모사, 독은 없으나 덩치가 매우 큰 비단뱀[Python] 그리고 생텍쥐페리Antoine de Saint-Exupery(1900~1944)의 대표 소설인 『어린 왕자』에서 코끼리를 잡아먹은 보아뱀은 컬러도 일부 볼 수 있지만, 이와는 별도로 머리에 민감한 적외선[Infrared] 센서를 가지고 있다. 두 가지 방식으로 세상을 보는 것이다. 따라서 캄캄한 밤에도 사물을 감지할 수 있는 능력을 지니고 있다.

반면에 주로 후각에 의존하는 개의 시각은 형편없다. 가을 산의 붉은 단풍잎도 개의 눈에는 우리가 흐린 날에 바라보는 칙칙한 녹색의 단풍잎처럼 보인다. 개의 눈은 단 두 개의 원추세포(파란색과 노란색)로 이루어져 있다. 개는 사람으로 치면 색맹인 셈이다. 화려하게 치장한 앵무새도 개에게는 한낱 수수한 새로 보인다.

벌은 파란색과 녹색에 대한 광수용체를 가지고 있다. 사람과 달리 빨간색을 보지 못하는 것이다. 그러나 벌은 자외선을 감지할 수 있는 능력이 있다. 이처럼 벌은 우리와는 다른 모습으로 꽃을 인식한다. 자외선으로 본 꽃의 모습에는 꿀이 있는 방향을 가리켜 주는 패턴이 선명하게 나타나 있다. 벌은 사람이 갖지 못한 자외선 센서로 꽃의 중심을 찾고 꿀과 꽃가루의 양을 감지한다.

'이것'은 날아다니는 보석이란 별명을 가진 곤충이다. '이것'은 뼈가 없으며 알에서 나온 후에 세 단계의 탈바꿈을 한다. 행복은 '이것'과 같다. 사랑도 '이것'과 같다. '이것'은 자유 또는 부활을 상징하기도 한다. '이것'은 바로 나비이다. 나비의 눈은 우리의 눈과는 다른 특징을 가지고 있다. 나비는 빠르게 움직이는 물체를 식별하는 능력이 뛰어나다. 나비는 빨간색, 녹색, 파란색의 3색뿐만 아니라 자외선도 볼 수 있다. 사람이 볼 수 있는 파장 영역은 450~700 nm[나노미터]인데 반해서 나비의 경우에는 254~600나노미터이다. 여기서 400나노미터 이하의 파장은 우리의 눈으로 볼 수 없는 자외선 영역에 해당한다. 나비는 자외선뿐만 아니라 편광도 식별할 수 있다. 우리의 눈에는 망막이 있는데 반해 나비의 경우에는 감간(感桿, Rhabdom)이라 부르는 빛을 느끼는 부분이 있다. 나비는 겹눈[복안]을 가지고 있다. 예를 들어 호랑나비의 두 눈 각각에는 12,000개의 낱눈이 있다. 이것은 우리의 눈에는 단 두 개의 수정체가 있을 뿐이지만, 나비의 눈에는 무려 24,000개의 수청체가 있다는 의미이다. 빨대 같은 주둥이도 꽃에 있는 꿀을 찾아내는 데 한몫을 한다. 성충이 된 후에는 며칠 또는 몇 주밖에 살지 못한다. 짧은 기간 동안 그들은 삶을 즐기고 식물의 수분도 도우며 짝을 만나고 알을 낳아야 한다. 포식자들을 피하는 것도 중요한 일이다. 많은 나비들의 날개에 눈에 잘 띄는 커다란 눈 반점이 있는 이유는 무엇 때문일까? 올빼미나비는 두 날개의 하단에 올빼미 눈 모양의 반점을 가지고 있다. 이런 방식으로 자신이 무서운 올빼미인 것처럼 드러냄으로써 천적을 물리치려는 전략을 구축하였다.

놀라운 동물의 눈

“모든 눈이 동등하게 창조된 것은 아니다.” 2015년 7월 수잔Susan DeRemer이 디스커버리(discoveryeye.org)에 독특한 눈을 가진 동물들을 소개하면서 작성한 기사의 첫 문장이다. 여기에 소개된 주인공들을 만나보자.

안경 원숭이[Tarsier]는 필리핀 남부, 인도네시아 등지에 서식하고 있다. 몸길이가 15센티미터도 되지 않고 꼬리가 더 길며 야행성이다. 얼굴이 둥글고 넓적한 안경 원숭이는 포유류 중에서 체중 대비 가장 큰 눈을 가지고 있다. 특이한 것은 눈이 안와(眼窩, Eye socket)에서 회전하지 않는다는 점이다. 대신 유연한 목을 사용하여 머리를 180도 회전시킨다. 야간 시력은 뛰어나지만 색을 구별하여 인식하는 능력인 색각(色覺, Color vision)은 보잘것없다.

올빼미 역시 고정된 눈을 가지고 있다. 눈에는 휘판(輝板, Tapetum lucidum)이 있어서 들어온 빛이 망막을 통해 다시 반사되므로 볼 수 있는 양이 증가한다. 이것은 야행성 동물과 심해동물에서 발견되는 공통적인 특성이다. 올빼미는 머리를 양쪽 방향으로 270도 회전할 수 있고 수직으로 90도 회전시켜 주변을 둘러볼 수도 있다.

카멜레온은 두 눈이 독립적으로 다른 이미지를 처리하는 능력을 가지고 있다. 그러나 먹잇감을 발견하면 두 눈을 같은 방향으로 집중시킨다. 카멜레온은 360도의 시야를 가지고 있으며 자외선을 볼 수 있다.

잠자리는 2개의 겹눈을 가지고 있고 360도를 볼 수 있으며 겹눈은 30,000개의 낱눈으로 이루어져 있다. 또한, 세 개의 홑눈을 가지고 있어서 큰 겹눈보다 더 빠르게 움직임을 감지할 수 있다.

리프테일 게코Leaf-tailed gecko 역시 특이한 눈을 가지고 있다. 눈동자들이 수직으로 나열해 있으며 밤이 되면 확장이 되어 빛을 최대한 많이 수용할 수 있다. 대부분의 동물보다 광수용체가 많기 때문에 야간 시력이 매우 좋다. 또한 눈에는 복잡한 무늬가 있는 대신 눈꺼풀이 없어서 위장술에도 뛰어나다. 눈은 투명한 막으로 보호되고 있다.

리프테일 게코
https://en.wikipedia.org/wiki/Uroplatus_phantasticus

사자, 호랑이, 표범, 그리고 재규어 같은 고양이과의 동물들은 반사 조직을 가지고 있고 원추체보다 간상체를 더 많이 가지고 있어서 야간 시력이 우수하다. 그 대신 원추체가 적어서 제한된 범위의 색만 구별할 수 있다.

갯가재[Mantis shrimp]는 잠자리처럼 겹눈을 가지고 있는데 그 수는 눈 하나 당 10,000개에 불과하다. 그러나 12종류의 광수용기를 가지고 있고 자외선, 적외선, 그리고 편광도 식별할 수 있다. 단 3종류의 광수용기를 가진 사람과 비교하면 대단한 능력을 가지고 있는 셈이다.

사이언스 익스플로러(thescienceexplorer.com)에는 열두 동물의 눈이 소개되어 있다. 여기에는 투망거미과에 속한 왕눈이거미[Ogre-faced spider]도 있다. 야행성인 이 거미는 눈도 클뿐만 아니라 눈에는 빛에 민감한 세포층이 덮여 있어서 사람보다 야간 시력이 100배나 뛰어나다. 이 막은 너무 민감하기 때문에 새벽이 되면 파괴되고 매일 밤에 새로 생겨난다.

식물의 눈

눈이 없는 식물은 어떻게 빛을 감지할까? 식물은 눈이 없어도 햇빛의 강도, 방향, 지속시간 및 색상을 감지하고 이 정보를 사용하여 세포의 활동을 조절한다. 식물은 싹과 뿌리의 성장, 가지가 싹으로부터 자라는 방법, 그리고 번식하는 방법을 지시하기 위해 빛을 사용한다.

대부분의 식물은 태양 쪽으로 향하려고 한다. 식물은 빛을 발견하면 식물 세포 내에 있는 파이토크롬Phytochrome이 그 빛을 흡수하여 구조가 변화한다. 파이토크롬은 말하자면 '식물의 눈'이다. 파이토크롬은 빛의 존재를 감지하고 낮인지 밤인지 식물이 그늘에 있는지 햇볕 아래 있는지의 여부를 세포에 알려준다. 대부분의 식물들은 햇빛 쪽으로 성장하여 광합성을 통해 더 많은 이산화탄소를 소비하면서 탄수화물을 생산하는데, 이 과정을 파이토크롬이 조절한다.

2017년 1월 영국 BBC에 가바티스Josh Gabbatiss가 슐츠J. C. Schultz(미주리 대학교)의 연구 결과를 보도한 바에 따르면, 식물도 보고 듣고 냄새 맡으며 반응을 하고 영토를 위해 싸우고 음식을 찾으며 육식동물을 피하고 먹이를 찾는다고 한다. 식물은 이를테면 매우 천천히 움직이는 동물이다. 식물이 자라는 모습을 비디오로 촬영한 다음 빠르게 돌려보면, 식물들이 다양한 주위 환경에 맞추어 작동하는 정교한 센서를 가지고 있음을 알 수 있다. 아펠H. M. Appel과 코크로프트R. B. Cocroft의 실험에서 애벌레가 잎을 갉아먹는 소리를 녹음한 후에 식물에게 그 소리를 들려주자 식물이 공격자를 피할 수 있도록 설계된 화학물질을 방출하였다.

파이토크롬

식물이 빛을 감지하는 광수용체이다.
P_{FR}: 원적외선에 의해 활성화된다. (FR: far-red, 원적색광)
P_R: 적색광에 의해 활성화된다. (R: red, 적색광)
이 둘은 가역적으로 상호 전환된다.
P_R이 적색광을 흡수하면 P_{FR}로 변화된다.
P_{FR}이 원적외선을 흡수하면 P_R로 변화된다.
낮에는 P_{FR}이 축적되고 밤에는 P_{FR}이 천천히 분해되어 P_R이 축적된다.
낮이 짧은 봄과 여름에는 P_{FR}이 축적되며 개화를 촉진한다.
밤이 긴 겨울에는 P_{FR}이 줄어들고 개화를 억제한다.
발아, 엽록소의 합성, 묘목의 신장, 개화 시기, 그리고
잎의 크기, 모양, 수를 조절하는 역할을 한다.

https://en.wikipedia.org/wiki/Phytochrome
https://www.youtube.com/watch?v=tf3avaZCCQo

스위스 취리히 대학교 데모라에스Consuelo De Moraes 등의 연구결과에 따르면, 식물은 곤충이 접근하고 있는 소리를 들을 수 있을 뿐만 아니라 곤충의 냄새를 맡거나 이웃 식물이 곤충에 대항하여 분비하는 휘발성 신호의 냄새를 맡을 수 있다. 2006년에는 한 기생식물이 숙주 나무의 냄새를 맡는다는 사실도 밝혀졌다. 냄새를 맡은 식물은 몸을 움직여 숙주 나무에 접근하여 감아 올라가고 숙주로부터 영양분을 취한다. 이는 식물도 우리와 다르지 않다는 것을 말해준다. 식물은 귀도 없고 코도 없지만 우리처럼 냄새 맡고 무언가를 들으며 그에 따라 행동을 한다. 식물에게는 빛을 감지하는 광수용체가 있을 뿐만 아니라 기계적 자극에 반응하는 기계적 수용체 단백질도 가지고 있어서 주위 환경에 적절히 대응한다. 이뿐만 아니라, 식물은 우리처럼 자기수용감각, 즉 육감을 가지고 있어서 주변 환경의 변화를 감지하고 그에 따라 반응한다. 2014년 스위스 로잔 대학교의 연구팀은 애기장대[Arabidopsis plant]가 애벌레의 공격을 받으면 진기적 활성을 나타낸다는 사실을 발견하였다. 우리의 중추 신경계에서 가장 중요한 신경전달 물질인 글루타메이트Glutamate가 식물에서도 동일한 역할을 한다. 이는 식물이 자신의 세계를 감지하는 능력이 우리가 생각했던 것보다 훨씬 뛰어나다는 것을 의미한다. 식물은 동물과는 달리 스스로 움직일 수 없다. 따라서 환경에 대해서 더 많이 인식해야 한다. 애기장대는 11가지 이상의 광수용체를 가지고 있다. "식물에게 빛은 신호 이상이다. 빛은 음식이다." 채모비츠D. Chamovitz의 말이다. 식물은 생각보다 우리와 가까운 친구이다.

3
흔적을 찾아서

벤 존슨과 88올림픽 / 기체 크로마토그래피-질량 분석법 / 액체 크로마토그래피-질량 분석법 / 전자 코 / CSI 과학수사대

벤 존슨과 88올림픽

1988년 서울에서 개최된 하계 올림픽을 뒤흔든 사건이 하나 있다. 미국의 칼 루이스Carl Lewis는 1984 올림픽 달리기 부문에서 4개의 금메달을 목에 건 사나이다. 4년 후 그는 1988서울 올림픽 100미터 결승전에 다시 섰다. 그의 최대 경쟁자는 캐나다의 벤 존슨Ben Johnson이었다. 전 세계의 이목을 집중시킨 경기가 시작되었다. 가장 먼저 결승선에 도착한 선수는 루이스가 아니라 존슨이었다. 그러나 존슨은 도핑 테스트 결과 근육 증강제인 스타노졸롤(Stanozolol, $C_{21}H_{32}N_2O$)이 검출되어 금메달이 박탈되고 결국 금메달은 루이스에게 돌아갔다. 스포츠 계에 커다란 충격을 안긴 이 사건은 도핑 테스트를 강화하는 계기가 되었다.

과거 동독의 선수들이 올림픽에서 많은 금메달을 목에 걸 수 있었던 이유도 테스토스테론 덕분이었다고 한다. 올림픽이나 프로 게임에서 승리를 쟁취하고자 하는 선수들이 이러한 약물의 유혹에 빠져드는 사례들이 다수 보고된 바 있다. 투르 드 프랑스Tour de France는 매년 7월 프랑스에서 열리는 프로 사이클 장거리 경주이다. 세계적인 이 대회에서 7연패(1999년~2005년)에 빛나는 사이클 선수가 있었다. 바로 암스트롱Lance Armstrong이다. 그는 고환암 발병, 암 투병, 수술 그리고 회복 후에 놀라운 기록을 세워 의미가 더욱 깊었다. 그러나 금지 약물 복용 의혹이 사실로 밝혀지면서 그가 세운 전설적인 기록들은 모

두 사라졌다. 암스트롱의 금지 약물 복용 사례는 역사상 가장 충격적인 사건의 하나로 기록되고 있다.

선수들은 근육 증강제, 심장 흥분제 등 금지 약물의 복용으로 체력을 향상시켜 스포츠에서 좋은 성적을 올리려 하는 유혹에 쉽게 빠질 수 있다. 도핑Doping이란 경기의 성적을 올리기 위하여 약물을 복용하는 것을 말한다. 도핑 테스트란 공정한 경쟁을 저해하는 행위를 차단하기 위하여 약물의 복용 여부를 확인하는 것을 말한다. 경기가 끝난 후 선수들에서 채취한 소변 등은 전처리 과정을 거친다. 그러고 나서 액체 크로마토그래피-질량 분석법[LC-MS] 등의 기술을 사용하여 금지 약물의 존재 여부를 분석하게 된다. 승마의 경우에도 말의 기록 단축을 위해 금지 약물을 사용했는지 판단하기 위해 도핑 테스트를 실시하여 양성 반응이 나타난 말은 실격 처리하고 출전을 금지시키고 있다.

기체 크로마토그래피-질량 분석법

검정색 수성 잉크가 묻은 냅킨의 끝부분을 물에 적시면 이동하는 물을 따라 잉크가 번져나간다. 이때 검정색 색소가 여러 색으로 나누어지는 것을 본 적이 있을 것이다. 이 결과는 검정 색소가 여러 색의 혼합물이라는 것을 의미하며, 이는 혼합물을 간단한 방법으로 분리할 수 있다는 것을 의미하기도 한다. 이러한 분리기술을 크로마토그래피(Chromatography, 그리스어 χρῶμα(chroma, 색)와 γράφειν(graphein, 쓰다)의 합성어)라 부른다.

냄새의 원인 물질은 주로 휘발성 화합물이다. 여러 휘발성 물질이 섞여 있는 혼합물을 분리하는 가장 보편적인 방법은 기체 크로마토그래피(Gas chromatography, GC)이다. 이것은 샘플을 기화시켜 혼합물을 분리하고 정제하는 기술이다. 혼합물 속의 각 성분들과 고정상 사이의 상호작용은 물질에 따라 다른데 이동상을 흘려주면 전개되는 속도가 각 성분 물질마다 다르기 때문에 분리할 수 있다. GC로 분리하는 과정은 다음과 같이 간략하게 설명할 수 있다. 시료를 주입구[Sample injector]에 넣고 운반 가스[Carrier gas]를 흘려주어 일정한 길이의 컬럼Column을 통과시킨다. 시료 속의 여러 분자들은 계속 흘려주는 운반 가스의 영향을 받아 컬럼 내에 들어 있는 물질(고정상)을 통과해 나간다. 이때 시료와 고정상 간 상호 작용의 차이에 따라 시료 분자가 컬럼을 통과하는 시간이 다르므로 혼합물을 분리할 수 있다.

기체 크로마토그래피-질량 분석법[GC-MS]에서는 컬럼을 빠져 나온 각각의 순수한 물질을 질량 분석기[Mass spectrometer]로 분자량을 측정하여 구조를 확인한다. 이와 관련하여 GC-O(Gas chromatography-olfactory, 기체 크로마토그래피-후각 측정법)를 이용하면 냄새 원인 물질을 분리하고 선택적으로 검출할 수 있다.

휘발성 물질의 혼합물을 분리하는 기체 크로마토그래피(GC)의 개요도

스테인레스강 등으로 만든 컬럼을 사용한다.
이동상이 기체이다.(그림: 위키피디아 편집)

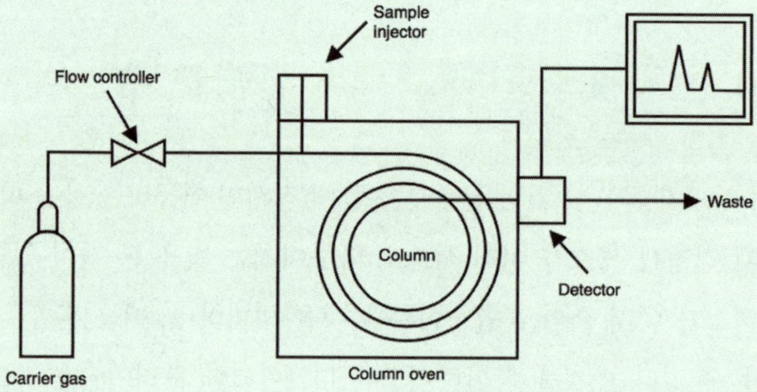

https://en.wikipedia.org/wiki/Gas_chromatography

액체 크로마토그래피-질량 분석법

휘발성 물질의 혼합물은 기체 크로마토그래피-질량 분석법(Gas chromatography-mass spectrometry, GC-MS)을 이용하여 순수한 물질로 분리하고 나서 질량 분석법으로 분자의 구조를 확인할 수 있다. 휘발성이 낮아서 기체 상태로 쉽게 변화하지 않는 물질들은 어떻게 분리할까? 이를 위해서는 액체 크로마토그래피-질량 분석법(Liquid chromatography-mass spectrometry, LC-MS)을 이용할 수 있다. 기체 크로마토그래피와 액체 크로마토그래피의 중요한 차이는 이동상에 있다. 전자는 기체이고 후자는 액체이다. 종이 크로마토그래피[Paper chromatography] 또는 박층 크로마토그래피(TLC, Thin layer chromatography) 같은 액체 크로마토그래피 방법을 이용하면 색소 등의 혼합물을 손쉽게 분리할 수 있다. 색소 혼합물은 처음에는 고정상[Stationary phase]에 함께 있지만 전개 용매를 따라 위로 올라가면서 여러 성분으로 분리된다. 혼합물 속의 각 색소 성분들은 이동상[Mobile phase]을 따라 다른 속도로 전개된다. 이처럼 이동상과 고정상의 차등 분배 효과로 인해 혼합물이 분리된다. 정지상의 용기가 둥근 관 모양인 컬럼 크로마토그래피Column chromatography는 혼합물의 분리에 가장 유용하게 활용되는 기술이다.

천연물, 의약품, 또는 식품과 같이 분자량이 크고 구조가 복잡한 물실의 경우에는 분리 성능을 극대화하기 위하여 고성능 액체 크로마토그래피(HPLC, High performance liquid chromatography)라는 기술을 활용할 수 있다. 이 기술은 사용하는 컬럼에 따라서 분석 또는 분리 목적으로 활용할 수 있다. 기체 크로마토그래피와 마찬가지로 액체 크로마토그래피 방법을 이용하여 혼합물을 분리한 다음에는 질량 분석법을 이용하여 각 성분들의 분자량과 구조를 확인할 수 있다. 질량 분석법의 첫 번째 단계는 샘플을 기체 상태로 만들어 주는 것이다. 그다음은 샘플을 이온화시키는 단계이다. 여기서는 전자 빔을 사용한 이온화, 화학적 이온화, 레이저 이온화 등 다양한 기술을 이용할 수 있다. 남은 과제는 질량이 다른 혼합물을 분류하는 것이다. 이를 위해서는 자기장을 통과시키거나 비행시간의 차이를 이용하거나 사중극자를 사용하는 등의 기술이 쓰이고 있다. 질량 분석기는 우주 탐사에서도 활용되어 금성, 화성 등 여러 행성의 대기 또는 토양의 성분을 규명하고, 유기물의 존재를 확인하여 생명체의 존재를 찾는 데에도 커다란 기여를 하고 있다.

컬럼 크로마토그래피를 이용하여 혼합물을 분리하는 과정

컬럼 크로마토그래피 방법을 이용하면 다음 그림과 같이 각각의 성분으로 분리할 수 있다.
테스트 튜브 등으로 받아낸 각각은 얇은층 크로마트그래피 등으로 분리 상태를 확인할 수 있다.

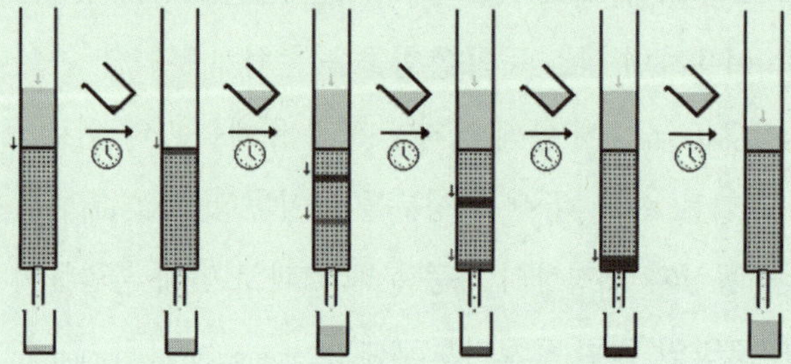

https://en.wikipedia.org/wiki/Column_chromatography
https://en.wikipedia.org/wiki/Chromatography

LC-MS

액체 크로마토그래피로 혼합물을 분리한 후에 질량분석기로 구조를 확인하는 기술이다.
LC에서는 액체를 이동상으로 사용한다.
샘플은 이동상에 녹아야 한다.
혼합물 속의 각 성분은 이동상과 고정상 사이를 이동하면서 흡착, 분배 등에 의해 분리된다.
작은 입자를 채운 다음 펌프를 사용하여 분리하는 기술(HPLC)이 많이 사용된다.
화합물의 크기에 따라 분리하는 기술(GPC, Gel Permeation Chromatography)도 있다.
분리된 각 성분은 질량분석기를 이용하여 분자량 등의 정보를 얻는다.
분자량이 작은 유기 화합물뿐만 아니라 합성 및 천연 고분자의 분석에도 사용된다.

전자 코

미항공우주국[NASA]은 공기 중의 독성 물질을 감지하는 센서로 활용하기 위하여 탄소 나노튜브[Carbon nanotube]를 사용한 전자 코[Electronic nose]를 제작하였다. 전자 코란 냄새 혹은 향을 탐지하고 분석하는데 사용되는 장치를 말한다. 전자 코를 개발한 목적은 우주정거장에서 지내는 우주인들을 공기 오염으로부터 보호하기 위함이었다. 전자 코는 공기의 질을 신속하게 정량적으로 분석할 수 있다. 최근에는 나노 센서Nanosensor로 암[Cancer]을 진단하는 장치도 선보이고 있다. 미국화학회에서 발행하는 학술지 『나노 레터』(Nano Letter)에 발표된 논문에 따르면, 환자가 숨을 내쉬면 이것을 모아 특정 화합물을 분석함으로써 난소암의 징후를 감지할 수 있는 센서가 개발되었다. 암을 감지할 뿐만 아니라 발작성 간질을 예측할 수 있는 칩 위의 코[Nose-on-a-chip] 센서도 개발되었다. 모바일 폰을 통해서 검사 결과를 알아볼 수 있는 방법도 소개되고 있다.

전자 코는 인간의 코와는 달리 오랜 시간 동안 여러 종류의 냄새를 맡을 수 있다. 또한 해로운 물질을 감지하고 음식 등의 부패를 감별할 수 있다. 그뿐만 아니라 특정 화학 물질의 냄새를 감지할 수 있어서 땅속에 묻힌 지뢰를 찾아내는 데에도 사용될 수 있다. 전자 코를 이용하면 환경오염 상황을 실시간으로 모니터링할 수 있다. 최근에는 기적의 물질이라 불리는 그래핀Graphene을 이용한 센서도 개발되었다. 그래핀은 탄소 원자들이 2차원 평면 구조를 하고 있으며 인장강도가 우수하고 전기전도성이 뛰어나며 유연하고 투명하여 꿈의 소재로 불리고 있는 물질이다.

인간은 눈으로 보고, 귀로 듣고, 코로 냄새 맡고, 혀로 맛을 보고, 손끝으로 만져봄으로써 사물을 인식한다. 그런데 이러한 오감五感을 대신해주는 기술들이 발표되고 있다. 스마트 센서는 초소형, 저전력, 고감도의 특성을 가진다. 이것은 사물인터넷[IoT], 빅데이터 등과 융합하여 다기능 스마트 센서로 진보하고 있다. 센서를 스마트폰에 연결하면 냄새를 모바일 커뮤니케이션이나 게임에 사용할 수도 있고 마음을 치유하는 아로마향 같은 특정한 냄새를 전송할 수도 있다. 스마트폰은 가속도계, 자이로스코프, 자력계, GPS 등과 연결하면 더 스마트하게 활용할 수 있다.

전자 코

사람의 후각 기능을 모방하여 제작된 인공 시스템이다.

낮은 농도에서도 정확하게 감지할 수 있다.

복잡하게 섞인 냄새 중 특정 냄새를 구분할 수 있다.

유해물질의 탐지는 물론이고 유전탐사에도 이용된다.

식품, 향장, 의약, 환경 등 다양한 분야에 응용될 수 있다.

우주 정거장 내의 공기 질을 분석하는 데에도 활용될 수 있다.

암을 진단하는 수단으로도 사용될 수 있다.

스마트폰과 연계하면 원격 진료도 가능하다.

https://en.wikipedia.org/wiki/Electronic_nose
https://www.elprocus.com/electronic-nose-work/
https://www.acs.org/content/acs/en/pressroom/presspacs/2015/acs-presspac-september-30-2015/Sniffing-out-cancer-with-improved-electronic-nose-sensors.html
https://fieldguide.gizmodo.com/all-the-sensors-in-your-smartphone-and-how-they-work-1797121002

CSI 과학수사대

범죄, 추리, 또는 공포를 다룬 드라마나 영화가 인기를 끌고 있다. 대표적인 것으로는 2000년 미국 CBS에서 방영된 〈CSI(범죄현장수사) 과학수사대〉가 있다. 라스베이거스를 배경으로 한 이 드라마가 인기를 끌자 〈CSI: 마이애미〉가 탄생되었다. 이 드라마는 2002년 시즌 1을 시작으로 2011년 시즌 10까지 이어졌다. CSI라는 제목을 가진 드라마가 오랜 기간 동안 인기를 끌었던 이유는 긴박한 사건 전개와 극적인 결말도 한몫을 하였지만, 무엇보다도 CSI 요원들의 활약상을 보는 재미가 컸기 때문이다. 여기에 빠지지 않고 등장하는 것이 있다. 범인의 흔적을 찾고 범죄를 분석하기 위한 과학적인 기법이다. 머리카락과 지문을 채취하고 감식하는 것은 기본이다. 특정 부위에 반응하는 화학 물질을 사용하기도 한다. 필요에 따라서는 거짓말 탐지기를 동원한다.

과학 수사에서 빼놓을 수 없는 것이 또 있다. 현장에서 발견되는 DNA를 비교하는 것이다. 그런데 이 증거물이 극소량인 경우에는 어떻게 할 것인가? 이 문제를 해결할 수 있는 기술이 생겨났다. DNA의 특정 부분을 반복적으로 복제하여 증폭시키는 것이다. 바로 PCR(Polymerase chain reaction, 중합 효소 연쇄반응) 기술이다. 극소량의 DNA만으로도 범죄의 단서를 찾을 수 있다는 이야기이다. 1984년 멀리스K. B. Mullis가 처음 고안한 PCR 기술 덕분에 DNA 분석이 과학수사나 친자감별을 위한 핵심 기술로 자리 잡았다. 이 기술은 DNA를 특정 제한 효소로 자르고 염료 처리한 후에 전기영동[Electrophoresis] 기술로 조각들을 분리한 후에 패턴을 비교하는 것이다. 전기영동이란 겔 매트릭스에 전류를 흘려보내 DNA나 단백질 등을 분리하는 방법이다. 1984년 영국의 제프리스A. J. Jeffreys가 발견한 DNA 지문분석은 정확도가 높아서 결정적인 법적 증거물로 채택되고 있다.

DNA 지문 분석

사람의 DNA 중 0.1퍼센트가 서로 다르다는 점을 이용하는 기술이다.
DNA를 추출한 후에 제한효소로 자르고 전기영동으로 크기에 따라 나눈 다음 분석한다.
어른과 아이는 물론 태아의 유전적 결함을 진단하는 데에도 이용된다.
예: 혈우병, 헌팅턴 무도병, 알츠하이머병, 겸상적혈구성 빈혈 등.
1980년대부터 범죄수사에 활용되었다.
친자 확인에도 사용된다.

http://infomory.com/facts/facts-about-dna-fingerprinting/
https://sites.google.com/site/dnafingerprinting23/interesting-facts

4
별빛 소식

별이 빛나는 밤 / 별빛을 타고 온 소식 / 원자의 지문 / 생명의 블록 / 전자기파의 정체 / 명탐정 빛 / 빛으로 보다

별이 빛나는 밤

광산촌에서 목탄화를 그리면서 궁핍한 시절을 보낸 사나이가 있었다. 자기 그림의 작품성에 대한 불만을 스스로 귀를 잘라 표현했던 그는 30대 후반의 젊은 나이에 정신병원에 들어갔다. 1년 후 그는 자신의 가슴에 총을 겨누고 생을 마감하였다. 그에 대한 이야기 중에는 정반대의 주장이 제기된 것도 있지만 이 문제는 이쯤에서 접어두기로 하자. 그는 불과 37세의 나이로 세상을 떠난 네덜란드의 화가 빈센트 반 고흐Vincent W. van Gogh(1853~1890)이다. 불행하게도 그의 작품은 사후에서야 명성을 얻었다. 뉴욕 현대미술관에 소장되어 있는 〈별이 빛나는 밤〉은 고흐의 가장 널리 알려진 작품 중 하나이다. 1889년에 생 레미 정신병원 병실 밖의 밤 풍경을 내다보면서 상상과 결합시켜 자신만의 내면세계를 표현했다고 한다.

캔버스에 유화로 그린 이 작품에 대해서 재미있는 해석이 제기되었다. 그것은 그림 속에 있는 별에 대한 이야기이다. 당시 고흐는 정신병원을 떠난 적이 없기 때문에 이 그림이 밤하늘을 직접 보고 그린 것이 아니라 상상 또는 기억에 의존해서 그린 것이라고 말하기도 한다. 그러나 자신의 별자리인 양자리에 관심을 가진 고흐가 양자리의 별들과 금성 그리고 달을 그린 것이라는 주장도 있다. 어떤 사람은 천문 소프트웨어로 당시의 밤하늘을 재현한 다음 그림 속의 별들을 맞추어보기도 하였는데 이 결과에 의하면 고흐가 실

제 밤하늘을 보고 그렸을 것이라고 한다. 이 그림을 그린 날짜를 더 정확하게 예측한 자료에는 오른쪽 상단에 그믐달이 보이고 나무 아래에 밝은 별 즉 금성이 보인다는 사실로부터 1889년 6월 23일 새벽 3~4시에 그렸을 것이라고 한다. 당시 점성술은 예술가들에게 영감을 불러일으키는 주제였다는 주장도 있다. 고흐의 〈별이 빛나는 밤〉은 전 세계인들이 가장 좋아하는 작품 중 하나이다.

별이 빛나는 밤

37세의 짧은 삶을 살다 간 고흐가 1889년 프랑스의 남부 도시 생 레미에 있는 정신병원에서 병실 창밖을 내다보며 그렸다.
고흐는 광인으로 외면받는 고통 속에서 1890년 7월 자살로 생을 마감하였다.
그의 나이 37세 되는 해였다.
"별이 반짝이는 밤하늘은 언제나 나를 꿈꾸게 한다.
타라스콩이나 루앙에 가려면 기차를 타야 하는 것처럼 별까지 가기 위해서는 죽음을 맞이해야 하는 게 아닌가 싶다."

별빛을 타고 온 소식

유난히 어두운 밤하늘. 구름이 없는 날이면 무수히 많은 별빛이 쏟아져 내린다. 나선형의 우리 은하[Milky Way Galaxy]에는 얼마나 많은 별들이 있을까? 허블 우주 망원경 등을 이용한 추정치에 근거하면 우리 은하에는 약 1천억 개의 태양이 존재한다. 이보다 훨씬 많다는 이론도 있다. 관측 가능한 우주에는 이런 은하들이 어림잡아 1천7백억 개가 존재한다고! 우리가 보는 수많은 별들은 그 별에서 지구로 날아온 별빛이다. 지구에서 가장 가까이 있는 안드로메다 은하에서 출발한 빛은 250만 년 후에 지구에 도착한다. 우리가 관측한 안드로메다는 250만 년 전의 안드로메다인 셈이다. 페르시아의 천문학자 알 수피Al Sufi(903~986)가 '작은 구름'이라고 묘사했던 안드로메다는 37억 년 후에는 우리 은하와 합쳐져 거대 타원 은하를 형성할 것이다. 우주 탄생의 비밀을 풀어준 우주 마이크로파 배경(CMB, Cosmic microwave background)은 관측 가능한 우주를 채우고 있는 마이크로파 열복사를 말하는데, 이것은 우주가 137억 년 전의 대폭발과 함께 형성되었다는 빅뱅이론의 중요한 증거이다. 1940년대부터 제기된 CMB는 1964년에 최초로 발견되었고, 그 후에 미국 NASA의 탐사 프로젝트(COBE, 우주 배경 탐사선, Cosmic Background Explorer)를 통해 정확하게 측정되었으며, 우주 마이크로파 배경의 온도가 절대온도 2.73도라는 사실이 밝혀졌다. 이 온도는 섭씨로 환산하면 섭씨 영하 270.4도이다.

우주 마이크로파 배경

관측 가능한 우주를 균일하게 채우고 있는 마이크로파 열복사이다.
우주 초기의 뜨거운 고밀도 상태에서 뿜어져 나온 빛이 오늘날에 관측되는 것이다.
우주 대폭발의 흔적이다.
절대온도 2.73도에서의 흑체복사 스펙트럼 형태를 가지고 있다.
1964년 미국의 펜지어스(A. Penzias)와 윌슨(R. Wilson)이 발견하였다.

별빛은 수많은 정보를 담고 있다. 약 300년 전에 뉴턴Isaac Newton(1642~1726)은 가시광선(백색광)을 프리즘에 통과시키면 여러 빛으로 갈라진다는 사실을 발견하였다. 백색으로 보이는 가시광선이 사실은 파장이 다른 여러 빛이 섞여 있는 일종의 혼합물인 셈이다. 빛은 파장에 따라서 감마선, X-선, 자외선, 가시광선, 적외선, 마이크로파, 또는 라디오파로 부른다. 맨 눈으로 보던 우주의 모습은 정교한 우주 망원경이 출현하면서 새로운 사실들이 밝혀지게 되었고 이제 새로운 모습으로 우리 앞에 있다. 다른 파장의 빛을 이용하여 우주를 보면 우주가 전혀 다른 모습으로 우리에게 다가온다. 적외선 카메라는 우리의 눈이 기능하지 못하는 어두운 밤에도 선명한 영상을 전달해 준다. 마찬가지로 적외선 우주 망원경을 이용하면 가시광선 망원경과는 다른 정보를 얻을 수 있다. 자외선이나 X-선을 이용하면 전혀 다른 모습의 우주를 볼 수 있다. 별빛의 선 스펙트럼의 파장이 점점 길어지는 현상을 볼 수도 있다. 적색편이라 부르는 이 현상은 1848년 프랑스의 피조Hippolyte Fizeau(1819~1896)에 의해 처음으로 관측된 바 있다. 20세기 초에 대부분의 은하들이 우리 은하로부터 멀어지고 있다는 사실이 발견되었고, 1929년에는 먼 우주로부터 오는 빛의 적색편이는 거리에 비례한다는 허블의 법칙이 발견되었다. 이 법칙과 함께 도플러 효과는 팽창하는 우주의 개념을 확립하는 근거가 되었다.

다른 파장, 다른 우주

라디오파: 은하, 쌍성, 초신성, 펄사는 물론 우리의 태양과 목성도 라디오파를 방출한다.
적외선: 작고 차가운 별들을 관찰할 수 있다.
가시광선: 크고 밝은 별들을 관찰할 수 있다.
자외선: 우리 은하에 있는 뜨거운 별과 다른 은하에 있는 퀘이사를 볼 수 있다.
엑스선: 별들 사이에 있는 뜨거운 구름, 중성자별, 초신성의 잔해 등을 볼 수 있다.
감마선: 중성자별, 퀘이사, 블랙홀 등을 볼 수 있다.

https://mwmw.gsfc.nasa.gov/mmw_across.html

원자의 지문

"무지개에 다른 색깔을 입히는 일은 무의미하다." 이것은 언어의 마술사 셰익스피어W. Shakespeare(1564~1616)가 사극 『존 왕』(King John)에서 한 말이다. 무지개는 자연이 만든 최고의 예술품이다. 빛이 작은 물방울을 통과하면 빨주노초파남보의 일곱 가지 색으로 갈라진다. 그저 빛과 물방울이 만났을 뿐인데! 물방울이 프리즘 역할을 하여 백색광을 파장이 다른 여러 색깔로 분해시킨 것이다. 우주에서 날아온 별빛의 경우에도 프리즘을 만나면 무지개와 같은 원리로 갈라져서 여러 개의 선으로 나타나는 이른바 선 스펙트럼이 연출된다. 선의 패턴은 원자에 따라 다르다. 사람으로 치면 지문과 같아서 스펙트럼을 보면 별 속에 있는 원소의 정체를 알 수 있다. 수소[$_{1}H$]에서부터 아인스타이늄[$_{99}Es$]까지 원소들의 선 스펙트럼을 비교하고 싶으면 유니버스투데이(universetoday.com)를 방문해 보자.

천문학에서는 가시광선뿐만 아니라 라디오파, 적외선, X-선 등을 이용하여 별빛이 주는 정보를 추출한다. 분광학은 별의 온도, 광도, 거리뿐만 아니라 화학적 조성에 대한 정보까지 얻을 수 있는 연구 분야이다. 라디오파를 이용하면 핵스핀의 전이를 이용하여 분자 구조를 확인할 수 있다. 분자 내의 원자 간 거리 등에 대한 정보를 얻어내기 위해서는 X-선을 활용할 수 있다. 적외선을 활용하면 원자 간 화학 결합의 진동패턴을 연구하여 분자의 화학 구조를 확인할 수 있다.

원자의 선 스펙트럼

들뜬 상태의 전자가 안정한 상태로 되돌아가는 과정을 나타낸다.
불연속적인 띠로 나타난다.
원자마다 다른 패턴을 보인다.
일종의 원자의 지문이다.
그림은 지구에 가장 풍부하게 존재하는 철[$_{26}$Fe] 원자의 방출 스펙트럼.

https://en.wikipedia.org/wiki/Emission_spectrum
https://en.wikipedia.org/wiki/Spectral_line

생명의 블록

달의 여신 아르테미스Artemis를 사랑한 사냥꾼이 있었다. 그의 이름은 바다의 신 포세이돈의 아들 오리온Orion이다. 그런데 아르테미스의 동생인 태양신 아폴론은 오리온을 탐탁하게 여기지 않아 전갈을 보내 그를 죽이려고 했다. 오리온은 전갈로부터 살아남았으나 결국 전갈 독으로 죽어서 하늘로 올라가 별이 되었는데 이것이 오리온자리이다. 전갈자리는 북반구 겨울 하늘의 대표 별자리인 오리온자리를 노리고 있다. 오리온자리에는 눈에 띄게 밝은 별 3개가 있는데 이것을 오리온의 검[Orion's sword]이라고 부른다. 최근 유럽우주국(ESA, European Space Agency)은 오리온의 검에서 관측한 새로운 결과를 발표하였다. 허셜 우주 망원경[Herschel space observatory]이 잡은 적외선 이미지는 이온화된 탄소 원자

[C+]에서 나오는 신호였다. 탄소라니? 탄소는 무수히 많은 경이로운 형태로 존재한다. 원자번호가 6인 탄소 원자는 최대 4개의 원자와 결합을 할 수 있다. 탄소는 가장 단순한 메탄[CH_4] 가스로부터 에너지원으로 사용되는 탄수화물, 생물의 몸을 구성하는 단백질, 그리고 생물의 유전 정보를 저장하는 핵산(예: DNA, RNA)에 이르기까지 무수한 분자들의 핵심을 이루는 원자이다. 별에서 나오는 자외선은 이러한 분자들을 형성하는 데 중요한 역할을 한다.

전자기파의 정체

빛은 물체에 부딪치면 반사 또는 굴절을 한다. 산란, 간섭, 또는 편광 현상도 나타낸다. 빛은 태양에서 출발하여 1억 5천만 킬로미터 떨어진 지구까지 도달하는 데에 약 8분 20초밖에 걸리지 않을 만큼 빠르다. 빛의 속도(초속 30만 킬로미터)를 최초로 측정한 사람은 덴마크의 천문학자 뢰머Ole C. Rømer(1644~1710) 이다. 그는 1676년에 목성의 위성 이오Io의 관찰을 통해서 빛의 속도를 측정하였다. 1926년에는 미국의 물리학자 마이컬슨Albert A. Michelson(1852~1931)이 마이컬슨-몰리 실험[Michelson-Morley experiment]를 이용하여 더욱 정확하게 측정하였다. 그는 이 공로로 1907년 노벨 물리학상을 수상하였다.

빛은 파동인가? 아니면 입자인가? 빛의 본질은 데모크리토스Democritus(c. 460~c. 370 BCE)와 아리스토텔레스Aristotle(384~322 BCE)가 각각 입자와 파동이라고 주장한 이래 20세기 초까지 중요한 논쟁의 대상이었다. 이후 알하이삼Hasan I. al-Haytham(c.965~c.1040)과 데카르트René Descartes(1596~1650)가 이 논쟁을 이어갔다. 17세기에 뉴턴Isaac Newton(1642~1726)은 입자설을 주장한 반면, 훅Robert Hooke(1635~1703)과 호이겐스Christiaan Huygens(1629~1695), 영Thomas Young(1773~1829) 등은 파동설을 지지했다.

19세기 중엽에 맥스웰James C. Maxwell(1831~1879)이 빛은 전자기파라고 주장하면서 빛의 파동성이 승리하는 듯했다. 그러나 20세기 초에 이르러 빛이 이중성을 가진다는 사실이 밝혀지면서 두 극단의 논쟁은 무승부로 끝이 났다. 빛은 입자인 동시에 파동인 전자기파이다. 이러한 흐름 속에서 양자 이론이 탄생하였다. 불확정성과 확률의 개념을 내포하고 있는 양자역학을 싫어했던 아인슈타인은 다음과 같이 말했다. "신은 주사위 놀이를 하지 않는다." 이에 대해 양자역학의 대변자였던 보어Niels H. D. Bohr(1885~1962)는 전능하신 신께 지시를 내리는 일을 중지하라고 응수하였다. 플랑크Max Planck(1858~1947)에서 출발하여 보어, 하이젠베르크Werner K. Heisenberg(1901~1976), 슈뢰딩거Erwin Schrödinger(1887~1961) 등을 거쳐 오늘에 이른 양자역학은 뉴턴 역학의 한계를 극복하는 데 기여하였고 20세기 과학사에서 가장 중요한 이론이 되었다.

빛에 대한 논쟁의 역사

빛은 입자이다: 데모크리토스(Democritus, c.460~c.370 BCE)
알하이삼(al-Haytham 또는 Alhazen, c.965~c.1040 CE)
뉴턴(I. Newton, 1642~1726)

빛은 파동이다: 데카르트(R. Descartes, 1596~1650)
훅(R. Hooke, 1635~1703)
호이겐스(C. Huygens, 1629~1695)
영(T. Young, 1773~1829)
맥스웰(J. C. Maxwell, 1831~1879)

빛은 파동인 동시에 입자이다: 1900년 플랑크(M. Planck, 1858~1947)가 양자역학의 문을 두드린 이후.

https://en.wikipedia.org/wiki/Wave%E2%80%93particle_duality

명탐정 빛

위조지폐는 어떻게 감식할까? 한국은행에 따르면, 지폐는 비추어보고 기울여보고 만져보면 위조 여부를 쉽게 알 수 있다고 한다. 자외선을 비춰보면 지폐 속에 숨겨진 형광 무늬가 나타난다. 지폐에 자석을 갖다 대면 지폐의 숫자 부분에 있는 자성磁性 잉크 때문에 자석에 끌리는 경우도 있다. 지폐를 위조하지 못하도록 해둔 장치 중에는 홀로그램도 있다. 지폐에 홀로그램 이미지를 넣어 각도에 따라 색깔이 변하도록 하여 위조하지 못하게 하고 있다.

공항에서 출국할 때 반드시 통과해야 하는 검색대가 있다. 여기에는 X선 검사장치가 있어서 금속 등 반입 금지물품을 걸러낸다. X-선을 이용하면 고체 시료를 파괴하지 않고도 내부의 결함을 들여다볼 수 있다. 결정성 고체 안에 있는 원자 사이의 거리를 알 수는 없을까? X-선을 쪼여주면 가능하다. 쪼여준 X-선의 파장(λ)과 입사각(θ)을 알면 다음 식으로부터 원자 간 거리(d)를 측정할 수 있다. $2d \sin\theta = n\lambda$. 이러한 방법은 1913년에 브래그 부자(William H. Bragg(1862~1942), Lawrence Bragg(1890~1971))가 발견하였는데 두 사람은 이 공로로 1915년 노벨 물리학상을 수상하였다.

야간이나 어두운 곳에서도 시야를 확보할 수 있는 야간투시기도 있다. 이것은 적외선 카메라가 장착되어 있어서 야간 경비, 야간 전투 등에 사용된다. 적외선 카메라를 이용하면 건물에서 에너지가 손실되고 있는 부분을 찾아낼 수 있다. 해외여행을 하고 입국하는 승객 중에 현지에서 감염 증세를 보여 고열이 나는 환자가 있다면? 2003년에 맹위를 떨쳤던 중증 급성호흡기 증후군 사스SARS나 다른 전염병이 국내로 급속하게 전파될 가능성이 있는 경우라면? 입국장으로 들어오는 승객들의 체온을 측정하면 일차적으로 조치를 할 수 있는데, 이때 사용되는 것이 적외선 열화상 카메라이다.

적외선 카메라

연기, 먼지, 또는 안개가 발생한 경우에도 찍힌다.
물론 캄캄한 밤에도 물체를 볼 수 있다.
비닐 봉투로 얼굴을 가려도 영상이 찍힌다.
중국에서는 손바닥에서 나오는 적외선을 치료 목적에 이용하여 왔다.
적외선은 리모콘에도 이용된다.
집안에서 열에너지가 손실되는 부분을 탐지할 수도 있다.
적외선 카메라를 스마트폰과 연계하면 몸의 이상 유무를 실시간으로 진단할 수 있다.
농장에서 가축의 건강 상태도 파악할 수 있다.
대기오염 상태를 모니터할 수 있다.

http://www.infrared-light-therapy.com/infrared-radiation/

빛으로 보다

분자식이 C_2H_6O인 샘플이 있다. 이것이 술의 주성분인 에탄올(Ethanol, CH_3CH_2-OH)이라고 단정할 수 있을까? 다이메틸에터(Dimethyl ether, CH_3-O-CH_3) 역시 동일한 분자식을 가진다. 이 둘은 분자식은 동일하지만 원자의 배열 상태가 다른 화합물, 즉 이성질체[Isomer]이다. 분자식이 C_3H_6O인 샘플이 있다. 이것이 아세톤(Acetone, CH_3-CO-CH_3)이라고 단정할 수 있을까? CH_3-CH_2-CHO, CH_3-CH=CH-OH, CH_2=CH-CH_2-OH, CH_2=CH-O-CH_3 역시 동일한 분자식을 가진다. 심지어 삼각형 또는 사각형 고리를 가지는 분자도 존재한다. 10개의 탄소 원자와 22개의 수소 원자로 이루어진 데케인(Decane, $C_{10}H_{22}$)의 이성질체는 무려 75개나 된다. 분자의 구조를 어떻게 확인할 수 있을까?

첫 번째 방법은 적외선을 쪼여보는 것이다. 에틸알코올 분자에 적외선을 쪼여주면 분자 내에 있는 원자들은 다양한 형태의 춤을 추기 시작한다. 그중 대표적인 형태는 신축 진동[Stretching vibration]이다. 원자와 원자 사이에 용수철이 있다고 가정하자. 신축 진동이란 용수철의 길이가 '늘어났다 줄었다'를 반복하는 것을 말한다. 그 진동수는 용수철의 세기가 클수록 증가하고, 원자의 질량이 클수록 감소한다. 따라서 원자의 종류가 다르고 용수철의 세기가 다르면 그에 따른 진동수도 달라진다. 따라서 진동수를 측정함으로써 구조적인 정보를 얻을 수 있다. 이러한 방법을 적외선 분광학[IR spectroscopy]이라 부른다.

두 번째 방법은 라디오파를 쪼여보는 것이다. 수소의 원자핵은 이를테면 아주 작은 지구와 같다. 초미니 자석인 셈이다. 먼저 에틸알코올을 적당한 용매에 녹인 다음 강력한 자기장 속에 넣어 주면 무질서하게 세차운동을 하던 수소의 원자핵들은 외부 자장의 방향에 맞추어 정렬을 하게 된다. 이때 외부 자기장과 같은 방향으로 정렬된 경우 에너지 준위가 낮아지며, 반대 방향으로 정렬된 경우 에너지가 높아진다. 이 상태로 90도 방향에서 라디오 주파수를 발생시켜 주면 낮은 에너지 상태의 수소 원자핵이 에너지를 흡수하여 높은 에너지 상태의 원자핵으로 들뜨게 된다. 이러한 현상을 공명이라 한다. 공명에 필요한 주파수는 외부자기장의 세기와 핵의 종류에 의존한다. 라디오파를 이용하는 핵자기 공명 분광학[NMR spectroscopy]이라 부르는 이 기술을 이용하면 에틸알코올 분자에 있는 수소 원자들에 대한 구조적인 정보를 얻을 수 있다.

그리고 자외선을 이용하면 분자의 골격에 대한 정보를 얻을 수 있다(자외선 분광학, UV spectroscopy(Ultraviolet spectroscopy)). 색깔을 띠는 분자의 경우에는 가시광선 분광학[Visible spectroscopy]을 이용할 수도 있다. 그 밖에도 질량 분석법[Mass spectrometry]을 이용하여 분자량 등의 정보를 얻을 수 있다.

빛의 이용

라디오파: 핵스핀의 변화 → 핵종(H, C 등)의 환경 규명

적외선: 분자의 진동과 회전 → 작용기의 존재 확인

가시광선: 외부 전자의 전이 → 다중결합의 확인

자외선: 외부 전자의 전이 → 다중결합의 확인

X–선: 내외부 전자의 전이 → 원자간 거리 측정

http://userweb.eng.gla.ac.uk/douglas.paul/terahertz.html

5
라디오로 마음을 엿보다

공명 / 자기 공명 영상 / fMRI

공명

1940년 7월 미국 워싱턴주에 세상에서 가장 아름다운 교량이 개통되었다. 당시 최고의 교량 설계자가 설계하였고 신공법을 도입하여 완성한 타코마교[Tacoma Narrows Bridge]였다. 타코마시와 키트삽반도를 연결하는 이 다리는 금문교, 조지워싱턴교에 이어 세계에서 세 번째로 긴 현수교였다. 그러나 같은 해 11월, 시속 190킬로미터의 초강풍에도 견딜 수 있도록 설계된 타코마교는 시속 64킬로미터의 바람에 추풍낙엽처럼 무너져 내렸다. 어찌된 영문일까? 현수교란 양쪽 교각에 연결된 케이블로 지탱되는 구조의 다리를 말한다. 따라서 바람에 흔들릴 때마다 약간의 진동이 발생하였는데, 이 진동이 다리 자체의 고유 진동수와 같아지면서 진동을 점차 키웠고 마침내 다리를 파괴하기에 이른 것이었다. 타코마교를 붕괴시킨 원인은 바로 이러한 공명[Resonance] 현상에서 찾을 수 있다. 처음에는 미미하던 진동이 점차 그 세기가 증가하여 육중한 다리를 파괴시킨 것이다. 공명의 예로는 두 소리굽쇠를 준비하고 그중 하나를 치면 다른 하나가 따라서 진동하는 경우를 볼 수 있다. 이는 두 소리굽쇠의 진동수가 일치하기 때문이다. 박자를 지정해 주면 그에 맞추어 똑딱거리는 메트로놈을 여러 대 준비하고 하나씩 임의로 움직이게 하면 놀라운 일이 벌어진다. 제멋대로 소리를 내던 메트로놈들이 점차 박자를 맞추기 시작하여 결국은 한 지휘자의 손짓에 따라 악기를 연주하는 단원들처럼 같은 박자로 움직이는 것이다. 이러한 현상을 공명이라 한다. 실제로 타코마교를 붕괴시킨 정확한 원인은 공탄성 플러터[Aeroelastic flutter]라고 기록되어 있다. 바람이 다리의 얇은 상판에 부딪치면서 소용돌이 현상을 야기했고 여기서 발생한 진동수가 다리의 진동수와 일치하여 파괴력이 증가한 것이었다.

타코마교 붕괴 사건 이외에도 공명 현상이 나타나는 사례는 많다. 그네를 탈 때 그네 운동의 진동수에 맞게 밀어주면 그네가 더 높이 올라간다. 라디오를 듣거나 TV를 시청하기 위해서는 주파수를 맞춰야 한다. 크리스탈 소재로 만든 와인 잔을 서로 부딪치면 아름다운 소리를 낸다. 이 모든 것은 공명 때문에 나타나는 현상이다.

지구의 진동 주파수는 7.83헤르츠[Hz]라는 것이 알려졌다. Hz란 파동의 초당 진동 횟수를 말한다. 이 값은 발견자인 슈만Winfried O. Schumann(1888~1974)의 이름을 따서 슈만 공진[Schumann resonance]이라 부른다. 슈만 공진이란 지구를 둘러싸고 있는 지표면과 전리층(Ionosphere, 두께: 약 55킬로미터) 사이의 대기 공간이 도파관[Waveguide] 역할을 하여 지구에서 발생하는 전자기파가 공간에 갇히게 되고 그 안에서 공명하는 현상을 말한다. 이 수치는 라디오로 신호를 보내는 데 사용되는 가장 낮은 주파수보다 약 10만 배 더 작은 값이다. 그런데 7.83헤르츠는 인간의 뇌에서 발생되는 알파파와 동일하다는 것이 밝혀졌다. 이는 인간의 창의력, 불안, 스트레스, 면역체계 등을 관장하는 뇌의 주파수가 지구의 주파수에 맞춰져 있다는 것을 의미한다. 인체의 건강은 슈만 공진과 밀접한 관계가 있다. 생명체가 지구 환경에 적응하여 살아가고 있다는 의미이다. 수시로 변하는 우리의 마음은 계절의 변화, 태양의 활동, 지구 자기 환경에서의 활동 등에 따라 달라지는 슈만 공진 때문은 아닐까?

자기 공명 영상

공명 현상은 분자의 구조를 확인하거나 질병을 진단하는 데에도 활용되고 있다. 스핀을 가지고 있는 핵(예: 수소 원자)에 외부 자기장을 걸어 주면 무질서한 핵스핀이 같거나 반대 방향으로 정렬한다. 이때 돌고 있는 핵의 주파수와 같은 주파수를 가지는 빛을 쪼여 주면 안전한 상태의 스핀이 에너지를 받아 들뜨게 된다. 이러한 에너지의 흡수를 공명이라 부른다. 흡수를 하기 위해서는 주파수가 서로 맞아야 하기 때문이다.

이러한 원리를 이용하면 수소 원자를 가지는 분자들의 구조를 확인할 수 있는데, 이를 핵자기 공명 분광법[NMR spectroscopy]이라 부른다. 수소 핵을 이용하는 ^{1}H NMR이 가장 대표적인 예이다. 그 밖에도 탄소, 질소, 산소, 인 등 다양한 핵종에 대한 공명 정보를 이용하여 분자의 구조를 확인할 수 있다.

물[H_2O]은 인체의 대부분을 차지하고 있는 분자이다. 인체의 약 80퍼센트는 물로 이루어져 있다. 물 분자에는 수소 원자가 두 개 있다. 동일한 공명 원리를 인체에 적용할 수 있는 것이다. 소위 자기공명 영상(MRI, Magnetic Resonance Imaging) 기술을 활용하면 몸속에 있는 물 분자의 수소 원자핵을 자기공명 영상화할 수 있다. 따라서 환부의 정확한 상태를 알 수 있다. 인체의 각 부위를 단면 영상으로 다양한 각도에서 촬영할 수도 있다. 암 진단 및 예방에도 활용된다. 액체 헬륨을 사용하여 강력한 자기장을 발생시키면 더욱 좋은 영상을 얻을 수 있다.

자기공명탄성 기술인 MRE[Magnetic Resonance Elastography]가 있는데 리더스 헬스케어(leadershealthcare.co.kr)와 스캔디렉토리(scandirectory.com) 자료에 따르면, MRE는 조직의 기계적 특성에 관한 정보를 얻을 수 있게 해준다. MRI를 이용하여 조직의 경도를 수치화함으로써 간경화 등 중증 질환을 조직검사 없이 진단해 준다.

자기공명 조영술(MRA, Magnetic Resonance Angiography)은 세포에 라디오파를 쪼여줄 때 나타나는 세차주기를 영상으로 재구성한 것이다. 주로 혈관 질환을 검사할 때 사용한다. 뇌졸중 후에 뇌의 혈액순환 상태나 경동맥의 혈류 상태 등을 확인하는 데 사용할 수 있다.

NMR, MRI 등의 기술은 라디오파를 사용하므로 X-선 촬영술과는 달리 인체에 해가 없다. 그러나 강력한 자기장을 사용하므로 체내에 금속이 삽입되어 있는 경우에는 사용할 수 없다. 시계나 신용카드 등도 자장에 영향을 받으므로 주의해야 한다.

자기공명 영상

액체 헬륨으로 초전도 자석을 만들어 강력한 자기장 속에서 라디오파를 쪼여주는데 이때 공명(흡수)하는 주파수를 측정하여 이미지를 얻는다.
다양한 질병을 진단하는 데 사용된다.
뼈는 물론 관절, 복부, 혈관, 폐, 그리고 뇌의 영상을 찍을 수 있다.

http://www.vetimagingchesapeake.com/15-facts-about-mri/

여러 조건에서 뇌의 MRI 이미지를 얻으면 질병 또는 이상 유무를 확인할 수 있다(사진).

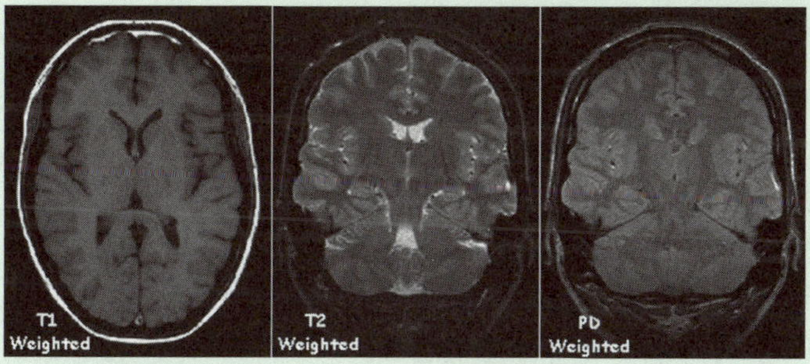

https://en.wikipedia.org/wiki/Magnetic_resonance_imaging

fMRI

뇌 속을 자세히 들여다볼 수는 없을까? '기능적 자기공명 영상(Functional magnetic resonance imaging, fMRI)' 기법이 있다. fMRI 기술은 1992년에 오가와Seiji Ogawa 등이 최초로 BOLD[Blood-oxygen-level dependent] 신호, 즉 신경세포의 활동 증가에 따라 혈류량血流量이 일정하게 변화한다는 사실을 보고하면서 혁명적인 뇌 과학의 진보를 예고하였다. 뇌가 하는 일을 뇌 밖에서 들여다볼 수 있는 발판이 마련된 것이다. 이 기법은 뉴런이 활성화되면 혈중 산소 농도가 증가한다는 사실에 기초하고 있다. fMRI는 뇌의 구조뿐만 아니라 기능도 측정할 수 있다. 한양대학교 전산 뇌영상 분석 연구실 자료에 따르면, fMRI는 MRI 기술을 이용하여 영상 당 수십 밀리초의 속도로 반복촬영을 하면서 대뇌의 각 점마다 뇌의 활성화에 따라 변화하는 자기공명신호를 추적하는 기술이다. 신경세포가 활성화되면 그 주변에서의 혈류량은 신경세포의 산소 소모 증가량보다 더 많아지게 된다. 그러므로 활성화된 신경세포 주위의 모세혈관에서 산소를 운반하는 헤모글로빈 중 산소와 결합된 산화헤모글로빈의 농도는 증가하고 산소가 이탈된 환원헤모글로빈의 농도는 감소한다. 한편, 산화헤모글로빈은 자성을 띠지 않지만 환원헤모글로빈은 자성을 띠므로 그 주변에 있는 수소 원자핵의 자기장 내 반응성에 영향을 준다. 이에 따라 자기공명 촬영 시 T2* 신호가 감소하게 된다. 그런데 신경활성이 일어나는 부위에서는 환원헤모글로빈의 농도가 감소하므로 T2* 신호는 증가한다.

따라서 T2* 신호를 연속적으로 측정하면서 시각 자극을 보거나 기억하고 있는 항목을 회상하면서 뇌 활동을 시키고 이에 따른 자기공명 신호가 증가하는 부위를 찾으면 활성화 부위를 알아낼 수 있게 되는 것이다. 이와 같이 fMRI를 이용한 뇌활성화 측정을 기반으로 한 뇌 지도를 얻으면 감정, 기억 등의 비밀을 풀 수 있다.

하지만 fMRI는 뇌기능의 유기적인 연결성을 보여주지 못한다. 2017년 한국표준과학연구원(KRISS, 김기웅)에서는 뇌기능 연결성을 직접 가시화할 수 있는 신개념 장치를 개발하여 뇌 과학 분야의 학술지『뉴로이미지』Neuroimage에 발표하였다.

fMRI

뇌 속의 질병을 진단하는 데 사용된다.
생각과 감정 같은 정신 작용을 파악할 수 있다.
진실을 말하는지도 알 수 있다.
혈중 산소 수치에 따라 자기공명 신호가 다르다는 원리를 이용한다.
MRI는 장기와 조직의 이미지를 얻는데 반해서,
fMRI는 뇌 속 피의 흐름을 들여다본다.
이를 통해서 뇌의 작동 원리를 좀 더 자세하게 알 수 있다.

https://science.howstuffworks.com/fmri.htm

상상을 더하다 9

- 라디오로 마음을 엿보다 -

1. 공감각의 능력은 유전이 가능할까?

2. fMRI를 이용하면 생각만으로 글을 쓸 수 있는 기계를 만들 수 있을까?

3. 뇌의 특정 부위에 자극을 주면 없던 감정도 일으킬 수 있을까?

4. fMRI로 사람의 마음을 볼 수 있다면, 거짓말 탐지기처럼 쓸 수 있을까?

5. 마음을 읽는 fMRI로 꿈을 조종할 수 있을까?

6. fMRI로 기억을 편집할 수 있을까?

7. fMRI로 동물의 마음도 읽을 수 있을까?

8. 공명을 통해 핵무기보다 더욱 폭발력 있는 무기를 만들 수 있을까?

9. 공감각을 후천적으로 가지는 것이 가능할까?

10. 실제 뇌를 다친 사람 중 뇌를 다친 후 성격이 변하는 사람들이 종종 있는데, 성격이 변한다는 것은 마음가짐이 변했다고 볼 수도 있다. 이런 논리로 생각하면 사람의 마음은 단순히 뇌의 활동이라고 정의할 수 있겠는가?

11. 동물 중에서도 공감각을 가지고 있는 동물이 존재할까?

12. 공감각자는 일상에서 그 능력이 불편하지 않을까?

13. 기술이 발달하면 실제로 냄새를 볼 수 있을까?

14. 인간이 과학기술을 이용해 개만큼 후각이 좋아질 수 있을까?

15. 색맹 안경을 동물에게 씌우면 사람과 같은 색을 볼 수 있을까?

16. 동물의 뛰어난 특성을 사람이 가질 수 있을까?

17. 가시광선이 아닌 빛을 볼 수 있는 사람이 있을까?

18. 냄새를 아주 잘 맡는 개의 유전자를 이용해서 인간의 감각기관을 발달시킬 수 있을까?

19. 인간이 개 수준의 후각을 갖게 되면 무슨 일이 일어날까?

20. 박쥐가 쓰는 초음파를 이용해 박쥐들을 조종할 수 있을까?

21. 핵자기 공명을 이용해서 범죄자들을 심문하면 속마음을 읽어낼 수 있을까?

22. 개, 고양이, 나비 등이 보는 세상을 어떻게 연구한 것일까? 그 생물체의 눈을 따로 추출해 내 연구한 것일까?

23. 장애인에게 소리를 볼 수 있는 기술을 적용시킬 수 있을까?

24. 개의 후각 세포를 인간에게 이식시킬 수 있을까?

25. 서로 다른 종끼리 눈을 이식하는 것은 불가능한가?

10장
해저의 오아시스

1
갈라파고스

갈라파고스에 가다

살아있는 박물관이라고 불리는 곳은? 진화의 전시장이라고도 알려진 곳은? 남아메리카 대륙에서 906킬로미터 떨어진 태평양 상의 섬 이름은? 바로 갈라파고스 제도이다. 갈라파고스 제도는 세 개의 해류가 합류하는 지점인 탓에 해양 생물의 용광로라고도 알려져 있다. 또한, 오랜 기간 동안 격리되어 있어서 다른 대륙에서는 볼 수 없는 특이한 동물들이 오늘의 갈라파고스를 만들었다. 갈라파고스 해양보호구역은 세계 어디에서도 찾아볼 수 없는 생물 다양성을 보여준다. 또한 해저에서는 세 개의 지질 구조판(나즈카판, 코코스판, 태평양판)이 만나고 있다. 대부분의 해양 군도들과 비교하면, 갈라파고스는 기껏해야 500만 년의 나이를 가진 매우 젊은 화산섬이다. 이사벨라섬은 백만 년도 채 안 되는 어린 섬이다. 그럼에도 불구하고 상대적으로 높은 종 다양성을 가지고 있다. 에콰도르는 갈라파고스 전체의 97퍼센트를 국립공원으로 지정하였으며 이곳은 유네스코 세계자연유산에도 등재되어 있다. 한편 증가하는 관광객, 외래종의 도입, 해양 자원의 과도한 개발 등의 문제는 갈라파고스 생태계에 부정적인 요인으로 작용하고 있다.

갈라파고스

다윈의 『종의 기원』은 그가 갈라파고스에서 연구한 결과를 토대로 완성되었다.
많은 야생 동물들이 산다.
세 해류가 만나기 때문에 다양한 해양 생물들이 갈라파고스에서 만난다.
갈라파고스 바다이구아나는 바다에서 헤엄을 치는 유일한 도마뱀이다.
갈라파고스는 최근 100년 동안 13번의 화산 분출이 있었다.
1978년 유네스코는 갈라파고스를 최초의 세계유산으로 등재하였다.

https://www.galapagosislands.com/info/fast-facts.html
https://www.metropolitan-touring.com/facts-galapagos/

갈라파고스는 스페인어로 '안장'을 뜻한다.
갈라파고스의 상징인 갈라파고스 땅거북의 등딱지 모양에서 유래했다.
갈라파고스는 북위 1도 40분~남위 1도 36분, 서경 89도 16분~92도 01분에 위치해 있다.

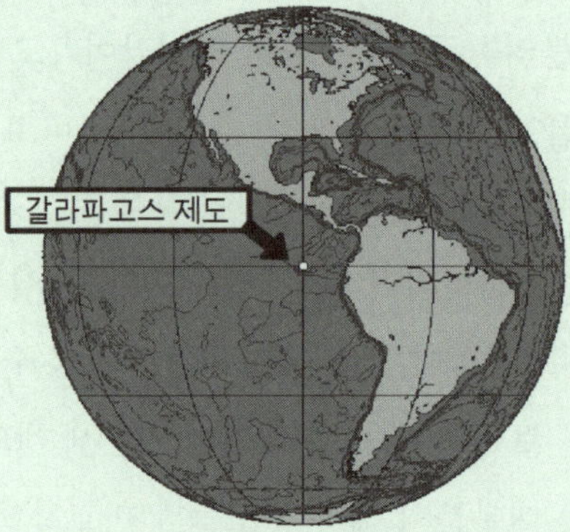

https://en.wikipedia.org/wiki/Gal%C3%A1pagos_Islands

갈라파고스에는 그들이 산다

동식물을 사랑하는 사람들이 죽기 전에 꼭 가보고 싶은 섬 갈라파고스는 경이로움 그 자체이다. 이 섬에는 약 2만 5천 명의 주민이 살고 있다. 해마다 이곳을 찾아오는 관광객 수는 2015년 현재 30년 전에 비해 10배가량 증가하였다. 변화하는 갈라파고스에는 또 다른 주인이 살고 있다. 갈라파고스 땅거북, 육지 이구아나, 핀치새, 날지 못하는 가마우지, 갈라파고스 펭귄, 갈라파고스 바다사자, 갈라파고스 딱새, 갈라파고스 부치[Batfish] 등이 그 주인공이다.

갈라파고스 땅거북은 갈라파고스를 대표하는 거대거북이다. 지구상에 서식하는 모든 거북 중에서 몸집이 가장 크고 가장 오래 사는 육지 거북이다. 체중이 300킬로그램까지 성장할 수 있는 갈라파고스 거북은 100년 이상을 살 수 있는데 남획과 농경지의 확대, 외래종의 유입 등으로 개체수가 급감하였다. 냉혈 동물이기 때문에 1~2시간 정도 일광욕을 한다. 등껍질의 크기와 모양이 서식처에 따라 다른데, 이는 그들이 처한 환경에 적응해온 결과로 해석된다. 육지 이구아나는 주로 선인장의 잎, 꽃 등을 먹고 산다. 다윈이 못생긴 동물로 묘사했던 이 동물은 주로 모래땅에 구멍을 파고 알을 낳는데, 알은 4개월 이내에 부화한다. 가마우지도 살고 있는데 육식성 천적이 없었던 탓에 나는 능력을 상실했으며 지금은 멸종 위기 종으로 분류되어 있다. 갈라파고스 펭귄도 고유종이다. 이것은 야생에서 적도 북쪽에 사는 유일한 펭귄이다. 훔볼트 해류에서 기인한 서늘한 기후와 크롬웰 해류로부터 생성되는 차가운 바닷물 덕분에 생존할 수 있었다. 갈라파고스 바다사자는 물개과의 동물로서 사회성이 강한 동물이다. 모래 해안이나 바위에서 일광욕을 즐기거나 파도타기도 한다. 바다 이구아나는 지구상에서 유일하게 현존하는 바다 도마뱀이다. 갈라파고스 이구아나는 먹이가 부족한 뭍에서는 생존할 수 없었기 때문에 해조류를 찾아 바다로 가야만 했을 것이라고 한다. 이구아나는 과량의 염분을 걸러낼 수 있는 비선鼻腺을 가지고 있다. 갈라파고스 부치는 붉은 입술을 가진 매우 특이한 물고기이다. 수영 솜씨가 서툴러서 가슴지느러미를 이용해 바다 밑바닥을 걸어 다닌다. 유인돌기로 변한 부치의 등지느러미는 새우, 갑각류 등의 먹이를 유인하는 데 사용된다.

조류와 어류의 경우에는 다른 대륙으로 이동이 가능하기는 하지만, 갈라파고스에 토착하여 살아온 종들도 많다. 푸른발부비새[Blue-footed booby]처럼 우스꽝스러운 새도 있다. 눈에 잘 띄는 푸른 발을 가진 이 새의 수컷은 짝짓기 의식을 할 때 푸른 발을 들었다 놓았다 하면서 마음에 드는 암컷에게 자신을 뽐낸다. 발의 푸른색은 먹이에 들어 있는 색소 때문이다. 군함조[Frigatebird]도 특이한 모습으로 주목을 받고 있는 새이다. 수컷이 암컷의 관심을 사기 위해 목주머니를 크게 부풀린 모습은 장관이다. 갈라파고스에서 가장 특이한 고유종의 하나는 날지 못하는 가마우지이다. 전 세계의 가마우지 중에서 유일하게 날 수 없는 가마우지이다. 천적이 없는 이곳의 조건 하에서 가마우지는 몸을 크게 키우는 방향으로 진화하였다. 날 수 있는 능력을 상실했기 때문에 개, 고양이 등 포식자들의 위험에 노출되고 있다. 그 밖에 갈라파고스에 살고 있는 것으로 보고된 새로는 오리, 거위, 백조, 뿔닭, 논병아리, 플라밍고, 비둘기, 쏙독새, 뻐꾸기, 두견, 쇠바다제비, 알바트로스, 펠리칸 등 180여 종에 이른다.

갈라파고스의 주인공들

갈라파고스 거북: 100년 이상 살 수 있다.

푸른바다거북: 공룡이 진화하고 멸종하는 장면을 목격했을 정도로 오래된 동물이다.

다윈의 핀치: 15종이 있다. 체형과 색깔은 비슷하지만 부리 모양이 다르다.

갈라파고스붉은게: 조류[藻類]를 먹고 산다. 죽었거나 살아있는 동물도 잡아먹는다.

군함새: 작은 몸집에 큰 날개를 가지고 있다.

푸른발부비: 푸른 발로 새끼를 덮고 따뜻하게 해준다.

바다사자: 갈라파고스에서 가장 흔한 포유동물이다.

육지 이구아나: 새들과 공생관계를 이루어 산다.

바다이구아나: 바다와 육지에 살 수 있으며 9미터까지 잠수한다.

알바트로스: 평생 짝을 짓고 사는데, 12월에 섬을 떠났다가 이듬해 같은 장소로 돌아와 짝을 찾는다.

날지 못하는 가마우지: 2,000마리도 되지 않는다.

갈라파고스펭귄: 적도 이북의 야생에서 사는 유일한 펭귄이다.

http://www.ecoventura.com/25-unusual-facts-of-the-galapagos-wildlife/

다윈의 핀치새

2백만 년 전, 지금은 잠겨버린 섬을 따라 갈라파고스에 도착하여 적응에 성공한 새가 있다. 다윈의 핀치Finch새이다. 핀치는 참새목, 풍금조과에 속하는 작은 새이다. 1835년

9월 남미 에콰도르에서 서쪽으로 약 9백 킬로미터 떨어진 화산섬 갈라파고스에 영국의 해양조사선 비글호가 나타났다. 그 배에는 찰스 다윈Charles R. Darwin(1809~1882)이 타고 있었다. 다윈은 갈라파고스에 사는 핀치새의 부리가 조금씩 다르다는 점을 발견하였다. 그는『비글호 항해기』에서 "어쩌면 이 섬에 있는 토착종에서 하나의 종이 선택되어 여러 변종이 생겨났을지도 모르겠다."고 썼다. 작은 곤충, 벌레, 나무 열매, 선인장 등 섬마다 먹이가 다른 환경에 적응하는 과정에서 부리의 모양이 달라진 것이다. 자연선택[Natural selection]은 핀치 부리의 크기와 모양을 변화시켰다. 여기서 신화론의 단서를 발견한 그는 1859년『종의 기원』을 발표하였다. 핀치새는 200만에서 300만 년 전 한 종의 무리가 갈라파고스에 와서 환경에 맞게 적응방산[Adaptive radiation]한 진화의 사례로 기록되고 있다.

찰스 다윈
https://en.wikipedia.org/wiki/Charles_Darwin

새로운 종은 어떻게 탄생하는가? 진화의 과정은 너무 느려서 우리의 눈으로는 볼 수 없다? 그런데 다윈도 보지 못한 진화의 순간을 포착한 사람들이 있다. 새로운 종이 탄생하는 순간을 목격한 것이다. 주인공은 프린스턴 대학교의 피터 그랜트Peter Grant와 로즈마리 그랜트Rosemary Grant 부부이다. 그들은 1973년 갈라파고스 제도로 들어가 무려 40년 동안 핀치새를 관찰하고 부리가 진화하는 모습을 목격하였다. 그랜트 부부는 갈라파고스의 작은 섬 대프니 메이저Daphne Major에서 모든 핀치새의 몸집 크기, 부리 치수, 노랫소리 등을 관찰하여 기록하고 분석했다. 2004년에 그랜트 부부는 유전학자들과의 공동연구를 통해서 핀치의 부리 변화에 영향을 끼치는 유전자 BMP4(골형성단백질, Bone morphogenetic protein-4)를 찾아냈으며 2009년에는 이종교배로 태어난 새로운 종의 탄생을 보고했다. 그랜트 부부의 이야기를 다룬 책『핀치의 부리』(The Beak of The Finch)의 저자 와이너Jonathan Weiner의 말이다. "생명은 항상 땅을 박차고 하늘로 날아오를 준비가 되어 있다."

1. Geospiza magnirostris. 2. Geospiza fortis.
3. Geospiza parvula. 4. Certhidea olivasea.

다윈의 핀치새. 먹이에 따라 부리의 모양이 다르다. 위 그림의 1~4는 각각 큰땅핀치(Large ground finch), 중간땅핀치(Medium ground finch), 작은나무핀치(Small tree finch), 그리고 휘파람핀치(Warbler finch).

https://en.wikipedia.org/wiki/Darwin%27s_finches

2
해저 열수구

앨빈호를 타다 / 갈라파고스는 살아 있다 / 해저 열수구 / 화학 합성

앨빈호를 타다

앨빈Alvin호는 미국 해군이 소유하고 매사추세츠의 우즈홀 해양 연구소[WHOI]에서 운영하는 유인 심해 잠수정이다. WHOI에서 근무하던 바인Allyn C. Vine(1914~1994)은 1930년대에 최초로 심해 연구용 선박을 구상한 엔지니어였다. 그의 이름을 따서 명명된 앨빈호는 1964년 6월 5일에 취역하였다. 맨 처음에는 줄을 매달지 않고 10미터를 잠수하였으나 지금은 수심 6,500미터까지 잠수할 수 있도록 개량되었다. 앨빈의 선체는 타이타늄으로 제작되어 정상 조건하에서 10시간 동안 잠수할 수 있다. 바위투성이의 해저에서도 기동할 수 있으며 중층수 내를 맴돌면서 과학적인 임무를 수행하거나 사진을 찍을 수 있는 능력을 보유하고 있다. 앨빈호의 무게는 17톤이고 길이는 7미터이며 높이와 폭은 각각 3.7미터와 2.6미터이다. 이 잠수정은 9.6킬로미터의 범위 내에서 1노트의 속도로 순항할 수 있고 최대 2노트까지 속도를 낼 수 있다. 앨빈호는 5 대의 유압 추진기로 나아가며 납축전지로 동력을 얻도록 설계되었다. 앨빈은 두 명의 과학자와

최초로 해저 열수구를 탐사한 그다음 해인 1978년의 앨빈호. 뱃머리에 샘플을 담는 컨테이너가 달려 있다.
https://en.wikipedia.org/wiki/DSV_Alvin

한 명의 조종사를 태우고 4,400회 이상의 잠수를 실시하여 타이태닉호의 난파선뿐만 아니라 초고압에 대처해야 하고 암흑 속에서 몸을 움직여야 하는 생명체들을 관찰하였다. 지금까지 앨빈호를 타고 바다 밑까지 내려간 과학자, 엔지니어, 그리고 관람객들은 13,000여 명에 이른다. 50살을 훌쩍 넘겼지만 지속적인 보수와 정비를 통해서 당당히 바닷속을 누비고 있는 앨빈호를 통해서 해저를 포함한 바닷속의 생물학, 화학 및 지질학적 연구 결과가 다수 축적되었다.

앨빈호

1956년: 유인 심해탐사선 개발 논의.
1964년: 앨빈(Alvin)호로 명명(개발책임자 Allyn Vine(1914~1994)의 이름에서 따옴).
운영 기관: 미 해군 소속의 WHOI(Woods Hole Oceanographic Institution).
1977년: 갈라파고스 인근 해저에서 블랙 스모커(Black smokers)의 존재를 발견.
탑승 인원: 3인(과학자 2인, 파일럿 1인).
해저탐사 기록: 약 4,400회.
발표 논문: 약 2,000건.

https://en.wikipedia.org/wiki/DSV_Alvin
https://www.whoi.edu/page.do?pid=10737

갈라파고스는 살아 있다

태평양 상에 위치한 갈라파고스 제도는 18개의 주요 섬과 작은 섬 그리고 암초로 이루어진 섬이다. 이곳에는 갈라파고스 땅거북의 보호지가 있는 산타크루스섬, 공항이 있는 발트라섬과 산크리스토발섬, 적도가 통과하고 있는 이사벨라섬, 바다사자를 볼 수 있는 산타페섬, 푸른발부비와 제비꼬리 갈매기, 그리고 군함조가 사는 노스세이무어섬, 유명한 거북 '외로운 조지'의 고향인 핀타섬, 붉은 모래 해변이 있고 플라밍고가 서식하고 있으며 갈라파고스 바다사자를 볼 수 있는 라비다섬, 진화론의 탄생을 기념하기 위해 명명된 다윈섬 등이 있다. 나즈카판에 위치한 갈라파고스는 다른 대륙에 있는 섬들에 비해 매우 젊은 화산섬이다. 갈라파고스의 나이는 5백만 년 미만이고 이중 서쪽에 있는 산들은 화산 활동이 가장 왕성하고 지금도 산이 형성되고 있는 중이다. 나즈카판은 태평양판 및 코코스판과 충돌하고 있다. 갈라파고스의 여러 섬들은 대부분 원뿔 모양을 하고 있는데 이는 화산활동과 관련이 있으며 이런 이유로 섬들은 가파른 경사를 이루고 있다. 2015년 5월에는 갈라파고스에서 가장 높은 화산이 분출하였다. 이사벨라섬에 있는 높이 1,707미터의 울프Wolf 화산이 폭발적으로 분화하였는데, 화산재와 가스가 15킬로미터 상공까지 올라갔다. 갈라진 틈에서 용암이 흘러나와 동쪽 및 동남 사면을 타고 흘러내려 바다에 이르렀다. 화산 활동으로 생긴 칼데라는 폭이 7킬로미터에 달하고 깊이도 거의 700미터에 이른다. 화산 폭발로 인해 이사벨라섬에서만 발견되는 갈라파고스 핑크 육지 이구아나의 생존이 위협받게 되었다.

갈라파고스는 살아 있다

세계에서 가장 활발한 화산섬 중 하나이다.
방패 모양의 순상화산(楯狀火山, Shield volcano)과 용암대지로 이루어져 있다.
몇 년에 한번 씩 현무암 분화가 일어난다.
이사벨라, 에스파뇰라, 페르난디나섬의 정상에는 함몰되어 생긴 칼데라가 있다.
최고봉은 이사벨라섬에 있는 울프 화산(높이: 1,707미터)이다.
2015년에 울프 화산이 분출하였고, 2017년에는 페르난디나 화산이 분출하였다.

https://en.wikipedia.org/wiki/Volcanoes_of_the_Gal%C3%A1pagos_Islands
https://www.volcanodiscovery.com/galapagos.html

해저 열수구

육지에 히말라야, 안데스, 로키 등의 산맥이 있다면, 바다에는 중앙 해령海嶺이 있다. 해령은 대양 중앙부에서 주위의 해양 분지보다 높게 솟아오른 대규모의 해저 산맥을 말한다. 지구에서 가장 긴 해저 산맥인 대서양중앙해령[Mid-atlantic ridge]은 길이가 무려 15,000

킬로미터에 이른다. 육지에서 가장 긴 안데스산맥(7,000킬로미터)과 비교하면 그 규모를 가히 짐작할 수 있다. 이곳에서는 축을 따라 해저 면이 확장되면서 틈이 벌어지고 있다. 이 틈새로 스며든 차가운 바닷물이 맨틀 층의 마그마에 의해 뜨거워진 후 해저 표면으로 분출되는데 이것을 열수분출구[Hydrothermal vent] 또는 열수구라고 한다. 물론 분출되는 규모가 커지면 해저 화산이 되기도 한다. 1977년에 미국은 심해 탐사선 앨빈호를 이용하여 갈라파고스 부근에 대한 해저 탐사에 나서 열수구 근처에 대한 자료를 수집하였다. 그 결과 이전에는 전혀 알려지지 않았던 생명체들이 다수 발견되었다. 끝부분이 빨간 관 벌레[Tube worm], 흰색의 게, 괴물처럼 생긴 물고기 등은 우리의 상상을 넘어서는 것들이었다. 지금까지 보아온 모습과는 매우 판이한 바닷가재, 새우, 문어 등도 주목의 대상이었다. 시커먼 연기를 내뿜는 해저 열수 분출구는 블랙 스모커Black smoker라고도 부른다. 온도가 섭씨 400도나 되는 열수가 솟아나오는 곳에는 굴뚝과 같은 탑이 형성되는데, 이것은 땅속에서 솟아나온 금속 등이 온도가 낮고 산소가 많은 주변의 해수와 만나 냉각되고 산화되면서 만들어진다. 검은색은 철이 산화되어 만들어지는 황화철[FeS]의 색깔 때문이다. 낮은 온도에서는 규소, 칼슘 등의 원소들이 포함되어 흰색을 띠는 화이트 스모커White smoker도 형성된다.

국내에서도 심해탐사용 무인잠수정이 개발되어 미지의 세계인 심해를 탐사하고 있다. 국산 잠수정 '해미래'는 2006년 한국해양과학기술원 부설 선박해양플랜트연구소에서 제작된 원격무인점수정(ROV, Remotely Operated Underwater Vehicle)이다. 미국, 일본, 프랑스에 이어 세계에서 4번째로 6,000미터까지 잠수할 수 있으며 로봇팔을 이용하여 탐사물을 채취할 수 있다. 2016년에는 온누리호에 탑재하여 마리아나 해저분지에서 심해탐사를 수행하였다. '해미래'는 수면에 떠 있는 모선인 '해누비'를 통해서 전원을 공급받는다.

해저 열수구

1977년 갈라파고스 제도 근처의 해저에서 최초로 발견되었다.
태평양, 대서양 등지에서 많은 열수구가 발견되었다.
해저 열수구는 뜨거운 마그마가 분출되고 있는 중앙해령과 관련이 있다.
지각판의 운동은 단층작용을 야기하며 틈 사이로 들어간 바닷물은 마그마에 의해 과열된다.
열수구에서 나오는 물질은 약 섭씨 400도까지 가열된 상태이다.
블랙 스모커로 알려진 분출구에서는 철과 황이 섞인 시커먼 혼합물이 뿜어져 나온다.
바륨[$_{56}$Ba], 칼슘[$_{20}$Ca], 규소[$_{14}$Si] 등이 섞여 분출되는 화이트 스모커도 있다.
마리아나 해구에서는 액체 이산화탄소를 내뿜는 화이트 스모커(사진) 도 발견되었다.
분출된 황[$_{16}$S]과 미네랄은 침전되어 굴뚝을 형성한다.

http://www.encyclopedia.com/earth-and-environment/geology-and-oceanography/geology-and-oceanography/hydrothermal-vent
https://en.wikipedia.org/wiki/Hydrothermal_vent

화학 합성

1970년대 후반은 우리에게 미지의 세계로 남아있던 심해의 모습이 처음으로 카메라에 잡히기 시작한 시기였다. 햇빛이 전혀 들지 않는 칠흑 같은 바다 밑 세상은 광합성이 불가능하여 식물이 살 수 없을 것이다. 따라서 1차 생산자인 식물과 공존해야 하는 동물이 존재할 수 없는 것은 자명한 이치이다. 게다가 바닷속의 압력은 10미터 내려갈 때마다

1기압씩 증가하므로 심해의 환경은 생명체가 살기에는 너무 거칠고 척박하다. 따라서 열수구 주변이 수많은 생명들의 오아시스라는 사실은 충격 그 자체였다. 뜨거운 열기로 가득한 심해저의 갈라진 틈에서 뿜어져 나오는 황화수소는 독성이 크고 가연성인 기체이다. 오아시스 탄생의 비밀은 유독 가스인 황화수소를 이용하여 에너지를 얻는 박테리아에 있었다. 자이언트 관 벌레[Giant tube worm]의 몸속에서 살아가는 이들 박테리아는 황화수소[H_2S]와 이산화탄소[CO_2]를 에너지원으로 사용하여 당[$C_6H_{12}O_6$]을 합성한다. 이러한 과정은 햇빛을 이용하는 광합성과 구별하여 화학 합성[Chemosynthesis]이라 부른다. 육지에 사는 동물들이 광합성을 하는 녹색식물을 통해서 에너지원을 얻는 것처럼 심해 열수구 근처에서 살아가는 수많은 동물들은 화학 합성 박테리아를 통해서 에너지원을 얻는다. 자이언트 관 벌레는 체내에 사는 박테리아와 공생 관계를 통해 삶을 영위하고 있다. 수심이 깊어 태양 빛이 들어오지 않고 땅 밑에서 뜨거운 물기둥이 치솟아 오르는 이곳 심해 역시 수많은 미생물들이 존재하는 삶의 터전이다.

자이언트 관 벌레

1977년에 최초로 발견되었다.

300여 종이 확인되었다.

뜨거운 열기와 미네랄 등이 뿜어져 나오는 해저 열수구 근처에서 산다.

극한의 환경(고압, 고온)을 버틸 수 있다.

부드러운 몸체는 키틴질로 이루어진 딱딱한 관으로 보호되고 있다.

길이 2.4미터, 직경 4센티미터까지 성장한다.

눈, 입, 위, 그리고 다리가 없다.

관 벌레와 박테리아는 공생 관계 속에서 살아간다.
관 벌레는 기둥을 통해 물에서 산소, 황화수소, 이산화탄소를 모은다.
박테리아는 관 벌레가 제공하는 화학 물질을 이용하여 탄수화물을 합성한다.
미생물과 공생 관계를 유지하고 있다.

http://www.softschools.com/facts/animals/giant_tube_worms_facts/1930/
https://en.wikipedia.org/wiki/Giant_tube_worm

수십억 년 전의 지구는 생물이 살 수 없는 환경이었다. 원시 지구의 대기에는 메탄[CH_4], 암모니아[NH_3], 수소[H_2] 그리고 수증기[H_2O]로 가득했을 뿐 산소[O_2]는 존재하지 않았다. 생명체의 보호막인 오존[O_3]이 없었기 때문에 태양에서 지구로 날아온 자외선은 대기층을 뚫고 지표면까지 도달하였다. 빈번히 발생하던 화산 활동으로 인해 수많은 화학 물질이 대기 중으로 유입되었다. 바다는 암모니아, 인산염, 질소 그리고 탄소 같은 화학 물질로 이루어진 소위 '원시 수프[Primordial soup]'였다. 생명체가 없던 지구는 어떻게 해서 오늘날과 같이 다양한 생물이 가득한 지구로 변모한 것일까? 이 질문에 대한 한 가지 답으로 제시된 이론은 화학 합성이다. 화학 반응이 생명을 탄생시켰다고? 단순한 분자에서 복잡한 거대 분자의 탄생이라니! 1953년에 시카고 대학교의 밀러S. L. Miller(1930~2007)와 유리H. C. Urey(1893~1981)는 원시 지구 환경에서 비생물학적인 과정으로 유기물이 생성될 수 있는지 확인해보고자 하였다. 그들은 물[H_2O]이 들어 있는 반응 용기에 메탄[CH_4], 암모니아[NH_3], 그리고 수소[H_2] 기체를 주입하고 나서 방전시켜 번개가 치는 원시 대기를 구현하였다. 일주일 후 용기 내의 맑은 물은 갈색으로 변하였다. 그들은 용기 안의 성분을 분석하였다. 놀랍게도 용기 안에는 다수의 아미노산이 형성되어 있었다. 지구의 원시대기 환경에서 유기화합물이 자발적으로 형성된 것이다. 아미노산은 단백질의 구성 요소이다. 그 후에 핵산이 출현하고 독립영양 세균이 탄생하였을 것이다. 이 세균은 햇빛을 이용하여 자급자족할 수 있다. 이 독립영양체와 공생 관계에 있는 생명체들은 식량 문제에서 자유로울 수 있었다.

밀러-유리 실험

1953년에 수행되었다.

원시 지구의 상황을 재현하였다.

실험장치 안에 메탄[CH_4], 수소[H_2], 암모니아[NH_3], 물[H_2O]을 넣고 가열하였다.

기체가 만들어지는 상층 부분에 전기 스파크를 발생시켰다.

1주일 후 내용물에서 글라이신, 알라닌 같은 아미노산[NH_2CHRCO_2H]을 확인하였다.

무기물에서 생명의 기본 요소들이 합성될 수 있음을 증명한 대표적인 실험이다.

2007년 재현된 실험에서는 20종의 아미노산이 합성된다는 사실이 확인되었다.

https://en.wikipedia.org/wiki/Miller%E2%80%93Urey_experiment

3
눈먼 새우

눈먼 새우 / 심연 속의 광합성 / 오아시스 / 심해 동물 백과사전

눈먼 새우

1986년 대서양중앙해령에서 해저 열수구 탐사가 진행되었다. 시커먼 연기가 뿜어져 나오는 열수구의 온도는 무려 섭씨 450도였다. 그런데 해저 열수구 꼭대기에서 신종 희귀 새우들(학명: Rimicaris exoculata)이 발견되었다. 평방미터 당 무려 2,000~3,000마리가 무리를 이루고 있었다. 뜨거운 열기와 유독성 물질이 가득한 블랙 스모커가 새우들의 안식처라니! 가장 열악하고 깊은 해저는 수많은 생명체들의 오아시스였다. 이곳에서 발견된 새우들의 눈은 등에 붙어 있었다. 그런데 이 새우들은 모두 눈이 멀어 있었다. 이들은 등에 있는 광감각 기관으로 주위의 사물과 먹이 등을 인지하며 해저 화산 인근에서 살아가고 있었다. 필리핀해(수심 300미터)에서는 눈먼 바닷가재가 발견되었는데, 이 바닷가재는 매우 특이한 집게발을 가지고 있다. 눈먼 새우와 눈먼 바닷가재는 뜨겁고 강한 산성의 환경에서 어떻게 살아갈까? 빛도 들어오지 않고 극심한 압력을 견뎌야 하는 열악한 환경에서 살아가는 수많은 생명체들이 발견되었다는 사실은 생명에 대한 경외심을 갖기에 부족함이 없다.

눈먼 새우

섭씨 300도 이상의 뜨거운 물이 솟아나는
해저 열수구 근처에서 산다.
등에 있는 열 감지 기관을 이용하여 뜨거운 물을 피한다.
해저 환경에서 눈을 잃은 대신 등에 광센서가 만들어진다.
광센서는 해저 열수구에서 나오는 적외선을
감지하는 역할을 한다.
새우는 몸에 붙은 박테리아를 먹고 산다.
1986년 앨빈호의 샘플에서 발견된 눈먼 새우(사진)의
몸에는 카로티노이드(Carotenoid) 색소가 들어 있다.

https://www.livescience.com/31034-embargoed-eyeless-shrimp-discovered-deepest-volcanic-vents.html
https://en.wikipedia.org/wiki/Alvinocarididae

심연 속의 광합성

광합성이란 지구상의 생명체가 빛을 이용하여 이산화탄소와 물을 탄수화물과 산소로 전환하는 화학작용을 말한다. 햇빛이 전혀 들어오지 않는 깊은 바닷속에서도 광합성이 가능할까? 2005년 『미국 국립과학원회보』(PNAS)에 심해의 열수구 근처에서 광합성이 일어나고 있다는 매우 흥미로운 연구 결과가 게재되었다. 광합성을 하는 녹색 유황 박테리아가 발견된 것이다. 놀랍게도 햇빛의 도움 없이 광합성을 하는 박테리아였다. 일반적으로 화학 합성을 하는 박테리아들은 해저 열수구에서 나오는 무기물 등을 분해하여 다른 생명체들의 식량을 생산한다. 그런데 심해의 광합성 박테리아들은 필요한 빛을 어디서 구하는 것일까? 비밀은 매우 뜨거운 열수구에 있었다. 그곳에서 희미한 빛이 방출되고 있었던 것이다. 이 지열 복사는 주로 적외선으로 이루어져 있었고 가시광선 영역의 빛이 일부 포함되어 있었다. 놀랍게도 박테리아들은 바닷속 2,400미터의 심해 열수구에서 희

미하게 나오는 가시광선을 흡수하여 광합성의 동력원으로 사용하고 있었다. 이 광합성 박테리아는 열수구에서 나오는 섭씨 350도의 뜨거운 물과 주변의 매우 차가운 물(섭씨 2도) 사이의 제한된 구역에서 외줄타기를 하듯이 살아간다. 빛을 최대한으로 얻기 위함이다. 박테리아는 엽록체의 기원이라고 알려져 있다. 세포내 공생설에 의하면 엽록체 같은 진핵생물 세포 내의 소기관들은 여러 박테리아의 공생에서 기원했다.

심해의 광합성

햇빛이 도달하지 않는 심해에도 광합성을 하는 박테리아가 산다.
이 혐기성 박테리아는 광 수확 단백질[Light-harvesting protein]을 가지고 있다.
이 단백질은 심해 열수구에서 나오는 희미한 열복사를 이용하여 광합성을 한다.
광합성 박테리아들은 심해 생태계에 다양성을 더해주는 역할을 한다.

Proc. Natl. Acad. Sci. 2005, 102(26), 9306~9310.
https://www.the-scientist.com/?articles.view/articleNo/23379/title/Sun-free-photosynthesis-/

오아시스

자이언트 관 벌레, 게, 조개 등 다양한 생명체들이 무리 지어 살아가고 있는 심해 열수구에는 매우 뜨겁고 시커먼 연기가 뿜어져 나오는 굴뚝이 있다. 높이가 50미터를 넘는 것도 있는 거대한 굴뚝에서 나오는 연기 속에는 다양한 원소들이 포함되어 있다. 지구상의 모든 생명체는 햇빛에 의존하여 살아가고 있는데, 햇빛이 도달할 수 없는 심연이 다양한 생명의 또 다른 오아시스라니! 화학 합성을 하는 박테리아들이 다른 생명체들을 위한 식량 공급자의 역할을 하고 있는 것이다. 열수구에서 발견된 신종 새우[Rimicaris exoculata]의 입과 아가미 방은 화학 합성을 하는 박테리아들의 서식처이다. 이 착생생물들은 시커먼 굴뚝에서 나오는 화학 물질을 이용하여 새우들의 식량이 되는 유기 화합물을 합성한다. 이들의 공생 관계는 척박한 환경에서 살아남는 법을 보여주는 흥미로운 사례이다. 새우는 먹을 것을 찾아 어둡고 위험한 해저를 헤맬 필요가 없다. 박테리아는 살 집을 마련하느라

고생하지 않아도 된다. 어떤 박테리아들은 수소, 황 화합물 등을 산화시킨다. 또 어떤 박테리아들은 산화된 황 화합물을 환원시킨다. 이들은 에너지를 효율적으로 얻기 위해 원료인 황을 순환시키는 똑똑한 방법을 구사한다. 또한 이들은 이산화탄소로부터 유기화합물을 합성하기 위해 두 개의 서로 다른 경로를 사용하는 지혜를 터득하고 있다.

심해 동물 백과사전

망망대해를 항해한다. 솜털 구름 흘러가는 하늘을 올려다본다. 지나치는 섬들의 비경에 감탄한다. 스쳐 지나가는 돌고래들의 현란한 쇼에 넋을 잃는다. 깊은 바닷속에 대한 생각은 털끝만큼도 들지 않는다. 행여 바닷속에 대한 질문을 받는다 해도 우리는 그곳이 너무 춥고, 어둡고, 굉장한 압력을 받는 불모지 같은 곳이라고 치부해버릴 것이다. 그런데 그러한 순진무구한 생각이 산산조각 나버렸다. 척박한 환경에 적응한 주인공들을 만나보자.

우스꽝스럽게 생긴 멍청이 문어[Dumbo octopus]는 코끼리를 연상케 하는 지느러미를 파닥거리며 어둠 속을 헤쳐 나아간다. 히말라야산맥의 설인을 연상시키는 눈이 없는 예티 크랩Yeti crab은 2005년에 발견되었다. 먹잇감을 낚아채기 위해 기다리고 있는 매퉁이[Deepsea lizardfish]의 이빨을 보면 오싹해진다. 온통 가시로 뒤덮인 킹크랩(Spiny deepsea king crab)은 2009년에 대서양중앙해령에서 발견되었다. 암컷 문어는 짝을 유인하기 위해 노란 빛을 내는데, 이러한 빛을 생물발광[Bioluminescence]이라 한다. 심해 해파리 역시 눈부신 빛을 발산하는 발광기를 가지고 있다. 심해 오징어도 자신을 위장하기 위해서 빛을 낸다. 생물들은 짝을 찾기 위해서, 먹잇감을 유인하기 위해서, 적에게 경고의 메시지를 보내기 위해서, 자신을 방어하기 위해서, 자신을 위장하기 위해서, 그리고 서로 소통하기 위해서 다양한 색깔의 빛을 발산한다.

보석 오징어[Histioteuthis bonnellii]는 대서양중앙해령 위(수심 500~2,000미터)에서 발견되었다. 온몸을 뒤덮은 '보석'은 생물발광을 내는 발광기이다. 험상궂게 생긴 송곳니 물고기

[Fangtooth fish]는 말 그대로 송곳니가 너무 길어서 입을 다물 수 없다. 이 '심해의 괴물'은 보기보다 무서운 물고기는 아니다. 몸길이가 기껏해야 17센티미터에 불과하기 때문이다. 입을 크게 벌리고 있는 모습을 하고 있는 붉은 물고기는 고래를 닮았지만 몸길이는 40센티미터에 불과하다. 채찍 산호[Sea whip coral]는 수많은 분홍색 가닥이 눈에 띄는 고르곤 산호로서 유연한 골격을 가지고 있다. 수심 3,000미터에서 발견된 하프 해면[Harp sponge]은 여러 갈래로 나뉜 촛대를 닮은 육식성 해면동물이다. 벌레잡이 식물인 파리지옥을 닮은 아네모네[Venus fly-trap anemone]는 이름과는 달리 우아한 자태를 뽐내고 있다. 멕시코만의 수심 1,500미터의 바닷속에서 발견되었다.

2004년에 머리 부분이 투명한 배럴아이 물고기[Barreleye]가 카메라에 잡혔다. 전투기 조종석 같은 머리를 가진 태평양 배럴아이는 투명 유체로 채워진 머리 보호막을 가지고 있다. 그 안의 녹색 렌즈로 덮여 있는 관형의 눈은 회전이 가능하고 빛을 모으기 적합하여 먹이의 희미한 형상을 포착할 수 있다. 입 위에 있는 눈처럼 생긴 부분이 후각 기관인 콧구멍이다. 세상에서 가장 못생긴 동물 1위에 오른 블로브피시Blobfish는 생명체라기보다는 끈적끈적한 점액을 뭉쳐놓은 것처럼 생겼다. 매우 높은 압력을 받는 심해에 사는 블로브피시의 외관은 열악한 환경에 잘 적응한 결과물이라고 한다. 울프 일Wolf eel은 바위 틈이나 굴속에 서식하는데 험상궂게 생긴 외모와는 달리 온순한 성격을 가지고 있다. 튼튼한 턱과 이빨로 게, 새우, 성게 등을 사냥한다. 바닷속 암살자로 불리는 스타게이저 Stargazer는 모래 속에 숨어있다가 먹이가 접근하면 재빨리 튀어나와 사냥한다. 납작한 머리 위에 눈이 달려있고 최대 50볼트의 전기도 방출하는 독이 있는 물고기이다.

심해 생물

고블린 상어[Goblin shark]: 머리에 커다란 도깨비 방망이가 달려있다.
귀신고기[Fangtooth]: 송곳니들이 듬성듬성 나있다.
넓은주둥이 상어[Megamouth shark]: 커다란 주둥이를 가지고 있다.
대왕오징어[Giant squid]: 전설 속에 등장하였던 오징어이다. 유일한 천적은 향유고래이다.
덤보문어[Dumbo octopus]: 디즈니 영화에 나오는 코끼리를 닮았다.
드래곤피쉬(Dragonfish): 해저 2킬로미터 근처에서 산다. 빛을 내서 먹이를 유인하여 잡는다.

스타게이저(Stargazer): 눈과 입이 머리 위에 달려 있다. 모래 속에 숨어 있다가 먹이를 낚아챈다.
배럴아이(Barreleye): 유령고기[spook fish]라고도 한다. 머리 위 부분이 투명하여 속이 보인다.
블랙 스왈로어(The black swallower): 자신 체중의 10배나 되는 먹이를 삼킨다.
블로브피시(Blobfish): 깊은 바다에서 산다. 높은 압력으로 몸이 일그러져 있다. 젤리 덩어리 같다.
아귀[Anglerfish]: 머리끝에서 빛을 내어 먹이를 유인한 후에 잡아먹는다.
주름상어[Frilled shark]: 살아있는 화석으로 불린다.
키메라(Chimera): 유령 상어[ghost shark]라고도 한다. 주로 심해에 산다.
푸른점 문어[Blue ringed octopus]: 파란 고리 무늬로 덮여 있다. 강력한 독을 가지고 있다.
흡혈오징어[Vampire squid]: 몸체에 비해 눈이 크다. 붉은 눈과 망토를 쓴 흡혈귀 모습을 하고 있다.

http://list25.com/25-most-terrifying-deep-sea-creatures/5/

4
독도

독도 / 천연기념물 제336호 / 해저 광산

독도

대한민국의 동쪽 끝에 있는 섬은 바로 독도(Dokdo, 獨島)이다. 울릉도에서 서남쪽으로 약 87킬로미터 떨어져 있는 독도(면적: 187,554평방미터)는 동도와 서도 외에 89개의 부속도서로 이루어져 있다. 독도는 동경 132도 북위 37도의 동해상에 위치해 있으며 평균 수심 2,000미터의 해양 평원에 우뚝 솟아 있는 화산섬이다. 날씨가 좋으면 울릉도에서도 독도를 볼 수 있다. 독도는 행정구역 상 경상북도 울릉군 울릉읍 독도리에 속한다. 울릉도와 독도는 지증왕 13년에 신라에 편입되었고, 1432년 세종실록지리지에도 언급되어 있다. 동도와 서도에는 각각 독도 이사부異斯夫길과 독도 안용복安龍福길이 있다. 우산국于山國 또는 삼봉도三峯島로 불리다가 1881년에 독도로 이름이 변경되었다. 최고봉은 서도에 있는 대한봉大韓峰으로 높이는 169미터이다. 동도의 최고봉인 우산봉于山峰의 높이는 99미터이다. 동도와 서도 및 부속 도서는 대부분 수심 10미터 미만의 얕은 땅으로 연결되어 있다. 신생대에 형성된 독도는 화산암 층으로 이루어져 있다. 두 섬과 주변 섬들은 해상에서 보면 분리된 듯 보이지만 실제로는 해저 2천 미터로부터 위로 우뚝 솟은 해산의 봉우리 부분에 해당한다. 기후는 난류의 영향으로 따뜻하고 습하며 연평균 강수량은 대략 1,240밀리미터이고 연평균 기온은 섭씨 12도 정도이다. 독도에는 배가 정박할 수 있는 접안시설, 헬기장, 등대, 수산물 건조장, 숙소 등이 있다.

독도에는 괭이갈매기, 슴새, 바다제비, 참새 등 170여 종의 조류가 서식하고 있다. 괭이갈매기는 가파른 바위 틈에 알을 낳아 키우는 독도의 대표 조류이다. 독도는 계절에 따라 남북으로 이동하는 철새들에게 휴식처를 제공하고 있다. 딱정벌레, 나비, 벌, 매미, 노린재, 잠자리, 집게벌레 등 130종에 가까운 곤충들도 독도에서 살아간다. 또한 독도장님노린재, 초록다홍알락매미충, 그리고 섬땅방아벌레도 서식하고 있는데, 독도는 이들 곤충의 세계 분포상 북방한계선, 동방한계선, 그리고 서방한계선으로 알려져 있다. 독도재단(koreadokdo.or.kr)을 방문하면 이에 대한 추가 정보를 얻을 수 있다.

울릉도에서 배를 타고 동남쪽으로 87킬로미터를 가면 나타나는 한국 영토의 동쪽 끝에 있는 섬, 독도. 독도는 종 모양으로 해식동굴, 해식대, 해식애가 발달되어 있다. 가파른 절벽에 사는 동식물들이 안쓰럽게 보인다. 그러나 외로운 독도의 바다 밑 지형은 대반전을 보인다. 아슬아슬하게 솟아있는 것으로 생각되었던 독도는 해저 약 2,000미터에서 솟아오른 용암이 굳어져서 형성되었다. 독도는 해저면의 직경이 20~25킬로미터나 되고 높이도 약 2킬로미터에 달하는 원추형의 거대한 화산체이다. 독도는 제1해산 위에 얹혀있다. 동도와 서도 사이의 바다는 수심이 4~10미터에 불과하다. 독도의 동쪽에는 거대한 제2독도 해산과 제3독도 해산이 바다 밑에 잠겨 있다. 독도가 '야외 지형 박물관'이라고 불리는 이유는 독도가 가진 특이한 화산지형과 해안지형 때문이다.

독도는 경사가 급하고 토양층이 얇아 빗물이 스며들기 어려운 지형으로 되어 있어서 자생하는 식물이 적다. 그러나 울릉도에서 날아온 씨앗이 발아하여 자란 풀과 나무가 약 60종에 달한다. 대표적인 식물로는 6~7월에 꽃이 피고 9~10월에 종자를 맺는 섬기린초를 비롯하여 섬초롱꽃, 흰명아주 등이 있다. 섬 전체가 천연기념물(제336호)로 지정되어 있다. 독도에 자생하는 수목 중 가장 오래된 나무는 독도 사철나무이다. 천연기념물 제538호인 이 나무는 동도 천장굴 급경사지의 열악한 조건에서도 100년 이상을 독도와 함께 해온 한국의 유산이다. 독도 일대는 박테리아의 보고로 불린다. 현재까지 독도넬라 코린시스Dokdonella koreensis, 동해아나 독도넨시스Donghaeana dokdonensis 등 40종에 가까운 신종 박테리아가 발견되었다. 2000년대로 접어들면서 독도에는 기후 변화로 인해 아열대성 어종과 해조류가 증가하였다. 독도 인근에는 파랑돔, 자리돔, 돌돔, 미역치, 말쥐치, 용치

놀래기, 주홍감펭, 가막베도라치 등 다양한 어류가 서식하고 있다. 해조류도 120여 종이 서식하고 있다. 해조류 숲은 수많은 해양 생물들이 알을 낳고 생육하는 안식처이다. 30여 종의 해조류는 약용으로도 활용할 수 있다. 감태, 우뭇가사리, 방석청각 등은 고혈압, 당뇨병, 뇌졸중 등에 효능이 있는 것으로 밝혀졌다.

독도는 북태평양과 북극해로 진출하기 위한 거점인 동시에 유럽대륙과 북미주대륙 항로의 중간지점으로서 가치가 높다. 또한 수산자원, 광물자원, 그리고 관광자원으로서도 중요한 의미를 지닌 섬이다.

독도

탄생: 460만 년~250만 년 전 용암분출에 의해 형성된 화산섬

면적: 187,554평방미터

고도: 동도 해발 99미터, 서도 해발 169미터

해저: 직경 30킬로미터, 높이 2,100킬로미터의 원추형 화산체

수심: 인근은 약 10미터, 최대수심: 2,000~2,500미터

기후: 사계절이 뚜렷하고 기후 변화가 심하다.

연평균강수량: 1,240밀리미터

연평균기온: 섭씨 12도

조류: 괭이갈매기, 바다제비, 슴새, 황조롱이, 참새 등 170여 종

어류: 오징어, 명태, 꽁치, 돌돔, 흑돔, 볼락, 전복, 소라, 가자미 등 90여 종

곤충: 독도장님노린재, 집게벌레, 초록다홍알락매미충, 섬땅방아벌레 등 130여 종

식물: 사철나무, 곰솔, 섬괴불나무, 민들레, 괭이밥, 강아지풀 등 약 60종

조류: 미역 다시마, 김, 우뭇가사리, 톳 등 90여 종

http://www.molit.go.kr/USR/policyTarget/dtl.jsp?idx=76
http://www.koreadokdo.or.kr/sub03/10.asp

천연기념물 제336호

독도는 섬 전체가 천연기념물 제336호로 지정되어 보호를 받고 있다. 바닷속에도 유용한 자원이 많이 있는데 그 보물 중 하나는 메탄 하이드레이트Methane hydrate이다. 이는 천연가스의 주성분인 메탄[CH_4]이 얼음 속에 잡혀있는 것으로 '불타는 얼음'이라고도 부른다. 메탄은 석탄이나 석유에 비해 청정한 에너지원이다. 울릉도와 독도 인근 해저에 있는 6억 톤 가량의 메탄 하이드레이트의 경제적 가치는 매우 크다. 그러나 메탄이 온실가스라는 한계를 극복하기 위해서는 채굴과정에서 나타나는 여러 기술적인 문제를 해결할 필요가 있다.

인산염암도 독도의 중요한 자산이다. 독도의 해저에 2억 톤 이상이 매장된 것으로 추정되는 인산염암은 오산화인[P_2O_5]의 함량이 30퍼센트에 이른다. 인산염 광물은 비료의 원료나 기초 소재로 활용될 수 있다. 따라서 전량을 수입에 의존하고 있는 국내의 상황에서 중대한 돌파구가 될 수 있을 것이다.

독도의 또 다른 보물인 해양심층수는 햇빛이 들지 않는 수심 200미터 아래쪽에 있는 깊은 바닷물을 말한다. 심층수는 평균 온도가 섭씨 10도 이하이고 안정하여 표층수와 섞이지 않는다. 또한 미네랄과 영양 염류가 풍부하고 청정하기 때문에 음료와 건강 상품은 물론이고 해수 요법, 수산 양식, 의약 소재 개발 등에도 활용 가치가 큰 자원이다.

한편 동해는 강대국들의 핵잠수함이 출몰하는 전략적 가치가 큰 장소이다. 그러나 핵잠수함 사고와 함께 폐기물의 해양 투기 문제는 심층수의 안전성을 해치는 중대한 문제이다. 이는 동해의 해양 생태계에도 커다란 위협이 될 수 있으므로 지속적인 모니터링이 요구된다. 독도는 조그만 돌섬이 아니라 해수면 아래에 있는 3개의 거대한 해산 위에 우뚝 서있는 대한민국의 보물이다.

해저 광산

1840년대 후반, 캘리포니아에서 금이 발견되었다는 소식이 퍼져 나갔다. 수많은 사람들이 일확천금을 좇아 서부로 이동하였다. 미국의 골드러시는 이렇게 시작되었다. 반면에 원주민들은 자신들의 터전을 잃고 '눈물의 길'을 떠나야 했다.

2010년대, 금을 캐러 바다로 간다고? 새로운 금광으로 해저가 주목을 받고 있다. 캐나다의 노틸러스 미네랄스는 해저에서 금, 구리, 아연, 니켈, 코발트, 백금 등을 채굴하기 위해 설립된 회사이다. 노틸러스는 최초로 배 위에서 원격으로 조종되는 해저 탐사 장비를 생산하여 바다 밑에서 부가가치가 높은 광물을 채굴하는 사업을 시작하였다. 이 회사는 통가, 피지, 파푸아 뉴기니 등 태평양의 여러 지역을 탐사하고 있다.

남태평양 공해에는 망간각 탐사지역이 있고 동태평양에는 한중일 등 여러 국가들이 확보한 심해저 개발구역이 있다. 이 지역에는 망간, 철, 니켈, 구리 등 수십 종의 천연 자원이 매장되어 있는데, 각 나라들은 구역별 독점 개발권을 확보하였다. 한국은 2016년에 서태평양에 있는 마젤란 해저산 지역의 망간각 독점탐사광구 3,000평방킬로미터를 확보하였다. 한국해양과학기술원 자료에 의하면 한국은 망간각 이외에도 망간단괴(북태평양)와 해저열수광상(태평양, 인도양)을 보유하게 되었다. 미국 국립해양대기청[NOAA]에 의하면 해저에서 채굴할 수 있는 금의 가치는 150조 달러에 달한다고 한다.

해저 광산

지구의 70퍼센트를 덮고 있는 바다는 미개척지이다.
해저탐사에서 골드러시가 기대되고 있다.
금 이외에도 구리, 망간, 니켈, 코발트 등을 캐는 시대가 도래하고 있다.
원격 장비를 투입하여 채굴한다.
2018년에는 파푸아 뉴기니에서 해저 채굴을 할 예정이다.
솔라 패널 등에 사용되는 희귀 원소 텔루륨[$_{52}$Te]도 발견되었다.
전자제품에 사용되는 희토류(Rare earth elements)도 발견되었다.
1994년에 인류 공동의 재산인 해저 광물자원의 관리를 위해 국제해저기구[ISA]가 설립되었다.

https://news.nationalgeographic.com/2016/07/deep-sea-mining-five-facts/
http://www.bbc.com/news/science-environment-39347620
http://technology.infomine.com/reviews/deepseamining/welcome.asp?view=full

5
신약의 보고

해저의 보물 / 신약의 보고 / 신세계가 위험해 / 해저 연구기지, 니모

해저의 보물

바다는 지구 표면의 4분의 3을 덮고 있다. 지구에 존재하는 물의 97퍼센트는 바다에 있다. 대기 중에 존재하는 산소의 절반 이상은 바다에서 온 것이다. 바다가 건강해야 우리가 건강하다. 우리는 김, 미역, 다시마, 새우, 오징어, 문어, 전복 등 많은 해산물을 통해서 필수 영양분을 섭취해 왔다. 해산물은 면역력 강화는 물론이고 심장, 관절, 눈, 피부, 뇌 등의 기능 증진에 도움이 된다. 고등어, 멸치, 송어, 연어, 청어, 그리고 정어리에는 오메가-3 지방산이 들어 있어서 피부 세포막을 강화시켜 준다. 또한 심혈관계 질병이나 당뇨병의 위험도 줄여준다. 특히 필수 지방산은 우리 몸에서 만들어지지 않기 때문에 음식을 통해서 섭취해야 한다. 생선에는 DHA, EPA 같은 오메가-3 지방산이 들어 있어서 두뇌, 대뇌 피질, 피부, 망막 등에 좋고 치매나 암 예방에도 효과적이다. 건강한 머릿결을 만들고 싶다면 생선 속에 답이 있다. 우리 건강에 매우 중요한 비타민 D는 우리 피부에서 태양 빛의 도움을 받아 만들어진다. 생선은 비타민 D의 중요한 공급원이다.

전통 의학에서도 해면동물, 산호, 해파리, 해마 등 많은 해산물을 말려서 치료목적으로 사용해 왔다. 오늘날 바다에서 나는 동식물, 곰팡이, 그리고 박테리아에서 발견된 화학물질들은 질병을 치료하는 신약으로서의 가치가 매우 크다. 바다에 사는 수백만 종의 생명체에는 생존을 위해서 또는 특별한 목적을 위해서 작동하는 화학물질들이 존재한다.

심해에서 살아가는 이들은 자신을 방어하거나 상대를 공격하고 소통하기 위해서 다양한 화학물질을 만들어내면서 환경에 적응해 왔다. 고착 생물이나 느리게 움직이는 동물은 천적으로부터 자신을 방어하는 물질을 생산한다.

과학 연구 분야에 있어서도 바다 생명체들은 중요한 역할을 했다. 성게와 불가사리를 통해서 배아의 발달과정이나 특정 장기의 역할을 이해할 수 있게 되었다. 발광 해파리에 들어 있는 에쿼린Aequorin은 푸른빛을 내는 광 단백질이다. 이것을 이용하면 세포 내 칼슘 이온을 관찰하여 유용한 정보를 얻을 수 있다.

해면동물

5억 년 전 바다에서 출현하였다.
약 5,000종이 존재하고 있다.
길이가 3센티미터인 것부터 1미터나 되는 것까지 다양하다.
머리, 눈, 뇌, 팔, 다리, 눈 등의 기관을 가지고 있지 않다.
이동하지 않고 고형물체에 붙어산다.
수개월부터 20년까지 산다.
다량의 물을 걸러 플랑크톤과 산소를 취한다.
신체 일부가 떨어져 나가도 재생 능력이 뛰어나다.
천적이 많지 않다. 독성 물질을 만들어내기 때문이다.
항암제와 에이즈 치료제 후보 물질이 발견되었다.
사진은 채찍 산호(Gorgonian 또는 Sea Whip).

https://protecttheoceans.org/wordpress/?p=1591
http://www.oceanhealthindex.org/news/Marine_Animals_Human_Medicine
https://en.wikipedia.org/wiki/Gorgonian

신약의 보고

우리 몸속의 세포는 분열하고 성장하며 죽고 새로 태어나는 것을 반복한다. 그런데 유전자에 변화가 일어나면 정상궤도를 이탈하여 과다하게 증식하는 상태로 변해

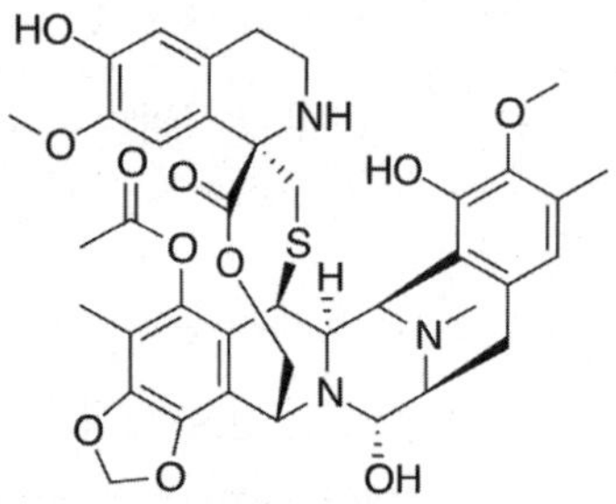

트라벡테딘
https://en.wikipedia.org/wiki/Trabectedin

암세포가 된다. 평균 수명이 증가하면서 현대인의 30 퍼센트는 암으로 사망한다고 한다. 암을 극복하기 위한 노력으로 많은 항암제들이 개발되어 왔다. 해저 탐사 장비의 발달로 바다 밑에 사는 다양한 생명체들이 발견되기 시작하였고 심해 서식지에도 항암제 후보물질들이 존재한다는 사실이 알려지게 되었다.

심해 박테리아에서 추출한 살리노스포라마이드-ASalinosporamide-A는 항암 활성을 가지는 프로테아좀 억제제[Proteasome inhibitor]이다. 해면동물에서 추출된 에리불린(Eribulin, E7389로도 알려짐), 디스코더몰라이드Discodermolide, 그리고 딕티오스타틴-1Dictyostatin-1도 항암 활성을 갖는 것으로 밝혀졌다. 산호초에서 추출된 사르코딕틴Sarcodictyin 역시 유사한 활성을 갖고 있다. 그 밖에 해면동물에서 추출된 톱센틴Topsentin은 대장암 예방은 물론 알츠하이머병이나 관절염 치료에도 효과를 보이는 것으로 밝혀졌다. 바다 생명체로부터 얻어진 물질 중 일부는 미국 식품의약국FDA의 승인을 얻어 항암제, 항바이러스제, 진통제 등으로 시판되고 있다. 해면동물에서 얻어지는 사이타라빈Cytarabine은 싸이토사-유Cytosar-U라는 항암제로 에리불린Eribulin은 할라벤Halaven이라는 항암제로 시판되고 있다.

멍게에서 추출된 트라벡테딘Trabectedin은 유럽연합EU의 승인을 획득하여 욘델리스Yondelis 라는 항암제로 판매되며 해면동물에서 얻어지는 비다라빈Vidarabine은 Vira-A 라는 항바이러스제로, 원뿔 달팽이에서 얻어지는 지코노타이드Ziconotide는 SNX-111이라는 진통제로 판매되고 있다. 그리고 해면동물을 통해서 에이즈 발병의 원인이 되는 바이러스인 HIV[인간면역결핍 바이러스]를 죽일 수 있는 길도 열리고 있다. 카리브해에 서식하는 해면동물 Tectitethya crypta 덕분이다.

신약의 보고

바닷속 무척추동물로부터 유효 성분을 분리하여 다양한 용도로 활용하기 위한 연구가 진행 중이다.

해면동물[Sponge]

Lasonolides(췌장암 치료제)

Discodermolide(항종양제)

멍게[Tunicate]

Ecteinascidin(유방암, 난소암, 고형 종양 치료제)

이끼벌레[Bryozoan]

Bryostatin(백혈병과 흑색종 치료제로 기대)

산호충류[Octocoral]

Pseudopterosins(소염제, 진통제)

원뿔 달팽이[Cone snail]

ω-Conotoxin MVIIA(진통제)

http://oceanexplorer.noaa.gov/facts/medicinesfromsea.html
http://oceanexplorer.noaa.gov/explorations/03bio/welcome.html

신세계가 위험해

새로운 광산으로 부각된 해저에는 수많은 심해 동물들이 오랜 세월 동안 적응하며 살아왔다. 그러나 여러 나라에서 경쟁적으로 해저 개발에 나서면서 해저 생태계에 부정적인 영향이 나타나기 시작하였다. 자원 채굴을 위해 해저 생태계가 마구 뚫리고 잘리고 파헤쳐지면 해저 환경이 급변하게 되고 달라진 서식 환경으로 인해 많은 생명체들의 생존이 크게 위협받을 것이다. 먹이 사슬의 붕괴는 심각한 충격으로 나타날 것이다. 해저에는 50만 내지 500만 종의 생명체들이 살고 있는 것으로 알려져 있는 데, 이들 중 상당수가 지구상에서 사라지게 될 것이다. 심해 자원 개발은 떠오르는 산업인 반면에 해저 생태계에 쓰나미 같은 충격을 줄 것이다. 검은 갈치[Black scabbardfish]는 대서양의 반심해성

어류이다. 괴상하게 생긴 모습을 보면 인간들이 야기한 환경오염이 심해에 사는 생명체들에게도 심각한 영향을 미치고 있다는 것을 알 수 있다. 수심 600미터에서 1,600미터 사이에 사는 심해어의 간에서 종양이 발견되었다는 사실은 해양 어류의 병리 현상이 이러한 환경오염과 관련이 있다는 것을 말해준다. 프랑스의 비스케이만에서는 암수의 두 가지 형질이 혼합되어 나타난 간성間性 어류도 발견되었다. 해양 어류들이 수은, 카드뮴, 납 등의 중금속에 오염되거나 내분비계 교란물질에 노출된 사례도 보고되었다. 심해는 인간이 배출한 중금속과 유해물질의 종착지이다. 이러한 오염물질들은 심해 생물들의 체내에 농축되고 장기간 머물기 때문에 부정적인 영향이 증폭될 수 있다.

바다 생태계 보호를 위해 노력하는 기관 또는 단체

Deep Sea Mining Campaign: http://www.deepseaminingoutofourdepth.org/
MiningWatch Canada: https://miningwatch.ca/
Greenpeace: http://www.greenpeace.org/international/en/
Earthworks: https://www.earthworksaction.org/
Center for Biological Diversity: http://www.biologicaldiversity.org/

https://www.huffingtonpost.com/richard-steiner/deep-sea-mining-new-threa_b_8334428.html

해저 연구 기지, 니모

망망대해를 바라보고 있노라면 바다 밑 세상에 대한 호기심이 생겨난다. 바다는 아래로 내려갈수록 점점 빛이 사라져가는 침묵의 세상이다. 그런데 암흑의 세상이 수많은 생명들의 오아시스이다. 바다 밑에 사는 생명들은 열기가 뿜어져 나오는 온천은 물론 자연이 선사하는 불꽃놀이도 즐기며 살아간다. 그러나 가까이 다가가면 위험하다. 뜨거운 마그마가 갈라진 틈을 뚫고 시커먼 연기와 함께 분출되고 있기 때문이다. 바다 밑에는 호수도 있다. 멕시코만의 해저에서 호수가 발견되었다. 이 호수 안의 염분 농도는 주변의 5배나 되기 때문에 서로 섞이지 않는다. 바다 밑에는 강도 흐르고 있다. 벨로쉬친A. Beloshchin 등이 멕시코의 바다 밑에서 발견한 강, 미국 리드 칼리지Reed College의 파슨D.

Parson 팀이 흑해에서 발견한 강도 있다.

바다 밑에서 침몰한 보물선을 찾아볼까? 인어공주를 만날 수 있을까? 바닷속에는 보물선이나 안데르센의 인어공주보다 훨씬 흥미진진한 것들로 가득 차있다. 바다에 대한 인간의 호기심은 바다 밑까지 닿게 되었는데 최초의 잠수 기록은 1962년 9월 스테뉴트Robert Stenuit에 의해 세워졌다. 그는 강철 실린더로 제작된 잠수정(Man-in-the-Sea I)을 타고 바다 밑 62미터의 깊이에서 24시간을 체류하였다. 1964년에는 스테뉴트와 린드버그Jon Lindbergh가 129미터의 깊이에서 49시간을 보냈다. 위키백과에 따르면, 여러 나라에서 제작한 다양한 형태의 장비(구조물 또는 실험실)들이 해저 탐사에 사용되었다. 프랑스의 콘쉘프Conshelf는 1960년대에 쿠스토[Jacques Cousteau] 팀이 운용한 탐사기지이고 씨랩SEALAB은 미국 해군이 개발한 해저탐사용 연구실이다. 텍타이트Tektite는 1970년 전후에 사용된 미국의 해저탐사 장비이다. 하이드로랩Hydrolab 역시 미국에서 개발되었는데 이것은 1970년 이후에 해저 탐사에 동원되었다. 헬고랜드Helgoland는 1968년에 독일이 제작한 해저탐사용 실험실이다. 소련도 1970년대에 벤토스-300Bentos-300을 제작하여 해저를 탐사하였으며 이탈리아는 프로게토 아비시Progetto Abissi를 제작하여 2005년에 해저 탐사를 진행하였다.

화성에 새로운 인류 문명이 탄생할 수 있을까? 40~100년 안에 이것이 실현될 것이라고 믿는 사람이 있다. Space X의 CEO 머스크Elon Musk이다. 그의 계획에 따르면, 행성 간 수송 시스템[ITS]이 최대 100톤의 화물과 사람을 실어 나를 것이다. 로켓은 한번에 100~200명을 태울 수 있고 재활용이 가능하다고 한다. ITS는 태양 에너지를 이용하여 200킬로와트의 에너지를 생산하면서 화성으로의 여행을 가능하게 해줄 것이다.

인간이 꿈꾸는 우주의 환경은 지구와는 전혀 다르다. 미국 NASA는 오래전부터 미래의 우주 탐험에 대비한 해저 연구 기지를 운영해 오고 있다. NEEMO(나사 극한환경 미션 운용, NASA Extreme Environment Mission Operations)는 우주에서 직면하는 문제들을 연구하기 위해 만들어졌다. 플로리다의 키라고Key Largo에서 5.6킬로미터 떨어진 이 해저 기지는 우주인, 엔지니어, 그리고 과학자들이 한 번에 최대 3주일을 지낼 수 있도록 설계되었다. 2001년 10월에 첫 프로그램(NEEMO 1)이 시작된 이후 2016년까지 총 22번의 프로그램이 수행되었다.

니모(NEEMO)

해저에 건설된 연구 실험실이다.

나사극한환경미션운용(NASA Extreme Environment Mission Operations)을 뜻한다.

플로리다의 키라고에서 5.6킬로미터 떨어진 곳에 위치하고 있다.

우주 탐사 시뮬레이션 미션을 위한 해저 기지이다.

우주인, 엔지니어, 과학자들이 참여하고 있다.

2001년부터 미션이 수행되었다.

연구자들은 보통 7일~14일간 체류한다.

지구와는 다른 환경에서 업무를 수행하였다.

잠수병 위험을 줄일 수 있는 기술이 적용되었다.

https://en.wikipedia.org/wiki/NEEMO

상상을 더하다 10

- 해저의 오아시스 -

1. 세계에는 섬이 굉장히 많은데 왜 갈라파고스섬만큼 독자적으로 진화해온 다양한 고유종이 많지 않을까?
2. 인간도 먼 미래에 자가영양생물이 될 수 있을까?
3. 갈라파고스섬은 어떤 작용으로 생겨났을까? 또 다양한 생물종이 서식할 수 있는 환경이 갖춰진 이유는 무엇인가?
4. 자이언트 관 벌레 속의 박테리아는 황화수소와 이산화탄소를 이용하여 탄수화물을 만드는데, 이를 이용하여 환경오염을 해결하는 방법이 있나?
5. 심해에 사는 생물들은 어떻게 그 압력을 버틸 수 있는 걸까?
6. 해저 생물들이 어둠 속에서 선택한 다른 감각들은 무엇이 있을까?
7. 뜨거운 열수구 근처에 사는 박테리아들은 열에 강한가?
8. 해저 열수구 근처에서 사는 생명체들이 높은 압력과 열을 견딜 수 있는 비결은 무엇일까?
9. 독도의 해저광산에서 채굴되는 자원의 종류에는 어떤 것이 있는가?
10. 자이언트 관 벌레 속에 있는 박테리아는 태어날 때부터 존재하는 것인가?
11. 심해의 물고기들이 바다 표면 가까이 올라오면 적응을 못해 죽을까?
12. 독도의 가치를 현금화한다면 얼마나 될까?
13. 해저 열수구 주위는 높은 압력과 온도로 생명이 살기 부적합한데 왜 생물체들은 그런 곳에서 살까?
14. 광합성과 비교하여 화학 합성의 효율은 어떤가?
15. 왜 심해어류들은 특히 못생겼을까?
16. 높은 수압을 버티는 심해동물들은 왜 물 밖으로 나와도 압력차 때문에 터지지 않을까?
17. 심해어들은 왜 상층부로 올라올 생각을 하지 못하고 심해에 적응했을까?
18. 독도에 매장되어 있는 자원이 우리나라 산업에 미칠 수 있는 영향은 얼마나 될까?
19. 심해 열수구라는 지형은 어떻게 해서 생겨났을까?

20. 해양심층수가 인간에게 주는 장단점은?

21. 화학 합성을 하는 자가영양 생물과 광합성을 하는 자가영양 생물의 차이는?

22. 해저 열수구 근처에 사는 생명체들은 독성 물질에 피해를 입지 않을까?

11장
사라진 비행기

1
사라진 비행기

사라진 비행기 / 아틀란티스와 UFO / 자기편차, 멕시코만류, 그리고 사이클론 / 메탄 하이드레이트

사라진 비행기

버뮤다 삼각지대는 미국의 플로리다, 푸에르토리코, 그리고 버뮤다를 연결하는 지역을 부르는 이름이다. 이 지역은 의문의 실종 사건이 많았던 곳으로 마의 삼각지대라고도 부른다. 1945년 12월 5일 다섯 대의 폭격기 편대(Flight 19)가 미국 플로리다 해군기지를 이륙하였다. 이 비행기는 적의 잠수함을 파괴하도록 설계되었고 약 900킬로그램의 폭탄을 적재할 수 있는 미 해군의 최신예 폭격기였다. 테일러Charles Taylor가 편대를 지휘하는 훈련 비행이었으며 다른 비행기에 13명이 나누어 탑승하고 있었다. 항로 주변의 날씨는 화창했다. 이륙을 한 편대는 동으로 90킬로미터를 비행하여 모래톱에서 폭격 훈련을 한 다음, 북으로 바하마까지 비행한 후에 남서로 방향을 돌려 기지로 귀환할 계획이었다. 그러나 그들은 돌아오지 않았다. 그로부터 3년 후인 1948년 비행기(Douglas Dakota DC-3) 한 대가 푸에르토리코를 이륙했다. 목적지는 플로리다의 마이애미였다. 착륙 20분 전, 출발지에서 80킬로미터를 비행

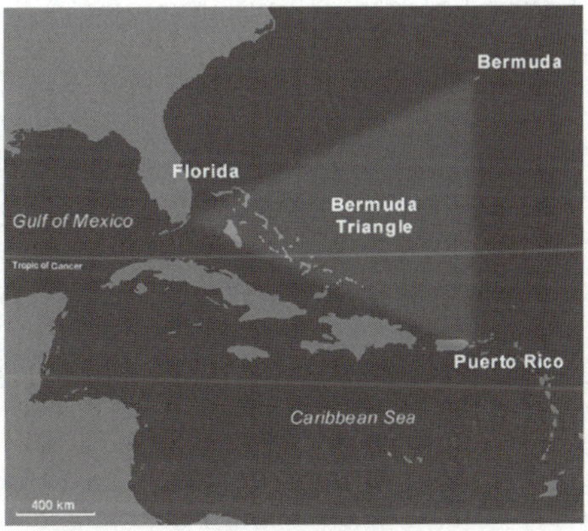

버뮤다 삼각지대
https://en.wikipedia.org/wiki/Bermuda_Triangle

하고 있을 때 마지막 교신을 하였다. 그러고는 그 비행기를 본 사람은 아무도 없었다. 1954년 어느 날 거대한 미군 수송기가 42명의 해군 장교와 그 가족들을 태우고 이륙하였다. 그러나 이 수송기는 버뮤다 근처에서 사라져 버렸고 조종사는 아무런 신호도 보내지 않았다. 2005년, 2007년, 그리고 2008년에도 버뮤다 해역을 통과하던 비행기들이 실종되는 사건이 발생하였다. 비행기뿐만 아니라 이 부근을 항해하던 배들도 원인 모르게 실종되었다. 1918년 미국의 석탄선 USS 키클롭스Cyclops가 화물을 가득 싣고 출항하였다. 승선 인원은 309명이었고 최종 목적지는 볼티모어였다. 그러나 이 화물선 역시 목적지에 도착하지 못한 채 사라져 버렸다.

아틀란티스와 UFO

버뮤다 삼각지대에서 일어난 수많은 의문의 실종 사건에 대해서는 다양한 원인이 제기되었다. 가장 흥미로운 것 중의 하나는 잃어버린 대륙 아틀란티스와의 관련성이다. 이 가설을 제기한 사람은 『제8대륙』의 저자인 벌리츠Charles F. Berlitz(1913~2003)였다. 그가 1974년에 『버뮤다 삼각지대』라는 이름으로 출간한 책은 베스트셀러가 되었다. 그에 따르면 대서양의 버뮤다 삼각지대 밑에는 아주 오래 전에 번성했던 선진 문명인 아틀란티스가 있는데, 버뮤다 삼각지대를 지나는 선박이나 항공기들이 사라진 이유가 이 문명의 후손들이 벌인 일이라는 것이다. 아틀란티스는 고대 그리스의 철학자 플라톤Plato(c.428~c.348 BCE)도 언급했을 정도로 오랜 역사를 지닌 전설상의 잃어버린 문명으로 여겨왔다. 외계인과 관련이 있다는 미확인비행물체[UFO] 이론도 있다. 버뮤다 삼각지대 밑에는 외계인이 세운 기지가 있다는 것이다. 2016년에 존스K. Jones가 제시한 다섯 가지 증거는 다음과 같다. 이탈리아의 탐험가였던 콜럼버스Christopher Columbus(1451~1506)는 항해 중에 하늘에서 거대한 불덩이가 내려오는 것을 목격하였다고 일지에 기록하였다. 미국의 비행사 거논Bruce Gernon은 1970년 버뮤다 삼각지역 상공을 비행하던 중 불가사의한 구름을 보았다. 그 구름은 도넛 모양의 구멍으로 변하더니 소용돌이치는 구름 터널을 형성하였다. 그러고는 비행기가 구름 속으로 들어갔는데 그 안은 번쩍이는 빛으로 가득했다. 1시간 이상이 소요되는 바하마에서 마이애미까지의 비행시간이 35분도 걸리지 않았다고 한다. 1945년 12월 폭격기 편대 Flight 19가 사라지기 전에도 편대장은 '우리는 하얀 물속으로 들어가고 있다. 모든 게 이상하다.'는 마지막 메시지를 남겼다.

해군 조사위원회는 플로리다 해안에서 레이더에는 잡히지 않는 녹색의 빛을 보았다고 기록하고 있다. 2014년에는 한 유람선이 버뮤다 삼각지대의 수평선에서 밝은 녹색의 미확인 물체를 발견하였다. 그 불빛은 잠시 후 서서히 어두워지더니 사라져 버렸다. 2009년에는 버뮤다 삼각지대의 상공에서 이상한 소용돌이 모양의 빛이 발견되었는데, 이 빛은 한 시간가량 공중에 정지해 있다가 사라졌다.

아틀란티스

지진이나 화산 폭발 또는 어떤 원인으로 인해 바닷속으로 가라앉았다고 전해지는 섬이다.
2,500년 전 플라톤이 최초로 언급하였다.
그는 아틀란티스를 대륙으로 표현하였고 대서양 어딘가에 있을 것이라 하였다.
전설에 의하면 아틀란티스는 바다의 신 포세이돈이 건설하였다.
그는 사랑하는 여인 클레이토를 위해 한 섬에 도시를 만들고 아틀란티스라고 명명하였다.
포세이돈의 10명의 아들 중 첫째인 아틀라스가 아틀란티스를 지배하였다.
아틀란티스는 풍요로운 도시였다.
아틀란티스를 외계인과 연관 짓는 이야기도 있다.
위치도 규모도 미스터리로 남아있다.

https://www.marineinsight.com/maritime-history/top-10-amazing-facts-about-the-lost-city-of-atlantis/
http://channel.nationalgeographic.com/the-truth-behind/articles/the-truth-behind-atlantis-facts/
http://easyscienceforkids.com/all-about-the-lost-city-of-atlantis/
http://coolinterestingstuff.com/the-lost-city-of-atlantis-the-facts
https://www.livescience.com/23217-lost-city-of-atlantis.html

자기편차, 멕시코만류, 그리고 사이클론

이러한 초자연적인 해석 이외에도 여러 가설이 제기되었다. 하나는 이 지역에서 강력한 자기장이 발생하여 나침반이 오작동하면서 사고가 일어났다는 설이다. 오브링거L. A. Obringer는 내셔널 지오그래픽이 제공한 2004년 지구의 자기 자료에 근거하여 미국의 중서부와 멕시코만을 경계로 자기 편차가 나타나며 이로 인해 버뮤다 삼각지대에서 나침반 이상이 나타날 수 있다는 주장을 하였다.

다른 하나는 멕시코만에서 시작하여 플로리다 해협을 거치고 북대서양으로 이동하는 멕시코 만류를 원인으로 보는 설이다. 멕시코 만류는 바다에 있는 일종의 강으로서 표면 속도가 초속 2.5미터에 달하여 작은 배나 비행기에 영향을 줄 수 있다. 인간의 실수라는 설도 있다. 1958년 1월 1일 사업가였던 코노버H. Conover는 새해 첫날을 맞아 그의 이름 철자를 거꾸로 하여 명명한 요트(Revonoc호)를 타고 바다로 나갔다. 폭풍우를 무릅쓴 항해를 시도한 그는 영영 돌아오지 못했다. 사이클론도 여러 원인 중의 하나로 지목되고 있다. 볼티모어의 자랑이라는 이름을 가진 배(Pride of Baltimore)가 있었다. 9년 동안 장장 바닷길 24만 킬로미터를 누빈 이 선박은 1986년 5월 14일 귀항 도중 시속 150킬로미터의 돌풍에 휘말려 전복된 후 침몰하였다. 그 밖에도 기형 파동, 특이한 해저 지형, 사르가소(Sargasso, 바닷말) 바다 등을 원인으로 제시하기도 한다. 화학에서부터 컴퓨터, 예술 등 다양한 정보를 제공하는 사이트인 소트코(thoughtco.com)에서는 노예의 저주, 전기 안개[Electronic fog], 시간과 공간의 왜곡을 실종의 원인으로 제기하는 시각도 보도하였다.

버뮤다 삼각지대의 진실은?

아틀란티스	사이클론	공기터널
UFO	인재	조작설
자기편차	시공 왜곡	메탄 하이드레이트
멕시코 만류	노예의 저주	기타

메탄 하이드레이트

버뮤다 삼각지대의 미스터리를 풀 수 있는 단서로서 메탄 하이드레이트Methane hydrate가 등장하였다. 메탄 하이드레이트는 얼음에 갇혀 있는 메탄(Methane, CH_4) 가스를 부르는 이름으로서 천연가스인 메탄이 바다 밑의 저온, 고압 분위기 하에서 물 분자와 결합되어 형성된 고체 물질이다. 메탄 가스 이론은 1998년에 영국 리즈 대학교[Leeds University]의 클레넬Ben Clennell이 제안하면서 주목을 받기 시작하였다. 그의 이론에 따르면 버뮤다 삼각지대에서는 다량의 메탄가스가 방출되고 있어서 바닷물의 비중이 감소하면서 부력을 감소시키는 결과를 초래하므로 이 지역을 지나는 배가 침몰한다거나 가연성인 메탄가스에 의해서 비행기가 폭발하는 일이 발생할 수 있다는 것이다. 메탄가스 이론은 2010년 아임Terrence Aym이 살렘 뉴스(salemnews.com)에 소개한 바도 있다. 버뮤다 지역에 대한 해양 탐사 결과를 보면 상당히 많은 양의 메탄 하이드레이트가 해저에서 발견되었다. 호주의 모너핸Joseph Monaghan과 메이David May는 컴퓨터 모델링을 통하여 버뮤다 미스터리의 실제 상황을 재현했다. 미국 지질조사국[USGS]의 딜론Bill Dillon은 대륙의 해안을 따라 위치한 '메탄광산'의 메탄이 해저의 갈라진 틈이 생기면 그 압력을 이기지 못하고 분출하게 된다고 설명했다. 2014년 초 버뮤다의 미스터리와 연관이 있을 수 있는 의문의 커다란 구멍들이 시베리아Siberia에서 발견되었다. 러시아 과학자들은 이것이 영구 동토층에 메탄 하이드레이트 상태로 잡혀 있던 메탄이 분출하면서 생긴 싱크홀Sinkhole이라고 학술지『네이처』(Nature)에 보고하였다. 2016년 마틴S. Martin도 메탄가스 이론을 지지하는 기사를 익스프레스(express.co.uk)에 기고하였다. 최근 해저에서도 거대한 분화구가 다수 발견되었는데, 이는 다량의 메탄가스가 해저에서 발생될 수 있음을 보여준다.

2
불타는 얼음

불타는 얼음 / 키클롭스와 화석 / 화석이 전하는 메시지 / 화석 연료 / 검은 황금 / 사라지는 섬들 / 석유 시대의 종말 / 메탄 하이드레이트와 지구 온난화

불타는 얼음

불타는 얼음이 미래 에너지라니? 불타는 얼음이란 메탄가스가 낮은 온도와 높은 압력에서 물 분자 내에 갇힌 것, 즉 메탄 하이드레이트(Methane hydrate, $4CH_4 \cdot 23H_2O$)를 말한다. 하이드레이트Hydrate란 수화물水化物을 뜻한다. 겉으로는 얼음처럼 보이지만 불을 붙이면 타는 얼음이다. 주로 대륙 근처의 연안에 매장되어 있다. 메탄 하이드레이트는 태양계의 먼 추운 지역에서나 발견될 것으로 생각되었지만, 지구에서도 해저의 퇴적물에서 광범위하게 발견되고 있다.

석유, 천연가스 등의 에너지원을 수입에 의존하고 있거나 국내 에너지 수요가 급증하고 있는 나라들의 경우에는 불타는 얼음이 매력적인 에너지원으로 주목받고 있다. 특히 이것을 차세대 에너지원으로 고려하고 있는 나라들은 불타는 얼음을 채굴하기 위한 노력을 기울이고 있다. 2013년 일본은 세계 최초로 메탄 하이드레이트에서 메탄 가스를 추출하는 데 성공하였고 2014년에는 안정적인 에너지 공급을 위해 일본 근해에 대량으로 매장된 메탄 하이드레이트의 개발에 박차를 가하기 시작하였다. 2017년 중국은 홍콩에서 동남쪽으로 285킬로미터 떨어진 해역에서 메탄 하이드레이트 추출에 성공하였다. 독도 주변의 해저에도 대량으로 매장되어 있는 것이 확인된 바 있다. 2016년에는 우리나라의 쇄빙 연구선 '아라온호'(Research Vessel Araon, 전장: 111미터, 선폭: 19미터)가 북극 시베리아해에

서 세계 최초로 메탄 하이드레이트를 채취하는 데 성공하였다. 이것은 다른 화석 연료와는 달리 연소시킬 때 이산화탄소의 배출량이 적고 다른 대기오염 물질을 거의 배출하지 않는 청정에너지원으로 알려져 있다. 그러나 메탄은 이산화탄소보다 강력한 온실가스이다. 따라서 매장량이 엄청난 메탄 하이드레이트가 일시에 대기 중으로 방출된다면 지구 온난화를 가속화시킬 수 있다는 문제가 있다.

메탄 하이드레이트

특정 온도와 압력 범위에서는 메탄가스가 얼음 격자에 갇히게 된다.
깊은 바다일수록 넓은 온도 범위에서 형성된다.
온도를 올리거나 압력을 낮추거나 격자 형성을 방해하는 물질을 가해서 채굴한다.
엄청난 양이 매장되어 있다.
메탄은 대표적인 온실 가스이다.
기후 변화를 야기할 위험성이 있다.
북극의 영구동토층이 녹으면 재앙이 될 수 있다.

https://wiki.kidzsearch.com/wiki/Methane_hydrate
https://www.theguardian.com/environment/earth-insight/2013/aug/05/7-facts-need-to-know-arctic-methane-time-bomb

키클롭스와 화석

눈이 이마 한가운데에 하나만 있는 거인으로 묘사되는 키클롭스Cyclops는 대체 어디에서 모티브를 얻어 탄생되었을까? 기원전 7세기경에 활동했던 고대 그리스의 시인 헤시오도스가 쓴 『신들의 계보』에서는 우라노스와 가이아로부터 태어난 삼형제로 묘사되고 있다. 아버지는 키클롭스를 미워해서 태어나자마자 타르타로스에 감금하였는데 제우스는 이들을 구출해 주었다. 한편, 서사시인 호메로스는 키클롭스를 바다의 신 포세이돈과 바다의 요정 투사의 아들 폴리페모스Polyphemus로 소개하고 있다. 폴리페모스는 갈라테이아의 모습에 반해 짝사랑을 하게 된다. 그런데 갈라테이아는 목축의 신인 판의 아들 아키스를 사랑했다. 거인 폴리페모스는 바위로 아키스를 죽이고… 갈라테이아는 아키스의 피를 강으로 만들었다. 기괴하고 끔찍한 스토리이지만 이 세상 어디에선가 일어날 법도 하다. 그래서일까, 이 이야기는 유럽, 아시아, 아메리카 등 전 세계로 퍼져나가 또 다른 전설이 되었고 픽션으로 다시 살아났다. 사자의 몸통에 독수리의 머리와 날개와 앞발을 가진 그리핀Griffin, 아시아의 신화 및 전설에 자주 등장하는 용, 그리고 외눈박이 거인 키클롭스 같은 신화 속 창조물들은 상상의 결과물인가? 2015년에 러브조이Bess Lovejoy는 멘탈 플로스(mentalfloss.com)에서 이 모든 것들이 단순한 창작이 아니라 어느 날 땅속에서 갑자기 튀어나온 고대의 화석化石에서 영감을 얻었을 가능성이 크다는 의견을 제시하였다. 고대 그리스에는 금을 찾아 나선 스키타이족이 고비 사막에서 그리핀과 싸움을 하였다는 기록도 있다.

키클롭스

완고하고 강인하며 고집스러운 거인족이다.
1세대는 우라노스와 가이아 사이에서 태어난 3형제이다.
그들은 솜씨 좋은 대장장이였다.
2세대 중 유명한 것으로는 폴리페모스가 있다.
그는 오디세우스에 의해 눈이 멀게 되었다.
선사 시대에 살았던 난쟁이 코끼리의 두개골 모습에서
외눈박이 거인에 대한 영감을 얻었을 것이라는 견해도 있다.

http://mythortruth.com/cyclops/
https://en.wikipedia.org/wiki/Cyclops
https://greekgodsandgoddesses.net/myths/cyclopes/

그런데 민속학자 메이어Andreas Mayer는 고대 그리스인들이 중앙아시아의 고비 사막에 살았던 공룡 프로토케라톱스Protoceratops의 화석에서 영감을 얻어 지어낸 이야기라고 주장하였다. 프로토케라톱스는 백악기 후기에 현재의 몽골에 살았던 초식성 공룡이다. 그리핀과 마찬가지로 다리가 넷이고 부리가 하나 있다. 프로토케라톱스의 긴 어깨뼈를 날개로 생각했던 것으로 보인다는 것이다. 발견된 화석을 보면 용龍 역시 단순한 창작물이 아니라는 것을 알 수 있다. 용은 털코뿔소[Wooly Rhinoceros]의 두개골에서 영감을 얻어 태어난 것이다. 털코뿔소는 플라이스토세에 유럽과 아시아의 북부에 살았던 코뿔소의 일종이다. 용의 피부는 고생대에 번성하였던 양치식물인 레피도덴드론(Lepidodendron, 인목)에서 영감을 얻어 탄생하였는데 인목은 고생대 석탄기에 번성하였던 양치식물이다. 거대한 뱀의 화석도 일부가 발견되었다. 이러한 조각들이 결합되어 새로운 창작물인 용이 탄생되었다는 것이다. 이뿐만 아니라 이탈리아의 시칠리섬에서는 코끼리의 고대 종이 발견되었는데, 놀랍게도 거대한 두개골이 외눈박이 키클롭스의 머리와 너무 닮아 있었다.

프로토케라톱스

백악기 후기(8,500만 년~8,000만 년 전)에 오늘날의 몽골 지역에 살았다.
1922년에 앤드루스(Roy C. Andrews(1884~1960))가 몽골에서 발견하였다.
뿔을 가지고 있었다.
뿔 대신 머리 앞부분이 튀어나왔다는 해석도 있다.
양과 비슷한 크기를 가진 작은 초식 공룡이다.
몸집에 비해 강한 턱을 가지고 있었다.
알을 낳았다.
무리를 지어 살았을 것이다.
그리핀 전설에 영감을 주었다는 견해도 있다.

https://www.thoughtco.com/things-to-know-protoceratops-1093796
https://www.newdinosaurs.com/protoceratops/
http://www.dinosaurjungle.com/dinosaur_species_protoceratops.php

화석이 전하는 메시지

2015년 12월 미국의 포브스(forbes.com)에 흥미로운 이야기가 소개되었다. 몬타나리Shaena Montanari가 작성한 그 기사는 믿을 수 없는 화석의 발견에 관한 것이었다. 그 화석들은 신화나 전설 속에서나 보았음직한 괴물의 흔적이었다.

이치Yi qi는 박쥐의 날개를 가진 공룡[Bat-winged dinosaur]이다. 한자로는 奇翼龙기익룡이라

쓴다. 기이한 날개를 가진 공룡이란 뜻이다. 손가락 사이에 막이 있는 것으로 보아 박쥐처럼 하늘을 날아다녔을 것이다. 1억 6천만 년 전에 살았을 것으로 추정되고 있는 이치는 중국의 고생물학자 싱Xu Xing이 붙인 이름이다. 익룡翼龍이 나타나지 않았던 시기로 보아 진화상 독특한 혁신을 통해서 출현한 것으로 보인다.

헬보이Hellboy는 약 6천6백만 년 전에 살았던 뿔 달린 공룡이다. 얼굴에 뭉툭한 2개의 뿔이 있는 만화와 영화 시리즈의 주인공 이름에서 따왔다. 캐나다에서 발견된 헬보이는 주름 장식이 있고 코와 눈 주위에 긴 뿔과 작은 뿔이 달려 있는 특이한 모양을 하고 있다. 머리 뒤에는 왕관 같은 그릴이 달려 있다. 중생대의 대표적인 공룡 트리케라톱스Triceratops의 사촌으로 여겨지고 있다.

뿔 달린 초식성 공룡 웬디케라톱스Wendiceratops도 캐나다의 백악기 후기 지층에서 발견되었다. 입에 앵무새 같은 부리가 있고 코에 난 뭉툭한 뿔 위에도 2개의 뿔이 나 있다. 길이가 6미터에 달하고 몸무게는 1톤이나 나갔다.

커다란 깃털이 달린 공룡(Large Feathered Dromaeosaur)도 발견되었다. 중국에서 발견된 화석을 근거로 재구성한 사진을 보면 양쪽 날개가 비대칭적인 것이 이채롭다.

마틸Dave Martill 등이 발견한 뱀(Tetrapodophis, 그리스어로 네발 달린 뱀이란 뜻)의 화석은 뱀의 진화의 비밀을 풀 수 있는 표본으로 평가받고 있다. 백악기에 살았으며 육식성이고 네 발 달린 뱀의 모습을 하고 있다. 무척추동물의 화석도 발견되었다. 4억 6천만 년 전에 살았던 바다 전갈(Eurypterid, Sea scorpion)은 길이가 1.8미터에 달한다. 지구상에 살았던 가장 큰 절지동물 중 하나이다. 이 거대 전갈은 램스델James C. Lamsdell 등이 발견하였으며, 믿을 수 없을 만큼 기이하다는 뜻을 가진 펜테콥테루스Pentecopterus로 명명되었다. 조슈아Joshua는 미국 유타의 백악기 후기 지층에서 괴상하게 생긴 거북(Arvinachelys)을 발견하였다. 돼지코를 가진 이 거북은 7천6백만 년 전 티라노사우르스Tyrannosaurs 같은 공룡들과 함께 살았다. 5억 4천만 년 전 캄브리아기의 뇌腦의 화석도 발견되었다. 마X. Ma 등이 주사형전자현미경[SEM]으로 확인한 결과 뇌 조직의 특징인 탄소와 철 성분이 남아 있었다고 한다.

화석 연료

화석이 연료라고? 아주 오래 전에 생명체가 죽어서 땅에 묻혔다. 그 위에 흙, 돌 등이 켜켜이 쌓여갔다. 압력과 열을 받으면서 본래의 형체는 사라졌는데 어떤 것은 고형화되었고 어떤 것은 액화되었으며 어떤 것은 기체로 변하여 땅속에 갇혔다. 화석이 된 것이다. 화석은 지질시대에 살았던 고생물의 유해나 흔적을 말한다. 그리고 세 가지 다른 상(相, Phase)으로 존재했던 화석이 땅 위로 올라와 땔감으로 쓰였다. 화석 연료가 된 것이다.

화석 연료는 죽은 생명체들이 산소가 차단된 상태에서 분해되어 생긴다. 죽은 지 보통 수백만 년이 되었고 어떤 것은 6억 5천만 년 된 것도 있다. 화석 연료는 탄소 함량이 높다. 대표적인 화석 연료로는 석유, 석탄, 그리고 천연가스가 있다. 화석 연료에는 메탄(Methane, CH_4)과 같이 탄소와 수소의 비율이 낮은 휘발성인 물질도 있고 석유 같은 액체도 있으며, 석탄과 같이 거의 탄소로 이루어진 비휘발성 물질도 있다. 원유는 분별증류[Fractional distillation]라는 정제과정을 통해서 끓는점이 다른 물질들로 나뉜 후에 사용된다. 원유를 가열하면 끓는점이 가장 낮은 액화석유가스[LPG]가 맨 먼저 나온다. 그다음에 가솔린, 나프타, 케로신, 디젤유, 연료유가 차례로 나온다. 증류탑의 바닥에 남아있는 것은 역청이다.

역청은 원유를 정제하고 남은 끈적끈적하고 시커먼 액체상 또는 반고체상의 물질을 말한다. 주로 도로 포장에 사용된다. 중유란 점성이 큰 흑갈색의 액체를 말한다. 탄소 함량이 높다(약 85퍼센트). 중유는 연료뿐만 아니라 윤활유로도 쓰인다. 공업적으로 암모니아와 수소를 만드는 데도 사용된다. 크래킹 공정을 거치면 휘발유를 생산할 수도 있다. 또한 석유 코크스의 원료가 되기도 한다. 이것은 특정 정유공장에서 나오는 고체 형태의 부산물로 가격이 저렴하여 원가절감 효과가 커서 산업단지나 발전소에서 활용된다. 이투뉴스(E2뉴스, Energy & Environment News)에 따르면 전 세계에서 생산된 석유코크스는 1억 5100만 톤(2016년 기준)에 달한다. 황을 포함하고 있어서 연소 시에 대기오염 물질을 다량 배출한다는 단점이 있다.

2017년 4월 신문 기사에는 미국이 사우디아라비아를 비롯한 석유수출국기구[OPEC] 산유국과 러시아를 제치고 세계 최대 산유국 자리에 오를 전망이라는 발표가 있었다. 생산량이 급증하고 있는 셰일 오일 덕분이다. 셰일 오일이란 오일 셰일이라 불리는 퇴적암에서 얻어지는 케로겐Kerogen을 함유한 물질을 말한다. 2017년 3월 한겨레신문도 셰일 오일이 국제 유가를 흔들고 있다고 썼다. 미국이 높아진 수익성을 바탕으로 셰일 오일의 생산량을 늘리며 화석 연료 정책을 펴고 있다. 러시아는 셰일 오일 매장량 세계 1위 국가이다. 미국보다 셰일 가스 매장량이 더 많은 중국도 채굴기술 확보에 안간힘을 쏟고 있다. 화석 연료의 공급 확대는 유가 하락으로 이어진다. 그에 따라 태양 에너지 등 재생에너지 산업은 커다란 영향을 받을 수밖에 없을 것으로 보인다.

검은 황금

잉카인들은 이것을 '태양의 눈물'이라고 했다. 호메로스는 『일리아드』와 『오디세이』에서 '불멸의 영광'이라 했다. 바로 금[$_{79}$Au]을 말하는 것인데 기원전 3,100년 경 고대 이집트 제1왕조의 파라오였던 메네스의 코드에는 금의 가치가 은의 2.5배라고 기술되어 있다. 금은 연금술의 궁극의 목표였다. 흰색 황금이 있을까? 그것은 금을 니켈[$_{28}$Ni], 망간[$_{25}$Mn] 또는 팔라듐[$_{46}$Pd]과 함께 녹여 만든 금의 합금을 말한다. 휴대전화, 노트북, 전기 자동차의 배터리에 사용되는 핵심 원료인 리튬[$_{3}$Li]도 흰색 황금으로 불리는 금속이다. 또한 금은 은[$_{47}$Ag], 구리[$_{29}$Cu]와 섞이는 비율에 따라서 붉은색, 노란색, 또는 흰색을 띤다.

검은 황금이 있다고? 검은 황금이란 석유를 부르는 또 다른 이름이다. 영어 이름(Petroleum)은 그리스어(petra(rock))와 라틴어(oleum(oil))에서 왔다. 여기서 석유란 땅속에 묻혀 있는 원유[Crude oil]를 말한다. 원유의 성분은 탄소(83~85 질량퍼센트)와 수소(10~14 질량퍼센트)가 대부분이고, 그 밖에 질소(0.1~2 질량퍼센트), 산소(0.05~1.5 질량퍼센트), 황(0.05~6.0 질량퍼센트) 등이 포함되어 있다. 원유에는 탄소와 수소로 이루어진 탄화수소가 많이 포함되어 있다. 대표적인 예로는 알케인(Alkane, C_nH_{2n+2}), 방향족 화합물, 그리고 아스팔트가 있다. 검은색을 띠는 원유는 수많은 성분의 혼합물이다. 따라서 그 자체로 사용하는 것은 별 의미가 없다. 그러나 분별증류[Fractional distillation] 기술을 이용하면 원유의 부가가치가 상승한다. 분별증류란 끓는점의 차이를 이용하여 혼합물을 분리하는 기술을 말한다. 원유를 가열하면 끓는점이 낮은 것부터 차례로 분리할 수 있다. 가스, 가솔린, 나프타, 케로신, 디젤유, 윤활유, 연료유, 역청. 여기에서 가스는 탄소 원자 4개 이하의 탄화수소로서 주로 연료로 사용된다. 가솔린은 자동차 연료로, 나프타는 화학공업의 원료로 쓰이며 케로신은 항공기의 연료, 디젤유는 자동차, 버스 등의 연료가 된다. 윤활유는 엔진이나 기계의 수명을 연장하는 데 필수적인 물질이다. 연료유는 선박이나 발전소 또는 중앙난방 연료로 사용된다. 분별증류에서 마지막에 남아 있는 역청(또는 아스팔트)은 도로포장 또는 방수, 방습 재료로 쓰인다. 천연에서 액체 상태로 산출되는 탄화수소의 혼합물인 석유는 현대 문명의 발전을 이끄는 원동력이다.

사라지는 섬들

몰디브, 투발루, 키리바티, 통가, 솔로몬 제도 그리고 마샬 제도. 이들의 공통점은 무엇일까? 지구 온난화에 따른 해수면 상승으로 사라질 위기에 처해 있는 지역들이다. 지구의 평균 해수면이 지난 100년 동안 10~20센티미터 높아졌다고 한다. 이것은 최근에 위성으로 측정한 결과이다. 지난 20년 동안에는 연평균 3.2밀리미터씩 증가하였다. 이는 지난 80년 동안의 평균 증가 속도의 약 2배에 해당하는 수치이다.

지난 한 세기 동안 화석 연료의 사용이 급증함에 따라 어마어마한 양의 기체들이 대기 중으로 방출되었다. 그 기체들은 대기 중에 열을 붙잡아두는 역할을 하여 지표면의 온도가 상승하기 시작하였다. 대부분의 열을 흡수한 것은 바다였다. 해수면 상승은 지구 온난화와 연관이 있다. 바닷물은 더워지면 팽창하게 된다. 더워진 바닷물은 빙하를 녹이고 결국 바다에 떠있는 수많은 섬들이 위기에 처하게 되었다. 섬뿐만이 아니다. 베니스, 런던, 뉴올리언스, 뉴욕 시 등도 안전하지 않다고 한다. 해수면 상승은 일차로 해변을 파괴한다. 침식, 홍수, 토양 오염, 그리고 생태계 파괴로 이어진다. 지구가 계속 더워질 것이라 한다. 그에 따라 바다의 수면은 올라갈 것이다. 기후 변화에 관한 정부 간 패널[IPCC]에 따르면, 2100년이면 해수면이 52~98센티미터 올라갈 것이라 한다. 그린란드의 빙하가 완전히 녹는다면 해수면은 7미터 상승할 것이라는 예측도 있다.

해수면 상승을 저지하기엔 이미 때가 늦은 것은 아닐까? 2018년 2월에 존스톤Rae Johnston이 기즈모도(gizmodo.com)에 기고한 기사(제목: 해수면 상승을 저지하기엔 때가 너무 늦었다. 우리가 할 수 있는 것은 무엇인가?)에 있는 여러 전문가들의 의견을 경청해보자. 많은 사람들이 해안 지역에 거주하고 있다. 해수면이 1미터 상승하면 1억 명이 위협을 받을 것이다. 그것은 전쟁보다 더 위험하다. 남극 빙상의 급속한 붕괴는 해수면 상승을 가속화할 것이다. 기후 변화에 따른 폭풍해일도 커다란 위협이 된다. 2,300년에는 해수면이 최대 1.2미터까지 상승할 것이다. 온실가스 감축 조치를 엄격하게 취한다 하더라도 해수면은 0.7미터 상승할 것이다. 이것은 오늘 우리가 온실가스 배출을 중단한다 하더라도 이전에 배출된 온실가스가 영향을 미치고 있다는 의미이다. 그럼에도 우리가 더 이상 배출하지 말아야 하는 이유는 이것이 바로 우리 미래 세대의 안전을 위한 길이기 때문이다.

석유 시대의 종말

인류의 경제 발전에 견인차 역할을 해온 석유는 가장 중요한 에너지원으로 평가받는 이른바 '검은 황금'이다. 산유국의 경우 석유는 부를 가져다주는 축복인 동시에, 강대국들의 음모에 휘말리게 하는 재앙의 씨앗이 되기도 하였다. 석유를 100퍼센트 수입에 의존하는 우리나라의 경우에는 여러 변수에 따라 산업 전반에 지대한 영향을 받을 수밖에 없다. 최근 들어 경기 침체의 상황에서 산유국들의 공급 경쟁이 벌어지고 미국이 셰일 가스와 셰일 오일을 개발하면서 저유가 시대가 이어지고 있다. 풍력, 태양에너지 등 재생 가능한 에너지원에 대한 투자가 위축되는 상황이 벌어지고 있다. 도쿠체프Dmitry Dokuchaev는 2016년 러시아 디렉트(russia-direct.org)에 기고한 글에서 석유 시대의 종말을 이야기하는 것은 시기상조라고 말했다. 스미스M. N. Smith는 2016년 세계 경제 포럼(weforum.

org)에 기고한 글에서 석유의 수요가 2030년에 최고점을 찍을 것이라고 예상하고 있다. 연구 기관에 따라 석유자원 고갈 시점에 대해서 다른 의견을 제시하고 있지만, 원유의 생산은 2030년~2050년에 최고점에 이를 것이라 한다. 현재 상태로라면 머지않은 장래에 석유를 더 이상 쓸 수 없게 된다는 말이다. 석유의 시대는 석유가 바닥나기 이전에 새로운 기술의 등장으로 종말을 맞을 것이라는 전망도 나왔다. 우리에게 석유 시대의 종말에 대한 대비책은 있는 것인가? 석유 자원의 고갈이라는 초유의 도전을 극복할 준비는 되어 있는가?

메탄 하이드레이트와 지구 온난화

메탄 하이드레이트는 메탄가스가 들어 있는 얼음 덩어리이다. 압력이 높고 온도가 낮은 상황에서 메탄 기체는 얼음에 갇혀 하이드레이트를 형성한다. 메탄 하이드레이트는 대부분 해양 퇴적층에 존재한다. 태평양에 있는 소위 '불의 고리'를 따라 널리 분포하고 있다. 영구 동토층 같은 육지에서도 발견되고 있다. 대략 1,000~5,000기가 톤(1기가 톤 = 10억 톤)이 매장되어 있는 것으로 추정하고 있다. 그동안 여러 나라에서 막대한 양의 메탄 하이드레이트를 채굴하여 연료로 쓰려는 연구가 이루어졌는데 석유 자원 고갈에 따른 에너지 위기의 관점에서는 좋은 소식이다. 그러나 메탄 하이드레이트는 안정한 구조가 아니다. 차가운 바다 밑에 있는 이것은 더워지면 녹아서 메탄가스가 수면 위로 올라온다. 상당한 규모로 매장되어 있는 메탄 하이드레이트의 구조가 붕괴되어 메탄이 지상으로 올라온다면 기후 변화에 어떤 영향을 미치게 될까? 이러한 시나리오는 인위적일 수도 있고 자연적일 수도 있다. 퇴적층에 갇혀 있던 메탄 하이드레이트가 지진, 산사태 등으로 밖으로 나올 수 있다. 지구 온난화도 이것을 불안정하게 만드는 요인이다. 메탄은 이산화탄소보다 지구 온난화에 더 큰 영향을 주는 온실가스이다.

2017년 2월 와츠Anthony Watts는 지구 온난화와 기후 변화를 다루는 사이트 WUWT[Watts Up With That?]에 메탄 하이드레이트와 지구 온난화의 관계를 소개하였다. 이 사이트에는

2014년 4월 원격 심해 탐사정이 멕시코만의 해저(수심 966미터)에서 찍은 탄산염암 사진이 있다. 이 암석은 화학 합성을 하는 홍합[Mussel]으로 덮여있었는데 그 밑바닥에는 흰색의 가스 하이드레이트가 눈에 띈다. 미국 지질조사국[USGS]과 로체스터 대학교의 연구자들이 발표한 바에 따르면, 심각한 온실가스 방출로 이어지는 메탄 하이드레이트의 대량 붕괴 가능성은 희박하다고 한다.

3
전기 자동차

전기 / 하이브리드 자동차 / 전기 자동차 / 배터리 혁명 / 전기 혁명 / 전기가 바꾸는 우리의 미래

전기

인류의 역사상 가장 획기적인 사건은 무엇일까? 관점에 따라 다양한 것을 제안할 수 있겠지만, '불의 발견'을 빼놓고 이야기할 수는 없을 것이다. 불은 초기 석기시대에 살았던 우리의 조상 호모 에렉투스Homo erectus가 맨 처음 발견한 것으로 알려져 있다. 약 140만 년 전의 일이다. 인류를 다른 동물과 다른 길을 걷게 만든 것은 불이었다. 불을 가진 인류는 사나운 짐승으로부터 자신을 지킬 수 있게 되었을 뿐만 아니라 사냥감을 익혀 먹을 수 있게 되어 더 많은 영양소를 흡수할 수 있었다. 인간의 뇌가 더 커지게 된 것도 불을 사용하면서부터이다. 불은 캄캄한 밤을 밝혀주었고 추운 겨울에 온기를 주었다. 불은 나무나 석유 같은 물질이 연소하면서 나오는 에너지가 빛과 열의 형태로 방출되는 것이다. 이 과정은 산소를 필요로 하는 산화과정이다. 가열된 분자는 원자들로 분해된다. 원자는 전자를 잃어버리고 불안정한 상태가 된다. 여기서 고유한 색깔의 파동으로 퍼져 나가는 것이 불이다.

전기를 최초로 발견했다고 전해지는 탈레스
https://en.wikipedia.org/wiki/Thales_of_Miletus

현대 문명에서 빼놓을 수 없는 것이 있다. 바로 전기이다. 특히 전기로 만든 불을 발견함으로써 인간은 밤을 낮처

번개 속에서 전기를 발견한 프랭클린
https://en.wikipedia.org/wiki/Benjamin_Franklin

전기화학의 아버지라고 불리는 패러데이
https://en.wikipedia.org/wiki/Michael_Faraday

럼 사용할 수 있게 되었다. 전깃불은 전류 즉 전자의 흐름을 이용하여 주위를 밝혀준다.

전기를 최초로 발견한 사람은 소아시아 출신의 그리스 철학자 탈레스Thales of Miletus(c.624~c.546 BCE)라고 알려져 있다. 그는 호박琥珀을 동물의 털로 문지르면 정전기가 발생한다는 사실을 발견하였다. 18세기에는 번개 속에서 전기를 발견한 과학자가 있었다. 그는 미국의 프랭클린Benjamin Franklin(1706~1790)이다. 번개가 치던 1752년의 어느 날, 그는 연을 하늘로 날려 구름에서 전하를 끌어내리는 데 성공하였다. 이로써 프랭클린은 번개가 전기를 방전한다는 것을 입증하였다. 이듬해인 1753년에는 세인트 피터스부르그에서 번개의 세기를 측정하는 실험을 하던 중 벼락을 맞아 죽은 불행한 사건이 일어났다. 비극의 주인공은 독일의 물리학자 리히만Georg W. Richmann(1711~1753)이었다.

1780년대에 이탈리아의 갈바니Luigi Galvani(1737~1798)는 죽은 개구리의 다리 근육이 전기 자극에 의해 경련을 일으키는 현상을 발견하였다. 1799년에는 볼타Alessandro Volta(1745~1827)가 회로에 지속적으로 전기를 공급할 수 있는 볼타 파일을 고안하였다. 그는 서로 다른 두 금속 판(구리와 아연)을 연결하면 회로가 구성되어 전자의 흐름이 발생한다는 사실을 발견하였다. 세계 최초의 전지(볼타 전지)는 이렇게 탄생하였다. 갈바니와 볼타의 실험은 오늘날 우리가 전기 에너지를 유용하게 쓸 수 있는 초석이 되었다. 전기화학에 기여한 과학자를 이야기할 때 영국의 패러데이Michael Faraday(1791~1867)를 빼놓을 수 없다. 그는 어린 시절에 정식 교육을 거의 받지 못했지만, 과학사에 커다란 업적을 남겼다. 패러데이는 전자기장에 대한 기본 개념을 확립하였고,

벤젠을 발견하였을 뿐만 아니라, 산화 전극, 환원 전극, 전극, 그리고 이온 같은 전문 용어를 처음으로 도입하였다. 1834년에 발표한 패러데이의 전기분해의 법칙은 오늘날에도 매우 유용하다.

빛은 파동이다. 회절과 간섭 현상은 빛이 파동임을 보여주는 현상이다. 그런데 19세기 말에 물리학자들을 난처하게 만든 사건이 발생하였다. 흑체 복사의 무한대 에너지 문제였다. 물체가 가열되면 전자기 복사를 방출하는데, 온도가 올라갈수록 단파장의 빛이 발생한다. 그러나 이러한 실험 결과는 당시에 알려진 레일리-진스의 복사법칙으로는 설명할 수 없었다. 긴 파장에서는 성공적이었으나 짧은 파장에서는 전혀 맞지 않고 에너지 밀도가 무한대로 되었던 것이다. 1900년에 이 문제를 해결한 사람이 나타났다. 플랑크Max Planck(1858~1947)였다. 플랑크는 빛의 에너지는 입자로 설명할 수 있는 특정한 단위, 즉 양자를 가진다는 양자가설을 제안하였다. 그는 이 가설을 기반으로 실험 결과를 성공적으로 설명할 수 있는 새로운 법칙을 유도하였다.

빛의 파동설로는 설명할 수 없는 현상이 또 있다. 바로 광전효과이다. 광전효과란 금속에 빛을 쪼여주면 금속에 잡혀있던 전자가 튀어나오는 현상이다. 아인슈타인Albert Einstein(1879~1955)은 빛이 입자성을 가진다고 가정함으로써 이 현상을 성공적으로 설명할 수 있었다. 이후 양자역학은 보어Niels Bohr(1885~1962)의 수소 원자 모델, 하이젠베르크Werner Heisenberg(1901~1976)의 불확정성 원리[Uncertainty principle], 슈뢰딩거Erwin Schrödinger(1887~1961)의 파동 방정식 등을 통해서 발전을 거듭했다. 전기는 전하[Electric charge]의 존재 및 운동과 관련된 물리현상의 총체이다. 전기는 3차 산업혁명 시기뿐만 아니라 전혀 새로운 모습으로 다가오고 있는 4차 산업혁명 시기에 있어서도 인류의 가장 중요한 에너지원이다.

하이브리드 자동차

하이브리드 자동차란 2개 이상의 동력원으로 구동되는 차를 말한다. 보통은 가솔린 엔진과 전기 모터를 사용하는 차를 말하는데, 수소 전기차도 주목을 받고 있다. 하이브리드 자동차의 작동 원리에 대해 알아보자. 미국 에너지부(DOE)에 따르면, 하이브리드 전기 자동차는 가솔린 엔진과 전기 모터의 장점을 살린 것이다. 자동차는 경제성을 중시하는가 아니면 파워를 중시하는가에 따라 디자인을 달리한다. 대부분의 하이브리드 자동차에는 여러 기술이 적용된다. 회생 제동 시스템은 브레이크를 작동하여 발생한 에너지를 전지에 충전하는 기술이다. 전기 모터 드라이브/어시스트 시스템은 가속하거나 추월할 때 또는 언덕을 오를 때 전기 모터가 엔진에 필요한 파워를 제공해주는 기술이다. 자동 스타트/정지 시스템은 자동차가 정지하면 엔진이 꺼지고 다시 출발하기 위해서 액셀을 밟으면 엔진이 켜지도록 함으로써 공회전시에 소모되는 에너지를 절약해주는 장치이다.

하이브리드 차량의 장점은 무엇일까? 2017년 2월에 펜K. Fenn은 기후 변화를 방지하기 위한 충고(preventclimatechange.co.uk)에 기고한 글에서 세 가지 장점을 들었다. 첫째, 친환경적이다. 기존의 자동차에 비해 이산화탄소 배출량이 25~35퍼센트 적다. 둘째, 연료를 더 효율적으로 사용할 수 있도록 설계되었다. 셋째, 정부의 녹색 정책에 따라 세금, 통행료 등의 혜택을 받을 수 있다. 그러나 차량 가격이 비싸고 힘이 약한 점 등은 개선해야 할 필요가 있다. 편리하게 이용할 수 있는 전기 자동차 충전소를 설치하는 것과 충전 시간을 획기적으로 줄이는 것도 중요한 과제이다.

하이브리드 전기 자동차

보통은 가솔린과 전기로 주행한다.
연료비가 절감된다.
휘발유 차량보다 대기오염 물질이 적게 배출된다.
온실가스 배출량이 적어 지구 온난화를 줄여준다.
운전 시 소음이 적고 쾌적하다.
배터리는 재활용 가능하다.
휘발유 차량보다 가치 하락이 적다.
전매 가치가 높다.
차량 구입 시 세금 감면 등 경제적인 혜택이 있다.

http://ecocar3.org/5-interesting-facts-about-hybrid-electric-cars/

전기 자동차

'전기차가 나가신다. 길을 비켜라.' 대기오염을 최소화하고 화석 연료의 고갈에 대비하기 위한 전기 자동차들이 등장하고 있다. 현대와 기아는 각각 아이오닉Ioniq과 소울 EVSoul EV을 내놓았다. 해외에서도 볼트 EV(Bolt EV, 쉐보레), 아이 3(i3, BMW), 500e(Fiat), 포커스 일렉트릭(Focus Electric, Ford), 피트 EV(Fit EV, Honda), 리프(Leaf, Nissan) 등 다양한 전기 자동차들이 출시되어 경쟁하고 있다. 하이브리드 또는 전기 자동차에 대해서는 유에스뉴스 & 월드리포트(US News & World Report), 카 & 드라이브(caranddrive.com), 그리고 왓카(whatcar.com) 등을 방문하면 유용한 정보를 얻을 수 있다.

미국에너지부(DOE)가 제공하는 사이트(fueleconomy.gov)에 따르면, 전기 자동차는 주행 거리가 짧고 충전 시간이 길며 배터리를 장착하는 넓은 공간이 필요하다. 그러나 전기 자동차는 휘발유를 사용하는 자동차에 비해 에너지 효율이 높고, 이산화탄소나 이산화질소 등의 오염물질을 배출하지 않아 환경 친화적이다. 전기 차 혁명이 진행됨에 따라 내연기관 자동차를 생산하고 판매하는 많은 기업들의 새로운 활로 모색이 불가피해지고 있다.

자전거를 타고 프랑스 파리 시내 곳곳을 누벼볼까? 에펠탑, 센 강변, 개선문, 루브르박물관 등 파리의 보석들을 만나보자. 그런데 높은 언덕이 문제다. 먼 거리를 이동하는 것도 큰 문제다. 그런데 이런 문제를 해결할 수 있는 게 등장하였다. 바로 전기 자전거이다. 이것은 탄소 배출을 줄일 수 있는 친환경적인 교통수단이다. 자전거를 타면 건강에도 좋다. 유럽의 여러 도시에서 자전거가 주요 교통수단으로 등장하고 있는 이유이다. 값싸고 조용하며 전기로 가는 '탈것'이 대중화될 날도 멀지 않았다.

전기 자동차

- 휘발유나 가스 같은 연료가 필요 없다.
- 대기오염 물질을 배출하지 않는다.
- 건강에도 좋다.
- 휘발유나 가스 자동차보다 효율이 높다.
- 내구성이 좋다.
- 충전소가 많아지고 충전시간이 줄고 있다.
- 1회 충전 주행거리가 늘어나고 있다.
- 주행 중 소음이 적다.

전기 비행기도 나왔다. 최신의 공학, 기술, 과학을 소개하는 잡지 IEEE Spectrum (spectrum.ieee.org)의 2017년 8월 자료에 따르면, 가볍고 강력한 배터리가 장착된 전기 비행기가 성공적인 비행을 마쳤다. 2007년에 설립된 바이 에어로스페이스Bye Aerospace는 최근에 선 플라이어 2(Sun Flyer 2, 2인승 훈련기), 스트라토 에어넷(StratoAirNet, 무인항공기), 사일런트 팔콘(Silent Falcon, 무인항공기), 선 플라이어 4(Sun Flyer 4, 4인승 개인기) 등을 선보였다.

전기 배도 곧 바다에 뜰 것이라고 한다. 바다 위에서 수출입 화물을 실어 나르는 화물선 중 일부는 중유를 사용한다. 중유 속에는 황 성분이 많다. 따라서 이산화황 같은 오염물질을 많이 배출하게 된다. 배터리만으로 운행하는 배가 필요한 이유이다. 일렉트렉(electrek.co)에 따르면 2018년에는 전기만으로 운행하는 무인 화물선이 세상에 나올 예정이다. YARA와 KONGSBERG가 공동으로 개발 중인 이 배는 환경 친화적이라는 장점을 가지고 있어서 미래가 밝은 수송 수단이다. 전기와 다른 힘을 융합하는 차세대 기술도 있다. 2016년 4월 스페이스닷컴에 따르면 미국의 로켓 미사일 추진체 제조사인 에어로젯 로켓다인Aerojet Rocketdyne은 NASA로부터 6,700만 달러의 지원을 받아 우주 탐사에 나설 태양전기추력(SEP, Solar Electric Propulsion) 기술을 개발할 계획이다.

2000년 이후 하늘을 난 전기 비행기

Electravia E-Fenix(프랑스, 2001)
Lange Antares 20E(독일, 2003)
AC Propulsion SoLong(미국, 2005)
Electravia BL1E Electra(프랑스, 2007)
Electric Aircraft Corporation ElectraFlyer Trike(미국, 2007)
Boeing Fuel Cell Demonstrator(미국, 2008)
APEV Pouchelec(프랑스, 2009)
APEV Demoichellec(프랑스, 2010)
Cessna 172 Electric(미국, 2010)
e-Genius(독일, 2011)
Airbus E-Fan(프랑스, 2014)
Aero Electric Sun Flyer(미국, 2016)

Lilium Aviation(독일, 2017)

https://en.wikipedia.org/wiki/List_of_electric_aircraft

배터리 혁명

전기로 가는 '탈것'(Electric vehicle, EV)의 핵심은 결국 배터리이다. 아무리 조용하고 친환경적이라 하더라도 소비자 만족도가 낮으면 시장에서 도태되고 만다. 배터리가 갖추어야 할 조건은 무엇일까? 배터리는 값이 싸고 힘도 좋고 수명도 길어야 하며 충전 후 주행거리도 길어야 하고 충전 시간도 짧아야 한다. 이 모든 것을 만족해줄 EV용 배터리가 있을까? 페르코프스키Jack Perkowski가 2017년 8월 포브스(forbes.com)에 기고한 바에 따르면, 현재 중국에는 RV 배터리를 제조하는 공장이 140개가 넘으며, 이 분야는 향후 20년 이내에 2400억 달러 규모의 세계적인 산업이 될 것이라고 전망하였다. 배터리 기술은 일본에서 시작되었으나 한국의 기업(예: LG, 삼성, SDI, SK 이노베이션)이 약진하고 있다. 현대자동차도 전기 차용 배터리를 독자 개발하고 있다. 중국에서도 전기 자동차 시장이 팽창함에 따라 BYD(比亞迪), CATL 등의 업체가 급성장하고 있다. 미국의 경우에는 테슬라의 전기자동차 '모델 3'이 시장에서 주목을 받고 있다. 현재 전기 자동차 시장에서는 한 번 충전으로 400킬로미터 이상을 주행할 수 있는 고용량 배터리 채용이 증가하는 추세이다. 한편, 배터리 분야의 기술적인 진보가 두드러지는 반면, 리튬 설비 확대는 그에 따라가지 못하고 있는 실정이다.

2018년 2월에 랜그리지Max Langridge와 에드워즈Luke Edwards는 포켓-린트(pocket-lint.com)에 "미래의 배터리가 오고 있다"는 제하의 글을 싣고 다양한 기술을 소개하고 있다. 광합성을 이용하여 태블릿이나 휴대폰을 충전하고 싶다면 'Bioo 식물 충전기[Bioo plant charger]'가 있다. 20만 번 재충전이 가능한 금 나노와이어 배터리가 캘리포니아 대학교 연구자들에 의해 선을 보였다. 도요타의 연구자들이 개발한 고체상 리튬 이온 배터리는 안전성이 증가된 배터리이다. 프리토Prieto 배터리는 안정성, 수명, 충전시간 등을 개선한 3차원 배터리이다. 기능성 탄소 소재인 그래핀을 이용하여 만들어진 자동차용 배터리 그라뱃Grabat은 한 번 충전으로 800킬로미터의 주행거리를 제공한다. 그 밖에도 유연한 배터리, 접는 배터리, 투명한 태양열 충전기, 유기 배터리 등 다양한 기술이 소개되었다.

재충전이 가능한 배터리

납 축전지(Lead-acid battery)
니켈-카드뮴 배터리[Ni-Cd battery]
니켈-금속 수소화물 베터리(NiMH(Nickel-metal hydride) battery)
리튬 이온 배터리(Lithium-ion battery)
리튬 이온 폴리머 전지(Li-ion polymer battery)
리튬-아연 배터리(NiZn battery)
은-아연 배터리(AgZn battery)

https://en.wikipedia.org/wiki/Electric-vehicle_battery
https://en.wikipedia.org/wiki/Battery_(electricity)

전기 혁명

기원전 6세기에 고대 그리스의 탈레스가 정전기와 자력에 대해 연구한 이래 수많은 과학자들이 전기의 비밀을 풀기 위해 노력하였다. 19세기에 이르러 스코틀랜드의 맥스웰James C. Maxwell(1831~1879)은 전기가 자기와 상호작용한다는 사실을 밝혀냈다. 전기와 자기를 단일 힘으로 통합한 그는 빛 또한 전자기파임을 보여주었다. 그는 기존에 존재했던 패러데이의 법칙, 쿨롱의 법칙 등을 정리하여 맥스웰 방정식으로 세상에 내놓았다. 이어서 독일의 헤르츠Heinrich R. Hertz(1857~1894)는 전자기파의 존재를 증명하였다. 라디오, 텔레비전, 레이저, 위성통신 등의 신기술은 이러한 바탕 위에서 탄생할 수 있었다. 그중에서 1879년 에디슨Thomas A. Edison(1847~1931)이 백열전구를 발명한 사건은 전기혁명을 알리는 신호탄이었다.

오늘날 전기는 정보기술과 융합하여 새로운 혁명을 이끌고 있다. 이러한 상황에서 차세대 전력망인 스마트 그리드Smart Grid가 주목을 받고 있다. 이것은 전기의 생산, 운반, 소비 과정에 정보통신[IT] 기술을 접목하여 공급자와 소비자가 상호작용함으로써 효율성을 극대화한 지능형 전력망 시스템이다. 한국전력공사에 따르면, 스마트 그리드는 에너지 효율을 극대화함으로써 에너지 낭비를 줄이고 재생에너지에 바탕을 둔 분산전원의 활성화를 통해 에너지 해외 의존도를 낮추고 기존의 발전 설비에 들어가는 화석 연료의 사용절감을 통해 온실가스 배출을 줄일 수 있어서 지구 온난화도 막을 수 있다.

맥스웰

전기 및 자기 현상에 대한 통일적 기초를 다졌다.
전기화학의 기초를 확립하였다.
페러데이 법칙, 쿨롱의 법칙 등을 맥스웰 방정식으로 정리하였다.
전기장과 자기장이 파동을 이룰 수 있음을 증명하였다.
빛은 전기와 자기에 의한 파동이라는 것을 증명하였다.
기체 분자의 속도 분포 법칙을 발표하였다.
최초로 컬러 사진을 제작하였다.

https://en.wikipedia.org/wiki/James_Clerk_Maxwell

2016년에 세계경제포럼[WEF]은 그리드 엣지 변환(GET, Grid Edge Transformation) 프로젝트를 시작했다. 이는 세 가지 트랜드, 즉 전기화[Electrification], 탈집중화[Decentralization], 디지털화[Digitalization]의 영향을 탐구하기 위함이었다. 그리드 엣지 기술이란 전력 생산 그리드의 최종 단계에 활용되는 스마트 기술 및 관련 기술을 말한다. 2017년에는 그리드 엣지 Grid Edge 기술 적용을 통한 미래 전망을 담은 보고서를 발표하였다. 글로벌 과학기술정책 정보 서비스(S&T GPS)에 따르면, 이 기술은 분산형 저장시설 및 발전시절, 스마트 전력계량기, 스마트 기기, 전기 자동차 등 전력 시스템의 다양한 기술을 포괄하고 있다. 2017년에는 그리드 엣지 세계 포럼[Grid Edge World Forum]이 개최되었고 같은 해 6월에는 미국 캘리포니아의 산호세San Jose에서 '글로벌 전기 시스템의 미래'란 주제로 열띤 토론이 진행되었다. 2018년 6월에는 샌프란시스코에서 그리드 엣지 이노베이션 서밋 2018Grid Edge Innovation Summit 2018이 개최되어 에너지의 미래를 토론하였다.

전기가 바꾸는 우리의 미래

세상은 암흑 속으로 빠져든다. 사람들은 경험하지 못한 대혼란 속에서 무기력해진다. 블랙아웃이 된다. 이것은 바로 전기가 없다면 나타날 수 있는 아찔한 상황들이다. 전기가 만드는 우리의 미래는 어떤 것일까? 대체 에너지 뉴스(alternative-energy-news.info)에 소개된 미래의 전기기술에 대해 알아보자.

굿이어Goodyear 사는 제네바 국제 오토쇼에서 전기를 생산해내는 신개념의 BH03 타이어를 선보였다. 이 타이어는 주행 중에 발생하는 타이어의 마찰열을 전기로 전환하여 저장할 수 있다. 3D 프린터로 만든 전기 자동차도 나왔다. 스트라티Strati는 로컬 모터스가 주식회사 신시내티와 오크리지 내셔널 랩과 협력하여 개발한 세계 최초의 전기 자동차이다. 시카고에서 열린 2014 국제 제조기술 쇼에서 선보인 시연에서는 단 44시간 만에 이 차를 프린트하였다. 전기 보트도 선보였다. 게임을 하듯 조이스틱으로 운전하면서 바다낚시를 즐기고 싶다면 인피니트 I4를 추천한다.

도로 위를 달리는 수많은 차들이 전기를 만들어내게 할 수는 없을까? 외부에서 기계적인 스트레스를 받으면 전력을 생산하는 특성의 압전 물질을 이용하면 된다. 이노와텍Innowattech은 이러한 원리로 압전기를 만들어 도로에서 전기를 얻는 아이디어를 고안하였다. 도로 밑에 압전 물질을 깔아두면 그 위를 달리는 자동차들이 누르는 힘으로 전기가 만들어진다.

아침마다 되풀이되는 출근 전쟁을 피할 수 있는 방법이 없을까? 항공우주 공학자 무어M. Moore가 1인승 전기 비행기를 선보였다. 수직이착륙 기능이 있어서 활주로도 필요 없다. 수직이착륙기는 여객기뿐만 아니라 전투기로도 운용할 수 있어서 주목을 받고 있다. 2017년에는 한국항공우주연구원이 수직이착륙이 가능한 무인비행기(TR-60, Tiltrotor-60)를 개발했는데 이것을 움직이는 함선 위에서 이착륙시키는 시험비행에 성공하였다. 세계 시장 선점을 노리는 세계 각국의 경쟁이 뜨겁게 달아오르고 있다.

4
원자력 르네상스

원자력 르네상스 / 체르노빌과 후쿠시마 / 핵화학 / 인공태양

원자력 르네상스

이것은 자연에서 발견되는 가장 무거운 원소이다. 이것 1g이면 무려 1메가 와트(1메가 와트 = 1백만 와트)의 에너지를 생산할 수 있다. 이는 석탄 3톤을 태우거나 석유 2280리터를 태워야만 얻어지는 막대한 에너지이다. 이것은 무엇일까? 바로 우라늄[$_{92}U$]이다. 아래 첨자 92는 원자번호이다. 핵 속에 92개의 양성자가 들어 있다는 뜻이다. 우라늄에는 질량수가 235인 ^{235}U와 238인 ^{238}U가 있다. 핵 속에 들어 있는 양성자의 수와 중성자의 수를 합한 것을 질량수(위첨자로 표시)라 부른다. 자연계에 존재하는 ^{235}U는 7억 년의 반감기를 가지는데, 자연에 존재하는 우라늄 중에는 0.72퍼센트밖에 존재하지 않는다. 그런데 1935년에 뎀스터Arthur J. Dempster(1886~1950) 는 이 ^{235}U가 특별한 성질을 가지고 있다는 사실을 발견하였다. 우라늄-235[^{235}U]를 중성자로 때리면 우라늄-236[^{236}U]을 형성하는데, 이것은 불안정하여 곧바로 크립톤(^{92}Kr, 원자번호: 36)과 바륨(^{141}Ba, 원자번호: 56)으로 쪼개지는 것이었다. 우라늄 핵이 중성자에 의한 충격으로 다른 핵종으로 변한 것이다.

이를 핵분열이라 부른다. 이 핵반응에서는 크립톤과 바륨 이외에도 중성자들이 방출되는데 이것이 ^{235}U를 때려 연쇄반응을 유발시킨다. 이를 제어하지 않으면 가공할 위력을 나타내는 핵무기가 된다. 원자력 발전소에서는 핵반응의 속도를 제어하여 에너지를 얻는다. 우라늄 같이 무거운 핵을 가진 원소가 쪼개지면 막대한 에너지가 방출된다. 핵

분열 반응에서 나오는 에너지는 $E = mc^2$을 이용하여 계산할 수 있다. 질량(m) 결손에 해당하는 만큼 에너지로 방출된다.

중성자에 의한 우라늄[^{235}U]의 핵분열 반응

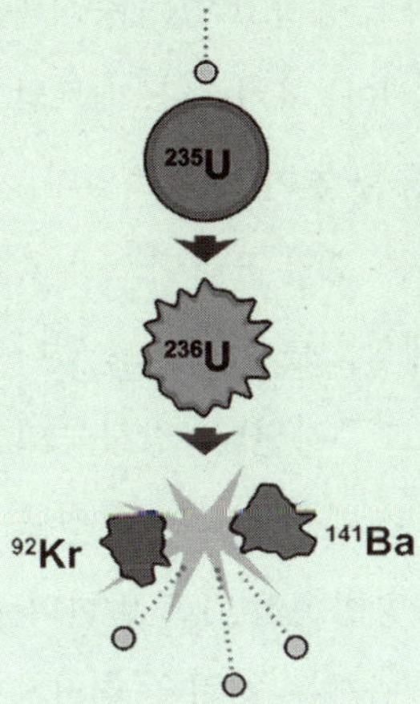

우라늄[^{235}U]을 중성자로 때리면 ^{236}U을 형성하는데
이것은 다시 크립톤[^{92}Kr]과 바륨[^{141}Ba]으로 쪼개진다.
방출되는 중성자에 의해 연쇄반응[Chain reaction]이 일어난다.
핵 연쇄반응에서 나오는 에너지는
일반적인 화학반응의 수백만 배나 된다.

https://en.wikipedia.org/wiki/Nuclear_fission

원자핵의 아버지 러더퍼드Ernest Rutherford(1871~1937)조차도 기대하지 않았던 이 핵반응은 1945년 7월 최초의 핵폭발 실험인 트리니티 실험에서 그 위력이 입증되었다. 제2차 세계대전 후에는 원자력 발전소가 건설되기 시작하였다. 우리나라는 2017년 기준으로 24기의 원자로가 가동되고 있으며 한국수력원자력에서 독점 운영하고 있다. 국내 발전량 가운데 원자력발전이 차지하는 비중은 약 30퍼센트이다. 원자력 발전이 세계 여러 나라에서 주목을 받아온 이유는 발전으로 전기도 얻을 수 있을 뿐만 아니라 폐기물로는 핵무기를 만들 수 있다는 유혹 때문이었다. 원자력 발전은 화석 연료를 이용하는 발전과는 달리 이산화탄소 같은 온실가스나 미세먼지를 배출하지 않는 친환경적이라는 장점도 있다. 또한, 발전 원가가 낮아 경제성이 있다는 주장도 있다. 에너지원을 수입에 의존해야 하는 나라로서는 에너지 안보 차원에서도 원자력발전을 선호하였다. 그 밖에도 방사성 물질에서 나오는 방사선은 산업 및 의료 분야에서 널리 이용되고 있다. 특히 의료 분야에서는 방사선을 이용한 질병의 치료와 진단 등에 활용되고 있다.

원자력 발전이 가지는 이러한 여러 장점들은 원자력 르네상스라는 용어를 탄생시켰다. 구글에서 원자력 르네상스를 치면 2018년 7월 4일 현재 86,900개의 검색결과를 보여 준다. 영어 Nuclear renaissance로 치면 이보다 300배 많은 26,000,000개가 뜬다. 세계원자력협회(WNA)는 화석 연료의 사용에 따른 기후 변화 문제를 해결하기 위한 현실적인 해결책은 원전 건설이라는 주장을 펴고 있다. 특히 에너지 수요가 급증하고 있는 중국과 인도의 경우 원자력 발전 확대에 적극적이다. 이뿐만 아니라 러시아, 파키스탄, 베트남 등은 물론이고, 사우디아라비아 같은 산유국도 원자력 발전의 비중을 높이려 하고 있다.

2016년 7월에 할로S. Harlow가 오일과 에너지 뉴스를 다루는 오일 프라이스(oilprice.com)에 기고한 바에 따르면, 빌 게이츠Bill Gates 등도 원자력 르네상스를 지지하고 있다며 지구 온난화를 줄이기 위해서는 원자력 발전이 필수적이라고 주장한다. 방사능의 위험성에도 불구하고 핵에너지의 이점이 훨씬 크고, 사고 확률도 매우 낮다는 주장을 펼친다. 현실적으로 원자력 없이 화석 연료에서 벗어날 수 있는 방법은 없다고 말한다. 미국과 영국도 더 안전하고 더 효율적인 차세대 핵반응 장치를 만드는 계획을 추진하고 있다. 보다 안전하고 친환경적인 원자력을 이용하기 위해 빌 게이츠가 투자한 테라파워(terrapower.com)는 핵폐기물을 원료로 이용하는 원자로를 설계했다. 이 회사의 목표는 핵폐기물로 미국이 800년 동안 쓸 전력을 만드는 것이다. 원자력의 차세대 안전장치가 구축된다면 세계 에너지 지도를 다시 쓸 수 있다는 것이다. 현재 가동 중인 원전은 전 세계 30개 국가에 446기가 있다. 그중에서 미국에 99기, 일본에 42기, 중국에 36기, 러시아에 35기, 한국에 24기, 인도에 22기, 영국에 15기가 있다. 중국은 추가로 21기의 원전 건설을 계획하고 있다.

통계청의 e-나라지표에 따르면 우리나라는 석탄과 원자력을 이용한 발전이 주를 이루고 있다. 향후에는 석탄과 LNG는 감소하고 수력은 증가할 것으로 전망하고 있으며 2016년 약 4퍼센트를 점유하고 있는 대체에너지(태양에너지, 풍력, 연료전지 등)의 비율은 크게 증가할 것으로 예산된다. 한편 2015년 UN 기후 변화회의에서 파리기후협약이 체결됨으로써 195개 협약 당사국 모두 온실가스 감축 의무를 갖게 되었다. 이 시점에서 원전 의존율이 세계 1위인 프랑스가 2025년까지 원전 17기를 폐쇄하기로 한 것은 주목할 만하다.

프랑스는 2011년 일본 후쿠시마 원전 사고 이후 원전 축소, 재생에너지 비중 증대를 골자로 하는 에너지 전환법(2015년)을 제정하였다.

가동 중인 핵발전소 통계*

국가	수	국가	수
미국	99	캐나다	19
프랑스	58	우크라이나	15
일본	42	영국	15
중국	39	독일	8
러시아	35	스페인	7
한국	25	벨기에	7
인도	22	(이하 생략)	

* 2016년 기준
https://en.wikipedia.org/wiki/Nuclear_power_by_country

기후 변화를 유발하는 이산화탄소 배출과 관련해서는 원자력이 석탄이나 석유 같은 화석 연료보다는 나은 에너지이다. 사고만 일어나지 않는다면 원전은 탄소 제로에 가까운 에너지원이다. 그런데 프랑스는 이러한 의견에 동의하지 않는 것으로 보인다. 사실 원전을 건설하기 전부터 운용이 끝나고 폐쇄할 때까지 여러 단계에서 온실가스가 배출된다. 원자력 산업도 화석 연료에 의존하고 있는 것이다. 독일은 1986년 체르노빌 원전 사고 이후 논의를 지속한 끝에 탈원전을 선언하였다. 스위스도 국민투표로 탈원전을 결정하였다. 벨기에 역시 점진적인 탈원전에 관한 법률을 의회에서 통과시켰다. 비핵화 중립국을 선언한 오스트리아는 핵발전소의 건설을 취소하였다.

2017년 한국 역시 탈원전이 화두가 되고 있다. 고리 1호기는 40년간 가동되다가 영구 정지되었다. 설계수명 30년이 끝나 가동 중단 상태이던 월성 1호기도 2012년에 가동 연한을 10년 연장하여 가동 중이다. 문제는 노후 원전일수록 고장에 따른 발전 중지가 많다는 점이다. 이로 인한 손실액도 5년간 7500억 원이 넘는다. 이 문제는 국민 안전까지 심각하게 위협하고 있다. 2017년 현재 한국 정부는 탈원전 로드맵을 수립하고, 원전을 단계적으로 줄여나가겠다는 의지를 밝혔다. 한국원자력연구원은 에너지 자원 빈국인 우리나라로서는 탈원전에 대한 신중하고 종합적인 검토가 필요하다는 의견을 제시하였다. 탈원전을 이야기할 때 가중 중요하게 고려할 것은 원전의 안전성에 관한 논란이다. 국회의 역할이 크다. 사회적인 합의를 바탕으로 무엇보다도 장기적인 관점에서 논의되고 추진되어야 한다.

체르노빌과 후쿠시마

원자력 발전소의 가장 큰 문제점은 안전성을 100퍼센트 보장하지 못하며 단 한 번의 사고라도 심각한 피해를 줄 수 있다는 것이다. 나무위키에 따르면 2010년 기준으로 민간시설에서 발생한 원전 사고는 32건이고 군사시설에서 발생한 사고는 63건이다. 국제원자력기구[IAEA]에서 정한 국제 원자력 사고 등급[INES]은 0에서 7까지 8등급으로 분류한다. 한국의 경우 정보가 공개된 1993년 이후 340회의 원자력 사건이 있었다. 다행히도 사고로 분류되는 4등급 이상의 사고는 없었다. 1979년에 발생한 미국의 스리마일 아일랜드 원전 사고는 방사선 비상계획의 부분적 시행이 요구되는 5등급 사고로 분류되었다.

그러나 1986년의 체르노빌 원전 폭발사고와 2011년 후쿠시마 원전 폭발사고는 한 국가를 넘어 다른 광범위한 지역으로 방사능 피해를 주는 대량의 방사성 물질을 방출시킨 최고 등급(7등급)의 사고였다. 원전 사고는 위험한 방사성 물질의 방출로 인해 아주 오랜 기간 동안 영향을 끼친다는 점에서 다른 사고와 확연히 구별된다. 최고 등급의 사고는 재앙이 될 수 있다.

프로세스 인더스트리 포럼에 발표된 최악의 원전 사고를 보면 미국과 일본에서 각각 2회의 사고가 일어났고, 우크라이나, 러시아, 영국, 브라질, 프랑스, 그리고 아르헨티나에서 각각 1회의 사고가 일어났다. 이 중 4등급의 사고가 4회, 5등급의 사고가 3회, 6등급의 사고가 1회 일어났고 최고 등급인 7등급의 사고가 2회 발생하였다.

1979년 3월 28일 미국의 스리마일 아일랜드Three Mile Island 원전에서 노심 용융 사고가 일어났다. 사건은 자동밸브 장치 이상으로 원자로의 열 교환기에 물 공급이 중단되면서 시작되었다. 원자로의 온도는 급상승하였고 핵 연료봉이 녹아내렸다. 주민 10만여 명이 대피하는 소동이 벌어졌다. 다행히 인체에 특별한 해는 끼치지 않았지만, 원전에 대한 안전성 논란이 거세진 계기가 되었다.

후쿠시마 원전 사고는 최고 수준 7등급의 재앙이었다. 2011년 3월 11일에 일본 도호쿠 지방을 강타한 동일본 대지진과 쓰나미로 인해 후쿠시마 제1원전이 파손되면서 다량의 방사성 물질이 대기 중으로 방출되었다. 바다로 직접 흘러들어가 해양을 오염시키고 있는 것도 심각한 문제이다. 이것은 현재까지도 수습되지 못한 상태이다.

1986년 4월 26일에는 역사상 최악의 원전 사고가 발생하였다. 소비에트 연방 우크라이나의 체르노빌 원자력 발전소가 폭발하여 대규모의 방사능 유출로 이어진 것이었다. 비정상적인 핵반응으로 발생한 열이 냉각수를 열분해시켰고 그로 인해 발생한 수소가 원자로 내부에서 폭발한 것이다. 사고 후 소련 정부의 대응 지연에 따라 피해가 광범위하게 확산되었다. 사고 초기 대응과정에서 56명이 방사능 피폭으로 사망하였으며, 방사능 처리 작업에 투입된 작업자들 중 25,000명이 사망하였다(위키피디아 자료). 원전 폭발 후에 세슘-134[^{134}Cs], 세슘-137[^{137}Cs], 텔루륨-132[^{132}Te], 루테늄-101[^{101}Ru] 등의 방사성 물질이 대기권으로 방출되어 유럽 대륙이 방사능에 오염되었다.

핵화학

화학 반응이란 화학적 변화의 또 다른 이름이다. 화학적 변화란 물 분자[H_2O]가 깨져 수소 분자[H_2]와 산소 분자[O_2]를 형성하는 사례에서 볼 수 있는 것처럼, 특정 조건 하에서 출발물질(여기서는 H_2O)이 각각의 원자로 분해되어 새로운 물질, 즉 생성물(여기서는 H_2와 O_2)로 변화되는 것을 말한다. 이러한 화학 반응 과정에서는 변하지 않는 것이 있다. 바로 원자이다. 분자는 변했지만 그 분자를 이루고 있는 원자는 변하지 않는다.

그러나 화학 반응에서 원자가 변하는 경우도 있다. 바로 핵반응이다. 원자력 발전의 원료 물질인 우라늄[$_{92}U$]은 원자로 안에서 중성자와 반응하여 바륨[$_{56}Ba$]과 크립톤[$_{36}Kr$]으로 변화한다. 핵종이 바뀐 것이다. 이처럼 질량수가 큰 원자핵이 중성자와 충돌하여 가벼운 원자핵으로 쪼개지는 반응을 핵분열이라 한다. 이때 2~3개의 중성자가 방출된다. 고속 중성자들은 주변의 우라늄에 대해 연속적으로 핵분열을 유발하는데, 이를 연쇄반응이라 한다. 핵분열 반응에서는 질량 결손이 발생하는데, 감소한 질량만큼의 에너지가 발생한다. 핵분열에서 발생되는 에너지(E)는 아인슈타인의 질량-에너지 등가원리에 의한 식 $E = mc^2$ 으로 계산할 수 있다. 여기서 m과 c는 각각 질량과 빛의 속도를 나타낸다. 핵분열 반응은 1945년 7월 16일 미국 뉴멕시코주의 트리니티에서 최초의 원폭실험이 성공하면서 가공할 파괴력을 가진 원자탄이 되어 세상 밖으로 나왔다. 원자력이 평화적인 목적으로 이용된 것은 1950년대 말부터였다. 원자력 시대가 열린 것이다. 우라늄을 사용하여 원자로에서 에너지를 얻기 위해서는 핵분열반응의 속도를 줄여줄 수 있는 중성자 감속제가 필요하다. ^{235}U가 3퍼센트로 농축된 우라늄 1그램을 원자로에서 핵분열 반응을 시키면 2.4기가주울(1기가주울 = 10억 주울)의 에너지가 방출된다.

우라늄 핵분열

1938년 12월에 독일의 화학자 한(O. Han, 1879~1968)과 스트라스만(F. Strassmann, 1902~1980)이 세계 최초로 실험하였다.

우라늄-235에 중성자를 충돌시키면 우라늄은 바륨(Barium, $_{56}Ba$)과 크립톤(Krypton, $_{36}Kr$)으로 분열된다. 2~3개의 중성자(n)와 함께 막대한 양의 에너지가 방출된다.

$$^{235}U + n \rightarrow {}^{236}U \rightarrow {}^{141}Ba + {}^{92}Kr + (2\sim3)\ n$$

발생되는 에너지는 핵분열 전후의 질량결손에 의한 것으로 아인슈타인의 질량-에너지 등가원리에 의한 식 $E = mc^2$ 으로 계산할 수 있다.

핵분열 시 중성자 2~3개가 방출되는데, 이 중성자들은 주변의 우라늄을 연속적으로 때려서 핵반응을 유발한다.

이를 연쇄반응이라 부른다.

https://en.wikipedia.org/wiki/Nuclear_fission

인공태양

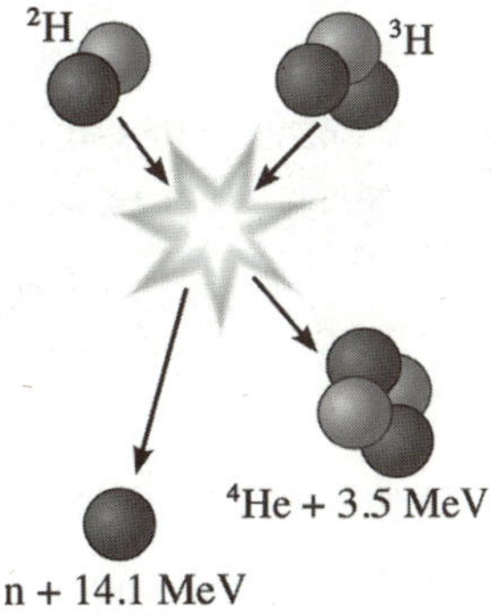

핵융합 반응
https://en.wikipedia.org/wiki/Nuclear_fusion

핵분열과는 대조적으로 두 개의 원자핵이 부딪혀 다른 새로운 하나의 무거운 원자핵으로 변환되는 반응이 있다. 바로 핵융합이다. 원자핵은 내부에 있는 양성자로 인해 양전하를 띠고 있다. 따라서 두 원자핵이 서로 접근하면 반발력이 생긴다. 그러나 원자핵을 초고온으로 가열하면 원자핵의 운동에너지가 반발력을 극복하고 두 원자핵이 충돌하면서 하나의 원자핵으로 결합된다. 원자핵이 융합하는 과정에서 발생하는 질량결손이 에너지로 변환되는 것이다. 가장 가벼운 수소의 원자핵을 융합시키기 위해서조차도 대략 섭씨 1억도 이상의 초고온이 필요하다. 현재 수소의 동위원소인 중수소(^2H)와 삼중수소(^3H)를 핵융합시켜 에너지를 얻는 연구가 진행 중이다. 중수소는 바닷물 1리터에서 0.03그램이 얻어진다. 중수소 1그램은 석유 8톤과 맞먹는 에너지를 낼 수 있다. 삼중수소도 지각과 바닷물에 풍부한 리튬에서 추출할 수 있으며 현재 전 세계에 3,000년 이상 쓸 수 있는 양이 매장되어 있다. 따라서 핵융합은 수입의존도가 높은 우라늄을 사용하는 핵분열에 비해 훨씬 유리한 위치에 있다. 또한 핵융합 발전은 핵분열 발전에 비해 에너지 생산량이 훨씬 많다. 핵융합 과정에서는 방사성 물질이 방출되지 않아서 재처리 문제나 안전 문제에서 훨씬 우위를 점하고 있는 미래 청정 에너지원이다.

핵융합

거의 무한한 에너지원이다.
오염물질을 배출하지 않는다.
온실 가스도 배출하지 않는다.
핵분열 반응에서처럼 멜트 다운의 위험도 없다.
수소 원자의 동위원소인 중수소와 삼중수소를 사용한다.

> 수소를 헬륨으로 융합시켜 거대한 에너지를 얻는다.
> 태양 속에서 일어나고 있는 반응이다.
> 지난 수십 년 동안 연구가 진행되어 왔다.
> 핵융합 기술은 초전도체, 레이저, 반도체, 로봇 공학, 슈퍼컴퓨터의 진보에 커다란 기여를 할 것이다.
> 미국뿐만 아니라 여러 나라에서도 연구가 진행되고 있다.
> 우리를 화석 연료로부터 해방시킬 것이다.
>
> https://www.americansecurityproject.org/10-key-facts-about-nuclear-fusion/

핵융합 연구는 1950년대부터 기초 연구가 시작되어 1990년대에는 대형 토카막Tokamak 실험이 이루어졌으며 2000년대에 와서는 EAST(Experimental Advanced Superconducting Tokamak, 중국), KSTAR(Korea Superconducting Tokamak Advanced Research, 한국), W7-X(Wendelstein 7-X, 독일) 등이 운영되고 있다. 향후에도 JT-60SA, ITER[International Thermonuclear Experimental Reactor], DEMO 핵융합 실증로 등이 계획되어 있다.

우리나라의 KSTAR는 2007년에 3천억 원을 들여 만들어진 토카막Tokamak형 핵융합 실험로이다. 대전광역시에 있는 국가핵융합연구소[NFRI]에 위치하고 있다. 초전도 핵융합 연구장치인 KSTAR는 지름 10미터, 높이 6미터의 도넛 형태를 하고 있으며 콘크리트 벽의 두께는 1.5미터에 달한다. 2016년까지 실험을 통해 플라스마 운전모드 세계 최장 기록 70초를 달성하였다. NFRI는 KSTAR 운영과 국제핵융합실험로[ITER] 참여를 통해서 2040년대에 상용화를 목표로 하고 있다.

태양에서는 수소 원자 4개가 융합되어 1개의 헬륨이 생성되는데, 매초 7억 톤의 수소가 헬륨으로 변하면서 4조 와트의 100조 배에 달하는 에너지가 방출되고 있다. 핵융합은 태양이 불타는 것과 동일한 원리이다. 인류가 사용하고자 하는 핵융합은 곧 인공태양이다. 핵융합의 핵심은 초고온의 플라스마를 핵융합로에 넣고 장기간 안정적으로 운전하는 기술이다. 빨라야 2040년경에나 상용화할 수 있을 것으로 예상되는 핵융합 연구를 위한 국가 간의 경쟁이 치열해지고 있다.

5
그린 에너지

풍력 발전 / 수력 발전 / 지열 발전 / 해양 에너지 / 태양광 · 태양열 에너지 / 에너지의 미래

풍력 발전

바람의 힘을 이용하는 풍력 발전 역시 화석 연료의 사용으로 인한 온실가스 배출을 걱정할 필요가 없는 깨끗한 에너지이다. 2015년 기준으로 덴마크는 풍력 발전으로 40퍼센트의 전력을 생산하고 있으며, 전 세계에서 최소 83개국이 이것을 이용하여 전기를 얻고 있다. 육상에 건설된 대규모 풍력 발전 단지의 사례로는 중국의 간쑤[甘肃] 풍력 발전 단지[Gansu wind farm]가 있다. 세계 최대의 이 풍력 발전 단지에서는 6,000메가 와트의 전기를 생산하고 있다. 인도의 무판달 풍력 발전 단지[Muppandal wind farm]와 미국의 알타Alta 풍력 에너지 센터에서도 각각 1,500메가 와트와 1,320메가 와트의 전기를 생산하고 있다. 해상 풍력 발전소는 건설 및 유지 보수비용이 높은 단점이 있음에도 불구하고 여러 나라에 세워져 있는데 영국의 해상 풍력 발전 단지[London Array Offshore Wind Farm], 덴마크의 해상 풍력 발전 단지[Anholt Offshore Wind Farm], 그리고 독일의 해상 풍력 발전 단지[BARD Offshore 1 Wind Farm] 등이 그것이다. 풍력 발전으로 전기를 가장 많이 생산하고 있는 나라는 미국, 중국, 스페인, 독일 순이다. 2017년 1월 에너지 신문에 따르면, 우리나라의 경우 2016년은 누적 설비 용량이 1기가 와트를 돌파했다. 서남해 해상 풍력단지 등 대형 프로젝트도 추진된다.

풍력 발전

재생 가능한 친환경적인 청정에너지이다.

1메가 와트의 풍력 에너지는 이산화탄소 2,600톤을 상쇄한다.

수천 년 동안 인류가 사용해온 에너지이다.

해안이나 바람이 잘 부는 장소에 설치한다.

풍력 터빈은 8,000개의 부품으로 이루어져 있다.

풍력 터빈은 날개 길이 50미터, 타워 높이 80미터에 달하는 거대 구조물이다.

전 세계 곳곳에 대규모 시설로 설치되고 있다.

인근 주민에게 소음 피해를 야기할 수 있다.

https://energy.gov/eere/wind/articles/top-10-things-you-didnt-know-about-wind-power
https://www.conserve-energy-future.com/various-wind-energy-facts.php

육상 풍력 발전 단지

간쑤(Gansu Wind Farm, 중국): 6,000 MW

무판달(Muppandal Wind Farm, 인도): 1,500 MW

알타(Alta Wind Energy Center, 미국): 1,320 MW

자이살메르(Jaisalmer Wind Park, 인도): 1,064 MW

셰퍼드(Shepherds Flat Wind Farm, 미국): 845 MW

로스코(Roscoe Wind Farm, 미국): 782 MW

호스 홀로(Horse Hollow Wind Energy Center, 미국): 736 MW

판타넬레-코질락(Fantanele-Cogealac Wind Farm, 루마니아): 600 MW

화이트리(Whitelee Wind Farm, 영국): 539 MW

해상 풍력 발전 단지

런던 어레이(London Array, 영국): 630 MW

귄티모르(Gwynt y Mor, 영국): 576 MW

그레이터 가바드(Greater Gabbard, 영국): 504 MW

안홀트(Anholt, 덴마크): 400 MW

바드(BARD Offshore 1, 독일): 400 MW

* MW: 메가 와트
https://en.wikipedia.org/wiki/Wind_power

수력 발전

흐르는 물이나 높은 곳에서 떨어지는 물의 에너지를 전기 에너지로 바꿀 수 없을까? 물레방아는 움직이는 물의 힘으로 곡식을 찧거나 다양한 목적으로 사용되어 온 기구이다. 수력 발전 댐은 물레방아와 같은 원리를 이용하여 전기를 얻는 시스템이다. 댐은 전기뿐만 아니라 관개, 상수, 공업용수 등 다목적으로 이용된다. 대표적인 예로 소양강 다목적댐이 있다. 흙과 돌로 만들어진 이 댐의 건설로 전력 생산은 물론이고, 서울과 수도권 인구가 쓸 물을 안정적으로 공급할 수 있게 되었다. 소양호의 저수량은 29억 톤에 달한다. 세계 최대의 수력 발전 댐은 중국의 양쯔강[长江]을 막아 만든 싼샤댐(장강삼협댐, 长江三峡大坝)이다. 22,500메가 와트의 전력을 생산하고 홍수 조절 능력을 가지고 있지만, 많은 문화유산이 수몰되고 생태계가 파괴되는 등의 부작용도 겪고 있다. 세계 50대 수력 발전소 중 17개는 중국에 있다. 미국 지질조사국[USGS]의 자료에 따르면 2016년 미국의 에너지 소비량 중에서 재생에너지의 비중은 10퍼센트이고, 그중에서 수력은 24퍼센트를 차지하고 있다. 우리나라는 주요 에너지를 수입에 의존하고 있다. 산업통상자원부의 e-나라지표에 따르면 석유(38퍼센트), 석탄(30퍼센트), 천연가스(15퍼센트), 원자력(12퍼센트)순으로 소비하였고, 기타는 5퍼센트에 그쳤다. 에너지 소비 규모가 세계 9위 수준이고 1인당 에너지 소비량이 미국 다음으로 많은 것을 감안하면, 무엇보다도 화석 연료의 비중(83퍼센트)을 낮추고 재생에너지의 비중을 높일 필요가 있다.

수력 발전

물의 힘을 이용한다.
세계에서 가장 오래된 동력원이다.
오염물질을 배출하지 않는 재생 가능한 청정 에너지원이다.
온실가스도 배출하지 않는다.
폐기물도 배출하지 않는다.
거대한 규모에서부터 작은 규모까지 다양하게 설치할 수 있다.
홍수조절, 식수원, 농업용수, 레저 등 다목적으로 활용할 수 있다.

대규모의 댐은 주변 생태계에 영향을 미칠 수 있다.
전 세계에서 생산되는 전기의 20퍼센트는 수력 발전으로 얻어진다(2006년 기준).
수력 발전으로 대부분의 전기를 얻는 나라도 있다(노르웨이, 캐나다, 브라질, 뉴질랜드 등).
전 세계에서 가장 큰 수력 발전소는 중국의 싼샤댐이다.
(길이: 2,335미터, 높이: 181미터, 발전용량: 22,500메가 와트)

https://energy.gov/articles/top-10-things-you-didnt-know-about-hydropower
http://www.wvic.com/content/facts_about_hydropower.cfm
http://www.sciencekids.co.nz/sciencefacts/energy/hydropower.html
http://www.amusingplanet.com/2013/10/7-ambitious-hydroelectric-power-projects.html

지열 발전

우주에서 내려다보면 온통 흰 눈으로 덮여 있는 나라가 있다. 화산활동이 활발하고 온천이 많다. 겨울은 아주 짧아 태양은 거의 볼 수 없지만 오로라를 볼 수 있다. 바로 얼음나라 아이슬란드이다. 에너지 관점에서 볼 때 우리나라와는 대조적인 아이슬란드는 대부분의 에너지를 재생에너지에서 얻고 있다. 특히 땅속 깊이 있는 마그마를 이용한 지열 발전이 유명하다. 지열 발전이 풍력이나 태양광 에너지와 다른 점은 무엇일까? 그것은 날씨의 영향을 받지 않고 언제나 사용할 수 있는 청정에너지라는 점이다. 아이슬란드의 지열 발전은 땅속의 무한 에너지이다. 수도인 레이캬비크의 도로는 눈보라가 몰아치는 날에도 눈을 거의 볼 수 없다. 도로 아래에 묻혀 있는 온수 파이프가 눈을 녹여주기 때문이다. 전기 또한 지열 발전에서 얻어진다. 이산화탄소 배출을 걱정할 필요가 없다. 물론 대기오염도 걱정할 필요가 없다.

위키피디아에 따르면, 현재 24개 국가에서 지열 발전을 하고 있으며, 지열을 난방으로 사용하는 나라는 70개국에 달한다. 2015년 현재 전 세계 지열 발전 용량은 약 13기가 와트이다. 지열 발전으로 전기를 많이 생산하고 있는 나라는 미국, 필리핀, 인도네시아, 멕시코, 이탈리아, 뉴질랜드, 아일랜드, 일본 등이다.

지열 발전

지구 내(지각)의 뜨거운 열을 이용한다.

탄소 배출을 최소화하며 재생 가능한 그린에너지이다.

유럽 전기 생산의 25퍼센트를 담당하고 있다.

아이슬란드는 전기 수요의 대부분을 지열 발전에서 얻고 있다.

세계 최초의 지열 발전소는 1904년 이탈리아의 라데렐로에 건설되었다.

미국의 가이서 콤플렉스는 1.5기가 와트의 전기를 생산하는 세계 최대의 지열 발전소이다.

https://www.conserve-energy-future.com/geothermalenergyfacts.php
http://www.renewablegreenenergypower.com/geothermal-energy-facts/

해양 에너지

지구 표면의 70퍼센트 이상을 덮고 있는 바다를 활용할 수 없을까? 바닷물은 여러 원인으로 이동을 한다. 이러한 흐름을 해류[Ocean current]라 부른다. 바람이 불면 취송류가 생긴다. 염분 함량의 차이가 생기면 밀도류가 생길 수도 있으며 한류와 난류가 만들어지기도 한다. 3면이 바다로 둘러싸인 우리나라 주변에도 황해 해류, 동해 해류, 리만 해류 등이 흐른다. 바닷물은 조력 발전, 파력 발전, 조류 발전, 온도차 발전 등 다양한 신재생에너지를 제공한다. 바닷물의 온도, 염분 농도, 밀물과 썰물 등이 변화할 때 발생되는 전기의 양은 20,000~80,000테라와트시(TWh, 1테라와트 = 1조 와트)에 달할 것으로 추산되고 있다.

서해안은 조수간만의 차이가 크다. 따라서 해수면의 상하운동을 이용하여 전기를 생산할 수 있다. 이러한 조력 발전을 위해서는 해수를 가두어 두는 방조제가 필요하다. 프랑스의 랑스Rance 강어귀에 건설된 랑스 조력 발전소는 240메가 와트의 전기를 생산한다. 경기도 안산시에 위치한 시화호 조력 발전소는 254메가 와트의 발전용량을 가진 세계 최대의 조력 발전소이다.

조류발전은 해수의 유동에 의한 운동에너지를 이용하여 전기를 생산하는 기술이다. 세계에서 유속이 가장 빠른 명량수도에는 울돌목 조류발전소가 설치되어 시험 운용되고

랑스 조력 발전소(프랑스)
https://en.wikipedia.org/wiki/Rance_Tidal_Power_Station

있다. 그 밖에도 미국, 캐나다, 영국, 인도 등 여러 나라에서도 조류 발전 프로젝트를 구상하고 있다.

파도의 상하 운동에너지를 이용하여 전력을 얻는 파력 발전도 있다. 이것은 파도의 운동에너지와 위치에너지를 기계적 에너지로 변환한 후에 전기에너지로 변환하는 발전방식이다. 한국해양기술원은 방파제 연계형 복합 파력발전 단지를 구상하고 있다. 온도차 발전은 차가운 깊은 바닷물과 더운 표면 바닷물 사이의 온도 차이를 이용하여 전기를 얻는 기술이다.

조력 발전

밀물과 썰물에 따른 바닷물의 힘을 이용하여 전기를 생산한다.
이산화탄소를 배출하지 않는 친환경 에너지이다.
건설비용이 많이 들지만, 유지비용은 적게 든다.
유속이 느려도 효율적이다.
재생 가능한 에너지이다.
세계에서 가장 큰 조력 발전소는 한국의 시화호 조력 발전소이다.
바다 생태계에 영향을 줄 수 있다.

http://www.renewablegreenenergypower.com/tidal-energy-tidal-power-facts/

태양광 · 태양열 에너지

태양광 발전은 태양의 빛 에너지를 변환시켜 전기를 생산하는 기술로서, 햇빛을 받으면 광전효과에 의해 전기가 발생하는 태양전지를 이용하는 발전방식이다. 광전효과란 금속 등의 물질에 고유의 특정 파장보다 짧은 파장을 가진 빛(전자기파)을 쪼여주면 전자가 튀어나오는 현상을 말하는데 이것은 1839년에 베크렐Edmond Becquerel(1820~1891)이 최초로 발견하였다. 당시 19세였던 그는 염화은[AgCl]을 산성 용액에 넣은 다음 백금 전극에 연결하고 나서 빛을 쪼였더니 전류가 흐르는 것을 발견하였다. 1870년대에 헤르츠Heinrich Hertz(1857~1894)는 베크렐 효과라고 알려진 이 현상에 대한 후속 연구를 수행하였고 광전효과에 대한 해석은 1905년, 아인슈타인Albert Einstein(1879~1955)에 의해 성공적으로 이루어졌다. 그는 플랑크Max Planck(1858~1947)의 양자가설에서 힌트를 얻어 빛의 입자성을 가정하여 설명하였다. 파동성을 가지는 빛이 입자성도 가진다는 것을 입증하는 순간이었다. 아인슈타인은 그 공로로 1921년에 노벨 물리학상을 수상했다. 한국에너지공단의 신재생에너지 센터의 자료에 따르면, 태양광에 사용되는 태양전지는 실리콘 또는 화합물 반도체로 만들어진다. 태양 발전은 초기 투자비용이 높다는 단점에도 불구하고 긴 수명과 청정한 에너지원이라는 장점 때문에 주목을 받고 있다. 미국 캘리포니아의 모하비 사막에는 392 MW의 전기를 생산하는 아이밴파 태양열 발전소[Ivanpah Solar Electric Generating System]가 있다.

태양 에너지

가장 싸고 가장 풍부한 에너지이다.
오염물질을 배출하지 않는다.
재생 가능한 에너지이다.
2700년 전 사람들은 렌즈로 태양 빛을 모아 불을 지폈다.
174,000테라 와트의 태양복사가 지구로 온다.
녹색 식물은 태양 에너지를 이용하여 광합성을 한다.
태양전지는 태양에너지를 전기에너지로 바꿔주는 장치이다.
1954년 최초의 실리콘 태양전지가 벨 연구소에서 제작되었다.
태양 에너지는 1950년대 이래 우주선의 에너지원으로도 사용되어 왔다.

https://www.conserve-energy-future.com/various-solar-energy-facts.php
https://www.abb-conversations.com/2013/12/7-impressive-solar-energy-facts-charts/
https://energy.gov/articles/top-6-things-you-didnt-know-about-solar-energy

현재 세계 최대의 태양광 발전소는 중국 칭하이(Qinghai, 青海)에 있는 룽양샤(Longyangxia, 龙羊峡)댐 솔라 파크이며 850메가 와트의 전기를 생산한다. 이 태양광 발전소는 마카오와 거의 같은 면적을 자랑하며 20만 가정에 전기를 공급할 수 있는 전력을 생산하고 있다. 미국은 물론이고 독일, 영국, 인도 등 세계 여러 나라에서 솔라 파크 건설에 큰 관심을 보이고 있다. 관련 기술이 진보하고 생산 단가가 하락함에 따라서, 태양 에너지를 이용한 전력 생산량의 비중이 점차 높아지고 있는 추세이다.

태양열을 모아서 전기를 생산하는 태양열 발전은 태양열을 한 곳에 집중시켜 발생한 열에너지로 물을 끓여 여기에서 배출되는 증기로 터빈을 돌리는 방식이다. 증기터빈을 돌릴 때 생기는 열은 저장해 두었다가 일몰 직후에 한 번 더 돌린다. 태양열로 물을 가열하여 온수로 쓸 수도 있으며 공기를 가열하여 실내 환기용으로도 이용할 수 있다. 그리고 태양열을 이용하면 음식을 조리할 수도 있는데 이러한 태양열 조리기는 오목 거울이나 박스 형태로 만들어 사용한다. 널리 알려진 것으로 '셰플러 리플렉터Scheffler reflector'가 있다. 셰플러Wolfgang Scheffler가 만든 이 조리기는 태양의 이동경로에 맞추어 이동하도록 설계되어 있어서 효율을 극대화할 수 있다. 요리는 물론 온수용으로 사용할 수 있다. 하이브리드 시스템으로도 활용하는데 태양광과 태양열을 결합하거나, 태양광 또는 태양열에 풍력, 디젤 방식 등을 결합할 수도 있다.

에너지의 미래

미래 에너지란 지속 가능한 에너지여야 한다. UN이 정의한 바에 따르면, 지속가능성이란 미래 세대가 자신의 필요를 충족시킬 수 있는 능력을 손상시키지 않으면서 현재의 필요를 충족시키는 것을 말한다. 지속 가능한 에너지는 고갈될 수 있는 자원이 아니며, 깨끗하고 재생 가능한 에너지이다. 풍력 발전, 태양광 발전과 태양열 발전, 수력 발전, 지열 발전, 조력 발전, 파력 발전, 바이오 에너지 등은 이러한 조건을 충족하는 에너지이다.

위키피디아에 의하면, 다른 에너지원은 제한된 몇몇 나라들에 집중되어 있지만, 재생

에너지 자원은 넓은 지리적 영역에 존재한다. 따라서 많은 나라들이 재생 가능한 에너지를 사용하게 된다면, 에너지 안보 문제를 해결할 수 있고 기후 변화를 완화시킬 수 있으며 경제적 혜택도 누리게 된다. 아이슬란드와 노르웨이는 모든 전기를 재생에너지에서 얻고 있다. 덴마크 정부도 2050년까지 모든 에너지 공급량을 100퍼센트 재생에너지로 전환하기로 결정하였다. 재생 가능한 기술은 농촌, 외딴 지역, 그리고 개발도상국에도 적합한 기술이다.

2017년 대체에너지 뉴스(alternative-energy-news.info)에 실린 재생에너지와 관련된 기술을 만나보자. 독일의 건축가 브뢰셀A. Broessel은 구형의 태양력 발전기를 선보였다. 밤이나 햇빛이 덜 드는 지역에서도 사용할 수 있다. 일본 우주항공 연구개발 기구[JAXA]는 전기를 선 없이 전송하는 기술을 개발하고 있다. 핀란드에서는 3D 프린팅 기술로 에너지를 얻는 태양에너지 나누[Solar energy tree]를 선보였다. 나무에 달린 작은 잎은 태양 에너지를 저장하고 필요할 때 사용할 수 있다.

미국 항공우주국[NASA]은 터빈을 하늘에 띄워 에너지를 생산하고 나노튜브 케이블을 통해 에너지를 지상으로 전송하는 공중 풍력 발전 단지Flying wind farms를 계획하고 있다. 일본의 통신연구소인 후지쯔 랩에서는 열과 빛으로 전기를 생산하는 하이브리드 시스템을 개발하였고 워싱턴 주립 대학교에서는 태양과 바람의 힘을 결합하여 에너지를 얻는 태양풍력[Solar wind power] 발전 기술을 개발하였다. 그 밖에도 이산화탄소를 자동차 연료로 사용하는 기술, 신체의 움직임으로부터 에너지를 얻는 기술, 박테리아를 이용하여 이산화탄소를 액체 연료로 바꾸는 기술 등이 선보였다.

2016년 1월 유엔에서도 재생에너지를 언급하면서 "이것은 무한하며, 빈곤국을 새로운 수준의 번영으로 이끄는 힘을 가지고 있다."고 밝혔다. '2017 미래 에너지 포럼'이 카자흐스탄의 수도인 아스타나에서 개최되었다. 6월 29일부터 9월 5일까지 열린 이 행사에서는 에너지 혁명, 저탄소 기술, 재생에너지 기술 솔루션, 새 에너지 모델의 사회경제학, 지속 가능한 에너지에 대한 일반적 접근, 도시에서의 에너지 효율, 모두를 위한 에너지 등 12개의 주제가 다루어졌다.

상상을 더하다 11

- 사라진 비행기 -

1. 버뮤다 삼각지대에서 실종사건이 자주 일어나는 것은 우연일까 필연일까?
2. 버뮤다 삼각지대는 면적이 상당한데, 그 정도 크기에서 예상 가능한 수준의 사고 발생 빈도를 보이고 있는 것은 아닌가?
3. 우리는 먼 미래에 수중에서 살게 될까?
4. 전기 자동차가 점점 늘어나는데 전기 자동차가 완전 상용화되지 못하는 이유는 무엇일까?
5. 전기 자동차는 과연 친환경적인가?
6. 지구 온난화로 기온이 상승하는데 왜 지금보다 겨울이 길어질까?
7. 재생 가능한 에너지 중 가장 유망한 에너지원은 무엇일까?
8. 재활용할 수 없는 일반 쓰레기를 친환경적인 에너지원으로 사용할 수는 없을까?
9. 화석의 생성 조건 중 '시간'은 완성에 있어서 어떤 역할을 하며, 인공적으로 화석 연료를 만들 수는 없는가?
10. 지구 온난화의 주범인 CO_2를 직접 제거하는 방법은 없을까?
11. 오존을 합성시켜 인위적으로 오존층을 만들 수 있을까?
12. 원자력 에너지와 그린 에너지의 효율 차이는 얼마나 될까?
13. 핵융합을 위해서는 고온의 열을 버티는 것이 관건인데, 현재 사용되고 있는 재료는 무엇이며 얼마나 버틸 수 있을까?
14. 인공태양은 어떻게 생겼을까?
15. 과연 핵융합은 지구에 좋은 영향을 끼칠까?
16. 지구 온난화의 긍정적인 영향은 없을까?
17. 화석 연료가 고갈되면 지구 온난화를 멈출 수 있을까? 아니면 그 전에 빙하가 다 녹을까?

12장
그래도 지구는 돈다

1
제왕나비

제왕나비의 비밀 / 혹등고래의 노래 / 연어의 귀향 / 세렝게티 대이동 / 제비들의 목숨을 건 비행 / 도요새의 머나먼 여정 / 가장 멀리 나는 새, 가장 높이 나는 새 / 이동을 하는 이유

제왕나비의 비밀

오렌지색과 검은색으로 화려하게 치장한 날개를 보면 감탄을 자아낼 수밖에 없다. 주인공은 북미에서 흔히 볼 수 있는 제왕나비[Monarch butterfly]이다. 제왕나비는 다리로 맛을 본다. 물론 냄새를 맡는 안테나도 있다. 이들의 눈은 정말 대단해서 사람으로 치면 수천 개의 렌즈를 가진 슈퍼맨이나 다름없다.

그런 제왕나비들도 한 가지 고민이 있다. 알, 애벌레, 번데기, 그리고 성충을 거치면서 한 곳에서 겨울을 보내는 보통 나비들과는 달리 이들은 북미의 추운 겨울을 이기고 생존할 수가 없다. 그래서 이 나비들은 머나먼 남쪽 멕시코로의 여행을 선택했다. 이것은 약 4,800킬로미터를 날아가야 도달할 수 있는 머나먼 여정이다. 해마다 힘든 여행을 하는 이들의 비밀은 무엇일까? 제왕나비는 뇌 속에 태양의 위치와 시간을 인식하는 시계를 지니고 있다. 또한 더듬이에도 빛을 인지하는 시계가 있다. 이러한 비밀 병기를 가지고 제왕나비들은 여러 세대에 걸쳐서 단계적으로 이동하여 최종 목적지에 도착하고 또 이를 반복한다.

10월. 드디어 멕시코에 도착한다. 수많은 나비떼들이 체온 저하를 최소화하기 위해 나뭇가지에 함께 달라붙어 있는 모습은 장관이다. 이들이 머무는 멕시코의 미초아칸 Michoacan은 온통 오렌지색이다. 11월 초 사람들은 '죽은 자들의 날[The Day of the Dead]'이라

는 축제를 열어 먼 길을 날아 도착한 제왕나비들을 맞이한다. 이곳 사람들은 죽은 친척들이 나비로 환생하여 돌아온다고 믿는다. 월동하는 제왕나비들이 서식하는 이 지역은 유네스코 세계유산으로 지정되어 있다.

제왕나비들은 포식자들로부터 어떻게 자신을 보호할까? 애벌레는 거의 전적으로 박주가리[Milkweed]를 먹으며 성장한다. 애벌레가 먹는 박주가리에는 강한 독소(예: 갈리톡신, Galitoxin)가 들어 있다. 2012년 7월 코넬 대학교 뉴스, 2016년 7월자 글로벌 출판사 와일리Wiley에서 발행하는 저널 『진화』(Evolution, 70월 8호, 1913쪽~1921쪽), 2018년 2월 『사이언스타임즈』 등에 따르면, 제왕나비는 N122H라는 돌연변이 유전자를 가지고 있어서 박주가리에 들어 있는 카데놀라이드Cardenolide라는 독성 물질을 섭취해도 문제가 없다. 몸에 박주가리의 독소가 축적된 제왕나비의 애벌레는 포식자들로부터 자신을 보호할 수 있다.

제왕나비

캐나다와 미국 북부에서 멕시코로 날아와 겨울을 지낸다.
무려 4,800킬로미터의 장거리를 여행한다.
보통 250~350미터 상공의 기류를 타고 날아간다.
봄이 되면 다시 북으로 이동한다.
성충은 꽃의 꿀을 먹고 산다.
제왕나비는 박주가리가 많은 지역으로 되돌아와서 알을 낳는다.
암컷은 박주가리 나무에다 알을 낳는다.
알은 약 4주가 지나면 성충이 된다.
애벌레는 박주가리 잎만 먹고 자란다.
박주가리의 유액에 있는 독성 물질은 애벌레를 천적으로부터 지켜준다.
제왕나비 애벌레와 박주가리는 공진화 중 편리공생의 예이다.

http://goodnature.nathab.com/on-a-wing-and-a-prayer-5-fascinating-facts-about-the-monarch-butterfly/
https://www.lawnstarter.com/blog/environment/monarch-butterfly-infographic/
Cardenolides
https://monarchlab.org/biology-and-research/biology-and-natural-history/breeding-life-cycle/interactions-with-milkweed/

혹등고래의 노래

몸길이 12-16미터, 체중 36톤, 기다란 가슴지느러미 하면 떠오르는 게 뭘까? 바로 혹등고래[Humpback whale]이다. 특징적인 지느러미의 하얀 무늬는 서로 달라 사람의 지문처럼 개체를 인식하는 데 사용될 수 있다. 수컷은 다양한 진동수를 가지는 반복적인 소리로 복잡 미묘한 노래를 부른다. 마음에 드는 짝을 부르는 세레나데로 보이는데 때로는 한 곡을 마치는 데 수시간이 걸리기도 한다. 무려 22시간 동안 노래를 불렀던 기록도 있다. 상대 마음을 빼앗지 못한 때문일까. 사냥을 하거나 이동을 할 때 부른다는 주장도 있고 영역의 표시로서 또는 어린 새끼들과 소통하는 수단으로 노래를 부른다는 주장도 있다.

혹등고래는 물속에서 자기 몸길이만큼 위로 솟구쳐 올랐다가 머리부터 물속으로 처박으며 거대한 물기둥을 만드는 특이한 행동(브리칭, Breaching)으로도 유명하다. 몸에 붙은 기생 생물을 떨치거나 아니면 재미로 이러한 행동을 하는 것으로 여겨진다.

거구의 혹등고래는 해마다 최장 25,000킬로미터의 장거리 이동을 한다. 극지방의 바다에서 작은 새우, 플랑크톤, 그리고 청어 같은 작은 물고기를 먹으며 몸집을 불린다. 알래스카에서 혹등고래 무리가 먹잇감을 사냥하는 모습을 보면 이들도 협동의 중요성을 제대로 인식하고 있음을 알 수 있다. 청어 떼 같은 먹잇감이 나타나면 공기방울로 그물을 만드는 기법[Bubble netting]을 써서 한 곳으로 포위하는 것이다. 혹등고래들은 기포로 둥글게 형성된 벽에 갇힌 먹잇감을 취한다. 장거리 여행 중에는 금식을 하며 몸에 저장된 지방을 에너지원으로 하여 버틴다. 드디어 따뜻한 열대 바다에 도착했다. 이곳은 새끼를 낳고 기르기에 적당한 곳이다. 암컷 혹등고래는 거의 1년 동안 새끼를 돌본다. 대단한 모성애다.

혹등고래

길이 18미터, 체중 40톤까지 성장한다.
지느러미는 5미터, 꼬리는 5.5미터까지 자란다.
몸의 위쪽(등)은 검고 아래쪽(배)은 희다.
등에는 등지느러미가 있다.
등지느러미의 모양과 색 패턴은 사람의 지문처럼 서로 다르다.
암컷이 수컷보다 더 크다.
여름에는 알래스카만 같은 고위도에서 지내며 사냥하고 몸집을 키운다.
겨울에는 하와이, 남미, 아프리카 같은 적도 부근으로 이동하여 새끼를 키운다.
특기: 노래, 브리칭, 버블 네팅

https://www.livescience.com/58464-humpback-whale-facts.html
http://www.whalefacts.org/humpback-whale-facts/
https://en.wikipedia.org/wiki/Humpback_whale

연어의 귀향

바다에 살던 연어들이 고향으로 돌아오고 있다. 그들은 거친 물살을 거슬러 올라간다. 때로는 폭포를 뛰어넘기도 한다. 10월. 드디어 태어난 곳에 도착한다. 몸 색깔이 붉게 변한다. 짝짓기를 마친 암컷 연어들은 얕은 강바닥에 3,000개 이상의 알을 낳는다. 수컷은 암컷이 죽을 때까지 곁에서 알을 보호한다. 대부분의 연어들은 이곳에서 생을 마감한다. 죽은 연어들은 분해되어 다음 세대에게 영양분을 제공한다. 이듬해 봄. 알에서 부화한 새끼 연어들이 바다를 향한 대장정에 나선다. 다 자란 연어는 다시 그들이 태어난 고향을 향한 머나먼 여정을 시작한다.

연어들이 바다에서 그들이 태어난 강으로 귀향할 때에는 새들처럼 지구 자기장을 이용하여 길을 찾는다. 연어는 뇌에서 분비되는 호르몬으로 바닷물의 염도를 측정한다. 강 입구에서부터 태어난 강의 상류까지는 후각에 의존한다. 고향에서 죽은 연어들은 고향의 뭍에 사는 많은 생명들에게 풍부한 영양분을 제공해 준다. 곰들과 강가의 숲속 나무들은 최고의 수혜자이다. 죽은 연어들은 강을 따라 흘러내려가 강 하구에서 새끼를 낳고 기르는 수많은 새들에게 영양분을 제공해 준다. 그런데 안타깝게도 환경오염, 기후 변화 등으로 연어의 회귀율이 급감하고 있다.

연어

후각, 해류, 그리고 달에 의지하여 태어난 고향으로 돌아온다.
알을 낳기 위해 무려 5,600킬로미터를 여행하기도 한다.
일생 동안 몸의 색깔이 바뀐다. 점이나 줄무늬가 있는 것도 있다.
연어의 나이는 귀의 이석(耳石)에 있는 고리의 수로 판별한다.
자연에서 3년 내지 8년 동안 살 수 있다.
생태계의 종 다양성에 큰 영향을 미치는 핵심종이다.
아메리카 원주민들의 생활양식, 종교, 문화 등에 많은 영향을 끼쳤다.
질병, 기후 변화, 남획, 서식지 파괴 등 많은 위협에 직면하고 있다.
사진은 폭포를 거슬러 오르는 연어들의 모습.

http://www.softschools.com/facts/animals/salmon_facts/658/
http://home.utah.edu/~u0027332/funsalmonfacts.html
http://www.native-languages.org/legends-salmon.htm
https://en.wikipedia.org/wiki/Salmon_run
https://en.wikipedia.org/wiki/Salmon

세렝게티 대이동

동아프리카에 위치한 탄자니아의 보물이 하나 있다. 바로 유네스코 세계 유산으로 등재되어 있는 세렝게티 국립공원이다. 아프리카의 유목부족 마사이족이 끝없는 평원이라고 불렀던 세렝게티는 영양羚羊, 얼룩말 등의 초식동물과 포식자들의 숨소리를 바로 앞에서 들을 수 있는 곳이다. 1,900킬로미터의 대장정을 이끄는 것은 1백만의 영양 무리이다. 수십만의 얼룩말들도 동행한다. 가젤 , 일런드 영양, 그리고 임팔라도 뒤따른다. 이들을 따라 이동하는 무리가 또 있는데 바로 사자나 치타 같은 포식자들이다.

이들은 마르지 않은 물웅덩이와 풀을 찾아 이동한다. 이동시기를 결정하는 것은 해마다 되풀이되는 강우 패턴이다. 마실 물을 찾는 것은 생존에 있어서 매우 중요하다. 물은 초원에 신선한 풀을 자라게 한다. 엑스퍼트 아프리카(expertafrica.com)를 방문하면 해마다 벌어지는 세렝게티 동물들의 대이동 경로를 지도상으로 따라가 볼 수 있다. 1월에는 세렝게티의 남동부 지역에서 짧게 자란 풀을 먹는다. 그리고 4월이 되면 북쪽으로 이동하는데 이것은 5월에도 계속된다. 6월에는 북서쪽으로, 7월이 되면 북동쪽으로 방향을 돌려 10월까지 이동한다. 11월과 12월에는 남하하여 원래의 장소로 되돌아와서 짧게 자란 풀을 먹는다. 이들은 1년을 주기로 시계 방향으로 원을 그리며 대이동을 한다.

세렝게티 국립공원

면적: 14,750평방킬로미터, 해발 고도: 900~1800미터
탄자니아 북부에 위치한 대초원이다.
야생의 동식물과 수로가 100만 년 동안 거의 온전히 존재하고 있다.
마사이족이 '끝없는 평원'이라 부른 데서 유래하였다.
영양, 가젤, 얼룩말, 누 등의 초식동물과 포식자들이 서식하고 있다.
무리가 마르지 않은 물웅덩이를 따라 이동한다.
각자 알맞은 풀을 뜯어 먹는다.
사자, 하이에나, 자칼 같은 포식자들이 초식동물을 따라 이동한다.
약 500종의 조류도 서식하고 있다.

2006년에는 100만의 영양, 20만의 얼룩말, 30만의 가젤 무리가 풀을 따라 대이동하였다.
1981년 유네스코 세계유산으로 등재되었다.

http://www.sk.uniglobeactiontravel.com/view-corporate.html?id=10-interesting-facts-about-the-serengeti-migration
http://heritage.unesco.or.kr/whs/serengeti-national-park/
http://blog.swaliafrica.com/15-interesting-facts-about-the-serengeti/

제비들의 목숨을 건 비행

해마다 봄이 되면 강남 갔던 제비가 처마 밑에 둥지를 만들던 때가 있었다. 그러나 도시에서는 흥부에게 복을 전해주었다는 제비를 더 이상 볼 수 없게 되었다. 그 많던 제비들은 어디로 간 걸까? 런던으로 장소를 옮겨 보자. 유럽 제비들이 교회 현관이나 집의 처마에 둥지를 틀었다. 새끼를 키우던 제비들이 여름을 즐기고 가을을 보냈다. 이제 추운 겨울을 피해 남으로 이주할 때가 되었다. 제비들이 무리를 이루어 남쪽으로의 비행을 시작하였다. 프랑스의 파리를 지나고 피레네산맥을 넘어 지중해를 건넜다. 그런데 이들 앞에는 커다란 장애물이 놓여 있다. 겨울을 지낼 남쪽으로 가기 위해서는 사하라 사막을 횡단해야 하는 것이다.

제비들은 어떻게 세계에서 가장 큰 사하라 사막을 건너 목적지에 도착할 수 있을까? 제비들은 비행 전에 지방을 충분히 축적해둔다. 그리고는 낮 동안 저공비행을 하면서 남으로의 긴 여정을 시작한다. 이들은 하루에 320여 킬로미터를 비행하여 열흘 안에 목적지인 남아프리카공화국에 도착할 수 있다. 그러나 사하라는 이들의 비행을 쉽게 허락하지 않는다. 때로는 탈진해서 포기하고 때로는 굶주림으로 쓰러진다. 무더운 날씨와 변덕스러운 폭풍도 변수이다. 시원한 공기, 구름 없는 하늘, 그리고 순풍만 불어준다면 얼마나 좋을까! 물수리, 벌매, 개구리매, 새홀리기 등 많은 철새들도 해마다 목숨을 건 사하라 횡단 여행을 한다. 안타깝게도 이렇게 이동하는 새들의 약 40퍼센트는 성공하지 못한다고 한다. 일부는 사하라 사막을 피해서 동쪽으로 비행한 후에 나일강을 따라 남으로 이동한다. 다른 경로를 택하기도 한다. 영국의 조류 보호 단체[RSPB] 홈페이지(rspb.org.uk)를 방문하면 유럽 제비와 기타 야생 조류에 대한 추가 정보를 얻을 수 있다.

제비

유럽 제비들은 추운 겨울을 피해 유럽을 떠나야 한다.
영국 제비들은 프랑스를 지나 피레네산맥을 넘어 남아프리카까지 날아간다.
사하라 사막을 피해 아프리카 서해안을 따라 이동하는 경우도 있다.
동쪽 루트를 택해 나일 계곡을 따라 남하하는 경우도 있다.
이들은 낮에 낮은 고도로 여행한다.
시속 27~35킬로미터의 속도로 날며, 하루에 320킬로미터를 여행한다.
4~5월에 영국으로 돌아오고, 다시 9~10월에 따뜻한 곳으로 돌아가는 여정을 반복한다.
이동 중에 탈진하거나 먹이를 찾지 못하거나 폭풍우를 만나 죽는 경우도 많다.

https://www.rspb.org.uk/birds-and-wildlife/bird-and-wildlife-guides/bird-a-z/s/swallow/migration.aspx
https://en.wikipedia.org/wiki/Swallow

도요새의 머나먼 여정

계절이 바뀌면 수많은 동물들이 더 나은 터전을 향해 머나먼 길을 떠난다. 그중에는 알래스카에서 여름을 보내는 큰 뒷부리 도요새[Bar-tailed godwit]도 있다. 가장 먼저 눈에 띄는 것은 길쭉한 부리이다. 번식기가 되면 수컷의 깃털은 광택이 없는 회갈색에서 눈에 잘 띄는 색조로 변한다. 도요새들은 가을이 되면 북극 지역의 추위를 피해 태평양을 가로질러 남으로 향하는 장거리 비행에 나선다. 이들의 최종 목적지는 뉴질랜드이다. 여행 도중 이들에게는 마땅한 쉴 곳이 없다. 9일 동안 쉬지 않고 장장 11,000킬로미터의 고고도 비행을 마치는 이들의 인내력은 그저 놀라울 따름이다. 장거리 비행을 마친 도요새의 체중은 절반으로 줄어든다고! 뉴질랜드 원주민인 마오리Maori족은 도요새들이 망자亡者의 영혼을 따라간다고 믿었다. 도요새의 다른 이름은 쿠아카[Kuaka of the Maori]이다. 다시 3월이 왔다. 알래스카를 향해 떠나는 이들의 여정은 조금 나은 편이다. 왜냐하면 먼 여행 중

잠시 머무르며 체력을 보강할 수 있는 한반도가 있기 때문이다. 우리나라 서해안의 갯벌은 도요새 이동의 중요한 길목이다. 장거리 비행으로 소진한 에너지를 재충전하는 소중한 장소인 것이다. 해마다 도요새들의 낙원이 되는 곳, 서해안으로 가족과 함께 여행을 떠나보자.

도요새의 여행

뉴질랜드에서 겨울을 보낸 도요새는 다시 이동할 준비를 한다.
스칸디나비아나 러시아의 북극 해안이나 시베리아로 돌아가야 하는 것이다.
먼 여행을 떠나기 전에 지방을 비축하는 것은 필수이다.
쉬지 않고 11,680킬로미터를 비행한 기록이 있다.
2007년 뉴질랜드를 출발한 도요새는 한국의 서해까지 무려 9일 동안 11,026킬로미터를 비행하였다.
알래스카에서 뉴질랜드로, 다시 서해를 경유하여 알래스카로 돌아가는 삼각형 모양의 경로 외에도 오스트레일리아 북서해안에서 중국 동부 해안을 거쳐 러시아의 서북단으로 여행하는 직선 경로도 관측되었다.

http://www.discoverwildlife.com/british-wildlife/naturalist-skills/understand-bar-tailed-godwit-migration
https://wiki.kidzsearch.com/wiki/Bar-tailed_Godwit
https://alaska.usgs.gov/science/biology/shorebirds/barg_photos.php

가장 멀리 나는 새, 가장 높이 나는 새

도요새보다 더 멀리 극에서 극으로의 최장거리 비행을 하는 새가 있다. 바로 극제비갈매기[Arctic tern]이다. 이 제비갈매기는 유럽, 아시아, 그리고 북아메리카의 북극 지역에서 새끼를 낳아 기른다. 그리고 추운 겨울철에는 남극지역으로 이동하여 지낸다. 아이슬란드와 그린란드에서 둥지를 튼 극제비갈매기는 왕복 70,000킬로미터를 비행한다. 네덜란드에 둥지를 튼 새들의 경우에는 무려 90,000킬로미터의 왕복 비행을 한다. 극지역에서 출발한 극제비갈매기는 아프리카 또는 아메리카 대륙의 해안을 따라 비행한다.

세계 최고봉인 에베레스트산은 인간에게 등정을 쉽게 허락하지 않는다. 고도가 높아짐에 따라 대기 중 산소의 양이 줄어들기 때문이다. 그런데 7,000미터 이상의 고도비행을 하며 해발 0미터 산소량의 10퍼센트도 채 되지 않는 치명적인 환경 속에서 히말라야를 넘는 철새가 있다. 흰색의 머리에 검은 줄무늬 2개가 있는 줄기러기[Bar-headed goose]가 바로 그 주인공이다. 인도기러기라고도 부르는 줄기러기는 몽골, 중국 북부 등지에서 번식을 하며 겨울을 나기 위해 1년에 두 번 히말라야를 넘는다. 2017년 3월 와이플라이(whyflies.org)에 따르면 줄기러기는 히말라야를 넘을 때 직선 비행 대신 롤러코스터 비행을 한다고 한다. 후자가 전자보다 에너지를 절약할 수 있어서 효율적이라는 의미이다. 영국 뱅고르 대학교의 비숍Charles Bishop 등은 세계의 지붕인 히말라야산맥을 넘어 몽골과 인도 사이를 오가는 줄기러기에 대한 연구를 수행하여 그 결과를 과학 저널 『사이언스』(Science)에 게재하였다.

제비갈매기, 솔새, 슴새

극제비갈매기[Arctic tern]: 대서양을 따라 북극과 남극을 오가는 장거리 여행을 한다. 아프리카나 아메리카 대륙의 해안을 따라 비행한다.

검은머리 솔새[Blackpoll warbler]: 알래스카에서 캐나다와 미국 본토를 경유하여 남미 북부지역에 도착하는 여행을 왕복한다.

슴새[Shearwater]: 캄차카 반도, 알래스카 등에서 지내다가 태평양을 비행하여 뉴질랜드로 이동하는 장거리 비행을 한다.

http://www.encountersnorth.org/wildexplorer/birdmigration/champion-migrants.html

이동을 하는 이유

동물들은 왜 이동을 하는 걸까? 환경이 변화하면 다른 곳을 찾아 나서야 한다. 생존 경쟁은 피할 수 없는 현실이다. 이들은 먹을 것이 풍족하고 기후 조건이 좋으며 새끼를 낳고 기르기 적당한 곳을 찾아 이동을 한다.

이동하는 동물들이 이용하는 기본적인 단서는 현지 지형이다. 빛이 공기 중 입자에 의해 산란될 때 형성되는 편광 패턴을 이용한다. 밤에 이동하는 동물들은 고정된 지점에 대한 밤하늘의 회전에 기초하여 별의 위치를 보고 갈 길을 판단한다. 북반구에서의 기준점은 북극성이다.

눈에 보이지 않는 단서도 있다. 연어는 변화하는 무기염의 농도를 측정하여 태어났던 강어귀를 찾아낼 수 있다고 한다. 새, 나비, 박쥐, 고래, 거북, 상어 등은 자기 단서를 이용한다. 다시 말하면, 지구 자기장을 이용하는 것이다. 이들은 자기 나침반을 이용하여 자력선의 방향과 세기를 감지할 수 있다.

세계보건기구[WHO]에 따르면, 세계 인구의 92퍼센트는 오염된 공기를 들이 마시며 살고 있다고 한다. 계절에 따라 이동을 해야만 하는 수많은 동물들도 대기 및 수질 오염이 심각해짐에 따라 생존이 심각하게 위협을 받고 있다. 지구 온난화도 먼 거리를 이동하는 철새들에게는 커다란 위험 요소이다. 또한 도시는 밤이 되어도 환한 조명으로 반짝이지만, 이동을 해야 하는 새들에게는 이것 역시 큰 장애물이 된다.

매년 5월 둘째 주 주말은 세계 철새의 날(WMBD, World Migratory Bird Day)이다. 2006년에 처음 시작되었는데 이때가 되면 철새와 그들의 서식지를 보호하기 위한 글로벌 캠페인이 벌어진다. 이 캠페인은 UN 환경계획[UNEP]의 세계 야생동물 협약인 아프리카-유라시아 이동성 물새협정[AEWA]과 이동성 야생동물 보호협약[CMS]에 의해 조직되었다. WMBD 2017에서는 '그들의 미래는 우리의 미래[Their Future is Our Future]'라는 주제로 다양한 행사가 진행되었다. WMBD 홈페이지(worldmigratorybirdday.org)를 방문하면 생존이 심각하게 위협을 받고 있는 철새들의 목록을 발견할 수 있다. 알바트로스, 휘파람새, 슴새, 벵골느시, 제비갈매기, 황오리, 에스키모 도요, 바다쇠오리, 따오기 등등.

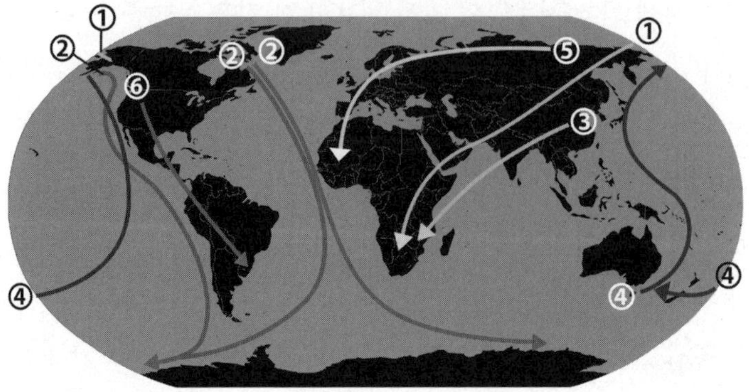

① 북방사막딱새	*Oenanthe oenanthe*	Northern Wheatear
② 극제비갈매기	*Sterna paradisaea*	Arctic Tern
③ 비둘기조롱이	*Falco amurensis*	Amur Falcon
④ 슴새	*Puffinus tenuirostris*	Short-tailed Shearwater
⑤ 도요새	*Philomachus puganx*	Ruff
⑥ 말똥가리	*Buteo swainsoni*	Swainson's Hawk

장거리 비행을 하는 철새들의 이동경로
https://en.wikipedia.org/wiki/Bird_migration

낮의 길이는 새들이 이동할 시기를 결정할 때 사용하는 중요한 단서이다. 호르몬도 중요한 역할을 한다. 봄에 이동하는 조류의 경우에는 생식선의 조건에 의존하기도 한다. 많은 곤충들의 경우에는, 이동할 때와 번식할 때에 유충 호르몬[Juvenile hormone]의 활성이 변화한다. 어느 날 갑자기 수십억 마리의 메뚜기 떼들이 몰려와서 농작물을 초토화시키는 장면은 섬뜩하기까지 하다. 이런 끔찍한 사건은 실제로 여러 차례 발생했다. 2014년 여름 수십억 마리의 메뚜기 떼가 전남 해남에 나타나 수확을 앞둔 벼에 피해를 입혔다. 2015년에는 러시아 남부에 참새 크기의 메뚜기 떼 수백만 마리가 나타나 농작물을 먹어치우는 바람에 비상사태가 선포되었다. 중국 네이멍구 자치구에서도 19만 헥타르 초원에서 메뚜기 피해가 발생하였다. 1875년 6월 미국에서는 3조 5천만 마리의 메뚜기 떼가 나타나 서부지역을 공포로 몰아넣었다는 기록도 있다. 당시 미 서부지역 농업생산량의 절반이 메뚜기 떼의 먹이가 되었다고 한다.

메뚜기들은 단독으로 생활을 하는 점잖은 곤충이다. 그러나 가뭄이 닥치면 상황은 달라진다. 먹을 것이 줄어들면 메뚜기들의 행동이 변화한다. 무리를 이루는 것이다. 힘을 합쳐 위기를 극복하도록 무엇인가가 지시를 하는 것이다. 과학자들은 부드러운 지킬 박사를 공격적인 하이드 씨로 변화시킨 것의 정체를 밝혔다. 그것은 신경전달 물질의 일종인 세로토닌Serotonin 때문이다. 가뭄 같은 상황에 처하면 세로토닌이 증가하고 공격 본능이 살아난다. 우리를 행복하게 만드는 호르몬이 메뚜기들의 생존에 중요한 역할을 하고 있는 것이다. 2016년 12월 굿 뉴스 유튜브에 따르면 지구 온난화도 세계적으로 메뚜기 개체수를 증가시키고 무리형성에 영향을 미친다고 한다.

지구상에는 수많은 동물들이 계절에 따라 이동을 한다. 많은 동물들이 장거리 여행의 위험성에도 불구하고 이동을 하는 이유는 무엇일까? 그들은 환경의 불확실성과 경쟁의 위험성에 대한 자기 방어로서 이동 전략을 개발해왔다. 번식기가 끝난 후 겨울이 닥쳐오면 추워지고 먹이를 구하기도 어려워지는 등 환경이 점점 악화된다. 그들의 선택은 다른 곳으로 이동을 하는 것밖에 없다. 그것은 생존의 문제이다.

메뚜기

공룡보다 먼저 지구상에 출현하였다.
3억 년 전에 살았던 화석이 발견되었다.
전 세계에 약 11,000종이 존재한다.
2개의 더듬이, 6개의 다리, 그리고 2쌍의 날개를 가지고 있다.
귀가 복부에 달려 있다.
청각기관이 단순하여 소리의 세기와 리듬의 차이는 감지하지만 높낮이는 구분하지 못한다.
뒷다리를 앞날개에 문질러 소리를 낸다.
천적에 대한 방어 물질로 갈색 액체를 분비한다.
몸 색깔을 서식지에 맞추어 위장하기도 한다.
해마다 농작물에 막대한 피해를 끼친다.
아프리카, 아시아, 아메리카에서는 수 세기 동안 단백질 공급원으로 이용되어 왔다.

https://www.thoughtco.com/fascinating-facts-about-grasshoppers-1968334
http://www.sciencekids.co.nz/sciencefacts/animals/grasshopper.html

2
그래도 지구는 돈다

지구의 자전에 대하여 / 세차 운동 / 지구의 자전을 주장한 사람들 / 갈릴레이의 배 / 지구의 자전 속도가 느려지고 있다? / 태양 중심설에 대한 고찰

지구의 자전에 대하여

세계 최고봉들이 모여 있는 히말라야에서 밤하늘을 올려다보면 은하의 별들이 쏟아져 내린다. 밤새 찍은 밤하늘 사진을 빠르게 돌려보면 동심원들이 나타난다. 이건 뭘까? 지구가 스스로의 축에 대해서 자전하고 있다고 알리는 흔적이다.

우리의 지구는 지축을 중심으로 시속 1,675킬로미터의 속도(적도 기준)로 회전(자전)을 하고 있다. 북극 위에서 보면 반시계 방향으로 돌고 있다. 자전 속도는 위도에 따라 달라진다. 극지방에서 가장 작고 적도에서 가장 크다. 지구는 자전을 하는 동시에 태양 주위를 공전하고 있다. 지구의 공전 속도는 시속 107,000킬로미터로서 자전속도보다 64배나 빠르다. 그런데도 우리가 어지럽다는 느낌을 갖지 않고 살 수 있는 이유는 무엇일까? 그것은 지구가 일정한 속도로 움직이고 있기 때문이다.

지구는 공전궤도의 수직 방향에서 약 23.4도 기울어진 상태로 자전하고 있다. 축 기울기 또는 황도 경사라고 부르는 이 각도는 41,000년을 주기로 22.1도~24.5도 사이를 오르내리고 있는데 현재는 줄어드는 중이다.

지구

무게: 6.0 x 10^{24}킬로그램
지름: 12,742킬로미터
　적도 지름: 12,756킬로미터
　극 지름: 12,714킬로미터
궤도 주기: 365.256일
위성: 1개(달)
표면 온도: 섭씨 58도~영하 88도

궤도 거리: 149,598,023킬로미터
근일점: 147,095,000킬로미터
원일점: 152,100,000킬로미터

https://space-facts.com/earth/
https://listverse.com/2012/01/07/top-10-facts-about-earth-and-its-orbit/

세차 운동

누구나 어린 시절에 팽이를 돌려본 추억을 가지고 있을 것이다. 위에서 보면 팽이의 축은 원을 그리며 도는데, 이것을 세차운동이라고 한다. 지구의 자전축도 북극 상공에서 보았을 때 반시계 방향으로 천천히 세차운동을 하고 있다. 지구의 세차운동 주기는 26,000년이다. 지축을 북쪽 하늘로 연장한 천구의 북극이 72년마다 1도씩 이동하는 셈이다. 현재 북쪽 하늘에서 움직이지 않는 것처럼 보이는 별은 북극성이다. 그러나 이 별은 1,3000년 전에는 거문고자리의 1등성 별인 직녀성이었다.

밤과 낮이 생긴 이유는 무엇일까? 그것은 지구가 자전을 하기 때문이다. 계절이 바뀌는 이유는 무엇일까? 그것은 지구가 기울어진 채로 자전과 공전을 하고 있기 때문이다. 가끔씩은 태양 주위를 공전하는 지구에서 밤하늘의 모습을 보자. 월별로 달라지는 별자리(황도 12궁)를 보며 멋진 상상의 날개를 펴보는 것은 어떨까? 지금은 물고기자리 시대(1 CE~2150 CE)이다. 다음은 물병자리 시대로 이어진다. 지구가 자전을 하는 한 또다시 물고기자리 시대가 올 것이다.

지구는 돈다

지축은 23.44도 기울어져 있다.
이 상태에서 자전을 한다.
자전 주기는 23.93시간이다.
지구의 북-남 축은 고정된 것이 아니다.
26,000년을 주기로 천천히 세차운동을 한다.
12,000년 후에는 지축이 직녀성을 향할 것이다.

황도 12궁

양[Aries]: 1,000 BCE	궁수[Sagittarius]: 6,000 CE	사자[Leo]: 14,000 CE
물고기[Pisces]: 1 CE	전갈[Scorpio]: 8,000 CE	게[Cancer]: 16,000 CE
물병[Aquarius]: 2,000 CE	천칭[Libra]: 10,000 CE	쌍둥이[Gemini]: 18,000 CE
염소[Capricorn]: 4,000 CE	처녀[Virgo]: 12,000 CE	황소[Taurus]: 20,000 CE

https://en.wikipedia.org/wiki/Precession
https://www.youtube.com/watch?v=qlVgEoZDjok

지구의 자전을 주장한 사람들

탈레스Thales of Miletus(c.624~c.546 BCE)는 소아시아(오늘날의 터키) 밀레토스 출신의 고대 그리스의 철학자이자 천문학자였으며 수학자였다. 만물의 근원은 물이라고 했던 그는 서양 철학의 아버지로 불리고 있다. 탈레스는 지구의 모양이 가운데가 부풀어 오른 반원형이라고 주장하여 사람들에게 큰 충격을 안겼다. 고대 그리스의 피타고라스Pythagoras of Samos(c.570~c.495 BCE) 학파도 지구는 둥글며 완전한 구형이라고 주장하였다. 일부는 지구의 자전을 믿었다고 전해진다. 고대 그리스의 아리스타르코스Aristarchus of Samos(c.310~c.230 BCE)는 지구가 태양 주위를 돈다는 태양 중심사상을 최초로 제안한 인물로 알려져 있다. 알렉산드리아 도서관에 근무했던 그는 이집트에서 지구의 둥근 크기를 관측하였다. 그리고 인도의 수학자이자 천문학자였던 아리아바타Aryabhata(476~550 CE)는 구형의 지구가 매일 축을 중심으로 회전하며, 별들의 겉보기 운동은 지구의 자전에 의한 상대적인 움직임이라고 주장하였다.

이러한 흐름에서 볼 때 폴란드의 천문학자 코페르니쿠스Nicolaus Copernicus(1473~1543)를 빼놓을 수 없는데 그는 지동설을 주장하여 근대 과학의 획기적 전환, 이른바 코페르니쿠스적 전환을 가져온 인물이기 때문이다. 1543년 그는『천구의 회전에 관하여』라는 책을 완성하였다. 코페르니쿠스는 천체 관측과 궤도 계산에 기초하여 총 6권으로 구성한 이 책의 1권에서 태양중심설을 주장하였다. 한편 17세기 천문학의 혁명을 이끈 인물은 독일의 천문학자 케플러Johannes Kepler(1571~1630)였다. 그는 천체를 관측한 자료를 바탕으로 오늘날 케플러의 행성운동법칙으로 알려진 세 가지 법칙을 발표하였다. 그 후 케플러와 동시대를 살았던 갈릴레이Galileo Galilei(1564~1642)도 지동설을 옹호하였다. 1427년 조선의 천문학자 이순지李純之(1406~1465)는 동양 최초로 지동설을 주장하였다. 이것은 코페르니쿠스보다 약 100년이나 앞선 기록이다. 1444년 이순지는 지구가 태양을 공전하는 데 걸리는 시간을 365일 5시간 48분 45초라고 계산하였다. 현재 계산한 시간과의 오차 범위는 1초 차이에 불과하다.

아리스타르코스
(310~230BCE): 그리스
https://en.wikipedia.org/wiki/Aristarchus_of_Samos

아리아바타(476~550): 인도
https://ko.wikipedia.org/wiki/%EC%95%84%EB%A6%AC%EC%95%84%EB%B0%94%ED%83%80

이순지(1406~1465): 조선
http://seer.snu.ac.kr/trip/anc-3.html

코페르니쿠스(1473~1543): 폴란드
https://en.wikipedia.org/wiki/Nicolaus_Copernicus

갈릴레이(1564~1642): 이탈리아
https://en.wikipedia.org/wiki/Galileo_Galilei

케플러(1571~1630): 독일
https://en.wikipedia.org/wiki/Johannes_Kepler

갈릴레이의 배

목성의 위성 발견, 태양흑점 연구 등으로 유명한 갈릴레이는 실험을 중시했다. 그는 지구가 정지해 있고 그 주위로 태양과 다른 행성 및 별들이 회전한다는 생각에 반대하여, 지구 자전의 개념을 논증하기 위한 두 가지 실험을 했다. 하나는 사고 실험이었고 다른 하나는 실제 실험이었다. 위키피디아에 따르면 사고실험이란 사물의 실체나 개념을 이해하기 위해 가상의 시나리오를 이용하는 것이다.

갈릴레이는 지구가 자전을 한다면 발사체 또는 낙하하는 물체의 궤적에 감지할만한 영향이 있을 것이라고 생각했다. 그는 부드럽게 앞으로 나아가고 있는 배의 돛대에서 돌을 떨어뜨리고, 그 돌이 돛대의 기저부에 떨어지는지 아니면 돛대의 뒤에 떨어지는지를 관찰했는데 돌은 바로 아래에 떨어졌다. 그 이유는 뭘까? 그것은 배가 등속 운동을 하기 때문이다. 갈릴레이는 정지해있는 지구 주위를 태양이 돈다는 생각에 반대하여 회전하는 지구의 개념을 보여주고자 했다. '갈릴레이의 배'(1632)는 그가 제안한 상대성 원리인 셈이다. 그러나 지구 자전에 대한 직접적인 증거는 아무도 제시하지 못했다. 1851년에 프랑스의 푸코Leon Foucault(1819~1868)는 파리 팡테옹의 돔에서 길이 67미터의 실에 28킬로그램의 추를 매달고 흔들었다. 그리고 시간이 지남에 따라 추의 움직임을 관찰하였다. 놀랍게도 추의 진동면이 회전하였다. 그는 진동면이 지구 자전 방향의 반대 방향으로 도는 것을 확인하였다. 푸코의 진자 실험은 지구가 자전한다는 최초의 실험적 증거였다.

갈릴레이의 배

일정한 속도로 왼쪽으로 나아가고 있는 '갈릴레오의 배'는 고전적 상대성 원리를 보여주는 예이다.
지구는 정지한 것이 아니라 돌고 있다는 것을 증명하기 위해 고안되었다.
지구가 돌고 있다면 발사체나 낙하하는 물체의 궤적에 영향을 줄 것이라고 생각하였다.
그의 사고 실험과 실제 실험을 가리키는 말이다.
그의 상대성 이론은 아인슈타인 상대성 원리의 기초가 되었다.
근대 과학의 길을 개척하는 데 기여하였다.

https://en.wikipedia.org/wiki/Galileo%27s_ship
http://physicscentral.com/explore/plus/galilean-relativity.cfm

푸코의 진자

지구의 자전을 설명하기 위해서 푸코가 고안한 장치이다.
67미터의 줄에 28킬로그램의 추를 달아 실험했다.
프랑스 파리의 팡테옹에 있다.
그림 출처: 푸코의 진자 실험 50주년 기념일인 1902년 11월 2일자 프랑스 신문 「르 프티 파리지앵」(Le Petit Parisien).

https://en.wikipedia.org/wiki/Foucault_pendulum
https://www.atlasobscura.com/places/pantheon-paris

지구의 자전 속도가 느려지고 있다?

2018년 1월 31일 밤 동쪽 하늘에 뜬 보름달이 지구에 완전히 가려지는 개기월식이 일어났다. 슈퍼문과 블루문도 함께 관측되었다. 슈퍼문은 근지점에 있을 때의 달을 말한다. 블루문은 양력 날짜로 한 달에 두 번 뜨는 보름달 중 두 번째로 뜬 달을 말한다. 고대 천문학자들은 일식과 월식에 대해 커다란 관심을 가졌고 이에 대해서 자세히 기록했다. 파넬Brid-Aine Parnell이 포브스(forbes.com)에 기고한 바에 따르면, 기원전 1207년 10월 30일 고대 이집트인들은 일식을 최초로 기록하였다고 한다. 월식을 최초로 기록한 나라는 중국의 주나라이다. 기원전 1137년 1월 29일의 일이었다.

오늘날의 천문학자들은 대선배들의 기록을 들여다보면서 한 가지 중요한 발견을 하게 되었다. 그것은 지구의 자전 속도가 점점 줄어들고 있다는 사실이다. 연구 결과에 의하면 지구의 하루 길이는 1세기 당 1.8밀리 초씩 늘어나고 있다. 바빌로니아 점토판에 설형 문자로 기록된 자료와 고대 중국 천문학자들의 문헌 속에 놀라운 사실이 숨어 있었다니!

오늘날의 지구를 논할 때 등장하는 이론이 있다. 거대충돌설이다. 지름이 6,000킬로미터였고 화성 정도의 크기를 가졌던 행성 테이아Theia가 지구와 대충돌을 하였다는 것이다. 45억 년 전의 일이다. 대충돌 후 떨어져 나간 것들이 모여 달을 형성했고, 원시지구의 자전축은 기울어졌다. 조석 마찰로 인해 지구의 자전 속도는 느려지고, 지구의 회전 모멘트는 달의 모멘트로 이전되고 있다. 달의 회전은 빨라지고 지구에서 점점 멀어지고 있는데, 1년에 3.78센티미터씩 멀어지고 있다고 한다. 지난 5천 년 동안 달이 189미터나 멀어진 셈이다. 지구 생태계에 중요한 역할을 하고 있는 달이 점점 멀어져 가고 있다니! 2017년 11월 미국 콜로라도 대학교의 빌햄R. Bilham과 몬태나 대학교의 벤딕R. Bendick은 미국지질학회에서 자전 속도와 강진의 상관성을 주장하였다. 그들은 지구 자전 속도가 느려져 내년에는 규모 7 이상의 강진이 증가할 것이라고 예측하였다.

지구의 자전과 세차운동

지구 자전이 조금씩 느려지고 있다.
100년에 17밀리 초씩 느려진다.
하루의 길이가 늘어나고 있다.
달도 지구에서 멀어지고 있다.
1년에 3.78센티미터씩 멀어지고 있다.
1억 4천만 년이 지나면 하루가 25시간이 될 것이다.
지구의 자전축은 26,000년을 주기로 세차운동을 한다.
지구 타원궤도의 축은 반대방향으로 서서히 회전한다.
이 운동들은 춘분점과 추분점을 23,000년 주기로 서서히 변화시킨다.
황도면에 대한 지구 자전축의 경사는 41,000년을 주기로 21.5도에서 24.5도 사이를 오르내린다.
현재 23.44도이며 서서히 줄어들고 있다.

https://space-facts.com/earth/
https://listverse.com/2012/01/07/top-10-facts-about-earth-and-its-orbit/
http://blog.daum.net/hojun6872/630

태양 중심설에 대한 고찰

행성 운동에 대한 케플러의 법칙은 태양 중심설에 찬성하는 논증으로 사용되었다. 그런데 이것 말고도 제시된 증거가 또 있는데 바로 별의 시차 운동이다. 서로 다른 위치에 있는 두 관측자가 한 물체를 보는 경우를 생각해 보자. 이때 고정된 먼 배경이 존재하는 상황에서는 겉보기 위치의 차이가 발생하게 된다. 가까운 물체는 멀리 떨어진 물체보다 더 큰 시차가 발생한다. 1838년에 독일의 베셀Friedrich W. Bessel(1784~1846)은 백조자리 61[61 Cygni]의 시차를 측정하는데 성공하였다. 슈트루베Friedrich G. W. von Struve(1793~1864)와 헨더슨Thomas Henderson(1798~1844)도 각각 직녀성과 알파 센타우리의 시차를 측정하였다.

그러나 태양 중심이라는 관점은 엄밀한 의미에서는 옳지 않다. 태양은 우주의 중심이 아니라 무수히 많은 별들 중의 하나일 뿐이라는 것은 브루노Giordano Bruno(1548~1600)에 의해 강하게 주장되었고, 18세기와 19세기가 지나면서 점점 명백해졌다. 태양계에서만 보

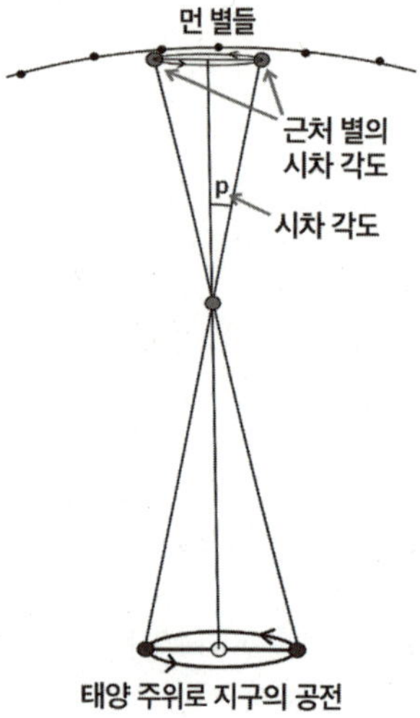

별의 시차운동
https://en.wikipedia.org/wiki/Parallax

더라도 태양은 어떤 행성 궤도의 기하학적 중심이 아니라 타원 궤도의 초점 중 하나이다. 태양계도 우리 은하의 중심 주위를 돌고 있다. 태양이 우리 은하를 한 바퀴 도는 데에는 2억 년이 걸린다. 태양의 공전 속도(초속 217킬로미터)를 생각하면 은하의 크기를 가늠해볼 수 있다. 월드 미스테리(world-mysteries.com)에 의하면, 태양과 지구의 공전 궤도는 2차원의 원이 아니라 요동치는 파동을 닮았다고 한다.

우리 은하

타입: 나선 은하

반지름: 최소 50,000광년

중심에서 태양까지의 거리: 26,000광년

얇은 성상 디스크의 두께: 2,000광년(600파섹)

별의 수: 1,000억 개~4,000천억 개

가장 오래된 별: 137억 년

은하의 속도: 초속 552킬로미터

은하의 회전 속도: 초속 269킬로미터

은하 중심에는 블랙홀이 있다. 여기에는 430만 개의 별이 있다.

50억 년 후에는 우리 은하와 안드로메다 은하가 충돌할 것이다.

https://en.wikipedia.org/wiki/Milky_Way
https://space-facts.com/milky-way/

3
철의 행성

철의 행성 / 철의 재앙 / 자기장의 형성 / 생명의 파수꾼 / 제2의 지구를 찾아서

철의 행성

철 행성은 맨틀이 거의 없거나 전혀 없으며 철이 풍부한 핵으로 이루어진 행성을 말한다. 철[$_{26}$Fe]의 밀도는 상온에서는 입방 센티미터 당 7.87그램이고 녹는점(섭씨 1,538도) 근처에서도 입방 센티미터 당 6.98그램이나 된다. 따라서 철이 풍부한 행성은 밀도가 높다. 철이 주성분일 것으로 생각되는 외계 행성으로는 케플러-10b, 케플러-70b 등이 있다. 우리 태양계에서 가장 가까운 곳에 있는 철 행성은 수성이다. 수성은 철-규산염이 섞여 있는 행성으로서 밀도는 입방 센티미터 당 5.4그램이다. 지구 또한 철과 규산염이 섞여 있는 행성이다. 주목할 점은 내부 태양계에 있는 규산염 행성들(금성, 화성, 달)과는 달리 지구와 수성은 자기장을 가지고 있다는 것이다.

지구형 행성은 주로 규산염 암석 또는 금속으로 이루어져 있다. 태양계 내의 지구형 행성은 태양계에서 가장 가까운 내부 행성 즉 수성, 금성, 지구 그리고 화성이다. 지구형 행성은 중심에 금속성 핵이 있고 규산염 맨틀이 핵을 둘러싸고 있다. 지구형 행성은 화산 활동이나 혜성 또는 미행성체의 충돌로 인해서 생성된 2차 대기를 가지고 있다. 하트만 William Hartmann의 저서인 『달과 행성들』(Moons and Planets)에 따르면 지구의 2차 대기는 수증기, 이산화탄소, 황, 질소, 염소 등이다.

지구의 화학 성분

	질량 %
철[Fe]	32.1
산소[O]	30.1
규소[Si]	15.1
마그네슘[Mg]	13.9
황[S]	2.9
니켈[Ni]	1.8
칼슘[Ca]	1.5
알루미늄[Al]	1.4

지구 핵의 화학 성분

	질량 %
철[Fe]	88.8
니켈[Ni]	5.8
황[S]	4.5

https://en.wikipedia.org/wiki/Earth

철의 재앙

지구 역사에서 가장 중요한 단일 사건은 무엇이었을까? 그것은 철 재앙[Iron catastrophe]이라 부르는 대격변이었다. 지구가 생겨난 지 약 1억 년이 지난 때였다. 그 당시 지구는 핵과 맨틀로만 이루어져 있었고 지각은 존재하지 않았으며 여전히 완전하게 녹은 상태였다. 그때 화성 크기의 행성인 테이아Theia가 지구와 충돌하였다. 테이아는 달의 여신인 셀렌Selene을 낳은 그리스 신화의 거인 이름이다. 과학자들은 이 충돌에 대한 시뮬레이션을 했다. 테이아가 지구와 충돌하면서 테이아의 핵이 지구의 핵 속으로 들어갔다. 그때 테이아의 맨틀과 지구의 맨틀 중 많은 부분은 지구 밖으로 이탈되었다. 떨어져 나간 물질들은 합쳐져서 달이 되었다. 지구는 이 충돌로 상당한 질량과 각운동량을 얻었다. 그 당시 지구와 달 사이의 거리는 30,000킬로미터로서 현재 거리의 10분의 1에 불과했다.

테이아와 지구의 대충돌은 모든 것을 녹였다. 지구의 온도는 철의 녹는점까지 상승했고 용융된 철은 지구 내부로 들어갔다. 가벼운 원소들은 바깥으로 이동하여 맨틀과 지각을 형성했다. 지구 속에서는 용융된 철이 움직였고 지구 표면은 마그마의 바다였다.

테이아

거대충돌설에 따르면, 45억 1천만 년 전에
지름 6,000킬로미터의 행성 테이아가 원시지구 가이아와 충돌했다.
지구는 뜨겁게 달구어졌다.
이때 떨어져 나간 물체는 달이 되었다.
이 사건으로 생명의 파수꾼인 지구 자기장이 형성되었다.

https://en.wikipedia.org/wiki/Theia_(planet)

자기장의 형성

철의 재앙이라고 부르는 지구 최초의 대격변은 지구의 역사에 지대한 영향을 미쳤다. 생명에 필요한 핵심 요소를 제공한 것이다. 고체 상태의 내핵과는 달리 외핵은 액체였다. 액체의 중요한 특징은 흐른다는 것이다. 여기에 더해 지구는 빠른 속도로 회전하고 있었다. 회전하는 용융 금속의 외핵은 자기권을 만들어냈다. 지구가 자기장을 가졌다는 것은 중요한 의미가 있다. 지구 자기장은 생명체에게 위험을 가하는 태양 복사선을 대기권에서 막아주기 때문이다.

자기장이 없었다면 고에너지의 태양 복사선이 지구의 대기를 공격하였을 것이고 물 역시 무사하지 못했을 것이다. 지구 자기장 덕분에 생명의 기본 요소인 물과 공기가 오늘날까지 지구상에 존재할 수 있게 된 것이다.

지구의 자기권은 복잡한 구조로 이루어져 있다. 지구의 맨 바깥 부분에는 생명체에 치명적인 태양풍과 지구의 자기장이 충돌하는 최전선이 있다. 이것을 바우 쇼크Bow shock라 부른다. 이 덕분에 대기 중의 분자들(질소, 산소 등)이 온전한 상태로 존재하고 지표면의 물이 액상으로 존재할 수 있다. 그 안에는 자기권외피층과 자기권의 외측 경계인 자기권계면이 위치한다. 가장 안쪽에는 플라스마권이 있는데 이것을 밴 앨런 대[Van Allen belt]라고 부른다. 밴 앨런 대는 두 개의 도넛 형태의 벨트로 구성되어 있다. 첫 번째 벨트는 지상

600~6,000킬로미터에 위치해 있고 두 번째 벨트는 지상 10,000~65,000킬로미터에 위치해 있다. 밴 앨런 대는 태양풍과 우주선에서 온 전하를 띤 고에너지 입자들로 이루어져 있다. 지구 자기권에 위치한 이 벨트는 지구 대기를 보호하는 최후의 방어벽이다.

지구 자기장

지구의 내핵과 외핵은 금속으로 채워져 있다.
내핵은 고체, 외핵은 액체 상태이다.
액체 철로 이루어진 외핵은 일정하게 움직이면서 전류를 발생한다.
이로 인해 지구 주위에 자기장이 형성된다.

나침반을 이용하면 방향을 알 수 있게 된다.
지구 밖으로 뻗어나간 거대한 자기권은 태양풍을 막아 준다.
지구 대기를 보호하고 생명을 지켜준다.

https://en.wikipedia.org/wiki/Earth%27s_magnetic_field

생명의 파수꾼

지구의 역사에서 철의 재앙은 철의 축복이었다. 지구 자기장이 생겨났기 때문이다. 자기장은 지구상에 존재하는 모든 생명을 지켜주는 방패이다. 생명에 필요한 또 다른 요소는 공기이다. 지구는 맨틀 내부에서 빠져나오는 기체와 혜성 충돌에서 나오는 기체를 우주로 빠져나가지 못하게 잡아두었다. 맨틀이 안정화되면서 분출된 화산은 대기에 다양한 기체를 선물했다. 이산화탄소, 황화수소, 메탄, 암모니아 등이었다. 맨틀 내부의 수화물에서 배출된 수증기도 있었다. 지구 생성 후 수억 년 동안은 대기 중에 다양한 기체들이 존재했음에도 생명체들이 생겨나기에는 너무 가혹한 환경이었다.

초기의 대기에는 산소 기체가 거의 없었다. 약간의 산소는 상부의 대기가 자외선에 의해 분해되어 생겼을 것이다. 이들의 대부분은 광화학 반응에 의해 오존으로 전환되어 오존층을 형성하였다. 아직은 생명에 유리한 조건이 아니었다. 산소도 없고 자외선으로부터도 보호받지 못한 환경에서 생명체가 탄생할 수 있는 지역으로 심해 열수구 근처가 주목을 받고 있다. 그리고 오랜 시간이 흘렀다. 분자는 자신을 복제하는 능력을 얻었다. 바다의 원시 수프[Primordial soup]에서 번개와 자외선의 에너지가 메탄, 암모니아 같은 단순한 화합물을 점점 더 복잡한 분자들로 변화시키는 반응을 유도할 수 있다. 이 분자들 중에는 생명의 빌딩 블록인 아미노산과 핵산 염기가 있다. 그리고 가장 보편적인 생명의 복제 분자가 있다. 바로 핵산이다.

지구 대기

대기의 99퍼센트는 질소와 산소이다.
산소는 20.95퍼센트 들어 있다.
대기는 5개의 층으로 구성되어 생명을 탄생시켰다.
대류권(0~12킬로미터)에서는 기상 현상이 일어난다.
성층권(50킬로미터까지)은 자외선을 막아주어 생명을 보호한다.
대부분의 제트 비행기들은 성층권을 비행한다.
유성의 대부분은 중간권(85킬로미터까지)에서 타버린다.
우주 정거장을 포함한 대부분의 인공위성은 전리층을 선회하고 있다.

http://list25.com/25-out-of-this-world-facts-about-earths-atmosphere/

제2의 지구를 찾아서

〈스타워즈〉, 〈스타트렉〉, 〈스페이스 오디세이〉, 〈아바타〉, 〈에일리언〉, 그리고 〈인디펜던스 데이〉. 이 영화들 제목에서 떠오르는 공통의 키워드는 무엇일까? 바로 외계인이다. 외계인 하면 우리는 호기심과 함께 공포감을 떠올리지만 미국의 스필버그Steven Spielberg가 감독을 맡은 공상 과학영화 〈E.T.〉(the Extra-Terrestrial, 1982년)는 외계인과의 교감을 감동적으로 다룬 영화이다. 지구는 자기장도 있고 대기와 물을 가지고 있으며 위성도 가지고 있다. 또한 골디락스존(Goldilocks Zone, 항성 주위의 생명체 거주가능 영역)의 한가운데에 위치하고 있어서 생명체가 살기에 적당한 환경을 갖추고 있다.

외계 생명체를 찾기 위한 인류의 노력은 지금 이 순간에도 계속되고 있다. 과학자들은 허블Hubble, 케플러Kepler, 찬드라Chandra, 스피처Spitzrer, 허셜Herschel 등의 다양한 우주 망원경을 통해 우주를 탐색해왔다. 그 결과 2005년 이후 태양계 밖에서 지구를 닮은 행성 수백 개가 발견되었다. 이 행성들은 케플러의 이름을 따서 케플러-10b, 케플러-20b 등으로 명명하였다. 2013년에 과학자들은 생명체 거주가능 지역에 존재하는 것으로 추정되는 지구형 행성과 슈퍼 지구 크기의 행성이 무려 400억 개에 달할 것이라고 예상하고 있다. 우리 은하에는 2,500억 개의 별들이 존재하며 우주에는 2조 개의 은하가 존재한다고 한다(출처: NASA, 가디언(theguardian.com), 2016년 10월). 환경은 다르지만 다양한 생명체가 존재할 수 있을 것이라는 생각을 버릴 수 없는 이유이다.

4
녹

자유의 여신상이 변했다 / 녹의 화학 / 녹 방지 기술 / 갈변 / 산화 스트레스 / 뇌도 녹슨다

자유의 여신상이 변했다

20세기 초 수많은 유럽인들은 정든 고국을 등지고 미국으로 가는 배에 올랐다. 그들이 뉴욕 항에 도착하면 제일 먼저 반겨주는 것이 있다. 바로 뉴욕의 리버티섬에 있는 자유의 여신상이다. 지상에서 횃불까지의 높이가 무려 93미터에 달하는 자유의 여신상은 19세기 초 프랑스가 미국 독립 100주년 기념으로 제작하여 1886년 10월 미국에 헌정한 구리 조각상이다. 그런데 완공된 지 얼마 지나지 않아 초기의 모습과는 달리 녹청이 생겼다. 무슨 일이 일어난 것일까?

구리는 10,000년 전부터 사용해온 역사 깊은 원소이다. 고대 로마에서 구리는 주로 키프로스Cyplus에서 얻어졌다. 키프로스는 그리스 신화에 나오는 사랑과 미의 여신 아프로디테Aphrodite의 고향이다. 구리[Copper]의 화학기호 Cu는 라틴어 Cuprum에서 왔으며 키프로스의 금속[Metal of Cyplus]이라는 의미이다. 구리는 전기전도성이 매우 우수하고 전성과 연성이 뛰어나다. 순수한 구리는 황갈색을 띠지만 오랜 세월을 거치며 표면에서 산화반응이 일어나면 녹색으로 변화한다. 녹청綠青이 생기는 것이다. 녹청이라는 피막이 형성되고 나면 더 이상 산화되지 않는다. 구리는 조건에 따라서 산화물, 탄산염, 황산염 등을 형성한다.

현대 사회에서 가장 널리 사용되며 중요한 구실을 하는 금속은 철이다. 철은 인류의 역

사를 가장 획기적으로 변화시킨 원소였다. 철강 생산량은 국력의 상징이다. 2017년 전 세계 철강 생산량은 약 17억 톤에 달한다. 철은 그 유용성에도 불구하고 치명적인 약점이 하나 있다. 그것은 부식이 잘 된다는 점이다. 녹이라고 부르는 이 현상은 철이 산소를 만나 산화 반응이 일어났음을 말해 준다. 바다의 거친 환경에 놓인 배 같은 경우에는 산화되는 속도가 빨라진다.

자유의 여신상

1886년에 프랑스가 미국에 준 선물이다.
철 구조물(28,100킬로그램)의 외관은 구리(113,400킬로그램)로 제작되었다.
산화가 일어나 녹색으로 변하였다.
구리가 산소와 반응하였다.
구리는 산소에 전자를 주었다(산화).
산소는 구리로부터 전자를 받았다(환원).
산화-환원 반응이 일어났다.
그러나 녹색 코팅이 생겨 더 이상 부식되지 않고 보호되었다.
녹청의 주성분은 $Cu_4SO_4(OH)_6$(녹색), $Cu_2CO_3(OH)_2$(녹색), $Cu_3(CO_3)_2(OH)_2$(파란색)이다.

http://www.telegraph.co.uk/travel/destinations/north-america/united-states/new-york/articles/statue-of-liberty-fascinating-facts/
https://www.thoughtco.com/why-statue-of-liberty-is-green-4114936

녹의 화학

우리가 녹[Rust]이라고 부르는 적갈색의 정체는 철[$_{26}Fe$]이 산소와 결합하여 산화철[Fe_2O_3]을 형성하는 화학적인 과정이다. 이 과정에서 철은 전자를 잃고, 산소는 전자를 얻는다. 산화-환원 반응이 일어난 것이다. 전자를 잃는 과정을 산화라 부르고, 전자를 얻는 과정을 환원이라 부른다.

철의 산화 즉 녹이 슬기 위해서는 산소와 물이 있어야 한다. 철이 산소와 만나면 전자를 주고받는다. 철은 전자를 잃고 산화되며, 산소는 전자를 얻어 환원된다. 물은 산화-환원 반응이 진행되도록 도와주는 전해질이다. 철이 산소와 물을 만나면 일종의 전지가 된다. 철이 부식되는 과정은 다음과 같이 표현할 수 있다.

$$2Fe \rightarrow 2Fe^{2+} + 4e^-$$

철은 전자를 잃고 산화된다.

$$O_2 + 2H_2O + 4e^- \rightarrow 4OH^-$$

산소는 전자를 얻어 수산화 이온으로 환원된다.

$$2Fe^{2+} + 4OH^- \rightarrow 2Fe(OH)_2$$

철 이온(Fe^{2+})과 수산화 이온(OH^-)이 반응하여 수산화철($Fe(OH)_2$)을 형성한다.

$$4Fe(OH)_2 + O_2 \rightarrow 2(Fe_2O_3 \cdot xH_2O) + 2H_2O$$

철 산화물은 다시 산소와 반응하여 붉은색의 녹($Fe_2O_3 \cdot H_2O$)을 형성한다.

철과 산소는 전자를 주고받는다. 철은 전자를 제공하고 산소는 전자를 취한다. 철이 산화되는 반응에서 물은 철과 산소가 전자를 주고받는 매개자 역할을 한다. 소금물에서는 산화-환원 반응이 더 빠르게 진행된다.

녹

일종의 부식 과정이다.
녹이 슨다는 것은 산화된다는 것이다.
철이 녹슬기 위해서는 산소와 물이 필요하다.
산소는 산화제이다.
철이 녹스는 것은 자발적인 과정이다.
녹슨 차는 자발적으로 새 차로 되돌아가지 않는다.
물은 전해질로 작용한다.

소금물에서는 더 빨리 녹슨다.

용액의 수소 이온 농도에 의해서도 영향을 받는다.

https://en.wikipedia.org/wiki/Rust
https://www.thoughtco.com/how-rust-works-608461

녹 방지 기술

모든 산업에서 철의 중요성은 아무리 강조해도 지나치지 않는다. 철은 현대 문명의 척도이다. 따라서 철의 약점, 즉 부식이 잘 된다는 문제를 해결할 필요가 있다. 이를 위해서는 철 표면을 페인트, 래커, 또는 니스 등으로 코팅하면 된다. 녹은 자동차에서 발생할 수 있는 심각한 문제 중의 하나이지만 아연 같은 값 싼 금속으로 도금하면 녹을 방지할 수 있다.

부식은 다른 금속과의 합금을 통해서도 방지할 수 있는데 철에 타이타늄[$_{22}$Ti], 크롬[$_{24}$Cr], 코발트[$_{27}$Co], 니켈[$_{28}$Ni], 몰리브덴[$_{42}$Mo] 등을 섞은 내부식성 합금을 만들면 된다. 위키피디아에 따르면, 철을 함유하는 합금에는 엘린바(Elinvar, 니켈, 크롬), 페르니코(Fernico, 니켈, 코발트), 인바(Invar, 니켈), 코바(Kovar, 니켈, 코발트), 칸탈(Kanthal, 크롬, 알루미늄), 스피그라이즌(Spiegeleisen, 망간, 탄소, 규소), 강철(탄소) 등이 있다.

녹 방지 기술로 쓸 수 있는 손쉬운 방법이 있다. 철 구조물에 마그네슘[$_{12}$Mg]을 연결하는 것이다. 마그네슘은 철보다 산화되는 경향이 크다. 따라서 철이 산화되는 환경이 되면 마그네슘이 철 대신 먼저 산화되는 것이다. 이러한 방법을 음극화 보호[Cathodic protection]라고 한다. 옛날 자동차는 쉽게 녹이 슬었는데 요즘 출시되는 차는 몇 년이 지나도 쉽게 녹슬지 않는다. 그 이유는 무엇일까? 그것은 아연[$_{30}$Zn] 도금 강판을 사용하기 때문이다. 또 대형 선박의 몸체 곳곳에 아연을 부착해 두는 이유는 무엇일까? 그것은 산화되는 경향이 철보다 더 강한 아연을 희생양으로 삼아 차체 또는 선체의 부식을 지연시키기 위한 것이다.

음극화 보호

철을 성가신 산화로부터 보호하고 싶다?
그렇다면 대신 산화되는 희생양(산화전극)을 찾아보자.
철과 아연을 서로 연결하면 철은 환원전극이 되어 산화되지 않게 된다.
대신 아연이 산화된다.
함석은 철에 아연을 코팅한 것이다.
아연 코팅한 강철은 자동차 차체에 사용된다.
선박 등에 아연 덩어리를 붙여두면 철의 산화를 막아준다.
대신 아연이 희생(산화)된다.

https://en.wikipedia.org/wiki/Cathodic_protection

갈변

사과를 잘라 두면 갈색으로 변하는 것을 본 적이 있을 것이다. 색깔만 변했을까? 색깔만이 아니라 흐물흐물해지고 맛도 변했다. 이러한 현상을 가리켜 갈변(褐變, Browning)이라 부른다. 색과 맛이 변했다는 것은 그 속에서 어떤 화학 반응이 일어났다는 것을 의미한다. 공기 중에 노출되면 사과 속의 페놀Phenol 성분이 폴리페놀 산화효소에 의해 퀴논Quinone으로 산화가 된다. 퀴논은 전자를 좋아하는 성질을 가지고 있어서 단백질의 전자가 부족한 부분을 공격하게 된다. 그런 다음 일련의 반응이 진행되어 표면에 갈색 색소가 형성되는 것이다.

사과의 갈변을 방지하기 위해서는 어떻게 해야 할까? 얇게 썬 사과를 냉장고에 보관해 보자. 갈변을 야기하는 효소는 온도가 낮아지면 활성이 떨어지므로 갈변을 늦출 수 있다. 사과를 레몬쥬스에 담가두어도 산화 반응을 지연시킬 수 있기 때문에 효과를 볼 수 있으며 비타민 C 역시 사과의 갈변을 늦출 수 있다. 그렇다면 싱싱했던 바나나는 누가 진한 갈색으로 바꾸었을까? 이 역시 폴리페놀 산화효소가 한 짓이다.

하지만 식품의 갈변이 다 골칫거리는 아니다. 우리가 즐겨 먹는 건포도는 포도를 말리는 과정에서 갈변 현상이 일어나 새로운 맛과 색을 가진 식품으로 태어난 것이다. 커피콩도 로스팅Roasting하는 과정을 통해서 맛과 향을 조절할 수 있는데, 이 역시 갈변 과정을 포함하고 있다. 로스팅이란 생두에 열을 가해 향긋한 냄새를 가진 진한 갈색의 커피콩으로 만드는 과정을 말한다. 로스팅이 길어질수록 생두의 색이 진해지고 크기도 커지며 향기도 달라진다. 차는 녹차綠茶 또는 홍차紅茶로 제조하여 즐길 수 있다. 찻잎을 고온에서 비벼가며 볶은 다음 건조시키면 원래의 색이 살아 있는 녹차가 된다. 찻잎에는 항산화 작용을 하는 폴리페놀Polyphenol 성분이 들어 있는데 높은 온도로 가열하면 폴리페놀산화효소[Polyphenol oxidase]가 작용하지 않기 때문에 변색되지 않는다. 한편, 찻잎을 딴 후 발효 과정을 거치면 폴리페놀이 효소에 의해 산화되어 갈변 현상이 일어나 색깔이 어두운 색으로 변한다. 이렇게 해서 탄생한 것이 홍차이다.

갈변

사과를 깎아서 공기 중에 두면 갈변 현상이 나타난다.
페놀 성분이 효소와 산소에 의해 퀴논으로 산화되기 때문이다.
효소가 없어도 갈변이 일어날 수 있다.
갈변은 스테이크나 팬케이크를 가열할 때에도 나타난다.
설탕이 단백질과 반응하여 갈색으로 변하는 것이다.
이것을 마이야르 반응이라 부른다.
스테이크, 생선, 그리고 빵을 구울 때 일어나는 반응이다.
단백질의 아미노기[NH_2]가 설탕 분자와 반응하면 글루코사민을 형성한다.
열을 계속 가하면 이것은 다시 갈색의 멜라노이딘이 만들어진다.
색깔도 먹음직스럽고 좋은 냄새 또한 식욕을 돋우는 것이다.
스테이크에서는 퓨란이, 치킨에서는 피라진이 생성된다.
설탕이 갈색으로 되는 것은 캐러멜화라 부른다.
설탕분자가 반응하여 캐러멜린을 형성하는 것이다.

https://www.youtube.com/watch?v=DrnJtpxAlxE

폴리페놀 산화효소 없이도 음식이 갈변하는 경우가 많다. 흰 설탕[Sucrose]을 열분해시키면 캐러멜화가 일어나 갈색으로 변화한다. 이당류인 설탕 분자가 깨지면서 견과류 향이 나는 퓨란Furan과 캐러멜 맛이 나는 말톨Maltol이 생성되기 때문이다.

미르푸아[Mirepoix]는 양파, 셀러리, 당근 등을 잘게 썬 다음에 가열하여 캐러멜화[Caramelization]시킨 요리이다. 이렇게 되면 향을 음미하면서도 진해진 색깔을 즐길 수 있다. 용도에 따라 재료의 크기를 다르게 썰어 사용할 수 있다. 독일식 미르푸아는 수펜그륀Suppengrün이라 부르고 이탈리아식 미르푸아는 소프리또Soffritto라 부른다(위키피디아 자료).

빵을 굽는 이유는 뭘까? 스테이크를 불로 익혀 먹는 이유는? 감자를 익히면 기분 좋은 맛과 향이 나는 이유는 뭘까? 이 모든 것에도 갈변 현상이 숨어 있다. 그저 가열했을 뿐인데! 이 과정에서 효소의 도움은 필요 없다. 이러한 반응을 마이야르 반응[Maillard reaction]이라고 부른다. 이것은 아미노산과 당의 반응 및 단백질 합성에 대한 연구를 수행하였던 프랑스의 화학자 마이야르Louis C. Maillard(1878~1936)의 이름에서 온 것이다. 열을 가해주면 음식 속에 있는 아미노산의 아민기[NH_2]와 환원당의 카보닐기[C=O]사이에서 화학 반응이 일어난다. 이 반응은 비효소 갈변의 한 예이다. 설탕도 아미노산과 상호작용하여 다양한 냄새와 맛을 낸다. 버터와 계란이 들어간 프랑스 빵의 대명사인 브리오슈Brioche의 갈색도 마이야르 반응이 일어난 결과이다. 브리오슈는 주로 가벼운 아침식사 또는 간식으로 먹는 빵이다.

산화 스트레스

“사랑은 산소 같은 것. 지나치면 너무 높이 올라가. 부족하면 죽을 거야.”이것은 영국의 록밴드 그룹 스위트Sweet가 1978년에 발표하여 히트한 노래인 〈사랑은 산소 같은 것〉(Love Is Like Oxygen)의 첫 부분이다. ‘산소 같은’ 이라는 말은 시대를 불문하고 자주 인용되는 표현이다. 성인은 매일 550리터의 산소를 들이마신다고 한다. 우리 몸에 산소가 유입되면 세포는 이것을 이용하여 에너지를 만들어낸다. 우리의 뇌는 몸 전체 질량의 2퍼센트에 불과하지만 유입된 산소의 20퍼센트를 소비하는 기관이다. 이처럼 생명 유지에 필수적인 산소가 인체에 유익하기만 한 걸까? 철이 산소를 만나면 녹슬어 부스러진다는 것은 다 아는 사실이다. 녹이 슨다는 것은 산화된다는 것을 의미한다. 우리 몸에 들어온 산소 중 일부는 반응성이 큰 화학종으로 변할 수 있다. 이것을 활성 산소(ROS, Reactive oxygen species)라고 부른다. 활성 산소란 화학적으로 반응성이 큰 산소라는 의미이다. ROS는 대사과정의 부산물로 생성되어 세포 신호화 및 항상성 유지에 중요한 역할을 한다. 그러나 이 양이 지나치게 증가하면 세포 구조를 파괴하는 물질로 돌변한다. 흔히 볼 수 있는 ROS의 예로는 과산화물[Peroxide], 자유 라디칼[Free radical], 일중항 산소(一重項酸素, Singlet oxygen, $^1O_2$로 표기) 등이 있으며, 노화나 암 발생의 원인이 된다. 라디칼은 짝을 이루지 못한 홀전자를 가지는 물질로서 반응성이 매우 크다. 이것은 안정한 분자로부터 전자를 빼앗아 스스로 안정화되거나, 아니면 안정한 물질에 달라붙어 안정화되는 동시에 안정한 분자의 특정 부분은 불안정하게 되어 제2의 라디칼을 형성한다. ROS는 인체에 긍정적인 역할도 하지만 일반적으로 DNA, 단백질, 지방산 등의 산화를 유발하는 위험한 화학종이다. 산화 스트레스는 피로, 관절염, 신장질환, 자폐증, 우울증에서부터 동맥경화, 당뇨병, 파킨슨병, 알츠하이머병, 암, 심장마비에 이르기까지 수많은 질병을 유발한다.

뇌도 녹슨다

산화 스트레스는 자유 라디칼을 중화시키는 항산화제가 부족하면 생긴다. 라디칼과 같이 반응성이 큰 분자들은 DNA도 손상시킨다. 오스트레일리아 멜버른 대학교의 과학자들은 뇌 속에 라디칼이 과다하게 축적되거나 철[$_{26}$Fe]이 있으면 뇌도 녹슨다는 사실을 확인하였다. 산화 스트레스를 줄이는 것이 뇌를 건강하게 지키는 것이다. 항산화제가 풍부한 식물성 음식은 뇌를 건강하게 해준다.

2016년 12월 뉴로사이언스(neurosciencenews.com)에 따르면, 조현병調絃病이 생긴 녹슨 뇌를 감지할 수 있는 MRI 진단법이 나왔다. 조현병이란 사고 체계와 감정 반응의 전반적인 장애로 인해 정상적인 사고를 하지 못하는 만성정신질환을 말한다. 2010년까지 불렸던 정신분열병의 새로운 이름이다. 하버드 의과대학의 두F. Du와 공동 연구자들은 뇌세포에 과도한 에너지 수요가 발생하면 라디칼 또는 과산화수소 같은 유해 산소종이 뇌에 축적될 수 있음을 확인하였다. 그들은 MRI 기술을 이용하여 뇌 속의 NAD+(니코틴아마이드 아데닌 다이뉴클레오타이드, 산화된 형태)와 NADH(NAD가 환원된 형태)의 농도를 측정하였다. 이로부터 뇌가 과도한 산화제를 어떻게 완화시키는지 알아냈다. 그들은 만성 조현병을 가진 환자들은 정상인들보다 NADH 수치가 53퍼센트 더 높은 사실을 확인하였다. 조울증 환자들의 경우에도 NADH의 수치가 높았다. 이러한 연구 결과는 산화 스트레스로부터 뇌를 보호하고 조현병이 있는 뇌의 기능을 개선할 수 있는 방법을 찾는 데 도움을 줄 것으로 기대된다.

뇌도 녹슨다

뇌도 산화된다.
뇌 속에 철분이 많으면 뇌도 녹슨다.
뇌가 녹슬면 알츠하이머병이 생길 가능성이 증가한다.
뇌의 노화는 산화 스트레스에 의해 촉진된다.
MRI로 진단할 수 있다.
항산화제는 뇌의 산화를 막아준다.

5
케미 맞다

세상을 변화시킨 원소 / 세상을 변화시킨 물질 / 세상을 변화시킨 우연 / 사랑은 화학 반응 / 케미 맞다

세상을 변화시킨 원소

인류가 금속을 이용할 수 있게 된 데에는 이 원소의 역할이 컸다. 우리 은하계에 4번째로 많은 원소이며 태양 속에 4번째로 많은 원소이기도 하다. 화학결합 손이 4개인 이것은 바로 탄소[$_{6}C$]이다. 인류 문명사에 있어서 가장 획기적인 사건 중의 하나는 불의 발견이었다. 나무를 태우고 나면 숯이 남는다. 숯은 음식을 익혀 먹거나 몸을 따뜻하게 해주는 중요한 연료였다. 그리고 숯을 이용하는 혁신적인 사건이 있었다. 숯을 연료로 써서 금속을 추출하게 된 것이다. 금속들은 대부분 산화물의 형태로 얻어진다. 금속의 산화물을 가열하면 금속이 추출된다.

금속의 시대를 맨 처음으로 여는 데 기여한 것은 청동이었다. 구리의 녹는점은 섭씨 1,085도이다. 그러나 주석을 구리에 첨가하면 녹는점이 섭씨 890도로 낮아져 훨씬 용이하게 도구를 제작하게 되었다. 청동은 구리나 주석보다 훨씬 단단하기 때문에 사냥, 농사, 전쟁 등에 필요한 도구들의 혁신이 이루어졌다. 청동기 시대가 열린 것이다. 메소포타미아와 이집트에서는 약 6,000년 전에 청동기 시대가 시작되었다. 우리나라의 경우에는 약 3,500년 전에 시작되었고 주로 민무늬 토기를 사용하였다.

새로운 발견은 새 시대를 열었다. 숯을 태우면 최대 섭씨 2,700도까지 온도를 올릴 수 있어서 녹는점이 섭씨 1,538도인 철을 녹일 수 있게 된 것이다. 철을 벼려 다양한 도구를

제작할 수 있게 된 인류는 다시 도약을 하게 된다. 철기 시대가 시작된 것이다. 철기 시대는 선사 시대의 마지막 단계이다. 기원전 12세기에 메소포타미아 지역에서 제일 먼저 새 시대를 알렸다.

18세기 중엽에는 석탄과 철을 함께 이용하여 모든 산업의 구조가 바뀌게 된 사건이 일어났다. 산업혁명이 그것이다. 대영제국은 철과 석탄 위에 세워졌다. 20세기 중반에는 우라늄을 이용하여 핵반응을 유도할 수 있게 되었는데 그 결과 인류는 원자폭탄을 제조할 수 있게 되었고 원자력 발전을 통해서 막대한 에너지를 얻는 방법도 터득하게 되었다. 20세기 중엽부터 인류는 탄소와 성질이 가장 유사한 원소인 규소($_{14}Si$)를 사용하여 디지털 시대를 열었다. 반도체를 기반으로 하는 전자 산업이 그것이며 컴퓨터의 발명은 인류의 문명을 가장 획기적으로 변화시켰다. 20세기 후반부터 등장한 나노 기술의 핵심은 탄소이다. 탄소 나노튜브, 그래핀 등을 다른 물질 또는 다른 여러 분야와 융합시킨 나노 바이오 기술은 새로운 미래를 열고 있다.

세상을 변화시킨 물질

1939년 뉴욕에서 개최된 세계 박람회는 미국의 초대 대통령 워싱턴George Washington (1732~1799)의 취임 150주년을 기념하는 축제이자 미래의 세계를 알리는 계기였다. 또한 세계 최초의 합성 섬유를 소개하는 자리이기도 했다. 바로 미국의 화학기업 듀폰DuPont에서 근무하던 유기화학자 캐러더스Wallace H. Carothers(1896~1937) 그룹이 선을 보인 합성섬유 나일론(Nylon 6,6)이었다. 나일론 6,6은 헥사메틸렌다이아민과 아디프산을 축합 반응시켜 얻는다. 이것은 나일론 스타킹으로 상품화되어 대성공을 거두었다.

오늘날 우리는 플라스틱 시대에 살고 있다. 2017년에 가이어Roland Geyer 등이 학술지 『과학진보』(Science Advances)에 발표한 바에 따르면, 1950년대 이후 지금까지 전 세계에서 생산된 플라스틱은 83억 톤에 달했다. 이 중에 단 9퍼센트만이 재활용되었으며 79퍼센트는 쓰레기로 버려졌다. 사용량이 급증함에 따라 환경 문제가 대두되었다. 분해성이 우수한 플라스틱, 즉 바이오플라스틱이 등장한 이유이다. 바이오플라스틱이란 녹말, 식물성 오일 같은 재생 가능한 원료로부터 만드는 플라스틱이다. 미생물에 의해 분해되는 생분해성 플라스틱이다. 빛에 의해 분해되는 광분해성 플라스틱도 등장하였다. 플라스틱의 응용은 제한이 없어 보인다. 플라스틱 복합체[Plastic composite]의 등장으로 플라스틱의 응용 범위가 한층 확장되었다. 탄소 강화 플라스틱(FRP, Fiber-reinforced plastic)은 항공우주 산업에까지 활용되고 있다. 나노 복합체도 등장했는데 이것은 플라스틱을 그래핀Graphene 같은 다른 종류의 물질과 섞어 새롭게 탄생시킨 신물질이다.

스스로 치유하는 고분자[Self-healing polymers]도 출현하였다. 손상된 고분자가 스스로 복구되는 스마트한 물질이 나타났다. 대부분의 고분자는 전기 부도체이다. 그런데 전기가 통하는 고분자가 합성되었다. 다양한 기능을 수행하는 스마트한 고분자의 등장으로 스마트한 미래가 성큼 다가오고 있다.

나일론을 합성한 캐러더스

유기화학자이다.
미국의 화학기업 듀폰(DuPont)에서 그룹 리더로 근무하였다.
고분자화학의 연구를 수행하였다.
합성고무 네오프렌(또는 폴리클로로프렌)을 합성하였다.
합성섬유 나일론을 상품화하여 상업적으로 성공하였다.
41세에 자살로 생을 마감하였다.

https://en.wikipedia.org/wiki/Wallace_Carothers

인간의 꿈, 무병장수를 위한 최선의 방법은 무엇일까? 규칙적인 식생활, 적당한 운동, 소식, 긍정적인 마인드 등이 해답으로 제시되고 있다. 세계 최고령자들이 말하는 장수 비결을 추가하자면 소박한 생활과 충분한 수면을 들 수 있다. 그러나 인간은 유전적 및 환경적 요인으로 각종 질병으로부터 자유로울 수 없는 게 현실이다. 질병과 관련하여 인간의 고통을 덜어주고 수명을 연장하는데 기여한 의약품을 소개하고자 한다. 제2차 세계대전 중 수많은 사람들이 세균성 감염으로 생명의 위협을 받거나 죽어갔다. 이때 우연히 발견된 기적의 곰팡이 페니실린은 수많은 사람들의 생명을 구했다. 곰팡이를 질병 치료에 사용한 것은 이것이 처음은 아니다. 고대 이집트에서는 3,500년 전에 감염 치료를 위해 곰팡이를 사용했다는 내용이 파피루스에 기록되어 있다.

당뇨병은 혈당 제어 능력을 상실하여 고통 속에서 살아야 하는 질병이다. 포도당을 간세포에서 글리코겐으로 저장시키고 혈액 내 포도당의 산화를 촉진시키는 인슐린을 발견한 것은 20세기의 가장 중요한 의학적 진보로 기록되고 있다. 마마라고도 부르는 천연두는 치사율이 매우 높은 전염병으로 특유의 발진이 나타나고 고열로 사망하는 경우가 많았다. 또한 폴리오 바이러스에 의한 신경계 감염으로 발생하는 소아마비는 뇌손상을 유발하는 질병이다. 다행히 이 두 질병에 대한 백신이 개발되었다. 특히 12,000년 전부터 인간을 괴롭혀 온 천연두는 꾸준한 백신 접종이 이루어져 세계보건기구[WHO]는 1979년 천연두의 박멸을 선언했다. 2,400년 전 히포크라테스Hippocrates(c.460~c.370 BCE)는 버드나무 껍질(살리실산 함유)로 만든 가루가 진통, 해열 작용이 있다고 기록했다. 그리고 마침내 1897년 독일의 화학, 제약 기업인 바이엘은 살리실산으로부터 아스피린Aspirin을 합성하여 해열, 진통제로 시판했다. 아스피린은 세계인이 가장 많이 먹은 약으로 기록되고 있으며 혈전 생성을 억제하고 심혈관질환을 예방해주는 효과도 있는 것으로 확인되었다.

세상을 변화시킨 우연

6,600만 년 전 지구상에 일어난 대사건이 있다. 그것은 공룡이 멸종한 것이다. 그리고 다양한 육상 동물들이 나타났는데 이들의 탄생은 수십억 년의 지구 역사에서 운 좋은 우연偶然이었다고 고생물학자 프로테로D. Prothero는 말했다. 과학사에서도 우연은 진보의 키를 잡고 있었다. 수많은 발견이 이루어졌지만 그중에서도 세상을 변화시킨 대사건은

우연이 선물한 것이 많았다.

1856년 퍼킨William H. Perkin(1838~1907)은 모베인Mauveine을 손에 쥐었다. 그것은 자주색을 띠는 최초의 유기 합성 염료로 아닐린Aniline으로부터 만들어진 방향족 유기 화합물이었다. 그는 15세에 호프만August W. von Hofmann(1818~1892)에게 화학을 배우기 시작했다. 호프만으로부터 말라리아 치료제인 퀴닌Quinine의 합성 가능성을 암시받은 퍼킨은 여러 물질의 합성을 시도했는데 비록 퀴닌의 합성에는 실패하였지만 불과 18세의 나이에 아닐린 염료를 합성하는 개가를 이루었다. 이후 급증하는 염료의 수요는 다양한 합성 염료를 탄생시켰다.

수많은 사람들의 생명을 구한 페니실린Penicillin을 발견한 행운의 주인공은 스코틀랜드의 플레밍Alexander Fleming(1881~1955)이다. 1928년 어느 날 그는 잘 정돈되지 않은 실험대 위에서 우연히 푸른색 곰팡이를 발견하였다. 놀랍게도 그 곰팡이 주위에 있던 포도상 구균들의 성장이 억제되어 있었다. 이어서 체인Ernst B. Chain과 플로리Howard W. Florey가 유효 물질을 분리하여 정제하였다. 4각형의 베타-락탐구조와 황 원자를 가지는 5각형으로 이루어진 항생제 페니실린은 1942년부터 감염을 치료하는 데 사용되었다.

1907년 최초의 합성 고분자가 탄생했다. 벨기에 계 미국인이었던 베이클랜드Leo H. A. Baekeland(1863~1944)는 천연수지인 셸락을 대체할만한 값싼 물질을 얻고 싶었다. 그는 폼알데하이드(Formaldehyde, HCHO)와 페놀(Phenol, C_6H_5OH)을 섞고 가열했다. 놀랍게도 그가 발견한 것은 열을 가해도 녹지 않는 새로운 물질이었다. 최초의 합성 플라스틱 베이클라이트Bakelite는 이렇게 탄생되었다. 베이클라이트는 주방용품, 보석류, 파이프, 장난감 등에 널리 사용되고 있다.

굿이어Charles Goodyear(1800~1860)는 고무 산업에 크게 기여한 미국의 화학자이다. 그는 황이 포함된 천연고무가 가열되는 과정에서 고무의 성질이 변화한다는 사실을 우연히 발견했다. 온도가 올라가면 흐물흐물해지는 천연고무가 물성이 우수한 고무로 새롭게 탄생한 것이다. 가황 고무[Vulcanized rubber]의 물성이 우수한 이유는 천연 고무의 탄소-탄소 이중결합에 황 원자들이 화학 결합하여 선형 고분자가 그물구조로 바뀌었기 때문이다. 가황 고무는 인장 강도가 우수하고 내마모성도 좋다. 넓은 온도 범위에서 탄성을 유지하는 특성을 보인다.

우연이 만든 물질

가황 고무	비아그라	포스트잇
다이너마이트	사카린	페니실린
마취제	성냥	모브(Mauve)[3]
바셀린	안전유리	핵융합
베이클라이트(Bakelite)[1]	올레스트라(Olestra)[2]	화약
벨크로	초강력 접착제	

[1] 합성 플라스틱
[2] 지방 대체제
[3] 합성 염료

http://mentalfloss.com/article/53646/24-important-scientific-discoveries-happened-accident

사랑은 화학 반응

『젊은 베르테르의 슬픔』으로 유명한 독일의 문호 괴테Johann W. von Goethe(1749~1832)는 1809년에 『선택적 친화력』(Elective affinities)이라는 소설을 펴냈다. 국내에서도 2001년에 '친화력'이란 제목으로 번역 출간된 이 책은 친화력, 즉 화학종은 선택적으로 결합하는 경향이 있다는 것을 설명하는 화학 용어에서 아이디어를 빌렸다. 괴테는 이 개념을 인간 사이의 관계에 적용하기 위해 네 남녀를 등장시켜, 자연의 본성인 친화력과 이와 대조적인 인간의 모습을 그렸다. 괴테는 말하고 있다. "사랑은 화학 반응이다."

사랑은 뇌에서 일어나는 화학 반응이다. 마이비타(myvitawellness.com)에 따르면, 사랑의 첫 단계는 테스토스테론Testosterone과 에스트로겐Estrogen이 분비되는 과정이다. 그다음 단계에서는 아드레날린Adrenaline, 도파민Dopamine, 그리고 세로토닌Serotonin이 역할을 한다. 심장 박동이 빨라지고 행복감을 느끼게 되는 것이다. 마지막 단계에서는 옥시토신Oxytocin과 바소프레신Vasopressin이 분비된다.

사랑은 화학 반응

독일의 괴테는
그 당시에 알려진 화학의 원리, 즉
화학종이 선택적으로 결합한다는 이론을
소설에 적용하였다.
그는 자연의 순리와 그것에 반하는
인간의 행위를 대조시킨 스토리에 기초하여
자전적인 소설 『친화력』을 완성하였다.

http://www.eoht.info/page/Chemistry+of+love
https://swiftlytiltingplanet.wordpress.com/2011/11/12/elective-affinities-by-goethe/
https://en.wikipedia.org/wiki/Johann_Wolfgang_von_Goethe

케미 맞다

화학의 진보에 기여한 사람들 중 빼놓을 수 없는 이들이 있다. 바로 연금술사들이다. 그들은 값싼 금속을 금으로 바꿀 수 있다는 마법사의 돌(또는 현자의 돌)을 찾아 나섰다. 헤르메스 트리스메기스투스Hermes Trismegistus에 대한 이야기가 있다. 그는 그리스 신 헤르메스Hermes와 이집트 신 토트Thoth가 결합된 신적인 존재로서, 연금술, 점성술, 신성 마법 등을 알고 있었다고 전해진다. 그 이후로도 현대 과학이 정착되기까지 수많은 연금술사들이 존재하였다. 위키피디아는 투스(Tus, 현재의 이란에 위치)에서 태어나 교육을 받은 후 쿠파(Kufa, 지금의 이라크에 위치)를 여행했던 자비르 이븐 하이얀Jabir ibn Hayyan(c.721~c.815 CE)을 소개하고 있다. 이븐 하이얀은 유럽에서 게베르Geber로도 알려진 인물로 연금술에 과학적이고 실험적 접근을 도입하여 근대 화학의 아버지로 불린다.

2015년 7월 리스트버스(listverse.com)에는 10인의 연금술사들이 등장한다. 여기에는 브란트Hennig Brand, 홍Ge Hong, 켈리Edward Kelly 등 우리에게 생소한 인물들 이외에도 눈에 띄는 인물들이 있다. 만유인력을 발견한 뉴턴Isaac Newton(1642~1726)과 근대화학의 기초를 다졌다고 평가되는 보일Robert Boyle(1627~1691)이다. 당시 연금술의 유혹이 얼마나 컸던가를 짐작하게 한다. 그러나 이들의 경험은 기록으로 전해져 현대 화학의 토대가 되었다. 화학의 핵심어는 변화와 물질이다. 화학은 물질 변화의 원리를 연구하는 학문이다. 연금술은 과거에도, 오늘에도, 그리고 먼 미래에도 화학자들을 설레게 하는 꿈 같은 마술이다.

현자의 돌을 찾아 나선 연금술사
https://en.wikipedia.org/wiki/Alchemy

최근 '케미 맞다'라는 말이 등장하고 이와 유사한 다양한 표현들이 생겨나고 있다. 케미Chemi란 화학의 영문 이름인 케미스트리Chemistry를 줄인 말이다. 이것은 드라마나 영화를 평가할 때도 자주 등장하여 "둘 사이의 케미가 돋보인다."는 식의 표현을 쓰기도 한다. 외국 영화에도 "We have good chemistry."라는 대사가 있는데 사이가 좋다는 의미이고 "둘은 케미가 잘 맞아."라는 말도 둘이 서로 잘 어울린다는 의미이다.

이제 케미는 남녀 사이에만 국한되지 않고 광범위하게 사용되고 있다. 2017년 문재인 대통령과 미국 대통령 트럼프의 만남에 관한 기사에서도 '위대한 케미', '굿 케미스트리' 같은 단어들이 등장한다. 문 대통령의 인도네시아 국빈 방문에 대한 기사에서도 조코위 대통령과 '환상의 케미'를 보였다고 쓰고 있다. 2017년 12월에 개봉되었던 영화 〈강철비〉를 평한 기사에서도 두 남자 주인공의 연기 호흡을 '동갑내기 케미', '꿀케미', '강렬한 케미' 등으로 표현하고 있다.

세상에 존재하는 물질은 서로 잘 맞아야 화학적인 사건이 일어난다. 화학적인 사건은 바로 '화학 반응[Chemical reaction]'이다. 화학 반응이 일어나기 위해서는 관련 물질들이 서로 만나야 한다. 그리고 적절한 에너지가 개입되어 극적인 사건이 벌어져야 한다. 여기서 말하는 극적인 사건이란 유효 충돌로 이해하면 되겠다. 산 너머에 있는 마을로 가기 위해서는 가장 높은 고개를 넘어야 하는 것처럼 화학 반응이 일어나기 위해서는 가장 높은 에너지를 극복해야 한다. 이 에너지를 활성화 에너지라 한다. 화학은 상호작용이다. 화학은 관계다.

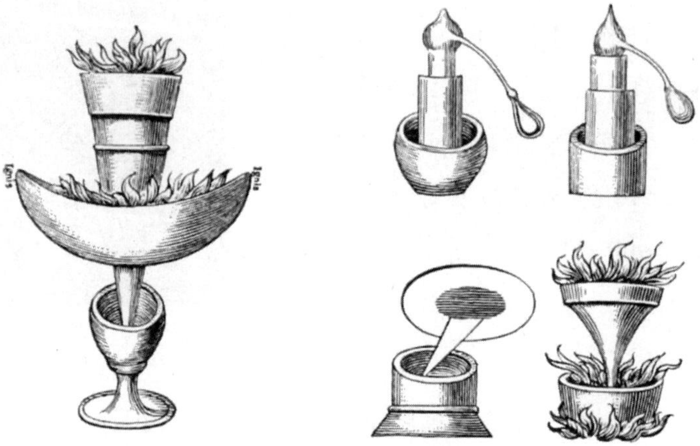

자비르 이븐 하이얀이 사용했던 화학 실험 도구들
https://en.wikipedia.org/wiki/Jabir_ibn_Hayyan

상상을 더하다 12

- 그래도 지구는 돈다 -

1. 용융 상태의 지구는 어떻게 구형을 유지했을까?

2. 지구의 자전 속도가 천천히 느려지고 있는데, 먼 훗날에는 지구의 자전이 멈출까? 아니면 반대 방향으로 돌기 시작할까?

3. 지구 자전이나 공전이 지금보다 빠르거나 느려진다면 어떤 일이 일어날까?

4. 지구의 자전축이 변하면 우리 지구에는 어떤 변화가 있을까?

5. 지구가 거꾸로 돌게 되면 어떻게 될까?

6. 우리가 지구의 자전을 느끼지 못하는 이유는?

7. 달이 지구와 가까워지면 어떻게 될까?

8. 오로라가 특정지역에만 나타나는 이유는?

9. 지구가 자전을 하지 않는다면 동물도 이동을 하지 않을까?

10. 지구의 자기장이 사라진다면 가장 먼저 일어나는 멸망 시나리오는?

11. 동물들은 지역 기후에 적응하여 살지 않고 왜 힘든 이동을 택했나?

12. 큰뒷부리도요새는 어떻게 9일 동안 쉬지 않고 하늘을 날 수 있을까?

13. 동물들이 길을 찾아갈 때 자기 단서를 어떻게 이용하는가?

14. 제왕나비의 이주는 진화를 통해서 극복할 수 있을까?

15. 갈변 현상이 나타난 과일을 원래대로 되돌려 놓을 수 있는 방법은?

16. 갈변이 유용한 사례에서는 갈변이 무슨 역할을 하고, 부정적인 영향을 주는 사례에서는 갈변이 어떤 역할을 할까?

17. 녹은 다른 금속에서도 나타나는가?

18. 녹이 생긴다는 건 산화된다는 뜻인데, 그렇다면 환원시키는 방법은 없나?

19. 고대의 과학기술 특히 천문학을 보면 동양이 서양에 뒤지지 않았는데, 근대 이후 과학기술에서는 왜 격차가 벌어졌을까?

찾아보기

ㄱ

ㄴ

ㄷ

ㄹ

ㅁ

ㅂ

ㅇ

ㅈ

ㅊ

ㅋ

ㅌ

A – Z

0 – 9

상상과 현실을 잇다
화학으로 세상보기

지은이 김성식, 이영아, 마윤정
펴낸이 이남호
펴낸곳 전북대학교출판문화원

초판 1쇄 인쇄 2018. 8. 30
초판 1쇄 발행 2018. 9. 7

전북대학교출판문화원 전라북도 전주시 완산구 어진길 32(풍남동2가)
전화(063) 219-5322
FAX(063) 219-5323
출판등록 2012년 8월 20일 제465-2012-000021호

값 19,800원

ISBN 979-11-87892-99-1 03430

이 도서의 국립중앙도서관 출판예정도서목록(CIP)은 서지정보유통지원시스템 홈페이지(http://seoji.nl.go.kr)와 국가자료종합목록시스템(http://www.nl.go.kr/kolisnet)에서 이용하실 수 있습니다. (CIP제어번호 : CIP2018027364)